KREISEL

KREISEL

Theorie und Anwendungen

Kurt Magnus

Springer-Verlag Berlin Heidelberg GmbH

Dr. rer. nat. KURT MAGNUS

o. Professor und Direktor des Instituts B für Mechanik
der Technischen Universität München

Mit 259 Abbildungen

ISBN 978-3-642-52163-8   ISBN 978-3-642-52162-1 (eBook)
DOI 10.1007/978-3-642-52162-1

Vorwort

Vor etwa 150 Jahren hat der Astronom SIR JOHN HERSCHEL den Kreisel als ein philosophisches Instrument bezeichnet. Seither hat der Kreisel nichts von seiner Faszination eingebüßt. Es gilt vielmehr auch heute noch die Feststellung von FELIX KLEIN und ARNOLD SOMMERFELD (1910), daß kein anderes Instrument so geeignet ist, Verständnis für den Zusammenhang physikalischer Begriffe in der Mechanik zu wecken.

Überblickt man das Schrifttum auf dem Gebiet des Kreisels, dann lassen sich zwei fast voneinander unabhängige Tendenzen feststellen. Auf der einen Seite wurde die Theorie der Drehungen starrer Körper sehr ausführlich bis zu kaum noch interessierenden Detailfragen ausgelotet. Diese mathematische Disziplin verdankt ihre Förderung vor allem der Tatsache, daß viele Mathematiker im Kreisel ein Objekt erkannt hatten, an dem sich mathematische Methoden besonders eindrucksvoll demonstrieren ließen. Andererseits haben Physiker und Ingenieure seit langem die eigenartigen Verhaltensweisen der Kreisel untersucht, zum Teil aus wissenschaftlicher Neugier, zum Teil auch, um mit ihrer Hilfe gerade interessierende Probleme zu lösen. Man denke z. B. an LEON FOUCAULT, der im Jahre 1852 mit Kreiseln einen neuen experimentellen Beweis für die Drehung der Erde zu liefern versuchte.

Seither gibt es zahlreiche Bücher zur Kreiseltheorie, die von Kreiseltechnikern nicht verstanden werden, sowie Werke zur inzwischen weit entwickelten Kreiseltechnik, aus denen ein Mathematiker wenig Anregung zu schöpfen vermag. Zweifellos aber liegt der Reiz des Kreisels gerade in der Verbindung von Theorie und Anwendungen. Diese Erkenntnis hat RICHARD GRAMMEL dazu geführt, in seinem Buch „Der Kreisel" (1. Aufl. 1920, 2. Aufl. 1950), den Versuch eines Brückenschlages zwischen den sonst meist getrennt dargestellten Gebieten zu unternehmen. Er hat die interessantesten Ergebnisse der klassischen Kreiseltheorie übernommen, aber stets den physikalischen Hintergrund sichtbar werden lassen; er hat ferner die wichtigsten Anwendungen beschrieben und sie mit den Mitteln der Theorie analysiert. So wurde GRAMMELS Darstellung von Theoretikern und Anwendern gleichermaßen geschätzt.

Seit dem Erscheinen des Grammelschen Buches hat sich die Kreiseltechnik in erstaunlichem Umfang weiterentwickelt. Aber auch die Kreiseltheorie, die schon fast als abgeschlossen bezeichnet werden konnte, hat neue Anstöße, vor allem von der Raumfahrt, bekommen. Die extremen Bedingungen, denen Satelliten und Raumsonden im Weltraum unterworfen sind, haben neuartige Problemstellungen geschaffen und damit einen neuen Überdeckungsbereich zwischen der klassischen Kreiseltheorie und der Kreiseltechnik sichtbar werden lassen. So hat die Notwendigkeit, einen Satelliten während seiner Bahnumläufe in ganz bestimmter Weise auszurichten, besonderes Interesse an den Problemen der selbsterregten Kreisel und der Gyrostaten geweckt; der Einfluß flüssigkeitsgefüllter Behälter auf die Kreiselbewegungen von Raumschiffen und Raketen mußte untersucht werden; und schließlich ergaben sich neuartige Problemstellungen bei Körpern, deren Massen oder Trägheitsmomente nicht konstant sind.

Eine allgemeinere Theorie der Kreiselsysteme, die auf den klassischen Ergebnissen von THOMSON und TAIT aufbauend in den letzten Jahren außerordentlich erweitert werden konnte, mußte den ihr gebührenden Platz in diesem Buche finden. Hier jedoch — wie auch bei der Darstellung anderer Themen — mußte der wohl jeden Autor bedrängende Wunsch nach Vollständigkeit zurückgestellt werden zugunsten einer mehr summarischen, lehrbuchartigen Darstellung. So wurde zwar eine gewisse Abrundung bezüglich der Methoden und der wichtigsten Ergebnisse, nicht jedoch die systematische Untersuchung von Einzelerscheinungen angestrebt.

Ähnliches gilt auch für die Darstellung der Kreiselanwendungen. Hier wurden Fragen der Konstruktion oder der Technologie — so entscheidend wichtig sie im Einzelfall auch sein mögen — ausgeklammert. Dagegen wurde der Versuch gemacht, die wesentlichen Gedanken und Ergebnisse einer angewandten Kreiseltheorie so herauszuarbeiten, daß sie einen allgemeinen Überblick über das vielseitige Gebiet der Kreiselgeräte und der ihnen zugrunde liegenden physikalischen Erscheinungen vermitteln. Dabei wurden übergreifende Phänomene, wie Schwingungseffekte, Gleichrichterwirkungen oder Fragen der Abstimmung, bevorzugt behandelt, während Einzelfälle höchstens als typische Beispiele herangezogen wurden.

Der Leser mag aus dem Inhaltsverzeichnis die Themenverteilung entnehmen. Er wird feststellen, daß sich das vorliegende Buch durch die Stoffauswahl zum Teil erheblich von den zur Zeit auf dem Markt befindlichen Werken zu Kreiselproblemen unterscheidet. Wie schon bei der Darbietung des Stoffes, so wurde auch bei der zitierten Literatur bewußt auf Vollständigkeit verzichtet. Ein interessierter Leser wird sich hier leicht selbst weiterhelfen können. Es soll ausdrücklich betont werden, daß sich die angeführten Zitate stets nur auf die sachlichen Probleme beziehen, nie aber irgendwelche Prioritäten dokumentieren sollen. Zu dem beim gegenwärtigen Stand von Wissenschaft und Technik meist gegenstandslosen Streit um Prioritäten beizutragen, dürfte müßig sein.

Die Kreiseltheorie erfordert geeignete mathematische Hilfsmittel. Adäquate Werkzeuge hierzu sind Vektoren und Tensoren. Ich habe mich entschlossen, diese Größen durchgehend in analytischer Indizesschreibweise darzustellen, da diese präzis und konzentriert zugleich ist. Daneben werden auch Matrizen verwendet, soweit sich das aus den Problemstellungen zwanglos ergibt und weil damit zugleich auch eine computerfreundliche Formulierung erreicht wird. Auf speziellere mathematische Hilfsmittel habe ich insbesondere dann verzichtet, wenn das wünschenswerte Gleichgewicht zwischen Aufwand und Erfolg verloren gegangen wäre.

Das nun vorgelegte Buch ist aus Forschungsberichten, Vorträgen und verschiedenartigen Vorlesungen entstanden. Vielfältige Anregungen habe ich dabei im Laufe der Jahre von meinen Mitarbeitern, Kollegen, Zuhörern und Gesprächspartnern empfangen, und ich glaube, daß manches davon seinen Niederschlag in diesem Buche gefunden hat. Außerdem habe ich bei der Fertigstellung des Manuskriptes mannigfache Hilfe aus dem Kreise meiner engeren Mitarbeiter gefunden. Ich möchte an dieser Stelle herzlich dafür danken. Besonders erwähnen will ich die Herren Dr.-Ing. WERNER SCHIEHLEN und Dr.-Ing. GERHARD SCHWEITZER. Sie haben das gesamte Manuskript sorgfältig und kritisch durchgesehen und dabei eine solche Fülle von wertvollen Bemerkungen beigesteuert, daß — wie ich glaube — die Verständlichkeit und Präzision des Dargestellten an zahlreichen Punkten gewonnen hat. Schließlich danke ich dem Springer-Verlag und seinen erfahrenen Mitarbeitern für manche Anregungen sowie vor allem für das bereitwillige Eingehen auf meine Wünsche.

München, im Mai 1971

Kurt Magnus

Inhaltsverzeichnis

Berichtigungen

Seite	Zeile, Gleichung oder Abbildung	anstelle von:	muß es heißen:
3	16 v. o.	deutsche	lateinische
15	(1.30)	$\dfrac{dG}{da_i}$	$\dfrac{\partial G}{\partial a_i}$
28	3 v. o.	$\overline{P_0 P'_i}$	$\overline{P_0 P'_1}$
28	4 v. o.	zweiter Ordnung	erster Ordnung
33	Abb. 1.26	$\circlearrowleft\ \beta$	$\circlearrowright\ \beta$
34	3 v. u.	$\tan \psi / \cos \vartheta$	$\tan \psi \cdot \cos \vartheta$
34	Abb. 1.27	90° bei Achse 1	90° bei Achse 1°
51	(1.90/2)	$-\,C \sin\vartheta\ \dot\psi\ \dot\varphi$	$+\,C \sin\vartheta\ \dot\psi\ \dot\varphi$
78	5 v. o.	Drehung	Drehgeschwindigkeitskoordinate
79	Abb. 2.18	Polkegel-Achse 3	$3'$
80	Abb. 2.19	Winkel μ von 3 bis $3'$	von ω_i-Achse bis $3'$ eintragen
99	Abb. 3.12	H_i	H_i^0
100	(3.24)	M_i	M_i^P
108	Fall 9	s_1/s_2	s_1/s_3
115	1 v. o.	ω	ω_0
123	11 v. u.	$u_1 \approx 2a - 1$	$u_1 = 2a - 1$
125	10 v. u.	von Geschwindigkeit	von der Geschwindigkeit
155	5 v. u.	$A\,\omega^*$	$A\,\dot\omega^*$
155	(3.152)	$\omega^* +$	$\dot\omega^* +$
162	(3.176)	$= M_a\ ,\quad = M_b$	$= M_\alpha\ ,\quad = M_\beta$
163	(3.179/2)	$= ms b_1$	$= -\,ms b_1$
163	13 v. o.	$= b^{s1} + i b^{s2}$	$= b_1 + i b_2$
191	10 v. o.	$\ddot\alpha A^0 - \dot\beta$	$\ddot\alpha A^0 + \dot\beta$
211	1 v. o.	$Q = 0$	$Q_\varphi = 0$
211	(5.26/2)	$A \sin^2\vartheta\ \ddot\varphi$	$A \sin^2\vartheta\ \ddot\psi$

Seite	Zeile, Gleichung oder Abbildung	anstelle von:	muß es heißen:
213	12 v. o.	$- Q_\gamma$	$- Q_{\gamma 0}$
221	23 v. o.	positiv	negativ
236	12 v. o.	K^a	K^α
237	12 v. u.	$\sum\limits_\alpha M_i^O$	$\sum\limits_\alpha M_i^{O\alpha}$
240	13 v. o.	11.3	11.4.3
254	12 v. o.	$d H^K/dt$	$d H_i^K/dt$
254	18 v. o.	$v^Z - v^{Z*}$	$v_i^{Z*} - v_i^Z$
254	19 v. o.	$= v^{ZR}$ erleiden, wobei v^{ZR}	$= v_i^{ZR}$ erleiden, wobei v_i^{ZR}
254	(6.32)	$(v^{Z*} - v^Z)$	$(v_k^{Z*} - v_k^Z)$
273	6 v. u.	stabilen	instabilen
287	3 v. u.	$R_i^T =$	$R_i^P =$
330	3 v. u.	$+ C^R \omega_3 \sin\beta$	$+ C^R \omega_3' \sin\beta$
330	1 v. u.	$- A^R \dot\alpha \sin\beta \cos\beta$	$- A^R \dot\alpha \sin\beta \cos\beta$ $+ C^R \omega_3' \cos\beta$
360	4 v. u.	Innenrahmens	Außenrahmens
375	1 v. u.	$= a_{ij}\, r_j^F$	$= a_{ij}^F\, r_j^F$
376	(12.4/1)	$= a_{ji}^\beta\, r_i^J$	$= a_{ij}^\beta\, r_j^J$
395	2 v. o.	$A\,\dot z -$	$A\,\ddot z -$
400	1 v. u.	$M_i^{KR} = H\omega^E \ldots$	$M_2^{KR} = - H\omega^E \ldots$
429	Abb. 14.6	$>$	$<$

1. Einführendes und Grundlagen

1.1 Kreisel und Kreiselerscheinungen

Im alltäglichen Sprachgebrauch stellt man sich unter dem Begriff *Kreisel* meist einen rotationssymmetrischen Körper vor, der sich mit beträchtlicher Geschwindigkeit um seine Symmetrieachse dreht. Wenn diese Vorstellung auch durch technische Kreisel bestätigt zu werden scheint, so hat sich doch in der Mechanik ein anderer Kreiselbegriff eingebürgert. Man versteht hier unter einem Kreisel ganz allgemein einen beliebig gestalteten starren Körper, der Drehbewegungen ausführt.

Demnach ist weder die äußere Form noch die Geschwindigkeit der Drehung für einen Kreisel charakteristisch. Wohl aber beschränkt man sich i. allg. auf die Untersuchung der Drehbewegungen starrer Körper. Damit soll ausgedrückt werden, daß die in Wirklichkeit stets vorhandenen Verformungen so klein bleiben sollen, daß sie den Bewegungsablauf nicht wesentlich beeinflussen. Der starre Körper ist — genau wie auch der Massenpunkt der Punktmechanik und die reibungsfreie inkompressible Flüssigkeit der Hydromechanik — ein vereinfachtes Modell für wirkliche Körper. Die Beschränkung auf den Idealfall eines starren Körpers bietet aber die Möglichkeit, das Kreiselverhalten mit einfacheren mathematischen Hilfsmitteln zu erfassen. Anstelle der für verformbare Körper notwendigen partiellen Differentialgleichungen kommt man in der Kreiseltheorie mit gewöhnlichen Differentialgleichungen aus. Das ist auch der Grund für die Tatsache, daß es in der Kreiseltheorie mehr exakt lösbare Fälle gibt, als z. B. in der Elastizitätstheorie oder der Hydrodynamik. Viele Mathematiker haben sich deshalb gerade auch mit dem Kreisel beschäftigt, und teilweise wurde der Kreisel als geeignetes Modell gewählt, um daran mathematische Methoden zu demonstrieren.

Wenn man sich auch in der klassischen Kreiseltheorie auf Untersuchungen starrer Körper beschränkte, so wurden doch auch frühzeitig schon kreiselähnliche Erscheinungen untersucht, die an nicht starren Körpern beobachtet werden. So kann die Erde i. allg. für geophysikalische Anwendungen als ein großer Kreisel aufgefaßt werden, obwohl der Erdkörper deformierbar ist und eine Wasserhülle besitzt. Auch an rotierenden Flüssigkeiten, bei Wasserwirbeln, bei rasch drehenden Ketten- oder Seilringen hat man Kreiselerscheinungen feststellen können, die z. T. sogar technisch verwertet wurden. Hierüber werden im Kap. 6 einige Bemerkungen zu machen sein.

Für den Kreiselbegriff der Mechanik ist die Geschwindigkeit der Drehbewegung unwesentlich. Der einmal am Tag umlaufende Erdkreisel unterliegt den Kreiselgesetzen genauso wie die mit hoher Drehzahl (bis zu etwa 60 000 U/min) rotierenden technischen Kreisel. Allerdings zeigt es sich, daß die Berechnung schneller Kreisel Vereinfachungen ermöglicht, die für die Untersuchung der oft komplizierten Kreiselgeräte außerordentlich wichtig sind.

Wenn man auch bei dem Begriff Kreisel nur an die Drehbewegungen denkt, so schließt das nicht aus, daß fortschreitende (translatorische) Bewegungen überlagert sein können. In einem solchen Fall wird dann stets die Drehbewegung um geeignet herausgegriffene Bezugspunkte des Körpers untersucht. Bei geworfenen Körpern, z. B. einer fliegenden Diskusscheibe, einem rotierenden Geschoß oder einem die Erde umkreisenden Satelliten ist dieser Punkt stets der Massenmittelpunkt. Wird der Kreisel an einem anderen Punkt festgehalten oder zwangsweise geführt, so wird i. allg. dieser Fest- oder Führungspunkt als Bezugspunkt gewählt.

Zur Erklärung des Verhaltens drehender Körper wird häufig die Analogie zwischen Drehbewegungen und Fortschreitbewegungen eines Massenpunktes herangezogen. Diese Analogie ist aber in der Kreisellehre eher schädlich als nützlich, denn ihr Gültigkeitsbereich hört gerade dort auf, wo die typischen Kreiselerscheinungen beginnen. Der Bereich der Kreiselerscheinungen ist — um einen Ausdruck von GRAMMEL zu gebrauchen — durch die „Anisotropie des starren Körpers gegenüber Drehbewegungen" gekennzeichnet, für die es in der Mechanik des Massenpunktes kein Analogon gibt: Ein anfangs ruhender Massenpunkt bewegt sich nach einem Anstoß stets in der Richtung dieses Anstoßes. Bewegungs- und Stoßrichtung fallen zusammen. Dagegen braucht sich ein anfangs ruhender, durch einen Drehstoß in Bewegung versetzter starrer Körper keineswegs um die Achse zu drehen, um die er angestoßen wurde.

Um die Kreiselerscheinungen verstehen und sinnvoll zur Lösung technischer Aufgaben einsetzen zu können, müssen die grundlegenden Verhaltensweisen der verschiedenen Kreisel und Kreiselsysteme untersucht werden. Sie folgen aus den Grundgesetzen der Mechanik und hängen ab

von der Form des Körpers,
von der Art der auf ihn einwirkenden Kräfte,
von dem anfänglichen Bewegungszustand,

von der Bewegung des Bezugspunktes oder Bezugssystems,
von der Bindung (Fesselung) des Kreisels an seine Umgebung,
von den Bindungen der Kreisel untereinander, falls mehrere Körper
vorhanden sind.

Diese Kriterien werden im folgenden zugrunde gelegt, um die Fülle
der Kreiselerscheinungen zu ordnen. Zuvor jedoch sollen die wichtigsten
Hilfsmittel der theoretischen Mechanik soweit zusammengestellt werden,
wie es für die künftigen Untersuchungen notwendig ist.

1.2 Zur Bezeichnung von Vektoren und Tensoren

Um die Lage und die Lageänderungen eines starren Körpers im
dreidimensionalen euklidischen Raum zu beschreiben, sollen kartesische
Koordinatensysteme mit den Achsen $1, 2, 3$ verwendet werden. Vektoren werden durch Anhängen eines Index (z. B. x_i, r_j, F_k), Tensoren
2. Stufe durch zwei Indizes (z. B. a_{ij}, b_{jk}, Θ_{kl}), Tensoren 3. Stufe durch
drei Indizes gekennzeichnet. Die Indizes durchlaufen dabei, den Achsen
entsprechend, die Werte $1, 2, 3$. Als Indizes werden kleine deutsche
Buchstaben verwendet. Zum Unterschied dazu werden zur Kennzeichnung allgemeiner Matrizen griechische Buchstaben als Indizes verwendet. Sie können einen größeren Wertebereich durchlaufen.

Es werden die folgenden speziellen Größen gebraucht (siehe z. B.
DUSCHEK/HOCHRAINER [16]):

e_i:　　Einheitsvektor ($|e_i| = 1$).

δ_{ij}:　　Einheitstensor 2. Stufe oder Kronecker-Symbol:

$$\delta_{ij} = \begin{bmatrix} 1 & 0 & 0 \\ 0 & 1 & 0 \\ 0 & 0 & 1 \end{bmatrix} = \begin{cases} 1 & \text{für} \quad i = j, \\ 0 & \text{für} \quad i \neq j. \end{cases}$$

ε_{ijk}:　　Einheitstensor 3. Stufe oder Levi-Civita-Symbol:

$$\varepsilon_{ijk} = \begin{cases} +1, & \text{wenn } ijk \text{ eine gerade Permutation bilden (d. h. } 123 \text{ oder} \\ & 231 \text{ oder } 312), \\ -1, & \text{wenn } ijk \text{ eine ungerade Permutation bilden (d. h. } 321 \\ & \text{oder } 213 \text{ oder } 132), \\ 0, & \text{wenn zwei oder drei gleiche Indizes vorhanden sind.} \end{cases}$$

Beim Rechnen mit diesen Größen wird von der *Summationsverein-
barung* Gebrauch gemacht, nach der über alle doppelt vorkommenden
Indizes automatisch zu summieren ist. Damit gelten die folgenden
Regeln:

1*

Skalares Produkt:

$$z = \delta_{ij}\, x_i\, y_j = x_j\, y_j = x_1\, y_1 + x_2\, y_2 + x_3\, y_3. \tag{1.1}$$

Vektorielles Produkt:

$$z_i = \varepsilon_{ijk}\, x_j\, y_k = \begin{bmatrix} x_2\, y_3 - x_3\, y_2 \\ x_3\, y_1 - x_1\, y_3 \\ x_1\, y_2 - x_2\, y_1 \end{bmatrix}. \tag{1.2}$$

Dyadisches Produkt:

$$z_{ij} = x_i\, y_j = \begin{bmatrix} x_1\, y_1 & x_1\, y_2 & x_1\, y_3 \\ x_2\, y_1 & x_2\, y_2 & x_2\, y_3 \\ x_3\, y_1 & x_3\, y_2 & x_3\, y_3 \end{bmatrix}. \tag{1.3}$$

Lineare Vektorfunktionen:

$$y_i = b_{ij}\, x_j = \begin{bmatrix} b_{11}\, x_1 + b_{12}\, x_2 + b_{13}\, x_3 \\ b_{21}\, x_1 + b_{22}\, x_2 + b_{23}\, x_3 \\ b_{31}\, x_1 + b_{32}\, x_2 + b_{33}\, x_3 \end{bmatrix}. \tag{1.4}$$

Danach gilt: $x_i = \delta_{ij}\, x_j$.

Drehungen eines Koordinatensystems, bei dem die Achsen $1, 2, 3$ in eine Lage $1', 2', 3'$ gebracht werden, können durch die Richtungscosinus $a_{ij} = \cos\alpha_{ij}$ beschrieben werden. Dabei ist z. B. α_{12} der Winkel zwischen 1- und 2'-Achsen. Im allgemeinen ist $a_{ij} \neq a_{ji}$. Die bekannten Regeln für die Richtungscosinus nehmen dann die Form an:

$$a_{ij}\, a_{ik} = a_{ji}\, a_{ki} = \delta_{jk} = \delta_{kj}. \tag{1.5}$$

Ferner gelten bei Koordinatendrehungen die Transformationsgesetze

für Vektoren: $\qquad x_i' = a_{ji}\, x_j; \qquad x_i = a_{ij}\, x_j'. \tag{1.6}$

für Tensoren 2. Stufe: $\quad T_{ij}' = a_{ki}\, a_{lj}\, T_{kl},$
$$T_{ij} = a_{ik}\, a_{jl}\, T_{kl}'. \tag{1.7}$$

Entwicklungssatz:

$$\varepsilon_{ijk}\, \varepsilon_{ilm} = \delta_{jl}\, \delta_{km} - \delta_{kl}\, \delta_{jm} = \begin{vmatrix} \delta_{jl} & \delta_{jm} \\ \delta_{kl} & \delta_{km} \end{vmatrix}. \tag{1.8}$$

1.3 Massengeometrische Grundlagen

1.3.1 Trägheits- und Deviationsmomente.
Die Trägheitseigenschaften eines starren Körpers werden durch seine insgesamt 6 Massenmomente zweiter Ordnung gekennzeichnet. Denkt man sich einen beliebigen

Punkt O des starren Körpers als Ursprung eines kartesischen Koordinatensystems (Abb. 1.1), so hat man für die Massenmomente zweiter

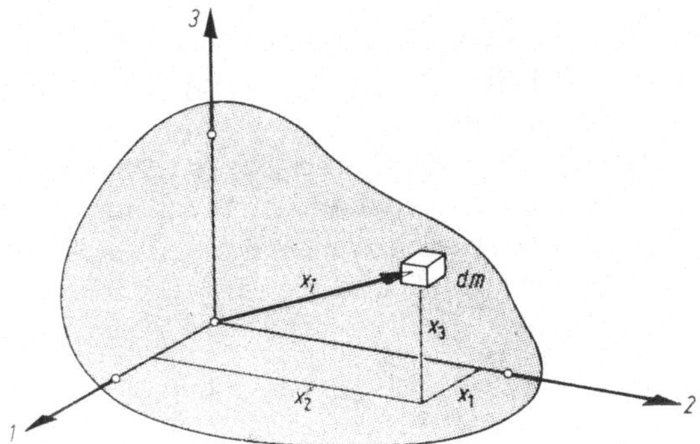

Abb. 1.1 Zur Definition der Massenmomente.

Ordnung die Ausdrücke:

$$A = \int (x_2^2 + x_3^2)\,dm; \qquad D = \int x_2\,x_3\,dm;$$

$$B = \int (x_3^2 + x_1^2)\,dm; \qquad E = \int x_3\,x_1\,dm; \qquad (1.9)$$

$$C = \int (x_1^2 + x_2^2)\,dm; \qquad F = \int x_1\,x_2\,dm.$$

Dabei ist über den gesamten Körper zu integrieren. Die Größen A, B, C werden *Massenträgheitsmomente* (auch Drehmassen) genannt. Sie sind ihrer Definition nach stets positiv. Die Größen D, E, F werden *Deviationsmomente* (auch Zentrifugalmomente, Trägheitsprodukte oder Kippmassen) genannt. Im Gegensatz zu den Trägheitsmomenten können sie auch negative Werte annehmen.

Während die Trägheitsmomente ein Maß für die Trägheit des starren Körpers gegenüber Drehbewegungen darstellen (die Bezeichnung Drehmassen drückt das noch treffender aus), kann man die Deviationsmomente als ein Maß für die Unwuchten des Körpers betrachten. Sie charakterisieren die unsymmetrische Verteilung der Massen bezüglich der Koordinatenebenen und verschwinden, wenn die Querschnitte des Körpers senkrecht zu den betrachteten Bezugsebenen symmetrisch sind.

Aus (1.9) folgen die Ungleichungen:

$$A + B \geqq C; \qquad B + C \geqq A; \qquad C + A \geqq B. \qquad (1.10)$$

Das Gleichheitszeichen gilt nur, wenn der Körper zu einer ebenen, massebehafteten Scheibe ausartet, die in einer der Koordinatenebenen liegt.

Wegen $(x_2 - x_3)^2 \geqq 0$ bzw. $x_2^2 + x_3^2 \geqq 2x_2 x_3$ usw. folgt aus (1.9) weiter

$$A \geqq 2D; \quad B \geqq 2E; \quad C \geqq 2F. \tag{1.11}$$

Diesmal gilt das Gleichheitszeichen in einer dieser Ungleichungen, wenn der Körper zu einer Scheibe ausartet, die mit den Koordinatenebenen einen Winkel von 45° bildet.

Die Ungleichungen (1.10) werden als Dreiecksungleichungen bezeichnet, weil nur solche Kombinationen von Trägheitsmomenten möglich sind, die, als Strecken aufgetragen, ein ebenes Dreieck bilden können.

Die Trägheitsmomente ABC und die (negativ genommenen) Deviationsmomente DEF bilden die Elemente des *Trägheitstensors*

$$\Theta_{ij} = \begin{bmatrix} A & -F & -E \\ -F & B & -D \\ -E & -D & C \end{bmatrix}, \tag{1.12}$$

der dem jeweiligen Bezugspunkt O zugeordnet werden kann. Da die außerhalb der Hauptdiagonalen stehenden Deviationsmomente gespiegelt vorkommen, ist der Trägheitstensor symmetrisch. (Es ist $\Theta_{11} = A$, $\Theta_{12} = -F$, usw.)

Mit Hilfe der im Abschn. 1.2 angegebenen Darstellung von Vektoren und Tensoren durch Indizes kann man die Definitionsgleichungen (1.9) und (1.12) wie folgt zusammenfassen:

$$\Theta_{ij} = \int (x_k x_k \, \delta_{ij} - x_i x_j) \, dm. \tag{1.13}$$

Daß es sich bei dieser Größe Θ_{ij} tatsächlich um einen Tensor handelt, soll hier noch nachgewiesen werden. Dazu ist zu zeigen, daß Θ_{ij} bei Koordinatentransformationen dem Transformationsgesetz (1.7) für Tensoren genügt. Dieser Nachweis ist notwendig, um zu zeigen, daß mit Θ_{ij} eine physikalische Eigenschaft des Körpers gekennzeichnet wird, die nicht von der willkürlichen Wahl der Bezugsrichtungen abhängt. Wohl aber hängen die Elemente des Trägheitstensors Θ_{ij} von den Bezugsrichtungen ab.

Für ein gedrehtes Koordinatensystem mit $x_i' = a_{ji} x_j$ hat man den Tensor

$$\Theta_{ij}' = \int (x_k' x_k' \, \delta_{ij}' - x_i' x_j') \, dm$$

$$= \int (a_{lk} a_{mk} x_l x_m \, \delta_{ij}' - a_{ki} a_{lj} x_k x_l) \, dm. \tag{1.14}$$

Nun ist

$$a_{lk} a_{mk} = \delta_{lm}; \quad \delta_{lm} x_l = x_m,$$

$$a_{ki} a_{lj} \delta_{kl} = \delta_{ij}'.$$

Damit kann (1.14) umgeformt werden in:

$$\Theta'_{ij} = a_{ki}\,a_{lj} \int (x_m\,x_m\,\delta_{kl} - x_k\,x_l)\,dm\,,$$

$$\Theta'_{ij} = a_{ki}\,a_{lj}\,\Theta_{kl}. \tag{1.15}$$

Das entspricht dem geforderten Transformationsgesetz (1.7), folglich ist Θ_{ij} tatsächlich ein Tensor.

1.3.2 Wechsel des Bezugspunktes. Anstelle des Bezugspunktes O soll nun der neue Bezugspunkt P gewählt werden, dessen Lage durch

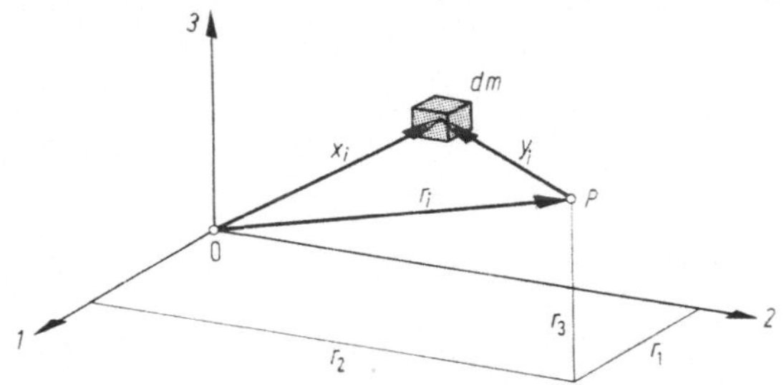

Abb. 1.2 Wechsel des Bezugspunktes von O nach P.

den Vektor r_i gegeben ist (Abb. 1.2). Mit $x_i = r_i + y_i$ erhält man aus (1.13):

$$\Theta_{ij} = \int [(r_k + y_k)\,(r_k + y_k)\,\delta_{ij} - (r_i + y_i)\,(r_j + y_j)]\,dm\,,$$

$$\Theta_{ij} = \int (y_k\,y_k\,\delta_{ij} - y_i\,y_j)\,dm + m\,(r_k\,r_k\,\delta_{ij} - r_i\,r_j) +$$

$$+ 2\,\delta_{ij}\,r_k \int y_k\,dm - r_i \int y_j\,dm - r_j \int y_i\,dm. \tag{1.16}$$

Der erste Ausdruck aus der rechten Seite ist gleich dem Trägheitstensor Θ^P_{ij} für den Bezugspunkt P. Die drei letzten Ausdrücke enthalten die Massenmomente erster Ordnung des Körpers bezogen auf P. Diese Massenmomente können durch den Vektor y_i^S zum Massenmittelpunkt S des Körpers ausgedrückt werden:

$$\int y_i\,dm = m\,y_i^S.$$

Sie verschwinden, wenn der Massenmittelpunkt S als Bezugspunkt gewählt wird. Man erhält daher im Fall $P \equiv S$ eine besonders einfache Darstellung für den Trägheitstensor:

$$\Theta_{ij} = \Theta_{ij}^S + m\,(r_k\,r_k\,\delta_{ij} - r_i\,r_j). \tag{1.17}$$

Diese Beziehung wird allgemein als *Huygens-Steinerscher Satz* bezeichnet. Der Satz sagt aus, daß sich die Trägheits- und Deviationsmomente für ein beliebiges Achsensystem aus zwei Anteilen zusammensetzen: aus den Trägheits- und Deviationsmomenten für ein paralleles Achsensystem mit dem Ursprung im Massenmittelpunkt sowie aus den Anteilen, die entstehen, wenn die Gesamtmasse m des Körpers im Massenmittelpunkt konzentriert angenommen wird.

Wegen ihrer großen praktischen Bedeutung sollen noch die Elemente des Trägheitstensors (1.17) angegeben werden. Wenn man mit a, b, c die Abstände des Massenmittelpunktes S von den Koordinatenachsen $1, 2, 3$ bezeichnet:

$$a^2 = r_2^2 + r_3^2; \quad b^2 = r_3^2 + r_1^2; \quad c^2 = r_1^2 + r_2^2,$$

dann folgt

$$A = A^S + m\,a^2; \quad D = D^S + m\,r_2\,r_3;$$

$$B = B^S + m\,b^2; \quad E = E^S + m\,r_3\,r_1; \tag{1.18}$$

$$C = C^S + m\,c^2; \quad F = F^S + m\,r_1\,r_2.$$

Daraus lassen sich die folgenden Erkenntnisse ablesen:

1. Das Trägheitsmoment eines starren Körpers um eine beliebige Achse ist gleich dem Trägheitsmoment für eine parallele Achse durch den Massenmittelpunkt, vermehrt um das Produkt aus der Gesamtmasse m des Körpers und dem Quadrat des Abstandes beider Achsen voneinander.

2. Das Trägheitsmoment eines Körpers für eine durch den Massenmittelpunkt gehende Achse ist ein Minimum verglichen mit den Trägheitsmomenten um parallele Achsen, die nicht durch den Massenmittelpunkt laufen.

3. Die Deviationsmomente eines Körpers ändern sich nicht, wenn anstelle des Massenmittelpunktes S ein anderer Bezugspunkt gewählt wird, der auf den durch S laufenden Koordinatenachsen liegt. Liegt der neue Bezugspunkt in einer Koordinatenebene, dann ändert sich nur eines der Deviationsmomente.

1.3.3 Verdrehen der Bezugsachsen. Zunächst soll das Trägheitsmoment für eine beliebige Achse ausgerechnet werden, die durch den Ursprung O des Koordinatensystems geht und mit den Achsen $1, 2, 3$ Winkel bildet, deren Richtungscosinus mit $a_1\,a_2\,a_3$ bezeichnet werden. Diese Richtungscosinus sind zugleich die Koordinaten des Einheitsvektors in Richtung der betrachteten Achse: $e_i^P = a_i = (a_1\,a_2\,a_3)$.

Der Fußpunkt des Lotes, das von einem Masseteilchen dm auf die betrachtete Achse gefällt wird, sei P; die Länge des Lotes sei p (Abb. 1.3).

Dann erhält man für das Trägheitsmoment um die durch OP gehende Achse

$$\Theta = \int p^2 \, dm. \tag{1.19}$$

Aus Abb. 1.3 liest man ab:

$$p^2 = x^2 - \overline{OP}^2 = x_i \, x_i - (x_i \, a_i)^2,$$

in Koordinaten:

$$p^2 = (x_1^2 + x_2^2 + x_3^2) - (x_1 \, a_1 + x_2 \, a_2 + x_3 \, a_3)^2$$
$$= a_1^2 (x_2^2 + x_3^2) + a_2^2 (x_3^2 + x_1^2) + a_3^2 (x_1^2 + x_2^2) -$$
$$- 2a_1 \, a_2 \, x_1 \, x_2 - 2a_2 \, a_3 \, x_2 \, x_3 - 2a_3 \, a_1 \, x_3 \, x_1.$$

Eingesetzt in (1.19) folgt damit unter Berücksichtigung von (1.9):

$$\Theta = A \, a_1^2 + B \, a_2^2 + C \, a_3^2 - 2D \, a_2 \, a_3 - 2E \, a_3 \, a_1 - 2F \, a_1 \, a_2. \tag{1.20}$$

Wenn die Trägheitsmomente ABC und die Deviationsmomente DEF für das Ausgangsbezugssystem bekannt sind, dann kann aus (1.20) das

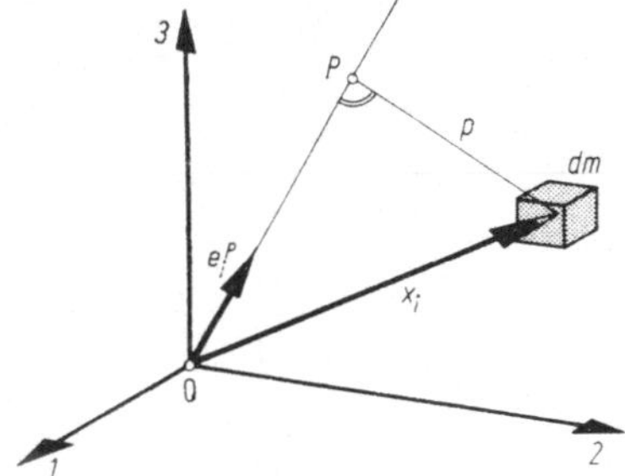

Abb. 1.3 Zur Berechnung des Trägheitsmomentes für die Bezugsachse OP.

Trägheitsmoment für jede beliebige Achse berechnet werden, deren Richtung durch den Einheitsvektor $e_i^P = a_i$ gekennzeichnet ist. Unter Berücksichtigung von (1.12) kann (1.20) auch in der Form

$$\Theta = \Theta_{ij} \, e_j^P \, e_i^P = \Theta_{ij} \, a_j \, a_i \tag{1.21}$$

geschrieben werden.

Die rechte Seite von (1.20) bzw. (1.21) bildet eine quadratische Form der Richtungscosinus. Sie ist positiv definit, also nur positiver Werte fähig, wie man aus der Definitionsgleichung (1.19) erkennt. Eine Untersuchung dieser quadratischen Form, die weiteren Einblick in die Trägheitseigenschaften eines starren Körpers vermittelt, soll in Abschnitt 1.3.4 vorgenommen werden. Zunächst soll ein einfacherer Sonderfall betrachtet werden, der zugleich Auskunft über die Veränderung der Deviationsmomente bei einer Drehung um eine Bezugsachse gibt.

Das Bezugssystem 1 2 3 werde um einen Winkel φ um die 3-Achse in die Lage 1′ 2′ 3′ (Abb. 1.4) gedreht. Diese Drehung kann durch

$$x'_i = a_{j\,i}\,x_j \quad \text{mit} \quad a_{j\,i} = \begin{bmatrix} \cos\varphi & -\sin\varphi & 0 \\ \sin\varphi & \cos\varphi & 0 \\ 0 & 0 & 1 \end{bmatrix}$$

beschrieben werden. Damit erhält man für den Trägheitstensor

$$\Theta'_{ij} = \int (x'_k\,x'_k\,\delta'_{ij} - x'_i\,x'_j)\,dm = a_{k\,i}\,a_{l\,j}\,\Theta_{k\,l}$$

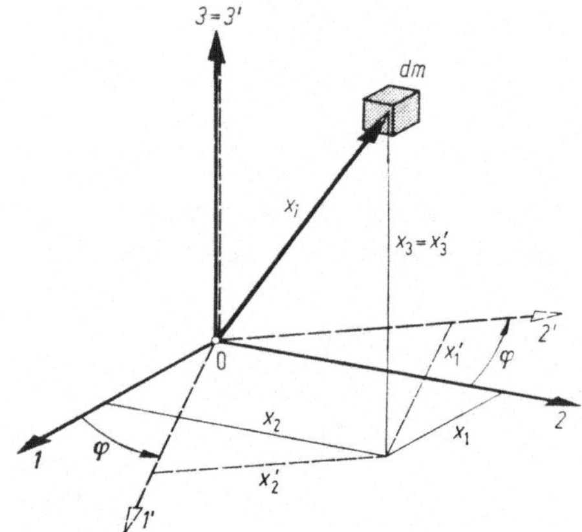

Abb. 1.4 Um den Winkel φ verdrehtes Bezugssystem 1′2′3′.

die Elemente

$$\begin{aligned}
A' &= A\cos^2\varphi + B\sin^2\varphi - 2F\sin\varphi\cos\varphi, \\
B' &= A\sin^2\varphi + B\cos^2\varphi + 2F\sin\varphi\cos\varphi, \\
C' &= C, \\
D' &= D\cos\varphi - E\sin\varphi, \\
E' &= D\sin\varphi + E\cos\varphi, \\
F' &= (A - B)\sin\varphi\cos\varphi + F(\cos^2\varphi - \sin^2\varphi).
\end{aligned}$$

$$(1.22)$$

Die ersten drei dieser Ausdrücke lassen sich auch als Sonderfälle der allgemeineren Formel (1.20) ableiten. Die Abhängigkeit der neuen, gestrichenen Trägheits- und Deviationsmomente vom Winkel φ läßt sich durch Kreisdiagramme veranschaulichen. Zu diesem Zweck wird mit

$$F_{\max} = \sqrt{F^2 + \frac{1}{4}(A - B)^2} \quad \text{und} \quad \tan\varphi_F = \frac{A - B}{2F}$$

wie folgt umgeformt:

$$A' = \tfrac{1}{2}(A + B) - F_{\max} \sin(2\varphi - \varphi_F),$$
$$B' = \tfrac{1}{2}(A + B) + F_{\max} \sin(2\varphi - \varphi_F),$$
$$F' = F_{\max} \cos(2\varphi - \varphi_F). \tag{1.23}$$

Daraus läßt sich die in Abb. 1.5 dargestellte Konstruktion gewinnen: Man trage auf der Abszisse eines kartesischen Koordinatensystems die Strecke $\overline{OM} = \tfrac{1}{2}(A + B)$ ab und schlage um M einen Kreis mit dem Radius $F_{\max}$. Ausgehend von einem durch den Winkel φ_F festgelegten

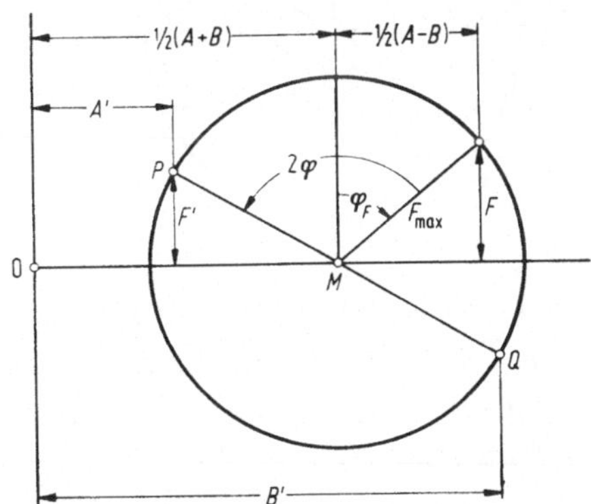

Abb. 1.5 Kreisdiagramm zur Bestimmung der Massenmomente für ein um den Winkel φ verdrehtes Bezugssystem.

Radius wird im mathematisch positiven Sinn der Winkel 2φ abgetragen. Durch den auf diese Weise erhaltenen Durchmesser PQ des Kreises werden die gesuchten Größen gekennzeichnet: Die Abszissenwerte von P bzw. Q entsprechen den Größen A' bzw. B', der Ordinatenwert von P ist ein Maß für F'. Diese Art der Darstellung ist analog zu der Veranschaulichung eines ebenen Spannungszustandes durch den sog. *Mohrschen Spannungskreis*. Den Normalspannungen entsprechen hier die Trägheitsmomente, den Schubspannungen die Deviationsmomente.

Man entnimmt der Darstellung von Abb. 1.5 die Erkenntnis, daß A' und B' im Bereich $0 < \varphi < \pi$ je einmal einen Maximalwert und einen Minimalwert annehmen. Dem Maximum der einen Größe ist das Minimum der anderen zugeordnet. Wenn die Trägheitsmomente A' und B' Extremwerte annehmen, dann verschwindet das Deviationsmoment F'. Für Winkel φ, die um 45° von denen verschieden sind, für die A' und B' Extremwerte annehmen, nimmt F' die Extremwerte $F' = \pm F_{\max}$ an.

Auch für die beiden Deviationsmomente D' und E' kann ein Kreisdiagramm konstruiert werden (Abb. 1.6). Dazu wird in einem Koordinatenkreuz $\overline{MN} \triangleq D$ und $\overline{NP} \triangleq E$ abgetragen. Durch Fällen des Lotes von P auf eine Gerade, die mit $\overline{MN}$ den Winkel φ einschließt, erhält man den Punkt Q. Nun ist $MQ \triangleq D'$ und $QP \triangleq E'$. Man erkennt aus dem Diagramm unmittelbar die Erfüllung des in (1.22) gegebenen Zusammenhangs zwischen D', E' einerseits und D, E andererseits. Der Punkt Q kann bei beliebigen Werten von φ nur innerhalb des gezeich-

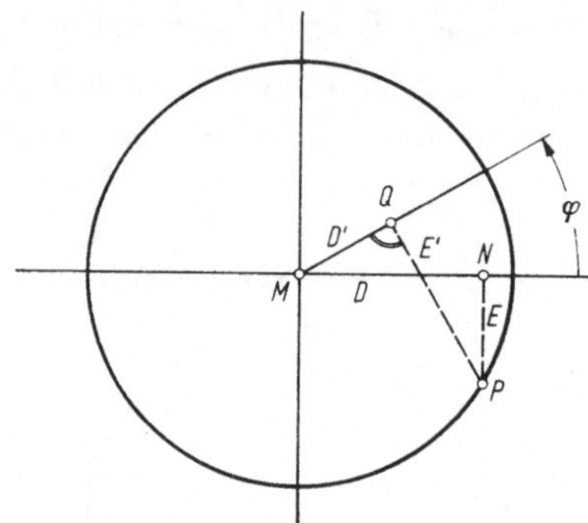

Abb. 1.6 Kreisdiagramm zur Bestimmung der Deviationsmomente D' und E'.

neten Kreises liegen. Deshalb nehmen die Größen D' und E' im Bereich $0 < \varphi < 2\pi$ je einmal den Maximalwert $+\sqrt{D^2 + E^2}$ und den Minimalwert $-\sqrt{D^2 + E^2}$ an. Wenn D' extrem ist, dann verschwindet E' und umgekehrt.

1.3.4 Trägheitsellipsoid und Hauptträgheitsachsen. Zur weiteren Untersuchung der quadratischen Form (1.20) bzw. (1.21) sollen zwei neue Begriffe eingeführt werden. Wir bezeichnen als *Trägheitsradius* eines starren Körpers in bezug auf eine gegebene Achse die durch die Beziehung

$$\Theta = \int p^2\, dm = m\, k^2 = \frac{m}{\varrho^2} \tag{1.24}$$

definierte Größe k. Der reziproke Wert davon $\varrho = 1/k$ soll *Trägheitsmodul* heißen. Für den Trägheitsradius gibt es eine anschauliche Deutung: Es ist bei homogenen Körpern der quadratische Mittelwert für die Abstände der Massen des Körpers bezüglich der betrachteten Achse. Man kann sich die gesamte Masse des Körpers auf der Oberfläche eines Kreiszylinders vom Radius k um die Achse verteilt denken und hat dann einen Körper vom gleichen Trägheitsmoment vor sich.

Wir führen nun in die mit dem Trägheitstensor Θ_{ij} gebildete quadratische Form (1.21) den Vektor

$$y_i = \varrho\, e_i^P = \varrho\, a_i$$

ein. Dieser Vektor hat die Richtung der Achse OP (Abb. 1.3), seine Länge ist gleich dem Zahlenwert des Trägheitsmoduls ϱ. Man beachte, daß ϱ hier als Länge abgetragen wird, obwohl es seiner Definition (1.24) zufolge die Dimension einer reziproken Länge hat. Jetzt wird aus (1.21) mit (1.24):

$$\Theta = \frac{m}{\varrho^2} = \Theta_{ij}\, e_i^P\, e_j^P = \frac{1}{\varrho^2}\, \Theta_{ij}\, y_i\, y_j\,;$$
$$\Theta_{ij}\, y_i\, y_j = m \tag{1.25}$$

oder ausgeschrieben:

$$A\, y_1^2 + B\, y_2^2 + C\, y_3^2 - 2D\, y_2\, y_3 - 2E\, y_3\, y_1 - 2F\, y_1\, y_2 = m\,. \tag{1.26}$$

Dies bedeutet, daß bei Änderungen der Richtung des Vektors y_i die auf der linken Seite stehende quadratische Form konstant ist. Aus der analytischen Geometrie ist bekannt, daß dann der Endpunkt von y_i stets auf einer Fläche 2. Grades liegt. Da y_i den Betrag ϱ hat und ϱ für reale Körper nie unendlich groß werden kann, weil dies einem verschwindenden Trägheitsmoment entsprechen würde, liegt die Fläche ganz im Endlichen. Sie kann also nur ein Ellipsoid (oder eine Kugel) sein. Dieses Ellipsoid ist die dem Trägheitstensor Θ_{ij} zugeordnete Tensorfläche, sie wird als *Trägheitsellipsoid* (auch *Cauchy-Ellipsoid* oder *Poinsot-Ellipsoid*) bezeichnet.

Wenn das zu einem bestimmten Bezugspunkt gehörige Trägheitsellipsoid bekannt ist, dann läßt sich der Wert von ϱ und damit das Trägheitsmoment für jede beliebige Achsrichtung ermitteln. Man hat nur zu beachten, daß die Länge des Fahrstrahles vom Mittelpunkt des Ellipsoides zu einem Punkt seiner Oberfläche den Betrag ϱ hat. Aus der Geometrie des Ellipsoides folgt:

Das Trägheitsellipsoid eines starren Körpers hat stets drei zueinander senkrechte Hauptachsen; sie werden die Hauptträgheitsachsen (kurz: Hauptachsen) des Körpers genannt. Die für die Hauptachsen geltenden Trägheitsmomente heißen Hauptträgheitsmomente.

Der kleinsten Hauptachse des Trägheitsellipsoides (ϱ_{min}) entspricht das größte Hauptträgheitsmoment (Θ_{max}), umgekehrt ist das kleinste Hauptträgheitsmoment der großen Halbachse ϱ_{max} des Ellipsoides zugeordnet.

Die Gleichung für eine Fläche 2. Grades nimmt eine besonders einfache Form an, wenn man das System der Hauptachsen als Bezugssystem verwendet. Durch eine Hauptachsentransformation kann die gemischt-quadratische Form (1.26) in eine rein quadratische verwandelt werden:

$$A'\, y_1^2 + B'\, y_2^2 + C'\, y_3^2 = m\,. \tag{1.27}$$

Mit

$$A' = \frac{m}{\varrho_1^2}\,; \quad B' = \frac{m}{\varrho_2^2}\,; \quad C' = \frac{m}{\varrho_3^2}$$

läßt sich (1.27) überführen in

$$\left(\frac{y_1}{\varrho_1}\right)^2 + \left(\frac{y_2}{\varrho_2}\right)^2 + \left(\frac{y_3}{\varrho_3}\right)^2 = 1. \tag{1.28}$$

Das ist die Normalform für das Trägheitsellipsoid mit den Halbachsen $\varrho_1\,\varrho_2\,\varrho_3$. Die Größen $A'\,B'\,C'$ sind die Hauptträgheitsmomente. Wenn die Größenreihenfolge durch $A' > B' > C'$ gegeben ist, dann gilt $\varrho_1 < \varrho_2 < \varrho_3$. Nicht jedes beliebige Ellipsoid kann Trägheitsellipsoid sein. Wegen der Ungleichungen (1.10) müssen die Halbachsen eines Trägheitsellipsoides den Bedingungen

$$\frac{1}{\varrho_1^2} + \frac{1}{\varrho_2^2} > \frac{1}{\varrho_3^2}; \quad \frac{1}{\varrho_2^2} + \frac{1}{\varrho_3^2} > \frac{1}{\varrho_1^2}; \quad \frac{1}{\varrho_3^2} + \frac{1}{\varrho_1^2} > \frac{1}{\varrho_2^2}$$

genügen.

Aus (1.27) geht hervor, daß bei Transformation auf Hauptachsen die Deviationsmomente verschwinden. Das folgt auch aus den in Abschn. 1.3.3 gewonnenen Erkenntnissen. Betrachtet man nämlich Bezugssysteme, die aus dem Hauptachsensystem durch Drehung um eine der Hauptachsen hervorgehen, dann gilt, daß für alle Achsrichtungen, zu denen Extremwerte der Trägheitsmomente gehören, die Deviationsmomente verschwinden. Diese Richtungen sind aber gerade die Hauptrichtungen. Deshalb gilt:

Die Deviationsmomente verschwinden, wenn als Bezugssystem das Hauptachsensystem gewählt wird.

Umgekehrt gilt:

Wenn die Deviationsmomente verschwinden, dann ist das zugehörige Bezugssystem ein Hauptachsensystem.

Die Hauptachsen können also durch das Verschwinden der Deviationsmomente definiert werden. Daneben gibt es noch eine kinetische Definition für Hauptachsen, die im Abschn. 1.5.2 besprochen werden wird.

Sind zwei der Hauptträgheitsmomente gleich groß, dann wird das zugehörige Trägheitsellipsoid zu einem Rotationsellipsoid. Alle in der Äquatorebene liegenden Achsen sind dann Hauptachsen und haben das gleiche Trägheitsmoment. Man erkennt das am besten, wenn man (1.27) in der Form

$$\Theta = A'\,a_1^2 + B'\,a_2^2 + C'\,a_3^2 \tag{1.29}$$

schreibt. Mit $A' = B'$ wird:

$$\Theta = A'\,(a_1^2 + a_2^2) + C'\,a_3^2.$$

Für eine Achse in der Äquatorebene ist $a_3 = 0$ und $a_1^2 + a_2^2 = 1$, damit wird aber $\Theta = A'$.

Wenn $A' = B' = C'$ gilt, dann folgt sofort aus (1.29) $\Theta = A'$. Das Ellipsoid artet damit zu einer Kugel aus, so daß jede beliebige Achse zugleich Hauptachse ist.

Die Hauptachsen und Hauptträgheitsmomente eines Körpers können bei gegebenen Elementen von Θ_{ij} durch Bestimmen der Extremwerte von Θ ausgerechnet werden. Dabei sind die Richtungscosinus $a_1\,a_2\,a_3$ als Variable zu betrachten. Sie genügen der Bedingung

$$f(a_i) = 1 - (a_1^2 + a_2^2 + a_3^2) = 0.$$

Um nun die Extremwerte von Θ unter Berücksichtigung dieser Nebenbedingung zu erhalten, werden die Extremwerte der Funktion

$$\begin{aligned} G(a_i) &= \Theta(a_i) + \lambda\,f(a_i) \\ &= \Theta_{ij}\,a_j\,a_i + \lambda(1 - \delta_{ij}\,a_j\,a_i) \end{aligned}$$

gesucht. Sie folgen aus der Eigenwertgleichung

$$\frac{dG}{da_i} = 2\,(\Theta_{ij} - \lambda\,\delta_{ij})\,a_j = 0. \tag{1.30}$$

Wenn dieses homogene lineare Gleichungssystem für die Richtungscosinus nichttriviale Lösungen haben soll, muß die Determinante verschwinden:

$$|\Theta_{ij} - \lambda\,\delta_{ij}| = \begin{vmatrix} A - \lambda & -F & -E \\ -F & B - \lambda & -D \\ -E & -D & C - \lambda \end{vmatrix} = 0, \tag{1.31}$$

oder ausgerechnet

$$\lambda^3 - \lambda^2(A + B + C) + \lambda(AB + BC + CA - D^2 - E^2 - F^2) - $$
$$ - (ABC - 2DEF - AD^2 - BE^2 - CF^2) = 0.$$

Die Lösungen λ dieser Gleichung sind die Eigenwerte des Tensors Θ_{ij}. Da ein symmetrischer Tensor nur reelle Eigenwerte hat, sind die Lösungen reell. Sie sind außerdem positiv, da λ die Bedeutung eines Trägheitsmomentes hat. Man erkennt das am einfachsten aus (1.30), wenn man dort skalar mit a_i multipliziert. Dann folgt unmittelbar

$$2\,(\Theta - \lambda) = 0 \quad \text{also} \quad \lambda = \Theta.$$

Im vorliegenden Fall erhält man als Lösungen von (1.31) gerade die Hauptträgheitsmomente

$$\lambda_1 = \lambda_A = A'; \quad \lambda_2 = \lambda_B = B'; \quad \lambda_3 = \lambda_C = C'.$$

Die zu den Hauptträgheitsmomenten gehörenden Hauptrichtungen werden durch Einsetzen der Eigenwerte λ in (1.30) bestimmt. Man erhält drei Vektorgleichungen

$$\begin{aligned} (\Theta_{ij} - A'\,\delta_{ij})\,a_j^A &= 0, \\ (\Theta_{ij} - B'\,\delta_{ij})\,a_j^B &= 0, \\ (\Theta_{ij} - C'\,\delta_{ij})\,a_j^C &= 0, \end{aligned} \tag{1.32}$$

aus denen die Einheitsvektoren $a_i^A\, a_i^B\, a_i^C$ in Richtung der jeweiligen Hauptachsen ermittelt werden können.

Die Hauptrichtungen stehen aufeinander senkrecht, sofern man voraussetzt, daß die drei Hauptträgheitsmomente $A'\,B'\,C'$ voneinander verschieden sind. Das kann wie folgt gezeigt werden: Man multipliziere die erste der Gln. (1.32) skalar mit a_i^B, die zweite entsprechend mit a_i^A. Durch Subtraktion beider Gleichungen erhält man dann

$$\Theta_{ij}\, a_j^A\, a_i^B \,-\, \Theta_{ij}\, a_j^B\, a_i^A \,-\, A'\, a_i^A\, a_i^B \,+\, B'\, a_i^B\, a_i^A \,=\, 0.$$

Wegen der Symmetrie des Trägheitstensors heben sich die ersten beiden Glieder auf. Es bleibt

$$(B' - A')\, a_i^A\, a_i^B \,=\, 0.$$

Wegen der Voraussetzung $B' \neq A'$ kann diese Beziehung nur durch

$$a_i^A\, a_i^B \,=\, 0 \quad \text{also} \quad a_i^A \perp a_i^B$$

erfüllt werden. Entsprechendes gilt für die anderen Achsenpaare.

Um eine Vorstellung von dem einem Körper zugeordneten Trägheitsellipsoid zu bekommen, sei als einfaches Beispiel der in Abb. 1.7 skizzierte Quader mit den Kantenlängen $a\,b\,c$ betrachtet. Durch Ausführen der Integrationen (1.9) erhält man:

$$A = \frac{m}{12}\,(b^2 + c^2);\quad B = \frac{m}{12}\,(c^2 + a^2);\; C = \frac{m}{12}\,(a^2 + b^2).$$

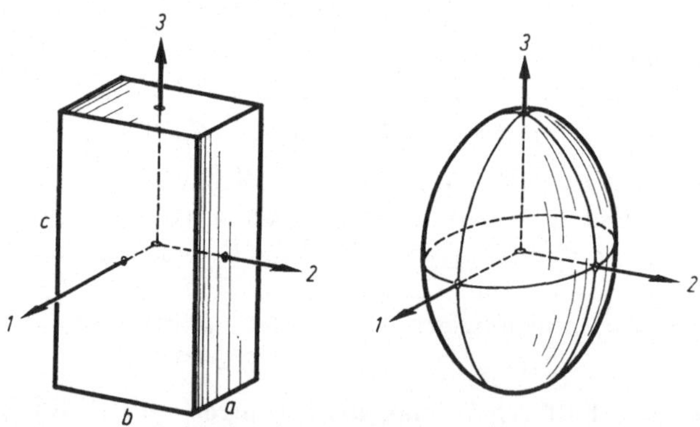

Abb. 1.7 Rechtkantquader und sein Trägheitsellipsoid.

Die Trägheitsmoduln, also die Längen der Hauptachsen des zugehörigen Trägheitsellipsoides, werden somit

$$\varrho_1 = \sqrt{\frac{12}{b^2 + c^2}};\quad \varrho_2 = \sqrt{\frac{12}{c^2 + a^2}};\quad \varrho_3 = \sqrt{\frac{12}{a^2 + b^2}}.$$

Verhalten sich die Kantenlängen beispielsweise wie $1:2:4$ (Ziegelstein), so verhalten sich die Trägheitsmoduln wie $1:1{,}08:2$. Der

längsten Kante entspricht die größte Hauptachse des Trägheitsellipsoides, aber das kleinste Hauptträgheitsmoment. Schrumpft der
Quader zu einem eindimensionalen Stab zusammen $(a \to 0;\ b \to 0)$, so
wird:

$$\varrho_1 = \varrho_2 = \sqrt{\frac{12}{c^2}}; \quad \varrho_3 \to \infty.$$

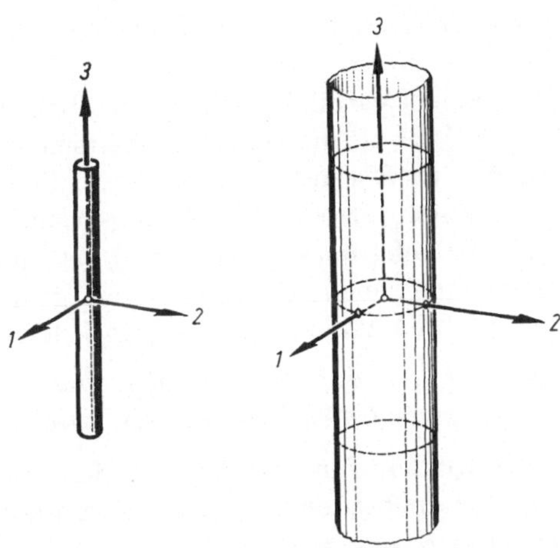

Abb. 1.8 Stab und sein (ausgeartetes) Trägheitsellipsoid.

In diesem Sonderfall artet das Trägheitsellipsoid zu einem längs der
3-Achse ausgestreckten unendlich langen Kreiszylinder vom Radius ϱ_1

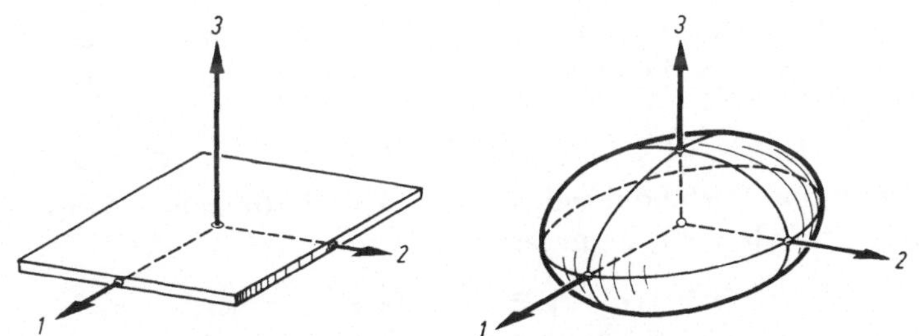

Abb. 1.9 Quadratische Platte und ihr Trägheitsellipsoid.

aus (Abb. 1.8). Für den Fall einer quadratischen ebenen Platte, die aus
dem Quader mit $a = b$ und $c = 0$ hervorgeht, verhalten sich die Trägheitsmoduln wie $1 : 1 : 1/\sqrt{2}$ (Abb. 1.9). Man erkennt leicht, daß ein
Trägheitsellipsoid niemals ganz platt, also zu einem ebenen Gebilde
werden kann. Denn würde eine seiner Halbachsen gleich Null, so würde
dies einem unendlich großen Trägheitsmoment entsprechen.

2   Magnus, Kreisel

1.3.5 Beziehungen zwischen den Trägheitsellipsoiden für verschiedene Bezugspunkte. Die bisher betrachteten Gesetzmäßigkeiten für das Trägheitsellipsoid gelten allgemein für beliebige körperfeste Bezugspunkte. Es interessiert nun, wie sich die zu verschiedenen Bezugspunkten gehörenden Trägheitsellipsoide voneinander unterscheiden. Bei einem derartigen Vergleich geht man am besten von dem zum Massenmittelpunkt als Bezugspunkt gehörenden sog. *zentralen Trägheitsellipsoid* des Körpers aus. Dieses spezielle Ellipsoid nimmt eine Sonderstellung ein.

Wenn wir in den für ein parallel verschobenes Bezugssystem geltenden Formeln (1.18) $A^S B^S C^S$ als die Hauptträgheitsmomente des zentralen Trägheitsellipsoides auffassen, dann ist $D^S = E^S = F^S = 0$. Man erkennt dann, daß für ein verschobenes Bezugssystem die neuen Deviationsmomente DEF nicht notwendigerweise verschwinden müssen. Also sind die zu verschiedenen Bezugspunkten gehörenden Hauptachsen i. allg. nicht parallel zueinander. Es gilt jedoch:

Die Hauptachsen für alle auf den zentralen Hauptachsen liegenden Bezugspunkte sind zu den zentralen Hauptachsen parallel.

Tatsächlich verschwinden für Punkte auf den zentralen Hauptachsen stets zwei der Komponenten $r_1\, r_2\, r_3$ des Verschiebungsvektors r_i. Also ist dann auch $D = E = F = 0$.

Es gilt auch die Umkehrung:

Sind die Hauptachsen für zwei Bezugspunkte O und P parallel zueinander und ist die Verbindungslinie OP selbst Hauptachse, dann geht OP durch den Massenmittelpunkt und ist zentrale Hauptachse.

Zum Beweis setze man in (1.18) $D = E = F = 0$ und $D' = E' = F' = 0$ und subtrahiere die einander entsprechenden Beziehungen. Damit folgt:

$$r_2\, r_3 - r_2'\, r_3' = 0; \qquad r_3\, r_1 - r_3'\, r_1' = 0; \qquad r_1\, r_2 - r_1'\, r_2' = 0. \qquad (1.33)$$

Wenn nun die Verbindungslinie OP (Abb. 1.10) zur 3-Achse (bzw. 3'-Achse) gewählt wird, dann ist

$$r_1' = r_1; \qquad r_2' = r_2; \qquad r_3' = r_3 + r_0.$$

Damit aber können die Beziehungen (1.33) nur erfüllt sein, wenn $r_1 = r_1' = r_2 = r_2' = 0$ gilt. Der Massenmittelpunkt muß also auf der 3-Achse liegen, die somit zentrale Hauptachse ist.

Weiter gilt:

Für Bezugspunkte, die auf einer der drei zentralen Hauptebenen liegen, bleibt stets eine der Hauptachsen senkrecht zu dieser Ebene.

Es sei z. B. $r_3 = 0$, d. h., der neue Bezugspunkt O liege in der zentralen 1, 2-Hauptebene (Abb. 1.11). Dann folgt aus (1.18) sofort

$D' = E' = 0$. Jetzt läßt sich zeigen, daß bei einer Verdrehung des verschobenen Bezugssystems $1'2'3'$ um einen geeigneten Winkel φ um die $3'$-Achse stets $D'' = E'' = F'' = 0$ erreicht werden kann. Dann wird das $1''2''3''$-System zum Hauptachsensystem. Tatsächlich folgt aus (1.22) mit $D' = E' = 0$ sofort $D'' = E'' = 0$. Außerdem kann $F'' = 0$ erreicht werden, wenn der Verdrehungswinkel φ der aus (1.22/6) folgenden Beziehung

$$\tan 2\varphi = \frac{2F'}{B' - A'}$$

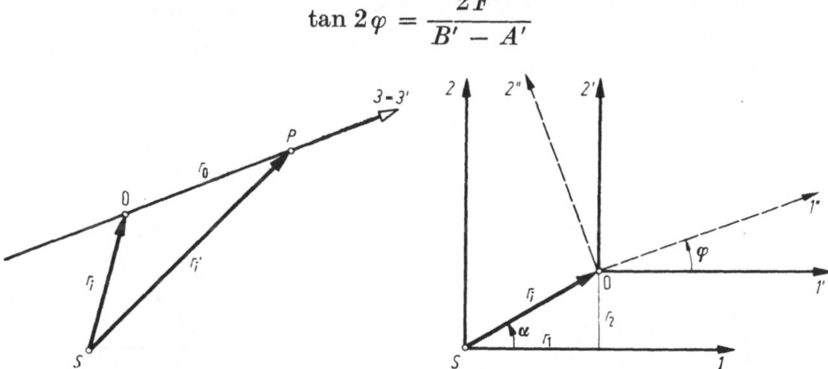

Abb. 1.10 Zur Bestimmung der Hauptachsen für einen verschobenen Bezugspunkt P.

Abb. 1.11 Achsensysteme für einen verschobenen Bezugspunkt O in der zentralen 1,2-Hauptebene.

genügt, die wegen (1.18) in die Form

$$\tan 2\varphi = \frac{2m\,r_1\,r_2}{B^S - A^S + m\,(r_1^2 - r_2^2)}$$

gebracht werden kann. Daraus kann die Verdrehung der neuen Hauptachsen bestimmt werden. Man erkennt außerdem, daß für $r \to \infty$ und $r_1 \neq r_2$ näherungsweise

$$\tan 2\varphi \approx \frac{2r_1\,r_2}{r_1^2 - r_1^2} = \tan 2\alpha$$

herauskommt. Es wird dann also $\varphi \approx \alpha$.

Ohne Beweis soll noch eine weitere Beziehung angegeben werden:

Liegt der Bezugspunkt P auf einer der Hauptachsen für einen nicht mit dem Massenmittelpunkt zusammenfallenden Bezugspunkt O, dann ist stets mindestens eine Hauptachse für P parallel zu einer der Hauptachsenrichtungen für O.

1.3.6 Klassifikation und Darstellung von Kreiseltypen. Je nach den zwischen den Hauptträgheitsmomenten eines Körpers geltenden Beziehungen, also je nach der Gestalt seines Trägheitsellipsoides, werden die Kreisel wie folgt klassifiziert (dabei werden jetzt die Hauptträgheitsmomente mit ABC bezeichnet):

1. Ein Körper mit $A = B = C$ wird *Kugelkreisel* genannt. Sein Trägheitsellipsoid ist eine Kugel, aber seine äußere Gestalt braucht

2*

keineswegs kugelförmig zu sein. Zum Beispiel sind homogene Würfel oder Tetraeder Kugelkreisel.

2. Sind zwei der ABC gleich groß, dann ist das Trägheitsellipsoid rotationssymmetrisch. Der Körper wird dann als *symmetrischer Kreisel* bezeichnet. Alle homogenen Rotationskörper sind bezüglich der auf der Symmetrieachse liegenden Bezugspunkte symmetrische Kreisel. Die Symmetrieachse wird auch als Figurenachse bezeichnet.

3. Sind die ABC voneinander verschieden, dann spricht man von einem *unsymmetrischen Kreisel*. Das zugehörige Trägheitsellipsoid ist dreiachsig.

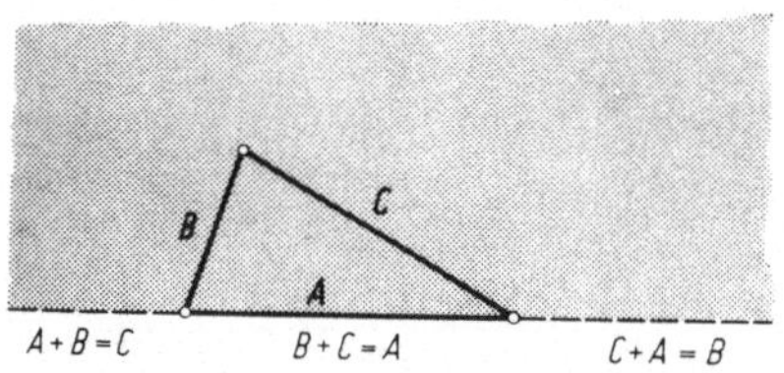

Abb. 1.12 Veranschaulichung der Kreiseltypen durch Auftragen der Hauptträgheitsmomente als Seiten eines ebenen Dreiecks.

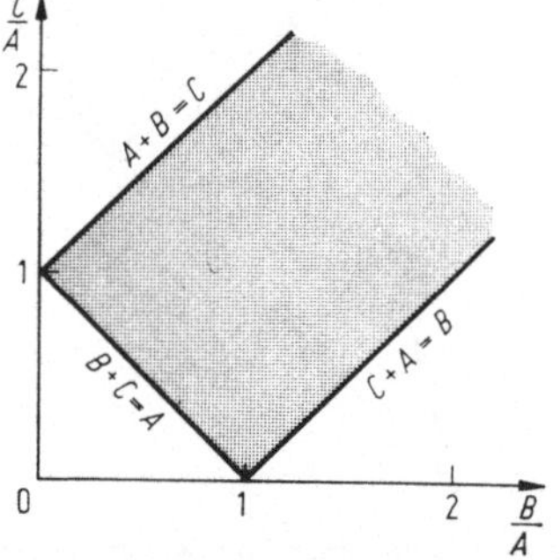

Abb. 1.13 Veranschaulichung der Kreiseltypen durch Auftragen der Verhältnisse von Hauptträgheitsmomenten.

Bei einem Kugelkreisel sind alle Achsen durch den Bezugspunkt gleichberechtigte Hauptachsen. Beim symmetrischen Kreisel sind alle in der Äquatorebene, d. h. senkrecht zur Symmetrie- oder Figurenachse, liegenden Achsen gleichberechtigt.

Bei symmetrischen Kreiseln unterscheidet man ferner zwischen

2a. dem *gestreckten Kreisel* — für ihn gilt $A = B > C$ (Stab in Richtung der 3-Achse) — und

2b. dem *abgeplatteten Kreisel*, für den z. B. $A = B < C$ gilt (symmetrische Scheibe in der 1, 2-Ebene).

Auch für unsymmetrische Kreisel hat man ähnliche Bezeichnungen verwendet. Ist $A > B > C$, dann ist der Kreisel

3a. bezüglich der 1-Achse *kurzachsig* (das entspricht dem abgeplatteten Kreisel),

3b. bezüglich der 2-Achse *mittelachsig*,

3c. bezüglich der 3-Achse *langachsig* (das entspricht dem gestreckten Kreisel).

Zur Darstellung der verschiedenen Kreiseltypen können die nachfolgend beschriebenen Wege beschritten werden:

1. eine Auftragung der Hauptträgheitsmomente ABC als Seiten eines ebenen Dreiecks nach Abb. 1.12. Bei konstant angenommenem A über-

decken die möglichen Punkte für die Spitze des aus den Seiten ABC gebildeten Dreiecks die schattierte Halbebene.

2. eine Auftragung in der $(B/A, C/A)$-Ebene. Wegen der Ungleichungen (1.10) überdecken die Bildpunkte für die verschiedenen möglichen Kreiseltypen hierbei den schattierten Halbstreifen von Abb. 1.13.

3. eine Darstellung im Formdreieck, das wie folgt erhalten wird: ABC werden als Strecken längs der Achsen eines kartesischen Koordinatensystems abgetragen (Abb. 1.14). Jedes mögliche Trägheitsellipsoid

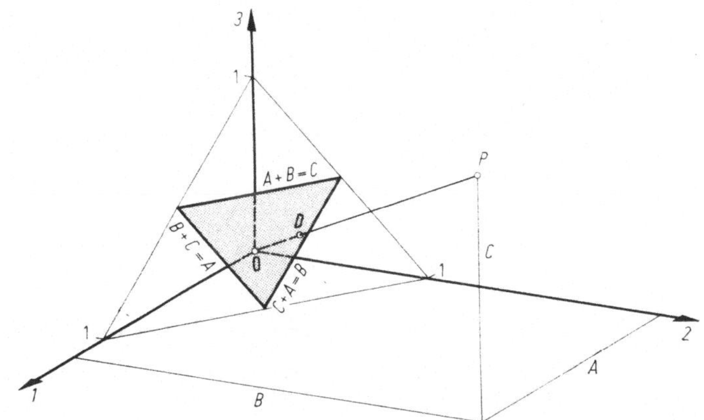

Abb. 1.14 Veranschaulichung der Kreiseltypen mit Hilfe des Formdreiecks.

wird dann durch einen Punkt P im 1. Oktanten charakterisiert. Die Bildpunkte für Körper mit ähnlichen Trägheitsellipsoiden liegen dabei auf der Verbindungslinie OP. Da nicht die absolute Größe, sondern nur die Form der Trägheitsellipsoide interessiert, genügt es, die Durchstoßpunkte D der Verbindungslinien OP durch die Ebene

$$A + B + C = 1$$

zu betrachten. Wegen der Ungleichungen (1.10) liegen die möglichen Bildpunkte D für verschiedene Formen des Trägheitsellipsoides dann innerhalb des schattierten Dreiecks, das als Formdreieck bezeichnet wird.

In Abb. 1.15 sind die drei Darstellungsarten nebeneinander gestellt, wobei die einander entsprechenden Grenzgeraden in gleicher Weise gekennzeichnet wurden und entsprechende Punkte durch gleiche Ziffern dargestellt sind. Es bedeuten:

Punkt *1*: $A = 0$, Stab in 1-Richtung,
Punkt *2*: $B = 0$, Stab in 2-Richtung,
Punkt *3*: $C = 0$, Stab in 3-Richtung,
Punkt *4*: $B = C = A/2$, symmetrische Scheibe in der 2,3-Ebene,
Punkt *5*: $C = A = B/2$, symmetrische Scheibe in der 3,1-Ebene,

Punkt *6*: $A = B = C/2$, symmetrische Scheibe in der 1, 2-Ebene,
Punkt *7*: $A = B = C$, Kugelkreisel.

Punkte auf den Strecken *1—7* (bzw. *2—7* oder *3—7*) repräsentieren gestreckte, auf den Strecken *7—4* (bzw. *7—5* oder *7—6*) abgeplattete symmetrische Kreisel bezüglich der 1-Achse (bzw. 2- oder 3-Achse).

Punkte auf der Geraden *2—4—3* (bzw. *3—5—1* oder *2—6—1*) repräsentieren Scheiben in der 2, 3-Ebene (bzw. 3, 1- oder 1, 2-Ebene).

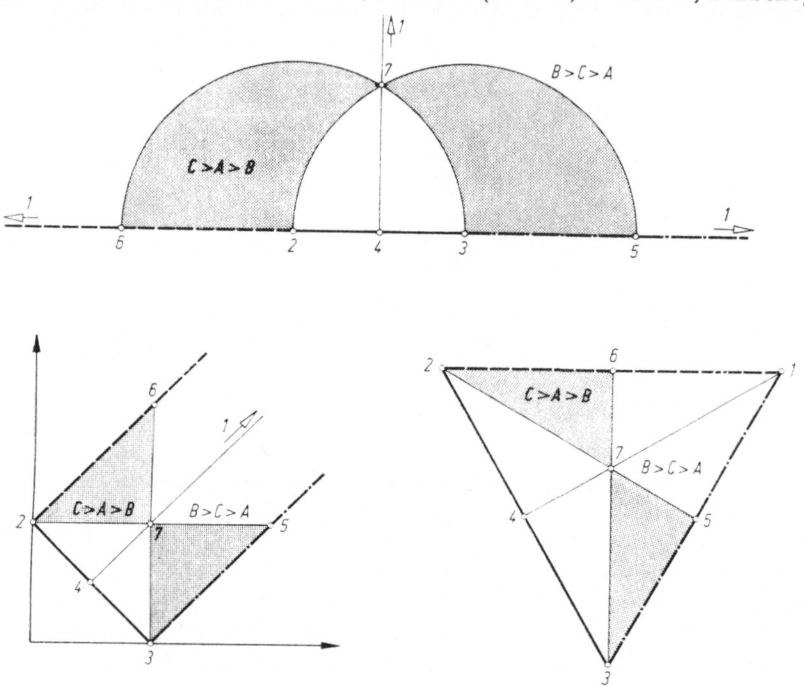

Abb. 1.15 Vergleich der **Darstellungsarten** für die verschiedenen **Kreiseltypen.**

Durch die Grenzlinien *2—7—5*, *3—7—6*, *1—7—4* wird der mögliche Bereich der Bildpunkte in 6 Teilbereiche unterteilt, denen jeweils eine bestimmte Größenfolge für die *ABC* entspricht. Für zwei dieser Bereiche ist die Größenfolge eingetragen worden. Bereiche, die mittelachsigen Kreiseln bezüglich der 1-Achse entsprechen, sind schattiert worden.

Ein Vergleich der drei Darstellungsarten zeigt, daß sie topologisch äquivalent sind. Man wird jedoch bei komplizierten Problemen der Darstellung im Formdreieck den Vorzug geben, da hierbei keines der drei Hauptträgheitsmomente bevorzugt ist und außerdem keine Punkte im Unendlichen vorkommen.

Bei der praktischen Anwendung des Formdreiecks kommt es darauf an, den zu konkreten Werten von *ABC* gehörenden Bildpunkt *D*

(Abb. 1.14) zu finden. Dazu können verschiedene Wege eingeschlagen werden:

1. Auf zwei Seiten des Formdreiecks werden Skalen für die Verhältnisse $g_1 = A/B$, $g_2 = B/C$ aufgetragen. Es gilt $0 \leqq g \leqq \infty$; die Skalen sind nichtlinear. Der Bildpunkt D wird als Schnittpunkt von zwei Geraden $g_1 = $ const und $g_2 = $ const gefunden.

2. Nach dem Vorbild von SCHIEHLEN kann man auf zwei der Seiten des Formdreiecks die Größen $h_1 = (A - B)/C$ und $h_2 = (B - C)/A$ auftragen. Es gilt $-1 \leqq h \leqq +1$; die Skalen sind linear. Der Bildpunkt D wird als Schnittpunkt von zwei Geraden $h_1 = $ const und $h_2 = $ const erhalten, die durch je einen Eckpunkt des Formdreiecks laufen.

3. Nach dem Vorbild von P. MÜLLER kann man die Werte $k_1 = A/(A + B + C)$ und $k_2 = B/(A + B + C)$ auf zwei der Dreieckseiten auftragen. Es gilt $0 \leqq k \leqq 0{,}5$; die Skalen sind linear. Der Bildpunkt wird als Schnittpunkt von zwei Geraden $k_1 = $ const und $k_2 = $ const gefunden, die zu je einer der Dreieckseiten parallel sind.

Für die drei genannten Darstellungsarten lassen sich Nomogramme konstruieren, die das Arbeiten mit dem Formdreieck sehr erleichtern.

1.4 Kinematische Grundlagen

1.4.1 Freiheitsgrade und Bewegungszustand. Die Zahl der Freiheitsgrade eines Systems ist gleich der Zahl der Koordinaten, die notwendig sind, um die Lage des Systems eindeutig zu kennzeichnen. Ein längs einer Kurve beweglicher Punkt hat demnach 1 Freiheitsgrad; ein im

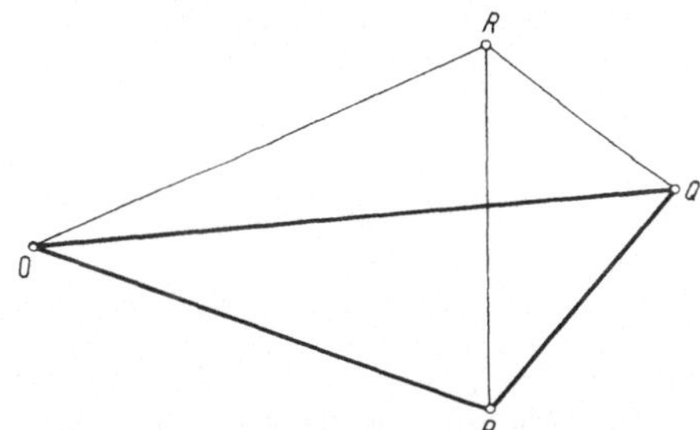

Abb. 1.16 Grunddreieck OPQ eines starren Körpers.

Raum frei beweglicher Punkt hat 3 Freiheitsgrade. Ein System aus fünf voneinander unabhängigen, im Raum frei beweglichen Punkten hat 15 Freiheitsgrade.

Bei einem starren Körper sind die Bewegungen der einzelnen Punkte des Körpers nicht unabhängig. Infolge der Starrheit muß der Abstand von zwei beliebigen Punkten des Körpers konstant sein. Daher ist bereits die Kenntnis des Ortes von drei nicht auf einer Geraden liegenden körperfesten Punkten ausreichend, um die Lage des gesamten Körpers im Raum zu charakterisieren. Wenn z. B. (Abb. 1.16) die Lage der Punkte OPQ für eine bestimmte Orientierung des Körpers im Raum bekannt ist, dann ist wegen der Konstanz der Abstände OR, PR und QR auch die Lage jedes beliebigen anderen Punktes R des Körpers fixiert. Man kann daher das durch OPQ gebildete Grunddreieck als Repräsentanten des Körpers ansehen. Die Lage des Grunddreiecks kann durch die Angabe von 6 Koordinaten beschrieben werden: 3 werden z. B. für Punkt O benötigt; 2 weitere genügen dann, um den Ort von P festzulegen, da sich P bei festgehaltenem O nur auf der Oberfläche einer Kugel vom Radius OP bewegen kann; für Q genügt bei festgehaltenen Punkten P und O eine weitere Koordinate, da sich Q dann nur auf einem Kreisbogen um die feste Achse OP bewegen kann. Die Gesamtzahl der notwendigen Koordinaten zum Festlegen der Lage eines starren Körpers im Raum ist also gleich 6.

In der Kreiseltheorie interessiert vor allem der Sonderfall, bei dem ein Punkt des Körpers festgehalten wird. Ein derartiger starrer Körper mit Fixpunkt kann nur noch Drehbewegungen um den Fixpunkt ausführen. Die Zahl seiner Freiheitsgrade verringert sich dann auf 3.

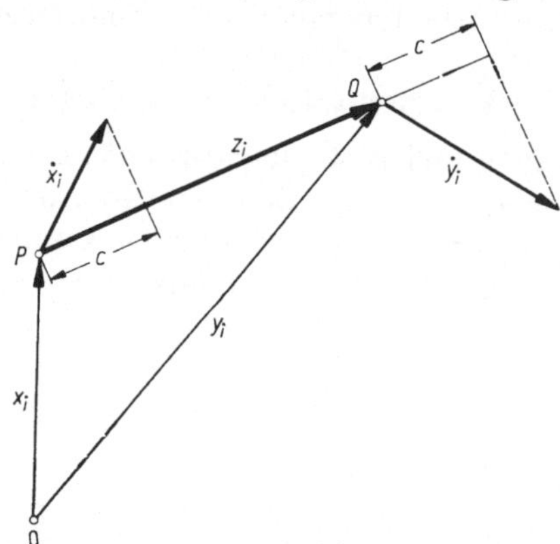

Abb. 1.17 Geschwindigkeiten der Punkte P und Q eines starren Körpers.

Der Bewegungszustand eines Systems ist bekannt, wenn die Geschwindigkeit aller seiner Punkte bekannt ist. Ist die momentane Lage eines Punktes durch den Ortsvektor x_i von einem festen Bezugspunkt zum betrachteten Punkt gegeben, dann erhält man den Geschwindigkeitsvektor v_i durch Ableiten des Ortsvektors nach der Zeit

$$v_i = \frac{dx_i}{dt} = \dot{x}_i. \tag{1.34}$$

Bei einem starren Körper sind die Geschwindigkeiten der einzelnen Punkte einschränkenden Bedingungen unterworfen. Sie ergeben sich aus der Konstanz des Abstandes der Punkte des Körpers voneinander. Es seien in Abb. 1.17 P und Q zwei Punkte des bewegten Körpers, O sei ein fester Bezugspunkt, von dem aus die Bewegung beobachtet wird. Dann gilt wegen der Starrheit

$$z^2 = z_i\, z_i = (y_i - x_i)\,(y_i - x_i) = \text{const.} \tag{1.35}$$

Durch Differentiation nach der Zeit folgt daraus:

$$2\,(y_i - x_i)\,(\dot{y}_i - \dot{x}_i) = 2z_i(\dot{y}_i - \dot{x}_i) = 0\,,$$

oder

$$z_i\,\dot{x}_i = z_i\,\dot{y}_i\,. \tag{1.36}$$

Daraus folgt:

Bei der Bewegung eines starren Körpers ist die Projektion der Geschwindigkeitsvektoren zweier Punkte auf ihre Verbindungslinie konstant.

Daraus läßt sich der allgemein mögliche Bewegungszustand des starren Körpers ableiten. Wir betrachten hierfür zunächst den ein-

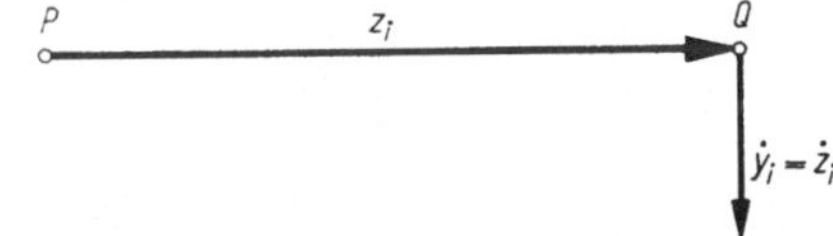

Abb. 1.18 Geschwindigkeit eines Punktes Q bei Drehung des starren Körpers um P.

fachen Fall, bei dem der Punkt P Fixpunkt ist. Wird er zum Bezugspunkt gewählt, dann ist $x_i = 0$ und $\dot{x}_i = 0$. Also folgt aus (1.36) sofort $z_i\,\dot{y}_i = 0$. Wenn das Verschwinden der Faktoren dieses skalaren Produktes ausgeschlossen wird, dann müssen die Vektoren z_i und $\dot{y}_i$ senkrecht aufeinander stehen ($z_i \perp \dot{y}_i$). Aus Abb. 1.18 erkennt man dann, daß der Bewegungszustand des Körpers im betrachteten Augenblick nur eine Drehung um eine durch den Fixpunkt P gehende, auf der Zeichenebene senkrechte Achse sein kann. Bei dieser Drehung bewegt sich die Strecke PQ wie die Speiche eines Rades um P. Die Geschwindigkeit des Punktes Q des Körpers läßt sich jetzt durch

$$\dot{y}_i = \dot{z}_i = \varepsilon_{ijk}\,\omega_j\,z_k \tag{1.37}$$

ausdrücken. Der Vektor ω_j der Drehgeschwindigkeit fällt in die Richtung der momentanen Drehachse und hat einen solchen Richtungssinn, daß die Vektoren $\omega_j\,z_k\,\dot{y}_i$ in dieser Reihenfolge ein Rechtssystem bilden.

Im allgemeinen Fall ist P nicht Fixpunkt, sondern besitzt selbst eine Geschwindigkeit $\dot{x}_i$. Betrachtet man die Bewegung des Punktes Q des starren Körpers von einem mit P bewegten Bezugssystem aus, dann gilt der Ausdruck der rechten Seite von (1.37) für die relative Geschwindigkeit von Q gegenüber P. Für die Absolutgeschwindigkeit von Q erhält man die Summe:

$$\dot{y}_i = \dot{x}_i + \varepsilon_{ijk}\,\omega_j\,z_k\,. \tag{1.38}$$

Die allgemeine Bewegung des starren Körpers setzt sich also aus zwei Anteilen zusammen: der Translations- oder Schiebebewegung mit einer Geschwindigkeit $\dot{x}_i$ und einer Drehbewegung, deren Größe und Richtung außer von dem Abstandsvektor z_k durch den Vektor ω_j bestimmt wird. Die beiden Vektoren ω_j und $\dot{x}_i$ können als Komponenten eines *Bewegungswinders* $(\omega_j, \dot{x}_i)$ aufgefaßt werden.

Drehgeschwindigkeitsvektoren können nach den Regeln der Vektorrechnung addiert werden. Wird ein starrer Körper gleichzeitig den Drehgeschwindigkeiten ω_i^a und ω_i^b unterworfen (Abb. 1.19), dann erhält man — falls P Fixpunkt ist — für einen Punkt Q des Körpers die Geschwindigkeit

$$\dot{y}_i = \varepsilon_{ijk}\,\omega_j^a\,z_k + \varepsilon_{ijk}\,\omega_j^b\,z_k.$$

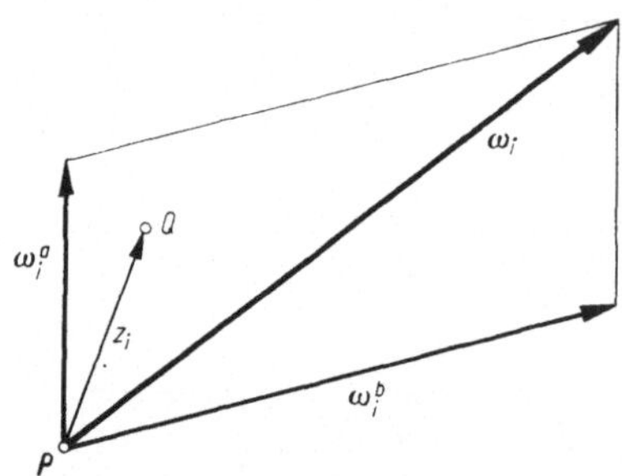

Abb. 1.19 Vektordiagramm der Winkelgeschwindigkeiten.

Wegen der Gültigkeit des distributiven Gesetzes für die vektorielle Multiplikation wird daraus

$$\dot{y}_i = \varepsilon_{ijk}(\omega_j^a + \omega_j^b)\,z_k = \varepsilon_{ijk}\,\omega_j\,z_k.$$

Durch $\dot{y}_i$ wird das Geschwindigkeitsfeld der Punkte eines starren Körpers definiert, der eine einzige Drehung mit der Winkelgeschwindigkeit $\omega_j = \omega_j^a + \omega_j^b$ ausführt. Die Richtung des resultierenden Vektors ω_j ist die momentane Drehachse für den Körper.

1.4.2 Geometrische Beschreibung der Bewegung eines starren Körpers mit Fixpunkt. Wenn der betrachtete starre Körper einen Fixpunkt besitzt, dann kann dieser als Bezugspunkt gewählt werden. In der allgemein gültigen Formel (1.38) muß dann $\dot{x}_i = 0$ gesetzt werden, so daß nur noch der Anteil der Drehbewegung übrig bleibt. Da die Drehachse der geometrische Ort aller Punkte ist, die momentan in Ruhe sind, muß sie auch durch den Fixpunkt gehen. Also gilt:

Die allgemeine Bewegung eines starren Körpers mit Fixpunkt ist eine Drehung um eine durch den Fixpunkt gehende Achse.

Die Drehachse kann ihre Richtung als Funktion der Zeit verändern. Sie umfährt dabei im Raum die Oberfläche eines Kegels, der *Spurkegel* (auch Rastpolkegel oder Herpolhodiekegel) genannt wird. Der Fixpunkt F (Abb. 1.20) bildet die Spitze dieses Kegels. Auch relativ zum betrachteten Körper kann sich die Drehachse verlagern. Sie umfährt

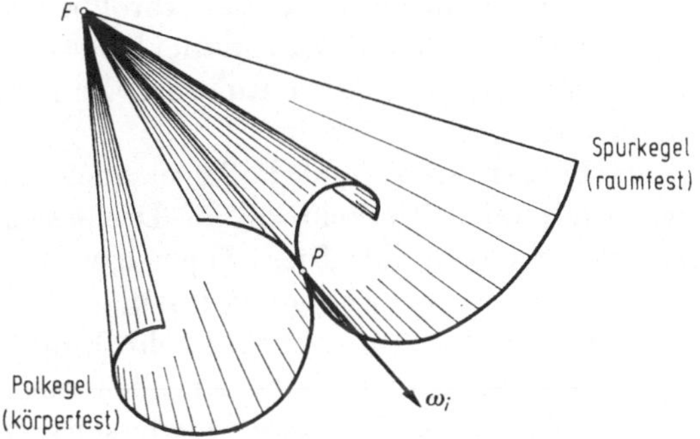

Abb. 1.20 Veranschaulichung der Bewegung eines starren Körpers mit Fixpunkt F durch das Abrollen zweier Kegel aufeinander.

dabei den Mantel eines Kegels, den man als *Polkegel* (auch Gangpolkegel oder Polhodiekegel) bezeichnet. Die Berührungslinie von Spurkegel und Polkegel ist die momentane Drehachse. Es gilt der Satz:

Jede Bewegung eines starren Körpers mit Fixpunkt kann als ein Abrollen des körperfesten Polkegels auf dem raumfesten Spurkegel gedeutet werden.

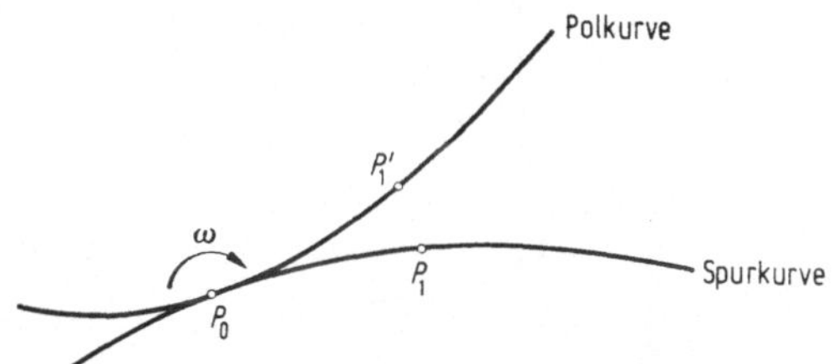

Abb. 1.21 Zur Erklärung des Abrollens der Polkurve auf der Spurkurve.

Daß es sich bei dieser Bewegung tatsächlich um ein Abrollen beider Kegel aufeinander handelt, läßt sich wie folgt einsehen: Wir betrachten die Schnittkurven der Kegelmäntel in einer Ebene senkrecht zur momentanen Drehachse (Abb. 1.21). Der Punkt P_0 sei zur Zeit $t = t_0$ momentaner Drehpol. Zur Zeit $t_1 = t_0 + \Delta t$ sei der Drehpol auf der Spurkurve nach P_1, auf der Polkurve nach P_1' gewandert. Jetzt denken wir uns die Drehachse einen Augenblick in P_0 festgehalten. Dann bewegt sich der Punkt P_1' infolge der Drehgeschwindigkeit ω in der kleinen Zeit Δt um den Betrag $\overline{P_1'P_1} \approx \overline{P_0P_1'}\,\omega\,\Delta t$, so daß P_1' mit P_1 zur Deckung kommt. Geht man nun, um die wirklich erfolgte Bewegung anzunähern, zur Grenze $\Delta t \to 0$ über, dann gehen sowohl der Winkel $\omega \Delta t$ als auch die Strecke $\overline{P_0 P_i'}$ mit Δt gegen Null. Dies bedeutet, daß der momentane Drehpunkt P_0 ein Berührungspunkt zweiter Ordnung für Spur- und Polkurve sein muß. Beide Kurven müssen in P_0 eine gemeinsame Tangente haben. Daß der Polkegel bei dieser Abrollbewegung nicht auf dem Spurkegel gleiten kann, erkennt man aus der Tatsache, daß anderenfalls der körperfeste Punkt P_0' nicht in Ruhe ist. Er könnte also nicht Punkt der momentanen Drehachse sein.

Man kann anstelle der Spur- und Polkegel auch die Kurven betrachten, die der Endpunkt des Vektors der Drehgeschwindigkeit ω_i bei der Abrollbewegung beschreibt. Diese Spur- bzw. Polkurven liegen auf Spur- bzw. Polkegel. Bei der Bewegung rollen auch sie aufeinander ab. Eine derartige Betrachtung gibt etwas mehr Einblick in den Bewegungsablauf als das rein geometrische Abrollen der beiden Kegel, weil hierbei auch die Größe des Drehgeschwindigkeitsvektors, also die Geschwindigkeit des Vorgangs eine Rolle spielt.

1.4.3 Analytische Beschreibung der Drehbewegung eines starren Körpers. *a) Kennzeichnung der Verdrehung zweier Bezugssysteme gegeneinander.* Für die Berechnung von Drehbewegungen eines starren Kör-

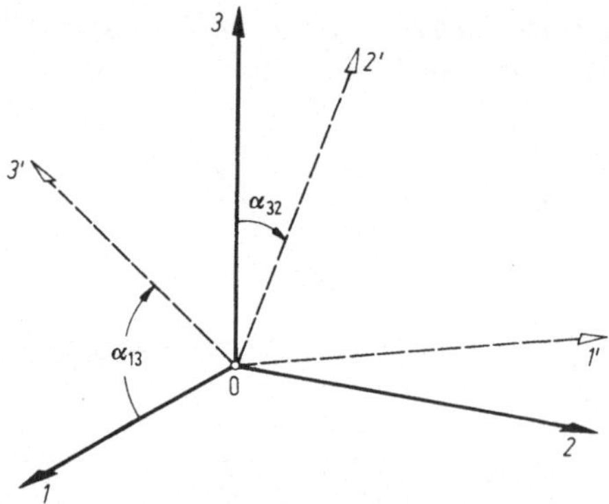

Abb. 1.22 Darstellung der Verdrehung zweier kartesischer Koordinatensysteme durch die Winkel zwischen den Achsen.

pers ist es zweckmäßig, die Verdrehung eines körperfesten Koordinatensystems $1'2'3'$ gegenüber einem raumfesten System $1\,2\,3$ anzugeben. Da jetzt nur Drehbewegungen untersucht werden sollen, kann angenommen werden, daß die Ursprungspunkte beider Systeme zusammenfallen (Abb. 1.22).

Wenn der zu betrachtende Körper einen Fixpunkt besitzt, dann wählt man am besten diesen als Bezugspunkt. Die Verdrehung des körperfesten Systems gegenüber dem raumfesten wird durch die Transformationsmatrix a_{ij} gekennzeichnet. Elemente dieser Matrix sind die Richtungscosinus der Winkel zwischen den raumfesten und den körperfesten Achsen. So ist z. B.

$$a_{13} = \cos\alpha_{13}; \qquad a_{32} = \cos\alpha_{32}.$$

Daraus ist ersichtlich, daß i. allg. $a_{ij} \neq a_{ji}$ ist. Die insgesamt 9 Richtungscosinus sind nicht voneinander unabhängig, sie müssen vielmehr der Beziehung

$$a_{ij}\, a_{ik} = \delta_{jk} \tag{1.39}$$

genügen. Die daraus resultierenden neun skalaren Beziehungen bringen zum Ausdruck, daß die Richtungscosinus Koordinaten von Einheitsvektoren sind und daß die Achsrichtungen für das raumfeste und auch das körperfeste Bezugssystem jeweils aufeinander senkrecht stehen.

Mit der Transformationsmatrix a_{ij} gelten für einen Vektor x_i die Transformationsgleichungen (1.6)

$$x_i' = a_{ji}\, x_j; \qquad x_i = a_{ij}\, x_j'. \tag{1.40}$$

Wenn auch die Verwendung der Matrix a_{ij} zur analytischen Beschreibung der Drehungen eines starren Körpers naheliegt, so ist doch oft das Mitschleppen der Zusatzbedingungen (1.39) unbequem. Tatsächlich reichen ja bereits 3 Koordinaten aus, die Lage des Körpers eindeutig zu kennzeichnen, da ein starrer Körper mit Fixpunkt 3 Freiheitsgrade besitzt. Man könnte im Prinzip von den 9 Richtungscosinus sechs mit Hilfe der Beziehungen (1.39) eliminieren und hätte dann drei voneinander unabhängige Größen. Anstatt den mühsamen Weg der Elimination zu gehen, kann man auch umgekehrt verfahren: man kann von drei geeignet gewählten *generalisierten Koordinaten* ausgehen und dann durch diese die Matrix a_{ij} ausdrücken. Voraussetzung ist, daß die drei gewählten Koordinaten unabhängig sind und die Lage des Körpers eindeutig festzulegen gestatten. Hierzu gibt es verschiedene Möglichkeiten. Das wichtigste Beispiel sind die sog. *Euler-Winkel*; analog, aber für manche technischen Kreiselprobleme besser geeignet, sind die *Kardan-Winkel*. Beide sollen hier behandelt werden, da sie später gebraucht werden. Erwähnt werden müssen in diesem Zusammenhang noch die sog. *Klein-Cayleyschen Parameter* $\alpha\,\beta\,\gamma\,\delta$ (siehe z. B. GOLDSTEIN [17]). Bei diesen ebenfalls zur Kennzeichnung von Drehbewegungen eines starren Körpers geeigneten 4 Größen hat man bewußt eine Größe mehr als notwendig herangezogen, um eine symmetrische Art der Darstellung zu bekommen. Das soll jedoch hier nicht näher besprochen werden.

b) Die Euler-Winkel. Nach EULER kann die Lage des körperfesten Systems $1'2'3'$ gegenüber dem raumfesten Bezugssystem $1\,2\,3$ durch die drei in Abb. 1.23 dargestellten Winkel $\psi\,\vartheta\,\varphi$ beschrieben werden. Der Winkel ϑ liegt zwischen 3- und 3′-Achse. Die anderen beiden Winkel werden in der 1, 2- bzw. 1′, 2′-Ebene gemessen, die in Abb. 1.23 durch Kreisscheiben angedeutet sind. Die Schnittlinie dieser beiden Ebenen wird *Knotenlinie (Kn)* genannt. Der Winkel ψ liegt zwischen 1-Achse und Knotenlinie, der Winkel φ zwischen Knotenlinie und

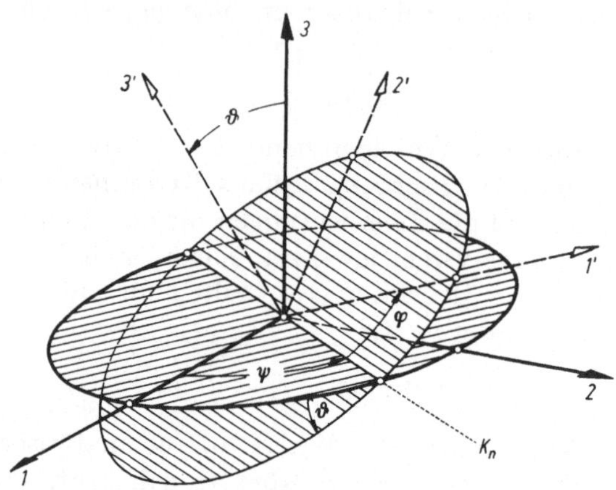

Abb. 1.23 Euler-Winkel ψ, ϑ, φ zur Beschreibung der Verdrehung zweier Koordinatensysteme gegeneinander.

1′-Achse. In der älteren Kreiselliteratur werden diese Winkel meist als Präzessionswinkel ψ, Nutationswinkel ϑ und Rotationswinkel φ bezeichnet. Diese Bezeichnungen sollen jedoch hier nicht übernommen werden, da die Begriffe Präzession und Nutation hier nicht geometrisch, sondern — dem Sprachgebrauch der Kreiseltechnik entsprechend — kinetisch definiert werden sollen.

Die analytischen Zusammenhänge lassen sich am einfachsten übersehen, wenn man sich die Verdrehung des körperfesten Systems gegenüber dem raumfesten durch drei nacheinander ausgeführte Drehungen um jeweils feste Achsen entstanden denkt. Das kann durch das Schema

$$(1\ 2\ 3) = (\psi) \Rightarrow (1^*\ 2^*\ 3^*) = (\vartheta) \Rightarrow (1°\ 2°\ 3°) = (\varphi) \Rightarrow (1'\ 2'\ 3')$$

wiedergegeben werden und ist in Abb. 1.24 skizziert. Die erste Drehung erfolgt im positiven Sinn um die 3-Achse, die mit der 3*-Achse identisch ist; der Drehwinkel ist ψ. Diese orthogonale Transformation kann durch

$$x_k^* = a_{jk}^{\psi} x_j \quad \text{mit} \quad a_{jk}^{\psi} = \begin{bmatrix} \cos\psi & -\sin\psi & 0 \\ \sin\psi & \cos\psi & 0 \\ 0 & 0 & 1 \end{bmatrix} \qquad (1.41)$$

wiedergegeben werden. Die zweite Drehung erfolgt im positiven Sinn um die 1*-Achse; der Drehwinkel ist ϑ. Die zugehörige Transformation wird durch

$$x_l^\circ = a_{kl}^\vartheta\, x_k^* \quad \text{mit} \quad a_{kl}^\vartheta = \begin{bmatrix} 1 & 0 & 0 \\ 0 & \cos\vartheta & -\sin\vartheta \\ 0 & \sin\vartheta & \cos\vartheta \end{bmatrix} \tag{1.42}$$

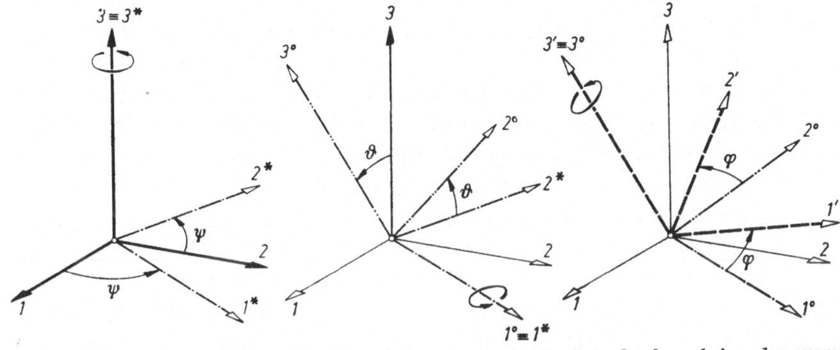

Abb. 1.24 Überführen des körperfesten 1′2′3′-Systems in die Endlage durch nacheinander ausgeführte Drehungen um die Winkel ψ, ϑ und φ.

beschrieben. Schließlich muß noch um die 3°-Achse im positiven Sinne um den Winkel φ gedreht werden. Dafür gilt die Transformation

$$x_i' = a_{li}^\varphi\, x_l^\circ \quad \text{mit} \quad a_{li}^\varphi = \begin{bmatrix} \cos\varphi & -\sin\varphi & 0 \\ \sin\varphi & \cos\varphi & 0 \\ 0 & 0 & 1 \end{bmatrix}. \tag{1.43}$$

Durch Hintereinanderausführen der drei einfachen Drehungen erhält man:

$$x_i' = a_{li}^\varphi\, x_l^\circ = a_{kl}^\vartheta\, a_{li}^\varphi\, x_k^* = a_{jk}^\psi\, a_{kl}^\vartheta\, a_{li}^\varphi\, x_j = a_{ji}\, x_j, \tag{1.44}$$

wobei sich die resultierende Transformationsmatrix $a_{ji} = a_{jk}^\psi\, a_{kl}^\vartheta\, a_{li}^\varphi$ durch Multiplikation der Einzelmatrixen nach dem Regeln der Matrizenmultiplikation ergibt. Man erhält:

$$a_{ji} =$$
$$\begin{bmatrix} \cos\psi\cos\varphi - \sin\psi\cos\vartheta\sin\varphi & -\cos\psi\sin\varphi - \sin\psi\cos\vartheta\cos\varphi & \sin\psi\sin\vartheta \\ \sin\psi\cos\varphi + \cos\psi\cos\vartheta\sin\varphi & -\sin\psi\sin\varphi + \cos\psi\cos\vartheta\cos\varphi & -\cos\psi\sin\vartheta \\ \sin\vartheta\sin\varphi & \sin\vartheta\cos\varphi & \cos\vartheta \end{bmatrix}.$$
$$\tag{1.45}$$

Damit sind die Elemente der allgemeinen Transformationsmatrix gefunden.

Man kann übrigens die Elemente von (1.45) auch unmittelbar aus sphärischen Dreiecken berechnen, die man erhält, wenn man die Durchstoßpunkte der verschiedenen Achsen von Abb. 1.23 durch eine Einheitskugel in geeigneter Weise verbindet. So erhält man z. B. aus dem durch die Punkte der Achsen 1, 1′ und Kn gebildeten Dreieck sofort nach dem Cosinussatz der sphärischen Trigonometrie:

$$a_{11} = \cos(1, 1') = \cos\psi \cos\varphi + \sin\psi \sin\varphi \cos(\pi - \vartheta)$$

$$= \cos\psi \cos\varphi - \sin\psi \cos\vartheta \sin\varphi.$$

Leider sind die im Schrifttum zu findenden Bezeichnungen für die Euler-Winkel nicht einheitlich. Gelegentlich werden die Winkel ψ und φ vertauscht, und manchmal werden auch die Komplementwinkel benutzt. So geht auf RESAL eine Darstellung zurück, bei der anstelle der Winkel ψ und ϑ die Komplementwinkel verwendet werden. Diese entsprechen dann der geografischen Länge und der geografischen Breite für die Festlegung von Punkten auf der Erdoberfläche.

Die Euler-Winkel und ihre verschiedenen Varianten haben den Nachteil, daß sie für $\vartheta = 0$ ihre Eindeutigkeit verlieren. In diesem Fall sind ψ und φ unbestimmt, da die Richtung der Knotenachse (Abb. 1.23) nicht bekannt ist. Daher sind diese Winkel ungeeignet zur Beschreibung von Problemen, bei denen $\vartheta = 0$ vorkommen kann oder gar wichtig ist. Das ist aber gerade bei einigen technisch interessanten Kreiselgeräten der Fall. Man verwendet dann besser ein anderes Tripel von Winkeln, die sog. Kardanwinkel.

c) Die Kardanwinkel. Diese Winkel $\alpha\,\beta\,\gamma$ sind nach Abb. 1.25 definiert. Sie treten bei der weitverbreiteten *kardanischen Lagerung* von Kreiseln (Abb. 1.26) auf und sind dort unmittelbar als Drehwinkel der einzelnen Teile des Aufhängesystems gegeneinander zu erkennen. Die kardanische Aufhängung, von der Abb. 1.26 nur eine der möglichen Ausführungsformen zeigt, besteht aus einem äußeren Kardanrahmen R_1, der sich um die raumfeste 1-Achse drehen kann. Der innere Kardanrahmen R_2 ist seinerseits im äußeren Rahmen R_1 so gelagert, daß er sich um die innere Rahmenachse drehen kann, die senkrecht zur 1-Achse steht und in der Normallage mit der raumfesten 2-Achse zusammenfällt. Der Kreiselkörper K (Rotor) ist um die im inneren Kardanrahmen feste Rotorachse drehbar, die senkrecht zur inneren Rahmenachse steht und in der Normallage mit der 3-Achse zusammenfällt. Wie in Abb. 1.26 gezeichnet, fällt in der Normallage das körperfeste 1′, 2′, 3′-System mit dem raumfesten 1, 2, 3-System zusammen. Durch Drehungen um die genannten drei Achsen kann aber jede beliebige Lage des Körpers erreicht werden, bei der der Ursprung O fest bleibt. Den Drehwinkel um die raumfeste 1-Achse (äußere Rahmenachse) bezeichnen wir mit α; den Drehwinkel um die innere Rahmenachse nennen wir β; schließlich sei γ der Drehwinkel um die körperfeste 3′-Achse. Wie bei der Verwendung der Euler-Winkel können wir den Prozeß der Verdrehung des körperfesten Koordinatensystems gegenüber dem raumfesten System durch ein Schema charakterisieren:

$$(1\ 2\ 3)\ =(\alpha)\Rightarrow (1^*\ 2^*\ 3^*)\ =(\beta)\Rightarrow (1^\circ\ 2^\circ\ 3^\circ)\ =(\gamma)\Rightarrow (1'\ 2'\ 3').$$

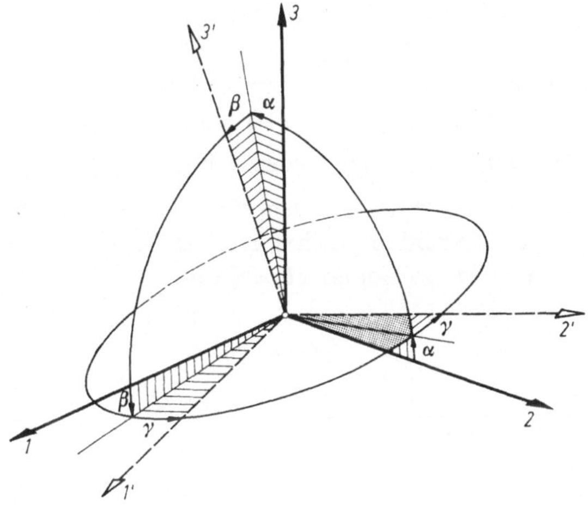

Abb. 1.25 Kardanwinkel α, β, γ zur Kennzeichnung der Verdrehung zweier Koordinatensysteme gegeneinander.

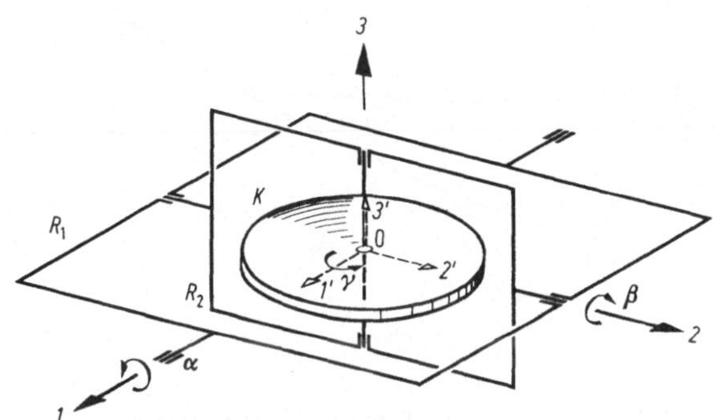

Abb. 1.26 Réalisierung der Kardanwinkel bei einem kardanisch gelagerten Kreisel.

Die notwendigen Transformationen sind:

$$x_k^* = a_{jk}^{\alpha}\, x_j \quad \text{mit} \quad a_{jk}^{\alpha} = \begin{bmatrix} 1 & 0 & 0 \\ 0 & \cos\alpha & -\sin\alpha \\ 0 & \sin\alpha & \cos\alpha \end{bmatrix},$$

$$x_l^\circ = a_{kl}^{\beta}\, x_k^* \quad \text{mit} \quad a_{kl}^{\beta} = \begin{bmatrix} \cos\beta & 0 & \sin\beta \\ 0 & 1 & 0 \\ -\sin\beta & 0 & \cos\beta \end{bmatrix}, \qquad (1.46)$$

$$x_i' = a_{li}^{\gamma}\, x_l^\circ \quad \text{mit} \quad a_{li}^{\gamma} = \begin{bmatrix} \cos\gamma & -\sin\gamma & 0 \\ \sin\gamma & \cos\gamma & 0 \\ 0 & 0 & 1 \end{bmatrix}.$$

Ihre Zusammenfassung ergibt:

$$x_i' = a_{li}^{\gamma}\, x_l^{\circ} = a_{kl}^{\beta}\, a_{li}^{\gamma}\, x_k^{*} = a_{jk}^{\alpha}\, a_{kl}^{\beta}\, a_{li}^{\gamma}\, x_j = a_{ji}\, x_j \qquad (1.47)$$

mit

$$a_{ji} =$$

$$\begin{bmatrix} \cos\beta\,\cos\gamma & -\cos\beta\,\sin\gamma & \sin\beta \\ \cos\alpha\,\sin\gamma + \sin\alpha\,\sin\beta\,\cos\gamma & \cos\alpha\,\cos\gamma - \sin\alpha\,\sin\beta\,\sin\gamma & -\sin\alpha\,\cos\beta \\ \sin\alpha\,\sin\gamma - \cos\alpha\,\sin\beta\,\cos\gamma & \sin\alpha\,\cos\gamma + \cos\alpha\,\sin\beta\,\sin\gamma & \cos\alpha\,\cos\beta \end{bmatrix}.$$

Auch für die Kardanwinkel lassen sich — wie bei den Euler-Winkeln — Varianten verwenden. Daher ist bei Anwenden dieser Winkel stets genau auf ihre Definitionen zu achten.

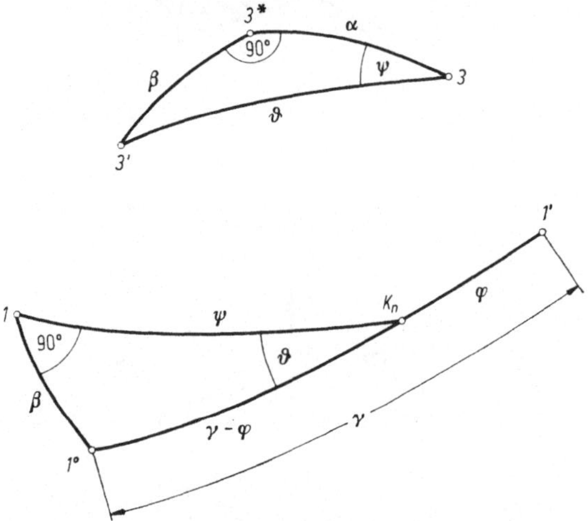

Abb. 1.27 Zur Ableitung des Zusammenhanges zwischen Euler- und Kardanwinkeln.

Es ist nicht schwer, den analytischen Zusammenhang zwischen Euler- und Kardanwinkeln zu formulieren. Er kann aus sphärischen Dreiecken abgelesen werden, die man durch Verbinden der Durchstoßpunkte geeignet ausgewählter Achsen durch die Einheitskugel erhalten kann. So folgt aus den in Abb. 1.27 skizzierten beiden Dreiecken nach den Sätzen der sphärischen Trigonometrie [oder aus einem Vergleich der Formeln (1.45) und (1.47)]:

$$\tan\alpha = \cos\psi\,\tan\vartheta,$$
$$\sin\beta = \sin\psi\,\sin\vartheta, \qquad (1.48)$$
$$\tan(\gamma - \varphi) = \frac{\tan\psi}{\cos\vartheta}.$$

Bei einer anderen Zuordnung der Achsen des Kardansystems von Abb. 1.26 zu den Achsen des Bezugssystems 1 2 3 kann man übrigens auch die Euler-Winkel unmittelbar an einer kardanischen Aufhängung ablesen. Wählt man nach Abb. 1.28 die äußere Rahmenachse zur 3-Achse, die Rotorachse zur 3'-Achse, dann wird die innere Rahmenachse zur Knotenlinie. Die Euler-Winkel $\psi\,\vartheta\,\varphi$ können dann als Drehungen um die 3-Achse, um die Knotenachse und um die Rotor-

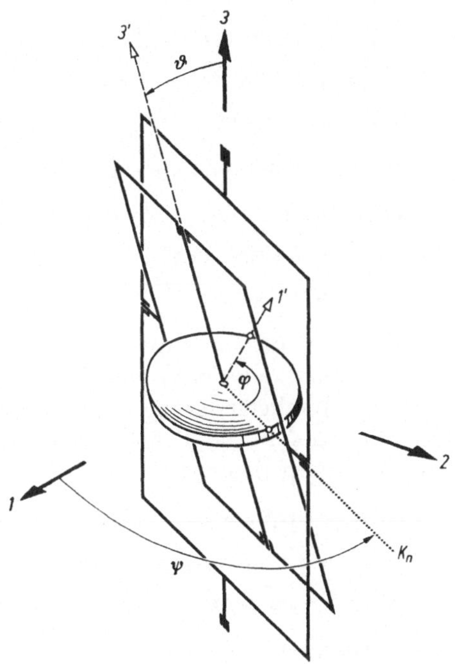

Abb. 1.28 Euler-Winkel bei einem kardanisch gelagerten Kreisel.

achse jeweils im positiven Sinne abgelesen werden. Bei dieser Art der Anordnung wird:

$$\alpha = \psi,$$
$$\beta = \vartheta - \pi/2,$$
$$\gamma = \varphi.$$

d) *Die Komponenten der Winkelgeschwindigkeit*. Aus den kinetischen Kreiselgleichungen erhält man oft nur die Drehgeschwindigkeit des Kreisels als Funktion der Zeit. Um daraus die räumliche Orientierung des Körpers berechnen zu können, muß der Zusammenhang zwischen den Komponenten der Drehgeschwindigkeit ω_i und den beschriebenen Winkeln sowie ihren zeitlichen Ableitungen bekannt sein. Diese Beziehungen lassen sich aus den Abb. 1.23 bzw. 1.25 ablesen.

3*

Bei Verwendung der Euler-Winkel nach Abb. 1.23 hat man zu berücksichtigen, daß der Vektor der Winkeländerung $\dot\psi$ in die 3-Achse, der Vektor der Winkeländerung $\dot\vartheta$ in die Knotenlinie und der Vektor der Winkeländerung $\dot\varphi$ in die 3'-Achse fällt. Man erhält nun durch Zerlegen dieser Komponenten:

für die körperfesten Komponenten:

$$\begin{aligned} \omega_1' &= \dot\psi \sin\vartheta \sin\varphi + \dot\vartheta \cos\varphi, \\ \omega_2' &= \dot\psi \sin\vartheta \cos\varphi - \dot\vartheta \sin\varphi, \\ \omega_3' &= \dot\varphi + \dot\psi \cos\vartheta, \end{aligned} \tag{1.49}$$

für die raumfesten Komponenten:

$$\begin{aligned} \omega_1 &= \dot\varphi \sin\vartheta \sin\psi + \dot\vartheta \cos\psi, \\ \omega_2 &= -\dot\varphi \sin\vartheta \cos\psi + \dot\vartheta \sin\psi, \\ \omega_3 &= \dot\psi + \dot\varphi \cos\vartheta. \end{aligned} \tag{1.50}$$

Entsprechend ergeben sich die für Kardanwinkel geltenden Beziehungen, wenn man berücksichtigt, daß der Vektor der Winkeländerung $\dot\alpha$ in die 1-Achse, der Vektor der Winkeländerung β in die 2*-Achse und der Vektor der Winkeländerung $\dot\gamma$ in die 3'-Achse fällt. Damit folgt

für die körperfesten Komponenten:

$$\begin{aligned} \omega_1' &= \dot\alpha \cos\beta \cos\gamma + \beta \sin\gamma, \\ \omega_2' &= -\dot\alpha \cos\beta \sin\gamma + \beta \cos\gamma, \\ \omega_3' &= \dot\gamma + \dot\alpha \sin\beta, \end{aligned} \tag{1.51}$$

für die raumfesten Komponenten:

$$\begin{aligned} \omega_1 &= \dot\alpha + \dot\gamma \sin\beta, \\ \omega_2 &= -\dot\gamma \cos\beta \sin\alpha + \beta \cos\alpha, \\ \omega_3 &= \dot\gamma \cos\beta \cos\alpha + \beta \sin\alpha. \end{aligned} \tag{1.52}$$

Wenn die Winkel $\psi\,\vartheta\,\varphi$ oder $\alpha\,\beta\,\gamma$ und ihre zeitlichen Ableitungen gegeben sind, dann können aus den angegebenen Formeln die Komponenten der Drehgeschwindigkeit berechnet werden. Meist muß jedoch die umgekehrte Aufgabe gelöst werden; aus bekannten körperfesten Komponenten sind die Winkel zu bestimmen. Dafür gelten die Differentialgleichungen:

für die Euler-Winkel aus (1.49):

$$\begin{aligned} \dot\psi \sin\vartheta &= \omega_1' \sin\varphi + \omega_2' \cos\varphi, \\ \dot\vartheta &= \omega_1' \cos\varphi - \omega_2' \sin\varphi, \\ \dot\varphi &= \omega_3' - \cot\vartheta\,(\omega_1' \sin\varphi + \omega_2' \cos\varphi), \end{aligned} \tag{1.53}$$

für die Kardanwinkel aus (1.51):

$$\dot{\alpha}\cos\beta = \omega_1'\cos\gamma - \omega_2'\sin\gamma,$$
$$\beta = \omega_1'\sin\gamma + \omega_2'\cos\gamma, \qquad (1.54)$$
$$\dot{\gamma} = \omega_3' - \tan\beta\,(\omega_1'\cos\gamma - \omega_2'\sin\gamma).$$

Auf einen sehr wichtigen Umstand soll noch hingewiesen werden: Aus den Drehgeschwindigkeitskomponenten $\dot{\psi}\,\dot{\vartheta}\,\dot{\varphi}$ bzw. $\dot{\alpha}\,\dot{\beta}\,\dot{\gamma}$ können die entsprechenden Winkel

$$\psi = \psi_0 + \int \dot{\psi}\,dt,\,\ldots$$
$$\alpha = \alpha_0 + \int \dot{\alpha}\,dt,\,\ldots$$

durch Integration gewonnen werden. Die Ableitungen der Winkel sind holonome Geschwindigkeitskoordinaten im Sinne der analytischen Mechanik. Dagegen sind die Drehgeschwindigkeitskomponenten $\omega_1'\,\omega_2'\,\omega_3'$ keine holonomen Koordinaten. Aus ihnen können durch Integration keine Winkel erhalten werden, die zur Kennzeichnung der Lage des Körpers verwendbar sind. Um das zu erkennen, betrachte man beispielsweise die erste der Beziehungen (1.49). Durch Multiplikation mit dem Zeitelement dt erhält man

$$\omega_1'\,dt = \dot{\psi}\,dt\,\sin\vartheta\,\sin\varphi + \dot{\vartheta}\,dt\,\cos\varphi$$
$$= d\psi\,\sin\vartheta\,\sin\varphi + d\vartheta\,\cos\varphi.$$

Der auf der rechten Seite stehende Ausdruck ist kein vollständiges Differential, weil die sog. Integrabilitätsbedingung nicht erfüllt ist. Ein Differentialausdruck $dU = P\,d\psi + Q\,d\vartheta$ ist nur dann integrabel, wenn

$$\frac{\partial P}{\partial \vartheta} = \frac{\partial Q}{\partial \psi}$$

gilt. Diese Bedingung ist im vorliegenden Fall nicht erfüllt. Daraus ergibt sich eine sehr wichtige praktische Folgerung:

Es ist mehrfach vorgeschlagen worden, die Drehgeschwindigkeitskomponenten $\omega_1'\,\omega_2'\,\omega_3'$ von bewegten Systemen (Schiffe, Flugzeuge, Raketen, Satelliten) durch fest eingebaute Meßgeräte für die Drehgeschwindigkeit (z. B. Wendekreisel, siehe Kap. 15) zu messen und daraus durch direkte Integration die Drehwinkel um körperfeste Achsen zu ermitteln. Die so erhaltenen Winkel sind jedoch aus den genannten Gründen kein eindeutiges Maß für die räumliche Orientierung des Systems. Der korrekte Weg geht vielmehr über die Integration der recht komplizierten nichtlinearen Differentialgleichungen (1.53) bzw. (1.54). Natürlich kann man auch die für die Richtungscosinus geltenden Beziehungen verwenden.

e) Die zeitliche Ableitung eines Vektors im drehenden Bezugssystem.
Es ist bei Kreiselaufgaben häufig zweckmäßig, Bezugssysteme zu verwenden, die nicht raumfest, sondern z. B. körperfest oder allgemein bewegt sind. Bei Abwesenheit von translatorischen Verschiebungen gilt zwischen den Koordinaten eines Vektors x_i im festen und x_k' im bewegten System die Transformationsgleichung

$$x_i = a_{ik}\, x_k'.$$

Für die Änderung des Vektors erhält man daraus

$$\frac{dx_i}{dt} = \frac{d}{dt}\,(a_{ik}\, x_k') = a_{ik}\,\frac{dx_k'}{dt} + \frac{da_{ik}}{dt}\, x_k'.$$

Der erste Anteil davon ist die relative Änderung von x_k' gegenüber dem bewegten System. Er wird häufig durch

$$a_{ik}\,\frac{dx_k'}{dt} = \frac{d'x_i'}{dt}$$

abgekürzt. Der zweite Anteil kann mit Hilfe des Drehgeschwindigkeitsvektors ω_j, mit dem das bewegte gegenüber dem festen System dreht, wie folgt ausgedrückt werden:

$$\frac{da_{ik}}{dt}\, x_k' = \varepsilon_{ijk}\,\omega_j\, x_k'.$$

Dieser Ausdruck gibt die Führungsänderung wieder, die der betrachtete Vektor dadurch erfährt, daß er vom bewegten System mitgenommen wird. *Die absolute Änderung ist somit gleich der Summe aus Relativänderung und Führungsänderung:*

$$\frac{dx_i}{dt} = \frac{d'x_i'}{dt} + \varepsilon_{ijk}\,\omega_j\, x_k'. \tag{1.55}$$

Zwei leicht übersehbare Grenzfälle sind:
1. x_i ist raumfest; dann gilt

$$\frac{dx_i}{dt} = 0 \quad \text{und} \quad \frac{d'x_i'}{dt} = -\varepsilon_{ijk}\,\omega_j\, x_k'.$$

2. x_i' ist im drehenden System fest; dann gilt

$$\frac{d'x_i'}{dt} = 0 \quad \text{und} \quad \frac{dx_i}{dt} = \varepsilon_{jik}\,\omega_j\, x_k'.$$

Man erkennt diese Zusammenhänge unmittelbar aus Abb. 1.29: Im ersten Fall bleibt der Endpunkt von x_k raumfest; von einem bewegten Beobachter aus betrachtet, bewegt er sich rückläufig. Im zweiten Fall bleibt x_k im drehenden System fest (d. h. $x_k' = \text{const}$); dann bewegt sich der Endpunkt von einem festen Beobachter aus im Sinne der durch ω_j gekennzeichneten Drehbewegung.

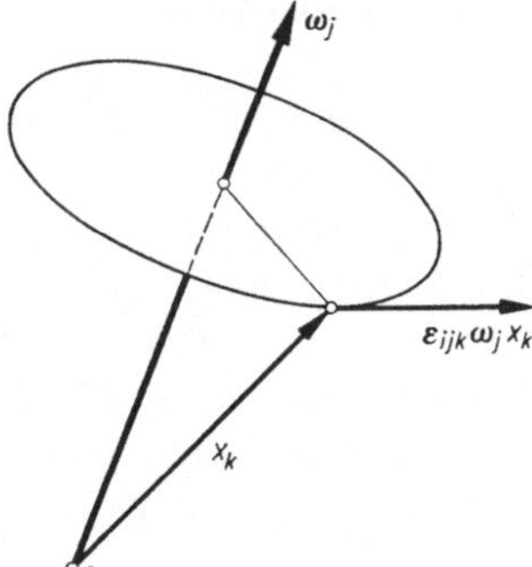

Abb. 1.29 Absolute Änderung eines im drehenden
System konstanten Vektors x_k.

Wendet man (1.55) auf den Drehgeschwindigkeitsvektor selbst an, dann folgt

$$\frac{d\omega_i}{dt} = \frac{d'\omega_i'}{dt}. \tag{1.56}$$

1.5 Kinetische Grundlagen

1.5.1 Energie und Drall. Als Bewegungsenergie oder kinetische Energie eines Masseteilchens dm wird das Produkt

$$dT = \tfrac{1}{2}v^2\,dm = \tfrac{1}{2}\dot{y}^2\,dm = \tfrac{1}{2}\dot{y}_i\,\dot{y}_i\,dm$$

bezeichnet. Dabei ist y_i der den Ort des Teilchens kennzeichnende Vektor. Um die gesamte Bewegungsenergie T eines Systems zu erhalten, muß über alle Massen integriert werden. Für einen starren Körper erhält man damit unter Berücksichtigung von (1.38) für die Bewegung der Teilmassen dm den Ausdruck

$$2T = \int [\dot{x}_i + \varepsilon_{ijk}\,\omega_j\,z_k]\,[\dot{x}_i + \varepsilon_{ilm}\,\omega_l\,z_m]\,dm.$$

Nach Ausmultiplizieren entsteht daraus mit

$$\int dm = m \quad\text{und}\quad \int z_i\,dm = m\,z_i^S:$$

$$2T = m\,\dot{x}_i\,\dot{x}_i + 2m\,\dot{x}_i\,\varepsilon_{ijk}\,\omega_j\,z_k^S + \int \varepsilon_{ijk}\,\omega_j\,z_k\,\varepsilon_{ilm}\,\omega_l\,z_m\,dm. \tag{1.57}$$

Darin ist m die Gesamtmasse und z_i^S der Vektor von einem körperfesten Bezugspunkt zum Massenmittelpunkt S. Die Bewegungsenergie eines starren Körpers setzt sich also aus drei Anteilen zusammen. Das erste Glied gibt die Translationsenergie, das dritte die Drehenergie an. Das mittlere Glied hängt sowohl von der Translations- als auch von der Drehbewegung des Körpers ab. Dieses Kopplungsglied verschwindet jedoch in zwei wichtigen Fällen:

1. wenn als Bezugspunkt ein Fixpunkt gewählt wird; dann ist $\dot{x}_i = 0$;

2. wenn der Massenmittelpunkt S des Körpers als Bezugspunkt gewählt wird; dann ist $z_i^S = 0$.

Im folgenden soll der für die Kreiselbewegung wichtige Anteil der Drehbewegung näher untersucht werden. Dieser Anteil bleibt allein übrig, wenn in (1.57) $\dot{x}_i = 0$ angenommen wird. Der Integrand des letzten Gliedes von (1.57) kann unter Berücksichtigung der im Abschnitt 1.2 aufgeführten Regeln wie folgt umgeformt werden:

$$\varepsilon_{ijk}\,\varepsilon_{ilm}\,\omega_j\,\omega_l\,z_k\,z_m = (\delta_{jl}\,\delta_{km} - \delta_{kl}\,\delta_{jm})\,\omega_j\,\omega_l\,z_k\,z_m$$
$$= \omega_j\,\omega_j\,z_k\,z_k - \omega_j\,\omega_k\,z_j\,z_k$$
$$= \omega_i\,\omega_j\,(z_k\,z_k\,\delta_{ij} - z_i\,z_j).$$

Unter Berücksichtigung von (1.13) folgt damit aus (1.57) mit $\dot{x}_i = 0$

$$2T = \Theta_{ij}\,\omega_i\,\omega_j, \tag{1.58}$$

oder ausgerechnet

$$2T = A\,\omega_1^2 + B\,\omega_2^2 + C\,\omega_3^2 - 2D\,\omega_2\,\omega_3 - 2E\,\omega_3\,\omega_1 - 2F\,\omega_1\,\omega_2. \tag{1.59}$$

Die kinetische Energie ist also eine quadratische Funktion der Koordinaten von ω_i. Wählt man ein körperfestes Bezugssystem, dann sind die Trägheits- und Deviationsmomente konstant.

Die Ausdrücke (1.58) und (1.59) sind formal mit (1.25) und (1.26) identisch, wenn ω_i durch y_i ersetzt wird. So wie die früheren Ausdrücke als Gleichungen für das Trägheitsellipsoid gedeutet werden konnten, so lassen sich auch (1.58) bzw. (1.59) als Bestimmungsgleichungen eines Ellipsoides auffassen. Es wird *Energieellipsoid* genannt. Anschaulich kann dieses Ellipsoid als der geometrische Ort für alle Endpunkte derjenigen vom Fixpunkt aus abgetragenen Vektoren ω_i gedeutet werden, zu denen ein vorgegebener Wert für die kinetische Energie T gehört.

Eine besonders einfache Form der Gleichung für das Energieellipsoid erhält man bei Bezug auf das Hauptachsensystem des Körpers. Dann wird $D' = E' = F' = 0$. Damit folgt aus (1.58) anstelle von (1.59)

$$2T = A'\,\omega_1'^2 + B'\,\omega_2'^2 + C'\,\omega_3'^2 \tag{1.60}$$

oder

$$\left(\frac{\omega_1'}{a_1}\right)^2 + \left(\frac{\omega_2'}{a_2}\right)^2 + \left(\frac{\omega_3'}{a_3}\right)^2 = 1$$

mit den Halbachsen des Ellipsoides

$$a_1 = \sqrt{\frac{2T}{A'}} = \sqrt{\frac{2T}{m}}\,\varrho_1; \quad a_2 = \sqrt{\frac{2T}{B'}} = \sqrt{\frac{2T}{m}}\,\varrho_2;$$

$$a_3 = \sqrt{\frac{2T}{C'}} = \sqrt{\frac{2T}{m}}\,\varrho_3.$$

Durch Vergleich der Ausdrücke für Energieellipsoid (1.60) und Trägheitsellipsoid (1.27) stellt man fest, daß beide Ellipsoide ähnlich sind.

Bei den späteren Berechnungen werden Formeln für die kinetische Energie gebraucht, in denen diese durch Euler- oder Kardanwinkel ausgedrückt ist. Das kann unter Verwendung der in Abschn. 1.4.3 angegebenen Formeln für die körperfesten Geschwindigkeitskoordinaten leicht geschehen. Wir wollen uns hier auf den Fall beschränken, daß das Bezugssystem mit dem Hauptachsensystem zusammenfällt, und bekommen dann durch Einsetzen von (1.49) in (1.60) die kinetische Energie als Funktion der Euler-Winkel:

$$2T = A\,(\dot\psi \sin\vartheta \sin\varphi + \dot\vartheta \cos\varphi)^2 + B\,(\dot\psi \sin\vartheta \cos\varphi - \dot\vartheta \sin\varphi)^2 +$$
$$+ C\,(\dot\varphi + \dot\psi \cos\vartheta)^2. \tag{1.61}$$

Für den symmetrischen Kreisel $(A = B)$ wird daraus

$$2T = A\,(\dot\psi^2 \sin^2\vartheta + \dot\vartheta^2) + C\,(\dot\varphi + \dot\psi \cos\vartheta)^2. \tag{1.62}$$

In entsprechender Weise findet man durch Einsetzen von (1.51) in (1.60) die kinetische Energie als Funktion der Kardanwinkel:

$$2T = A\,(\dot\alpha \cos\beta \cos\gamma + \dot\beta \sin\gamma)^2 + B\,(-\dot\alpha \cos\beta \sin\gamma + \dot\beta \cos\gamma)^2 +$$
$$+ C\,(\dot\alpha \sin\beta + \dot\gamma)^2. \tag{1.63}$$

Für den symmetrischen Kreisel $(A = B)$ bleibt:

$$2T = A\,(\dot\alpha^2 \cos^2\beta + \dot\beta^2) + C\,(\dot\alpha \sin\beta + \dot\gamma)^2. \tag{1.64}$$

Neben der Energie, die eine skalare Größe ist, hat in der Kreisellehre vor allem der *Drall* Bedeutung. Der Drall, auch *Drehimpuls* oder *Impuls-*

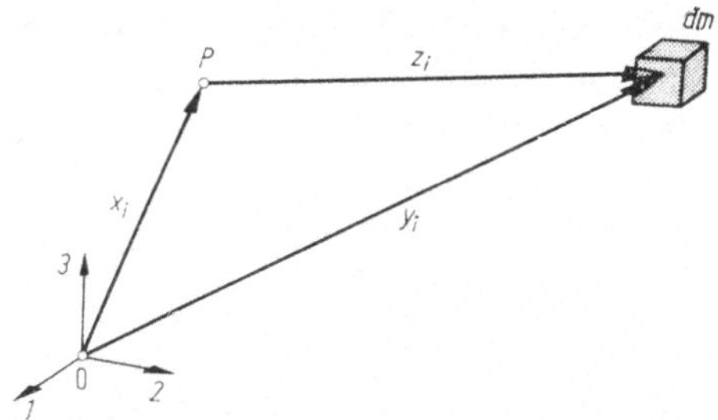

Abb. 1.30 Zur Ableitung des Ausdrucks für den Drall.

moment genannt, ist ein Vektor, der mit H_i bezeichnet werden soll. Wenn

$$dI_i = \dot y_i\, dm$$

der Impuls eines Masseteilchens dm ist (Abb. 1.30), dann wird der Drall dieses Teilchens bezüglich eines raumfesten Bezugssystems $1, 2, 3$ mit dem Ursprung O durch

$$dH_i^0 = \varepsilon_{ijk}\, y_j\, dI_k = \varepsilon_{ijk}\, y_j\, \dot y_k\, dm$$

gekennzeichnet. Mit $y_i = x_i + z_i$ erhält man nach Integration über den ganzen Körper unter Berücksichtigung von (1.38)

$$H_i^0 = \varepsilon_{ijk} x_j I_k + m\,\varepsilon_{ijk} z_j^S\,\dot{x}_k + \Theta_{ij}^P\,\omega_j\,. \tag{1.65}$$

Dabei ist m die Gesamtmasse und

$$I_i = m\,\dot{y}_i^S = m\,(\dot{x}_i + \varepsilon_{ijk}\,\omega_j\,z_k^S)$$

der Gesamtimpuls des starren Körpers. Der Vektor z_i^S zeigt von einem beliebigen körperfesten Punkt P zum Massenmittelpunkt S. Für Trägheitstensor bezüglich des Punktes P erhält man nach Änderung einiger Indizes

$$\begin{aligned}
\Theta_{ij}^P &= \int \varepsilon_{ikl}\,\varepsilon_{jnl}\,z_k\,z_n\,dm \\
&= \int (\delta_{ij}\,\delta_{kn} - \delta_{in}\,\delta_{kj})\,z_k\,z_n\,dm \\
&= \int (\delta_{ij}\,z_k\,z_k - z_i\,z_j)\,dm\,. \tag{1.66}
\end{aligned}$$

Der Drall eines starren Körpers setzt sich nach (1.65) aus drei Anteilen zusammen. Das erste Glied gibt den Drall infolge der Translation des Massenmittelpunktes S, das dritte Glied den Drall infolge der Drehung des Körpers wieder. Das mittlere Glied hängt von der Lage und vom Bewegungszustand des Bezugspunktes P ab. Dieses Kopplungsglied verschwindet in zwei wichtigen Fällen:

1. wenn der Massenmittelpunkt S als Bezugspunkt gewählt wird; dann ist $z_i^S = 0$;

2. wenn als körperfester Bezugspunkt P ein Fixpunkt gefunden werden kann; dann ist $\dot{x}_i = 0$.

Im folgenden soll der für die Kreiselbewegung wichtige Anteil der Drehbewegung näher untersucht werden. Dieser Anteil bleibt allein übrig, wenn in (1.65) $\dot{x}_i = 0$ angenommen wird. Für diesen Fall erhält man den Drall

$$H_i = \Theta_{ij}\,\omega_j \tag{1.67}$$

mit den körperfesten Komponenten:

$$\begin{aligned}
H_1' &= A'\,\omega_1' - F'\,\omega_2' - E'\,\omega_3', \\
H_2' &= -F'\,\omega_1' + B'\,\omega_2' - D'\,\omega_3', \\
H_3' &= -E'\,\omega_1' - D'\,\omega_2' + C'\,\omega_3'.
\end{aligned} \tag{1.68}$$

Wenn das Bezugssystem mit den Hauptachsen des Körpers zusammenfällt, dann bleibt:

$$H_1' = A'\,\omega_1'; \quad H_2' = B'\,\omega_2'; \quad H_3' = C'\,\omega_3'. \tag{1.69}$$

Man erkennt daraus, daß i. allg. die Vektoren ω_i und H_i nicht dieselbe Richtung haben. Sie fallen nur zusammen, wenn ω_i in eine Hauptrichtung des Körpers fällt. Hierüber wird im Abschn. 1.5.2 noch ausführlicher zu sprechen sein.

Man kann nun in ähnlicher Weise, wie dies bei der Diskussion des Ausdruckes für die Energie (1.59) bzw. (1.60) geschah, nach dem geometrischen Ort der Endpunkte aller Vektoren ω_i fragen, die zu einem vorgegebenen Betrag des Dralls führen. Wir legen ein Hauptachsensystem zugrunde und erhalten aus der Forderung $H = \text{const}$ die Gleichung:

$$H^2 = H_i\,H_i = (A'\,\omega_1')^2 + (B'\,\omega_2')^2 + (C'\,\omega_3')^2 = \text{const.} \qquad (1.70)$$

Das ist die Gleichung des *Drallellipsoides*, dessen Halbachsen die Beträge

$$b_1 = \frac{H}{A'}\,; \quad b_2 = \frac{H}{B'}\,; \quad b_3 = \frac{H}{C'}$$

besitzen. Durch Vergleich mit (1.60) und (1.27) stellt man fest, daß das Drallellipsoid weder zum Energieellipsoid noch zum Trägheitsellipsoid ähnlich ist.

Aus den Ausdrücken für die Energie (1.58) und den Drall (1.67) lassen sich Beziehungen ableiten, die für spätere Betrachtungen sehr nützlich sind. Zunächst kann wegen (1.67)

$$2T = \Theta_{ij}\,\omega_i\,\omega_j = H_i\,\omega_i \qquad (1.71)$$

geschrieben werden. Nach den Regeln der Differentiation quadratischer Formen folgt daraus

$$\frac{\partial}{\partial\omega_k}(2T) = \Theta_{kj}\,\omega_j + \Theta_{ik}\,\omega_i = 2\Theta_{ki}\,\omega_i = 2H_k,$$

also

$$\frac{\partial T}{\partial\omega_i} = H_i. \qquad (1.72)$$

Der Drallvektor H_i ist demnach der nach ω_i gebildete Gradient der kinetischen Energie T. Umgekehrt kann aber auch der Drehgeschwindigkeitsvektor ω_i als der nach H_i gebildete Gradient von T ausgerechnet werden. Um dies zu zeigen, führen wir die lineare Vektorfunktion

$$\omega_i = \psi_{ij}\,H_j$$

ein. Mit (1.67) folgt dann

$$H_i = \Theta_{ij}\,\psi_{jk}\,H_k \quad \text{oder} \quad \Theta_{ij}\,\psi_{jk} = \delta_{ik}.$$

Da Θ_{ij} und δ_{ij} symmetrische Tensoren sind, ist auch ψ_{ij} ein symmetrischer Tensor. Damit aber folgt

$$2T = H_i\,\omega_i = H_i\,\psi_{ij}\,H_j = \psi_{ij}\,H_i\,H_j$$

und

$$\frac{\partial}{\partial H_k}(2T) = \psi_{kj}\,H_j + \psi_{ik}\,H_i = 2\psi_{kj}\,H_j = 2\omega_k.$$

Also gilt

$$\frac{\partial T}{\partial H_i} = \omega_i. \tag{1.73}$$

1.5.2 Hauptachsen, Drehachse und Drallachse. Als *Hauptachsen*, genauer *Hauptträgheitsachsen*, wurden im Abschn. 1.3.4 diejenigen körperfesten Richtungen definiert, für die die Deviationsmomente DEF verschwinden. Die Hauptachsen sind i. allg. nicht sichtbar, jedoch fallen sie bei regelmäßig geformten, homogenen Körpern stets mit eventuell vorhandenen Symmetrieachsen zusammen oder liegen in Symmetrieebenen. So sind die Hauptachsen eines homogenen Quaders (Ziegelstein) bezüglich des Mittelpunktes zu den Kanten des Quaders parallel. Die Trägheitshauptachsen eines homogenen dreiachsigen Ellipsoides bezüglich des Mittelpunktes sind mit den geometrischen Hauptachsen identisch. Bei allen Rotationskörpern existiert eine *Symmetrieachse*, die bei homogener Massenverteilung zugleich Hauptträgheitsachse ist. Die Symmetrieachse wird oft auch als *Figurenachse* bezeichnet. Bei der Untersuchung von Kreiselbewegungen interessiert gerade das Verhalten dieser Figurenachse, da sie meist gut erkennbar ist und ihre Bewegungen leicht zu messen sind.

Jede Symmetrieachse oder Figurenachse ist bei Körpern mit homogener Massenverteilung zugleich auch Hauptachse; aber umgekehrt ist nicht jede Hauptachse auch Symmetrie- oder Figurenachse. Neben Haupt-, Symmetrie- und Figurenachsen haben noch zwei andere Achsen eine besondere Bedeutung: die Drehachse und die Drallachse.

Die D r e h a c h s e ist als geometrischer Ort aller Punkte eines bewegten Körpers definiert, die zu einem bestimmten Zeitpunkt die Geschwindigkeit Null besitzen. Die Drehachse fällt stets in die Richtung des Vektors ω_i der momentanen Drehgeschwindigkeit.

Die D r a l l a c h s e ist als Achse definiert, die die Richtung des Drallvektors H_i hat.

Drehachse und Drallachse sind wegen der Beziehung $H_i = \Theta_{ij}\, \omega_j$ voneinander und von der Massenverteilung des Körpers, also vom Trägheitstensor Θ_{ij} abhängig. Sie fallen nur dann zusammen, wenn sie in eine Hauptachsenrichtung fallen. Diese Eigenschaft kann zugleich auch als *kinetische Definition für die Hauptachsen* aufgefaßt werden:

Die Hauptachsen eines starren Körpers sind dadurch gekennzeichnet, daß bei einer Drehung um diese Achsen Drehvektor und Drallvektor zusammenfallen.

Diese Definition ist mit der früher (Abschn. 1.3.4) gegebenen massengeometrischen Definition gleichwertig; unter Berücksichtigung von (1.68) folgt daraus:

1. Ein Körper mit drei voneinander verschiedenen Hauptträgheits-

momenten hat drei Hauptachsen. Nur wenn ω_i in eine dieser Richtungen fällt, also zwei der Komponenten $\omega_1'\,\omega_2'\,\omega_3'$ verschwinden, ist $H_i \parallel \omega_i$.

2. Sind zwei der Hauptträgheitsmomente (z. B. A' und B') gleich groß, dann sind alle in der $1'2'$-Hauptebene liegenden Achsen Hauptachsen. Mit $A' = B'$ und $\omega_3' = 0$ folgt sofort $H_1' : H_2' = \omega_1' : \omega_2'$, also $H_i \parallel \omega_i$.

3. Ist $A' = B' = C'$, dann ist jede Achse zugleich auch Hauptachse. Es gilt $H_1' : H_2' : H_3' = \omega_1' : \omega_2' : \omega_3'$, also $H_i \parallel \omega_i$.

Aus der Tatsache, daß die Trägheitsmomente stets positiv sind, folgt nach (1.69) sofort, daß Drehvektor und Drallvektor stets im gleichen Oktanten liegen, daß also der Winkel zwischen ihnen nie größer als $\pi/2$ werden kann. Genauer läßt sich der Zusammenhang zwischen Dreh-

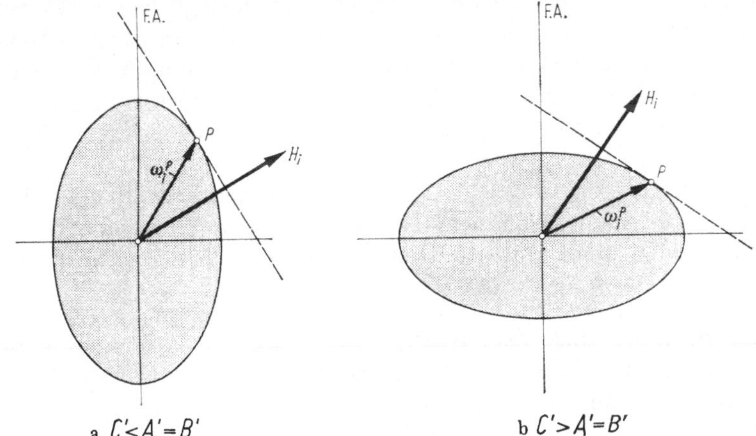

Abb. 1.31 Lage der drei Achsen: Figurenachse FA, Drehachse (ω_i) und Drallachse (H_i) im a) epizykloidischen und b) perizykloidischen Fall.

vektor und Drallvektor aus einer von POINSOT angegebenen Konstruktion entnehmen. Sie macht Gebrauch von dem Energieellipsoid, das als geometrischer Ort der Endpunkte aller Drehvektoren ω_i gedeutet wurde, die zu einem konstanten Wert für die kinetische Energie T führen, s. Gl. (1.60). Legt man eine Tangentialebene an einen Punkt P des Energieellipsoides (Abb. 1.31), dann ist die Richtung des Drallvektors H_i durch die Richtung des Lotes vom Mittelpunkt des Ellipsoides auf diese Tangentialebene gegeben. Aus (1.60) läßt sich die Gleichung dieser Ebene in der Form

$$2T = A'\,\omega_1'^P\,\omega_1' + B'\,\omega_2'^P\,\omega_2' + C'\,\omega_3'^P\,\omega_3' \tag{1.74}$$

ableiten. Dabei ist ω_i^P der Vektor zum Punkt P und ω_i ein Vektor zu einem beliebigen Punkt der Tangentialebene. Da nun die Richtungscosinus der Normalen zu einer Fläche $f(x_1\,x_2\,x_3) = $ const zu den Ableitungen $\partial f/\partial x_i$ proportional sind, folgt, daß die Richtungscosinus der Normalen zu der Tangentialebene (1.74) zu $A'\,\omega_1'^P$, $B'\,\omega_2'^P$, $C'\,\omega_3'^P$, also zu H_1', H_2', H_3' proportional sind. Also steht der Vektor H_i senkrecht auf der betrachteten Tangentialebene.

Für den Fall eines symmetrischen Kreisels, bei dem z. B. $A' = B'$ gilt, läßt sich der Zusammenhang der verschiedenen Achsen sehr anschaulich darstellen, weil dann Figurenachse (FA), Drehachse (ω_i) und Drallachse (H_i) stets in einer Ebene liegen. In Abb. 1.31 ist der Schnitt durch das zum Trägheitsellipsoid ähnliche Energieellipsoid gezeichnet. Im Fall a gehört zur Figurenachse die lange Achse des Ellipsoides, also das kleinste Hauptträgheitsmoment $C' < A' = B'$. Der Kreisel ist bezüglich dieser Achse gestreckt („epizykloidischer" Fall). Hier liegt die Drehachse stets zwischen Figuren- und Drallachse. Im Fall b gilt $C' > A' = B'$, also ist der Kreisel bezüglich der Figurenachse abgeplattet („perizykloidischer" Fall). Dabei liegt die Drallachse stets zwischen Figuren- und Drehachse. Diese Eigenschaften sind unabhängig von ω, da sich bei verändertem Betrag der Drehgeschwindigkeit lediglich ein ähnlich vergrößertes oder verkleinertes Energieellipsoid ergibt.

Aus der Konstruktion von Abb. 1.31 sieht man anschaulich, daß ω_i und H_i nur dann zusammenfallen können, wenn ω_i in eine Hauptachse fällt oder wenn die Schnittellipse zu einem Kreis ausartet. Das wäre der Fall des Kugelkreisels.

1.5.3 Drallsatz und Energiesatz. Das wichtigste Grundgesetz der Kreisellehre ist der Drallsatz. Er kann in einem raumfesten Bezugssystem in der Form

$$\frac{dH_i}{dt} = M_i \tag{1.75}$$

geschrieben werden. In Worten: Die absolute zeitliche Ableitung des Drallvektors H_i ist gleich dem Vektor M_i des resultierenden äußeren Momentes.

Der Drallsatz muß als selbständiges Grundgesetz der Mechanik betrachtet werden. Es ist weder notwendig noch für alle Fälle möglich, ihn aus den bekannten Newtonschen Grundgesetzen der Mechanik abzuleiten. Es ist das Verdienst von LEONHARD EULER, den Drallsatz als unabhängiges Gesetz erkannt und ihn klar formuliert zu haben (siehe z. B. TRUESDELL [18]).

Da man den Drallsatz häufig auch bei bewegten Bezugssystemen mit einem Ursprungspunkt P (Abb. 1.30) verwenden muß, setzen wir (1.65) in (1.75) ein und erhalten:

$$\frac{dH_i^0}{dt} = \varepsilon_{ijk}(\dot{x}_j\,I_k + x_j\,\dot{I}_k) + m\,\varepsilon_{ijk}(\dot{z}_j^S\,\dot{x}_k + z_j^S\,\ddot{x}_k) + \frac{d}{dt}(\Theta_{ij}^P\,\omega_j)$$
$$= M_i^0 = M_i^P + \varepsilon_{ijk}\,x_j\,F_k.$$

Darin ist F_k der Vektor der resultierenden äußeren Kräfte. Nun gilt wegen des Impulssatzes $\dot{I}_i = F_i$ die Beziehung

$$\varepsilon_{ijk}\, x_j\, \dot{I}_k = \varepsilon_{ijk}\, x_j\, F_k.$$

Berücksichtigt man weiterhin die Definitionsgleichung für den Impuls

$$I_i = m\, \dot{y}_i^S = m\,(\dot{x}_i + \dot{z}_i^S),$$

so folgt

$$\varepsilon_{ijk}(\dot{x}_j\, I_k + m\, \dot{z}_j^S\, \dot{x}_k) = m\, \varepsilon_{ijk}(\dot{x}_j\, \dot{x}_k + \dot{x}_j\, \dot{z}_k^S + \dot{z}_j^S\, \dot{x}_k) = 0.$$

Es bleibt demnach für den Drallsatz die Beziehung:

$$\frac{d}{dt}\,(\Theta_{ij}^P\, \omega_j) + m\, \varepsilon_{ijk}\, z_j^S\, \ddot{x}_k = M_i^P. \tag{1.76}$$

Das ist der für einen beliebig bewegten Bezugspunkt formulierte Drallsatz. Die vorkommenden Differentiationen sind dabei im raumfesten Bezugssystem auszuführen. In zwei Fällen:

   1. für einen nicht beschleunigten Bezugspunkt ($\ddot{x}_k = 0$) und

   2. für den Massenmittelpunkt des Körpers als Bezugspunkt (d. h. $z_i^S = 0$)

reduziert er sich auf

$$\frac{d}{dt}\,(\Theta_{ij}^P\, \omega_j) = M_i^P. \tag{1.77}$$

Der Drallsatz in der Form (1.75) *oder* (1.77) *gilt für unbeschleunigte Bezugssysteme (Inertialsysteme) oder für den Massenmittelpunkt als Bezugspunkt, auch wenn er beschleunigt ist.*

Aus (1.75) gelangt man durch Integration zu einer Deutung des Dralls:

$$H_i = H_{i0} + \int M_i\, dt. \tag{1.78}$$

Das Integral bezeichnet man als *Drehstoß*. Demnach ist der Drall gleich dem Drehstoß, den man einem ruhenden starren Körper geben muß, damit er einen Drehungszustand mit dem Drall H_i erhält. Drall und Drehstoß sind gleichgerichtete Vektoren. Da nun die Drehachse i. allg. nicht mit der Drallachse zusammenfällt, so bedeutet dies, daß ein Körper nach einem Anstoß um andere Achsen als um die Anstoßachse drehen kann. Darin drückt sich die Anisotropie eines starren Körpers gegenüber Drehbewegungen aus.

Die *Leistung* einer an einem Körperelement angreifenden Kraft dF_i ist $dN = \dot{y}_i\, dF_i$. Durch Integration über den ganzen Körper und mit (1.38) erhält man

$$N = \int \dot{y}_i\, dF_i = \int (\dot{x}_i + \varepsilon_{ijk}\, \omega_j\, z_k)\, dF_i.$$

Wegen

$$\varepsilon_{ijk}\,\omega_j \int z_k\,dF_i = \omega_i\,\varepsilon_{ijk} \int z_j\,dF_k = \omega_i\,M_i$$

folgt:

$$N = \dot{x}_i\,F_i + \omega_i\,M_i.$$

Die Leistung ist damit in die Anteile für die Translations- und die Drehbewegung aufgeteilt. Die *Arbeit* wird durch Integration der Leistung erhalten. Es folgt:

$$dA = N\,dt = dT + dU + dE_D. \tag{1.79}$$

Dies bedeutet, daß die geleistete Arbeit zu Veränderungen der kinetischen Energie T, der potentiellen Energie U (z. B. durch Anheben des Schwerpunktes oder durch Zusammendrücken einer Feder) und zur Überwindung von Bewegungswiderständen, d. h. zur Veränderung der Dissipationsenergie E_D verwendet werden kann. Für ein *konservatives System* ist $E_D \equiv 0$ und $dA = 0$, d. h., die äußeren Kräfte verschwinden oder leisten keine Arbeit. Dann folgt aus (1.79) der *Energiesatz*

$$T + U = E_0 \tag{1.80}$$

mit der Energiekonstanten E_0.

Sind keine äußeren Kräfte vorhanden ($dU = dE_D = 0$), dann wird die geleistete Arbeit ausschließlich zur Veränderung der kinetischen Energie verwendet:

$$dA = N\,dt = dT.$$

Wenn wir uns nun auf die Betrachtung eines starren Körpers mit Fixpunkt ($\dot{x}_i = 0$) beschränken, dann folgt hieraus unter Berücksichtigung von (1.75)

$$\frac{dT}{dt} = N = \omega_i\,M_i = \omega_i\,\frac{dH_i}{dt}.$$

Andererseits gilt wegen (1.71)

$$\frac{dT}{dt} = \frac{d}{dt}\left(\frac{1}{2}\,H_i\omega_i\right) = \frac{1}{2}\left(\frac{dH_i}{dt}\,\omega_i + H_i\,\frac{d\omega_i}{dt}\right).$$

Durch Vergleich erhält man:

$$\omega_i\,\frac{dH_i}{dt} = H_i\,\frac{d\omega_i}{dt}. \tag{1.81}$$

Für ein System, auf das keine äußeren Kräfte einwirken, kann man daraus das Verschwinden beider Ausdrücke folgern. Also muß bei nichtverschwindenden Faktoren stets gelten:

$$\omega_i \perp dH_i \quad \text{und} \quad H_i \perp d\omega_i. \tag{1.82}$$

1.5.4 Die Bewegungsgleichungen des Kreisels. Im folgenden soll angenommen werden, daß der Kreisel einen Fixpunkt besitzt. Sonderfälle, bei denen diese Annahme nicht zutrifft, werden später (Kap. 7 und 8) untersucht werden.

Da ein starrer Körper mit Fixpunkt drei Freiheitsgrade besitzt, sind drei Gleichungen notwendig, um die die Bewegungen kennzeichnenden Variablen als Funktionen der Zeit bestimmen zu können. Diese drei Gleichungen werden bereits durch den Drallsatz geliefert, da er als Vektorgleichung drei skalaren Gleichungen entspricht. Außerdem kann man die Abhängigkeit der Bewegungsenergie T von den Koordinaten ω_i ausnützen, um Bewegungsgleichungen abzuleiten. Der erstgenannte Weg wurde von EULER eingeschlagen, der zweite von LAGRANGE. Eulersche und Lagrangesche Bewegungsgleichungen werden in der Kreiseltheorie vielseitig verwendet und sollen daher beide hier behandelt werden.

a) Die Eulerschen Bewegungsgleichungen. Der Drallsatz ist in der Form (1.75) oder (1.77) meist nicht zur Lösung kreiseltheoretischer Aufgaben geeignet. Grund hierfür ist die Tatsache, daß die Elemente des Trägheitstensors Θ_{ij} in einem Bezugssystem mit raumfesten Achsen i. allg. nicht konstant sind. Daher geht man besser zu einem körperfesten Bezugssystem über, in dem die Elemente des Trägheitstensors konstant sind. Unter Berücksichtigung von (1.55) kann dann der Drallsatz in die Form

$$\frac{d}{dt}\left(\Theta'_{ij}\,\omega'_j\right) = \frac{d'}{dt}\left(\Theta'_{ij}\,\omega'_j\right) + \varepsilon_{ijk}\,\omega'_j\,\Theta'_{kl}\omega'_l = M'_i$$

oder

$$\Theta'_{ij}\frac{d'\omega'_j}{dt} + \varepsilon_{ijk}\,\omega'_j\,\Theta'_{kl}\,\omega'_l = M'_i \tag{1.83}$$

gebracht werden. Dies ist die Vektorform der *kinetischen Euler-Gleichungen*. Nach dem früher Gesagten bedeutet dabei der Strich am Differentiationszeichen, daß die Ableitung im körperfesten System gebildet werden muß.

Die Koordinatengleichungen von (1.83) können durch Zerlegen in Skalargleichungen leicht in allgemeiner Form erhalten werden. Sie sollen jedoch hier nur für den wichtigen Fall angegeben werden, daß als Bezugssystem das Hauptachsensystem des Körpers verwendet wird. Läßt man die früher verwendeten Striche für die im körperfesten System geltenden Größen jetzt (und i. allg. auch später) fort, dann erhält man die Gleichungen:

$$\begin{aligned}
A\,\dot{\omega}_1 - (B - C)\,\omega_2\,\omega_3 &= M_1, \\
B\,\dot{\omega}_2 - (C - A)\,\omega_3\,\omega_1 &= M_2, \\
C\,\dot{\omega}_3 - (A - B)\,\omega_1\,\omega_2 &= M_3.
\end{aligned} \tag{1.84}$$

Für bestimmte Aufgaben kann es zweckmäßig sein, weder ein raumfestes noch ein körperfestes Bezugssystem zu verwenden. Hierüber wird im Abschn. 5.4 ausführlicher gesprochen werden.

4 Magnus, Kreisel

Unter Verwendung der Beziehungen (1.72) und (1.73) läßt sich die kinetische Energie T in die Euler-Gleichungen einführen. Man erhält aus (1.75)

$$\frac{dH_i}{dt} = \frac{d'H_i}{dt} + \varepsilon_{ijk}\,\omega_j\,H_k = M_i, \qquad (1.85)$$

und daraus

$$\frac{d'}{dt}\left(\frac{\partial T}{\partial \omega_i}\right) + \varepsilon_{ijk}\,\frac{\partial T}{\partial H_j}\,\frac{\partial T}{\partial \omega_k} = M_i. \qquad (1.86)$$

b) *Die Lagrangeschen Bewegungsgleichungen.* Nach dem von LAGRANGE angegebenen Formalismus können die Bewegungsgleichungen eines physikalischen Systems aus Energieausdrücken gewonnen werden. Wenn z. B. die kinetische Energie T und die potentielle Energie U als Funktionen der beschreibenden Variablen x und ihrer Ableitungen $\dot{x}$ bekannt sind, dann erhält man im einfachen Fall eines konservativen Systems die Bewegungsgleichungen

$$\frac{d}{dt}\left(\frac{\partial T}{\partial \dot{x}_\nu}\right) - \frac{\partial T}{\partial x_\nu} + \frac{\partial U}{\partial x_\nu} = 0 \quad (\nu = 1, 2, \ldots, n). \qquad (1.87)$$

Der Index ν kennzeichnet in diesem Fall die Variablen und läuft von 1 bis n, wenn n Variable vorhanden sind. Die Variablen müssen generalisierte Koordinaten des Systems sein, d. h., sie sollen unabhängig voneinander sein und müssen ausreichen, den Zustand des Systems eindeutig zu kennzeichnen. Solche Koordinaten sind bei einem Kreisel mit Fixpunkt z. B. die Euler-Winkel $\psi\,\vartheta\,\varphi$ oder die Kardanwinkel $\alpha\,\beta\,\gamma$. Dagegen können die Geschwindigkeitskomponenten $\omega_1\,\omega_2\,\omega_3$ nicht als generalisierte Koordinaten verwendet werden. Das hängt mit der im Abschn. 1.4.3d erklärten Tatsache zusammen, daß diese Komponenten nichtholonome Geschwindigkeitskoordinaten sind, durch deren Integration die Lage des Körpers nicht eindeutig bestimmt werden kann. Daher haben auch die Bewegungsgleichungen (1.86) und (1.87) trotz einer formalen Ähnlichkeit einen völlig anderen Charakter. Das kommt in dem unterschiedlichen mittleren Glied dieser Gleichungen zum Ausdruck.

Wenn die Euler-Winkel $x_1 = \psi$, $x_2 = \vartheta$, $x_3 = \varphi$ verwendet werden, dann erhält man mit $T = T(\psi, \vartheta, \varphi, \dot{\psi}, \dot{\vartheta}, \dot{\varphi})$ und $U = U(\psi, \vartheta, \varphi)$ aus (1.87) das folgende System von Bewegungsgleichungen:

$$\frac{d}{dt}\left(\frac{\partial T}{\partial \dot{\psi}}\right) - \frac{\partial T}{\partial \psi} + \frac{\partial U}{\partial \psi} = 0,$$

$$\frac{d}{dt}\left(\frac{\partial T}{\partial \dot{\vartheta}}\right) - \frac{\partial T}{\partial \vartheta} + \frac{\partial U}{\partial \vartheta} = 0, \qquad (1.88)$$

$$\frac{d}{dt}\left(\frac{\partial T}{\partial \dot{\varphi}}\right) - \frac{\partial T}{\partial \varphi} + \frac{\partial U}{\partial \varphi} = 0.$$

Dieses System ist äquivalent zum System der Euler-Gleichungen (1.84). So kann man (1.84) unter Berücksichtigung der kinematischen Beziehungen [(1.49) ohne ·Striche!] aus (1.88) gewinnen. Für (1.88/3) bekommt man auf diese Weise:

$$\frac{\partial T}{\partial \dot\varphi} = \frac{\partial T}{\partial \omega_3}\,\frac{d\omega_3}{d\dot\varphi} = C\,\omega_3,$$

$$\frac{\partial T}{\partial \varphi} = \frac{\partial T}{\partial \omega_1}\,\frac{d\omega_1}{d\varphi} + \frac{\partial T}{\partial \omega_2}\,\frac{d\omega_2}{d\varphi} = A\,\omega_1\,\omega_2 - B\,\omega_2\,\omega_1,$$

$$\frac{\partial U}{\partial \varphi} = -M_\varphi = -M_3,$$

also:

$$C\,\dot\omega_3 - (A - B)\,\omega_1\,\omega_2 = M_3.$$

Will man auch die ersten beiden Gleichungen von (1.84) ableiten, dann müssen die zwischen den Momentkomponenten geltenden Beziehungen berücksichtigt werden:

$$M_\psi = M_1 \sin\varphi \sin\vartheta + M_2 \cos\varphi \sin\vartheta + M_3 \cos\vartheta,$$
$$M_\vartheta = M_1 \cos\varphi - M_2 \sin\varphi. \tag{1.89}$$

Die Ausrechnung des Systems (1.88) mit dem allgemeinen Ausdruck (1.61) für T ergibt ein kompliziertes System gekoppelter nichtlinearer Differentialgleichungen und soll hier nicht durchgeführt werden. Für den Sonderfall eines symmetrischen Kreisels vereinfachen sich die Gleichungen erheblich. Man erhält dann mit (1.62) aus (1.88):

$$\frac{d}{dt}\left[(A \sin^2\vartheta + C \cos^2\vartheta)\,\dot\psi + C \cos\vartheta\,\dot\varphi\right] = -\frac{\partial U}{\partial \psi} = M_\psi,$$

$$A\,\ddot\vartheta - (A - C) \sin\vartheta \cos\vartheta\,\dot\psi^2 - C \sin\vartheta\,\dot\psi\,\dot\varphi = -\frac{\partial U}{\partial \vartheta} = M_\vartheta, \tag{1.90}$$

$$\frac{d}{dt}\left[C \cos\vartheta\,\dot\psi + C\,\dot\varphi\right] = -\frac{\partial U}{\partial \varphi} = M_\varphi.$$

Ganz entsprechend erhält man aus (1.87) mit den Kardanwinkeln $x_1 = \alpha$, $x_2 = \beta$, $x_3 = \gamma$ und (1.64) das Gleichungssystem:

$$\frac{d}{dt}\left[(A \cos^2\beta + C \sin^2\beta)\,\dot\alpha + C \sin\beta\,\dot\gamma\right] = -\frac{\partial U}{\partial \alpha} = M_\alpha,$$

$$A\,\ddot\beta + (A - C) \sin\beta \cos\beta\,\dot\alpha^2 - C \cos\beta\,\dot\alpha\,\dot\gamma = -\frac{\partial U}{\partial \beta} = M_\beta, \tag{1.91}$$

$$\frac{d}{dt}\left[C \sin\beta\,\dot\alpha + C\,\dot\gamma\right] = -\frac{\partial U}{\partial \gamma} = M_\gamma.$$

Wenn in (1.90) die Momente M_ψ und M_φ bzw. in (1.91) die Momente M_α und M_β einfache Funktionen der Zeit sind (oder verschwinden), dann können die ersten und dritten Gleichungen sofort einmal integriert werden. Dadurch wird die Lösung der Systeme sehr erleichtert.

4*

2. Der kräftefreie Kreisel mit Fixpunkt

Die Untersuchung der Bewegungen eines kräftefreien Kreisels ist eines der klassischen Probleme der Mechanik. Es kann als vollständig gelöst angesehen werden: Die analytische Lösung verdanken wir EULER (1758), eine sehr anschauliche geometrische Deutung der Kreiselbewegung hat POINSOT (1834) gegeben. Spätere Untersuchungen haben zwar formale Verbesserungen und Vereinfachungen, aber keine wesentlich neuen Erkenntnisse gebracht.

Als kräftefrei wird ein Kreisel bezeichnet, bei dem das resultierende Moment aller äußeren Kräfte verschwindet. Das kann z. B. der Fall sein, wenn der Unterstützungspunkt (Fixpunkt), um den der Kreisel frei drehbar gelagert wird, in den Schwerpunkt des Körpers gelegt wird. Bei einem von MAXWELL angegebenen Kreiselmodell wird dies durch Verwendung eines glockenförmigen Körpers erreicht, der mit einer Spitze

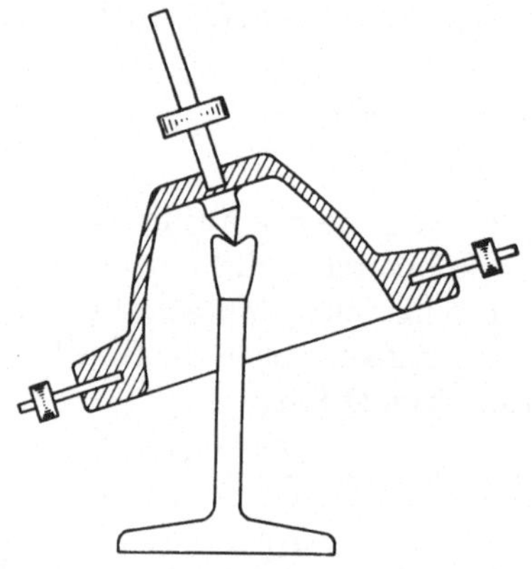

Abb. 2.1
Spitzengelagerter glockenförmiger Kreisel.

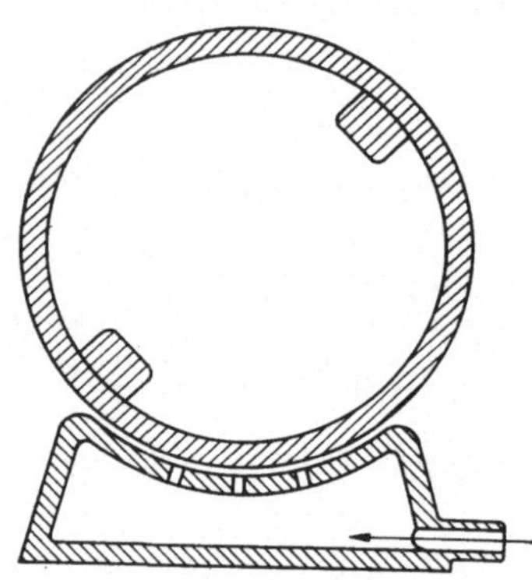

Abb. 2.2
Luftgelagerter kugelförmiger Kreisel.

in einer Pfanne gelagert ist (Abb. 2.1). Durch Justierschrauben kann der Schwerpunkt verschoben und in die Spitze gelegt werden. Günstiger ist eine Lagerung des als Hohlkugel ausgebildeten Körpers in einem Luftlager (Abb. 2.2). Auf diese Weise lassen sich sehr reibungsarme Lager bauen, so daß die Bewegung der Kugel über lange Zeiten beobachtet werden kann. Zum Unterschied von dem Maxwellschen Kreisel kann die luftgelagerte Kugel um alle 3 Achsen ungehindert drehen. Eine Veränderung der Massenverteilung wird durch Anbringen von Gewichten im Innern vorgenommen.

2.1 Die geometrische Deutung der Kreiselbewegung nach Poinsot

Zwei Integrale für die Bewegungsgleichungen eines kräftefreien Kreisels lassen sich sofort angeben. Mit $M_i = 0$ folgt aus dem Drallsatz (1.75):

$$\frac{dH_i}{dt} = 0, \quad \text{also} \quad H_i = \text{const.} \tag{2.1}$$

Dieses *Drallintegral* sagt aus, daß Richtung und Betrag von H_i während der Bewegung konstant bleiben müssen.

Wegen der Abwesenheit äußerer Kräfte kann keine Arbeit geleistet werden. Also muß auch die im System vorhandene Bewegungsenergie T konstant bleiben. Unter Berücksichtigung von (1.71) erhält man daraus das *Energieintegral*:

$$2T = H_i \omega_i = \text{const.} \tag{2.2}$$

Daraus folgt, daß sich der Endpunkt des Vektors ω_i nur in einer Ebene bewegen kann, die senkrecht auf dem Vektor H_i steht. Nur dann bleibt die Projektion von ω_i auf H_i und damit wegen der Konstanz von H_i auch das Skalarprodukt $H_i \omega_i$ konstant (Abb. 2.3). Man bezeichnet die

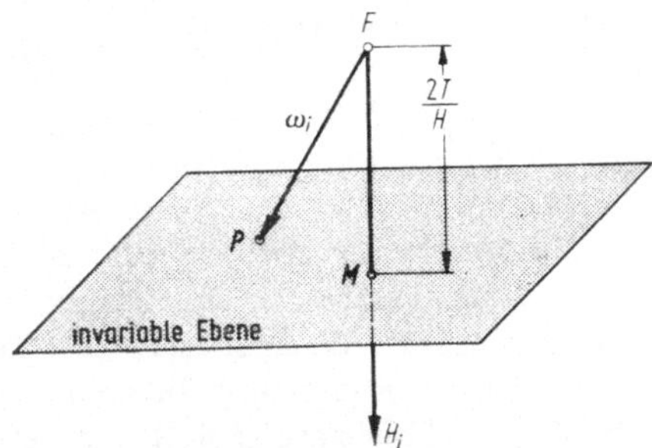

Abb. 2.3 Der Endpunkt P des Drehvektors ω_i bewegt sich auf der invariablen Ebene.

Ebene, in der sich der Endpunkt P des Vektors ω_i bewegen kann, als *invariable Ebene*. Sie ist raumfest und hat den Abstand $2T/H$ vom Fixpunkt F.

Der Endpunkt des Vektors ω_i liegt nun nicht nur auf der invariablen Ebene, sondern zugleich auch auf der Oberfläche des mit dem Körper fest verbundenen Energieellipsoides (1.60). Dieses ist nach den Ergebnissen von Abschn. 1.5.1 der geometrische Ort aller ω_i-Vektoren, zu denen ein vorgegebener konstanter Betrag der Bewegungsenergie T gehört. Die Hauptachsen des Energieellipsoides sind zugleich die Hauptachsen des Körpers, sein Mittelpunkt fällt mit dem Fixpunkt F zusammen.

Die Bewegung des Körpers kann als ein Abrollen des Energieellipsoides auf der invariablen Ebene gedeutet werden. Zunächst ist klar, daß Ebene und Ellipsoid mindestens einen Punkt, nämlich den Endpunkt P von ω_i gemeinsam haben müssen. Daß sich Ebene und Ellipsoid in P nur berühren, nicht aber schneiden, erkennt man aus der in Abschn. 1.5.2 abgeleiteten Tatsache, daß H_i stets senkrecht auf

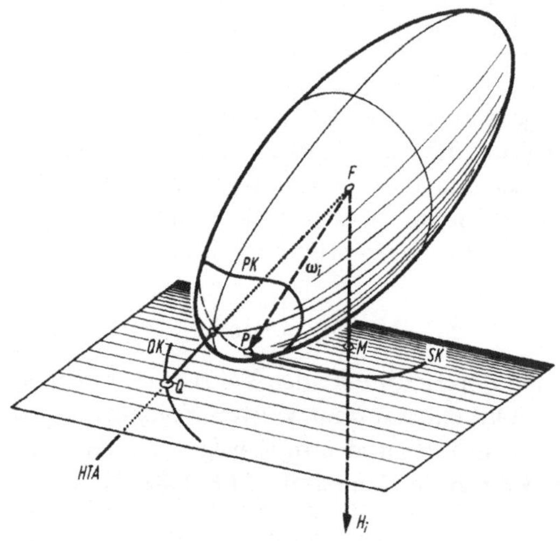

Abb. 2.4 Entstehung von Spurkurve (SK) und Bahnkurve (QK) durch Abrollen des Energieellipsoides auf der invariablen Ebene.

der im Endpunkt von ω_i an das Energieellipsoid gelegten Ebene steht. Wenn aber zwei Ebenen durch einen gemeinsamen Punkt P gehen und zugleich senkrecht zu einer vorgegebenen Richtung sind, dann müssen diese Ebenen zusammenfallen. Also ist die invariable Ebene zugleich auch Tangentialebene an das Energieellipsoid im Punkt P. Daß das Ellipsoid auf der Ebene rollt und nicht gleitet, folgt aus der Tatsache, daß P auf der momentanen Drehachse liegt, also in Ruhe sein muß. Bei der Abrollbewegung (Abb. 2.4), die auch als Poinsot-Bewegung bezeichnet wird, durchläuft der auf der momentanen Drehachse liegende Pol P in der invariablen Ebene die *Spurkurve SK*, auf dem Energieellipsoid die *Polkurve PK*. Gleichzeitig durchläuft auch der Durchstoßpunkt Q der in Abb. 2.4 gezeichneten Hauptträgheitsachse HTA durch die invariable Ebene eine Bahnkurve QK. Diese Kurven geben eine anschauliche Vorstellung von dem geometrischen Ablauf der Bewegung. Sie sollen jetzt näher untersucht werden.

2.1.1 Polkurven. Die Polkurven sind geschlossene Kurven auf dem Energieellipsoid. Sie können als Schnittkurven dieses Ellipsoides mit dem Drallellipsoid (1.70) berechnet werden. Dieses ist der geometrische Ort der Endpunkte aller Vektoren ω_i, zu denen ein konstanter Betrag des Dralls gehört. Das Drallellipsoid

$$A^2\,\omega_1^2 + B^2\,\omega_2^2 + C^2\,\omega_3^2 = H^2 \tag{2.3}$$

ist stets schlanker als das Energieellipsoid

$$A\,\omega_1^2 + B\,\omega_2^2 + C\,\omega_3^2 = 2T. \tag{2.4}$$

Wenn die Hauptachsen so bezeichnet werden, daß $A > B > C$ ist, dann findet man durch Multiplikation von (2.4) mit A bzw. C und Vergleich mit (2.3)

$$2TA \geqq H^2 \geqq 2TC.$$

Damit erhält man für die Halbachsen a des Energieellipsoides und b des Drallellipsoides die folgenden Ungleichungen

für die kleinen Halbachsen:

$$a_1^2 = \frac{2T}{A} \geqq \frac{H^2}{A^2} = b_1^2,$$

für die großen Halbachsen:

$$a_3^2 = \frac{2T}{C} \leqq \frac{H^2}{C^2} = b_3^2.$$

Das Gleichheitszeichen gilt nur, wenn die Drehung genau um die 1- bzw. die 3-Achse erfolgt. In beiden Fällen schrumpft die Schnittkurve zu einem Punkt zusammen. Gilt das Gleichheitszeichen in der oberen Beziehung, dann umhüllt das Drallellipsoid das Energieellipsoid und berührt es in den beiden Durchstoßpunkten der 1-Achse. In der unteren Beziehung bedeutet das Gleichheitszeichen, daß das Drallellipsoid dem Energieellipsoid einbeschrieben ist und dieses in den beiden Durchstoßpunkten der 3-Achse berührt.

Als Schnittkurven zweier Ellipsoide (Abb. 2.5) sind die Polkurven Raumkurven. Ihre Gestalt wird am besten erkannt, wenn man ihre Projektion auf die Hauptebenen untersucht. Das kann durch Eliminieren von je einer Drehungskomponente aus (2.3) und (2.4) leicht geschehen und führt zu:

$$\begin{aligned}
2TA - H^2 &= B(A - B)\,\omega_2^2 + C(A - C)\,\omega_3^2,\\
2TB - H^2 &= -A(A - B)\,\omega_1^2 + C(B - C)\,\omega_3^2,\\
2TC - H^2 &= -A(A - C)\,\omega_1^2 - B(B - C)\,\omega_2^2.
\end{aligned} \tag{2.5}$$

Auf den linken Seiten stehen konstante Größen; auf den rechten Seiten wurden die Klammerausdrücke so geschrieben, daß sie wegen $A > B > C$ stets positiv sind. Daher kann man aus den Vorzeichen den Charakter der projizierten Kurven erkennen. Man erhält in der 1, 2- und der 2, 3-Ebene Ellipsen, dagegen in der 1, 3-Ebene Hyperbeln. Abb. 2.6 gibt eine perspektivische Skizze für den Verlauf der Polkurven auf dem

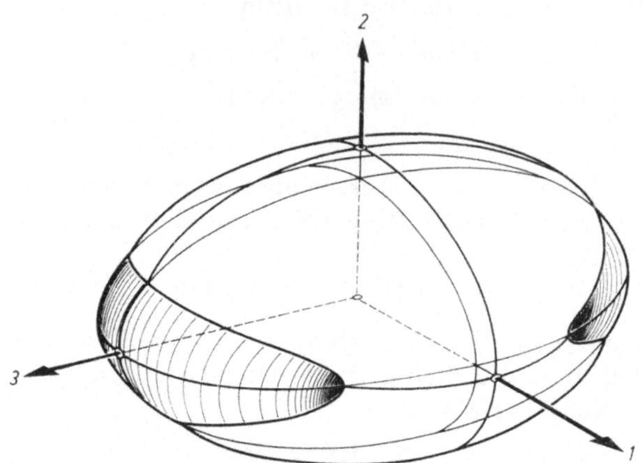

Abb. 2.5 Polkurven als Schnittkurven von Energie- und Drallellipsoid.

Energieellipsoid. Man hat zweimal zwei Scharen geschlossener Kurven, die durch zwei sich kreuzende Grenzkurven voneinander getrennt wer-

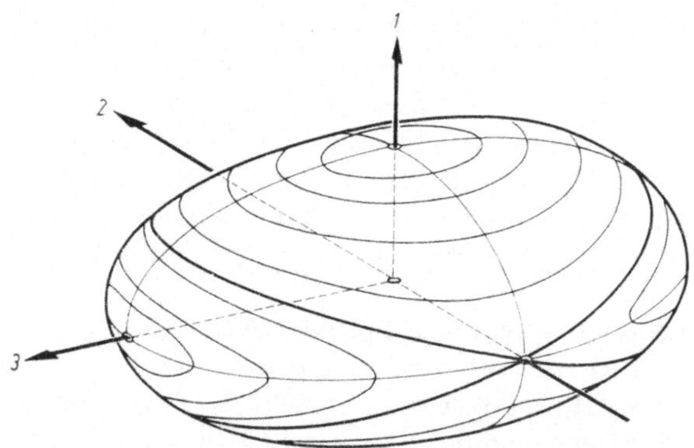

Abb. 2.6 Verlauf der Polkurven auf dem Energieellipsoid.

den. In der Projektion auf die 1, 3-Ebene werden die Grenzkurven zu Geraden, die die Asymptoten für die durch (2.5/2) definierten Hyperbelscharen bilden. Die Gleichung der Geraden ist

$$\omega_1 = \pm \sqrt{\frac{C\,(B - C)}{A\,(A - B)}}\,\omega_3.$$

Der Neigungswinkel der Geraden wird gleich Null für $B = C$, er wird gleich $\pi/2$ für $A = B$. In beiden Fällen wird das Energieellipsoid rotationssymmetrisch; im ersten Fall ist es bezüglich der Symmetrieachse abgeplattet, im zweiten gestreckt (Abb. 2.7).

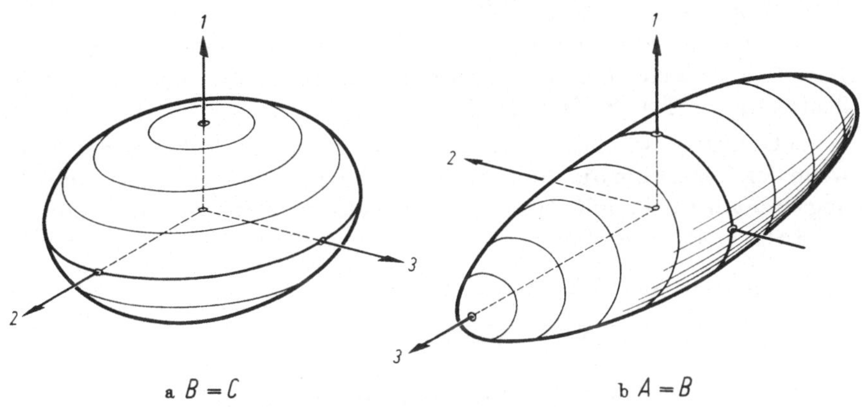

Abb. 2.7 Energieellipsoid und Polkurven für den
a) abgeplatteten und b) gestreckten symmetrischen Kreisel.

Verbindet man den Mittelpunkt des Ellipsoides mit den Punkten einer Polkurve, dann erhält man einen Polkegel. Die Polkegel sind keine elliptischen Kegel; sie sind jedoch symmetrisch, wobei die Symmetrieebenen mit den Hauptebenen des Körpers zusammenfallen.

2.1.2 Spurkurven. Aus der Art der Entstehung der Spurkurven (Abb. 2.4) lassen sich sofort einige allgemeine Eigenschaften ablesen: Es sind ebene, symmetrische Kurven, die sich um den Durchstoßpunkt M des Drallvektors durch die invariable Ebene als Zentrum herumwinden; wenngleich sie aus kongruenten oder spiegelsymmetrischen Teilstücken bestehen, so brauchen sie keineswegs geschlossen zu sein; stets aber verlaufen sie zwischen 2 Grenzkreisen um M, wobei sie abwechselnd den inneren und äußeren Grenzkreis berühren. Eine weitere Eigenschaft, die hier nur erwähnt, aber nicht bewiesen werden soll: Die Spurkurven besitzen weder Wendepunkte noch Spitzen.

Wir wollen uns hier darauf beschränken, die Radien R der Grenzkreise auszurechnen. Aus Abb. 2.8 liest man die allgemeine Beziehung

$$R^2 = \omega^2 - \left(\frac{2T}{H}\right)^2 \tag{2.6}$$

ab. Aus der Geometrie des Ellipsoides ist zu entnehmen, daß Extremwerte für R dann erhalten werden, wenn ω_i in eine Hauptebene fällt. Hier müssen zwei Fälle unterschieden werden, je nachdem, zu welcher

Schar die zugehörige Polkurve auf dem Energieellipsoid (Abb. 2.6) gehört:

a) Nachbarbewegungen zu Drehungen um die Achse des kleinsten Hauptträgheitsmomentes C (Achse 3 von Abb. 2.6); *epizykloidischer Fall*; es gilt $2TB > H^2 \geqq 2TC$;

b) Nachbarbewegungen zu Drehungen um die Achse des größten Hauptträgheitsmomentes A (Achse 1 von Abb. 2.6); *perizykloidischer Fall*; es gilt $2TA \geqq H^2 > 2TB$;

c) Grenzfall zwischen a) und b); es gilt $H^2 = 2TB$; das ist der Fall, wenn der Körper um die Achse des mittleren Hauptträgheitsmomentes B angedreht wird. Es gilt dann die trennende Polkurve von Abb. 2.6.

Fall a: Hier ist stets $\omega_3 \neq 0$. Man erhält jetzt für

1. $\omega_1 = 0$ den Wert $R = R_{\min}$,

2. $\omega_2 = 0$ den Wert $R = R_{\max}$.

Für $\omega_1 = 0$ folgen aus (2.3) und (2.4) die Gleichungen

$$B^2 \omega_2^2 + C^2 \omega_3^2 = H^2,$$

$$B \omega_2^2 + C \omega_3^2 = 2T.$$

Daraus:

$$\omega_2^2 = \frac{H^2 - 2TC}{B(B-C)}; \qquad \omega_3^2 = \frac{2TB - H^2}{C(B-C)}.$$

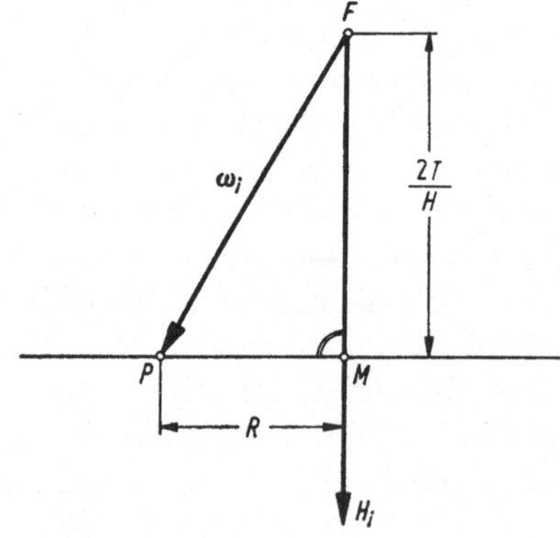

Abb. 2.8 Zur Berechnung der Spurkurven.

Eingesetzt in (2.6) ergibt sich dann der in der folgenden Tabelle eingetragene Wert für $R_{\min}$. Diese Tabelle enthält zugleich auch die Ergebnisse für alle anderen Fälle, die völlig analog berechnet werden können.

Grenzradien für die Spurkurven

Fall	$R^2_{\min}$	$R^2_{\max}$
a) $H^2 < 2\,T\,B$ epizykloidisch	$\dfrac{(2\,T\,B - H^2)\,(H^2 - 2\,T\,C)}{B\,C\,H^2}$	$\dfrac{(2\,T\,A - H^2)\,(H^2 - 2\,T\,C)}{A\,C\,H^2}$
b) $H^2 > 2\,T\,B$ perizykloidisch	$\dfrac{(2\,T\,A - H^2)\,(H^2 - 2\,T\,B)}{A\,B\,H^2}$	
c) $H^2 = 2\,T\,B$ Grenzfall	0	$\dfrac{2\,T\,(A - B)\,(B - C)}{A\,B\,C}$

Daraus können die folgenden Eigenschaften abgelesen werden
(s. a. die geometrische Beschreibung im Abschn. 2.1.1):

Fall a) $R_{\min} = R_{\max} = 0$ für $H^2 = 2TC$, Drehung um die 3-Achse,
$R_{\min} = R_{\max}$ für $A = B$, Kreisel symmetrisch bezüglich der
3-Achse, Spurkurven werden Kreise,
$R_{\min} = 0$ für $H^2 = 2TB$, Grenzfall.

Fall b) $R_{\min} = R_{\max} = 0$ für $H^2 = 2TA$, Drehung um die 1-Achse,
$R_{\min} = R_{\max}$ für $B = C$, Kreisel symmetrisch bezüglich der
1-Achse, Spurkurven werden Kreise,
$R_{\min} = 0$ für $H^2 = 2TB$, Grenzfall.

Fall c) $R_{\min} = R_{\max} = 0$ für $A = B$ oder $B = C$, Kreisel symmetrisch bezüglich der 3- oder 1-Achse.

2.1.3 Bahnkurven. Neben den Spurkurven interessieren auch die
Kurven QK von Abb. 2.4, die der Durchstoßpunkt Q der Hauptachse
auf der invariablen Ebene durchläuft. Diese Kurven werden z. B. von
einem im Kreisel angebrachten Scheinwerfer auf einer senkrecht zum
Drallvektor stehenden Wand gezeichnet. Wir wollen sie als *Bahnkurven
der Figurenachse* bezeichnen. Aus der Art der Entstehung dieser Kurven
sieht man, daß auch sie zwischen begrenzenden Kreisen mit den Radien $r_{\min}$ und $r_{\max}$ verlaufen. Zur Berechnung dieser Radien entnimmt
man aus Abb. 2.9 die Beziehungen:

$$r = \frac{2T}{H}\tan\delta.$$

Dabei gilt im Fall a)

$$\tan\delta_{\min} = \frac{H_1}{H_3} = \frac{A\,\omega_1}{C\,\omega_3}, \qquad (\omega_2 = 0),$$

$$\tan\delta_{\max} = \frac{H_2}{H_3} = \frac{B\,\omega_2}{C\,\omega_3}, \qquad (\omega_1 = 0).$$

Durch Elimination der ω-Komponenten mit Hilfe von (2.3) und (2.4) erhält man die in der folgenden Tabelle aufgeführten Werte:

Grenzradien für die Bahnkurven der Figurenachse

Fall	r^2_{min}	r^2_{max}
a) $H^2 < 2\,T\,B$ epizykloidisch	$\dfrac{4\,T^2}{H^2}\;\dfrac{A\,(H^2 - 2\,T\,C)}{C\,(2\,T\,A - H^2)}$	$\dfrac{4\,T^2}{H^2}\;\dfrac{B\,(H^2 - 2\,T\,C)}{C\,(2\,T\,B - H^2)}$
b) $H^2 > 2\,T\,B$ perizykloidisch	$\dfrac{4\,T^2}{H^2}\;\dfrac{C\,(2\,T\,A - H^2)}{A\,(H^2 - 2\,T\,C)}$	$\dfrac{4\,T^2}{H^2}\;\dfrac{B\,(2\,T\,A - H^2)}{A\,(H^2 - 2\,T\,B)}$
c) $H^2 = 2\,T\,B$ Grenzfall	0	∞

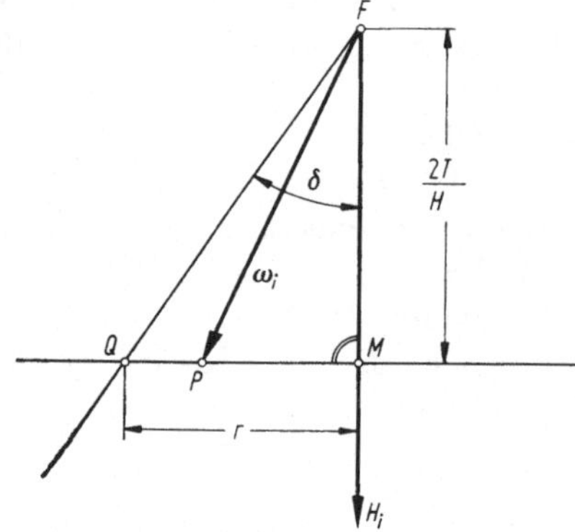

Abb. 2.9 Zur Berechnung der Bahnkurven.

Wieder erhält man für den symmetrischen Kreisel $A = B$ (Fall a) und $B = C$ (Fall b) $r_{\mathrm{min}} = r_{\mathrm{max}}$, so daß die Bahnkurven selbst Kreise werden. Bemerkenswert ist, daß im Grenzfall $H^2 = 2\,T\,B$ jetzt $r_{\mathrm{max}} \to \infty$ geht.

Durch Vergleich mit den in der früheren Tabelle angegebenen Werten stellt man fest, daß gilt:

Fall a) $r_{\mathrm{max}} \gtreqqless r_{\mathrm{min}} \gtreqqless R_{\mathrm{max}} \gtreqqless R_{\mathrm{min}}$,

Fall b) $r_{\mathrm{max}} \gtreqqless \begin{Bmatrix} r_{\mathrm{min}} \gtreqqless R_{\mathrm{max}} \\ R_{\mathrm{max}} \gtreqqless r_{\mathrm{min}} \end{Bmatrix} \gtreqqless R_{\mathrm{min}}$.

In Fall a) können sich also Bahnkurven und Spurkurven nie durchdringen, während dies im Fall b) möglich ist. In Abb. 2.10 sind Spur- und Bahnkurven für epi- und perizykloidische Bewegungen gezeichnet. Die einander zugeordneten Anfangspunkte der Bewegung sind durch einen Fahrstrahl verbunden. Für den Grenzfall ist nur die Spurkurve aufgetragen, die Bahnkurve würde sich bis ins Unendliche erstrecken.

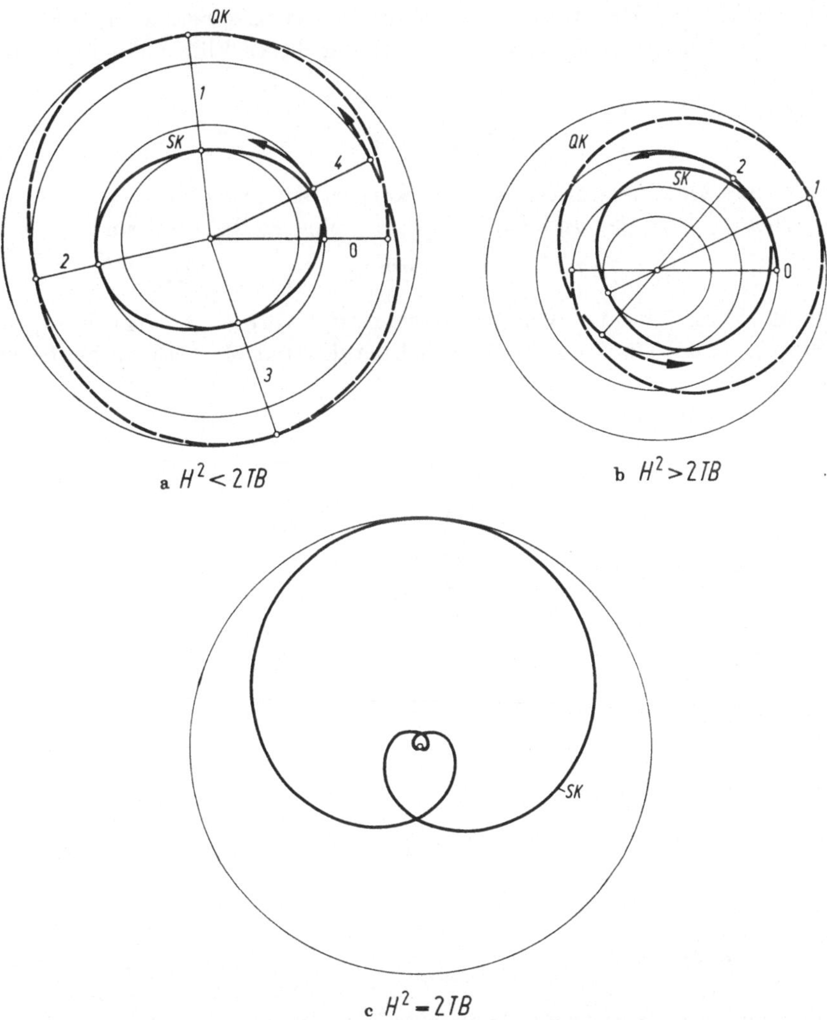

Abb. 2.10 Spurkurven SK und Bahnkurven QK für
a) epizykloidische und b) perizykloidische Bewegung sowie für den zwischen beiden liegenden
Grenzfall c).

2.2 Die geometrische Deutung der Kreiselbewegung nach MacCullagh

Neben der sehr anschaulichen Deutung der Bewegungen eines kräftefreien Kreisels nach POINSOT gibt es eine ebenfalls anschaulich gut vorstellbare, aber nicht ganz so fruchtbare geometrische Deutung, die auf MacCullagh zurückgeht. Dabei wird ein weiteres Ellipsoid, das *MacCullagh-Ellipsoid*, eingeführt. Es ist als geometrischer Ort aller

Endpunkte des Drallvektors H_i definiert, die zu einem vorgegebenen Wert der Energie T führen. Die Gleichung dieses Ellipsoides folgt aus (2.4) zu

$$\frac{H_1^2}{A} + \frac{H_2^2}{B} + \frac{H_3^2}{C} = 2T. \tag{2.7}$$

Auch das MacCullagh-Ellipsoid ist körperfest; es ist gleichachsig mit Trägheits-, Energie- und Drallellipsoid; seine Halbachsen sind

$$c_1 = \sqrt{2TA}; \quad c_2 = \sqrt{2TB}; \quad c_3 = \sqrt{2TC}.$$

Durch Vergleich mit den entsprechenden Werten für das Energie-ellipsoid (1.60) stellt man fest, daß Energie- und MacCullagh-Ellipsoid

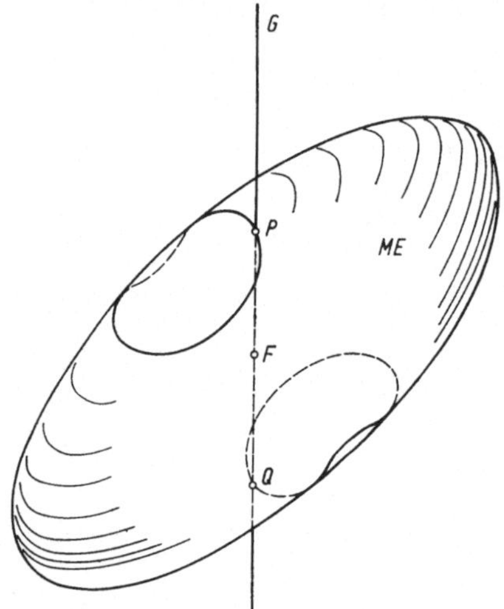

Abb. 2.11 Veranschaulichung der Kreiselbe-wegung durch das Abwälzen des MacCullagh-Ellipsoides (*ME*) an der invariablen Geraden *G*.

insofern reziprok zueinander sind, als die Produkte entsprechender Achsen $a_1\,c_1 = a_2\,c_2 = a_3\,c_3 = 2T$ konstant sind. Einem abgeplatteten Energieellipsoid entspricht demnach ein gestrecktes MacCullagh-Ellip-soid und umgekehrt.

Bei der Bewegung des kräftefreien Kreisels bleibt der Drall nach Größe und Richtung konstant. Die Richtung des Drallvektors wird als *invariable Gerade* bezeichnet; sie läuft durch den Fixpunkt F des Krei-sels. Trägt man nun auf dieser Geraden G (Abb. 2.11) nach beiden Seiten den Betrag H des Dralls ab, dann erhält man die Punkte P und Q. Die Bewegung des Kreisels kann nun durch eine solche Bewegung des mit seinem Mittelpunkt in F festen MacCullagh-Ellipsoides ME ver-anschaulicht werden, bei der die Oberfläche des Ellipsoides stets durch die Punkte P und Q geht. Diese Punkte durchlaufen bei der Bewegung auf der Oberfläche des körperfesten Ellipsoides Kurven, deren Punkte sämtlich den gleichen Abstand vom Mittelpunkt haben. Diese *Drallpolkurven* haben Ähnlichkeit mit den Polkurven auf dem Energieellipsoid bei der Darstellung nach POINSOT, und sie können analog berechnet werden.

Der Endpunkt des Drallvektors H_i liegt einerseits auf der Oberfläche des MacCullagh-Ellipsoides, andererseits aber wegen $H = \text{const}$ auf der Oberfläche der *Drallkugel*

$$H_1^2 + H_2^2 + H_3^2 = H^2. \tag{2.8}$$

Die Drallpolkurven können also als Schnittkurven von MacCullagh-Ellipsoid (2.7) und Drallkugel (2.8) bezeichnet werden. Man erhält durch Elimination je einer Drallkomponente aus (2.7) und (2.8) die Projektion der Drallpolkurven auf die Hauptebenen:

$$2, 3\text{-Ebene:} \quad \frac{A - B}{B} H_2^2 + \frac{A - C}{C} H_3^2 = 2TA - H^2,$$

$$1, 3\text{-Ebene:} \quad -\frac{A - B}{A} H_1^2 + \frac{B - C}{B} H_3^2 = 2TB - H^2, \tag{2.9}$$

$$1, 2\text{-Ebene:} \quad -\frac{A - C}{A} H_1^2 - \frac{B - C}{B} H_2^2 = 2TC - H^2.$$

Wie im Falle der Poinsot-Bewegung ergeben sich auch hier bei Projektion in Richtung der Achsen des größten oder kleinsten Hauptträg-

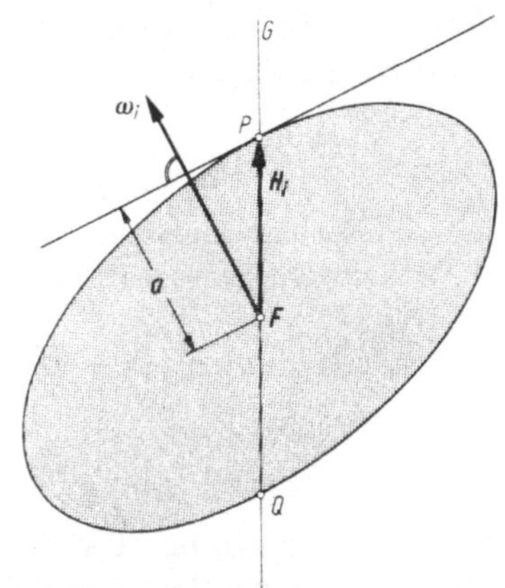

Abb. 2.12 Drallvektor H_i und Drehvektor ω_i bei der Darstellung nach MacCullagh.

heitsmomentes A bzw. C Ellipsen, in Richtung des mittleren Hauptträgheitsmomentes B Hyperbeln.

Die Richtung des Drehgeschwindigkeitsvektors ω_i kann bei der Darstellung nach MacCullagh durch Fällen des Lotes von F auf eine Tangentialebene an das Ellipsoid im Punkte P (oder Q) erhalten werden (Abb. 2.12). Im Gegensatz zur invariablen Ebene der Poinsot-Bewegung ist die Tangentialebene bei der MacCullagh-Bewegung nicht raumfest; sie taumelt vielmehr um die invariable Gerade G, wobei sie jedoch stets durch den Punkt P läuft.

2.3 Analytische Berechnung nach Euler

2.3.1 Integration der Eulerschen Differentialgleichungen.

Die Euler-Gleichung (1.83) geht für den Fall des kräftefreien Kreisels über in

$$\frac{dH_i}{dt} = \frac{d'H_i}{dt} + \varepsilon_{ijk}\,\omega_j\,H_k = 0. \tag{2.10}$$

Abgesehen von dem trivialen Fall $\omega_i = 0$ ist sie wegen

$$\frac{d'H_i}{dt} = \Theta_{ij}\,\frac{d'\omega_j}{dt}$$

stets erfüllt für $\omega_i \parallel H_i$ und $\omega = \text{const}$. Das bedeutet, daß Drehungen um die Hauptachsen mit konstanter Geschwindigkeit möglich sind. Man erkennt auch sogleich, daß dies die einzig möglichen permanenten Drehungen um körperfeste Achsen sind. Wenn nämlich der Kreisel nicht um eine Hauptachse dreht, dann folgt aus

$$\frac{d'H}{dt} = \Theta_{ij}\,\frac{d'\omega_j}{dt} = -\varepsilon_{ijk}\,\omega_j\,H_k \neq 0$$

sogleich, daß ω_i nicht konstant sein kann.

Aus (2.10) findet man leicht die beiden Integrale (2.1) und (2.2) für die Bewegungsgleichungen. Aus $dH_i/dt = 0$ folgt sofort

$$H_i = \text{const} \quad \text{und} \quad \frac{d'H_i}{dt} = \varepsilon_{ijk}\,H_j\,\omega_k.$$

Andererseits erhält man aus (2.10) nach skalarer Multiplikation mit ω_i unter Berücksichtigung von (1.81)

$$\omega_i\,\frac{dH_i}{dt} = \frac{1}{2}\left(\omega_i\,\frac{dH_i}{dt} + H_i\,\frac{d\omega_i}{dt}\right) = \frac{d}{dt}\left(\frac{1}{2}\,H_i\,\omega_i\right) = \frac{dT}{dt} = 0,$$

also

$$T = \text{const.}$$

Drall- und Energieintegral können nun dazu verwendet werden, eine explizite Lösung der Bewegungsgleichungen durch einfache Integration (durch „Quadraturen") zu gewinnen. Hierzu wollen wir auf Komponenten übergehen und eliminieren aus (2.3) und (2.4) zwei der drei Drehgeschwindigkeitskomponenten, z. B. ω_1 und ω_3. Mit der Abkürzung $x = \omega_2$ erhält man:

$$A^2\,\omega_1^2 + C^2\,\omega_3^2 = H^2 - B^2\,x^2,$$
$$A\,\omega_1^2 + C\,\omega_3^2 = 2T - B\,x^2.$$

Daraus:

$$\omega_1^2 = \frac{(H^2 - B^2\,x^2) - C\,(2\,T - B\,x^2)}{A\,(A - C)} = \frac{B\,(B - C)}{A\,(A - C)}\,(x_1^2 - x^2),$$

$$\omega_3^2 = \frac{A\,(2\,T - B\,x^2) - (H^2 - B^2\,x^2)}{C\,(A - C)} = \frac{B\,(A - B)}{C\,(A - C)}\,(x_2^2 - x^2)$$

(2.11)

mit

$$x_1^2 = \frac{H^2 - 2\,T\,C}{B\,(B - C)}; \qquad x_2^2 = \frac{2\,T\,A - H^2}{B\,(A - B)}.$$

Diese Ausdrücke sind im Fall $A > B > C$ stets positiv. Mit Einsetzen von (2.11) in die zweite der aus (2.10) für ein Hauptachsensystem folgenden Komponentengleichungen

$$B\,\dot{x} + (A - C)\,\omega_1\,\omega_3 = 0$$

ergibt sich:

$$\dot{x} = \sqrt{\frac{(A - B)\,(B - C)}{A\,C}}\,\sqrt{(x_1^2 - x^2)\,(x_2^2 - x^2)}\,.$$

(2.12)

Daraus folgt durch Integration

$$\int \frac{dx}{\sqrt{(x_1^2 - x^2)\,(x_2^2 - x^2)}} = \sqrt{\frac{(A - B)\,(B - C)}{A\,C}}\,(t - t_0).$$

(2.13)

Das Integral kann durch Umformung auf die Legendresche Normalform eines elliptischen Integrals erster Gattung gebracht werden. Dabei müssen — wie schon im Abschn. 1.2 — drei Fälle unterschieden werden:

    a) epizykloidische Bewegung: $\quad H^2 < 2\,T\,B,\ x_1^2 < x_2^2,$
    b) perizykloidische Bewegung: $\quad H^2 > 2\,T\,B,\ x_1^2 > x_2^2,$
    c) Grenzfall: $\qquad\qquad\qquad\quad H^2 = 2\,T\,B,\ x_1^2 = x_2^2.$

Fall a) Da nur reelle Werte von x interessieren, folgt aus (2.11) $x < x_1$. Wir führen nun ein:

die dimensionslose Variable

$$\xi = \frac{x}{x_1} \leqq 1,$$

den Modul

$$k = \frac{x_1}{x_2} < 1,$$

die dimensionslose Zeitvariable

$$\tau = x_2\,\sqrt{\frac{(A - B)\,(B - C)}{A\,B}}\,(t - t_0) = \sqrt{\frac{(B - C)\,(2\,T\,A - H^2)}{A\,B\,C}}\,(t - t_0).$$

Damit geht (2.13) über in die Normalform

$$\tau = \int \frac{d\xi}{\sqrt{(1 - \xi^2)\,(1 - k^2\,\xi^2)}} = F(\varphi, k)$$

(2.14)

mit dem Argument $\varphi = \arcsin \xi$.

Die Umkehrung von (2.14) ergibt die Jacobische elliptische Funktion

$$\xi = \sin\varphi = \operatorname{sn}\tau.$$

Damit ist $x = x_1\,\xi$ bekannt und kann in (2.11) eingesetzt werden, um alle drei Komponenten der Drehgeschwindigkeit zu erhalten. Unter Berücksichtigung der für die verschiedenen Jacobischen elliptischen Funktionen sn, cn und dn geltenden Beziehungen bekommt man auf diese Weise als explizite Lösung der Bewegungsgleichung

$$\omega_1 = -\sqrt{\frac{H^2 - 2TC}{A(A-C)}}\,\operatorname{cn}\tau,$$

$$\omega_2 = +\sqrt{\frac{H^2 - 2TC}{B(B-C)}}\,\operatorname{sn}\tau, \qquad \text{Fall a)} \qquad (2.15)$$

$$\omega_3 = +\sqrt{\frac{2TA - H^2}{C(A-C)}}\,\operatorname{dn}\tau.$$

Die hier angegebene Kombination der Vorzeichen ist nur eine von insgesamt sechs möglichen. Je zwei der ω-Komponenten müssen das gleiche Vorzeichen haben, und es müssen verschiedene Vorzeichen vorkommen. Man erkennt das durch Einsetzen von (2.15) in die Komponentengleichungen von (2.10) unter Berücksichtigung der Differentiationsregeln:

$$\frac{d}{d\tau}(\operatorname{sn}\tau) = \operatorname{cn}\tau\,\operatorname{dn}\tau,$$

$$\frac{d}{d\tau}(\operatorname{cn}\tau) = -\operatorname{sn}\tau\,\operatorname{dn}\tau,$$

$$\frac{d}{dt}(\operatorname{dn}\tau) = -k^2\,\operatorname{sn}\tau\,\operatorname{cn}\tau.$$

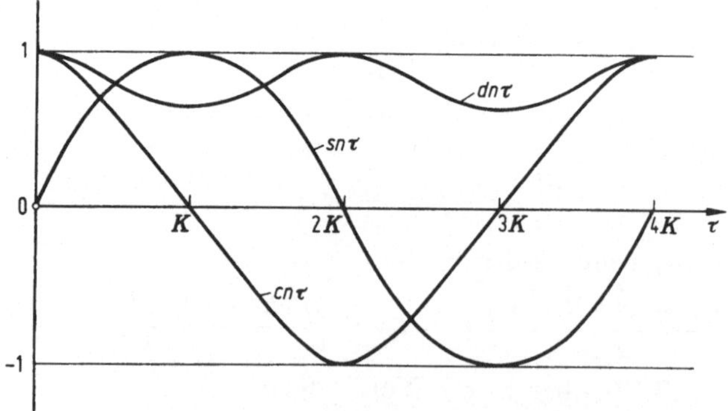

Abb. 2.13 Verlauf der Jacobischen elliptischen Funktionen.

Zur Deutung der Lösung (2.15) beachte man, daß die Jacobischen Funktionen periodisch in τ sind (Abb. 2.13); $\operatorname{sn}\tau$ und $\operatorname{cn}\tau$ haben die

Periode $4\mathrm{K}$, $\mathrm{dn}\,\tau$ ist mit $2\,\mathrm{K}$ periodisch, wobei das vollständige elliptische Integral 1. Gattung K noch von dem Modul k abhängt. Im Grenzfall $k = 0$ wird $\mathrm{K} = \pi/2$; die elliptischen Funktionen $\mathrm{sn}\,\tau$ und $\mathrm{cn}\,\tau$ gehen dann in die Kreisfunktionen $\sin\tau$ und $\cos\tau$ über, und es wird $\mathrm{dn}\,\tau = 1$.

Die Lösung (2.15) gibt daher eine bezüglich der Drehgeschwindigkeit ω_i periodische Bewegung mit der Periode $\tau_s = 4\,\mathrm{K}$ wieder. Nach Einsetzen der ursprünglichen Größen erhält man für die Wiederholungszeit

$$T_s = 4\,\mathrm{K}\,\sqrt{\frac{ABC}{(2TA - H^2)(B - C)}}. \tag{2.16}$$

Man erkennt das Bewegungsverhalten am besten, wenn man von dem Grenzfall $k = 0$ ausgeht. Dann wird $x_1 = 0$ und $H^2 = 2TC$; damit folgt aus (2.15)

$$\omega_1 = \omega_2 = 0, \qquad \omega_3 = \sqrt{2T/C} = \omega_{30},$$

also eine Drehung mit konstanter Drehgeschwindigkeit um die 3-Achse. Bei einer kleinen Störung dieses stationären Bewegungszustandes hat man

$$k \ll 1; \qquad 1 - \frac{2TC}{H^2} \ll 1.$$

Damit geht (2.15) über in

$$\omega_1 \approx -\omega_{10}\cos\tau; \qquad \omega_2 \approx \omega_{20}\sin\tau; \qquad \omega_3 \approx \omega_{30}.$$

Der Endpunkt des ω_i-Vektors beschreibt demnach relativ zum körperfesten System eine Ellipse, deren Ebene senkrecht auf der körperfesten 3-Achse steht. Ein Umlauf relativ zum Körper wird in der Zeit

$$T_s \approx \frac{2\pi}{\omega_{30}}\,\sqrt{\frac{AB}{(A - C)(B - C)}}$$

vollendet. Das Achsenverhältnis der Ellipse folgt aus (2.15) zu

$$\frac{\omega_{10}}{\omega_{20}} = \sqrt{\frac{B(B - C)}{A(A - C)}}.$$

Das stimmt völlig mit dem aus (2.5/3) folgenden Wert überein.

Bei größeren Abweichungen von der stationären Drehung um die 3-Achse wird die Polkurve durch (2.15) exakt beschrieben — solange die Bewegung noch epizykloidisch ist, also $H^2 < 2TB$ gilt. Die Polkurven werden dann zu Raumkurven, wie sie im Abschn. 2.1.1 beschrieben und in Abb. 2.6 skizziert wurden.

5*

Fall b) Hier kann völlig analog vorgegangen werden, nur werden die Größen ξ, k und τ in anderer Weise definiert:

$$\xi = \frac{x}{x_2} \leqq 1,$$

$$k = \frac{x_2}{x_1} < 1,$$

$$\tau = x_1 \sqrt{\frac{(A-B)(B-C)}{AB}}\,(t-t_0) = \sqrt{\frac{(A-B)(H^2-2TC)}{ABC}}\,(t-t_0).$$

Damit erhält man aus (2.13) wieder die Normalform (2.14). Ihre Umkehrung ergibt $x(\tau) = \omega_2(\tau)$, woraus dann auch die anderen Komponenten berechnet werden können. Als Ergebnis folgt:

$$\omega_1 = +\sqrt{\frac{H^2-2TC}{A(A-C)}}\,\mathrm{dn}\,\tau,$$

$$\omega_2 = +\sqrt{\frac{2TA-H^2}{B(A-B)}}\,\mathrm{sn}\,\tau, \qquad \text{Fall b)} \qquad (2.17)$$

$$\omega_3 = -\sqrt{\frac{2TA-H^2}{C(A-C)}}\,\mathrm{cn}\,\tau.$$

Die Wiederholungszeit der bezüglich der Drehgeschwindigkeit periodischen Bewegung ist

$$T_s = 4\mathrm{K}\sqrt{\frac{ABC}{(H^2-2TC)(A-B)}}. \qquad (2.18)$$

Dem Grenzfall $k = 0$ entspricht jetzt eine Drehung mit der konstanten Winkelgeschwindigkeit $\omega_{10} = \sqrt{2T/A}$ um die 1-Achse. Bei kleinen Störungen dieser Bewegung umfährt die Drehachse die 1-Achse in der Zeit

$$T_s \approx \frac{2\pi}{\omega_{10}}\sqrt{\frac{BC}{(A-B)(A-C)}}.$$

Mit (2.17) sind auch die Polkurven der perizykloidischen Bewegung bekannt.

Fall c) Mit $x_1 = x_2 = 2T/B$ folgt aus (2.13)

$$x_1\int \frac{dx}{x_1^2 - x^2} = \int \frac{d\left(\dfrac{x}{x_1}\right)}{1 - \left(\dfrac{x}{x_1}\right)^2} = \operatorname{ar\,tanh}\left(\frac{x}{x_1}\right) = \tau.$$

Die Umkehrung liefert

$$\omega_2 = x = x_1 \tanh\tau.$$

Damit kann unter Berücksichtigung von $1 - \tanh^2\tau = 1/(\cosh^2\tau)$ die explizite Lösung für die Drehgeschwindigkeitskomponenten gefunden werden:

$$\omega_1 = + \sqrt{\frac{2T(B-C)}{A(A-C)}}\,\frac{1}{\cosh\tau},$$

$$\omega_2 = + \sqrt{\frac{2T}{B}}\,\tanh\tau, \qquad \text{Fall c)} \qquad (2.19)$$

$$\omega_3 = - \sqrt{\frac{2T(A-B)}{C(A-C)}}\,\frac{1}{\cosh\tau}.$$

Die angegebenen Vorzeichen bilden wieder nur eine der möglichen Kombinationen. Wegen des Verlaufs der hier vorkommenden Hyperbelfunktionen (Abb. 2.14) ist die Bewegung jetzt nicht periodisch, sondern

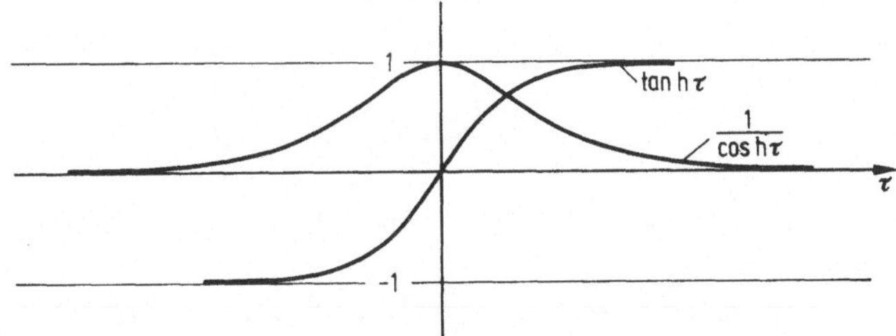

Abb. 2.14 Verlauf der in (2.19) vorkommenden Hyperbelfunktionen.

asymptotisch. Für sehr große (positive oder negative) Werte von τ sind ω_1 und ω_3 sehr klein, so daß die Bewegung dann praktisch aus einer Drehung um die Achse des mittleren Hauptträgheitsmomentes (2-Achse) besteht. Im Bereich $-\infty < \tau < +\infty$ wechselt jedoch die Drehung ihr Vorzeichen relativ zum Körper, da $\tanh\tau$ von -1 bis $+1$ geht. Da bei Drehungen um die Hauptachsen Drehvektor und Drallvektor parallel sind, der Drallvektor aber raumfest bleibt, bedeutet dies, daß sich die 2-Achse des Körpers während des Bewegungsvorganges um 180° überschlägt. Diese Bewegung wird im folgenden Abschnitt noch etwas genauer untersucht werden.

2.3.2 Die Bewegung der Hauptachsen. Mit der Bestimmung des Bewegungszustandes ist nur der erste Schritt getan; als zweiter Schritt muß aus ω_i die Bewegung der Hauptachsen, also die Lageänderungen des Körpers berechnet werden. Dazu können die Eulerschen Winkel $\psi\,\vartheta\,\varphi$ verwendet werden und durch Integration des Systems (1.53) als Funktionen der Zeit bestimmt werden. Dieser etwas mühsame Weg kann durch direkte Verwendung des Drallsatzes sowie durch spezielle

Wahl der Koordinatensysteme abgekürzt werden. Als körperfestes System soll das Hauptachsensystem genommen werden; das raumfeste System sei so orientiert, daß seine 3-Achse in die raumfeste Richtung des Drallvektors H_i weist. Dann hat man als körperfeste Koordinaten des Dralls die Werte

$$\begin{aligned}
H_1 &= A\,\omega_1 = H\sin\vartheta\sin\varphi,\\
H_2 &= B\,\omega_2 = H\sin\vartheta\cos\varphi,\\
H_3 &= C\,\omega_3 = H\cos\vartheta.
\end{aligned} \tag{2.20}$$

Daraus lassen sich zwei der Euler-Winkel unmittelbar berechnen:

$$\begin{aligned}
\cos\vartheta &= \frac{C}{H}\,\omega_3,\\[2mm]
\tan\varphi &= \frac{A\,\omega_1}{B\,\omega_2}.
\end{aligned} \tag{2.21}$$

Der Winkel ψ kann aus (1.53/1) durch Integration erhalten werden:

$$\psi = \psi_0 + \int \frac{\omega_1\sin\varphi + \omega_2\cos\varphi}{\sin\vartheta}\,dt.$$

Unter Berücksichtigung von (2.21) läßt sich das umformen in:

$$\begin{aligned}
\psi &= \psi_0 + \int \frac{(A\,\omega_1^2 + B\,\omega_2^2)\,H}{\sqrt{A^2\,\omega_1^2 + B^2\,\omega_2^2}\sqrt{H^2 - C^2\,\omega_3^2}}\,dt,\\[2mm]
\psi &= \psi_0 + H\int \frac{2T - C\,\omega_3^2}{H^2 - C^2\,\omega_3^2}\,dt.
\end{aligned} \tag{2.22}$$

Da die ω-Komponenten im vorhergehenden Abschn. 2.3.1 ausgerechnet wurden, ist mit (2.21) und (2.22) die Bestimmung der Euler-Winkel als Funktionen der Zeit im Prinzip erledigt. Um den Charakter der entstehenden Bewegung zu erkennen, soll das Ergebnis noch diskutiert werden.

Im Fall a) der epizykloidischen Bewegung erhält man durch Einsetzen von ω_3 aus (2.15) in (2.21):

$$\cos\vartheta = \sqrt{\frac{C(2TA - H^2)}{H^2(A - C)}}\;\operatorname{dn}\tau = \cos\vartheta_1\,\operatorname{dn}\tau. \tag{2.23}$$

Da der Radikand wegen $H^2 > 2TC$ stets kleiner als 1 ist, kann ϑ_1 als Winkel zwischen 0 und $\pi/2$ aufgefaßt werden; außerdem gilt $1 \geqq \operatorname{dn}\tau \geqq \sqrt{1 - k^2}$. Führt man noch einen Winkel ϑ_2 durch

$$\cos\vartheta_2 = \cos\vartheta_1\sqrt{1 - k^2} = \sqrt{\frac{C(2TB - H^2)}{H^2(B - C)}}$$

ein, dann kann aus (2.23) abgelesen werden, daß ϑ periodisch zwischen den Grenzwerten ϑ_1 und ϑ_2 schwankt:

$$\frac{\pi}{2} \geqq \vartheta_2 \geqq \vartheta \geqq \vartheta_1 \geqq 0. \tag{2.24}$$

Zwischen den Grenzwinkeln besteht die durch Einsetzen leicht zu verifizierende Beziehung

$$\frac{\sin \vartheta_2}{\sin \vartheta_1} = \sqrt{\frac{B(A-C)}{A(B-C)}}. \tag{2.25}$$

Dieses Verhältnis hängt nur noch von den Trägheitsmomenten des Körpers, nicht aber von H oder T ab.

Aus dem Verlauf der Funktion $\mathrm{dn}\,\tau$ (Abb. 2.13) sieht man, daß zwischen dem Erreichen von oberem und unterem Grenzwert für ϑ die Zeit

$$T_\vartheta = \mathrm{K}\sqrt{\frac{ABC}{(2TA-H^2)(B-C)}} \tag{2.26}$$

verstreicht. Die Periodenzeit für ϑ ist $2T_\vartheta$.

Für den Winkel φ erhält man durch Einsetzen von (2.15) in (2.21)

$$\tan\varphi = -\sqrt{\frac{A(B-C)}{B(A-C)}}\,\frac{\mathrm{cn}\,\tau}{\mathrm{sn}\,\tau}. \tag{2.27}$$

Daraus folgt, daß die Nullstellen von $\tan\varphi$ mit denen von $\mathrm{cn}\,\tau$, die Unendlichkeitsstellen von $\tan\varphi$ mit den Nullstellen von $\mathrm{sn}\,\tau$ zusammenfallen. Folglich wächst φ jedesmal um $\Delta\varphi = \pi/2$ an, wenn die bezogene Zeit um $\Delta\tau = \mathrm{K}(k)$ fortschreitet. Man kann daraus eine mittlere Änderungsgeschwindigkeit für φ von

$$\dot\varphi_{\text{mittel}} = \frac{\Delta\varphi}{\Delta\tau}\,\frac{d\tau}{dt} = \frac{\pi}{2\,\mathrm{K}(k)}\sqrt{\frac{(2TA-H^2)(B-C)}{ABC}} \tag{2.28}$$

erhalten. Dieser mittleren Änderung sind Schwankungen überlagert, die sich aus (2.27) errechnen lassen. Die Stärke der Schwankungen hängt von der Differenz $A-B$ ab. Im Falle eines symmetrischen Kreisels ($A = B$) wird $k = 0$ und

$$\tan\varphi = \frac{\cos\tau}{\sin\tau} = \cot\tau,$$

$$\varphi = \tau + \frac{\pi}{2}.$$

Durch Differentiation von (2.27) findet man für die Änderungsgeschwindigkeit $\dot\varphi$ den Wert

$$\dot\varphi = \frac{(A-C)(B-C)\,\omega_3}{B(A-C)\,\mathrm{sn}^2\tau + A(B-C)\,\mathrm{cn}^2\tau}. \tag{2.29}$$

Wegen $A > B > C$ folgt daraus, daß $\dot{\varphi}$ stets dasselbe Vorzeichen wie ω_3 hat. Also ist $\varphi(\tau)$ eine monotone Funktion. Für den symmetrischen Kreisel $A = B$ wird

$$\dot{\varphi} = \frac{A - C}{A}\,\omega_3 .$$

Schließlich sei noch der Winkel ψ betrachtet. Anstelle einer sehr umständlichen Auswertung des Integrals (2.22) geht man hier besser von (1.49/3) aus und erhält:

$$\dot{\psi} = \frac{\omega_3 - \dot{\varphi}}{\cos\vartheta} . \tag{2.30}$$

Mit (2.29) folgt daraus

$$\dot{\psi} = \frac{\omega_3}{\cos\vartheta}\left[1 - \frac{(A - C)\,(B - C)}{B(A - C)\,\mathrm{sn}^2\tau + A(B - C)\,\mathrm{cn}^2\tau}\right]. \tag{2.31}$$

Wegen

$$\frac{(A - C)\,(B - C)}{B(A - C)\,\mathrm{sn}^2\tau + A(B - C)\,\mathrm{cn}^2\tau} = \frac{(A - C)\,(B - C)}{A(B - C) + C(A - B)\,\mathrm{sn}^2\tau} <$$

$$< \frac{(A - C)\,(B - C)}{A(B - C)} < 1$$

kann aus (2.31) entnommen werden, daß $\dot{\psi}$ eine vorzeichenkonstante, periodisch um einen Mittelwert schwankende Funktion ist. Demnach ist auch $\psi(\tau)$ eine monotone Funktion von τ.

Die Gesamtbewegung ist nach den jetzt gewonnenen Erkenntnissen charakterisiert durch periodisches Schwanken der Größen ϑ, $\dot{\psi}$ und $\dot{\varphi}$ um konstante Mittelwerte, jedoch so, daß sich die Vorzeichen nicht ändern. Die Schwankungsperiode ist $\Delta\tau = 2\,\mathrm{K}$. Die Bewegung der meist interessierenden Hauptachse des Körpers ist durch die Winkel ψ und ϑ eindeutig bestimmt. Wegen $\vartheta_2 > \vartheta > \vartheta_1$ und wegen des monotonen Verlaufes von $\psi(\tau)$ erkennt man aus Abb. 1.23, daß die Hauptachse (3'-Achse) die raumfeste Drallachse (3-Achse) ständig umtanzt. Das ist die schon bei der geometrischen Deutung beschriebene Nutationsbewegung der Figurenachse.

Die bisherigen Überlegungen galten für die epizykloidische Bewegung (Fall a). Bei der perizykloidischen Bewegung (Fall b) kann man ganz entsprechend vorgehen. Man kommt hier zu qualitativ völlig gleichartigen Ergebnissen: Der Winkel ϑ schwankt zwischen zwei Grenzwerten hin und her, die Funktionen $\varphi(\tau)$ und $\psi(\tau)$ sind monoton. Ein Unterschied liegt darin, daß $\dot{\varphi}$ im Fall b) ein zu ω_1 entgegengesetztes Vorzeichen hat. Das bedeutet, daß sich die Knotenlinie im körperfesten System rückläufig, also entgegen der eigentlichen Körperdrehung bewegt. Auf die

Bewegung der Hauptachse hat das jedoch keinen Einfluß; deren Bewegungsrichtung wird durch $\dot{\psi}$ bestimmt, das in beiden Fällen stets dasselbe Vorzeichen wie die Körperdrehung besitzt. Die Nutationsbewegung erfolgt also stets im gleichen Sinne wie die Eigendrehung des Kreisels.

Es bleibt nun noch der Grenzfall c) zu untersuchen. Hierfür folgt mit (2.19) und $H^2 = 2TB$ aus (2.21)

$$\cos\vartheta = -\sqrt{\frac{C(A-B)}{B(A-C)}}\,\frac{1}{\cosh\tau} = \frac{\cos\vartheta_0}{\cosh\tau}$$

$$\tan\varphi = \sqrt{\frac{A(B-C)}{B(A-C)}}\,\frac{1}{\sinh\tau}\,. \tag{2.32}$$

Wegen $\cos\vartheta_0 < 0$ liegt diesmal ϑ_0 im Bereich $\pi/2 < \vartheta_0 < \pi$, so daß wegen $\cosh\tau \geqq 1$ stets $\pi/2 < \vartheta < \vartheta_0$ gilt. Weder ϑ noch φ sind periodisch in τ. Auch der Winkel ψ ist, wie man aus (2.22) mit (2.19) erkennen kann, keine periodische Funktion.

Man erkennt den Verlauf der Bewegung am besten durch Betrachten einiger charakteristischer Zeitpunkte:

τ	$-\infty$	0	$+\infty$
ϑ	$\dfrac{\pi}{2}$	ϑ_0	$\dfrac{\pi}{2}$
φ	π	$\dfrac{\pi}{2}$	0

Wie aus Abb. 1.23 zu erkennen ist, kann man diesen Werten entnehmen, daß die jetzt interessierende Achse des mittleren Haupttägheitsmomentes (2′-Achse) für $\tau = -\infty$ in die negative, für $\tau = +\infty$ in die positive Richtung der raumfesten Drallachse (3-Achse) weist. Sie schlägt also um 180° um. Diese Tatsache konnte bereits im vorhergehenden Abschnitt aus der Untersuchung des Bewegungszustandes entnommen werden. Der Verlauf des Umschlagens kann aus den Ergebnissen (2.32) und (2.22) mit (2.19) berechnet werden. In Abb. 2.15 ist der Durchstoßpunkt der 2′-Achse durch eine Einheitskugel um den Fixpunkt gezeichnet worden. Die anfänglich ($\tau = -\infty$) im unteren Pol der Kugel durchstoßende 2′-Achse windet sich spiralig aus dieser Lage heraus, umfährt die gesamte Kugel und windet sich schließlich für $\tau \to +\infty$ asymptotisch in die obere Pollage herein, bei der 2′-Achse und 3-Achse zusammenfallen. Zu Beginn und zum Ende der Bewegung erfolgt die Drehung ausschließlich um die mittlere Hauptachse. Es soll noch erwähnt, aber nicht bewiesen werden, daß die in Abb. 2.15 gezeichnete Bahn eine Loxodrome ist, die die Meridianlinien stets unter dem gleichen Winkel schneidet (siehe z. B. GRAMMEL [3, Bd. I, S. 149]).

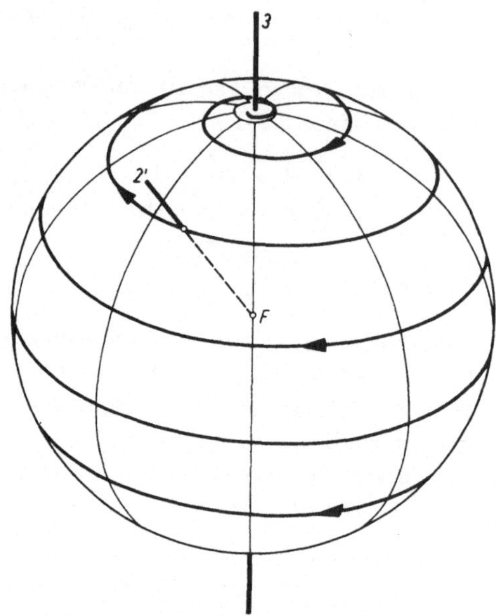

Abb. 2.15 Bahn eines Punktes der mittleren Hauptachse 2' im Grenzfall $H^2 = 2TB$.

2.4 Die Stabilität der Drehungen um die Hauptachsen

Die *Gleichgewichtslage* x_0 eines Systems, dessen Zustand durch die Variable $x(t)$ gekennzeichnet sein möge, wird stabil genannt, wenn nach einer kleinen Störung des Systems die Differenz $x(t) - x_0$ klein bleibt, wenn sich also das System nicht wesentlich vom Zustand des Gleichgewichts entfernt. Eine durch $x_0(t)$ gekennzeichnete *Bewegung* wird stabil genannt, wenn die nach einer kleinen Störung dieser Bewegung eintretende Nachbarbewegung weiterhin Nachbarbewegung bleibt. LJAPUNOV hat diese Forderung als Stabilitätskriterium wie folgt formuliert:

Es werde

$$|x(t) - x_0(t)| < \varepsilon > 0 \quad \text{für} \quad t > 0 \tag{2.33}$$

gefordert. Dann wird die Grundlösung (ungestörte Bewegung) $x_0(t)$ als stabil bezeichnet, wenn zu einem beliebig vorgegebenen Wert von ε stets ein $\delta = \delta(\varepsilon) > 0$ gefunden werden kann, so daß aus

$$|x(0) - x_0(0)| < \delta \quad \text{für} \quad t = 0 \tag{2.34}$$

die Erfüllung der Bedingung (2.33) folgt.

Systeme, die dem genannten Kriterium genügen, nennt man *stabil im Sinne von Ljapunov*. Systeme, die der spezielleren Forderung

$$\lim_{t \to \infty} x(t) = x_0(t) \qquad (2.35)$$

genügen, werden als *asymptotisch stabil* bezeichnet.

Für die Stabilität der Drehungen eines starren Körpers gilt der Satz:

Die Drehungen eines kräftefreien starren Körpers um die Hauptachsen sind nur stabil, wenn die Drehung um die Achse des kleinsten oder des größten Hauptträgheitsmomentes erfolgt. Drehungen um die mittlere Hauptachse sind instabil.

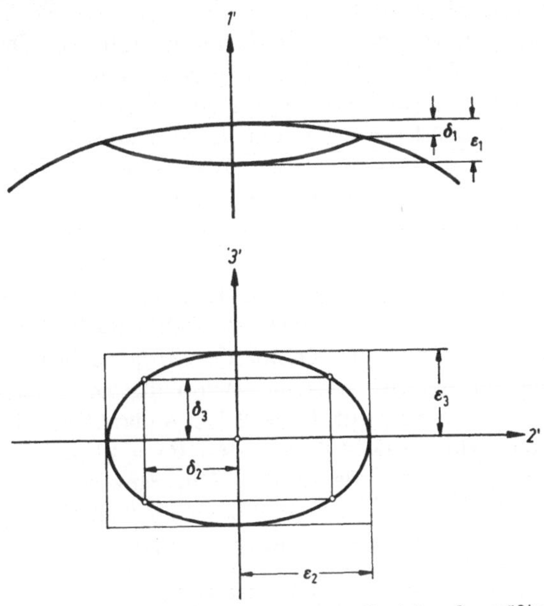

Abb. 2.16 Zum Nachweis der Stabilität der Drehungen um die Achse des größten Hauptträgheitsmomentes.

Diese Feststellung gilt sowohl bezüglich der Koordinaten der Drehgeschwindigkeit ω_i als auch bezüglich des Euler-Winkels ϑ. Die Erfüllung oder Nichterfüllung der Stabilitätsbedingung (2.33) und (2.34) bezüglich ω_i kann ohne jede weitere Rechnung unmittelbar aus dem Verlauf der Polkurven (Abb. 2.6) abgelesen werden. In Abb. 2.16 ist eine derartige Polkurve in zwei Projektionen skizziert; sie kennzeichnet eine Nachbarbewegung zur Drehung um die Achse des größten Hauptträgheitsmomentes (perizykloidischer Fall b). Wenn die zulässigen Werte $\varepsilon_1\,\varepsilon_2\,\varepsilon_3$ für $\omega_1\,\omega_2\,\omega_3$ beliebig vorgegeben werden, dann lassen sich stets Werte für $\delta_1\,\delta_2\,\delta_3$ finden, so daß das Ljapunovsche Kriterium erfüllt ist. So wird jede, an irgendeinem Punkte innerhalb des $\delta_2\,\delta_3$-Rechtecks beginnende Polkurve stets im Inneren des skizzierten $\varepsilon_2\,\varepsilon_3$-

Rechtecks bleiben. Entsprechendes gilt für die Eingabelung von ω_1 durch ε_1 bzw. δ_1.

Im betrachteten Beispiel sind die $\delta_1\,\delta_2\,\delta_3$ voneinander abhängig. Der Stabilitätsnachweis darf deshalb nicht getrennt für jede ω-Komponente durchgeführt werden. Wichtig für den Nachweis der Stabilität bezüglich der Drehgeschwindigkeit ω_i ist die Tatsache, daß, wenn ein Quaderraum mit den Kantenlängen $\varepsilon_1\,\varepsilon_2\,\varepsilon_3$ für den Endpunkt des Vektors ω_i im körperfesten System vorgegeben wird, stets andere Quader mit den Kantenlängen $\delta_1\,\delta_2\,\delta_3$ gefunden werden können, in denen der Anfangswert $\omega_i(0)$ liegen muß, so daß für alle späteren Zeitpunkte der ε-Quader nie überschritten wird.

Völlig analog lassen sich die ω-Komponenten bei Drehungen um die Achse des kleinsten Hauptträgheitsmomentes (epizykloidischer Fall a) eingabeln. Dagegen sieht man sofort aus Abb. 2.6, daß ein derartiges Eingabeln bei Drehungen um die Achse des mittleren Hauptträgheitsmomentes nicht möglich ist. Wie klein auch die Störung gewählt werden mag, man erhält in jedem Falle hyperbelartig verlaufende Polkurven, zu denen bei beliebig gewählten ε-Werten keine δ-Werte gefunden werden können.

Um die Stabilität bezüglich des Winkels ϑ nachzuweisen, kann man z. B. von den im Abschn. 2.1 berechneten Grenzradien für die Bahnen ausgehen, die vom **Durchstoßpunkt** der Hauptachse durch die invariable Ebene durchlaufen werden. Wenn die Drehungen genau um die Hauptachsen erfolgen, gilt $H^2 = 2\,T\,C$ (epizykloidischer Fall) oder $H^2 = 2\,T\,A$ (perizykloidischer Fall) oder $H^2 = 2\,T\,B$ (Grenzfall). Für Nachbarbewegungen sind dann die Differenzen $H^2 - 2\,T\,C$ oder $2\,T\,A - H^2$ oder $H^2 - 2\,T\,B$ klein. Also bleiben auch die zugehörigen Grenzradien $r_{\max}$ (s. Tabelle in Abschn. 2.1.2) in den erstgenannten beiden Fällen klein. Wegen

$$\tan\vartheta_{\max} = \frac{H\,r_{\max}}{2\,T}$$

bleibt dann auch $\vartheta_{\max}$ klein und kann zum Eingabeln von $\vartheta(t)$ verwendet werden.

Nachbarbewegungen zur Drehung um die mittlere Hauptachse gehören entweder zu epi- oder perizykloidischen Bewegungen. Auf jeden Fall bleibt $|H^2 - 2\,T\,B|$ klein. Diese Differenz steht aber bei den in der Tabelle angegebenen Werten für $r_{\max}$ im Nenner, so daß eine Eingabelung im Sinne des Ljapunovschen Kriteriums nicht möglich ist.

Man kann übrigens auch (2.21/1) verwenden, um aus der zuvor nachgewiesenen Stabilität bezüglich ω_3 auf die Stabilität von ϑ zu schließen. Die Instabilität für Drehungen um die mittlere Hauptachse ist unmittelbar auch aus der in Abb. 2.15 gezeigten Bahnkurve dieser Hauptachse zu ersehen.

Man kann die Lage der Figurenachse auch durch ihre Richtungscosinus gegenüber dem raumfesten Koordinatensystem festlegen. Auch
bezüglich dieser Richtungscosinus gelten die bisherigen Ergebnisse, da
ihre möglichen Bereiche leicht durch $\sin\vartheta$ und $\cos\vartheta$ eingegabelt werden können.

Die bezüglich der Stabilität der Drehungen um die Hauptachsen
gewonnenen Ergebnisse lassen sich in Stabilitätsdiagrammen übersichtlich darstellen. Abb. 2.17 zeigt die Darstellung im Formdreieck. Es

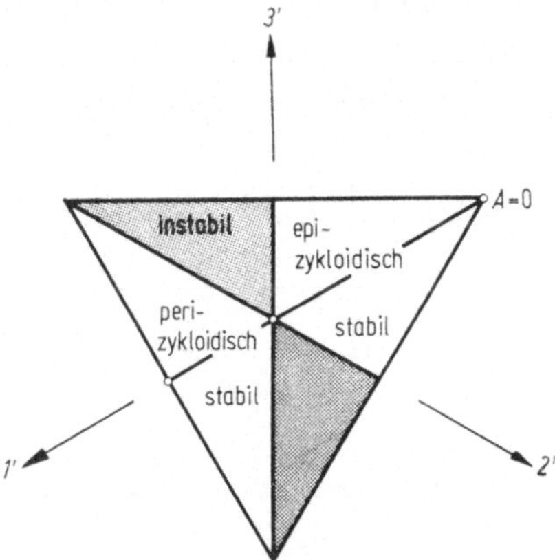

Abb. 2.17 Stabilitätsdiagramm für den kräftefreien unsymmetrischen Kreisel im Formdreieck.

wurde dabei angenommen, daß der Kreisel um die körperfeste 1'-Achse
drehen möge. Diese Grundbewegung ist stabil, solange sich der die
Kreiselform repräsentierende Bildpunkt in einem der nichtschattierten
Felder des Formdreiecks befindet. Für Punkte im schattierten Bereich
ist die Bewegung instabil, da dann das Trägheitsmoment A mittleres
Hauptträgheitsmoment des Körpers ist. Über das Stabilitätsverhalten
von Körpern, deren Bildpunkt auf der Grenze zwischen stabilen und
instabilen Bereichen liegt, wird im nächsten Abschnitt noch zu sprechen
sein.

Stabilitätsdiagramme für den hier betrachteten Fall, jedoch in
anderer Darstellung, zeigt Abb. 1.15.

2.5 Der symmetrische Kreisel

2.5.1 Analytische Lösung. Die Berechnung der Bewegungen eines
Kreisels mit zwei gleich großen Hauptträgheitsmomenten ist elementar
durchführbar. Obwohl alles Interessierende aus den bisherigen Ergebnissen durch Einsetzen von z. B. $A = B$ erhalten werden kann, ist
jetzt die direkte Ableitung vorzuziehen. Dabei ist es nicht notwendig,
eine bestimmte Größenreihenfolge der Trägheitsmomente vorauszu-
setzen.

Zunächst folgt aus (2.10) für die dritte Koordinate:

$$C\,\dot\omega_3 - (A - B)\,\omega_1\,\omega_2 = C\,\dot\omega_3 = 0,$$

also

$$\omega_3 = \omega_{30} = \text{const.} \tag{2.36}$$

Die Drehung um die Symmetrieachse (Figurenachse) des Kreisels ist konstant. Damit werden die ersten beiden Gleichungen von (2.10) linear:

$$A\,\dot\omega_1 - (B - C)\,\omega_{30}\,\omega_2 = A\,\dot\omega_1 - (A - C)\,\omega_{30}\,\omega_2 = 0,$$
$$B\,\dot\omega_2 - (C - A)\,\omega_{30}\,\omega_1 = A\,\dot\omega_2 + (A - C)\,\omega_{30}\,\omega_1 = 0.$$

Sie haben bei geeigneten Anfangsbedingungen die Lösung

$$\omega_1 = \omega_{10}\sin\nu\,t, \qquad \omega_2 = \omega_{10}\cos\nu\,t$$

mit

$$\nu = \frac{A - C}{A}\,\omega_{30} = \left(1 - \frac{C}{A}\right)\omega_{30}, \qquad \omega_{10} = \sqrt{\frac{H^2 - 2TC}{A(A - C)}}. \tag{2.37}$$

Aus (2.37) erkennt man, daß die Polkurven Kreise sind, die in der Zeit

$$T_p = \frac{2\pi}{\nu} = \frac{2\pi A}{(A - C)\,\omega_{30}} \tag{2.38}$$

einmal durchlaufen werden.

Für die Euler-Winkel folgt aus (2.21) zunächst

$$\cos\vartheta = \frac{C\,\omega_{30}}{H} = \cos\vartheta_0,$$

$$\tan\varphi = \frac{A}{B}\,\frac{\sin\nu\,t}{\cos\nu\,t} = \tan\nu\,t,$$

also

$$\vartheta = \vartheta_0 = \text{const;} \qquad \varphi = \nu\,t = \left(1 - \frac{C}{A}\right)\omega_{30}\,t. \tag{2.39}$$

Daraus folgt:

$\dot\varphi > 0$ für $A > C$, gestreckter Kreisel, epizykloidische Bewegung,
$\dot\varphi < 0$ für $A < C$, abgeplatteter Kreisel, perizykloidische Bewegung.
Für den Winkel ψ erhält man aus (2.30) mit (2.39)

$$\dot\psi = \frac{\omega_3 - \dot\varphi}{\cos\vartheta} = \frac{C\,\omega_{30}}{A\cos\vartheta_0} = \frac{H}{A} = \dot\psi_0 = \text{const,} \tag{2.40}$$

$$\psi = \psi_0 + \dot\psi_0\,t. \tag{2.41}$$

Aus (2.40) folgt, daß $\dot\psi$ und ω_{30} stets gleiches Vorzeichen haben; folglich verlaufen die Rotation ω_{30} um die Figurenachse und die Taumelbewegung $\dot\psi$ dieser Achse um die Drallachse (Nutationsbewegung) stets gleichsinnig. Man bezeichnet $n = \dot\psi$ auch als *Nutationsfrequenz*. Mit $\vartheta \ll 1$ erhält man aus (2.40) den häufig gebrauchten Näherungswert

$$n = \dot\psi \approx \frac{C}{A}\,\omega_{30}. \tag{2.42}$$

In dieser Näherung gilt

$n = \dot{\psi} < \omega_{30}$ für den gestreckten Kreisel,

$n = \dot{\psi} > \omega_{30}$ für den abgeplatteten Kreisel.

Zwischen den als konstant erwiesenen Größen ϑ, $\dot{\psi}$, $\dot{\varphi}$ besteht noch die mit (2.39) und (1.49/3) leicht zu verifizierende Beziehung

$$C\,\dot{\varphi} - (A - C)\,\dot{\psi}\cos\vartheta = 0.$$

2.5.2 Geometrische Beschreibung.

Die geometrische Deutung der Kreiselbewegung nach POINSOT (Abschn. 2.1) wird für einen symmetrischen Kreisel besonders einfach und durchsichtig. Das Energieellipsoid ist dann ein Rotationsellipsoid; damit werden sowohl Pol- als auch Spurkurven zu Kreisen. Verbindet man die Punkte dieser Kreise mit dem Fixpunkt F, dann entsteht aus der Polkurve ein gerader Kreiskegel, der körperfeste *Polkegel*, aus der Spurkurve ebenfalls ein gerader Kreiskegel, der raumfeste *Spurkegel*. Die Bewegung selbst kann dann als das Abrollen des körperfesten Polkegels auf dem raumfesten Spurkegel beschrieben werden.

In Abb. 2.18 sind diese Zusammenhänge für den Fall eines gestreck-

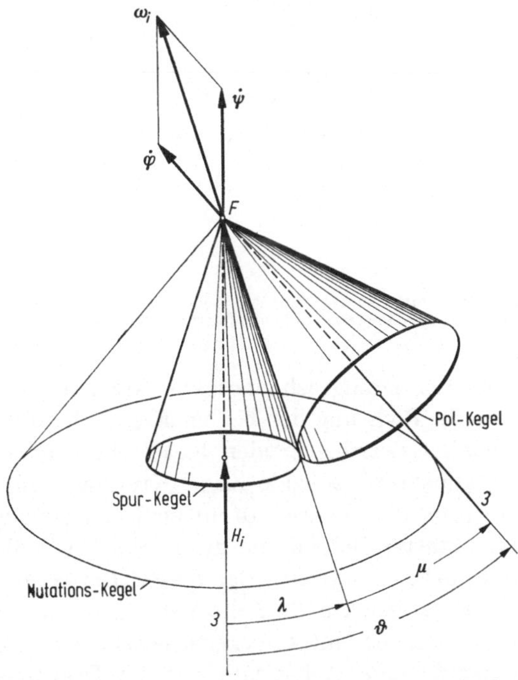

Abb. 2.18 Darstellung der Nutationen des symmetrischen Kreisels durch das Abrollen des Polkegels auf dem Spurkegel; gestreckter Kreisel.

ten, in Abb. 2.19 für einen abgeplatteten Kreisel gezeichnet worden. Dabei wird vorausgesetzt, daß die 3-Achse des raumfesten Bezugssystems in die Drallachse und die Figurenachse in die 3'-Richtung gelegt wurde. Die Achse des Spurkegels ist die Drallachse, die Achse des Polkegels ist die Figurenachse des Körpers. Die Berührungslinie beider Kegel ist momentane Drehachse.

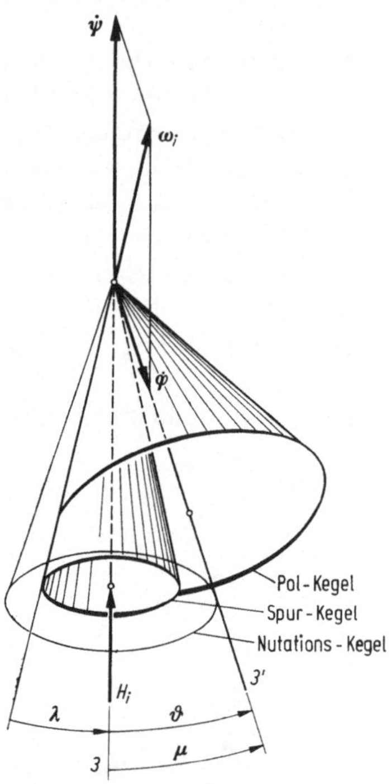

Abb. 2.19 Darstellung der Nutationen des symmetrischen Kreisels durch das Abrollen des Polkegels auf dem Spurkegel; abgeplatteter Kreisel.

Der Vektor ω_i der Drehgeschwindigkeit kann in die beiden Komponenten $\dot{\psi}$ und $\dot{\varphi}$ in Richtung der beiden Kegelachsen zerlegt werden. Dabei ist der Winkel zwischen beiden Kegelachsen gleich dem Euler-Winkel ϑ; er ist konstant, da beide Kegel Kreiskegel sind.

Bei der Bewegung des Kreisels dreht sich das gezeichnete Vektordiagramm wie ein starres Gebilde um die Drallachse, während der Polkegel auf dem Spurkegel abrollt. Bei dieser Bewegung umfährt die i. allg. sichtbare Figurenachse (3'-Achse) des Kreisels einen weiteren geraden Kreiskegel, der als Nutationskegel bezeichnet wird. Sein halber Öffnungswinkel ist ϑ; seine Achse fällt mit der Drallachse zusammen. Für die halben Öffnungswinkel λ und μ von Spur- bzw. Polkegel lassen sich aus dem Vektordiagramm nach dem Sinussatz die Beziehungen ablesen:

$$\sin\lambda = \frac{\dot\varphi}{\omega}\sin\vartheta;\quad \sin\mu = \frac{\dot\psi}{\omega}\sin\vartheta.\tag{2.43}$$

Darin können die früher erhaltenen Werte (2.39) bzw. (2.40) für $\dot\varphi$ bzw. $\dot\psi$ eingesetzt werden, um die Öffnungswinkel in den charakteristischen Parametern des Kreisels auszudrücken. Bemerkenswert ist, daß das Verhältnis

$$\frac{\sin\lambda}{\sin\mu} = \frac{\dot\varphi}{\dot\psi} = \left(\frac{A}{C} - 1\right)\cos\vartheta_0$$

für $\vartheta_0 \ll 1$ nur noch vom Verhältnis A/C, nicht aber von den Anfangsbedingungen abhängt.

Die Formeln (2.43) gelten gleichermaßen für epi- und perizykloidische Bewegungen. Die sonstigen, für beide Bewegungsformen geltenden Daten sind in der folgenden Tabelle zusammengestellt. Sie enthält zugleich die entsprechenden Werte für den Grenzfall $A = C$.

Nutation des symmetrischen Kreisels, $A = B$

a) epizykloidische Bewegung $A > C$	b) perizykloidische Bewegung $A < C$	c) Grenzfall $A = C$
$\vartheta = \lambda + \mu$	$\vartheta = \mu - \lambda$	$\vartheta = \mu$ $\lambda = 0$
$\dot\varphi > 0$	$\dot\varphi < 0$	$\dot\varphi = 0$
$\dot\psi = n < \dfrac{\omega_{30}}{\cos\vartheta}$	$\dot\psi = n > \dfrac{\omega_{30}}{\cos\vartheta}$	$\dot\psi = n = \dfrac{\omega_{30}}{\cos\vartheta}$
Drehachse liegt stets zwischen Drall- und Figurenachse	Drallachse liegt stets zwischen Dreh- und Figurenachse	Drehachse und Drallachse fallen zusammen

Bei der perizykloidischen Bewegung (abgeplatteter Kreisel) ist der körperfeste Polkegel als Hohlkegel zu denken, der mit seiner Innenfläche auf dem raumfesten Spurkegel abrollt. Wie man aus (2.43) unter Berücksichtigung von (2.39) sieht, hängt der Öffnungswinkel λ des Spurkegels von der Form des Trägheitsellipsoides ab:

$$\sin\lambda = \left(1 - \frac{C}{A}\right)\frac{\omega_{30}}{\omega}\sin\vartheta.\tag{2.44}$$

Für den Grenzfall des Körpers mit kugelförmigem Trägheitsellipsoid ($A = C$) wird $\lambda = 0$. In diesem Fall schrumpft der Spurkegel zu einer Linie zusammen, und der Polkegel dreht einfach um eine seiner Mantellinien.

Der Öffnungswinkel μ des Polkegels kann außer in dem Sonderfall $C = 0$, bei dem der Kreisel selbst zu einem Stab ausartet, nur dann verschwinden, wenn $\vartheta = 0$ ist. Das ist der Fall bei einer ungestörten Drehung um die Figurenachse.

2.5.3 Die Stabilität des symmetrischen Kreisels.

Nach den allgemeinen Ergebnissen des Abschn. 2.4 ist die Stabilität der Drehung eines symmetrischen Kreisels um seine Figurenachse in jedem Fall gesichert. Der gestreckte Kreisel dreht um die Achse des kleinsten, der abgeplattete um die Achse des größten Hauptträgheitsmomentes.

Es bleiben aber noch die Drehbewegungen um die in der Äquatorebene liegenden Hauptachsen zu untersuchen. Wie bereits erwähnt (Abschn. 1.5.2), sind für einen symmetrischen Körper alle in der Äquatorebene liegenden Achsen gleichberechtigte Hauptachsen. Daher sind permanente Drehungen um diese Achsen möglich; jedoch erweisen sich diese Drehungen als instabil bezüglich ω_i. Man erkennt das am einfachsten aus (2.37). Wenn die Drehung genau um eine der Querachsen erfolgt, dann ist $\omega_3 = 0$; damit wird $\nu = 0$, und man erhält einfach $\omega_1 = 0$, $\omega_2 = \omega_{10}$. Ist jedoch infolge einer Störung dieser Bewegung $\omega_3 \neq 0$, wenn auch sehr klein, dann wird auch $\nu \neq 0$ (ausgenommen im Fall des Kugelkreisels $A = C$), so daß ω_1 und ω_2 periodische Funktionen werden, die nicht in der Nachbarschaft der Grundlösung $\omega_1 = 0$, $\omega_2 = \omega_{10}$ verlaufen.

Dieses Ergebnis kann auch unmittelbar aus dem Verlauf der Polkurven (Abb. 2.7) erkannt werden. Bei einer Störung der Drehung um eine Äquatorachse gelangt der Endpunkt des ω_i-Vektors auf eine benachbarte Polkurve, die in einer Parallelebene zur Äquatorebene liegt. Auf dieser Polkurve wandert er dann mit einer Geschwindigkeit, die näherungsweise dem Abstand dieser Polkurve vom Äquator proportional ist. Die Zeit für einen vollen Umlauf des ω_i-Vektors relativ zum Körper ist $T = 2\pi/\nu$. Man erkennt, daß der ω_i-Vektor nicht in der Nachbarschaft des Äquatorpunktes verbleibt, der der ungestörten Bewegung entspricht.

Bezüglich der Variablen ω_3 und damit wegen $\cos\vartheta = C\,\omega_3/H$ auch bezüglich des Winkels ϑ muß die beschriebene Bewegung als stabil (im Sinne LJAPUNOVS) bezeichnet werden. Für die ungestörte Bewegung sei z. B. $\omega_3 = 0$ und $\vartheta = \pi/2$. Nach einer kleinen Störung bleiben ω_3 und $\pi/2 - \vartheta$ klein, und es ist möglich, zu vorgegebenen ε-Werten die entsprechenden δ-Werte anzugeben, um die Stabilität nachzuweisen.

In gleicher Weise erkennt man, daß die geschilderte Bewegung zwar bezüglich der Winkelgeschwindigkeiten $\dot\varphi$ (2.39) und $\dot\psi$ (2.40), nicht aber bezüglich der Winkel φ und ψ selbst stabil ist.

Der Bildpunkt für die Drehung eines symmetrischen Kreisels um eine seiner Querachsen liegt im Stabilitätsdiagramm von Abb. 2.17 auf dem Rande des instabilen Bereiches.

2.5.4 Der Kugelkreisel. Über den Sonderfall des Kugelkreisels soll noch eine Bemerkung angefügt werden, weil dieser spezielle Kreisel verschiedentlich als für technische Anwendungen besonders geeignet propagiert wurde.

Zunächst ist sicher, daß bei Gleichheit aller drei Hauptträgheitsmomente $A = B = C$ als allgemeine Lösung der Eulerschen Kreiselgleichung (2.10) permanente Drehungen um jede beliebige Achse resultieren. Jede Achse durch den Fixpunkt F ist in diesem Falle Hauptachse. Daraus folgt auch sofort die Stabilität dieser Drehungen bezüglich der Variablen $\omega_1 \, \omega_2 \, \omega_3 \, \vartheta \, \dot\psi \, \dot\varphi$. Die formelmäßigen Werte für diese Größen lassen sich ohne Schwierigkeiten aus den bereits angegebenen Formeln mit $A = B = C$ finden.

Der Bildpunkt des Kugelkreisels im Stabilitätsdiagramm von Abb. 2.17 ist der Mittelpunkt des Formdreiecks. Hier stoßen stabile und instabile Bereiche zusammen. Nach dem Gesagten muß der Punkt selbst zum stabilen Bereich gezählt werden. Das läßt sich jedoch für praktische Anwendungen nicht ausnutzen. Bei realen Körpern läßt sich nämlich die Bedingung $A = B = C$ nie exakt erfüllen. Bedingt durch die Inhomogenität des Materials, durch ungleichmäßige thermische Dehnungen oder Verformungen unter dem Einfluß von Beschleunigungen muß stets mit Abweichungen gerechnet werden. Dann aber kann der Bildpunkt im Stabilitätsdiagramm in einen instabilen Bereich geraten. Vom Standpunkt der praktischen Anwendungen muß man daher den Kugelkreisel als ungeeignet betrachten, da er bei geringfügigen, kaum vermeidbaren Veränderungen seiner Massenverteilung instabil werden kann.

3. Die Wechselwirkung von Kräften und Bewegungen am Kreisel

Bei einem Kreisel, der nicht kräftefrei ist, der also der Einwirkung irgendwelcher Kräfte (oder Momente) unterliegt, kommen zwei Typen von Aufgaben vor: Entweder sollen zu bekannten Bewegungen des Kreisels die dabei auftretenden Kräfte bestimmt werden, oder es sind umgekehrt die durch bekannte Kräfte hervorgerufenen Bewegungen zu ermitteln. Die erstgenannte Aufgabe ist ohne prinzipielle Schwierigkeiten vollständig lösbar, wie im Abschn. 3.1 gezeigt werden wird. Sehr viel schwieriger sind Aufgaben des zweiten Typs; davon werden die Abschn. 3.2 bis 3.5 handeln.

Der Unterschied im Schwierigkeitsgrad für beide Aufgaben ist in der Tatsache begründet, daß die Bewegungsgleichungen des Kreisels zwar linear in den Momenten, aber quadratisch in den Komponenten der Drehgeschwindigkeit sind.

3.1 Die Kraftwirkungen geführter Kreisel

3.1.1 Die allgemeine Lösung. Der Drallsatz (1.75) gibt den Zusammenhang zwischen Dralländerungen und den Momenten M_i wieder, die auf den Kreisel wirken. Man hat nun bei geführten Kreiseln, deren Bewegung durch eine geeignete Führung erzwungen wird, zwischen den äußeren Momenten M_i^A und den Reaktionsmomenten M_i^R zu unterscheiden. Die äußeren Momente können z. B. durch die Gewichtskraft, durch Federwirkung, durch elektrische oder magnetische Kräfte entstehen; als Reaktionsmomente bezeichnen wir demgegenüber die über Lagerungen oder Führungen auf den Kreisel ausgeübten Momente, durch die die Zwangsbewegung ermöglicht wird. Es gilt also:

$$\frac{dH_i}{dt} = M_i = M_i^A + M_i^R. \tag{3.1}$$

Das Reaktionsmoment soll nun in zwei Anteile aufgespalten werden, von denen der eine M_i^{RO} mit den äußeren Kräften im Gleichgewicht ist. Im statischen Fall eines unbewegten Kreisels bleibt nur dieser Anteil übrig. Der zweite Anteil M_i^{RK} bewirkt eine Veränderung des Dralls, also z. B. eine Bewegung der Kreiselachse:

$$M_i^R = M_i^{RO} + M_i^{RK} \quad \text{mit} \quad M_i^{RO} = -M_i^A \quad \text{und} \quad M_i^{RK} = -M_i^K.$$

Der Anteil des Reaktionsmomentes M_i^{RK} wirkt *auf den Kreisel*. Bei den Anwendungen interessiert nun oft das Gegenmoment, das vom bewegten Kreisel *auf die Führung* oder Lagerung des Kreisels ausgeübt wird. Es ist hier mit M_i^K bezeichnet worden. Dieses Moment soll im folgenden näher untersucht werden. Man erhält dafür aus (3.1):

$$M_i^K = -\frac{dH_i}{dt} = -\frac{d}{dt}(\Theta_{ij}\,\omega_j). \tag{3.2}$$

Um die Differentiation in (3.2) einfacher durchführen zu können, empfiehlt sich häufig der Übergang zum körperfesten System, weil in diesem die Elemente des Trägheitstensors Θ_{ij} konstant sind. Dann hat man anstelle von (3.2)

$$M_i^K = -\frac{d'H_i}{dt} - \varepsilon_{ijk}\,\omega_j\,H_k. \tag{3.3}$$

Wenn die Winkelgeschwindigkeit ω_i gegeben ist, dann kann daraus der Drall $H_i = \Theta_{ij}\,\omega_j$ berechnet und damit das Kreiselmoment M_i^K bestimmt werden. Sind anstelle von $\omega_1\,\omega_2\,\omega_3$ die Euler-Winkel $\psi\,\vartheta\,\varphi$ oder die Kardanwinkel $\alpha\,\beta\,\gamma$ gegeben, dann können daraus zuerst mit Hilfe der kinematischen Gln. (1.49) oder (1.51) die $\omega_1\,\omega_2\,\omega_3$ berechnet werden. Das läßt sich ohne Schwierigkeiten durchführen, da keine Differentialgleichungen zu integrieren, sondern nur Differentiationen auszuführen sind. Dennoch kann die Ausrechnung der Momentkomponenten zu sehr unübersichtlichen Ausdrücken führen. Daher sollen im folgenden nur einige typische und für die Praxis wichtige Sonderfälle näher untersucht werden.

3.1.2 Drehbewegungen um eine raumfeste Achse. Die raumfeste Drehachse sei die 3-Achse und zugleich auch körperfeste 3'-Achse. Dann ist in körperfesten Koordinaten (für die jetzt die Striche fortgelassen werden):

$$\omega_i = [0, 0, \omega_3]; \quad H_i = [-E\,\omega_3, -D\,\omega_3, C\,\omega_3].$$

Damit folgt aus (3.3) das Kreiselmoment

$$M_i^K = \begin{bmatrix} E\,\dot\omega_3 \\ D\,\dot\omega_3 \\ -C\,\dot\omega_3 \end{bmatrix} - \begin{bmatrix} +D\,\omega_3^2 \\ -E\,\omega_3^2 \\ 0 \end{bmatrix}. \tag{3.4}$$

Daraus lassen sich zwei Sonderfälle ablesen:

a) Drehung um eine Hauptachse. Dann ist $D = E = 0$, also bleibt

$$M_3^K = -C\,\dot\omega_3.$$

Bei anlaufendem oder auslaufendem Kreisel tritt ein Reaktionsmoment um die Drehachse auf. Dieses muß durch das Antriebs- oder Bremsmoment auf die Lagerung übertragen werden. Bei gleichförmigem Umlauf $\dot\omega_i = 0$ ist $M_3^K = 0$.

b) Drehung mit konstanter Drehgeschwindigkeit. Dann ist $M_3^K = 0$; es bleibt ein Moment mit einem rechtwinklig zur Drehachse liegenden Vektorpfeil nach Abb. 3.1 übrig, für das

$$M^K = \omega_3^2 \sqrt{D^2 + E^2} \quad \text{und} \quad \tan\varphi^K = -\frac{E}{D}$$

gilt. Das Moment ist im mitdrehenden, körperfesten System konstant und wirkt daher auf die raumfeste Lagerung als periodisches Rüttel-

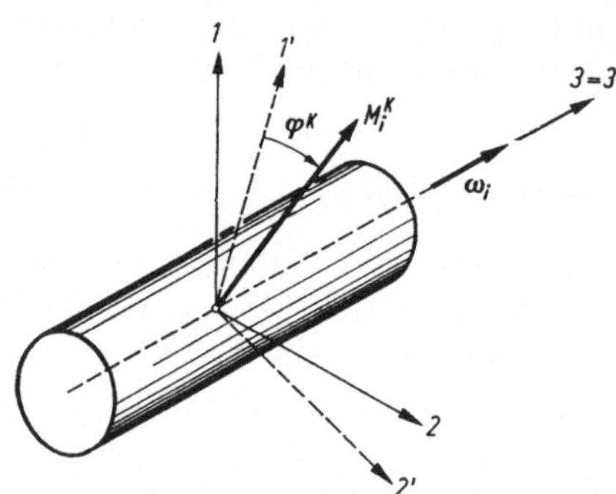

Abb. 3.1 Reaktionsmoment M_i^K des Kreisels bei erzwungener Drehung um die 3'-Achse.

moment. Man spricht in diesem Fall von *dynamischer Unwucht* des Körpers. Auch wenn der Körper statisch ausgewuchtet ist, sein Massenmittelpunkt also auf der Drehachse liegt, können periodische Lagerkräfte entstehen, die mit dem Quadrat der Drehzahl anwachsen. Sie werden beseitigt, wenn der Körper dynamisch ausgewuchtet wird. Hierzu ist die Drehachse zur Hauptachse, also $D = E = 0$ zu machen. Das läßt sich durch Anbringen von Zusatzmassen oder durch Fortnehmen von Massen stets erreichen.

Für den technisch besonders wichtigen Fall eines symmetrischen Rotors ($A = B$) soll das näher untersucht werden. Der Körper drehe um eine in der 1', 3'-Hauptebene liegende, zugleich körper- und raumfeste 3-Achse, die mit der 3'-Symmetrieachse des Körpers einen Winkel ϑ einschließt (Abb. 3.2). Dann ist

$$x_1 = x_1' \cos\vartheta + x_3' \sin\vartheta,$$
$$x_2 = x_2',$$
$$x_3 = -x_1' \sin\vartheta + x_3' \cos\vartheta.$$

Daraus folgen für die Deviationsmomente aus (1.9) wegen $D' = E' = F' = 0$ die Werte:

$$D = \int x_2 x_3 \, dm = -F' \sin\vartheta + D' \cos\vartheta = 0,$$

$$E = \int x_3 x_1 \, dm = \tfrac{1}{2}(A' - C') \sin 2\vartheta + E' \cos 2\vartheta = \tfrac{1}{2}(A' - C') \sin 2\vartheta.$$

Mit $\dot\omega_3 = 0$ folgt damit aus (3.4) ein Unwuchtmoment

$$M_2^K = \tfrac{1}{2}(A' - C')\,\omega_3^2 \sin 2\,\vartheta. \tag{3.5}$$

Das Vorzeichen des Momentes hängt von der Gestalt des Körpers ab. Bei einem abgeplatteten Rotor ($A' < C'$) sucht das Moment die 3'-Sym-

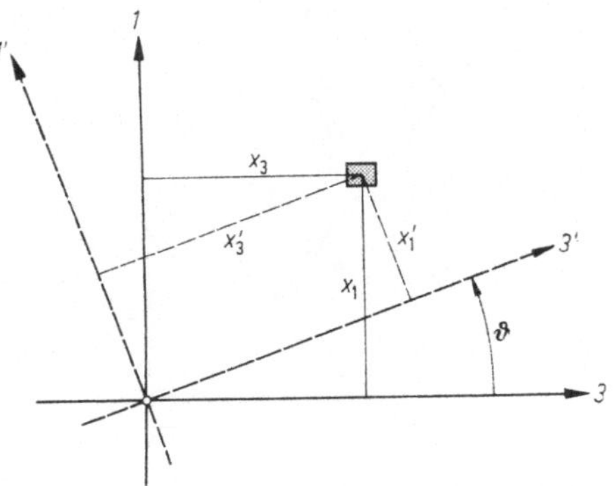

Abb. 3.2 Zur Berechnung der Deviationsmomente bei verdrehtem Bezugssystem.

metrieachse zur Drehachse hin, bei einem gestreckten Rotor ($A' > C'$) dagegen von der Drehachse fort zu drehen (Abb. 3.3).

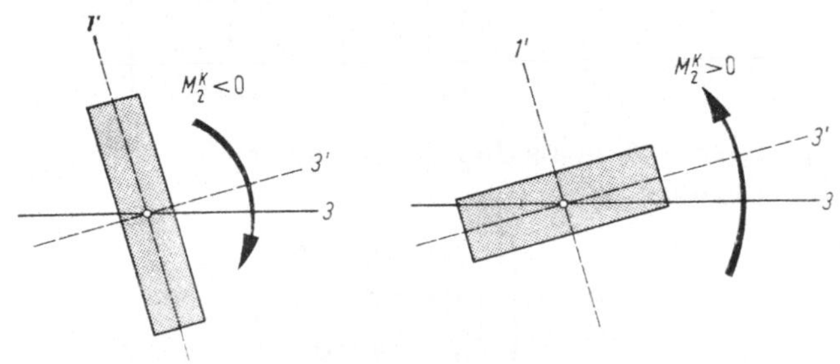

Abb. 3.3 Kreiselmoment eines symmetrischen, um die 3-Achse drehenden Körpers; links für einen abgeplatteten, rechts für einen gestreckten Rotor.

Aus (3.5) ist zu entnehmen, daß das Rüttelmoment für $\vartheta = 0$ und $\vartheta = \pi/2$ (Drehung um Hauptachsen) sowie für $A' = C'$ (Kugelkreisel) verschwindet. Es hat für $\vartheta = \pi/4$ ein Maximum. Für den technisch am meisten interessierenden Fall kleiner Winkel ϑ läßt sich näherungsweise schreiben

$$M_2^K \approx (A' - C')\,\omega_3^2\,\vartheta \quad (\text{für } \vartheta \ll 1). \tag{3.6}$$

3.1.3 Drehungen um bewegte Achsen. Die allgemeine Formel (3.3) soll jetzt auf den Fall eines Körpers angewendet werden, der außer einer Eigendrehung ω_i^E um die Hauptachse 3' noch eine zusätzliche Drehung ω_i^Z

um eine raumfeste Achse 3 ausführt (Abb. 3.4). Wenn die Bewegungen des körperfesten $1'2'3'$-Systems gegenüber einem raumfesten $1\,2\,3$-System durch die Euler-Winkel beschrieben werden, dann erhält man

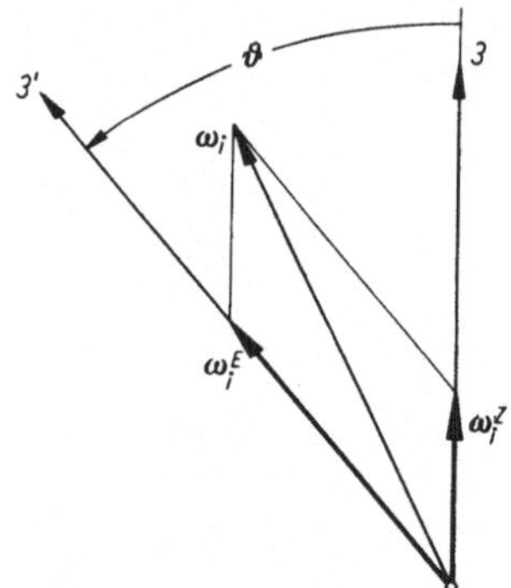

Abb. 3.4 Zusammensetzung von Eigendrehung ω_i^E und Zusatzdrehung ω_i^Z.

aus (1.49) für den Fall eines konstanten Winkels ϑ als körperfeste Koordinaten von ω_i:

$$\omega_i = \omega_i^E + \omega_i^Z = \begin{bmatrix} 0 \\ 0 \\ \dot\varphi \end{bmatrix} + \begin{bmatrix} \dot\psi \sin\vartheta \sin\varphi \\ \dot\psi \sin\vartheta \cos\varphi \\ \dot\psi \cos\vartheta \end{bmatrix}.$$

Da das körperfeste System als Hauptachsensystem gewählt werden kann, folgt für den Drallvektor:

$$H_i = \begin{bmatrix} A\,\dot\psi \sin\vartheta \sin\varphi \\ B\,\dot\psi \sin\vartheta \cos\varphi \\ C(\dot\varphi + \dot\psi \cos\vartheta) \end{bmatrix}.$$

Wenn wir uns weiterhin auf den Fall $\dot\psi = \dot\psi_0 = \text{const}$ beschränken, also auf eine Zusatzdrehung mit konstanter Winkelgeschwindigkeit um eine Achse, die gegenüber der $3'$-Hauptachse des Körpers um einen konstanten Winkel $\vartheta = \vartheta_0$ geneigt ist, dann folgt aus (3.3)

$$M_i^K = \begin{bmatrix} (B - A - C)\,\dot\psi\,\dot\varphi \sin\vartheta_0 \cos\varphi + (B - C)\,\dot\psi^2 \sin\vartheta_0 \cos\vartheta_0 \cos\varphi \\ (B - A + C)\,\dot\psi\,\dot\varphi \sin\vartheta_0 \sin\varphi - (A - C)\,\dot\psi^2 \sin\vartheta_0 \cos\vartheta_0 \sin\varphi \\ -C\,\ddot\varphi + (A - B)\,\dot\psi^2 \sin^2\vartheta_0 \sin\varphi \cos\varphi \end{bmatrix}.$$

$$(3.7)$$

Daran ist zunächst bemerkenswert, daß auch ein Moment um die $3'$-Achse der Eigendrehung des Körpers auftritt. Dies bedeutet, daß bei reibungsfreier Lagerung ohne Vorhandensein eines äußeren Momentes M_3^A keine konstante Eigendrehung vorhanden sein kann. Die Ungleichförmigkeit der Eigendrehung kann aus der Differentialgleichung

$$C\,\ddot{\varphi} - \tfrac{1}{2}(A - B)\,\dot{\psi}^2\,\sin^2\vartheta_0\,\sin 2\varphi = 0$$

errechnet werden.

Wenn umgekehrt eine konstante Eigendrehung $\dot{\varphi}_0$ verlangt wird, dann ist dazu ein periodisches äußeres Moment

$$M_3^A = -\tfrac{1}{2}(A - B)\,\dot{\psi}^2\,\sin^2\vartheta_0\,\sin 2\dot{\varphi}_0\,t \tag{3.8}$$

notwendig. Dieses Moment schwankt mit der doppelten Frequenz der Eigendrehung. Es kann zur Messung der zur $3'$-Achse senkrechten Komponente $\psi\sin\vartheta$ der Zusatzdrehung verwendet werden. Die Amplitude des Meßsignals ist der Unsymmetrie $A - B$ des Körpers proportional. Für symmetrische Rotoren verschwindet es.

Bei den anderen Komponenten des Momentes M_i^K nach (3.7) sind Anteile mit den Faktoren $\dot{\varphi}\,\dot{\psi}$ und $\dot{\psi}^2$ vorhanden, die ebenfalls periodisch schwanken. Man erkennt die Bedeutung dieser Glieder am einfachsten bei einer Betrachtung der folgenden beiden Sonderfälle:

a) *Symmetrischer Rotor* $A = B$. Hier bleibt von (3.7)

$$M_i^K = \begin{bmatrix} -C\,\dot{\varphi}\,\dot{\psi}\sin\vartheta_0\cos\varphi + (A - C)\,\dot{\psi}^2\sin\vartheta_0\cos\vartheta_0\cos\varphi \\ C\,\dot{\varphi}\,\dot{\psi}\sin\vartheta_0\sin\varphi - (A - C)\,\dot{\psi}^2\sin\vartheta_0\cos\vartheta_0\sin\varphi \\ C\ddot{\varphi} \end{bmatrix}. \tag{3.9}$$

Bei Abwesenheit äußerer Momente um die $3'$-Achse ist $\dot{\varphi} = \dot{\varphi}_0 = $ const. Dann steht der Vektor des Kreiselmomentes senkrecht zur $3'$-Achse

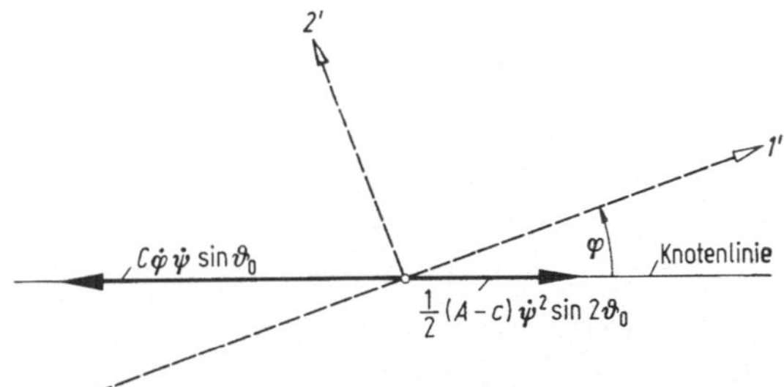

Abb. 3.5 Zur Bestimmung des Kreiselmomentes für einen symmetrischen Rotor.

und ergibt ein Moment in Richtung der Knotenlinie (Schnittgerade von $1', 2'$- und $1, 2$-Ebene) nach Abb. 3.5. Die Größe des Momentes ist:

$$M^K = C\,\dot{\varphi}\,\dot{\psi}\sin\vartheta_0 - \tfrac{1}{2}(A - C)\,\dot{\psi}^2\sin 2\vartheta_0$$
$$= \dot{\psi}\sin\vartheta_0[C(\dot{\varphi} + \dot{\psi}\cos\vartheta_0) - A\,\dot{\psi}\cos\vartheta_0]. \tag{3.10}$$

Für einen abgeplatteten Rotor $(C > A)$ und $0 < \vartheta_0 < \pi/2$ liegt das Moment stets in negativer Richtung der Knotenlinie, wenn als positive

Richtung die des Vektors $+\vartheta$ bezeichnet wird. Für gestreckte Rotoren $(A > C)$ kann M_i^K in die positive Richtung der Knotenlinie fallen, sofern

$$A\,\dot\psi\cos\vartheta_0 > C(\dot\varphi + \dot\psi\cos\vartheta_0) = C\,\omega_3$$

gilt. Für einen stabförmigen Rotor $(C = 0)$ ist diese Bedingung stets erfüllt.

Man kann die Entstehung des Momentes (3.10) auch direkt aus dem Drallsatz (3.2) ableiten. Wegen der vorausgesetzten Symmetrie liegen

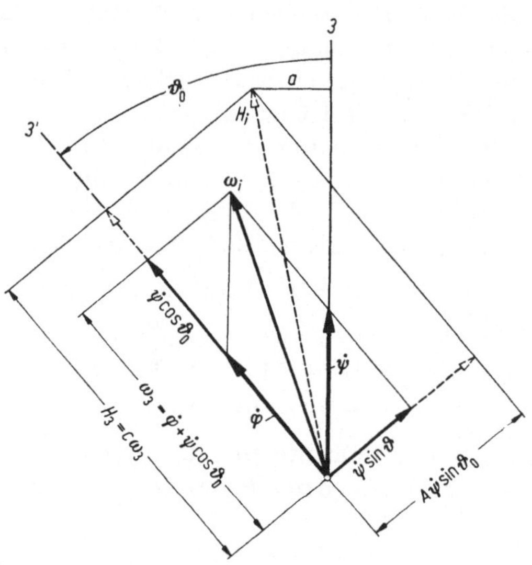

Abb. 3.6 Konstruktion des Drallvektors H_i für einen symmetrischen Rotor mit der Eigendrehung $\dot\varphi$ und der Zusatzdrehung $\dot\psi$.

jetzt 3-Achse, 3'-Achse, Drehachse und Drallachse in einer Ebene, die senkrecht zur Knotenlinie steht und die mit der Zusatzdrehung $\dot\psi$ dreht. Aus dem in Abb. 3.6 dargestellten Diagramm läßt sich dann für das Kreiselmoment der Ausdruck

$$M^K = \frac{dH}{dt} = a\,\dot\psi$$

entnehmen. Mit

$$a = (C\,\omega_3)\sin\vartheta_0 - (A\,\dot\psi\sin\vartheta_0)\cos\vartheta_0$$

und

$$\omega_3 = \dot\varphi + \dot\psi\cos\vartheta_0$$

folgt daraus sofort der Ausdruck (3.10). Im gezeichneten Fall geht der Vektorpfeil des Momentes in die Zeichenebene hinein, liegt also in der negativen Knotenachse.

b) *Schnelle Kreisel.* Bei der technischen Anwendung von Kreiselerscheinungen spielen rasch umlaufende Rotoren eine besondere Rolle. Dafür lassen sich einfachere Näherungsbetrachtungen anstellen, auf die vor allem in der Theorie der Kreiselgeräte oft zurückgegriffen wird. Im hier untersuchten Fall kann man $\dot\varphi \gg \dot\psi$ annehmen. Es zeigt sich jedoch, daß diese Bedingung nicht ausreicht. Nicht nur rasche Eigendrehung, sondern vor allem ein großer, dieser Drehung entsprechender Drall $C\,\dot\varphi$ wird verlangt. Man spricht daher von einem *schnellen Kreisel*, wenn die Bedingungen

$$H_3' \gg \begin{cases} H_1' \\ H_2' \end{cases} \quad \text{oder} \quad C\,\dot\varphi \gg \begin{cases} A\,\dot\psi \\ B\,\dot\psi \end{cases} \tag{3.11}$$

erfüllt sind. Sie bedeuten physikalisch, daß die Drallachse der Hauptträgheitsachse $3'$, um die die Eigendrehung erfolgt, benachbart sein soll.

Für einen schnellen Kreisel erhält man aus (3.7) einen Näherungswert für das Reaktionsmoment

$$M_i^K \approx \begin{bmatrix} (B - A - C)\,\dot\varphi\,\dot\psi\sin\vartheta_0\,\cos\varphi \\ (B - A + C)\,\dot\varphi\,\dot\psi\sin\vartheta_0\,\sin\varphi \\ -C\,\ddot\varphi \end{bmatrix}. \tag{3.12}$$

Wenn kein Antriebs- oder Bremsmoment vorhanden ist, dann ist $\ddot\varphi = 0$. Das Moment ergibt dann einen resultierenden Vektor vom Betrag

$$M^K = \dot\varphi\,\dot\psi\sin\vartheta_0\,\sqrt{(B-A)^2 + C^2 - 2C(B-A)\cos 2\varphi}.$$

Die Richtung des Momentenvektors in der $1', 2'$-Ebene ist durch

$$\tan\alpha = \frac{B - A + C}{B - A - C}\tan\varphi$$

gegeben. Für symmetrische Rotoren $(A = B)$ erhält man

$$M^K = C\,\dot\varphi\,\dot\psi\sin\vartheta_0 \quad \text{und} \quad \alpha = -\varphi \pm n\,\pi.$$

Das bedeutet ein in der Knotenlinie liegendes Moment, das schon bei der früheren Betrachtung erhalten und in Abb. 3.5 eingetragen wurde. Die Unsymmetrie $(A \neq B)$ bewirkt periodische Veränderungen von Betrag und Winkellage. Man kann das Moment in Komponenten in Richtung der Knotenlinie M_{Kn}^K und senkrecht dazu $M_{\perp Kn}^K$ zerlegen:

$$\begin{aligned} M_{Kn}^K &= M_1^K\cos\varphi - M_2^K\sin\varphi = -\dot\varphi\,\dot\psi\sin\vartheta_0[C - (B-A)\cos 2\varphi], \\ M_{\perp Kn}^K &= M_1^K\sin\varphi + M_2^K\cos\varphi = \dot\varphi\,\dot\psi\sin\vartheta_0(B-A)\sin 2\varphi. \end{aligned} \tag{3.13}$$

Beide Komponenten ergeben demnach ein mit 2φ periodisches Signal, das zur Differenz $B - A$ proportional ist. Auch diese Anteile können zur Messung von Drehgeschwindigkeitskomponenten $\dot\psi\sin\vartheta$ senkrecht zur Achse der Eigendrehung herangezogen werden. Sie sind dazu besser geeignet als die bereits zuvor betrachtete Komponente (3.8) in Richtung der Rotorachse, weil sie linear, der Ausdruck (3.8) aber quadratisch von $\dot\psi \sin\vartheta$ abhängt.

Noch eine Bemerkung zum Richtungssinn des Momentes M^K: Wenn ein Körper einer Zwangsdrehung $\omega_i^Z = \dot\psi$ unterworfen wird, so daß sein Gesamtdrall H_i bei konstant bleibendem Betrag an dieser Drehung teilnimmt — wie in Abb. 3.6 —, dann ist

$$M_i^K = -\frac{dH_i}{dt} = -\varepsilon_{ijk}\,\omega_j^Z\,H_k.$$

Daraus folgt, daß das Moment stets eine solche Richtung hat, daß es die *Drallachse* in die Richtung der Zwangsdrehung hereinzudrehen sucht. Es wird ein *gleichsinniger Parallelismus von H_i und ω_i^Z* angestrebt. Dieser, für Anwendungen der Kreiselerscheinungen wichtige Satz vom gleichsinnigen Parallelismus darf aber nicht ohne weiteres auf die meist allein sichtbare Symmetrieachse (3'-Achse) übertragen werden. Man erkennt aus der Konstruktion von Abb. 3.6, daß eine Übertragbarkeit nur dann möglich ist, wenn die Achse der Zwangsdrehung $\dot\psi$ nicht zwischen der Drallachse H_i und der 3'-Achse liegt. Das ist stets der Fall für abgeplattete Rotoren ($C > A$). Bei gestreckten Rotoren muß

$$C\,\omega_3 = C(\dot\varphi + \dot\psi \cos\vartheta_0) > A\,\dot\psi \cos\vartheta_0 \tag{3.14}$$

gelten. Da diese Bedingung für schnelle Kreisel wegen (3.11) stets erfüllt ist, gilt der Satz:

Wenn die Symmetrieachse (Figurenachse) eines schnellen Kreisels einer Zwangsdrehung unterworfen wird, dann entstehen Reaktionsmomente, die den Kreisel so zu drehen suchen, daß die Achsen der Eigendrehung und der Zwangsdrehung gleichsinnig parallel werden.

Bei stark gestreckten, fast stabförmigen Rotoren mit kleinem $\dot\varphi$ kann zwar der Fall eintreten, daß das Moment die umgekehrte Richtung hat; er hat jedoch keine praktische Bedeutung.

3.1.4 Kurvenkreisel und Kollermühle. Das Zusammenwirken zwischen Kreiselmoment und zwangsläufiger Führung läßt sich sehr anschaulich bei dem sog. Kurvenkreisel demonstrieren. Seinen prinzipiellen Aufbau zeigt Abb. 3.7. Der Kreisel ist als symmetrischer Rotor R ausgeführt; er ist mit der Spitze S so in einer Pfanne gelagert, daß der Massenmittelpunkt in den Unterstützungspunkt fällt. Die Figurenachse ist als Stange ausgebildet. Bringt man diese mitrotierende Stange mit einer raumfest zu denkenden, stofflich ausgeführten Kurve K in Berührung, dann rollt die Stange an der Kurve ab und preßt sich gleichzeitig mit beträchtlichem Druck gegen die Kurve. Durch das Abrollen der Figurenachse an der Kurve wird der Kreisel zwangsläufig geführt. Das dabei entstehende Kreiselmoment preßt die Achse gegen die Kurve K.

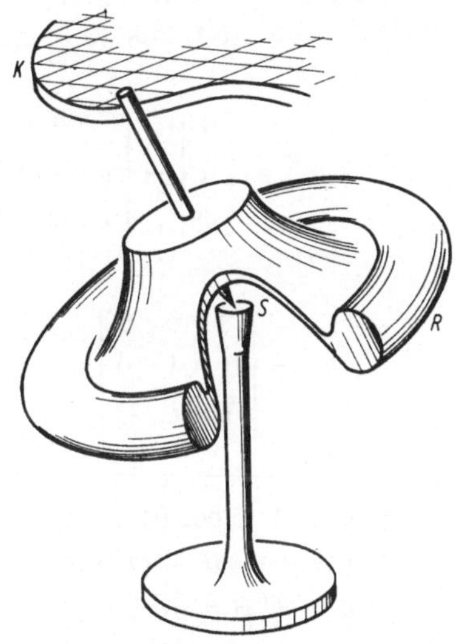

Abb. 3.7 Modell eines spitzengelagerten Kurvenkreisels.

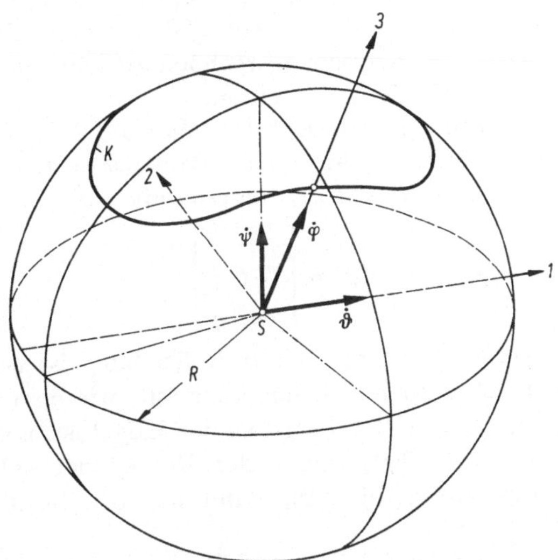

Abb. 3.8 Zur Berechnung des Kurvenkreisels.

Zur Berechnung dieses Momentes denken wir uns die Abrollkurve als sphärische Kurve auf einer Kugelfläche, deren Mittelpunkt mit dem Unterstützungspunkt des Kreisels zusammenfällt (Abb. 3.8). Anstelle eines körperfesten Koordinatensystems verwendet man bei symmetrischem Rotor ($A = B$) besser das eingezeichnete Zwischensystem 1, 2, 3, dessen 1-Achse in die Knotenrichtung fällt. Die Figurenachse ist 3-Achse, die 2-Achse steht senkrecht auf 1- und 3-Achse.

Das Kreiselmoment läßt sich nun aus (3.3) mit $H_i = \Theta_{ij}\,\omega_j$ bestimmen. Dabei ist

$$\omega_i = \omega_i^E + \omega_i^Z = \begin{bmatrix} 0 \\ 0 \\ \dot\varphi \end{bmatrix} + \begin{bmatrix} \dot\vartheta \\ \dot\psi \sin\vartheta \\ \dot\psi \cos\vartheta \end{bmatrix}$$

und

$$\Theta_{ij} = \begin{bmatrix} A & 0 & 0 \\ 0 & A & 0 \\ 0 & 0 & C \end{bmatrix}$$

einzusetzen. Damit ergibt sich:

$$M_i^K = - \begin{bmatrix} A\,\ddot\vartheta + C\,\dot\psi \sin\vartheta\,(\dot\varphi + \dot\psi \cos\vartheta) - A\,\dot\psi^2 \sin\vartheta \cos\vartheta \\ A\,\ddot\psi \sin\vartheta + 2A\,\dot\psi\,\dot\vartheta \cos\vartheta - C\,\dot\vartheta\,(\dot\varphi + \dot\psi \cos\vartheta) \\ C\,\ddot\varphi + C\,\ddot\psi \cos\vartheta - C\,\dot\psi\,\dot\vartheta \sin\vartheta \end{bmatrix}. \tag{3.15}$$

Ist die Form der Abrollkurve $\vartheta = \vartheta(\psi)$ gegeben, dann wird lediglich noch die Rollbedingung — etwa in der Form $\varphi = \varphi(\psi, \vartheta, \dot\vartheta)$ benötigt, um das Moment, und damit den Anpreßdruck, für eine bestimmte Drehgeschwindigkeit des Kreisels ausrechnen zu können. Zwei Sonderfälle sollen hier näher betrachtet werden.

a) Die Abrollkurve sei so beschaffen, daß die 3'-Achse längs eines Meridiankreises (Großkreises durch den Punkt $\vartheta = 0$) läuft. Dann ist $\psi = \text{const}$, also $\dot\psi = 0$. Aus (3.15) folgt damit

$$M_i^K = \begin{bmatrix} -A\,\ddot\vartheta \\ C\,\dot\vartheta\,\dot\varphi \\ -C\,\ddot\varphi \end{bmatrix}.$$

Bei Vernachlässigung von Lager- und Rollreibung ist $\ddot\varphi = 0$, folglich bleibt $\dot\varphi = \text{const}$. Aber auch ϑ bleibt konstant, wie man aus der Rollbedingung erkennt. Wenn R der Radius der Kugel ist, auf deren Oberfläche die Abrollkurve liegt, und r der Radius der zylindrisch ausgeführten Figurenachse (Abb. 3.9), dann hat die Rollbedingung die Form

$$r\,\dot\varphi = \varrho\,\dot\vartheta = \sqrt{R^2 - r^2}\,\dot\vartheta.$$

Wegen $\ddot\varphi = \ddot\vartheta = 0$ bleibt jetzt nur ein Kreiselmoment in der 2-Richtung übrig, dessen Größe durch

$$M_2^K = C\,\dot\vartheta\,\dot\varphi = \frac{C\,r}{\varrho}\,\dot\varphi^2 = \frac{C\,\varrho}{r}\,\dot\vartheta^2 \tag{3.16}$$

gegeben ist. Dieses Moment drückt die Figurenachse mit einer Normalkraft

$$N = \frac{M^K}{\varrho} = \frac{C\,r}{\varrho^2}\,\dot{\varphi}^2 = \frac{C}{r}\,\dot{\vartheta}^2$$

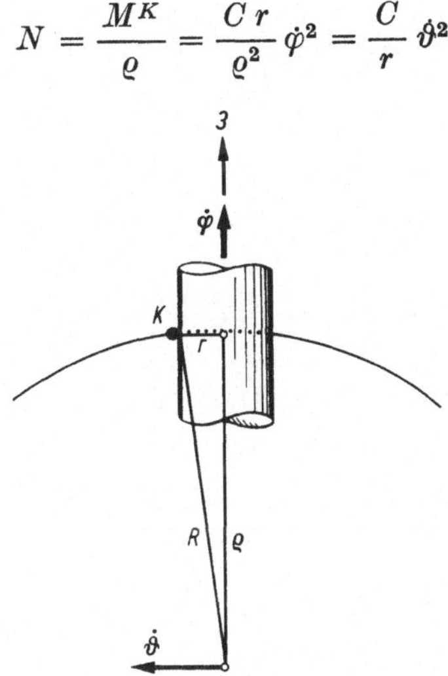

Abb. 3.9 Abrollen der Figurenachse an der Führungskurve K mit $\psi = 0$.

gegen die Führungskurve. Man kann sich leicht überlegen, daß auch bei einem Vorzeichenwechsel von ϑ wieder andrückende Normalkräfte vorhanden sind.

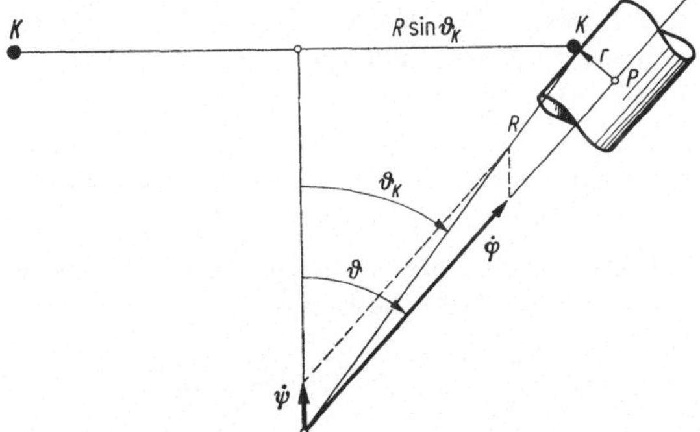

Abb. 3.10 Abrollen der Figurenachse an der Führungskurve K mit $\dot{\vartheta} = 0$.

b) Als zweiter Sonderfall soll als Abrollkurve K ein Kreis vom Radius $R \sin \vartheta_k$ gewählt werden (Abb. 3.10). Betrachtet man ein Abrollen der Achse von *außen*, dann gilt für die Geschwindigkeit v_p eines Punktes P auf der Figurenachse

$$v_p = (R \sin \vartheta_K + r \cos \vartheta)\,\dot{\psi} = r(\dot{\varphi} + \dot{\psi} \cos \vartheta),$$

also als Rollbedingung:

$$R \sin \vartheta_K \, \dot{\psi} = r \, \dot{\varphi}. \tag{3.17}$$

Da außerdem im vorliegenden Fall $\vartheta = 0$ und wegen reibungsfreier Lagerung auch $\ddot{\psi} = \ddot{\varphi} = 0$ ist, bleibt von (3.15) nur ein Reaktionsmoment

$$M_1^K = -\dot{\psi} \sin \vartheta \, [C(\dot{\varphi} + \dot{\psi} \cos \vartheta) - A \, \dot{\psi} \cos \vartheta] \tag{3.18}$$

oder mit (3.17)

$$M_1^K = -\dot{\psi}^2 \sin \vartheta \left[\frac{C \, R \sin \vartheta_K}{r} + (C - A) \cos \vartheta \right] \tag{3.19}$$

in Richtung der 1-Achse übrig. Das Vorzeichen des Momentes ist im hier allein interessierenden Bereich $0 < \vartheta < \pi/2$

für einen abgeplatteten Rotor $(C > A)$: $M_1^K < 0$,

für einen gestreckten Rotor $(C < A)$: $\begin{cases} M_1^K < 0 \ \text{für} \ R \sin \vartheta_K > \varrho_0 \\ M_1^K > 0 \ \text{für} \ R \sin \vartheta_K < \varrho_0 \end{cases}$

mit

$$\varrho_0 = \frac{A - C}{C} \, r \cos \vartheta.$$

Man überlegt sich leicht, daß ein negatives Moment ein Anpressen an die Führungskurve bedeutet. Daher verläßt bei einem außen abrollenden Kreisel der abgeplattete Rotor die Führungskurve nie, der gestreckte nur dann, wenn der Radius der Führungskurve den Grenzwert ϱ_0 unterschreitet. Dieses Verlassen der Führungskurve läßt sich auch anschaulich deuten: Es tritt jedesmal dann auf, wenn die Krümmung der Führungskurve kleiner ist, als der Nutationsbogen, den der Kreisel mit der gerade vorhandenen Abrollgeschwindigkeit durchlaufen würde, wenn er sich frei bewegen könnte. Man erkennt dies aus den früher für die Bewegungen eines kräftefreien symmetrischen Kreisels abgeleiteten Beziehungen. Mit (2.39) und (2.40) erhält man:

$$\dot{\varphi} = \frac{A - C}{A} \, \omega_{30}; \qquad \dot{\psi} = \frac{C \, \omega_{30}}{A \cos \vartheta_0},$$

also

$$\frac{\dot{\varphi}}{\dot{\psi}} = \frac{A - C}{C} \cos \vartheta_0.$$

Andererseits gilt beim Kurvenkreisel wegen der Rollbedingung (3.17)

$$\frac{\dot{\varphi}}{\dot{\psi}} = \frac{R \sin \vartheta_K}{r}.$$

Durch Gleichsetzen beider Ausdrücke erhalten wir gerade den betrachteten Grenzfall beim Kurvenkreisel, woraus der kritische Radius

$$\varrho_0 = (R \sin \vartheta_K)_0 = \frac{A - C}{C}\, r \cos \vartheta_0$$

folgt. Da bei abgeplattetem Kreisel $\varrho_0 < 0$ wird, kann ein derartiger Kurvenkreisel allen Windungen und sogar scharfen Ecken der Führungskurve folgen. Ein gestreckter Kreisel wird an einer Ecke vorübergehend die Führungskurve verlassen; jedoch wird die Figurenachse nach Durchlaufen eines mehr oder weniger großen Nutationsbogens erneut die Führungskurve berühren und dann an ihr weiterlaufen.

Bei einem *innen* an der Kreiskurve abrollenden Kurvenkreisel ändert sich die Rollbedingung. Es gilt jetzt:

$$R \sin \vartheta_K\, \dot\psi = -r\, \dot\varphi.$$

Damit folgt aus (3.18) das Kreiselmoment:

$$M_1^K = \dot\psi^2 \sin \vartheta \left[\frac{C R \sin \vartheta_K}{r} - (C - A) \cos \vartheta \right]. \tag{3.20}$$

Jetzt ist stets $M_1^K > 0$, da aus kinematischen Gründen stets $R \sin \vartheta_K > r$ sein muß, wenn überhaupt ein Abrollen auf der konkaven Seite der Führungskurve stattfinden soll. Da in diesem Fall ein positives Moment Anpressen an die Kurve bedeutet, verläßt daher ein an einer konkaven Führungskurve abrollender Kurvenkreisel diese Kurve nie.

Bei beliebiger Gestalt der Führungskurve kann das Reaktionsmoment aus der Formel (3.15) entnommen werden. Ohne auf die Diskussion dieses sehr allgemeinen Ausdrucks einzugehen, soll nur erwähnt werden, daß auch bei Abwesenheit von Antriebs- oder Bremsmomenten $\ddot\varphi \neq 0$ gilt, daß also die Eigendrehung nicht konstant sein kann. Dies geht unmittelbar aus dem Ausdruck für M_3^K in (3.15) hervor. Unter Berücksichtigung von Kurvengleichung und Rollbedingung kann dann die veränderliche Eigendrehung $\dot\varphi$ berechnet werden.

Eine praktische Anwendung des Kurvenkreisels liegt bei der sog. Kollermühle vor, die zum Zerkleinern von Mahlgut verwendet wird. Abb. 3.11 zeigt eine Skizze davon. In einer Mahlschüssel laufen Mühlräder um, die über je eine Stange von einer vertikalen, mit der Winkelgeschwindigkeit $\dot\psi$ umlaufenden Achse angetrieben werden. Die Mühlräder selbst rollen dabei auf der Unterlage ab, wobei reines Rollen freilich nur für einen bestimmten Radius R auftreten kann. Es gilt dabei die Rollbedingung $r\, \dot\varphi = R\, \dot\psi$. Die Gesamtdrehung des Mühlrades setzt sich aus der Eigendrehung $\dot\varphi$ und der Zwangsdrehung $\dot\psi$ zusammen. Als Kreiselmoment erhält man aus der hier anwendbaren Beziehung (3.10)

$$M^K = \dot\psi^2 \sin \vartheta \left[(C - A) \cos \vartheta + \frac{C R}{r} \right]. \tag{3.21}$$

Der Vektor dieses Momentes steht senkrecht auf den Vektoren $\dot{\varphi}$ und $\dot{\psi}$ und zeigt in Abb. 3.11 in die Zeichenebene hinein. Durch das Moment wird der infolge des Eigengewichtes schon vorhandene Mahldruck vergrößert.

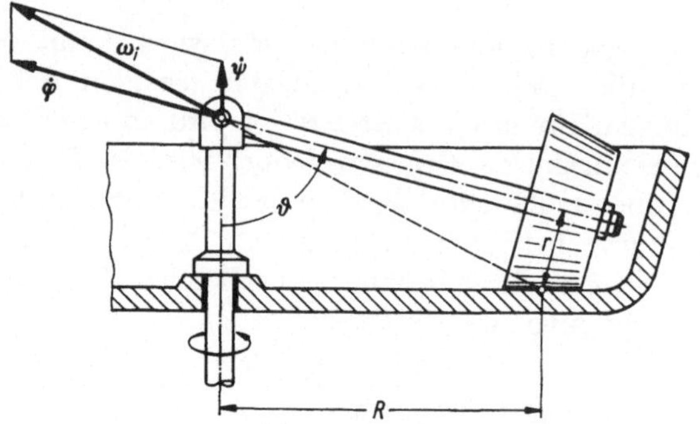

Abb. 3.11 Prinzipskizze des Kollerganges.

Bei gegebenen Werten von A, C, R, r kann aus (3.21) der Winkel ϑ ausgerechnet werden, für den ein maximaler Zusatzdruck entsteht. Um eine Vorstellung von der Größe des Zusatzdrucks zu erhalten, soll hier eine Überschlagsrechnung mit dem Wert $\vartheta = \pi/2$ durchgeführt werden. Dabei wird das Rad als homogener Vollzylinder vorausgesetzt, so daß $C = m\,r^2/2 = G\,r^2/(2g)$ gilt. Als Normalkraft N auf die Unterlage infolge der Kreiselwirkung folgt dann

$$N = \frac{M^K}{R} = \frac{C}{r}\,\dot{\psi}^2 = \frac{G\,r}{2g}\,\dot{\psi}^2$$

oder

$$\frac{N}{G} = \frac{r}{2g}\,\dot{\psi}^2.$$

(3.22)

Das Verhältnis N/G ist also unabhängig von R. Wählt man z. B. $r = 0{,}2$ m, dann erreicht die Normalkraft N bereits bei einer Zwangsdrehung von 100 U/min den Betrag des Gewichtes. Da $\dot{\psi}$ quadratisch eingeht, kann der Mahldruck durch Erhöhen der Umlaufgeschwindigkeit erheblich vergrößert werden.

3.2 Allgemeines zur Bewegung eines Kreisels unter dem Einfluß von Kräften

3.2.1 Die Auswirkungen eines Momentes.
Wenn auf den Kreiselkörper eine Kraft einwirkt, dann ergibt sie zusammen mit der im Lagerungspunkt angreifenden Reaktionskraft ein Moment M_i. Der Drallsatz (1.75) verknüpft dieses Moment mit dem Drallvektor H_i. Durch Integration erhält man

$$H_i = H_i^0 + \int M_i\,dt.$$

(3.23)

Bei gegebenem $M_i = M_i(t)$ und bekanntem Anfangsdrall H_i^0 kann daraus $H_i = H_i(t)$ errechnet werden. Den Zusammenhang zwischen den Vektoren H_i und M_i erkennt man anschaulich, wenn man (3.23) als Iterationsformel schreibt, wobei das Moment in jedem Iterationsschritt Δt als konstant betrachtet wird:

$$H_i^n = H_i^{n-1} + \Delta H_i = H_i^{n-1} + M_i \Delta t.$$

Durch schrittweises Hinzufügen der Anteile $\Delta H_i = M_i \Delta t$ kann so aus H_i^0 der Vektor $H_i(t)$ konstruiert werden (Abb. 3.12). Man erkennt

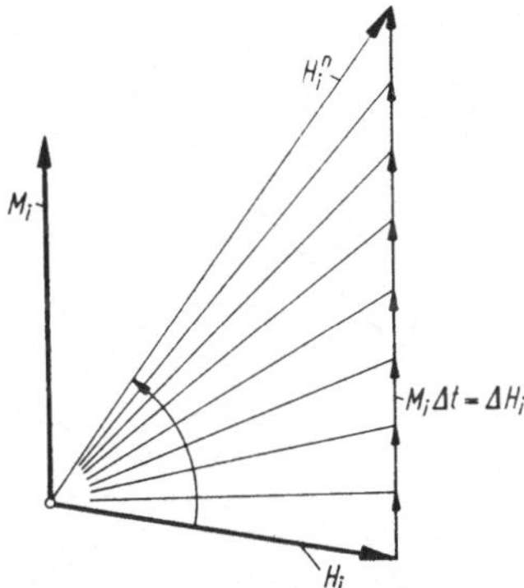

Abb. 3.12 Änderung des Drallvektors H_i bei konstant wirkendem Moment M_i.

aus dieser Konstruktion unmittelbar die allgemeine Tendenz: Das Moment verändert die Richtung des Drallvektors H_i so, daß er sich gleichsinnig in den Vektor M_i einzustellen sucht. Diese, für den *Drallvektor* geltende Aussage darf nicht ohne weiteres auf Dreh- oder Figurenachse des Körpers übertragen werden (s. a. Abschn. 3.1.3 b). Da jedoch bei einem schnellen Kreisel Figurenachse und Drallachse eng benachbart sind, kann man die hier gewonnene Erkenntnis wie folgt aussprechen:

Unter dem Einfluß eines äußeren Momentes sucht sich die Figurenachse eines schnellen Kreisels stets gleichsinnig parallel in die Richtung des Momentenvektors einzustellen.

Dieser *Satz vom gleichsinnigen Parallelismus* spielt als nützlicher Wegweiser bei den Anwendungen des Kreisels eine große Rolle. Man darf jedoch nicht vergessen, daß es sich hier um eine nur näherungsweise gültige Aussage handelt. Bei genaueren Untersuchungen muß manchmal der Unterschied zwischen Drall- und Figurenachse berücksichtigt werden. Hierüber wird im Abschn. 3.2.2 noch zu sprechen sein.

Ein beliebiges äußeres Moment M_i kann stets in Komponenten M_i^H in Richtung von H_i und M_i^P senkrecht dazu zerlegt werden. Ihre Auswirkungen auf die Veränderung des Vektors H_i sind leicht aus der angegebenen Konstruktion zu entnehmen. Man erkennt:

7*

a) Die Momentkomponente M_i^H verändert die *Größe*, aber nicht die Richtung von H_i. Für $M_i^H \Uparrow H_i$ wird $dH/dt > 0$, der Kreisel wird schneller (Anlauf); für $M_i \Updownarrow H_i$ wird der Kreisel langsamer (Bremsen).

b) Die Momentkomponente M_i^P verändert die *Richtung* des Vektors H_i, aber nicht seine Größe. Der Vektor H_i dreht sich um eine senkrecht auf der von H_i und M_i aufgespannten Ebene stehende Achse mit der Winkelgeschwindigkeit ω_i^P. Man entnimmt aus Abb. 3.13 mit $\Delta\alpha \ll 1$:

$$\Delta H_i = H_i^0 \, \Delta\alpha = M_i^P \, \Delta t.$$

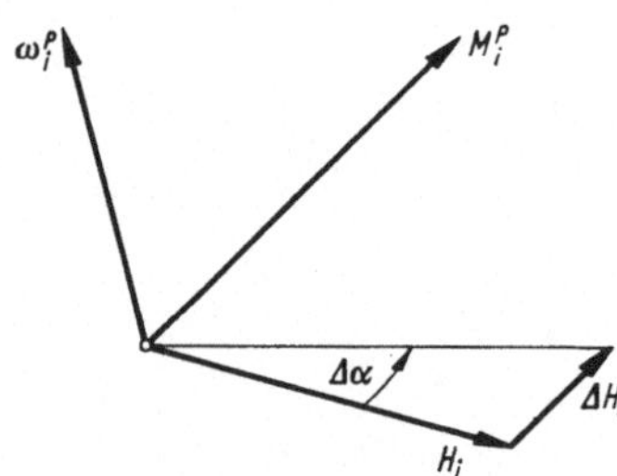

Abb. 3.13 Präzessionsbewegung des Drallvektors H_i unter dem Einfluß des Momentes M_i^P.

Damit folgt wegen $M^P \perp H_i$

$$H = H^0 = \text{const}; \quad \omega^P = \lim_{\Delta t \to 0} \frac{\Delta\alpha}{\Delta t} = \frac{M^P}{H}.$$

Durch Anschreiben des Drallsatzes in einem mit der Winkelgeschwindigkeit ω_i^P drehenden Bezugssystem erhält man den Zusammenhang zwischen den Vektoren H_i, M_i^P und ω_i^P in der Form:

$$M_i = \frac{dH_i}{dt} = \varepsilon_{ijk} \, \omega_j^P \, H_k. \tag{3.24}$$

Der Vektor ω_i^P wird als Vektor der Präzessionsgeschwindigkeit, die Bewegung des Kreisels selbst als *Präzession* bezeichnet. Nach dem jetzt in der Kreiseltechnik allgemein üblichen Sprachgebrauch wird allgemein als Präzession die Bewegung eines Kreisels unter dem Einfluß von Kräften verstanden. Nutation heißt die Bewegung eines kräftefreien Kreisels. Die Eigenbewegung Nutation kann sich der Zwangsbewegung Präzession überlagern.

Die hier unter a) und b) getroffenen Aussagen gelten für den Vektor H_i, also für Drall und Drallachse. Interessanter sind oft die Bewegungen der Figurenachse, da sie bei Versuchen meist unmittelbar beobachtet und bei Kreiselgeräten gemessen werden können. Diese Bewegungen sollen zunächst für den Fall von stoßartigen äußeren Momenten, danach allgemeiner untersucht werden.

3.2.2 Stöße auf die Figurenachse. Wenn auf den Kreisel eine Stoßkraft oder ein stoßartig wirkendes Moment ausgeübt wird, dann ändert sich der Drall während der als sehr kurz anzunehmenden Stoßzeit τ um einen Wert H_i^{St}, der aus (3.23) zu

$$H_i^{St} = H_i - H_i^0 = \int\limits_0^\tau M_i\, dt \qquad (3.25)$$

berechnet werden kann. Wie im vorhergehenden Abschnitt können wir auch jetzt eine Zerlegung des Momentes in Komponenten in Richtung von H_i^0 und senkrecht dazu vornehmen. Im ersten Fall hat man $H_i^{St} \parallel H_i^0$. Der Stoß führt dann zu einer plötzlichen Veränderung des

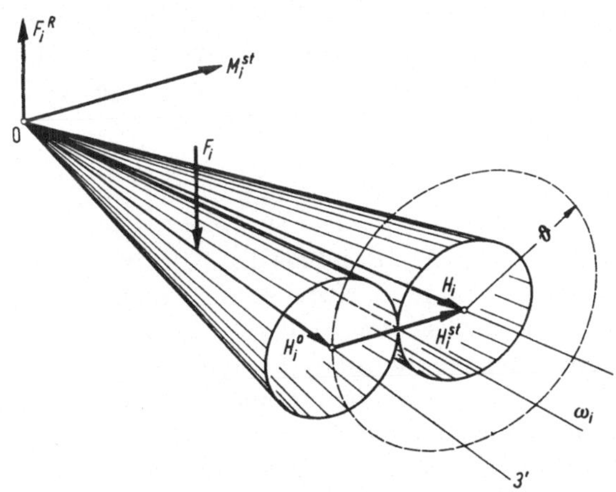

Abb. 3.14 Auswirkung eines Momentenstoßes.

Betrages von H_i^0, ohne daß sich die Richtung ändert. Das bedeutet einen stoßartigen Antrieb (oder Bremsung) des Kreisels. In der Praxis werden derartige Antriebe tatsächlich verwendet, indem man den Rotor entweder durch eine sich entspannende starke Feder auf Touren bringt, oder ihn mit Hilfe von Pulvergasen innerhalb von Bruchteilen einer Sekunde „hochschießt". Dabei wird ein im Kreiselkörper befindlicher Pulversatz gezündet; die Verbrennungsgase treten aus fast tangential am Umfang endenden Bohrungen aus und treiben so den Kreisel durch Rückstoßkräfte an.

Wichtiger ist der zweitgenannte Fall, bei dem $H_i^{St} \perp H_i^0$ ist. Das kommt z. B. vor, wenn auf einen um eine Hauptachse umlaufenden Kreisel ein Schlag quer zur Achse ausgeübt wird. In Abb. 3.14 ist das für einen symmetrischen Kreisel skizziert. Der in der Abbildung nicht gezeichnete Kreisel sei im Punkte O gelagert; er rotiere um die vor dem Stoß raumfeste Symmetrieachse $3'$; Figurenachse, Drehachse und Drallachse fallen dann zusammen. Wenn nun eine Stoßkraft F_i auf die Achse wirkt, dann ergibt sie zusammen mit der Reaktionskraft F_i^R das Stoßmoment M_i^{St}. Dieses erzeugt nach (3.25) eine sprunghafte Änderung des Drallvektors von H_i^0 nach H_i. Die Figurenachse 3' ändert dagegen ihre Lage während der kurzen Stoßzeit nicht, so daß nach Aufhören des Stoßes Figurenachse und Drallachse verschiedene Richtungen haben. Entsprechend den Überlegungen im Kap. 2 entstehen dann Nutationsschwingungen, die durch das Abrollen eines körperfesten Polkegels (mit der jetzt bewegten Achse 3') auf dem raumfesten Spurkegel (mit der Achse H_i) gedeutet werden können. In Abb. 3.14 ist das für einen gestreckten Kreisel (epizykloidischer Fall) gezeichnet worden. Im perizykloidischen Fall erhält man völlig analoge Ergebnisse. Die sichtbare Bewegung des Kreisels nach dem Stoß ist eine Nutation, bei der die Figurenachse 3' die raumfeste neue Richtung der Drallachse umtanzt. Bei symmetrischem Kreisel geschieht dies auf einem Kreiskegel, dessen Öffnungswinkel ϑ aus

$$\tan \vartheta = \frac{H^{St}}{H^0}$$

berechnet werden kann. Als Ergebnis kann festgehalten werden, daß der Kreisel durch den Stoß zu Nutationsschwingungen angeregt wird, bei denen seine Figurenachse unmittelbar nach dem Stoß eine Bewegungsrichtung hat, die durch die Stoßkraft F_i gegeben ist. Die Achse gibt also anfangs der Kraft nach; sie kommt aber auf einem Nutationsbogen wieder in die ursprüngliche Lage zurück und umfährt periodisch die neue Richtung der Drallachse. Die Figurenachse ist also *im Mittel* um einen bestimmten Winkel rechtwinklig zur Kraft F_i — in Richtung von M_i^{St} — ausgewandert. Diese mittlere Verlagerung der Figurenachse entspricht der Auswanderung der Drallachse, deren Richtungssinn aus dem Gesetz vom gleichsinnigen Parallelismus folgt.

Aus dem Gesagten erkennt man zugleich auch den grundsätzlichen Unterschied zwischen dem Verhalten einer nichtdrehenden trägen Masse (z. B. einem nicht angetriebenen Kreisel) und einem Kreisel mit Eigendrehung: Ein Stoß ruft bei einer drehbar gelagerten Masse eine gewisse Dreh*geschwindigkeit*, bei einem Kreisel dagegen — im Mittel — eine Verlagerung um einen Dreh*winkel* hervor.

Bei den in der Technik verwendeten schnellen Kreiseln ist die durch Stöße angeregte Nutationsbewegung i. allg. so klein, daß sie kaum bemerkbar ist. Dann bleibt als Ergebnis einer Folge von Stößen nur eine Verlagerung der Figurenachse rechtwinklig zur Wirkungsrichtung der Stoßkräfte übrig. Diese Tatsache hat zu der vielfach geäußerten Behauptung geführt, daß ein Kreisel einer auf ihn wirkenden Kraft nicht nachgebe, sondern rechtwinklig zur Kraftrichtung ausweiche. Aus dem hier Gesagten ist klar, daß eine solche Aussage nicht allgemein gilt, daß sie jedoch als brauchbare Näherung für schnelle Kreisel verwendet werden kann.

3.2.3 Allgemeine Näherungen.

Wenn beliebige Kräfte auf einen Kreisel wirken, dann ist es möglich, seine Bewegungen dadurch näherungsweise zu bestimmen, daß man das durch Kraft F_i und Reaktionskraft F_i^R gebildete Moment $M_i(t)$ als aus einer Folge vieler kleiner Stöße entstanden denkt. Für jeden dieser Teilstöße kann nach den Betrach-

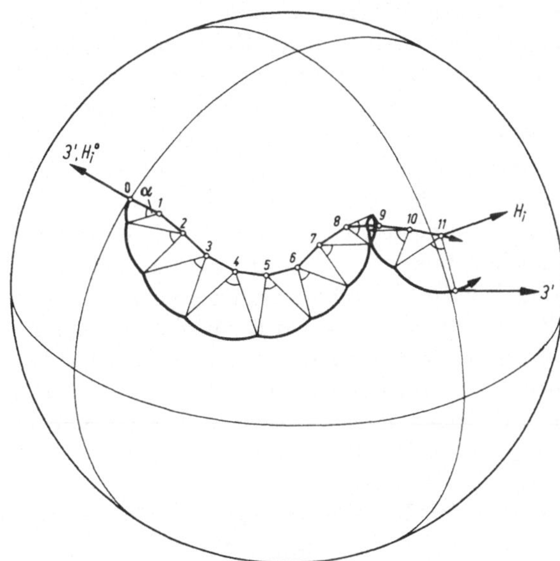

Abb. 3.15 Wanderung von Drall- und Figurenachse bei einer Folge von Momentenstößen.

tungen des vorhergehenden Abschnittes die Verlagerung der Drallachse sowie auch die Bewegung der Figurenachse ermittelt werden. Stellt man diese Verschiebungen als Strecken z. B. auf einer Kugeloberfläche mit dem Fixpunkt des Kreisels als Mittelpunkt dar, dann erhält man durch Aneinanderheften der Teilstrecken die Bahnen von Drall- und Figurenachse als Funktionen der Zeit.

Abb. 3.15 zeigt ein Beispiel für dieses Vorgehen. Der Kreisel möge anfangs um eine Hauptachse (3'-Achse) drehen, die im Punkte O durch die raumfest zu denkende Bildkugel stößt. Drall- und Figurenachse fallen noch zusammen. Durch den 1. Teilstoß wird die Drallachse nach 1 verlagert; die Figurenachse beginnt eine Nutationsbewegung, die bei symmetrischem Kreisel als sphärischer Kreisbogen um den Punkt 1 dargestellt werden kann. Wenn die Zeit für einen vollen Nutationsumlauf T_N ist und die Zeiten zwischen den Teilstößen T_S betragen, dann ergibt sich der Winkel α, der die Länge des Nutationsbogens beschreibt, aus

$$\alpha = 2\pi \frac{T_S}{T_N}.$$

Durch den 2. Stoß wird die Drallachse nach 2 verlagert; der Weg der Figurenachse zwischen 2. und 3. Stoß ist nun ein Kreisbogen um 2, der stetig an den vorhergenannten Kreisbogen anschließt. Auf diese Weise kann die Bahn der Drallachse als Folge von Geradenstücken (besser: Teilen von Großkreisen), die Bahn der Figurenachse als Folge von Kreisbogenstücken erhalten werden.

Die Genauigkeit der beschriebenen Konstruktion hängt natürlich von der Schrittweite, also von der Wahl der Stoßzeit T_S ab. Wenn die Bahn der Figurenachse gut wiedergegeben werden soll, dann ist $T_S \ll T_N$ zu wählen. Die Bahn der Drallachse kann dagegen bereits durch eine grobere Einteilung ausreichend genau wiedergegeben werden. Die Konstruktion wird aufwendig (oder ungenau) bei unsymmetrischem Kreisel, bei starken Abweichungen von Drall- und Figurenachse und bei veränderlicher Eigendrehung. Das letztere tritt auf, wenn auch Momentkomponenten in Richtung der Figurenachse vorhanden sind. Man hätte in diesem Fall den Winkel α in seiner Größe entsprechend zu verändern.

Der der angegebenen Konstruktion zugrunde liegende Gedanke läßt sich auch theoretisch formulieren und führt dann zu Berechnungsmethoden für die Bewegung des Kreisels. Wir werden darauf erst bei der Behandlung spezieller Probleme (selbsterregte Kreisel) zurückkommen.

Die Berechnung der Bewegungen eines Kreisels unter dem Einfluß von Kräften ist meist dadurch erschwert, daß die äußeren Kräfte oder Momente nicht von vornherein z. B. als Funktionen der Zeit bekannt sind. Sie hängen oft noch von der Lage des Kreiselkörpers selbst ab, die ja erst aus den Bewegungsgleichungen ermittelt werden muß. Man kann daher nicht — wie dies z. B. bei der Berechnung des kräftefreien Kreisels geschah, die kinetischen Kreiselgleichungen für die Komponenten der Drehgeschwindigkeit für sich lösen und dann anschließend aus den kinematischen Gleichungen die Lagenwinkel berechnen. Beide Gleichungssysteme müssen meist gemeinsam behandelt werden. Eine Ausnahme bilden hier nur die Probleme des *selbsterregten Kreisels*. Darunter wird ein Kreisel verstanden, bei dem die *körperfesten* Komponenten der äußeren Momente bekannt und unabhängig von der jeweiligen Raumlage des Körpers sind. Es sei noch darauf hingewiesen, daß der Begriff der Selbsterregung hier in etwas anderem Sinn verwendet wird, als dies in der Schwingungslehre üblich ist.

Eine besondere Rolle in der Kreiseltechnik, aber auch in der klassischen Kreiseltheorie spielen Kreisel, deren Rotoren nicht im Massenmittelpunkt gelagert sind. Man nennt sie allgemein *schwere Kreisel*, weil die äußeren Momente von der Schwerkraft herrühren. Die Richtung der Schwerkraft kann als raumfest, ihr Angriffspunkt aber als körperfest betrachtet werden. Daher hängt das Schweremoment sowohl vom raumfesten als auch vom körperfesten Bezugssystem ab. Einen besonderen Typ von schweren Kreiseln bilden die Satelliten, über deren Verhalten im Kap. 8 ausführlicher zu berichten sein wird.

Wenn die raumfest genommenen Komponenten der auf einen Kreisel einwirkenden Momente bekannte Funktionen der Zeit sind, dann wird von *zwangserregten Kreiseln* gesprochen. Am häufigsten kommen hier periodische Zeitfunktionen vor, aber auch fastperiodische oder zufällige Erregungen (z. B. durch Wellengang bei Schiffen oder Windböen bei Flugzeugen) sind für die technischen Anwendungen des Kreisels von Interesse.

3.3 Der schwere Kreisel

3.3.1 Die Bewegungsgleichungen des schweren Kreisels, allgemeine Integrale und Übersicht. Ein Kreisel wird als schwer bezeichnet, wenn das auf ihn einwirkende äußere Moment von der Schwerkraft herrührt.

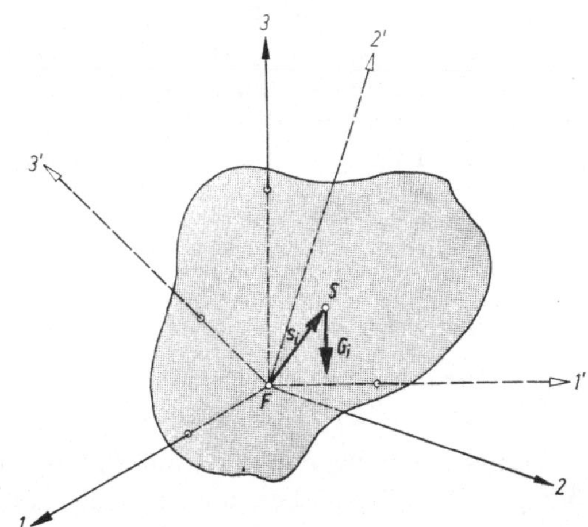

Abb. 3.16 Zur Ableitung des Schweremomentes beim schweren Kreisel.

Wenn der Massenmittelpunkt S des starren Körpers nicht mit dem Fixpunkt F zusammenfällt (Abb. 3.16), dann hat man mit dem Vektor G_i der Gewichtskraft und dem Ortsvektor s_i für S das Schweremoment

$$M_i = \varepsilon_{ijk}\, s_j\, G_k. \tag{3.26}$$

Darin soll $G_k = -G\,a_{3k}$ gesetzt werden, wobei a_{3k} der Eins-Vektor in Richtung der vertikal nach oben zeigenden 3-Achse ist. Seine Koordinaten entsprechen den Elementen der dritten Zeile der Transformationsmatrix a_{ij} (s. Abschn. 1.4.3) und sollen mit $a_{31}\,a_{32}\,a_{33}$ bezeichnet werden. Es gilt

$$a_{3i}^2 = a_{3i}\,a_{3i} = a_{31}^2 + a_{32}^2 + a_{33}^2 = 1\,. \tag{3.27}$$

Einsetzen von (3.26) in (1.83) ergibt die Vektorform der allgemeinen Bewegungsgleichung des schweren Kreisels:

$$\frac{d}{dt}\,(\Theta_{ij}\,\omega_j) = \Theta_{ij}\,\frac{d'\omega_j}{dt} + \varepsilon_{ijk}\,\omega_j\,\Theta_{kl}\,\omega_l = M_i = G\,\varepsilon_{ijk}\,a_{3j}\,s_k\,. \tag{3.28}$$

Unter der Voraussetzung, daß als körperfestes Bezugssystem das Hauptachsensystem verwendet wird, werden die Komponentengleichungen besonders übersichtlich; man erhält:

$$
\begin{aligned}
A\,\dot\omega_1 - (B - C)\,\omega_2\,\omega_3 &= G\,(a_{32}\,s_3 - a_{33}\,s_2)\,,\\
B\,\dot\omega_2 - (C - A)\,\omega_3\,\omega_1 &= G\,(a_{33}\,s_1 - a_{31}\,s_3)\,,\\
C\,\dot\omega_3 - (A - B)\,\omega_1\,\omega_2 &= G\,(a_{31}\,s_2 - a_{32}\,s_1)\,.
\end{aligned}
\tag{3.29}
$$

Als Unbekannte kommen darin die Koordinaten des Drehgeschwindigkeitsvektors ω_i und des vertikalen Eins-Vektors a_{3i} vor. Das sind 6 Variable; da jedoch mit (3.27) und (3.29) nur 4 Gleichungen zur Verfügung stehen, müssen zur Berechnung der Bewegungen des schweren Kreisels noch weitere Gleichungen hinzugezogen werden. Sie ergeben sich als kinematische Beziehungen aus der Tatsache, daß der vertikale Eins-Vektor a_{3i} raumfest ist:

$$\frac{da_{3i}}{dt} = \frac{d'a_{3i}}{dt} + \varepsilon_{ijk}\,\omega_j\,a_{3k} = 0\,. \tag{3.30}$$

In Koordinaten:

$$
\begin{aligned}
\dot a_{31} + \omega_2\,a_{33} - \omega_3\,a_{32} &= 0\,,\\
\dot a_{32} + \omega_3\,a_{31} - \omega_1\,a_{33} &= 0\,,\\
\dot a_{33} + \omega_1\,a_{32} - \omega_2\,a_{31} &= 0\,.
\end{aligned}
\tag{3.31}
$$

Mit den beiden Vektorgleichungen (3.28) und (3.30) oder den sechs skalaren Gln. (3.29) und (3.31) stehen ausreichend viele Gleichungen zur Verfügung. Allgemeine Lösungen dieser Bewegungsgleichungen des schweren Kreisels sind bisher nicht gefunden worden. Da fünf unabhängige Unbekannte vorkommen, wäre es nach der Jacobischen Integrationstheorie möglich, die vollständige Lösung durch Quadraturen, d. h. durch Ausrechnen von Integralen zu gewinnen, sofern es gelingt, drei sog. erste Integrale der Bewegungsgleichungen zu finden. Zwei derartige Integrale allgemeiner Art lassen sich leicht errechnen; ein drittes ist bisher nur für spezielle Fälle gefunden worden.

Die Vektorgleichung (3.28) kann integriert werden, nachdem man sie mit a_{3i} skalar multipliziert hat. Wegen $M_i\,a_{3i} = 0$ und $da_{3i}/dt = 0$ bleibt dann

$$a_{3i}\,\frac{d}{dt}\,(\Theta_{ij}\,\omega_j) = \frac{d}{dt}\,(a_{3i}\,H_i) = 0\,, \tag{3.32}$$

also

$$a_{3i}\,H_i = H_0 = \text{const.} \tag{3.33}$$

Dieses *Drallintegral* besagt, daß die vertikale Komponente des Gesamtdralls konstant bleibt. Da der Vektor des Schweremomentes (3.26) stets in der Horizontalebene liegt und nach dem Drallsatz (1.75) die Änderung von H_i dem äußeren Moment entspricht, ist dieses Ergebnis physikalisch einleuchtend.

Ein zweites allgemeines Integral wird erhalten, indem man (3.28) skalar mit ω_i multipliziert. Unter Berücksichtigung von (1.71) folgt

$$\omega_i\,\Theta_{ij}\,\frac{d'\omega_j}{dt} = \omega_i\,\frac{d'H_i}{dt} = \frac{d'}{dt}\left(\frac{1}{2}\,\omega_i\,H_i\right) = \frac{d'T}{dt}\,,$$

und mit (3.30) weiterhin

$$G\,\varepsilon_{ijk}\,a_{3j}\,s_k\,\omega_i = G\,\varepsilon_{ijk}\,\omega_j\,a_{3k}\,s_i = -G\,\frac{d'a_{3i}}{dt}\,s_i$$

$$= -G\,\frac{d'}{dt}\,(a_{3i}\,s_i) = -\,\frac{d'U}{dt}$$

mit der potentiellen Energie U. Zusammengefaßt erhält man nach Integration das *Energie-Integral*

$$T + U = \tfrac{1}{2}H_i\,\omega_i + G\,s_i\,a_{3i} = E_0 = \text{const} \tag{3.34}$$

mit der Energiekonstanten E_0. Auch dieses Ergebnis ist physikalisch verständlich: Da keine dissipativen Kräfte angenommen wurden, bleibt die Gesamtenergie $T + U$ des schweren Kreisels konstant.

Als allgemeines Integral der kinematischen Gln. (3.30) bzw. (3.31) kann man die Beziehung (3.27) auffassen. Sie läßt sich jedoch nicht zur Integration der Bewegungsgleichungen heranziehen, wenn man mit ihrer Hilfe die Zahl der Unbekannten reduziert.

Mit der folgenden Tabelle soll eine Übersicht über die Fälle gegeben werden, in denen bisher exakte Lösungen der Bewegungsgleichungen gelungen sind. Es handelt sich bei allen neun in der Tabelle aufgeführten Problemen um Spezialfälle des allgemeinen schweren Kreisels, bei denen entweder die Form des Trägheitsellipsoides oder die Lage des Massenmittelpunktes oder aber die Anfangsbedingungen bestimmten Einschränkungen unterworfen sind.

Fall	Einschränkungen für die			Entdecker
	Form des Trägheits-ellipsoides	Lage des Massen-mittelpunktes	Anfangsbedingungen	
1	beliebig	$s = 0$	beliebig	EULER-POINSOT
2	$A = B$	$s_1 = s_2 = 0$ $s_3 \neq 0$	beliebig	LAGRANGE-POISSON
3	$A = B = 2C$	$s_1 \neq 0$ $s_2 = s_3 = 0$	beliebig	KOVALEVSKAJA
4	$A = B = 4C$	$s_1 \neq 0$ $s_2 = s_3 = 0$	$(H_i a_{3i})_0 = 0$	GORJAČEV-ČAPLYGIN
5	$A = B = 4C$	$s_1 \neq 0$ $s_2 = s_3 = 0$	$(\varepsilon_{ijk} \omega_j a_{3k})_0 = 0$	MERCALOV
6	$2A = C$	$s_1 = s_2 = 0$ $s_3 \neq 0$	$(\omega_i a_{i2})_0 = 0$	STEKLOV
7	beliebig	beliebig	$(\varepsilon_{ijk} \omega_j a_{3k})_0 = 0$	STAUDE
8	beliebig	$\dfrac{s_1}{s_3} = \sqrt{\dfrac{C(A-B)}{A(B-C)}}$ $s_2 = 0$	$(H_i s_i)_0 = 0$	HESS
9	beliebig	$\dfrac{s_1}{s_2} = \sqrt{\dfrac{A-B}{B-C}}$ $s_2 = 0$	$\omega_0 = \sqrt[4]{\dfrac{4s^2}{(A-B)(B-C)+(A-B+C)^2}}$	GRIOLI

Der Fall Nr. 1 ist zur Vollständigkeit mit aufgenommen worden; er betrifft den bereits im Kap. 2 behandelten kräftefreien Kreisel. Allgemeine, d. h. für beliebige Anfangsbedingungen gültige Lösungen der Kreiselgleichungen sind nur für die Fälle 2 und 3 bekannt. Bei den Fällen 4 bis 9 handelt es sich um Bewegungen, deren Zustandekommen an das Vorliegen bestimmter, z. T. sehr spezieller Anfangsbedingungen gebunden ist. Daß die in der Tabelle aufgeführten Fälle 1, 2 und 3 eine Sonderstellung einnehmen, geht auch aus einem Satz hervor, den LJAPUNOV bewiesen hat: Die genannten 3 Fälle sind die einzigen, für die die Komponenten der Vektoren ω_i und a_{3i} eindeutige Funktionen der Zeit *bei beliebigen Anfangsbedingungen* werden.

Das Schrifttum zur klassischen Kreiseltheorie ist fast ausschließlich dem schweren Kreisel gewidmet. Sehr viel Mühe ist darauf verwendet worden, solche Fälle ausfindig zu machen, in denen die nichtlinearen Bewegungsgleichungen (3.29) und (3.31) exakt gelöst werden können. So reizvoll die dabei erzielten Ergebnisse für einen Mathematiker sein mögen, so muß man dennoch feststellen, daß sie vom physikalischen oder gar kreiseltechnischen Standpunkt nicht oder nur wenig interessieren. Es kommt noch hinzu, daß seit dem Vorhandensein leistungsfähiger elektronischer Rechenmaschinen dem Zurückführen auf Quadraturen nicht mehr jene zentrale Bedeutung beigemessen werden kann, die sie im Rahmen der klassischen Mechanik mit Recht besaß. Es bereitet heute keine Schwierigkeiten, die Bewegungsformen des schweren Kreisels für beliebige Anfangsbedingungen durch numerische Integration mit jeder gewünschten Genauigkeit zu errechnen. Wir wollen uns hier jedoch darauf beschränken, solche Fälle zu untersuchen, die entweder methodisch oder allgemein phänomenologisch interessant oder auch vom Standpunkt der Anwendungen wichtig sind. Dabei spielt zweifellos der Fall Nr. 2 der Tabelle, der schwere symmetrische Kreisel nach LAGRANGE, eine besondere Rolle. Leser, die vorwiegend an den Ergebnissen der klassischen Kreiseltheorie interessiert sind, können sich anhand des sehr umfangreichen Spezialschrifttums (z. B. [3, 4, 6, 7]) ausreichend informieren.

3.3.2 Der schwere symmetrische Kreisel nach Lagrange. Wenn das für den Fixpunkt F gültige Trägheitsellipsoid des betrachteten Körpers rotationssymmetrisch ist ($A = B$) und der Massenmittelpunkt S auf der Symmetrieachse (3′-Achse) liegt ($s_1 = s_2 = 0$, $s_3 = s \neq 0$), dann lassen sich die Bewegungsgleichungen exakt lösen. Das System (3.29) reduziert sich auf

$$\begin{aligned}
A\,\dot{\omega}_1 - (A - C)\,\omega_2\,\omega_3 &= G\,a_{32}\,s, \\
A\,\dot{\omega}_2 + (A - C)\,\omega_3\,\omega_1 &= -G\,a_{31}\,s, \\
C\,\dot{\omega}_3 &= 0.
\end{aligned} \qquad (3.35)$$

Aus (3.35/3) folgt als neues Teilintegral sofort die Konstanz der Drehgeschwindigkeitskomponente um die Symmetrieachse:

$$\omega_3 = \omega_0 = \text{const.} \tag{3.36}$$

Auch dieses Ergebnis ist leicht einzusehen: Wenn der Massenmittelpunkt S auf der Symmetrieachse liegt, dann steht der Vektor M_i stets senkrecht auf ihr; folglich kann sich der Endpunkt des Drallvektors H_i nur in einer Ebene senkrecht zur Symmetrieachse bewegen; wegen $H_3 = C\,\omega_3$ bleibt dann mit konstantem H_3 auch ω_3 selbst unverändert.

Legt man der Berechnung weiterhin ein raumfestes Bezugssystem $1, 2, 3$ mit vertikaler 3-Achse zugrunde (z. B. nach Abb. 3.16), dann erhält man bei Verwendung der Euler-Winkel $\psi\,\vartheta\,\varphi$ besonders übersichtliche Beziehungen.

Mit den aus (1.45) und (1.69) folgenden Werten

$$a_{3i} = \begin{bmatrix} a_{31} \\ a_{32} \\ a_{33} \end{bmatrix} = \begin{bmatrix} \sin\vartheta\,\sin\varphi \\ \sin\vartheta\,\cos\varphi \\ \cos\vartheta \end{bmatrix} \quad \text{und} \quad H_i = \begin{bmatrix} A\,\omega_1 \\ A\,\omega_2 \\ C\,\omega_0 \end{bmatrix}$$

erhält man für das Drallintegral (3.33) zunächst

$$A\sin\vartheta\,(\omega_1\sin\varphi + \omega_2\cos\varphi) + C\,\omega_0\cos\vartheta = H_0,$$

und daraus wegen (1.53)

$$A\,\dot{\psi}\sin^2\vartheta + C\,\omega_0\cos\vartheta = H_0. \tag{3.37}$$

Für das Energieintegral (3.34) folgt mit (1.62)

$$\tfrac{1}{2}(A\,\dot{\psi}^2\sin^2\vartheta + A\,\dot{\vartheta}^2 + C\,\omega_0^2) + G\,s\cos\vartheta = E_0, \tag{3.38}$$

wobei

$$\omega_0 = \dot{\varphi} + \dot{\psi}\cos\vartheta \tag{3.39}$$

der aus dem dritten Integral (3.36) mit (1.49) folgende Wert ist.

a) Die analytische Lösung. Mit den angegebenen 3 Teilintegralen (3.37), (3.38) und (3.39) kann die vollständige Lösung auf drei elliptische Integrale zurückgeführt werden. Hierzu eliminieren wir zunächst die Variable $\dot{\psi}$, indem

$$\dot{\psi} = \frac{H_0 - C\,\omega_0\cos\vartheta}{A\sin^2\vartheta} \tag{3.40}$$

aus (3.37) in (3.38) eingesetzt wird. Nach $\dot{\vartheta}$ aufgelöst ergibt das unter Berücksichtigung von (3.39):

$$\dot{\vartheta}^2 = \frac{1}{A}\left[2E_0 - 2G\,s\cos\vartheta - C\,\omega_0^2 - \frac{(H_0 - C\,\omega_0\cos\vartheta)^2}{A\sin^2\vartheta}\right] = f(\vartheta). \tag{3.41}$$

Daraus kann

$$t = t_0 + \int\limits_{\vartheta_0}^{\vartheta} \frac{d\vartheta}{\sqrt{f(\vartheta)}} = t(\vartheta) \tag{3.42}$$

und durch Bilden der Umkehrfunktion $\vartheta = \vartheta(t)$ berechnet werden. Damit lassen sich dann unter Berücksichtigung von (3.40) und (3.39) die anderen beiden Euler-Winkel durch nochmalige Integration finden:

$$\psi = \psi_0 + \int\limits_{t_0}^{t} \frac{H_0 - C\,\omega_0 \cos\vartheta}{A\,\sin^2\vartheta}\,dt\,; \tag{3.43}$$

$$\varphi = \varphi_0 + \int\limits_{t_0}^{t} \left[\omega_0 - \frac{(H_0 - C\,\omega_0 \cos\vartheta)\cos\vartheta}{A\,\sin^2\vartheta}\right] dt\,. \tag{3.44}$$

Die auftretenden Integrale können auf elliptische Normalformen zurückgeführt werden. Das soll hier nur für (3.42) näher ausgeführt werden, zumal bereits die Funktion $\vartheta = \vartheta(t)$ einen guten Einblick in die möglichen Bewegungstypen des schweren Kreisels gibt.

Mit der Abkürzung

$$u = \cos\vartheta = a_{33} \tag{3.45}$$

und $\dot{u} = -\sin\vartheta\,\dot\vartheta$ folgt aus (3.41)

$$\dot{u}^2 = \left(\frac{2E_0 - C\,\omega_0^2}{A} - \frac{2G\,s}{A}\,u\right)(1 - u^2) - \left(\frac{H_0}{A} - \frac{C\,\omega_0}{A}\,u\right)^2 = U(u)\,. \tag{3.46}$$

Die *Kreiselfunktion* $U(u)$ ist ein Polynom 3. Grades in u. Es kann auch in der Form

$$U(u) = \frac{2G\,s}{A}\,(u - u_1)\,(u - u_2)\,(u - u_3) \tag{3.47}$$

geschrieben werden, wobei $u_1\,u_2\,u_3$ die Wurzeln von $U(u) = 0$ sind. Der prinzipielle Verlauf der Kreiselfunktion läßt sich leicht abschätzen. Hierzu soll $s > 0$ vorausgesetzt werden. Das bedeutet, daß der Massenmittelpunkt S bei $\vartheta = 0$ senkrecht über dem Fixpunkt F liegt (*aufrechter Kreisel*) und bei $\vartheta = \pi$ senkrecht darunter (*hängender Kreisel*). Bei $s < 0$ erhielte man entsprechend vertauschte Fälle. Änderungen des Vorzeichens von s können also durch entsprechende Änderungen von ϑ berücksichtigt werden, so daß durch die Annahme $s > 0$ kein Verlust an Allgemeingültigkeit der Betrachtungen eintritt. Aus (3.46) entnimmt man wegen $2G\,s/A > 0$ die folgenden Eigenschaften für U:

$$u \to -\infty: U \to -\infty,$$
$$u = \pm 1: \ U \leqq 0,$$
$$u \to +\infty: U \to +\infty\,.$$

Da $U(u)$ eine stetige Funktion ist, muß für mindestens eine der Wurzeln $u = u_3 \geqq 1$ gelten. Andererseits muß die Kreiselfunktion im Bereich $-1 \leqq u \leqq +1$ positive Werte annehmen oder zumindest zu Null werden, weil sonst (3.46) für $\dot{u}$ keine reelle Lösung ergibt. Das aber ist nötig, um die physikalisch zweifellos vorhandene Bewegung des Kreisels rechnerisch erfassen zu können. Ein möglicher Verlauf von $U(u)$ ist in Abb. 3.17 skizziert worden. Der Wert $U(u) = 0$ bedeutet nach (3.46) $\dot{u} = 0$ und damit auch $\dot{\vartheta} = 0$. Der Kreisel behält dabei

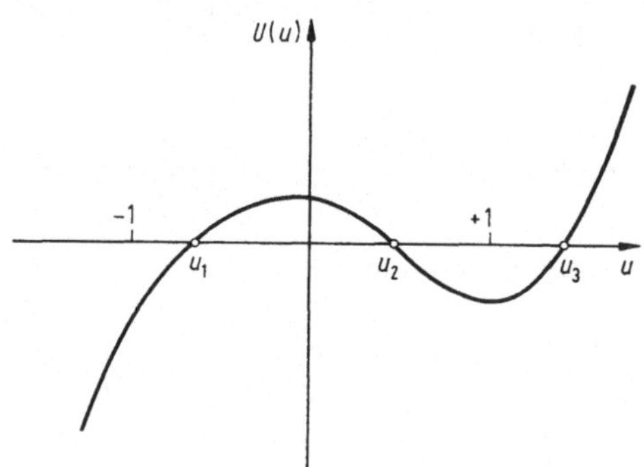

Abb. 3.17 Prinzipieller Verlauf der Kreiselfunktion $U(u)$.

einen konstanten Neigungswinkel ϑ seiner Symmetrieachse gegenüber der Vertikalen bei. Diese spezielle Bewegung wird später noch genauer untersucht werden. Für alle anderen Bewegungen wird $\dot{u}^2 = U(u) > 0$; dann aber kann der prinzipielle Verlauf der Kreiselfunktion nur so sein, wie dies in Abb. 3.17 gezeichnet ist. Wegen $U(u) > 0$ ist der interessierende Winkelbereich für u durch $u_1 \leqq u \leqq u_2$ gegeben. Ihm entspricht ein Winkelbereich $\vartheta_2 \leqq \vartheta \leqq \vartheta_1$, in dem die Bewegung des Kreisels überhaupt nur erfolgen kann.

Zur Integration von (3.46) führen wir eine neue Variable v mittels

$$u = u_1 + (u_2 - u_1)\, v^2 \tag{3.48}$$

ein. Sie ist so gewählt, daß sie den Bereich $0 \leqq v^2 \leqq 1$ überdeckt, wenn $u_1 \leqq u \leqq u_2$ gilt. Einsetzen in (3.47) und Umrechnen führt auf die Differentialgleichung

$$\dot{v}^2 = \frac{G\, s\, (u_3 - u_1)}{2A} (1 - v^2) \left(1 - \frac{u_2 - u_1}{u_3 - u_1}\, v^2 \right), \tag{3.49}$$

die sich mit der Abkürzung k mit

$$0 \leqq k^2 = \frac{u_2 - u_1}{u_3 - u_1} \leqq 1$$

auf ein elliptisches Normalintegral 1. Gattung zurückführen läßt:

$$\int \frac{dv}{\sqrt{(1-v^2)(1-k^2 v^2)}} = \sqrt{\frac{G\,s\,(u_3 - u_1)}{2A}}\,(t-t_0) = \tau, \qquad (3.50)$$

$$\tau = F(v,k).$$

Die Umkehrung führt auf die noch von dem Modul k abhängige Jacobische elliptische Funktion $v = \mathrm{sn}\,\tau = v(\tau,k)$. Aus (3.48) folgt dann

$$u = u_1 + (u_2 - u_1)\,\mathrm{sn}^2\tau. \qquad (3.51)$$

Da die Funktion $\mathrm{sn}\,\tau$ die Periode $4\,\mathrm{K}$ mit dem vollständigen elliptischen Integral 1. Gattung K besitzt, hat $\mathrm{sn}^2\tau$ die halbe Periode. Es gilt daher:

$$\begin{aligned} u = u_1 \quad &\text{für} \quad \tau = 2n\,\mathrm{K}, \\ u = u_2 \quad &\text{für} \quad \tau = (2n+1)\,\mathrm{K}, \end{aligned} \qquad (n = 0,1,2,\ldots).$$

Die Neigung der Symmetrieachse des Kreisels gegenüber der Vertikalen schwankt daher zwischen den Grenzwerten ϑ_1 und ϑ_2 periodisch hin und her. Für Hin- und Rückweg wird die Zeit

$$\Delta\tau = 2\,\mathrm{K}(k) \quad \text{oder} \quad \Delta t = T_S = \Delta\tau\,\sqrt{\frac{2A}{G\,s\,(u_3 - u_1)}},$$

also

$$T_S = \mathrm{K}(k)\,\sqrt{\frac{8A}{G\,s\,(u_3 - u_1)}} \qquad (3.52)$$

benötigt. Aus (3.40) und (3.39) sieht man, daß $\dot\psi$ und $\dot\varphi$ dieselbe Periode wie ϑ besitzen. Die Bewegung des Kreisels wiederholt sich also ständig nach der Zeit T_S. Die auf diese Weise von einem Punkte der Symmetrieachse durchlaufene Bahn setzt sich aus Teilstücken zusammen, die durch Verschiebung oder — wegen der Spiegelsymmetrie der sn-Funktion — durch Spiegelung auseinander hervorgehen. Das wird bei der folgenden Untersuchung von verschiedenen Bewegungstypen noch deutlicher erkennbar sein.

b) Diskussion der Ergebnisse. Einige typische Bewegungsformen sollen jetzt näher untersucht werden. Zunächst erkennt man, daß der Kreisel mit vertikal stehender Symmetrieachse (Figurenachse) sowohl bei $\vartheta = 0$ (aufrechter Kreisel) als auch bei $\vartheta = \pi$ (hängender Kreisel) im Gleichgewicht ist. Wegen

$$\begin{aligned} \vartheta &= 0; \quad u = 1; \quad H_0 = C\,\omega_0, \\ \vartheta &= \pi; \quad u = -1; \quad H_0 = -C\,\omega_0 \end{aligned}$$

wird nämlich in beiden Fällen nach (3.46) die Kreiselfunktion $U(u) = 0$ und also $\dot u = 0$ oder $\dot\vartheta = 0$. Die Stabilität dieses Gleichgewichtszustandes wird später untersucht werden.

Als nächstes sei angenommen, daß der um seine Figurenachse mit ω_0 drehende Kreisel aus einer geneigten Stellung $\vartheta = \vartheta_0$ ohne Stoß freigegeben werde. Es soll untersucht werden, welche Bewegungen der

Figurenachse entstehen, wenn ω_0 verschiedene Werte annimmt. Da sich die Konstanten H_0 und E_0 durch ω_0 und $u_0 = \cos\vartheta_0$ ausdrücken lassen:

$$H_0 = C\,\omega_0\,u_0; \quad E_0 = \tfrac{1}{2}C\,\omega_0^2 + G\,s\,u_0,$$

kann man die Kreiselfunktion (3.46) wie folgt umrechnen:

$$U(u) = \frac{2\,G\,s}{A}\,(u_0 - u)\left[1 - u^2 - \frac{C^2\,\omega_0^2}{2\,G\,s\,A}\,(u_0 - u)\right]. \tag{3.53}$$

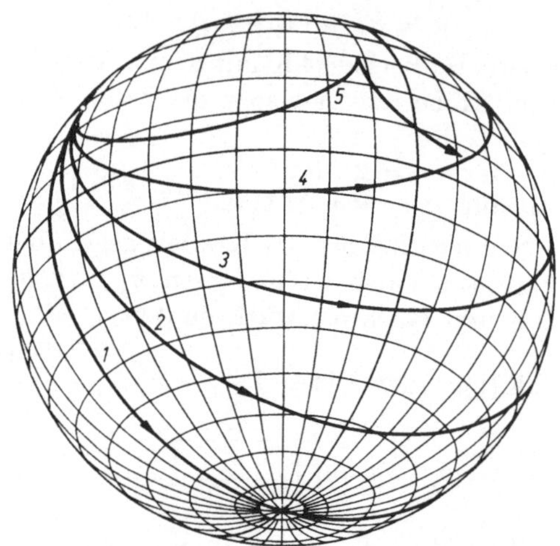

Abb. 3.18 Bahnkurven eines Punktes der Figurenachse des schweren Kreisels bei stoßfreiem Loslassen für verschiedene Werte des Eigendralls.

Ihre Nullstellen hängen jetzt nur noch von u_0 und dem dimensionslosen Parameter

$$a = \frac{C^2\,\omega_0^2}{4\,G\,s\,A}$$

ab. Man erhält:

$$\begin{aligned}
u_1 &= a - \sqrt{a^2 - 2a\,u_0 + 1},\\
u_2 &= u_0,\\
u_3 &= a + \sqrt{a^2 - 2a\,u_0 + 1}.
\end{aligned} \tag{3.54}$$

Der interessierende Bereich mit $U(u) > 0$ ist $u_1 \leqq u \leqq u_2$. Im Grenzfall eines nichtdrehenden Kreisels ($\omega_0 = 0$) wird $a = 0$ und damit $u_1 = -1$, $u_2 = u_0$. Der Kreisel schwingt dann wie ein ebenes Pendel, wobei seine Figurenachse von der Ausgangslage ϑ_0 beginnend durch die untere Pollage $\vartheta = \pi$ hindurchschwingt, um auf der anderen Seite wieder den Wert ϑ_0 zu erreichen. In Abb. 3.18 sind Bahnkurven eines Punktes der Figurenachse für verschiedene Werte von a gezeichnet worden. Die Kurve *1* gehört zu $a = 0$; die Kurven *2* bis *5* zu steigenden Werten von a, also zu Kreiseln mit schnellerer Eigendrehung. Mit

$\omega \neq 0$ und damit $a > 0$ wird die untere Pollage nicht mehr erreicht, da dann stets $u_1 > -1$ gilt. Der Bewegungsbereich des Kreisels zwischen den durch $u_1 = \cos\vartheta_1$ und $u_2 = u_0 = \cos\vartheta_0$ gekennzeichneten Breitenkreisen wird um so enger, je größer ω_0 wird. Für $\omega_0 \to \infty$ hat man $u_1 \to u_0$ oder $\cos\vartheta_1 \to \cos\vartheta_0$. Die Bahn der Kreiselspitze liegt dann in dem schmalen Breitenbereich zwischen den nahe beieinanderliegenden Grenzwerten ϑ_0 und ϑ_1.

Allen in Abb. 3.18 gezeichneten Kurven ist gemeinsam, daß sie mit Spitzen auf dem oberen Begrenzungskreis $\vartheta = \vartheta_0$ aufsetzen und daß

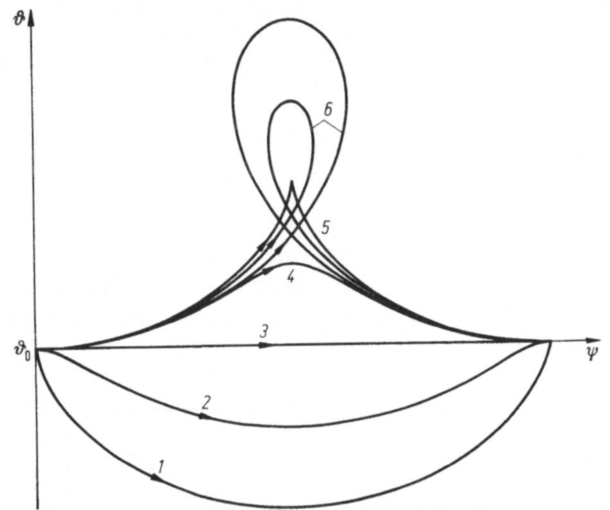

Abb. 3.19 Bahnkurven eines Punktes der Figurenachse des schweren Kreisels bei konstantem Eigendrall und verschieden großer horizontaler Anfangsgeschwindigkeit.

die Tangenten in diesen Punkten die Richtung der Meridianlinien haben. Man erkennt das aus einer Betrachtung des Ausdruckes

$$\frac{d\psi}{du} = \frac{\dot\psi}{\dot u} = \frac{C\,\omega_0\,\mathrm{cn}\,\tau}{2A\,\dot\tau\,(1 - u^2)\,\mathrm{sn}\,\tau\,\mathrm{dn}\,\tau}, \tag{3.55}$$

den man für die hier zugrunde gelegten Anfangsbedingungen aus (3.40) und (3.51) ausrechnen kann. Der obere Begrenzungskreis wird zur Zeit $\tau_0 = (2n + 1)\,\mathrm{K}$ erreicht. Da $\mathrm{cn}\,\tau_0 = 0$ gilt und der Nenner für diesen Wert von τ nicht verschwindet, wird tatsächlich $(d\psi/du)_0 = 0$.

Man liest aus (3.55) zugleich auch ab, daß die Bahnkurven den unteren Begrenzungskreis tangieren, also nicht mit Spitzen aufsetzen können. Wegen $\mathrm{sn}\,2n\mathrm{K} = 0$ und $|\mathrm{cn}\,2n\mathrm{K}| = 1$ gilt nämlich $(d\psi/du)_1 \to \infty$.

In ähnlicher Weise lassen sich andere Bewegungstypen des schweren Kreisels untersuchen. Ohne auf die Einzelheiten der Berechnung einzugehen, sind in Abb. 3.19 die Bahnkurven für den Fall angegeben,

8*

daß der Kreisel aus einer Anfangslage $\vartheta = \vartheta_0$ mit einer azimutalen Anfangsgeschwindigkeit $\dot\psi_0 \neq 0$ freigegeben wird. Dabei wird die Drehung ω_0 um die Figurenachse als konstant angenommen und der Wert von $\dot\psi_0$ variiert. Es lassen sich jetzt sechs verschiedene Typen von Bahnkurven feststellen, die bestimmten Bereichen von $\dot\psi_0$ zugeordnet werden können:

Type	$\dot\psi_0$-Bereich	Bahnkurven
1	$\dot\psi_0 = 0$	Mit Spitzen, unterhalb $\vartheta = \vartheta_0$
2	$0 < \dot\psi_0 < \dot\psi_{03}$	Mit Wellen, unterhalb $\vartheta = \vartheta_0$
3	$\dot\psi_0 = \dot\psi_{03}$	Fällt mit Breitenkreis $\vartheta = \vartheta_0$ zusammen
4	$\dot\psi_{03} < \dot\psi_0 < \dot\psi_{05}$	Mit Wellen, oberhalb $\vartheta = \vartheta_0$
5	$\dot\psi_0 = \dot\psi_{05}$	Mit Spitzen, oberhalb $\vartheta = \vartheta_0$
6	$\dot\psi_{05} < \dot\psi_0$	Mit Schleifen, oberhalb $\vartheta = \vartheta_0$

Bei entsprechenden Anfangsbedingungen können die Bahnkurven jetzt auch die obere Pollage erreichen, durchlaufen oder umrunden. Alle in den Abb. 3.18 und 3.19 wiedergegebenen Bahnkurven lassen sich periodisch fortsetzen, so daß sie die Kugelfläche umlaufen. Die Kurven schließen sich i. allg. nicht.

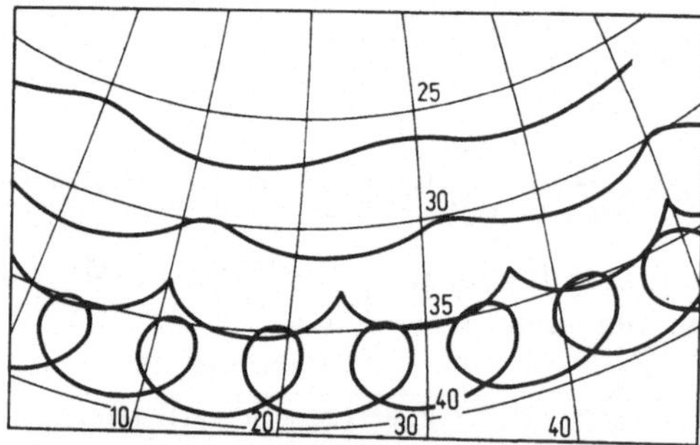

Abb. 3.20 Experimentell aufgenommene Bahnkurven eines Punktes der Figurenachse für einen schweren symmetrischen Kreisel nach GEBELEIN.

Einige experimentell aufgenommene Bahnkurven des schweren Kreisels zeigen die Abb. 3.20 und 3.21. Sie wurden durch Fotografieren der Bahn eines Punktes der Figurenachse erhalten. Bei Abb. 3.20, die GEBELEIN [19] zu verdanken ist, wurden zugleich auch Meridian- und Breitenkreise der Kugelfläche mitfotografiert, auf der die Bahnkurven liegen. Die verschiedenen Bahntypen: Wellen-, Spitzen- und Schleifenbahnen, sind gut zu erkennen. Die Kurven von Abb. 3.21 sind LEUBE zu verdanken; sie wurden senkrecht von oben aufgenommen. Der Symmetriepunkt dieser Aufnahmen entspricht dem oberen Pol. Die Kurve *a* zeigt Bewegungen eines hängenden Kreisels. Die Spitzen liegen in diesem Falle außen, da ein oberer Punkt der Figurenachse fotografiert wurde. Die Kurven *b*, *c* und *d* zeigen Bewegungen eines aufrechten Kreisels bei verschiedenen Anfangsbedingungen.

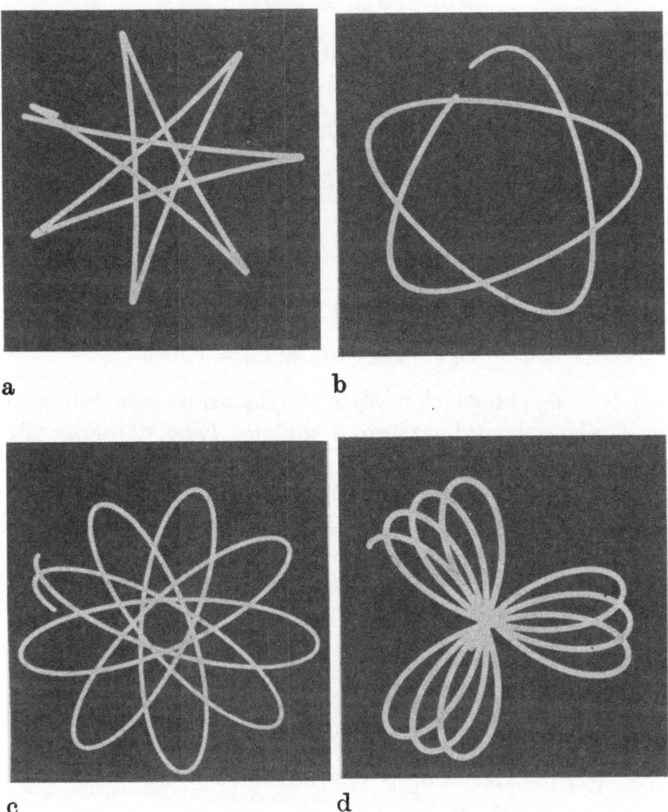

Abb. 3.21 Experimentell aufgenommene Bahnkurven eines Punktes der Figurenachse für den schweren symmetrischen Kreisel nach LEUBE.

c) Reguläre und pseudoreguläre Präzessionen. Bei der Betrachtung der möglichen Bewegungsformen des schweren Kreisels hat sich ergeben, daß Bewegungen längs eines Breitenkreises, also mit $\vartheta = \vartheta_0$ (z. B. Abb. 3.19, Kurve *3*) möglich sind. Jetzt soll näher untersucht werden, wann dies möglich ist. Man kann dazu aus der Kreiselfunktion $U(u)$ nach (3.46) die Bedingungen für das Auftreten einer Doppelwurzel $u_1 = u_2$ ableiten. Jedoch ist es im vorliegenden Falle einfacher, auf die Bewegungsgleichungen (3.35) zurückzugehen und aus ihnen mit Hilfe der kinematischen Gln. (1.49) die Größen ω_1 und ω_2 zu eliminieren

Mit $\omega_3 = \omega_0$ und $\vartheta = \vartheta_0$, also $\dot\vartheta = 0$ erhält man aus (3.35) und (1.49)

$$A\,\dot\omega_1 - (A - C)\,\omega_0\,\omega_2 = G\,s\,\sin\vartheta_0\,\cos\varphi,$$
$$A\,\dot\omega_2 + (A - C)\,\omega_0\,\omega_1 = -G\,s\,\sin\vartheta_0\,\sin\varphi,$$
$$\omega_1 = \dot\psi\,\sin\vartheta_0\,\sin\varphi,$$
$$\omega_2 = \dot\psi\,\sin\vartheta_0\,\cos\varphi.$$

Die Elimination von ω_1 und ω_2 führt auf

$$A\,(\ddot\psi\,\sin\varphi + \dot\psi\,\dot\varphi\,\cos\varphi) - (A - C)\,\omega_0\,\dot\psi\,\cos\varphi = G\,s\,\cos\varphi,$$
$$A\,(\ddot\psi\,\cos\varphi - \dot\psi\,\dot\varphi\,\sin\varphi) + (A - C)\,\omega_0\,\dot\psi\,\sin\varphi = -G\,s\,\sin\varphi. \qquad (3.56)$$

Multipliziert man die erste dieser Gleichungen mit $\sin\varphi$, die zweite mit $\cos\varphi$ und addiert sie, dann folgt

$$A\,\ddot\psi = 0, \quad \text{also} \quad \dot\psi = \dot\psi_0 = \text{const.} \qquad (3.57)$$

Daraus folgt mit (3.39) sofort auch

$$\dot\varphi = \omega_0 - \dot\psi_0\,\cos\vartheta_0 = \dot\varphi_0 = \text{const.} \qquad (3.58)$$

Wenn also $\vartheta = \vartheta_0$ gefordert wird, so folgt daraus sofort auch die Konstanz der Drehgeschwindigkeiten $\dot\psi$ und $\dot\varphi$. Eine derartige Bewegung wird *reguläre Präzession* genannt.

Mit $\ddot\psi = 0$ folgt nun aus (3.56/2) unmittelbar

$$A\,\dot\psi\,\dot\varphi - (A - C)\,\omega_0\,\dot\psi = G\,s.$$

Setzt man darin für $\dot\varphi$ den Wert (3.58) ein, dann erhält man eine quadratische Gleichung für $\dot\psi$

$$A\,\cos\vartheta_0\,\dot\psi^2 - C\,\omega_0\,\dot\psi + G\,s = 0 \qquad (3.59)$$

mit den Lösungen

$$\left.\begin{matrix}\dot\psi_1\\\dot\psi_2\end{matrix}\right\} = \frac{C\,\omega_0}{2A\,\cos\vartheta_0}\left[1 \pm \sqrt{1 - \frac{4\,G\,s\,A\,\cos\vartheta_0}{C^2\,\omega_0^2}}\right]. \qquad (3.60)$$

Der Verlauf dieser Werte mit ω_0 ist für verschiedene Werte des Neigungswinkels ϑ_0 in Abb. 3.22 skizziert worden. Man hat dabei die folgenden Fälle zu unterscheiden:

1. $0 \leqq \vartheta_0 < \dfrac{\pi}{2}$, $\cos\vartheta_0 > 0$, aufrechter Kreisel:

für $\omega_0^2 < \dfrac{4\,G\,s\,A\,\cos\vartheta_0}{C^2} = \omega_0^{*2}$, keine reellen Lösungen,

für $\omega_0^2 = \omega_0^{*2}$, eine Doppelwurzel $\dot\psi_1 = \dot\psi_2$,

für $\omega_0^2 > \omega_0^{*2}$, zwei reelle Lösungen, die das gleiche Vorzeichen wie ω_0 haben.

2. $\vartheta_0 = \dfrac{\pi}{2}$, $\cos\vartheta_0 = 0$, waagerechter Kreisel:

eine reelle Lösung von (3.59): $\dot\psi_2 = \dfrac{G\,s}{C\,\omega_0}$. $\qquad$ (3.61)

3. $\dfrac{\pi}{2} < \vartheta \leqq \pi$, $\cos\vartheta_0 < 0$, hängender Kreisel:

zwei reelle Lösungen mit verschiedenen Vorzeichen.

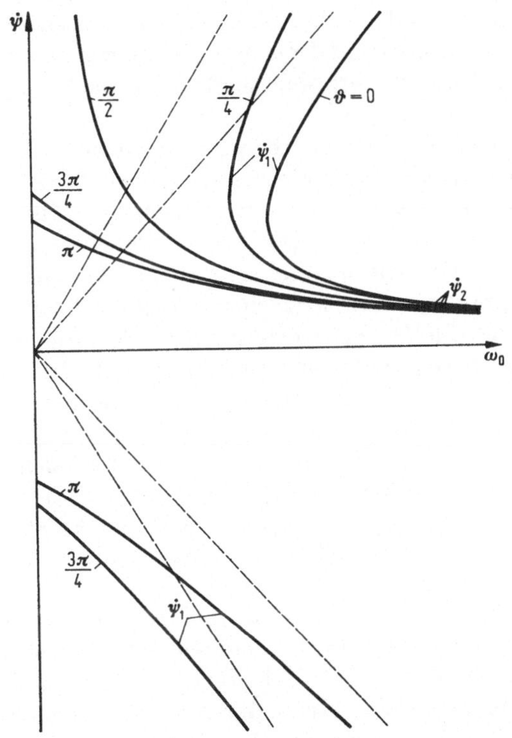

Abb. 3.22 Geschwindigkeit ψ der regulären Präzessionen für den schweren symmetrischen Kreisel.

Bei den gewählten Bezeichnungen ist stets $|\dot\psi_1| \geqq |\dot\psi_2|$. Man hat deshalb die durch $\dot\psi_1$ gekennzeichnete Bewegung als *schnelle Präzession*, die durch $\dot\psi_2$ gegebene als *langsame Präzession* bezeichnet. Diese Ausdrücke sollen jedoch hier nicht übernommen werden, da die schnelle Präzession genau der beim kräftefreien Kreisel als Nutation bezeichneten Bewegung entspricht. Tatsächlich erhält man im Falle $s = 0$ aus (3.59) die Lösungen

$$\dot\psi_1 = \frac{C\,\omega_0}{A\,\cos\vartheta_0}; \quad \dot\psi_2 = 0. \qquad (3.62)$$

Der Wert von $\dot{\psi}_1$ stimmt völlig mit der Nutationsgeschwindigkeit (2.40) überein.

Von besonderem Interesse ist noch der Grenzfall des schnellaufenden Kreisels. Mit $\omega_0 \gg \omega_0^*$ erhält man dafür aus (3.60) die Näherungen

$$\dot{\psi}_1 \approx \frac{C\,\omega_0}{A\,\cos\vartheta_0}; \qquad \dot{\psi}_2 \approx \frac{G\,s}{C\,\omega_0}. \tag{3.63}$$

Der erste Wert stimmt mit der Nutationsgeschwindigkeit von (3.62), der zweite mit der Präzessionsgeschwindigkeit von (3.61) überein. Es kann festgehalten werden, daß die Nutationsgeschwindigkeit eines schnellen Kreisels proportional zu ω_0, die Präzessionsgeschwindigkeit proportional zu $1/\omega_0$ ist. Mit wachsendem ω_0 wächst $\dot{\psi}_1$, während $\dot{\psi}_2$ abnimmt.

Bei der Betrachtung der Bewegungsformen des schweren Kreisels nach stoßfreiem Loslassen aus einer Anfangslage ϑ_0 (Abb. 3.18) wurde festgestellt, daß die begrenzenden Breitenkreise, zwischen denen die Bahnkurve verläuft, um so enger beieinander liegen, je größer die Eigendrehung des Kreisels ist. Bei sehr schnell laufendem Kreisel beobachtet man praktisch nur noch eine Bewegung längs eines Breitenkreises. Ihr sind kleine Zitterbewegungen (Nutationen) überlagert. Abgesehen von diesen Nutationen unterscheidet sich die Bewegung nicht von der zuvor betrachteten regulären Präzession. Man hat sie deshalb als *pseudoreguläre Präzession* bezeichnet. Ein wichtiger Unterschied besteht jedoch darin, daß reguläre Präzessionen nur bei ganz bestimmten Anfangsbedingungen ϑ_0 und $\dot{\psi}_0$ entstehen; bei pseudoregulären Präzessionen können dagegen beliebige Anfangsbedingungen erfüllt werden. Die Amplituden der dazu notwendigen Nutationsbewegungen bleiben bei hinreichend schnellaufenden Kreisel stets klein.

Es soll zunächst gezeigt werden, daß die Frequenz der Zitterbewegungen genau gleich der Nutationsfrequenz eines kräftefreien Kreisels bei kleinen Amplituden ist. Die Wiederholungszeit T_s der ϑ-Bewegung war in (3.52) berechnet worden. Wenn der Kreisel schnell umläuft, dann gilt für den Modul der elliptischen Funktionen

$$k^2 = \frac{u_2 - u_1}{u_3 - u_1} \ll 1,$$

so daß das vollständige elliptische Integral $\mathrm{K}(k) \cong \pi/2$ gesetzt werden kann. Aus (3.54) findet man weiterhin für $a \to \infty$

$$u_1 \ll u_3 \approx 2a = \frac{C^2\,\omega_0^2}{2\,G\,s\,A}.$$

Einsetzen in (3.52) ergibt nun

$$T_s \approx 2\pi\,\frac{A}{C\omega_0}. \tag{3.64}$$

Die Frequenz $\omega^N = C\,\omega_0/A$ entspricht aber gerade der Nutationsfrequenz (2.42) für den Fall kleiner Nutationsamplituden.

Ein Näherungswert für die azimutale Geschwindigkeit der Figurenachse bei der pseudoregulären Präzession kann aus (3.40) errechnet
werden, wenn man dort den Anfangswert $H_0 = C_0\,u_0$ einsetzt:

$$\dot\psi = \frac{C\,\omega_0\,(u_0 - u)}{A\,\sin^2\vartheta}. \qquad (3.65)$$

Für den schnellen Kreisel mit $\omega_0 \to \infty$, also $a \to \infty$ erhält man aus
(3.54) unter Berücksichtigung von (3.51) und $k^2 \ll 1$ die Näherungen:

$$u_1 \approx u_0 - \frac{1 - u_0^2}{2\,a},$$

$$u_0 - u \approx \frac{1 - u_0^2}{2\,a}\cos^2\tau.$$

Mit (3.65) folgt damit unter Einsetzen des Wertes für a

$$\dot\psi \approx \frac{2\,G\,s}{C\,\omega_0}\cos^2\tau,$$

woraus als mittlere azimutale Winkelgeschwindigkeit

$$\overline{\dot\psi} \approx \frac{G\,s}{C\,\omega_0} \qquad (3.66)$$

erhalten wird. Das ist genau der für schnelle Kreisel ausgerechnete
Wert (3.63) für die reguläre Präzession $\dot\psi_2$. Dieses Ergebnis berechtigt
uns dazu, die pseudoregulären Präzessionen als Überlagerung von regu-
lärer Präzession und Nutation aufzufassen.

d) Die Stabilität des schweren Kreisels mit vertikaler Figurenachse.
In Abschn. b) war erkannt worden, daß die Figurenachse eines schwe-
ren Kreisels bei beliebiger Geschwindigkeit der Eigendrehung in der
vertikalen Lage verharren kann. Dieser Zustand ist aber nicht in jedem
Fall stabil. Um dies nachzuweisen, untersucht man im vorliegenden
Fall am einfachsten die Kreiselfunktion $U(u)$ nach (3.46).

Für einen *aufrechten Kreisel* gilt bei vertikaler Stellung die Figurenachse

$$H_0 = C\,\omega_0 \quad \text{und} \quad E_0 = \tfrac{1}{2}C\,\omega_0^2 + G\,s.$$

Damit erhält man aus (3.46)

$$U(u) = \frac{2\,G\,s}{A}(1 - u)^2(1 + u - 2a) \qquad (3.67)$$

mit der schon früher verwendeten Abkürzung

$$a = \frac{C^2\,\omega_0^2}{4\,G\,s\,A}. \qquad (3.68)$$

Durch Nullsetzen des Ausdruckes (3.67) erhält man eine Doppelwurzel bei $u = 1$, die im Falle $a = 1$ sogar zu einer dreifachen Wurzel wird. Der prinzipielle Verlauf der Funktion $U(u)$ ist in Abb. 3.23 für verschiedene Werte von a ausgezogen gezeichnet worden. Nur für $a < 1$ sind im interessierenden Bereich $-1 \leqq u \leqq +1$ positive Werte von U vorhanden. Bei einer kleinen Abweichung der Figurenachse aus der Vertikalen kann daher $\dot u^2 > 0$ werden. Dies bedeutet, daß auch $\dot\vartheta > 0$ werden kann, so daß sich die Figurenachse weiter von der Vertikalen

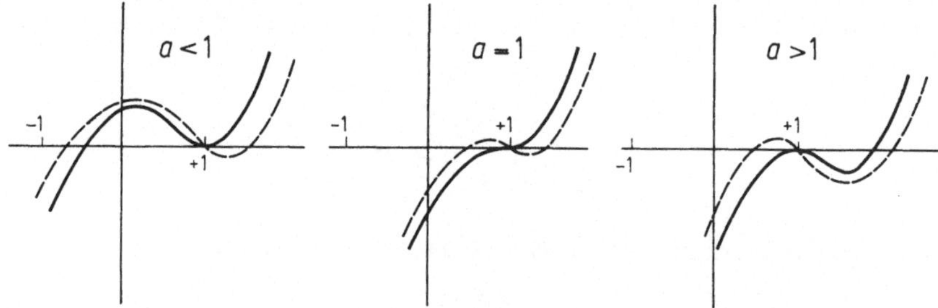

Abb. 3.23 Verlauf der Kreiselfunktion $U(u)$ für den aufrechten schweren Kreisel bei verschiedenen Werten des Eigendralls.

entfernt. Dieser Fall muß deshalb als instabil bezeichnet werden. Man erkennt das Stabilitätsverhalten am besten, wenn man die Veränderungen der Wurzeln für eine Nachbarbewegung untersucht. Es werde angenommen, daß auf die vertikal stehende Figurenachse ein kleiner seitlicher Stoß ausgeübt werde. Dann ändern sich die Werte der Konstanten ω_0 und H_0 nicht, wohl aber wird die Energiekonstante E_0 um einen kleinen Betrag ε vergrößert:

$$E_0^* = E_0 + \varepsilon = \tfrac{1}{2} C\,\omega_0^2 + G\,s + \varepsilon.$$

Jetzt erhält man aus (3.46) die Kreiselfunktion

$$U(u) = \frac{2\,G\,s}{A}\,(1 - u)\left[(1 - u)(1 + u - 2a) + \frac{\varepsilon}{G\,s}(1 + u)\right].$$

Wenn man ε als klein annimmt und bei der Ausrechnung nur die Glieder mit den kleinsten Potenzen von ε berücksichtigt, dann lassen sich für die Wurzeln von $U(u) = 0$ die folgenden Näherungswerte ausrechnen:

	$a < 1$	$a = 1$	$a > 1$
u_1	$2a - 1 - \dfrac{\varepsilon a}{G\,s(1 - a)}$	$1 - \sqrt{\dfrac{2\,\varepsilon}{G\,s}}$	$1 - \dfrac{\varepsilon}{G\,s(a - 1)}$
u_2	1	1	1
u_3	$1 + \dfrac{\varepsilon}{G\,s(1 - a)}$	$1 + \sqrt{\dfrac{2\,\varepsilon}{G\,s}}$	$2a - 1 + \dfrac{\varepsilon a}{G\,s(a - 1)}$

$$(3.69)$$

Die Kreiselfunktionen nehmen jetzt die in Abb. 3.23 gestrichelt gezeichneten Formen an, aus denen nun die Eigenschaften der Nachbarbewegungen abgelesen werden können:

Im *Fall* $a < 1$ pendelt ein Punkt der Figurenachse zwischen der oberen Pollage ($u_1 = u_2 = +1$) und einem unteren Grenzwert ($u = u_1 < 1$) periodisch hin und her. Die Nachbarbewegung entfernt sich dabei weit von der Anfangsbewegung, da die Differenz $u_2 - u_1$ auch im Falle $\varepsilon \to 0$ einen endlichen Wert behält. Es ist also nicht möglich, eine mit ε verschwindende Schranke $\delta(\varepsilon)$ anzugeben, innerhalb der die Werte von u (oder ϑ) eingeschränkt werden können. Deshalb ist diese Bewegung instabil im Sinne von LJAPUNOV (Abschn. 2.4).

In den beiden *Fällen* $a = 1$ *und* $a > 1$ schrumpft der Bewegungsbereich auf die obere Pollage zusammen ($u_1 \to +1$), wenn $\varepsilon \to 0$ gewählt wird. Daher können diese beiden Fälle als stabil im Sinne von LJAPUNOV bezeichnet werden. Bei der entstehenden Bewegung umtanzt die Figurenachse die obere Pollage und verbleibt dabei in ihrer unmittelbaren Nachbarschaft, so wie es z. B. die Aufnahme von Abb. 3.21d zeigt.

Als Ergebnis kann festgehalten werden:

Der aufrechte schwere Kreisel nach Lagrange ist nur stabil, wenn die Bedingung

$$C^2\,\omega_0^2 \geqq 4G\,s\,A \tag{3.70}$$

erfüllt ist. Um Stabilität des statisch instabilen Systems zu erreichen, ist also eine gewisse Mindestdrehzahl notwendig.

Nach dem Gesagten ist die Bedingung (3.70) zugleich notwendig und hinreichend für die Stabilität der Bewegung der Figurenachse.

Die im Falle $a < 1$ mögliche Bewegung zwischen den Grenzen $u_1 \approx 2a - 1$ und $u_2 = 1$ nach (3.69) ist nicht periodisch, sondern asymptotisch. Das kann aus der Tatsache geschlossen werden, daß der Modul k wegen $u_3 \approx 1$ den Wert

$$k^2 = \frac{u_2 - u_1}{u_3 - u_1} \approx +1$$

annimmt. Damit wird $\mathrm{K}(k) \to \infty$, so daß auch die Wiederholungszeit T_s nach (3.52) unendlich groß wird.

Man erkennt die Art der Bewegung am einfachsten durch Integration von (3.50). Mit $k^2 = 1$ erhält man

$$\tau = \int \frac{dv}{1 - v^2} = \mathrm{arth}\,v$$

und damit anstelle von (3.51)

$$u = u_1 + (1 - u_1)\,\mathrm{th}^2\,\tau. \tag{3.71}$$

Diese Funktion ist in Abb. 3.24 aufgetragen. Die Bewegung beginnt im tiefsten Punkt $u = u_1$ und erreicht asymptotisch für $\tau \to \infty$ die obere Pollage $u = +1$. Die Bahn eines Punktes der Figurenachse beschreibt dabei eine spiralige Bahn, wie sie in Abb. 3.25 gezeichnet ist. Diese

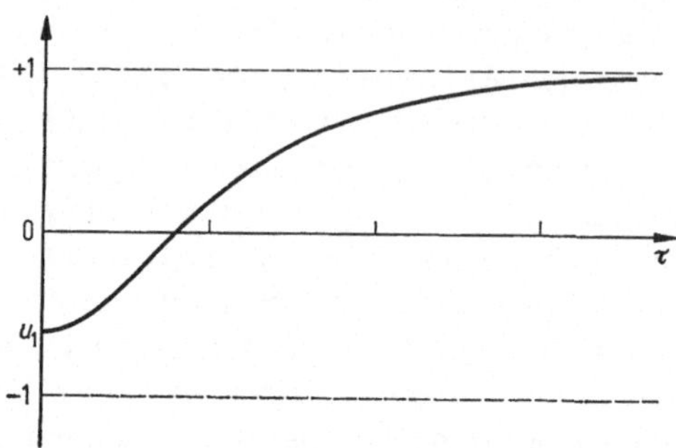

Abb. 3.24 Lösungskurve $u(\tau)$ im Grenzfall der asymptotischen Bewegung.

Bewegung kann als eine Verallgemeinerung der bekannten asymptotischen Bewegung eines Pendels angesehen werden. Auch ein Schwerependel kann bei entsprechenden Anfangsbedingungen die obere Totlage

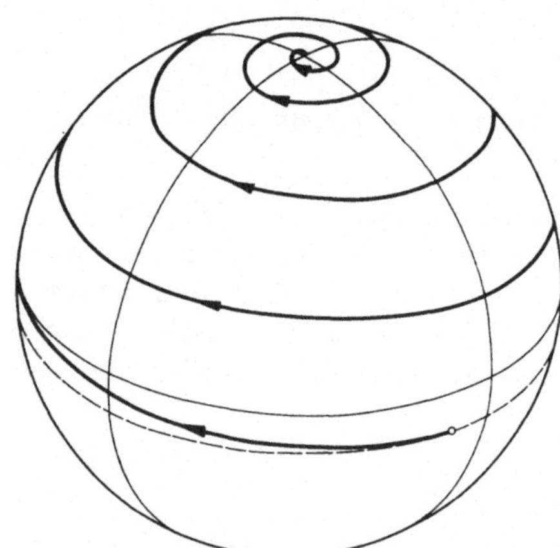

Abb. 3.25 Bahnkurve eines Punktes der Figurenachse im Grenzfall der asymptotischen Bewegung.

erst nach unendlich langer Zeit erreichen. Während jedoch die Pendelbewegung in einer Ebene erfolgt, bewegt sich die Figurenachse des schweren Kreisels stets im Raum. Der Fall der Pendelbewegung ist in den hier abgeleiteten Formeln mit $a = 0$ ($\omega_0 = 0$) enthalten.

Schließlich soll noch der *hängende Kreisel* untersucht werden. Man hat hier

$$H_0 = -C\,\omega_0 \quad \text{und} \quad E_0^* = E_0 + \varepsilon = \tfrac{1}{2}C\,\omega_0^2 - G\,s + \varepsilon,$$

wenn wir sogleich eine kleine Störung durch seitlichen Stoß berücksichtigen. Die Kreiselfunktion wird jetzt

$$U(u) = \frac{2\,G\,s}{A}\,(1+u)\left[u^2 - u\left(2\,a + \frac{\varepsilon}{G\,s}\right) - \left(1 + 2\,a - \frac{\varepsilon}{G\,s}\right)\right].$$

Ihre Nullstellen sind

$$u_1 = -1,$$

$$u_2 \approx -1 + \frac{\varepsilon}{G\,s(1+a)}, \tag{3.72}$$

$$u_3 \approx 1 + 2\,a + \frac{\varepsilon\,a}{G\,s(1+a)}.$$

Der prinzipielle Verlauf der Funktion $U(u)$ ist in Abb. 3.26 sowohl für den ungestörten ($\varepsilon = 0$, ausgezogen) als auch für den gestörten Fall ($\varepsilon \neq 0$, gestrichelt) dargestellt worden. Man erkennt aus (3.72) un-

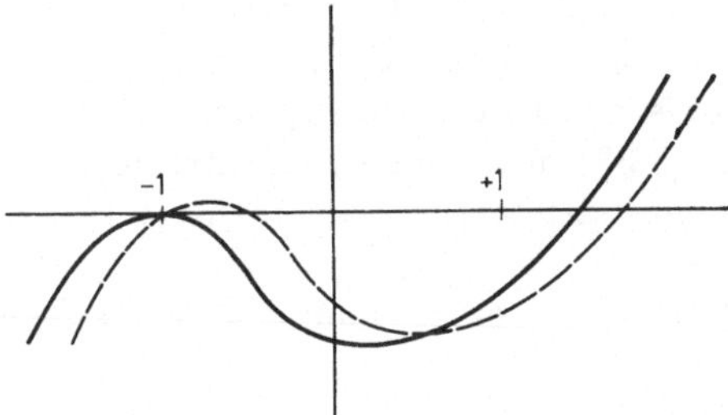

Abb. 3.26 Verlauf der Kreiselfunktion für den schweren hängenden Kreisel.

mittelbar, daß die Figurenachse nach einer kleinen Störung und unabhängig von dem Wert für a nur wenig von der unteren Pollage abweichen kann; die Abweichung selbst ist zu ε proportional. Man hat daher das Ergebnis:

Der hängende schwere Kreisel nach Lagrange ist stets stabil, unabhängig von Geschwindigkeit seiner Eigendrehung.

3.3.3 Der schwere Kreisel nach Kovalevskaja.

Der in der Tabelle von Abschn. 3.3.1 unter Nr. 3 aufgeführte Fall wurde von S. KOVALEVSKAJA entdeckt und ausführlich durchgerechnet. Dabei standen freilich mathematische Interessen mehr im Vordergrund als eine physikalische Interpretation der Kreiselbewegungen.

KOVALEVSKAJA setzt $A = B = 2C$ und $s_1 = s \neq 0$, $s_2 = s_3 = 0$ voraus. Das Trägheitsellipsoid des Kreisels ist zwar noch symmetrisch bezüglich des Fixpunktes F, jedoch liegt der Massenmittelpunkt nicht auf der Symmetrieachse (Figurenachse), sondern in einer senkrecht dazu stehenden Symmetrieebene. Das ist natürlich nur bei Körpern mit inhomogener Massenverteilung möglich. Ohne Einschränkung der Allgemeingültigkeit kann die Verbindungslinie von F und S als körperfeste $1'$-Achse gewählt werden, so daß $s_2 = 0$ wird. Der Kovalevskaja-Kreisel ist also ein spezieller symmetrischer, gestreckter Kreisel mit inhomogener Massenverteilung.

Die Bewegungsgleichungen (3.29) gehen jetzt über in:

$$2\dot{\omega}_1 - \omega_2\,\omega_3 = 0,$$
$$2\dot{\omega}_2 + \omega_1\,\omega_3 = c\,a_{33}, \tag{3.73}$$
$$\dot{\omega}_3 \qquad = -c\,a_{32}$$

mit der Abkürzung

$$\frac{2G\,s}{A} = c. \tag{3.74}$$

Zusammen mit dem System (3.31) stehen ausreichend viele Gleichungen zur Berechnung der Variablen zur Verfügung. Eine exakte Lösung im Sinne der Jacobischen Integrationstheorie wird möglich, wenn außer dem Drallintegral (3.33) und dem Energieintegral (3.34) noch ein weiteres Teilintegral gefunden werden kann. Dieses Integral kann wie folgt konstruiert werden:

Je zwei der Variablen werden komplex zusammengefaßt:

$$\omega_1 + i\,\omega_2 = x,$$
$$a_{31} + i\,a_{32} = y. \tag{3.75}$$

Multipliziert man nun die zweite der Gln. (3.73) mit i und addiert sie zur ersten, dann folgt

$$2\dot{x} + i\,\omega_3\,x = i\,c\,a_{33}. \tag{3.76}$$

Nun verfährt man entsprechend mit den ersten beiden Gleichungen des Systems (3.31) und erhält:

$$\dot{y} + i\,\omega_3\,y = i\,a_{33}\,x. \tag{3.77}$$

Aus (3.76) und (3.77) kann a_{33} eliminiert werden. Das führt auf

$$2\dot{x}\,x + i\,\omega_3\,x^2 - c\,\dot{y} - i\,c\,\omega_3\,y = 0,$$

oder umgerechnet:

$$\frac{d}{dt}(x^2 - c\,y) + i\,\omega_3(x^2 - c\,y) = 0,$$

$$\frac{d}{dt}\ln(x^2 - c\,y) = -i\,\omega_3. \tag{3.78}$$

Um von den komplexen wieder auf reelle Größen zu kommen, kann man dieselbe Prozedur mit den konjungierten Größen $\bar{x}$ und $\bar{y}$ wiederholen und erhält entsprechend

$$\frac{d}{dt}\ln(\bar{x}^2 - c\,\bar{y}) = i\,\omega_3.\qquad(3.79)$$

Durch Addieren beider Gleichungen folgt

$$\frac{d}{dt}\ln[(x^2 - c\,y)\,(\bar{x}^2 - c\,\bar{y})] = 0\,,$$

woraus durch Integration die zeitliche Konstanz des in der eckigen Klammer stehenden Ausdrucks folgt. Mit Einsetzen der Variablen erhält man daraus das gesuchte Teilintegral

$$(\omega_1^2 - \omega_2^2 - c\,a_{31})^2 + (2\omega_1\,\omega_2 - c\,a_{32})^2 = \text{const.}\qquad(3.80)$$

Die allgemeine Integration des Systems der Bewegungsgleichungen unter Verwendung der 3 Teilintegrale (3.33), (3.34) und (3.80) soll hier nicht durchgeführt werden (siehe z. B. LEIMANIS [7]). Es soll nur bemerkt werden, daß die Integration des Kovalevskaja-Kreisels sehr viel mehr mathematischen Aufwand erfordert, als er für den Lagrange-Kreisel notwendig ist. Die Berechnung führt auf die Lösung von Integralen des Types

$$\int \frac{ds}{\sqrt{P(s)}} \quad \text{und} \quad \int \frac{s\,ds}{\sqrt{P(s)}}\,,\qquad(3.81)$$

in denen s eine geeignet gewählte Integrationsvariable ist. Die Funktion $P(s)$ kann als verallgemeinerte Kreiselfunktion aufgefaßt werden; sie ist im allgemeinen Fall ein Polynom 5. Grades in s, so daß beide Integrale vom sog. ultraelliptischen Typ sind. Durch Bilden der Umkehrfunktionen kann man daraus $s = s(\tau)$ errechnen. Da sich alle Variablen des Ausgangssystems durch s ausdrücken lassen, kann das Problem als mathematisch gelöst betrachtet werden. Eine anschauliche Deutung der Lösung hat bisher jedoch noch keiner der zahlreichen Autoren geben können, die sich mit der Vervollständigung und Vereinfachung der überaus komplizierten mathematischen Lösung beschäftigt haben.

Eine partikuläre Bewegung des Kovalevskaja-Kreisels soll noch betrachtet werden: Man erkennt leicht aus den Gln. (3.73) zusammen mit (3.31), daß stationäre Drehungen um die vertikal stehende $1'$-Achse eine mögliche Lösung darstellen. Dafür gilt:

$$\omega_1 = \omega_0 \neq 0;\quad \omega_2 = \omega_3 = 0;$$
$$a_{31} = 1;\quad a_{32} = a_{33} = 0.\qquad(3.82)$$

Die Stabilität dieser Drehungen soll durch Betrachten der Nachbarbewegungen untersucht werden.

Hierzu setzen wir mit Störungen x_ν ($\nu = 1$ bis 6) für die Variablen an:

$$\omega_1 = \omega_0 + x_1; \qquad a_{31} = 1 + x_4;$$
$$\omega_2 = x_2; \qquad a_{32} = x_5;$$
$$\omega_3 = x_3; \qquad a_{33} = x_6.$$

Das System der Bewegungsgleichungen (3.73) und (3.31) geht damit für die gestörte Bewegung über in:

$$2\dot{x}_1 - x_2 x_3 = 0,$$
$$2\dot{x}_2 + (\omega_0 + x_1)\, x_3 = c\, x_6,$$
$$\dot{x}_3 = -c\, x_5,$$
$$\dot{x}_4 - x_2 x_6 + x_3 x_5 = 0, \qquad (3.83)$$
$$\dot{x}_5 + x_3(1 + x_4) - (\omega_0 + x_1)\, x_6 = 0,$$
$$\dot{x}_6 + (\omega_0 + x_1)\, x_5 - x_2(1 + x_4) = 0.$$

Wir wollen uns hier darauf beschränken, die notwendigen Bedingungen für Stabilität der stationären Drehung um die vertikale 1'-Achse aufzustellen, und vernachlässigen deshalb in (3.83) Glieder, die in den Störungsgrößen von zweiter Ordnung klein sind. Die charakteristische Gleichung des linearen Systems 1. Näherung wird dann

$$\begin{vmatrix} 2\lambda & 0 & 0 & 0 & 0 & 0 \\ 0 & 2\lambda & \omega_0 & 0 & 0 & -c \\ 0 & 0 & \lambda & 0 & c & 0 \\ 0 & 0 & 0 & \lambda & 0 & 0 \\ 0 & 0 & 1 & 0 & \lambda & -\omega_0 \\ 0 & -1 & 0 & 0 & \omega_0 & \lambda \end{vmatrix} = 0$$

oder ausgerechnet

$$2\lambda^2(\lambda^2 + \omega_0^2 - c)(2\lambda^2 - c) = 0. \qquad (3.84)$$

Notwendig für Stabilität ist $\lambda^2 < 0$, also die Erfüllung der Bedingungen

$$\omega_0^2 - c > 0,$$
$$c < 0, \qquad (3.85)$$

von denen die erste automatisch erfüllt ist, wenn die zweite gilt. Da für den aufrechten Kovalevskaja-Kreisel mit $s > 0$ die Bedingung (3.85/2) nicht erfüllt ist, können seine Bewegungen nicht stabil sein. RUMJANZEV [20] hat bewiesen, daß die Bedingungen (3.85) zugleich auch hinreichend für Stabilität bezüglich der Variablen $\omega_1\, \omega_2\, \omega_3\, a_{31}\, a_{32}\, a_{33}$ sind, so daß als Ergebnis festgestellt werden kann:

Stationäre Drehungen des hängenden Kovalevskaja-Kreisels sind bei beliebigen Geschwindigkeiten der Eigendrehung stabil. Drehungen des aufrechten Kreisels sind stets instabil.

In mühevoller Kleinarbeit hat sich APPELROT mit Spezialfällen des Kovalevskaja-Kreisels beschäftigt und Bedingungen aufgesucht, unter denen die Kreiselfunktion $P(s)$ in (3.81) ausartet oder Mehrfachwurzeln besitzt. In solchen Fällen können die Integrale (3.81) auf gewöhnliche elliptische Formen reduziert werden. Ein derartiger Sonderfall liegt vor, wenn die Integrationskonstante von (3.80) verschwindet. Dann folgt sofort

$$\omega_1^2 - \omega_2^2 = c\,a_{31},$$
$$2\omega_1\,\omega_2 = c\,a_{32}. \tag{3.86}$$

Bei Vorgabe bestimmter Relationen zwischen Energiekonstante E_0 und Drallkonstante H_0 lassen sich sogar Fälle finden, bei denen die Variablen durch elementare trigonometrische Funktionen ausgedrückt werden können.

3.3.4 Spezielle Bewegungen des schweren Kreisels. Spezielle Bewegungen, zu deren Realisierung die Erfüllung ganz bestimmter Anfangsbedingungen notwendig ist, sind häufig unter verschiedenen Gesichtspunkten untersucht worden. Um etwa 1900 war es geradezu zum Sport der Mathematiker geworden, neue integrierbare Fälle der reizvoll nichtlinearen Bewegungsgleichungen des schweren Kreisels zu suchen. Man entfernte sich dabei z. T. sogar von dem eigentlichen physikalischen Problem und widmete umfangreiche Untersuchungen auch solchen Fällen, die entweder physikalisch — wegen Verletzung der Ungleichungen zwischen ABC — oder geometrisch — wegen Verletzung der Bedingung $a_{3i}\,a_{3i} = 1$ — nicht möglich sind. Wir können auf diese Arbeiten hier nicht eingehen. Es sollen lediglich einige Bemerkungen zu den in der Tabelle von Abschn. 3.3.1 aufgeführten Fällen gebracht werden, die für das allgemeine Verständnis des Kreiselverhaltens von Interesse sein können.

a) *Der Kreisel nach Gorjačev und Čaplygin.* Der in der Tabelle unter Nr. 4 aufgeführte Fall ist dem zuvor behandelten Kovalevskaja-Kreisel verwandt. Es gelten dieselben Bedingungen für die Lage des Massenmittelpunktes $s_1 = s \neq 0$; $s_2 = s_3 = 0$, jedoch eine etwas veränderte Bedingung für das Trägheitsellipsoid: $A = B = 4C$.

Der Gorjačev-Čaplygin-Kreisel ist also stärker gestreckt als der Kovalevskaja-Kreisel, aber auch er hat ein symmetrisches Trägheitsellipsoid bezüglich des Fixpunktes und ist inhomogen in seiner Massenverteilung. Der wesentliche Unterschied gegenüber dem früheren Fall besteht darin, daß jetzt noch eine Einschränkung bezüglich der Anfangsbedingungen vorausgesetzt wird: Die Drallkonstante H_0 von (3.33) soll gleich Null sein. Unter dieser Voraussetzung läßt sich ein weiteres Integral der Bewegungsgleichungen finden und die mathematische Lösung auf Quadraturen zurückführen.

Man erhält im vorliegenden Fall aus (3.29) das System

$$
\begin{aligned}
4\dot\omega_1 - 3\omega_2\,\omega_3 &= 0, \\
4\dot\omega_2 + 3\omega_1\,\omega_3 &= 2c\,a_{33}, \\
\dot\omega_3 &= -2c\,a_{32}
\end{aligned}
\tag{3.87}
$$

mit derselben Abkürzung (3.74) für c wie zuvor. Als neues Integral — unter der Voraussetzung $H_0 = 0$ — kann nun der Ausdruck

$$
(\omega_1^2 + \omega_2^2)\,\omega_3 - 2c\,\omega_1\,a_{33} = \text{const}
\tag{3.88}
$$

gefunden werden. Tatsächlich erhält man aus (3.88) durch Ableiten nach der Zeit:

$$
2\omega_3(\omega_1\,\dot\omega_1 + \omega_2\,\dot\omega_2) + \dot\omega_3(\omega_1^2 + \omega_2^2) - 2c\,\dot\omega_1\,a_{33} - 2c\,\omega_1\,\dot a_{33} = 0.
$$

Setzt man darin die Werte für $\dot\omega_1$, $\dot\omega_2$ und $\dot\omega_3$ aus (3.87) sowie $\dot a_{33}$ aus (3.31) ein, dann folgt:

$$
\frac{c\,\omega_2}{2}\,[4a_{31}\,\omega_1 + 4a_{32}\,\omega_2 + a_{33}\,\omega_3] = 0.
$$

Diese Bedingung ist aber wegen der vorausgesetzten Anfangsbedingung $H_0 = 0$ stets erfüllt. Wegen $A = B = 4C$ gilt nämlich:

$$
H_0 = H_i\,a_{3i} = \frac{A}{4}\,[4\omega_1\,a_{31} + 4\omega_2\,a_{32} + \omega_3\,a_{33}] = 0.
$$

Die Ausrechnung der Variablen unter Verwendung des neuen Integrals (3.88) soll hier nicht durchgeführt werden. Sie führt auf hyperelliptische Integrale, deren Auswertung erheblich mehr Rechenarbeit erfordert, als dies z. B. bei dem Lagrange-Kreisel der Fall ist.

Leicht zu übersehende Sonderfälle liegen vor, wenn der Kreisel um eine horizontale 2'- oder 3'-Achse dreht. Man hat dann entweder

$\alpha)$ $\omega_1 = \omega_3 = 0$; $a_{32} = 0$ (Drehung um 2'-Achse)

oder

$\beta)$ $\omega_1 = \omega_2 = 0$; $a_{33} = 0$ (Drehung um 3'-Achse).

Bezeichnet man den Winkel der 1'-Achse gegenüber der Vertikalen mit ϑ, dann gilt in den Fällen

$\alpha)$ $a_{31} = \cos\vartheta$; $a_{33} = \sin\vartheta$,

$\beta)$ $a_{31} = \cos\vartheta$; $a_{32} = -\sin\vartheta$.

Damit ergeben sich aus (3.87) die folgenden Bestimmungsgleichungen für die Drehbewegungen

$\alpha)$ $\ddot\vartheta - \tfrac{1}{2}c\sin\vartheta = 0,$

$\beta)$ $\ddot\vartheta - 2c\sin\vartheta = 0.$

Beide Differentialgleichungen sind der Gleichung eines ebenen Schwerependels analog. Sie lassen sich durch elliptische Funktionen lösen. Dabei
sind pendelnde und überschlagende Bewegungsformen möglich, die in
jedem Falle nichtkonstante Drehgeschwindigkeiten besitzen.

b) Die Sonderfälle von Mercalov und Steklov. Unter Nr. 5 und Nr. 6
der Tabelle sind zwei Fälle aufgeführt, die dem bereits behandelten Fall
Nr. 4 ähneln. Bei allen 3 Fällen werden Beschränkungen sowohl bezüglich der Form des Trägheitsellipsoides und der Lage des Massenmittelpunktes als auch bezüglich der Anfangsbedingungen vorgenommen.

MERCALOV setzt denselben Kreisel wie GORJAČEV und ČAPLYGIN
voraus, fordert jedoch andere Anfangsbedingungen. Bei ihm darf
$H_0 \neq 0$ gelten, aber der anfängliche Drehvektor $(\omega_i)_0$ soll keine Komponente in der Symmetrieachse (3′-Achse) haben. Unter dieser Voraussetzung kann ein zusätzliches Integral der Bewegungsgleichungen gefunden werden. Es geht im Fall $H_0 = 0$ in (3.88) über.

Die Bewegungsgleichungen behalten dieselbe Form (3.87) wie im
Falle a). Sie gestatten zwei leicht überschaubare Sonderlösungen. Wie
im Fall a) kann eine Drehung um eine horizontal liegende 2′-Achse
stattfinden:

$$\omega_1 = \omega_3 = 0; \quad a_{32} = 0,$$

die der Gleichung

$$\ddot{\vartheta} - \tfrac{1}{2}c \sin \vartheta = 0$$

genügt.

Außerdem aber ist eine stationäre Drehung bei vertikal stehender
1′-Achse möglich, für die

$$\omega_1 = \omega_0; \quad \omega_2 = \omega_3 = 0,$$
$$a_{31} = 1, \quad a_{32} = a_{33} = 0$$

gilt. Ohne Beweis soll erwähnt werden, daß für die Stabilität dieser Bewegung dasselbe gilt wie für die entsprechende stationäre Drehung
des Kovalevskaja-Kreisels: Nur Drehungen des hängenden Mercalov-
Kreisels sind stabil; der aufrechte Kreisel ist stets instabil.

Auch in dem von STEKLOV behandelten Fall Nr. 6 der Tabelle liegt
der Massenmittelpunkt auf einer Hauptachse (3′-Achse). Das Trägheitsellipsoid bezüglich F braucht jedoch nicht symmetrisch zu sein, da
lediglich $2A = C$ vorausgesetzt wird. Die Einschränkung bezüglich der
Anfangsbedingungen besteht darin, daß der Vektor $(\omega_i)_0$ der anfänglichen Drehgeschwindigkeit in der 1′3′-Ebene liegen muß. Unter diesen Voraussetzungen kann die Integration exakt durchgeführt werden,
worauf jedoch hier nicht eingegangen werden soll.

Auch die Stabilität permanenter Drehungen des Steklov-Kreisels ist
mehrfach untersucht worden. Dabei handelt es sich jedoch um Sonder-

fälle der allgemeinen, von STAUDE aufgefundenen Drehungen, die im folgenden Abschnitt ausführlicher untersucht werden sollen.

c) *Die Staudeschen permanenten Drehungen.* Es soll untersucht werden, unter welchen Bedingungen ein schwerer Kreisel Drehungen um Achsen ausführen kann, die sowohl im Körper als auch im Raum fest liegen. Dabei sollen keinerlei Einschränkungen über Körperform und Schwerpunktlage vorausgesetzt werden. STAUDE [21] hat gezeigt, daß derartige *Drehbewegungen um vertikale Achsen* möglich sind und daß der Kreisel dabei gleichförmig dreht. Der vertikale Eins-Vektor a_{3i} behält dann seine Lage auch im körperfesten System unverändert bei, so daß $d'a_{3i}/dt = 0$ wird. Aus (3.30) folgt damit $\varepsilon_{ijk}\,\omega_j\,a_{3k} = 0$. Daraus kann gefolgert werden, daß auch der Drehvektor ω_i vertikal sein muß. Man kann also

$$\omega_i = \pm\omega\,a_{3i} \tag{3.89}$$

ansetzen, wobei über das Vorzeichen noch entschieden werden muß.

Aus dem Energieintegral (3.34) läßt sich nun erkennen, daß potentielle und kinetische Energie für sich konstant sind. Da s_i ein körperfester Vektor ist, bleibt nämlich $s_i\,a_{3i}$ und damit die potentielle Energie konstant. Das ist physikalisch leicht einzusehen, da der Schwerpunkt S seine Höhenlage bei Drehungen um vertikale Achsen nicht ändert. Konstanz der kinetischen Energie bedeutet:

$$T = \tfrac{1}{2}H_i\,\omega_i = \tfrac{1}{2}\Theta_{ij}\,\omega_j\,\omega_i = \tfrac{1}{2}\omega^2\,\Theta_{ij}\,a_{3j}\,a_{3i} = \text{const.} \tag{3.90}$$

Da a_{3i} auch im körperfesten System konstant ist, bleibt der Wert für die quadratische Form $\Theta_{ij}\,a_{3j}\,a_{3i}$ konstant, so daß auch ω konstant sein muß. Die Drehungen um vertikale körperfeste Achsen erfolgen also mit konstanter Drehgeschwindigkeit.

Weiter folgt aus (3.90) mit $\omega_i = \text{const}$, daß auch H_i ein körperfester Vektor konstanter Größe ist. Wegen $d'\omega_i/dt = 0$ folgt ferner aus (3.28)

$$\varepsilon_{ijk}\,\omega_j\,H_k = G\,\varepsilon_{ijk}\,a_{3j}\,s_k. \tag{3.91}$$

Das besagt, daß bei den Staude-Drehungen Kreiselmoment und Schweremoment im Gleichgewicht sind. Man kann aus (3.91) entnehmen, daß dies nur möglich ist, wenn die Vektoren a_{3i}, ω_i, H_i und s_i komplanar sind. Tatsächlich müssen alle in die Vektorprodukte von (3.91) eingehenden Vektoren senkrecht auf den nach (3.91) identischen Vektoren von Kreiselmoment und Schweremoment stehen. Die Forderung, daß beide Seiten von (3.91) gleiches Vorzeichen haben müssen, gestattet außerdem, über das Vorzeichen von ω_i in (3.89) zu entscheiden. Das Pluszeichen ist zu nehmen, wenn die Vektoren s_i und H_i in der gleichen Halbebene, von der Vertikalen (Vektoren a_{3i} bzw. ω_i) aus gesehen, liegen; im anderen Falle gilt das Minuszeichen (Abb. 3.27). Wegen (3.89) läßt sich (3.91) umformen in

$$\varepsilon_{ijk}\, a_{3j}\, (\pm \omega\, H_k - G\, s_k) = 0. \qquad (3.92)$$

Das ist stets erfüllt, wenn der in der Klammer stehende Differenz- bzw. Summenvektor vertikal ist. Eine rein geometrische, notwendige, aber nicht hinreichende Bedingung für die Erfüllung von (3.91) erhält man

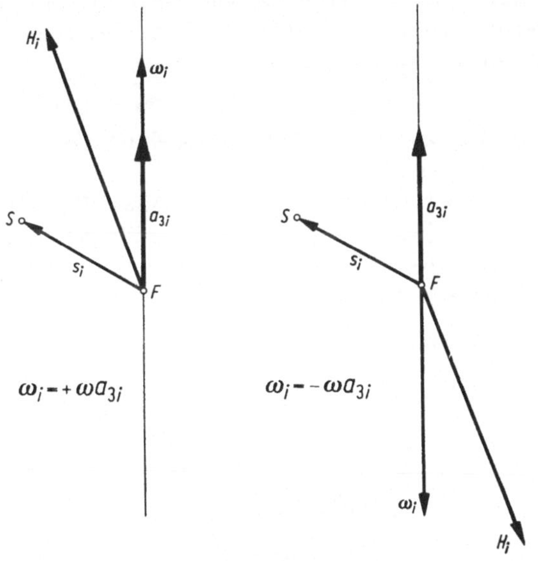

Abb. 3.27 Mögliche Konfigurationen der Vektoren a_{3i}, ω_i, H_i, s_i bei permanenten Drehungen des schweren unsymmetrischen Kreisels.

durch skalares Multiplizieren mit s_i. Mit (3.89) ergibt sich

$$s_i\, \varepsilon_{ijk}\, \omega_j\, H_k = \omega^2\, s_i\, \varepsilon_{ijk}\, a_{3j}\, \Theta_{kl}\, a_{3l} = 0$$

oder mit $\omega \neq 0$

$$s_i\, \varepsilon_{ijk}\, a_{3j}\, \Theta_{kl}\, a_{3l} = \begin{vmatrix} s_1 & s_2 & s_3 \\ a_{31} & a_{32} & a_{33} \\ A\, a_{31} & B\, a_{32} & C\, a_{33} \end{vmatrix} = 0,$$

$$(C - B)\, s_1\, a_{32}\, a_{33} + (A - C)\, s_2\, a_{33}\, a_{31} + (B - A)\, s_3\, a_{31}\, a_{32} = 0. \qquad (3.93)$$

Wegen $a_{3i}\, a_{3i} = 1$ ist durch diese Beziehung eine sphärische Kurve auf einer körperfesten Einheitskugel um den Fixpunkt F definiert. Diese Kurve ist ausschließlich von der Massenverteilung des Kreisels, also von den Trägheitsmomenten und der Schwerpunktslage abhängig. Die möglichen Drehachsen für Staude-Drehungen verbinden den Fixpunkt F mit den Punkten der sphärischen Kurve. Die Drehachsen selbst bilden

Mantellinien der sog. Staude-Kegel, die den Fixpunkt als Spitze haben. Die Gleichung für die Staude-Kegel kann aus (3.93) erhalten werden, indem man dort die Koordinaten des Vektors a_{3i} als Variable auffaßt. Ohne auf die Diskussion dieser Beziehung einzugehen (siehe z. B. B. Grammel [3] oder Leimanis [7]) soll hier nur bemerkt werden, daß sowohl die drei Hauptachsen wie auch die Verbindungslinie FS selbst Mantellinien der Staude-Kegel sind. Tatsächlich ist (3.93) stets erfüllt, wenn eine Hauptachse vertikale Drehachse ist. Dann nämlich sind je zwei der Koordinaten von a_{3i} gleich Null. Andererseits kann der Vektor s_i in der Form $s_i = s\,a_{3i}$, also

$$s_1 = s\,a_{31}; \qquad s_2 = s\,a_{32}; \qquad s_3 = s\,a_{33} \tag{3.94}$$

geschrieben werden, sofern die Verbindungslinie FS vertikal ist. Auch mit (3.94) ist (3.93) erfüllt.

An dem einfacher zu übersehenden Sonderfall eines Kreisels mit symmetrischem Trägheitsellipsoid ($A = B$) soll nun noch gezeigt werden, wie der Staude-Kegel gefunden werden kann und wie die *kinetisch* zulässigen Achsen aus den Mantellinien dieses Kegels ausgewählt werden können.

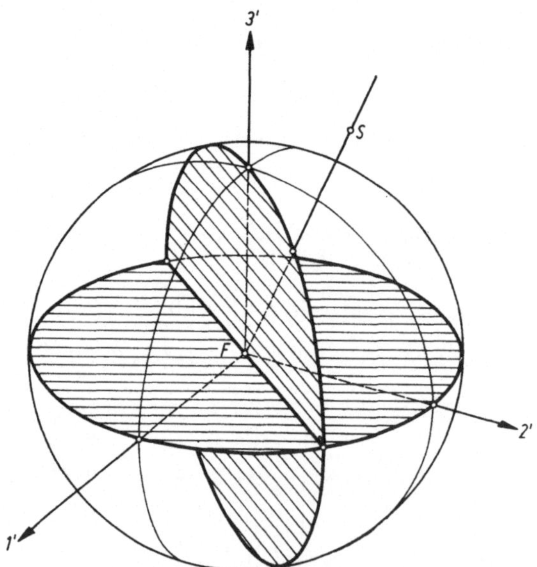

Abb. 3.28 Zu zwei Ebenen ausgearteter Staude-Kegel.

Mit $A = B$ läßt sich (3.93) erfüllen mit den Werten

$$s_2\,a_{31} = s_1\,a_{32}; \qquad a_{33} = 0.$$

Der Staude-Kegel artet dabei in zwei Ebenen aus, die in Abb. 3.28 skizziert sind. Es sind dies die Äquatorebene ($1'2'$-Ebene) sowie die rechtwinklig dazu stehende Meridianebene durch F und S. Man kann aus (3.91) folgern, daß Achsen in der Äquatorebene kinetisch nicht zulässig sind, sofern nicht S selbst auf der Drehachse liegt. Für Drehungen um Achsen in der Äquatorebene gilt nämlich wegen $A = B$ stets $H_i \parallel \omega_i$. Also ist das Kreiselmoment von (3.91) gleich Null. Das rechts stehende Schweremoment verschwindet aber nur, wenn $s_i \parallel a_{3i}$ ist, wenn also der Schwerpunkt auf der Drehachse liegt.

Zur weiteren Untersuchung verdrehen wir das körperfeste Bezugssystem so, daß S in die $2'3'$-Ebene kommt. Das ist ohne Verlust an Allgemeinheit möglich, da alle Achsen durch F in der Äquatorebene kinetisch gleichwertig sind. In der Meridianebene durch F und S erhält man dann die in Abb. 3.29 dargestellten Verhältnisse. Die Lage der

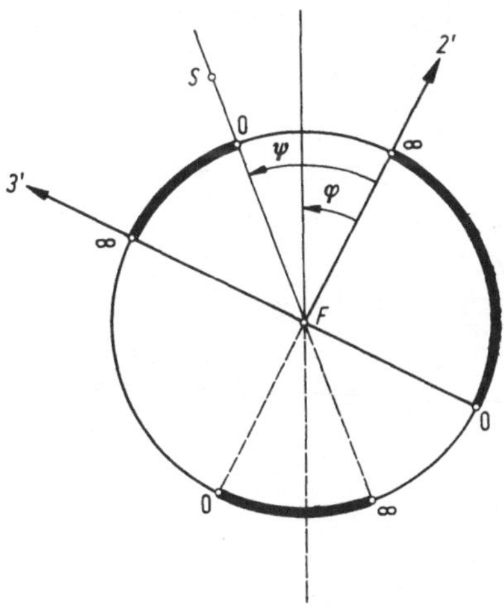

Abb. 3.29 Bereiche für kinetisch mögliche Achsen bei den Staude-Drehungen.

Schwerachse FS werde durch den Winkel ψ gekennzeichnet; eine beliebige andere Achse durch F habe gegenüber der $2'$-Achse den Neigungswinkel φ. Wird sie als vertikale Drehachse aufgefaßt, dann gilt:

$$a_{32} = \cos\varphi; \quad \omega_2 = \omega \cos\varphi; \quad s_2 = s \cos\psi,$$
$$a_{33} = \sin\varphi; \quad \omega_3 = \omega \sin\varphi; \quad s_3 = s \sin\psi. \tag{3.95}$$

Mit diesen Werten kann man aus der Vektorgleichung (3.91) als erste Komponentengleichung die Beziehung

$$(C - A)\,\omega_2\,\omega_3 = G\,(a_{32}\,s_3 - a_{33}\,s_2),$$
$$\omega^2(C - A)\sin\varphi\cos\varphi = G\,s\sin(\psi - \varphi) \tag{3.96}$$

ableiten. Das ergibt

$$\omega^2 = \frac{2G\,s}{A - C}\,\frac{\sin(\varphi - \psi)}{\sin 2\varphi}. \tag{3.97}$$

Dieser Ausdruck muß positiv sein, wenn reelle Werte für ω daraus folgen sollen. Man erkennt aus Abb. 3.30, daß dies unter der Voraussetzung $A > C$ (abgeplatteter Kreisel) für

$$\psi < \varphi < \frac{\pi}{2}, \quad \pi < \varphi < \pi + \psi, \quad \frac{3\pi}{2} < \varphi < 2\pi \qquad (3.98)$$

gilt. Diese Bereiche sind in Abb. 3.29 stark ausgezogen worden. Setzt man $A < C$ (gestreckter Kreisel) voraus, dann hat man komplementäre Verhältnisse; die zulässigen Achsen liegen dann in den Bereichen

$$0 < \varphi < \psi, \quad \frac{\pi}{2} < \varphi < \pi, \quad \pi + \psi < \varphi < \frac{3\pi}{2}. \qquad (3.99)$$

Die für eine Kompensation von Kreiselmoment und Schweremoment notwendigen Drehgeschwindigkeiten ω können aus (3.97) entnommen

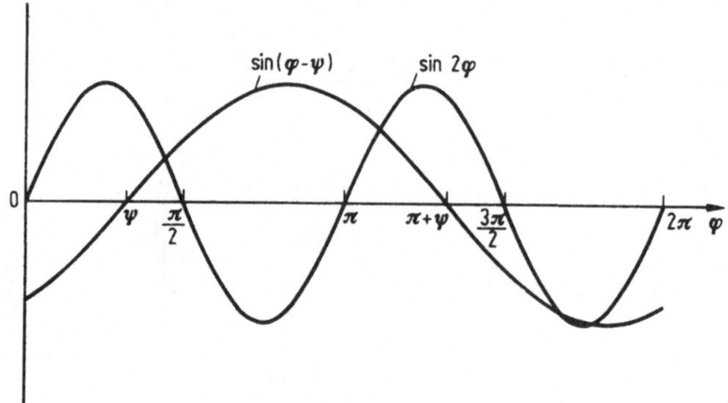

Abb. 3.30 Zur Berechnung der möglichen Staude-Achsen.

werden. Man erkennt, daß für Drehungen um die Hauptachsen jeweils $\omega \to \infty$ geht. Das ist physikalisch verständlich, weil das Kreiselmoment bei Drehungen um diese Achsen verschwindet, also bei endlichen Drehgeschwindigkeiten keine Kompensation des Schweremomentes stattfinden kann.

Die *Stabilität der Staude-Drehungen* muß gesondert untersucht werden. Dieses Spezialgebiet, bei dem viele Fallunterscheidungen zu treffen sind, soll hier nicht in aller Ausführlichkeit behandelt werden. Wir wollen uns auf die Untersuchung eines wichtigen Sonderfalles beschränken und verweisen bezüglich weiterer Einzelheiten auf GRAMMEL [3] und LEIMANIS [7].

Eine gewisse praktische Bedeutung besitzt das Verhalten eines unsymmetrischen Kreisels, der um eine vertikal stehende Hauptachse dreht, wobei der Schwerpunkt S auf dieser Hauptachse im Abstand s von F liegen soll. Durch $s > 0$ wird der aufrechte Kreisel, durch $s < 0$ der hängende Kreisel gekennzeichnet. Es soll angenommen werden, daß der Kreisel um die $1'$-Achse dreht. Dann gilt:

$$\omega_i = (\omega_0, 0, 0),$$
$$a_{3i} = (1, 0, 0), \tag{3.100}$$
$$s_i = (s, 0, 0).$$

Das ist eine mögliche partikuläre Lösung der Ausgangsgleichungen (3.29) und (3.31) des schweren Kreisels. Zur Untersuchung der Nachbarbewegungen setzen wir für die 6 Variablen des Systems mit den Störungen x an:

$$\omega_i = (\omega_0 + x_1, x_2, x_3),$$
$$a_{3i} = (1 + x_4, x_5, x_6). \tag{3.101}$$

Damit folgt nach Einsetzen in (3.29) und (3.31) das Gleichungssystem:

$$A\,\dot{x}_1 - (B - C)\,x_2\,x_3 = 0,$$
$$B\,\dot{x}_2 - (C - A)\,(\omega_0 + x_1)\,x_3 = G\,s\,x_6,$$
$$C\,\dot{x}_3 - (A - B)\,(\omega_0 + x_1)\,x_2 = -G\,s\,x_5,$$
$$\dot{x}_4 - x_2\,x_6 + x_3\,x_5 = 0, \tag{3.102}$$
$$\dot{x}_5 + (1 + x_4)\,x_3 - (\omega_0 + x_1)\,x_6 = 0,$$
$$\dot{x}_6 + (\omega_0 + x_1)\,x_5 - (1 + x_4)\,x_2 = 0.$$

Wenn wir uns darauf beschränken, die notwendigen Bedingungen für die Stabilität des Systems aufzustellen, dann können in einer Theorie erster Näherung die in den x quadratischen Anteile des Systems (3.102) vernachlässigt werden. Damit folgt sofort, daß bei dieser Näherung die Störungen x_1 und x_4 von zweiter Ordnung klein werden. Deshalb kann man für die weitere Betrachtung (3.102/1) und (3.102/4) fortlassen. Es bleiben die Gleichungen:

$$B\,\dot{x}_2 - (C - A)\,\omega_0\,x_3 - G\,s\,x_6 = 0,$$
$$C\,\dot{x}_3 - (A - B)\,\omega_0\,x_2 + G\,s\,x_5 = 0,$$
$$\dot{x}_5 + x_3 - \omega_0\,x_6 = 0, \tag{3.103}$$
$$\dot{x}_6 - x_2 + \omega_0\,x_5 = 0.$$

Die charakteristische Gleichung dieses Systems ist

$$\begin{vmatrix} B\,\lambda & -(C - A)\,\omega_0 & 0 & -G\,s \\ -(A - B)\,\omega_0 & C\,\lambda & G\,s & 0 \\ 0 & 1 & \lambda & -\omega_0 \\ -1 & 0 & \omega_0 & \lambda \end{vmatrix} = 0,$$

oder ausgerechnet und umgeformt:

$$\lambda^4\,B\,C + \lambda^2[\omega_0^2(2B\,C - A\,B - A\,C + A^2) - G\,s(B + C)] +$$
$$+ [(B - A)\,\omega_0^2 + G\,s]\,[(C - A)\,\omega_0^2 + G\,s] = 0. \tag{3.104}$$

Stabilität kann nur vorhanden sein, wenn die Lösungen von (3.104) für λ^2 negativ reell sind. Notwendig dazu ist die Erfüllung der Bedingungen:

$$[\omega_0^2(2BC - AB - AC + A^2) - Gs(B + C)] > 0, \tag{3.105}$$

$$[(B - A)\,\omega_0^2 + Gs]\,[(C - A)\,\omega_0^2 + Gs] > 0, \tag{3.106}$$

$$[\omega_0^2(2BC - AB - AC + A^2) - Gs(B + C)]^2 -$$
$$- 4BC[(B - A)\,\omega_0^2 + Gs]\,[(C - A)\,\omega_0^2 + Gs] > 0. \tag{3.107}$$

Bevor diese Bedingungen näher untersucht werden, wollen wir uns vergewissern, daß drei bereits bekannte Sonderfälle leicht daraus abgeleitet werden können: der kräftefreie Kreisel, das Raumpendel und der symmetrische schwere Kreisel.

α) Für den *kräftefreien Kreisel* gilt $s = 0$. Dafür sind (3.105) und (3.107) stets erfüllt. Man erkennt dies, wenn man die aus den Ungleichungen (1.10) folgenden Beziehungen

$$B > C - A, \quad C > A - B$$

miteinander multipliziert. Dann folgt:

$$BC > AC + AB - BC - A^2$$

oder

$$2BC - AB - AC + A^2 > 0. \tag{3.108}$$

Folglich ist (3.105) mit $s = 0$ erfüllt. Die Bedingung (3.107) kann in die Form

$$A^2(B + C - A)^2 > 0$$

gebracht werden und ist ebenfalls erfüllt.

Es bleibt deshalb die Bedingung (3.106), die mit $s = 0$ auf

$$(B - A)\,(C - A) > 0.$$

führt. Sie bestätigt das bereits im Abschn. 2.4 abgeleitete Ergebnis, daß Stabilität nur vorhanden ist, wenn A entweder das größte oder das kleinste der Hauptträgheitsmomente ist.

β) Das *Raumpendel* ist ein Kreisel ohne Eigendrehung; es gilt also $\omega_0 = 0$. Damit sind (3.106) und (3.107) stets erfüllt. Aus (3.105) schließt man, daß Stabilität $s < 0$ erfordert. Das ist physikalisch evident, da nur ein nach unten hängendes Raumpendel im stabilen Gleichgewicht ist.

γ) Für einen *symmetrischen Kreisel*, der um die $1'$-Achse dreht, gilt $B = C$. Damit ist (3.106) stets erfüllt. Die Bedingung (3.107) läßt sich umformen in

$$(A^2\,\omega_0^2 - 4Gs\,B)\,(A - B)^2 > 0. \tag{3.109}$$

Sie ist für den hängenden Kreisel ($s < 0$) stets erfüllt; jedoch für den aufrechten Kreisel ($s > 0$) nur dann, wenn

$$A^2\,\omega_0^2 > 4G\,s\,B \qquad\qquad (3.110)$$

gilt.

Die Bedingung (3.105) ist für $s < 0$ wegen (3.108) ebenfalls erfüllt. Auch im Fall $s > 0$ ist sie erfüllt, sofern man den aus der jetzt schärferen Bedingung (3.107) folgenden Wert (3.110) für ω_0^2 einsetzt. Folglich sind alle drei Bedingungen erfüllt, sofern (3.110) gilt. Diese Bedingung stimmt aber mit dem früheren Ergebnis (3.70) überein, nur muß man berücksichtigen, daß dort die 3′-Achse, hier aber die 1′-Achse als Symmetrieachse gewählt wurde.

Um die Bedingungen (3.105), (3.106) und (3.107) allgemeiner zu untersuchen, sollen die dimensionslosen Größen

$$\frac{A}{B} = x, \quad \frac{A}{C} = y, \quad \frac{G\,s}{A\omega_0^2} = k \qquad\qquad (3.111)$$

eingeführt werden. Außer von den Formzahlen x und y wird das Kreiselverhalten vor allem durch die Kreiselzahl k bestimmt; kleine Werte von k bedeuten überwiegende Kreiselmomente, große Werte von k bedeuten überwiegende Schweremomente. Für $k < 0$ erhält man den hängenden Kreisel, $k > 0$ ergibt den aufrechten Kreisel. Das Raumpendel wird für $k \to \infty$, der kräftefreie Kreisel für $k = 0$ erhalten. Die notwendigen Stabilitätsbedingungen nehmen jetzt die Form an:

$$S_1 = (2 - y - x + x\,y) - k\,(x + y) > 0,$$

$$S_2 = (1 - x + k\,x)\,(1 - y + k\,y) > 0, \qquad\qquad (3.112)$$

$$S_3 = [(2 - y - x + x\,y) - k\,(x + y)]^2 - 4\,(1 - x + k\,x)\,(1 - y + k\,y) > 0.$$

In den Diagrammen von Abb. 3.31 findet man eine numerische Auswertung dieser Bedingungen für verschiedene Werte der Kreiselkennzahl k. Dabei sind die Instabilitätsbereiche gestrichelt in das Formdreieck für den starren Körper (s. Abschn. 1.3.6) eingetragen worden. Man erkennt deutlich die Verschiebung der Instabilitätsbereiche: Beim aufrechten Kreisel werden sie mit wachsendem k größer, bei hängendem Kreisel kleiner. Bemerkenswert ist vor allem die Tatsache, daß ein Körper, der als kräftefreier Kreisel stabil rotiert, in bestimmten Drehzahlbereichen auch dann instabil werden kann, wenn er hängt, also statisch stabil ist. Umgekehrt kann ein mittelachsiger Kreisel, der kräftefrei stets instabil ist, bei bestimmten Drehzahlen auch dann stabil werden, wenn er aufrecht, also statisch instabil ist. Diese beiden Effekte lassen sich an geeigneten Modellen auch experimentell nachweisen.

Wenn von den Bedingungen (3.112) $S_2 > 0$ erfüllt ist, dann ist $S_3 > 0$ auf jeden Fall schärfer als $S_1 > 0$. Es genügt daher i. allg., (3.112/2) und (3.112/3) zu untersuchen. Die Bedingung (3.112/2) ist erfüllt, wenn die vorkommenden Klammerausdrücke gleiche Vorzeichen haben. Sind die Vorzeichen negativ, dann sind dies allein bereits hin-

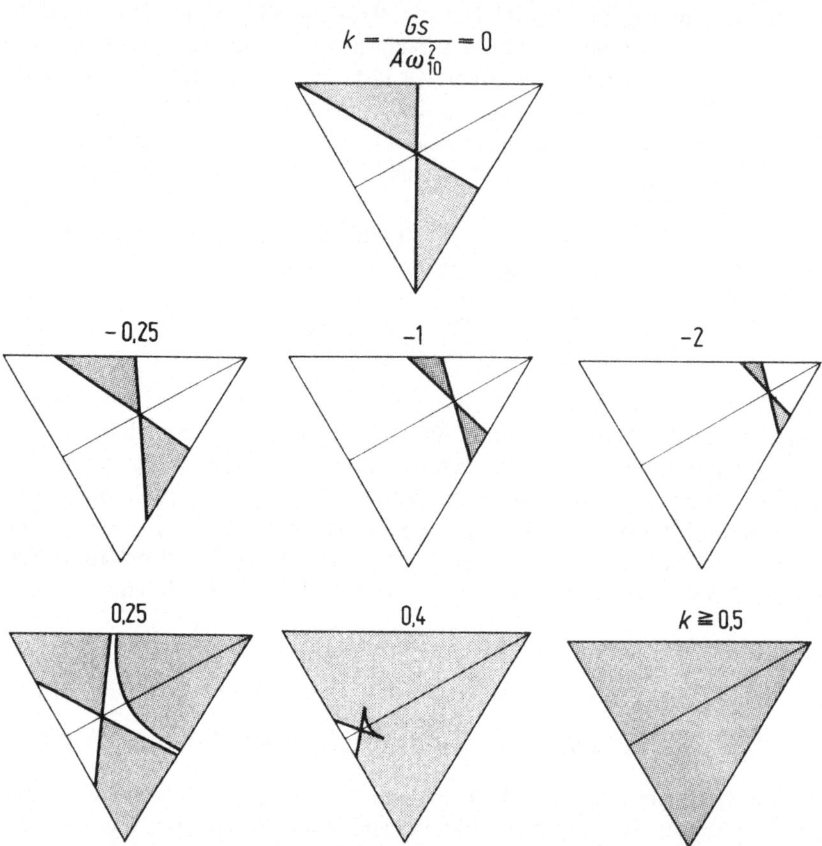

Abb. 3.31 Stabilitätsbereiche für die Drehbewegungen eines aufrechten unsymmetrischen Kreisels für verschiedene Werte der dimensionslosen Kreiselkennzahl k.

reichende Bedingungen für Stabilität im Sinne von LJAPUNOV, wie RUMJANZEV [22] nachweisen konnte. Diese hinreichenden Bedingungen können in der Form

$$(A - B)\, \omega_0^2 > G\, s,$$
$$(A - C)\, \omega_0^2 > G\, s \tag{3.113}$$

geschrieben werden. Die durch sie definierten Bereiche gesicherter Stabilität sind in den nichtschraffierten Teilen der Formdreiecke von Abb. 3.31 enthalten.

Die Bedingung $S_3 > 0$ kann als quadratische Ungleichung für k aufgefaßt und in die Form

$$k^2(x - y)^2 - 2k(x + y - 4)(xy - x - y) + (xy - x - y)^2 > 0 \quad (3.114)$$

gebracht werden. Die Grenzen k^*, an denen diese Bedingung verletzt wird und der obige Ausdruck gerade verschwindet, folgen aus (3.114) zu

$$k^* = \frac{xy - x - y}{(x - y)^2}\left[x + y - 4 \pm 2\sqrt{(2 - x)(2 - y)}\right]. \quad (3.115)$$

Daraus ist zu entnehmen, daß relle Lösungen von k^*, also Stabilitätsgrenzen nur möglich sind, wenn $(2 - x)(2 - y) > 0$ gilt. Dies bedeutet, daß gleichzeitig

$$2B > A \quad \text{und} \quad 2C > A \quad\quad\quad (3.116)$$

gelten muß. Die andere mathematische Möglichkeit, bei der die Ungleichheitszeichen umzudrehen sind, ist physikalisch nicht realisierbar, da sonst die Dreieckungleichungen (1.10) verletzt werden. Die Forderung (3.116) besagt, daß das Trägheitsmoment für die Hauptachse, um die der Kreisel dreht, nicht zu groß werden darf.

d) Pendelbewegungen nach Hess und Grioli. Bei diesen, in der Tabelle von Abschn. 3.3.1 unter Nr. 8 und 9 aufgeführten Fällen wird — wie auch bei den zuvor behandelten Staude-Drehungen — ein beliebiges Trägheitsellipsoid zugelassen. Dagegen wird jetzt eine sehr spezielle Lage des Schwerpunktes S vorausgesetzt, und es werden die Anfangsbedingungen eingeschränkt.

Die Lage des Schwerpunktes kann wie folgt beschrieben werden: Man geht aus von einem zum Trägheitsellipsoid (1.27) des Körpers reziproken Ellipsoid mit der Gleichung

$$\frac{x_1^2}{A} + \frac{x_2^2}{B} + \frac{x_3^2}{C} = K. \quad\quad\quad (3.117)$$

Wenn im folgenden $A > B > C$ vorausgesetzt wird, dann ist die 2′-Achse mittlere Hauptachse des Ellipsoides. Wir suchen nun diejenigen durch die 2′-Achse gelegten Ebenen, die das Ellipsoid in einem kreisförmigen Querschnitt schneiden (Abb. 3.32). Diese Kreise können auch als Schnitte des Ellipsoides (3.117) mit der Kugel

$$\frac{1}{B}(x_1^2 + x_2^2 + x_3^2) = K$$

erhalten werden. Durch Subtraktion beider Gleichungen erhält man eine Gleichung für die Projektion der Schnittkurve auf die 1′3′-Ebene:

$$x_1^2\left(\frac{1}{A} - \frac{1}{B}\right) + x_3^2\left(\frac{1}{C} - \frac{1}{B}\right) = 0$$

oder

$$x_1^2\, C\,(A - B) - x_3^2\, A\,(B - C) = 0.$$

Eine der beiden Schnittkurven hat dann die Gleichung

$$x_1\, \sqrt{C\,(A - B)} + x_3\, \sqrt{A\,(B - C)} = 0.$$

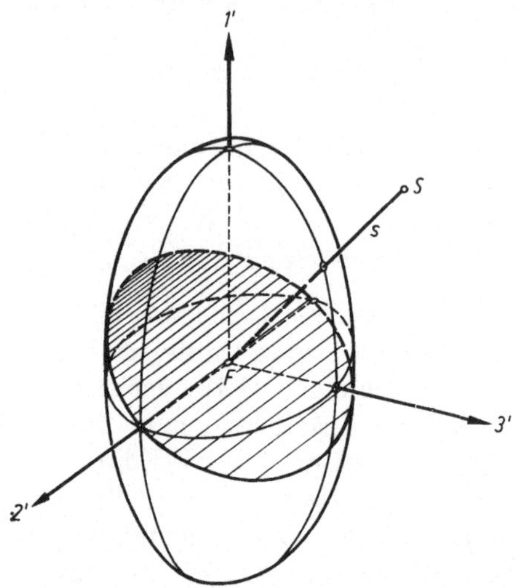

Abb. 3.32 Zur Lage des Schwerpunktes bei den Hess'schen Pendelbewegungen.

Das ist die Gleichung einer Geraden in der 1'3'-Ebene. Die Schwere-linie FS soll nun senkrecht auf der Kreisquerschnittebene und damit senkrecht auf dieser Geraden stehen. Also muß gelten

$$s_i\, x_i = s_1\, x_1 + s_3\, x_3 = 0$$

oder

$$s_1\, \sqrt{A\,(B - C)} - s_3\, \sqrt{C\,(A - B)} = 0, \qquad s_2 = 0. \tag{3.118}$$

HESS fordert weiter, daß der Anfangsdrall $(H_i)_0$ in der Kreisquer-schnittebene liegen soll, d. h.

$$(H_i\, s_i)_0 = 0. \tag{3.119}$$

Unter diesen Voraussetzungen läßt sich zeigen, daß der Drallvektor H_i auch bei der weiteren Bewegung in der Kreisquerschnittebene bleibt, so daß als neues Integral der Bewegungsgleichungen

$$H_i\, s_i = A\, \omega_1\, s_1 + C\, \omega_3\, s_3 = 0 \tag{3.120}$$

gefunden wird. Damit läßt sich die Integration der Bewegungsgleichun-gen zu Ende führen. Als Ergebnis dieser Integration soll hier nur an-geführt werden, daß sich der Schwerpunkt S genauso bewegt wie ein Raumpendel mit F als Aufhängepunkt, nur muß die Schwerebeschleu-nigung g im Hess'schen Fall durch $m\, s^2\, g/B$ ersetzt werden.

Der Kreisel dreht bei dieser Bewegung derart um die Achse FS, daß ein Punkt der mittleren Hauptachse eine Loxodrome beschreibt. Man spricht daher im vorliegenden Fall auch von dem *loxodromischen Pendel*.

GRIOLI gelangt zu dem von ihm entdeckten integrablen Fall der Kreiselgleichungen in ähnlicher Weise wie HESS. Nur geht er nicht von dem reziproken Trägheitsellipsoid (3.117) aus, sondern vom Trägheitsellipsoid (1.27) selbst. In völlig analoger Weise, wie dies für den Hess-Kreisel gezeigt wurde, stellt GRIOLI die Forderung

$$s_1 \sqrt{B - C} - s_3 \sqrt{A - B} = 0 , \qquad s_2 = 0 \qquad (3.121)$$

für die Lage des Schwerpunktes S auf. Der Schwerpunkt liegt also auf einer im Punkte F errichteten Senkrechten zu einer Kreisquerschnitt-ebene des Trägheitsellipsoides. Für diesen speziellen Kreisel läßt sich nachweisen, daß bei Erfüllung der in der Tabelle von Abschn. 3.3.1 genannten Anfangsbedingungen reguläre Präzessionsbewegungen möglich sind, bei denen die Projektion des Drehvektors ω_i auf die Schwere-linie FS konstant bleibt:

$$\omega_i \, s_i = \omega_1 \, s_1 + \omega_3 \, s_3 = k . \qquad (3.122)$$

Bemerkenswert ist dabei, daß die Präzessionsachse i. allg. nicht verti-kal ist. Sie bildet vielmehr mit der Vertikalen einen Winkel δ, der von der Gestalt des Trägheitsellipsoides abhängt:

$$\cos\delta = \frac{k^2}{s} \, (A - B + C) . \qquad (3.123)$$

Die Präzessionsachse steht senkrecht auf der Schwerelinie FS. GUL-JAEV [23] konnte nachweisen, daß diese Bewegungen die einzigen dy-namisch möglichen Präzessionen für den allgemeinen unsymmetrischen Kreisel darstellen.

3.4 Der selbsterregte Kreisel

Nach GRAMMEL [24] bezeichnet man einen Kreisel als selbsterregt, wenn seine Bewegungen durch Momente M_i erzeugt oder unterhalten werden, deren Komponenten im kreiselfesten Bezugssystem bekannt sind. Die M_i können konstant sein oder auch als Funktionen der Zeit oder der Drehgeschwindigkeit erscheinen. Jedenfalls dürfen sie nicht von der momentanen Raumlage des Körpers abhängen. Dadurch wird es möglich, den Bewegungszustand des Kreisels allein aus den kineti-schen Euler-Gleichungen zu berechnen, ohne daß die meist mühsame Integration der kinematischen Gleichungen parallel durchgeführt wer-den muß.

Die Momentenvektoren M_i können sowohl bezüglich des Betrages als auch der Richtung nach zeitabhängig sein. Beides ist z. B. bei der

Lageregelung von Raumschiffen von Interesse, wenn die Stellmomente durch Schwenkdüsen mit regelbarem Schub aufgebracht werden. Der durch den Reaktionsantrieb bedingte Massenverlust des Körpers wird bei diesen Betrachtungen üblicherweise vernachlässigt. Bei Lageregelungen ist das sicher zulässig, jedoch wäre es problematisch bei der Untersuchung der Taumelbewegungen von aufsteigenden Raketen.

3.4.1 Die allgemeine Lösung für den selbsterregten symmetrischen Kreisel. Mit $A = B$ lauten die Bewegungsgleichungen des selbsterregten Kreisels bei Vorhandensein von zeitabhängigen Erregermomenten

$$A\,\dot{\omega}_1 - (A - C)\,\omega_2\,\omega_3 = M_1(t),$$
$$A\,\dot{\omega}_2 + (A - C)\,\omega_3\,\omega_1 = M_2(t), \qquad (3.124)$$
$$C\,\dot{\omega}_3 \qquad\qquad = M_3(t).$$

Aus der dritten dieser Gleichungen folgt

$$\omega_3 = \omega_{30} + \frac{1}{C}\int M_3(t)\,dt. \qquad (3.125)$$

Mit der Transformation auf die neue Veränderliche α

$$d\alpha = \omega_3\,dt \qquad (3.126)$$

lassen sich nun die ersten beiden Gleichungen von (3.124) in eine lineare, leicht integrierbare Form bringen. Wenn die Ableitung nach der Variablen α durch einen Strich gekennzeichnet wird, dann hat man

$$\dot{\omega} = \frac{d\omega}{dt} = \frac{d\omega}{d\alpha}\,\frac{d\alpha}{dt} = \omega'\,\omega_3.$$

Damit folgt aus (3.124)

$$\omega_1' - a\,\omega_2 = \frac{M_1}{A\,\omega_3} = m_1,$$
$$\omega_2' + a\,\omega_1 = \frac{M_2}{A\,\omega_3} = m_2 \qquad (3.127)$$

mit den Abkürzungen m_1, m_2 und $a = (A - C)/A$.

Wegen der Dreiecksungleichungen (1.10) liegt a stets im Bereich $-1 \leq a \leq +1$. Der Fall des Kugelkreisels mit $a = 0$ kann bei diesen Betrachtungen ausgeschlossen werden, da für ihn das System (3.124) elementar lösbar ist.

Führt man nun die komplexen Größen

$$\omega_1 + i\,\omega_2 = \omega^*; \quad m_1 + i\,m_2 = m^*$$

ein, dann lassen sich die Gln. (3.127) zu

$$\omega^{*\prime} + i\,a\,\omega^* = m^* \qquad (3.128)$$

zusammenfassen, wobei die komplexe Erregung $m^* = m^*(t)$ wegen der Transformation (3.126) als Funktion der neuen Variablen α dargestellt werden muß.

Die allgemeine Lösung von (3.128) mit den Integrationskonstanten $\omega_0^* = \omega^*(0)$ ist

$$\omega^* = e^{-i a \alpha} \left[\omega_0^* + \int\limits_0^\alpha m^*(\beta)\, e^{i a \beta}\, d\beta \right], \qquad (3.129)$$

oder in reeller Form

$$\omega_1 = \omega_{10} \cos a\, \alpha + \omega_{20} \sin a\, \alpha + \int\limits_0^\alpha [m_1 \cos a\,(\alpha - \beta) + m_2 \sin a\,(\alpha - \beta)]\, d\beta,$$

$$\omega_2 = \omega_{20} \cos a\, \alpha - \omega_{10} \sin a\, \alpha + \int\limits_0^\alpha [m_2 \cos a\,(\alpha - \beta) - m_1 \sin a\,(\alpha - \beta)]\, d\beta.$$

$$(3.130)$$

Zusammen mit (3.125) ergibt dies den Bewegungszustand für beliebige Selbsterregungsfunktionen.

3.4.2 Anwendung auf den Fall konstanter Erregermomente. Das Verhalten eines Kreisels unter dem Einfluß konstanter körperfester Momente von beliebiger Richtung ist erstmals von BÖDEWADT [25] untersucht und geklärt worden. Es ist zweckmäßig, zwei Fälle gesondert zu betrachten.

a) Der Momentenvektor steht rechtwinklig auf der Symmetrieachse. In diesem Falle ist $M_3 = 0$, so daß aus (3.125) sofort $\omega_3 = \omega_{30}$ folgt. Wenn die Konstante ω_{30} verschwindet, dann wird die Rechnung völlig elementar, da die Ausgangsgleichungen (3.124) entkoppelt werden. Dieser Sonderfall ist bei drallfreien Raumschiffen von einem gewissen Interesse. Wichtiger ist jedoch der Fall $\omega_{30} \neq 0$.

Aus (3.126) folgt jetzt $\alpha = \omega_{30} t$, so daß man bei der weiteren Rechnung wieder zur Zeitvariablen t übergehen kann. Die Lösung (3.129) wird jetzt:

$$\omega^* = \omega_0^*\, e^{-i a \omega_{30} t} + m_0^*\, \omega_{30} \int\limits_0^t e^{-i a \omega_{30} (t - \tau)}\, d\tau,$$

$$\omega^* = -i\, \frac{m_0^*}{a} + \left(\omega_0^* + i\, \frac{m_0^*}{a} \right) e^{-i a \omega_{30} t} \qquad (3.131)$$

mit der Integrationskonstanten $m_0^* = m_0^*(0)$. Dieses Ergebnis besagt, daß der Polkegel der Bewegung ein schiefer Kreiskegel ist (Abb. 3.33). Seine Spitze liegt im Fixpunkt F; seine Basis ist ein Kreis in einer

Parallelebene zur 1, 2-Ebene im Abstand ω_{30} mit dem Mittelpunkt P. Die Koordinaten von P sind:

$$\omega_{1P} = \frac{M_{20}}{(A - C)\,\omega_{30}}\,; \qquad \omega_{2P} = -\frac{M_{10}}{(A - C)\,\omega_{30}}\,; \qquad \omega_{3P} = \omega_{30}.$$

Der Zusammenhang zwischen Drehvektor ω_i und Momentenvektor M_i

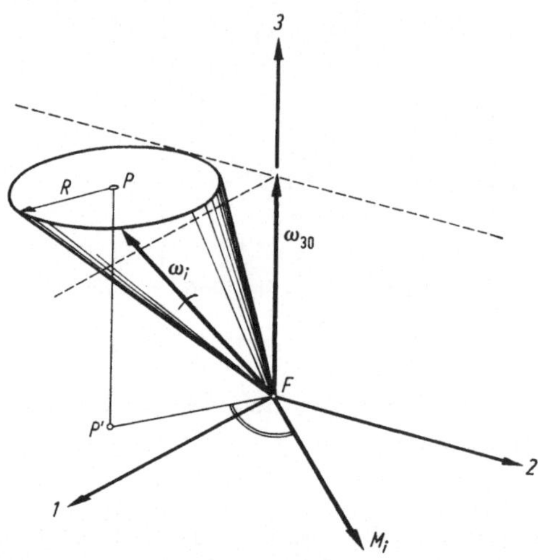

Abb. 3.33 Polkegel für einen durch ein konstantes Moment M_i selbsterregten symmetrischen Kreisel.

ist unmittelbar aus Abb. 3.33 zu erkennen: Während ω_i den Mantel des Polkegels periodisch mit einer Umlaufzeit

$$T_u = \frac{2\pi}{a\,\omega_{30}} = \frac{2\pi A}{(A - C)\,\omega_{30}} \tag{3.132}$$

umfährt, liegt der Vektor M_i fest in der 1, 2-Ebene rechtwinklig zur Verbindungslinie FP', wobei P' der Fußpunkt des von P auf die 1, 2-Ebene gefällten Lotes ist. Abhängig von den Anfangsbedingungen kann der Polkegel verschiedene Gestalt haben. Im Falle

$$\omega_0^* = -i\,\frac{m_0^*}{a} = \frac{M_{20}}{(A - C)\,\omega_{30}} - i\,\frac{M_{10}}{(A - C)\,\omega_{30}}$$

zieht er sich auf die Strecke FP zusammen. Das entspricht einer permanenten Drehung um eine sowohl im Körper wie auch im Raum festliegende Achse. Wird diese Achse zur 3-Achse eines raumfesten Bezugssystems gewählt, dann läßt sich für diesen Sonderfall leicht auch die Lage des Körpers als Funktion der Euler-Winkel angeben. Es ist $\dot\psi = \dot\psi_0$, $\dot\vartheta = \dot\varphi = 0$, also $\vartheta = \vartheta_0$, $\varphi = \varphi_0$. Wegen

$$\omega_1 = \omega_{10} = \dot\psi_0 \sin\vartheta_0 \sin\varphi_0,$$
$$\omega_2 = \omega_{20} = \dot\psi_0 \sin\vartheta_0 \cos\varphi_0,$$
$$\omega_3 = \omega_{30} = \dot\psi_0 \cos\vartheta_0$$

findet man für die Lagewinkel

$$\tan\vartheta_0 = \frac{1}{\omega_{30}}\sqrt{\omega_{10}^2 + \omega_{20}^2} = \frac{M}{(A-C)\,\omega_{30}^2},$$

$$\tan\varphi_0 = \frac{\omega_{10}}{\omega_{20}} = -\frac{M_{20}}{M_{10}}. \tag{3.133}$$

Der Ausdruck für φ_0 besagt, daß der Momentenvektor M_i stets in die Richtung der Knotenachse fällt.

Nachbarbewegungen zu der hier betrachteten permanenten Drehung können als Überlagerung einer durch M_i erzwungenen Drehung mit einer Eigenbewegung (Nutation) gedeutet werden. Bezüglich des Bewegungszustandes bleibt diese Bewegung der permanenten Drehung benachbart, so daß der Bewegungszustand als stabil bezeichnet werden kann. Eine Stabilität bezüglich der Lagewinkel ist jedoch damit keineswegs gewährleistet. Die Berechnung dieser Winkel für die Nachbarbewegungen bereitet jedoch erhebliche Schwierigkeiten und soll hier übergangen werden (siehe z. B. BÖDEWADT [25]).

b) Konstante Momentvektoren beliebiger Richtung. Auch in diesem komplizierteren Fall ist eine vollständige und explizite Lösung der Ausgangsgleichungen möglich. Mit $M_3 = M_{30} \neq 0$ folgt zunächst aus (3.125):

$$\omega_3 = \omega_{30} + \frac{M_{30}}{C}\,t = \frac{M_{30}}{C}\,(t + t_0), \tag{3.134}$$

wobei die Konstante $t_0 = C\,\omega_{30}/M_{30}$ als Anlaufzeit gedeutet werden kann. Aus (3.126) folgt mit (3.134) und $\alpha_0 = 0$

$$\alpha = \int\limits_t^{t_0} \omega_3\,dt = \frac{M_{30}}{2C}\,(t + t_0)^2.$$

Damit lassen sich ω_3, m_1 und m_2 als Funktionen von α ausdrücken. Aus (3.127) und (3.134) folgt

$$m_1 = \sqrt{\frac{C}{2M_{30}}}\,\frac{M_{10}}{A\,\sqrt{\alpha}}\,; \qquad m_2 = \sqrt{\frac{C}{2M_{30}}}\,\frac{M_{20}}{A\,\sqrt{\alpha}}\,.$$

Mit diesen Werten erhält man aus (3.130) die Komponenten ω_1 und ω_2 der Drehgeschwindigkeit. Die dort vorkommenden Integrale lassen sich durch die Fresnel-Integrale

$$S(x) = \frac{1}{\sqrt{2\pi}}\int\limits_0^x \frac{\sin y}{\sqrt{y}}\,dy\,; \qquad C(x) = \frac{1}{\sqrt{2\pi}}\int\limits_0^x \frac{\cos y}{\sqrt{y}}\,dy$$

10*

ausdrücken. Mit $x = a\,\alpha$ und der Integrationsvariablen $y = a\,\beta$ hat man

$$\int\limits_0^\alpha \frac{\cos a\,(\alpha - \beta)}{\sqrt{\beta}}\,d\beta = \frac{1}{\sqrt{a}}\int\limits_0^{x/a} \frac{\cos(x - y)}{\sqrt{y}}\,dy$$

$$= \sqrt{\frac{2\pi}{a}}\left[\cos x\,C\left(\frac{x}{a}\right) + \sin x\,S\left(\frac{x}{a}\right)\right],$$

$$\int\limits_0^\alpha \frac{\sin a\,(\alpha - \beta)}{\sqrt{\beta}}\,d\beta = \frac{1}{\sqrt{a}}\int\limits_0^{x/a} \frac{\sin(x - y)}{\sqrt{y}}\,dy$$

$$= \sqrt{\frac{2\pi}{a}}\left[\sin x\,C\left(\frac{x}{a}\right) - \cos x\,S\left(\frac{x}{a}\right)\right].$$

Damit folgen aus (3.130) die Drehungskomponenten:

$$\omega_1 = \omega_{10}\cos x + \omega_{20}\sin x +$$

$$+ \sqrt{\frac{\pi\,C}{A\,(A - C)\,M_{30}}}\left[S\left(\frac{x}{a}\right)(M_{10}\sin x - M_{20}\cos x) +\right.$$

$$\left.+ C\left(\frac{x}{a}\right)(M_{10}\cos x + M_{20}\sin x)\right],$$

$$\omega_2 = \omega_{20}\cos x - \omega_{10}\sin x +$$

$$+ \sqrt{\frac{\pi\,C}{A\,(A - C)\,M_{30}}}\left[S\left(\frac{x}{a}\right)(M_{10}\cos x + M_{20}\sin x) -\right.$$

$$\left.- C\left(\frac{x}{a}\right)(M_{10}\sin x - M_{20}\cos x)\right].$$

$$(3.135)$$

Hierbei ist

$$x = a\,\alpha = \frac{M_{30}(A - C)}{2\,A\,C}\,(t + t_0)^2,$$

so daß das Argument der vorkommenden Fresnel-Integrale und der trigonometrischen Funktionen quadratisch mit der Zeit anwächst. Zusammen mit ω_3 nach (3.134) gibt (3.135) die Lösung der Ausgangsgleichungen (3.124), so daß der Bewegungszustand ermittelt ist.

3.4.3 Erregung des symmetrischen Kreisels durch Momentenstöße. Bei der praktischen Anwendung selbsterregter Kreisel in der Raumfahrt interessiert auch der Fall einer Erregung durch kurzzeitige Momentenstöße. Es soll hier angenommen werden, daß die Momente keine Komponente der Symmetrieachse besitzen. Dann folgt mit $M_3 = 0$ sofort wieder $\omega_3 = \omega_{30} = $ const. Weiterhin soll vorausgesetzt werden, daß die Zeitdauer eines Stoßes klein gegenüber der Zeit $2\pi/\omega_{30}$ einer Umdrehung ist. Eine Folge kurzzeitiger Momentenstöße kann nun mit Hilfe der Dirac-Funktion $\delta(t)$ in der Form

$$M(t) = \sum_\nu M_\nu\, \delta(t - t_\nu) \tag{3.136}$$

dargestellt werden. Darin ist t_ν der Zeitpunkt des ν-ten Stoßes und M_ν ein Maß für seine Stärke. Entsprechende Ausdrücke ergeben sich für das bezogene Moment $m(t)$, so daß die allgemeine Lösung (3.129) jetzt in der Form

$$\omega^* = \omega_0^*\, e^{-i\,a\,\omega_{30}t} + \omega_{30} \int\limits_0^t e^{-i\,a\,\omega_{30}(t-\tau)} \sum_\nu m_\nu^*\, \delta(\tau - t_\nu)\, d\tau \tag{3.137}$$

geschrieben werden kann. Jeder einzelne Stoß führt zu einer sprunghaften Veränderung der momentanen Drehgeschwindigkeit um den Betrag

$$\Delta\omega_\nu = \omega_{30}\, m_\nu \int\limits_{t_\nu-\varepsilon}^{t_\nu+\varepsilon} \delta(\tau - t_\nu)\, d\tau.$$

Mit der Einheitssprungfunktion

$$1(t - t_\nu) = \int\limits_0^t \delta(\tau - t_\nu)\, d\tau = \begin{cases} 0 & \text{für} \quad t < t_\nu \\ 1 & \text{für} \quad t > t_\nu \end{cases}$$

läßt sich nun die allgemeine Lösung (3.137) in die Form bringen

$$\omega^* = \omega_0^*\, e^{-i\,a\,\omega_{30}t} + \omega_{30} \sum_\nu m_\nu^*\, 1(t - t_\nu)\, e^{-i\,a\,\omega_{30}(t-t_\nu)}. \tag{3.138}$$

Das kann als eine Überlagerung von Eigenschwingungen (Nutationen) aufgefaßt werden, die durch die Stöße angeregt werden. Zwischen je zwei Stößen umfährt der Vektor ω_i den Teil eines Polkegels, der wegen $M = 0$ ein gerader Kreiskegel mit der Symmetrieachse des Kreisels als Achse ist. Jeder Stoß kann die Öffnung des Polkegels verändern. Kennt man diese Veränderungen $\Delta\omega_\nu$, dann kann die Polkurve (Basis des Polkegels) schrittweise aus Kreisbogenstücken konstruiert werden. Berücksichtigt man außerdem den Zusammenhang zwischen den Öffnungswinkeln von Pol- und Spurkegel, dann läßt sich auch die Bahn der Symmetrieachse im Raum ermitteln. An einem Beispiel soll das gezeigt werden.

Es sei die Aufgabe gestellt, die Nutationsbewegungen eines starren Raumschiffes zu dämpfen. Als Momentengeber mögen achsenfest eingebaute Rückstoßdüsen zur Verfügung stehen, deren Momentenstöße um die zur Symmetrieachse rechtwinkligen Achsen 1 und 2 in jeweils beiden Richtungen wirken. Die Nutationsbewegungen werden verringert, wenn der Öffnungswinkel des Polkegels durch die Stöße kleiner gemacht wird. Das geschieht am wirksamsten, wenn die Momentenstöße gerade zu den Zeitpunkten gegeben werden, in denen der Vektor ω_i in die Hauptebenen $1, 3$ oder $2, 3$ fällt. Diese Zeitpunkte lassen sich durch Auswerten der Signale von körperfest eingebauten Drehgeschwindigkeitsmessern (z. B. Wendekreisel) eindeutig bestimmen. Es gilt das Schema:

	ω_1	$\dot{\omega}_1$	ω_2	$\dot{\omega}_2$
$+M_1$			0	>0
$-M_1$			0	<0
$+M_2$	0	<0		
$-M_2$	0	>0		

Unter der Voraussetzung gleichstarker Momentenstöße erhält man auf diese Weise eine Polkurve, wie sie in Abb. 3.34 skizziert ist. Die

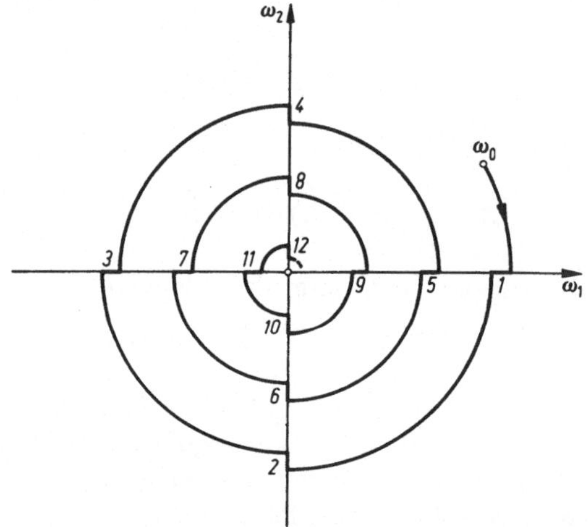

Abb. 3.34 Polkurve bei der Dämpfung von Nutationsbewegungen durch Momentenstöße.

Öffnung des Polkegels wird dabei stufenweise bis zu einem durch die Größe der Momentenstöße bedingten Grenzwert reduziert. Die Zeit zwischen zwei Momentenstößen ergibt sich zu

$$\Delta t_s = \frac{\pi}{2a\,\omega_{30}} = \frac{\pi A}{2(A - C)\,\omega_{30}}. \tag{3.139}$$

Sie kann bei Körpern mit fast kugelförmigem Trägheitsellipsoid sehr groß werden und ein Vielfaches der Umdrehungszeit $2\pi/\omega_{30}$ betragen. Schon daraus ist zu erkennen, daß der Dämpfungsvorgang bei Körpern mit $A \approx C$ bei dem hier betrachteten Verfahren sehr viel länger dauert, als es bei stark gestreckten ($a \approx +1$) oder stark abgeplatteten Körpern ($a \approx -1$) der Fall ist.

Die Bewegung der Körpersymmetrieachse (Figurenachse) während des Dämpfungsvorganges läßt sich unter Berücksichtigung der Ausdrücke für die Öffnungswinkel μ des Polkegels und λ des Spurkegels konstruieren (Abb. 2.18 und 2.19).

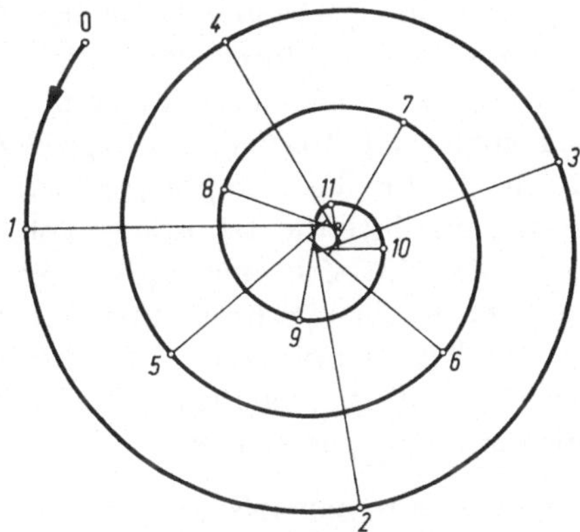

Abb. 3.35 Bahnkurve der Figurenachse bei Dämpfung von Nutationsbewegungen durch Momentenstöße im Fall $a = 0,9$.

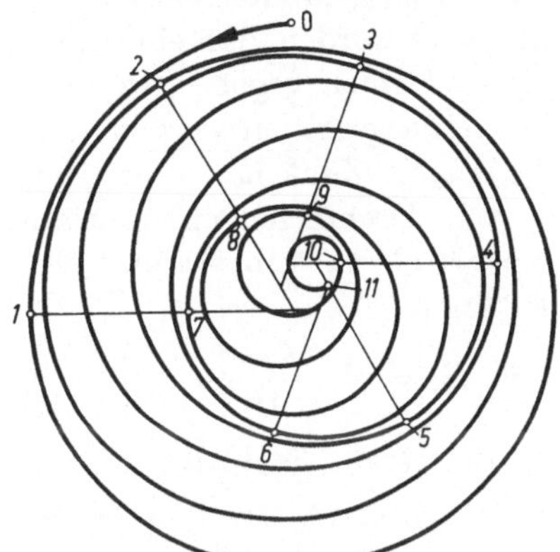

Abb. 3.36 Bahnkurve der Figurenachse bei Dämpfung von Nutationsbewegungen durch Momentenstöße im Fall $a = 0,3$.

Wenn man einen solchen Augenblick betrachtet, zu dem $\omega_1 = \omega_{10}$ und $\omega_2 = 0$ ist, dann gilt:

$$\tan\mu = \frac{\omega_{10}}{\omega_{30}};$$

$$\tan(\mu + \lambda) = \frac{H_1}{H_{30}} = \frac{A\,\omega_{10}}{C\,\omega_{30}} = \frac{A}{C}\tan\mu,$$

$$\tan\lambda = \frac{(A - C)\,\omega_{10}\,\omega_{30}}{A\,\omega_{10}^2 + C\,\omega_{30}^2}.$$

Unter Berücksichtigung dieser Beziehungen wurden Bahnkurven eines Punktes der Figurenachse konstruiert (Abb. 3.35 und 3.36), die zu verschiedenen Werten von a und zu der Polkurve von Abb. 3.34 gehören. Man erkennt auch daraus wieder, daß die Dämpfungswirkung um so besser ist, je weiter das Trägheitsellipsoid des Körpers von der Kugelform abweicht. Das gilt sowohl für gestreckte wie auch für abgeplattete Körper. Die geringe Dämpfungswirkung bei Körpern mit fast kugelförmigem Trägheitsellipsoid kann durch die Tatsache erklärt werden, daß die körperfest eingebauten Momentengeber in diesem Fall wegen des langsamen Durchlaufens der Polkurve nur in größeren Zeitabständen in Positionen kommen, die für die Dämpfung günstig sind.

In derselben Weise, wie hier die Dämpfung von Nutationsschwingungen untersucht wurde, läßt sich auch die in der Raumfahrt stark interessierende Frage nach einer Schwenkung der Figurenachse um einen vorgegebenen Winkel beantworten. Auch hier lassen sich optimale Lösungen durch sinnvolles Ausnützen der durch Momentenstöße angeregten Nutationsschwingungen finden.

3.4.4 Selbsterregung des unsymmetrischen Kreisels. Eine vollständige Lösung für die Bewegungen des selbsterregten unsymmetrischen Kreisels konnte bisher noch nicht gefunden werden. Es sind aber bereits so viele Teilfragen beantwortet worden, daß ein recht guter Überblick über die möglichen Bewegungsformen gegeben werden kann. Einige dieser Ergebnisse sollen hier herausgegriffen werden.

a) Permanente Drehungen. Zunächst interessiert die Frage, ob permanente Drehungen, d. h. Drehungen mit konstanter Geschwindigkeit um eine sowohl im Körper als auch im Raum feste Achse möglich sind. In der Bewegungsgleichung

$$\frac{d'H_i}{dt} + \varepsilon_{ijk}\,\omega_j\,H_k = \Theta_{ij}\frac{d'\omega_j}{dt} + \varepsilon_{ijk}\,\omega_j\,\Theta_{kl}\,\omega_l = M_i \quad (3.140)$$

ist dann $d'\omega_j/dt = 0$ zu setzen. Es bleibt

$$M_i = \varepsilon_{ijk}\,\omega_j\,H_k = \varepsilon_{ijk}\,\omega_j\,\Theta_{kl}\,\omega_l. \quad (3.141)$$

Daraus folgt, daß zu jedem vorgegebenen ω_i eindeutig ein M_i existiert. Also können permanente Drehungen um jede beliebige Achse erzwungen werden. Bei Drehungen um Hauptachsen wird $M_i = 0$; in jedem anderen Falle ist es von Null verschieden, und sein Vektor steht rechtwinklig zu den Vektoren H_i und ω_i. Umgekehrt ist (3.141) nicht allgemein nach ω_i auflösbar. Das bedeutet, daß nicht jeder beliebig vorgegebene Momentenvektor M_i eine permanente Drehung zu unterhalten vermag. Um das zu zeigen, betrachten wir die Koordinatengleichungen von (3.141):

$$(B - C)\,\omega_2\,\omega_3 = -M_1,$$
$$(A - C)\,\omega_3\,\omega_1 = +M_2, \quad (3.142)$$
$$(A - B)\,\omega_1\,\omega_2 = -M_3.$$

Wenn $A > B > C$ vorausgesetzt wird, dann sind die Klammerausdrücke positiv. Man erkennt deshalb sofort, daß Momentenvektoren, die in einer Hauptebene, aber nicht in einer Hauptachse liegen, keine permanenten Drehungen unterhalten können. Wenn z. B. $M_1 = 0$ ist, dann muß nach (3.142/1) entweder ω_2 oder ω_3 verschwinden. Beides wäre aber nur möglich, wenn zugleich auch noch eine andere Momentenkoordinate gleich Null ist. Man kann sich in ähnlicher Weise überlegen, daß keine Auflösung von (3.142) nach den ω-Koordinaten möglich ist, falls alle Momentenkoordinaten negative Werte annehmen, weil dann die Vorzeichenbedingungen von (3.142) nicht erfüllt werden können.

b) Achsenfeste Drehungen. Als nächstes soll die Frage untersucht werden, wie die erregenden Momente beschaffen sein müssen, wenn achsenfeste, aber nicht notwendigerweise konstante Drehungen erzeugt oder unterhalten werden sollen. Hierzu setzen wir mit dem Eins-Vektor e_i^ω in ω-Richtung

$$\omega_i = \omega \, e_i^\omega \quad \text{mit} \quad \frac{d'}{dt}\left(e_i^\omega\right) = 0$$

in (3.140) ein und erhalten:

$$\Theta_{ij} \, e_j^\omega \, \frac{d'\omega}{dt} + \omega^2 \, \varepsilon_{ijk} \, e_j^\omega \, \Theta_{kl} \, e_l^\omega = M_i. \tag{3.143}$$

Liegt ω_i in einer der Hauptachsen, dann muß auch M_i in diese Hauptachse fallen, da das mittlere Glied verschwindet. Nach skalarer Multiplikation von (3.143) mit e_i^ω bleibt dann

$$e_i^\omega \, \Theta_{ij} \, e_j^\omega \, \frac{d'\omega}{dt} = M_i \, e_i^\omega \quad \text{oder} \quad \Theta^\omega \frac{d\omega}{dt} = M$$

mit Θ^ω als dem Trägheitsmoment bezüglich der ω-Achse. Liegt der Vektor ω_i nicht in einer Hauptachse, dann setzt sich M_i aus zwei Anteilen zusammen, von denen der eine die körperfeste Richtung des Drallvektors hat, der andere rechtwinklig dazu und ebenfalls körperfest ist. Der erste Anteil ist zu $d\omega/dt$, der zweite zu ω^2 proportional. Man erkennt, daß ein Momentenvektor, der eine vorgegebene achsenfeste Drehung unterhalten soll, in einer körperfesten Ebene liegen muß. In einem Sonderfall kann M_i sogar selbst achsenfest sein, dann nämlich, wenn mit einem beliebigen konstanten, reellen Faktor $\varkappa$ die Beziehung

$$\dot\omega = \varkappa \, \omega^2$$

gilt. Diese Differentialgleichung hat die Lösung

$$\omega = \frac{\omega_0}{1 - \varkappa \, \omega_0 \, t}. \tag{3.144}$$

Die Funktion $\omega(t)$ ist demnach als Kurve aufgetragen eine Hyperbel, durch die ein Anlaufen $(\varkappa > 0)$ oder Abbremsen $(\varkappa < 0)$ des Körpers beschrieben werden kann. Das zugehörige Moment M_i kann aus (3.143) errechnet werden. Man erkennt, daß eine unendlich lange Zeit notwendig ist, wenn man mit Hilfe des hier angegebenen Verfahrens z. B. ein um eine Hauptachse drehendes Raumschiff durch ein achsenfestes Moment bis auf $\omega = 0$ abbremsen wollte.

c) Selbsterregung durch ein konstantes Moment in einer Hauptachse. Schließlich soll noch gezeigt werden, wie die exakte Lösung für den Fall einer Erregung durch ein konstantes, in eine Hauptachse fallendes Moment erhalten werden kann. Wir setzen hierzu wieder $A > B > C$ voraus und nehmen $M_1 = M_{10}$, $M_2 = M_3 = 0$ an. Die Eulerschen Gleichungen gehen damit über in:

$$A\,\dot{\omega}_1 - (B - C)\,\omega_2\,\omega_3 = M_{10},$$
$$B\,\dot{\omega}_2 + (A - C)\,\omega_3\,\omega_1 = 0, \qquad (3.145)$$
$$C\,\dot{\omega}_3 - (A - B)\,\omega_1\,\omega_2 = 0.$$

Mit der Transformation $d\alpha = \omega_1\,dt$, $\dot{\omega} = \omega'\,\omega_1$, wie sie ähnlich bereits in (3.126) verwendet wurde, gehen die letzten beiden Gleichungen über in:

$$B\,\omega_2' + (A - C)\,\omega_3 = 0,$$
$$C\,\omega_3' - (A - B)\,\omega_2 = 0. \qquad (3.146)$$

Ihre allgemeine Lösung mit den Anfangsbedingungen $\omega_2 = \omega_{20}$, $\omega_3 = \omega_{30}$ ist

$$\omega_2 = \omega_{20}\cos\nu\,\alpha - \sqrt{\frac{(A - C)\,C}{(A - B)\,B}}\,\omega_{30}\sin\nu\,\alpha,$$

$$\omega_3 = \omega_{30}\cos\nu\,\alpha + \sqrt{\frac{(A - B)\,B}{(A - C)\,C}}\,\omega_{20}\sin\nu\,\alpha, \qquad (3.147)$$

$$\nu = \sqrt{\frac{(A - B)\,(A - C)}{B\,C}}.$$

Geht man damit in (3.145/1) ein, dann folgt:

$$\dot{\omega}_1 = \frac{M_{10}}{A} + \frac{(B - C)}{A}\,\omega_2(\alpha)\,\omega_3(\alpha) = F(\alpha).$$

Nach Multiplikation mit $\omega_1 = d\alpha/dt$ erhält man

$$\dot{\omega}_1\,\omega_1 = \frac{d}{dt}\left(\frac{\omega_1^2}{2}\right) = F(\alpha)\,\frac{d\alpha}{dt}$$

und daraus durch Integration

$$\omega_1 = \frac{d\alpha}{dt} = \sqrt{\omega_{10}^2 + 2\int F(\alpha)\,d\alpha}. \qquad (3.148)$$

Eine nochmalige Integration ergibt

$$t = t_0 + \int \frac{d\alpha}{\sqrt{\omega_{10}^2 + 2 \int F(\alpha)\,d\alpha}} = t(\alpha). \qquad (3.149)$$

Setzt man nun die Umkehrfunktion $\alpha = \alpha(t)$ in (3.148) und (3.147) ein, dann erhält man die gesuchte Lösung $\omega_i(t)$. Bezüglich der bei einer Diskussion der Lösung notwendigen Fallunterscheidungen sei auf die ausführlichen Untersuchungen von GRAMMEL [24] hingewiesen.

3.4.5 Drehzahlabhängige Selbsterregung. Neben der bereits besprochenen Selbsterregung durch konstante oder zeitabhängige Erregermomente kommen bei den praktischen Anwendungen auch Momente vor, die von der Drehgeschwindigkeit abhängen. Sie können zweierlei Ursache haben: Einerseits treten sie als Widerstandsmomente bei Kreiseln auf, die sich in einem flüssigen oder gasförmigen Medium befinden; andererseits ist bei drehzahlgeregelten Kreiseln das Stellmoment eine Funktion der Abweichung von Soll- und Istdrehzahl. Für beide Fälle soll je ein Beispiel betrachtet werden:

a) *Der symmetrische Kreisel in einem viskosen Medium.* Wenn wir $A = B$ voraussetzen und annehmen, daß das Moment des Widerstandes für eine Achse nur von der Drehgeschwindigkeitskoordinate um diese Achse abhängt und daß die Widerstandskoeffizienten c für die beiden gleichberechtigten Äquatorialachsen gleich groß sind, dann nehmen die Bewegungsgleichungen die Form an:

$$\begin{aligned}
A\,\dot{\omega}_1 - (A - C)\,\omega_2\,\omega_3 &= M_1 - c_1\,\omega_1, \\
A\,\dot{\omega}_2 + (A - C)\,\omega_3\,\omega_1 &= M_2 - c_1\,\omega_2, \\
C\,\dot{\omega}_3 \qquad\qquad &= M_3 - c_3\,\omega_3.
\end{aligned} \qquad (3.150)$$

Aus der dritten dieser Gleichungen läßt sich sofort die Koordinate ω_3 ausrechnen:

$$\omega_3 = \omega_{30} \exp\left(-\frac{c_3}{C}\,t\right) + \frac{1}{C}\int_0^t M_3(\tau) \exp\left[-\frac{c_3}{C}\,(t - \tau)\right] d\tau. \qquad (3.151)$$

Darin ist $e^x = \exp(x)$ gesetzt worden. Die ersten beiden Gleichungen von (3.150) lassen sich komplex mit $\omega_1 + i\,\omega_2 = \omega^*$ und $M_1 + i\,M_2 = M^*$ zusammenfassen:

$$A\,\omega^* + i(A - C)\,\omega_3\,\omega^* = M^* - c_1\,\omega^*$$

oder

$$\omega^* + p(t)\,\omega^* = m^*(t) \qquad (3.152)$$

mit

$$p(t) = \frac{c_1}{A} + i\,\frac{A - C}{A}\,\omega_3(t); \quad m^*(t) = \frac{1}{A}\,M^*(t).$$

Die allgemeine Lösung von (3.152) ist

$$\omega^* = \exp\left[-\int_0^t p(\tau)\,d\tau\right]\left\{\omega_0^* + \int_0^t m^*(\tau)\exp\left[\int_0^\tau p(\sigma)\,d\sigma\right]d\tau\right\}. \tag{3.153}$$

Die Auftrennung in Real- und Imaginärteil ergibt zusammen mit (3.151) die drei Koordinaten von ω_i. Bezüglich der Diskussion der verschiedenen möglichen Fälle sei auf die ausführlichere Darstellung bei LEI-MANIS [7, Kap. 10.5] hingewiesen.

b) Antrieb des unsymmetrischen Kreisels um eine Hauptachse. Den Einfluß drehzahlabhängiger Antriebsmomente auf das Verhalten eines unsymmetrischen Kreisels hat GRAMMEL [26] durch einen Ansatz

$$M_1 = c\,(\omega_0^2 - \omega_1^2) \tag{3.154}$$

berücksichtigt. Dabei ist ω_0 der für ω_1 angestrebte Sollwert. Das Moment hat stets ein solches Vorzeichen, daß es eine eventuell vorhandene Differenz zwischen ω_1 und ω_0 zu verkleinern sucht. Wenn nun angenommen wird, daß keine Momente um die 2- und 3-Achsen wirken, dann sind die Bewegungsgleichungen:

$$\begin{aligned}
A\,\dot\omega_1 - (B - C)\,\omega_2\,\omega_3 &= c\,(\omega_0^2 - \omega_1^2),\\
B\,\dot\omega_2 + (A - C)\,\omega_3\,\omega_1 &= 0,\\
C\,\dot\omega_3 - (A - B)\,\omega_1\,\omega_2 &= 0.
\end{aligned} \tag{3.155}$$

Dieses System kann völlig analog gelöst werden, wie im Falle einer Erregung durch ein konstantes Moment (3.145). Durch Einführen von $d\alpha = \omega_1\,dt$ lassen sich die letzten beiden Gleichungen von (3.155) in die Form (3.146) überführen, deren Lösung durch (3.147) gegeben ist. Setzt man nun die Werte für ω_2 und ω_3 in die erste Gleichung von (3.155) ein, dann folgt

$$A\,\dot\omega_1 + c\,\omega_1^2 = c\,\omega_0^2 + (B - C)\,\omega_2(\alpha)\,\omega_3(\alpha).$$

Wegen

$$\dot\omega_1 = \frac{d\omega_1}{d\alpha}\frac{d\alpha}{dt} = \omega_1\frac{d\omega_1}{d\alpha} = \frac{d}{d\alpha}\left(\frac{\omega_1^2}{2}\right)$$

läßt sich diese Gleichung in eine lineare Differentialgleichung erster Ordnung für ω_1^2 überführen:

$$A\frac{d}{d\alpha}(\omega_1^2) + 2c\,\omega_1^2 = 2c\,\omega_0^2 + 2(B - C)\,\omega_2(\alpha)\,\omega_3(\alpha). \tag{3.156}$$

Ihre Lösung ist:

$$\omega_1^2 = \exp\left(-\frac{2c}{A}\alpha\right)\left\{\omega_{10}^2 + \right.$$
$$\left. + \int_0^\alpha \left[2c\,\omega_0^2 + 2(B - C)\,\omega_2(\beta)\,\omega_3(\beta)\right]\exp\left(\frac{2c}{A}\beta\right)d\beta\right\}. \tag{3.157}$$

Damit sind die Koordinaten von ω_i als Funktionen von α gefunden. Die Hilfsgröße α selbst kann durch nochmalige Integration aus $\omega_1 = d\alpha/dt$ gewonnen werden:

$$t = t_0 + \int \frac{d\alpha}{\omega_1(\alpha)} = t(\alpha).$$

Eine Umkehrung dieser Funktion ergibt $\alpha(t)$. Die hier vorkommenden Integrale führen i. allg. nicht auf tabellierte Funktionen. Die möglichen Bewegungsformen lassen sich aber auch aus qualitativen Diskussionen der in (3.156) auftretenden Funktionen von α erkennen (siehe z. B. LEIMANIS [7, § 11]).

Auf eine wichtige und etwas überraschende Eigenschaft soll hier noch hingewiesen werden: Das Gleichungssystem (3.155) läßt zwei ganz verschiedene partikuläre Lösungen zu, bei denen die ω-Koordinaten konstant sind. Es sind dies

$$1)\quad \omega_1 = \omega_0,\quad \omega_2 = \omega_3 = 0,$$

$$2)\quad \omega_1 = 0,\quad \omega_2 = \omega_{20},\quad \omega_3 = \omega_{30} \tag{3.158}$$

$$\text{mit}\quad \omega_{20}\,\omega_{30} = \frac{c}{C-B}\,\omega_0^2.$$

Die erstgenannte Lösung entspricht dem beim Antrieb des Kreisels angestrebten Endzustand. Die zweite Lösung bedeutet eine permanente Drehung um eine in der 2, 3-Ebene liegende Achse. Diese Drehung kann durch das in der 1-Achse liegende Antriebsmoment unterhalten werden. Das Moment steht dann aber nicht mehr zum Andrehen des Kreisels um die 1-Achse zur Verfügung, so daß die gewünschte Eigendrehung nicht erreicht werden kann. Wenn auch — wie GRAMMEL gezeigt hat — die Lösung (3.158/2) instabil ist, so findet dennoch bei bestimmten Anfangsbedingungen kein Übergang in die erste Lösung statt. Der Bewegungszustand besteht dann in einer Drehung, bei der der Drehvektor um die durch 2 gegebene Lage pendelt, aber der angestrebte Zustand $\omega_1 = \omega_0$ nicht erreicht wird.

3.5 Der zwangserregte Kreisel

Es ist üblich, von Zwangserregung zu sprechen, wenn die in die Kreiselgleichungen (1.83) oder (1.84) eingehenden Momente dem Kreisel von außen aufgezwungen werden und wenn ihre Komponenten für ein nicht körperfestes Bezugssystem bekannte Funktionen der Zeit sind. Am meisten interessieren hierbei periodische Erregerfunktionen, aber auch statistisch variierende Erregungen sind bereits untersucht worden. Sie spielen bei den Anwendungen der Kreisel in Navigationsgeräten der See-, Luft- und Raumfahrt eine Rolle, weil Seegang und Windböen, die zur Zwangserregung bei Kreiselgeräten führen können, als Zufallsfunktionen erfaßt und in ihren Auswirkungen berechnet werden können.

Als erstes Beispiel betrachten wir die durch Erschütterungen des Aufhängepunktes eines schweren Kreisels hervorgerufenen Zwangsschwingungen. Wenn der Aufhängepunkt mit einer Beschleunigung b_i erschüttert wird, dann läßt sich das dadurch auf den Kreisel einwirkende Moment in derselben Weise ausrechnen, wie dies beim schweren Kreisel geschah. Es ist lediglich anstelle der Schwerebeschleunigung g_i die Differenz $g_i - b_i$ einzusetzen. Damit erhält man aus (3.26)

$$M_i = m\,\varepsilon_{ijk}\,s_j\,(g_k - b_k).$$

Mit dem Eins-Vektor a_{i3} in Richtung der körperfesten Symmetrieachse soll nun $s_i = s\,a_{i3}$ gesetzt werden. Andererseits kann mit den raumfesten Eins-Vektoren $a_{1i}\,a_{2i}\,a_{3i}$, von denen a_{3i} vertikal nach oben zeigen soll, geschrieben werden:

$$g_i - b_i = - [b_1\,a_{1i} + b_2\,a_{2i} + (g + b_3)\,a_{3i}].$$

Damit erhält man als Moment:

$$M_i = - m\,s\,\varepsilon_{ijk}\,a_{j3}[b_1\,a_{1k} + b_2\,a_{2k} + (g + b_3)\,a_{3k}]. \qquad (3.159)$$

Einen völlig analogen Ausdruck erhält man für ein aus dem Bereich der Molekülphysik stammendes Beispiel. Hier interessiert das Verhalten rotierender und zugleich magnetisch polarisierter Teilchen, die sich in einem zeitlich veränderlichen äußeren Magnetfeld befinden. Wenn man das magnetische Moment des Teilchens als einen Vektor μ_i in der körperfesten Magnetisierungsrichtung auffaßt und wenn h_i der Vektor der magnetischen Feldstärke des äußeren Feldes ist, dann wirkt auf das Teilchen (d. h. auf den Kreisel) ein Moment

$$M_i = -\varepsilon_{ijk}\,\mu_j\,h_k. \qquad (3.160)$$

Die Feldstärke soll in einen konstanten und einen schwankenden Anteil zerlegt werden:

$$h_i = h_i^0 + h_i^s.$$

Die Richtung des konstanten Anteils wählen wir als 3-Achse des raumfesten $1, 2, 3$-Systems. Dann kann

$$h_i = h_1^s\,a_{1i} + h_2^s\,a_{2i} + (h^0 + h_3^s)\,a_{3i}$$

gesetzt werden. Wählt man weiter die körperfeste Magnetisierungsrichtung als $3'$-Achse, dann wird $\mu_i = \mu\,a_{i3}$. Das resultierende Moment kann dann in der Form

$$M_i = -\mu\,\varepsilon_{ijk}\,a_{j3}[h_1^s\,a_{1k} + h_2^s\,a_{2k} + (h^0 + h_3^s)\,a_{3k}] \qquad (3.161)$$

geschrieben werden und ist damit völlig analog zu (3.159).

3.5.1 Erregung durch Wechselfelder parallel zum konstanten Feld.

Wir wollen jetzt ein richtungsfestes Feld mit $h_1^s = h_2^s = 0$ und

$$h_i = (h^0 + h_3^s)\, a_{3\,i} = h^0(1 + \gamma \cos\omega\, t)\, a_{3\,i} \qquad (3.162)$$

voraussetzen. Die Schwankung soll durch die Cosinusfunktion dargestellt, die Schwankungsstärke durch $\gamma = h_3^s/h^0$ gekennzeichnet werden. Für den in Abb. 3.37 eingezeichneten Euler-Winkel ϑ gilt nun

$$\sin\vartheta = |\varepsilon_{ijk}\, a_{j\,3}\, a_{3k}|,$$

so daß für den Betrag des Momentes (3.161)

$$M = \mu\, h^0(1 + \gamma \cos\omega\, t) \sin\vartheta \qquad (3.163)$$

herauskommt.

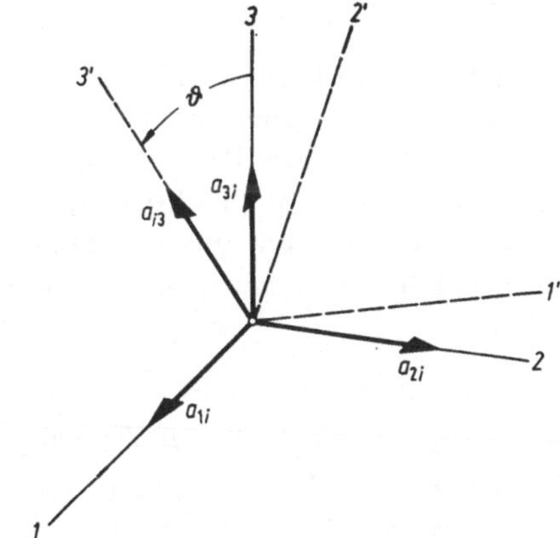

Abb. 3.37 Zur Berechnung des zwangserregten Kreisels.

Weiterhin wollen wir uns auf den Fall eines symmetrischen Kreisels $A = B$ beschränken und annehmen, daß die 3'-Achse mit der Symmetrieachse zusammenfällt. Unter diesen Voraussetzungen läßt sich das schon früher abgeleitete Gleichungssystem (1.90) unmittelbar auf den vorliegenden Fall übertragen. Aus (1.90/3) folgt wegen $M_\varphi = 0$ zunächst

$$\frac{d}{dt}\,[C(\dot\varphi + \dot\psi \cos\vartheta)] = 0$$

oder:

$$C(\dot\varphi + \dot\psi \cos\vartheta) = C\,\omega_{30} = \text{const.} \qquad (3.164)$$

Aus den anderen beiden Gleichungen folgert man damit wegen $M_\psi = 0$ und $M_\vartheta = -\mu\, h_0(1 + \gamma \cos\omega\, t) \sin\vartheta$:

$$A\,\dot\psi \sin^2\vartheta + C\,\omega_{30} \cos\vartheta = H_0 = \text{const}, \qquad (3.165)$$

$$A\,\ddot\vartheta - A\,\dot\psi^2 \sin\vartheta \cos\vartheta + C\,\omega_{30}\,\dot\psi \sin\vartheta = -\mu\, h_0(1 + \gamma \cos\omega\, t) \sin\vartheta. \qquad (3.166)$$

Die Beziehungen (3.164) und (3.165) drücken — analog zum klassischen schweren Kreisel — die Tatsache aus, daß die Drallkomponenten in Richtung der Symmetrieachse (3'-Achse) und in Richtung der raumfesten 3-Achse konstant bleiben. Für $\gamma = 0$ wird man auf den bereits behandelten Fall des schweren Kreisels geführt.

Um den Einfluß des Erregergliedes zu erkennen, soll nun eine Nachbarbewegung zur regulären Präzession untersucht werden. Für $\gamma = 0$ haben die Gln. (3.164), (3.165) und (3.166) die partikuläre Lösung

$$\vartheta = \vartheta_0; \qquad \dot\psi = \dot\psi_0; \qquad \dot\varphi = \dot\varphi_0, \tag{3.167}$$

wobei nach (3.58) die Beziehung $\dot\varphi_0 = \omega_{30} - \dot\psi_0 \cos\vartheta_0$ gilt. Wir betrachten nun Nachbarlösungen:

$$\vartheta = \vartheta_0 + x; \qquad \dot\psi = \dot\psi_0 + y; \qquad \gamma \neq 0, \tag{3.168}$$

wobei weiterhin x, y und γ als klein von erster Ordnung angenommen werden sollen. Die Größe $\dot\varphi$ kann dabei unberücksichtigt bleiben, da sie nicht weiter interessiert. Nötigenfalls ließe sie sich nachträglich leicht aus (3.164) errechnen. Geht man mit (3.168) in (3.165) und (3.166) ein und vernachlässigt dabei alle Größen, die von höherer als erster Ordnung klein sind, dann erhält man das in den Abweichungen x und y lineare System:

$$A\,\ddot{x} + (C\,\omega_{30}\,\dot\psi_0 \cos\vartheta_0 - A\,\dot\psi_0^2 \cos 2\,\vartheta_0 + \mu\,h^0 \cos\vartheta_0)\,x +$$

$$+ (C\,\omega_{30} \sin\vartheta_0 - A\,\dot\psi_0 \sin 2\,\vartheta_0)\,y = -\mu\,h^0\,\gamma \sin\vartheta_0 \cos\omega\,t, \tag{3.169}$$

$$(A\,\dot\psi_0 \sin 2\,\vartheta_0 - C\,\omega_{30} \sin\vartheta_0)\,x + A \sin^2\vartheta_0\,y = 0.$$

Durch Elimination von y gewinnt man daraus

$$\ddot{x} + \nu^2 x = -\,\frac{\mu\,h^0\,\gamma \sin\vartheta_0}{A} \cos\omega\,t \tag{3.170}$$

mit

$$\nu^2 = \left(\frac{C\,\omega_{30}}{A}\right)^2 - 3\,\frac{C\,\omega_{30}}{A}\,\dot\psi_0 \cos\vartheta_0 + \dot\psi_0^2(2 + \cos 2\,\vartheta_0) + \frac{\mu\,h^0}{A} \cos\vartheta_0.$$

Die allgemeine Lösung von (3.170) setzt sich aus Eigenschwingungen mit der Kreisfrequenz ν und erzwungenen Schwingungen mit der Kreisfrequenz ω zusammen. Mit den Integrationskonstanten Θ und δ kann man schreiben:

$$\vartheta = \vartheta_0 + \Theta \cos(\nu\,t + \delta) - \frac{\mu\,h^0\,\gamma \sin\vartheta_0}{A\,(\nu^2 - \omega^2)} \cos\omega\,t. \tag{3.171}$$

Die Größe y und damit $\dot\psi$ läßt sich nun leicht aus (3.169/2) gewinnen. Das Ergebnis (3.171) läßt sich deuten als eine Überlagerung der regulären Präzession ($\vartheta = \vartheta_0$) mit Nutationseigenschwingungen (zur Anpassung an bestimmte Anfangsbedingungen) sowie mit Zwangsschwingungen. Die Berechtigung, die Frequenz ν als Nutationsfrequenz zu bezeichnen, folgt aus der Überlegung, daß für schnelle Kreisel

$$\frac{C\,\omega_{30}}{A} \approx \omega_N\,; \qquad \frac{\mu\,h^0}{A} \approx \dot{\psi}\,\omega_N\,; \qquad \dot{\psi} \ll \omega_N$$

gilt und folglich $\nu \approx \omega_N$ wird. Der Amplitudenfaktor des erzwungenen Anteils in (3.171) zeigt die Möglichkeit einer Resonanz bei Übereinstimmung von Eigen- und Erregerfrequenz an.

Das Ergebnis (3.171) ist eine Lösung erster Näherung im Sinne der Theorie kleiner Schwingungen. Bei einer Verfeinerung der Berechnung, insbesondere bei γ-Werten, die nicht mehr als klein von erster Ordnung angesehen werden können, sind qualitativ neue Effekte möglich, wie sie ähnlich bei gewöhnlichen Schwerependeln mit erschüttertem Aufhängepunkt beobachtet und berechnet worden sind. Ohne auf die erweiterte Theorie ausführlicher einzugehen, soll hier nur eine zur Berechnung geeignete Methode angegeben werden.

Wenn man aus (3.165) die Größe $\dot{\psi}$ ausrechnet und in (3.166) einsetzt, dann folgt

$$A\,\ddot{\vartheta} + \left[C\,\omega_{30}\,\frac{H_0 - C\,\omega_{30}\cos\vartheta}{A\,\sin^2\vartheta} - A\left(\frac{H_0 - C\,\omega_{30}\cos\vartheta}{A\,\sin^2\vartheta}\right)^2 \cos\vartheta \right.$$

$$\left. + \mu\,h^0(1 + \gamma\,\cos\omega\,t) \right] \sin\vartheta = 0 \tag{3.172}$$

oder

$$\ddot{\vartheta} = F(\vartheta, t)\,.$$

Diese nichtlineare Differentialgleichung mit einem periodischen Koeffizienten kann mit Hilfe eines Fourier-Ansatzes

$$\vartheta = \vartheta_0 + \sum_n d_n\,e^{i\,n\,\omega\,t} \tag{3.173}$$

untersucht werden. Durch iterative Bestimmung der höheren Näherungen, wie sie von WEIDENHAMMER [27] durchgeführt wurde, können dann in zweiter Näherung zwei neuartige Effekte gefunden werden:

1. Zu einer gegebenen mittleren Präzessionsgeschwindigkeit $\dot{\psi}_0$ gehört ein gegenüber ϑ_0 etwas veränderter mittlerer Öffnungswinkel ϑ_m des Präzessionskegels. Das entspricht der Auswanderung der Gleichgewichtslage bei einem Pendel mit erschüttertem Aufhängepunkt.

2. Durch die Erschütterungen entsteht ein zusätzliches Rüttelrichtmoment, das sich dem Moment des konstanten Feldes überlagert. Dadurch erhält man veränderte Stabilitätsbedingungen für den aufrechten Kreisel.

Beide Effekte lassen sich in 2. Näherung dadurch erfassen, daß anstelle der Schwerebeschleunigung g der Ausdruck $g(1 + \zeta\cos\vartheta_0)$

eingesetzt wird. Darin ist ζ ein dimensionsloser Erschütterungsparameter, der durch

$$\zeta = \begin{cases} \dfrac{\gamma^2\,\mu\,h^0}{2\,A\,\omega^2} & \text{bei Erregung durch ein periodisches Wechsel-} \\[2mm] & \text{feld} \\[4mm] \dfrac{a^2\,m\,s\,\omega^2}{2g\,A} & \text{bei periodischer Erschütterung des Aufhänge-} \\[1mm] & \text{punktes eines schweren Kreisels mit der Am-} \\[1mm] & \text{plitude } a \end{cases} \qquad (3.174)$$

ausgedrückt werden kann.

3.5.2 Erregung durch Wechselfelder quer zum konstanten Feld.

Wenn die Beschleunigungsanteile b_1 und b_2 in (3.159) nicht verschwinden, dann ist es zweckmäßiger, anstelle der Euler-Winkel die in Abschnitt 1.4.3c erklärten Kardanwinkel $\alpha\,\beta\,\gamma$ zur Beschreibung der möglichen Bewegungen heranzuziehen. Man umgeht damit die für $\vartheta = 0$ eintretende Unbestimmtheit der Euler-Winkel.

Die Bewegungsgleichungen können jetzt unmittelbar von (1.91) übernommen werden. Da das Moment M_i nach (3.159) keine Komponente in der Symmetrieachse (3'-Achse) hat, wird $M_\gamma = 0$. Also folgt aus (1.91/3) sofort

$$\omega_3 = \dot{\gamma} + \dot{\alpha}\sin\beta = \omega_{30} = \text{const.} \qquad (3.175)$$

Damit vereinfachen sich die ersten beiden Gleichungen zu:

$$\begin{aligned} A\,\ddot{\alpha}\cos^2\beta - A\,\dot{\alpha}\,\dot{\beta}\sin 2\beta + C\,\omega_{30}\,\dot{\beta}\cos\beta &= M_a, \\ A\,\ddot{\beta} + A\,\dot{\alpha}^2\sin\beta\cos\beta - C\,\omega_{30}\,\dot{\alpha}\cos\beta &= M_b. \end{aligned} \qquad (3.176)$$

Die Momente M_α und M_β können z. B. dadurch berechnet werden, daß man (3.159) nach den raumfesten Koordinaten zerlegt. Die vorkommenden Einheitsvektoren haben dann die Koordinaten

$$\begin{aligned} a_{i3} &= (\sin\beta,\ -\sin\alpha\cos\beta,\ \cos\alpha\cos\beta), \\ a_{1i} &= (\quad 1, \qquad\qquad 0, \qquad\qquad 0), \\ a_{2i} &= (\quad 0, \qquad\qquad 1, \qquad\qquad 0), \\ a_{3i} &= (\quad 0, \qquad\qquad 0, \qquad\qquad 1). \end{aligned}$$

Damit folgt aus (3.159)

$$\begin{aligned} M_1 &= m\,s[(g + b_3)\sin\alpha\cos\beta + b_2\cos\alpha\cos\beta], \\ M_2 &= m\,s[(g + b_3)\sin\beta - b_1\cos\alpha\cos\beta], \\ M_3 &= -m\,s(b_1\sin\dot{\alpha}\cos\beta + b_2\sin\beta). \end{aligned} \qquad (3.177)$$

Aus Abb. 1.25 sieht man, daß der Winkel α um die 1-Achse und der Winkel β um die $2 = 2^\circ$-Achse gemessen wird. Daher hat man:

$$\begin{aligned} M_\alpha &= M_1, \\ M_\beta &= M_2\cos\alpha + M_3\sin\alpha \end{aligned}$$

oder

$$M_\beta = m\,s\,[(g + b_3)\cos\alpha\,\sin\beta - b_1\cos\beta - b_2\sin\alpha\,\sin\beta]. \qquad (3.178)$$

Einsetzen von (3.178) in (3.176) ergibt schließlich die allgemeinen Bewegungsgleichungen, ausgedrückt in den Kardanwinkeln α und β. Eine allgemeine Lösung der nichtlinearen Gleichungen ist in expliziter Form nicht möglich. Deshalb wollen wir uns hier auf eine Untersuchung des Falles kleiner Winkel α und β beschränken, zumal bereits hierbei wesentliche Eigenschaften der Bewegung erkennbar werden. Mit $\alpha \ll 1$ und $\beta \ll 1$ erhält man die linearisierten Gleichungen:

$$\begin{aligned}
A\,\ddot\alpha + C\,\omega_{30}\,\dot\beta - m\,s\,(g + b_3)\,\alpha &= m\,s\,b_2, \\
A\,\ddot\beta - C\,\omega_{30}\,\dot\alpha - m\,s\,(g + b_3)\,\beta &= m\,s\,b_1.
\end{aligned} \qquad (3.179)$$

Sie lassen sich mit

$$x = \alpha + i\,\beta \quad \text{und} \quad b^* = b^{s1} + i\,b^{s2}$$

zu der komplexen Gleichung

$$A\,\ddot x - i\,C\,\omega_{30}\,\dot x - m\,s\,(g + b_3)\,x = -i\,m\,s\,b^* \qquad (3.180)$$

zusammenfassen. Diese noch sehr allgemein geltende Bewegungsgleichung soll nun für zwei spezielle Beschleunigungsfunktionen gelöst werden.

a) Umlaufendes Erregerfeld senkrecht zum konstanten Anteil des Feldes. Mit $b_3 = 0$ wird (3.180) zu einer Differentialgleichung mit konstanten Koeffizienten und einem Erregerglied auf der rechten Seite. Mit $b^* = 0$ wird die Gleichung homogen; aus ihr können die Eigenschwingungen berechnet werden. Die Eigenfrequenzen folgen als Lösungen der charakteristischen Gleichung

$$A\,\lambda^2 - i\,C\,\omega_{30}\,\lambda - m\,s\,g = 0$$

zu

$$\left.\begin{aligned}
\lambda_1 &= i\,\omega_N \\
\lambda_2 &= i\,\omega_P
\end{aligned}\right\} = i\,\frac{C\,\omega_{30}}{2A}\left[1 \pm \sqrt{1 - \frac{4\,m\,g\,s\,A}{C^2\,\omega_{30}^2}}\,\right]. \qquad (3.181)$$

Sie entsprechen den früheren Werten (3.60), wenn dort $\vartheta_0 = 0$ eingesetzt wird. Die Eigenschwingungen können wieder als Nutation ω_N und Präzession ω_P bezeichnet werden, da sie im Falle schneller Eigendrehung in die bekannten Eigenfrequenzen

$$\omega_N \approx \frac{C\,\omega_{30}}{A} \quad \text{und} \quad \omega_P \approx \frac{m\,g\,s}{C\,\omega_{30}}$$

übergehen.

Jetzt soll eine mit der Frequenz ω umlaufende Erregung konstanter Stärke b^0 angenommen werden:

$$b^* = b^0\,e^{i\,\omega t}. \qquad (3.182)$$

11*

Als Lösung von (3.180) erhält man dafür eine Überlagerung von Eigenschwingungen und Zwangsschwingungen von der Form:

$$x = k_1\, e^{i\,\omega_N t} + k_2\, e^{i\,\omega_P t} + R\, e^{i\,\omega t} \qquad (3.183)$$

mit den Integrationskonstanten k_1 und k_2 und dem Resonanzfaktor

$$R = i\,\frac{m\,s\,b^0}{A\,\omega^2 - C\,\omega_{30}\,\omega + m\,g\,s} = i\,\frac{m\,s\,b^0}{A\,(\omega - \omega_N)\,(\omega - \omega_P)}\,. \qquad (3.184)$$

Der Verlauf der Funktion $R(\omega)$ ist in Abb. 3.38 für $s > 0$ (ausgezogen) und $s < 0$ (unterbrochen) aufgetragen. In jedem Falle gibt es 2 Reso-

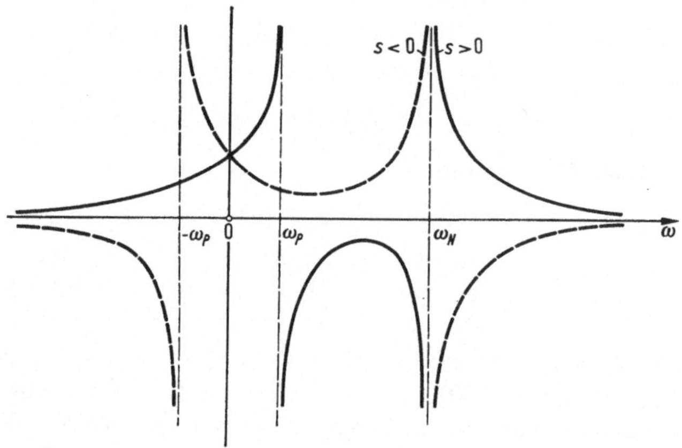

Abb. 3.38 Resonanzfunktionen für den aufrechten ($s > 0$) und den hängenden ($s < 0$) Kreisel.

nanzstellen bei $\omega = \omega_N$ und $\omega = \pm\omega_P$. Negative Werte von ω bedeuten einen Umlauf der Erregung entgegen dem Umlaufsinn des Kreisels. Das in (3.183) vorkommende Zwangsglied hat stets denselben Umlaufsinn wie die Erregung selbst. An den Resonanzstellen springt das Vorzeichen von R um, wobei sich der Phasenwinkel um π ändert.

Die komplexe Größe x kann als Maß für die Bewegung eines Punktes der Symmetrieachse (Kreiselspitze) angesehen werden; sie eilt jedoch dieser Auslenkung um 90° voraus, da eine Drehung um den Winkel α einer Verschiebung der Kreiselspitze in Richtung der negativen 2-Achse, eine Drehung um den Winkel β einer Verschiebung in der positiven 1-Achse entspricht. Man kann daher die bei den möglichen Bewegungen von der Kreiselspitze durchlaufenen Bahnen nach (3.183) leicht als Epizykeln konstruieren, die aus drei einzelnen Kreisbewegungen zusammengesetzt sind.

Bemerkenswert ist, daß die Amplituden auch bei Erregung mit einer der beiden Resonanzfrequenzen ω_N oder ω_P nicht notwendigerweise sehr groß werden müssen, wie dies nach den Resonanzkurven von Abb. 3.38 erwartet werden könnte. Es sei z. B. $\omega = \omega_N$, ferner $x_0 = x_0$ und $\dot{x}_0 = 0$. Dann folgen aus (3.183) für die Integrationskonstanten die Bestimmungsgleichungen:

$$k_1 + k_2 = x_0 - R,$$
$$\omega_N\, k_1 + \omega_P\, k_2 = -\omega_N\, R$$

mit der Lösung:

$$k_1 = -\frac{x_0\,\omega_P}{\omega_N - \omega_P} - R,$$

$$k_2 = \frac{x_0\,\omega_N}{\omega_N - \omega_P}.$$

Aus (3.183) und (3.184) folgt damit:

$$x = \frac{x_0}{\omega_N - \omega_P}\,(\omega_N\, e^{i\,\omega_P t} - \omega_P\, e^{i\,\omega_N t}). \tag{3.185}$$

Das ergibt aber für $\omega_N \neq \omega_P$ bei Auftragung von x in der komplexen Ebene eine ganz im Endlichen liegende Epizykelnkurve, die in Abb. 3.39

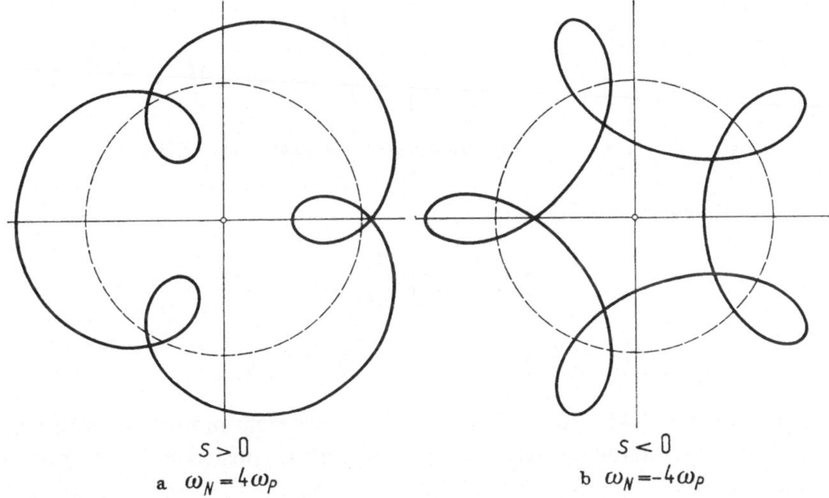

Abb. 3.39 Bahnkurven der Kreiselspitze bei Erregung mit der Nutationsfrequenz $\omega_N = 4\omega_P$; $s > 0$, aufrechter Kreisel, $s < 0$ hängender Kreisel.

für $\omega_N = 4\omega_P$ (aufrechter Kreisel) und $\omega_N = -4\omega_P$ (hängender Kreisel) gezeichnet wurde.

Es sei noch darauf hingewiesen, daß sich bei Berücksichtigung dissipativer Kräfte qualitativ andere Bewegungsformen ergeben können, wie sie z. B. von WIEBELITZ [28] betrachtet wurden.

b) Periodische Erregung längs der 1-Achse. Wir setzen jetzt mit reellem b^0

$$b^* = b^0 \cos\omega\, t = \frac{b^0}{2}\, (e^{i\,\omega t} + e^{-i\,\omega t})$$

an und erhalten die Lösung der Bewegungsgleichung (3.180) für diesen Erregertyp durch Superposition:

$$x = k_1\, e^{i\,\omega_N t} + k_2\, e^{i\,\omega_P t} + R^{(+)}\, e^{i\,\omega t} + R^{(-)}\, e^{-i\,\omega t} \tag{3.186}$$

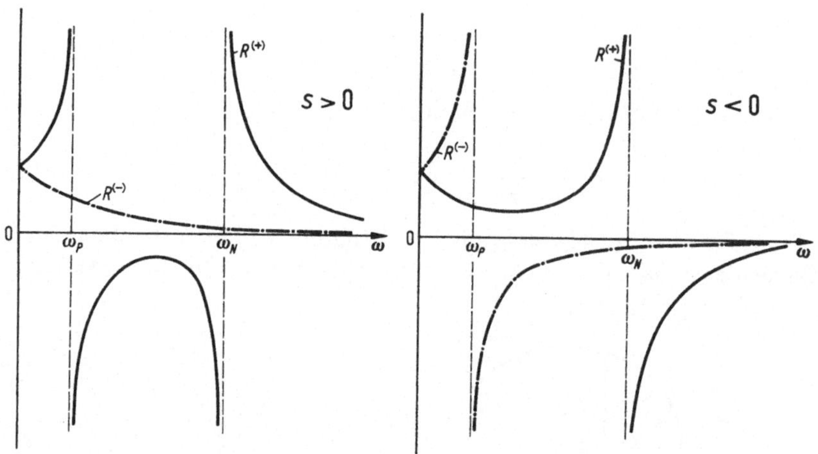

Abb. 3.40 Resonanzkurven für den Fall der Erregung längs einer Querachse.

mit den Resonanzfunktionen:

$$R^{(+)} = i\,\frac{m\,s\,b^0}{2\,(A\,\omega^2 - C\,\omega_{30}\,\omega + m\,g\,s)}\,,$$

$$R^{(-)} = i\,\frac{m\,s\,b^0}{2\,(A\,\omega^2 + C\,\omega_{30}\,\omega + m\,g\,s)}\,.$$

Diese Funktionen sind in Abb. 3.40 für den aufrechten und den hängenden Kreisel gezeichnet worden. Es genügt, nur die positiven Werte von ω zu betrachten.

Die allgemeine Lösung ergibt sich in der komplexen Ebene durch Überlagerung von 4 Kreisbewegungen. Wir wollen uns damit begnügen, nur die durch die erzwungenen Anteile bedingte Bewegung qualitativ zu untersuchen. Eine Übersicht hierzu gibt Abb. 3.41. Je nach dem Frequenzbereich erhält man verschiedenartige Bahnkurven der Kreiselspitze. Für sehr kleines ω ist $R^{(+)} \approx R^{(-)}$. Wegen

$$R^{(+)}\, e^{i\,\omega t} + R^{(-)}\, e^{-i\,\omega t} = [R^{(+)} + R^{(-)}]\cos\omega\, t + i[R^{(+)} - R^{(-)}]\sin\omega\, t$$

ergibt das nur Veränderungen im Winkel α. Die Bewegungsrichtung
stimmt dann mit der Richtung der statischen Auslenkung überein. Mit
wachsendem ω wird $R^{(+)} > R^{(-)}$ für $s > 0$ und $R^{(+)} < R^{(-)}$ für $s < 0$.
Die frühere Gerade wird dann zur Ellipse, deren Umlaufungssinn durch
den Anteil mit der größeren Amplitude bestimmt wird. Für $\omega \to \omega_P$
dominiert der Resonanzanteil, der aus Abb. 3.40 entnommen werden
kann. Die Bahnkurve der Kreiselspitze ist dann ein Kreis mit großem
Radius. Nach Durchschreiten der ersten Resonanzstelle ist im Bereich
$\omega_P < \omega < \omega_N$ das Vorzeichen der Funktionen R^+ und R^- verschieden.

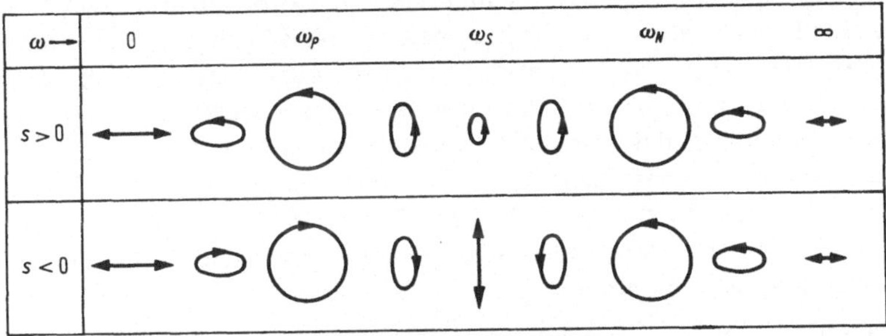

Abb. 3.41 Qualitativer Überblick über Schwingungsformen in verschiedenen Frequenzbereichen bei
Erregung längs einer Querachse.

Dies bedeutet einen Phasensprung eines der Anteile und damit ein Verdrehen der großen Hauptachse der Schwingungsellipsen um $90°$. Im
Falle des hängenden Kreisels ($s < 0$) werden für

$$\omega_s^2 = \frac{m\,g\,s}{A} \tag{3.187}$$

beide Amplitudenfaktoren entgegengesetzt gleich groß ($R^{(-)} = -R^{(+)}$).
Dies ergibt eine Schwingung ausschließlich im Winkel β. Bei Überschreiten des Grenzwertes nach (3.187), der der normalen Pendelfrequenz des hängenden, aber nichtlaufenden Kreisels entspricht, werden als Bahnkurven wieder Ellipsen erhalten, die sich für $\omega \to \omega_N$ zu
Kreisen aufblähen. Nach Überschreiten der zweiten Resonanzstelle
springt die große Hauptachse der Bahnellipse wiederum um $90°$ und
zieht sich für $\omega \to \infty$ schließlich fast wieder zu einer Geraden zusammen, die in der α-Richtung liegt.

Es ist nicht schwer, die aus (3.186) resultierenden Bahnkurven für
beliebige Anfangsbedingungen zu berechnen und zu konstruieren. Man
erkennt außerdem, daß auch eine Berücksichtigung allgemeinerer
Erregerfunktionen, z. B. von elliptisch polarisiertem oder nichtharmo-
nischem Charakter, in derselben Weise geschehen kann, wie es hier für
zirkulare und lineare Erregungen geschah.

4. Gyrostat und Kardankreisel

4.1 Der Gyrostat

Als Gyrostat wird nach LORD KELVIN ein starrer Körper bezeichnet, der in seinem Innern einen symmetrischen Rotor enthält. Dieser kann um eine körperfeste Achse drehen, besitzt also gegenüber dem umhüllenden Körper einen Freiheitsgrad. Es wird dabei angenommen, daß der Rotor relativ zum Körper um seine Symmetrieachse dreht, so daß die Massenverteilung des Gesamtsystems, also des Gyrostaten, durch Verdrehungen des Rotors nicht geändert wird. Daher kann man konstante Trägheitsmomente für das 2-Körper-System des Gyrostaten definieren und kann dessen Bewegungen in ähnlicher Weise wie bei einem einzelnen starren Körper berechnen.

4.1.1 Die Bewegungsgleichungen des Gyrostaten. Wenn H_i^K der Drallvektor für den Hüllkörper (Kasten oder Gehäuse) und H_i^R der Drallvektor des Rotors ist, dann gilt für den Gesamtdrall $H_i = H_i^K + H_i^R$ der Drallsatz:

$$\frac{d}{dt}(H_i^K + H_i^R) = \frac{d'}{dt}(H_i^K + H_i^R) + \varepsilon_{ijk}\,\omega_j(H_k^K + H_k^R) = M_i. \quad (4.1)$$

Dabei ist zugleich die Eulersche Form für ein mit dem Hüllkörper fest verbundenes, also mit $\omega_i^K = \omega_i$ drehendes Bezugssystem angeschrieben worden. Aus der allgemeinen Form (4.1) lassen sich für konkrete Sonderfälle leicht die Komponentengleichungen ableiten.

Ein leicht übersehbarer Fall liegt vor, wenn die Achse für die Lagerung des Rotors zugleich Hauptachse des Hüllkörpers ist. Wir bezeichnen sie als 3'-Achse und haben dann in einem hüllkörperfesten Hauptachsensystem für ω_i die Koordinaten

$$\omega_1 = \omega_1^K = \omega_1^R; \quad \omega_2 = \omega_2^K = \omega_2^R; \quad \omega_3 = \omega_3^K \neq \omega_3^R.$$

Wegen $A^R = B^R$ sowie mit den Abkürzungen

$$A = A^K + A^R; \quad B = B^K + B^R = B^K + A^R \quad (4.2)$$

erhält man aus (4.1) die skalaren Gleichungen:

$$A\,\dot{\omega}_1 - (B - C^K)\,\omega_2\,\omega_3 + C^R\,\omega_3^R\,\omega_2 = M_1,$$
$$B\,\dot{\omega}_2 - (C^K - A)\,\omega_3\,\omega_1 - C^R\,\omega_3^R\,\omega_1 = M_2, \quad (4.3)$$
$$C^K\,\dot{\omega}_3 - (A - B)\,\omega_1\,\omega_2 + C^R\,\dot{\omega}_3^R = M_3.$$

Außer den Komponenten $\omega_1\,\omega_2\,\omega_3$ erscheint dabei noch die Unbekannte ω_3^R, zu deren Bestimmung eine zusätzliche Gleichung herangezogen werden muß. Sie ergibt sich aus dem Drallsatz für die Rotorsymmetrieachse

$$C^R\,\dot\omega_3^R = M_3^R, \tag{4.4}$$

wobei M_3^R das auf die Rotorachse wirkende äußere Moment ist. Man unterscheidet jetzt die folgenden Fälle:

a) Der Rotor ist reibungsfrei im Körper gelagert; Antriebs- oder Bremsmomente können vernachlässigt werden. Dann folgt sofort

$$\omega_3^R = \omega_{30}^R = \text{const.} \tag{4.5}$$

b) Die Drehzahl des Rotors wird durch einen geregelten Antrieb relativ zum Körper konstant gehalten. Dann gilt

$$\omega_3^R = \omega_3 + \omega_{30}^Z \tag{4.6}$$

mit der konstanten Zusatzdrehzahl ω_{30}^Z.

c) Es gilt $\omega_3^R = \omega_3 + \omega_3^Z(t)$ mit einer vorgegebenen Funktion $\omega_3^Z(t)$.

Für den Fall a) läßt sich (4.3) unter Berücksichtigung von (4.5) als Gleichungssystem für einen starren Ersatzkreisel mit den Hauptträgheitsmomenten A, B, C^K und drehzahlabhängiger Selbsterregung auffassen:

$$\begin{aligned} A\,\dot\omega_1 - (B - C^K)\,\omega_2\,\omega_3 &= M_1 - H^R\,\omega_2,\\ B\,\dot\omega_2 - (C^K - A)\,\omega_3\,\omega_1 &= M_2 + H^R\,\omega_1,\\ C^K\,\dot\omega_3 - (A - B)\,\omega_1\,\omega_2 &= M_3. \end{aligned} \tag{4.7}$$

Dabei ist $H^R = C^R\,\omega_{30}^R$ die konstante Drallkomponente des Rotors in der 3′-Richtung.

Ein völlig analoges Gleichungssystem erhält man im Fall b), nur ist C^K durch $C = C^K + C^R$ und H^R durch $H^Z = C^R\,\omega_{30}^Z$ zu ersetzen. Es genügt daher, nur einen der beiden Fälle zu untersuchen; die Ergebnisse können dann sinngemäß auf den anderen Fall übertragen werden.

Im Fall c) ergibt sich ein zeitveränderlicher Drall $H^Z(t)$ sowie in (4.3/3) ein zusätzliches Erregerglied $C^R\,\dot\omega_3^Z(t)$. Man erhält also einen starren Ersatzkreisel mit zeit- und drehzahlabhängiger Selbsterregung.

4.1.2 Der kräftefreie symmetrische Gyrostat. Mit $M_i = 0$ und $A^K = B^K$, woraus wegen $A^R = B^R$ sofort auch $A = B$ folgt, kann die vollständige Lösung der Bewegungsgleichungen leicht berechnet werden. Zunächst folgt aus (4.7/3) $\omega_3 = \omega_{30}$. Die beiden ersten Gleichungen von (4.7) lassen sich mit

$$\omega^* = \omega_1 + i\,\omega_2 \tag{4.8}$$

zusammenfassen zu

$$A\,\dot\omega^* + i\,[(A - C^K)\,\omega_{30} - H^R]\,\omega^* = 0. \tag{4.9}$$

Ihre allgemeine Lösung mit der Anfangsbedingung $\omega^*(0) = \omega_0^*$ ist

$$\omega^* = \omega_0^* \, e^{-i\,\nu t} \quad \text{mit} \quad \nu = \frac{1}{A}\left[(A - C^K)\,\omega_{30} - H^R\right]. \qquad (4.10)$$

Der Vektor ω_i, der sich aus den Komponenten ω_{30} und $\omega^* = \omega_1 + i\,\omega_2$ zusammensetzt, umfährt bei der Bewegung den Mantel eines geraden Kreiskegels (Abb. 4.1), so daß sein Endpunkt die 3′-Achse mit der Kreisfrequenz ν umrundet. Der Öffnungswinkel μ des Polkegels folgt aus

$$\tan\mu = \frac{|\omega_0^*|}{\omega_{30}}.$$

Der raumfest bleibende Drallvektor H_i durchläuft relativ zum Körper ebenfalls einen geraden Kreiskegel, der koaxial zum Polkegel ist. Die

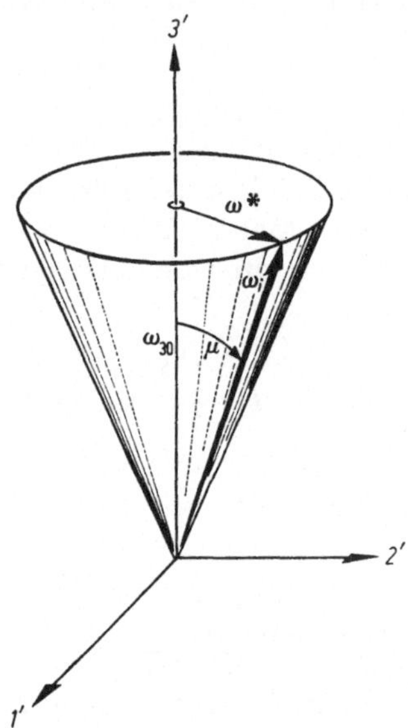

Abb. 4.1 Polkegel der Bewegung eines kräftefreien, symmetrischen Gyrostaten.

Bewegung selbst ist eine *Nutationsbewegung*, bei der Drehachse und Figurenachse (3′-Achse) des Gyrostaten die raumfeste Drallrichtung umtanzen. Wegen

$$H_i = (A\,\omega_1,\; A\,\omega_2,\; C^K\,\omega_{30} + H^R)$$

liegt H_i in der Ebene von ω_i und 3′-Achse. Der Öffnungswinkel ϑ des körperfesten Drallkegels ist

$$\tan\vartheta = \tan\vartheta_0 = \frac{A\,|\omega_0^*|}{C^K\,\omega_{30} + H^R}. \qquad (4.11)$$

Der Winkel $\vartheta = \vartheta_0$ kann zugleich als Euler-Winkel aufgefaßt werden, der die Verdrehung der körperfesten 3′-Achse gegenüber der raumfesten H_i-Richtung (3-Achse) beschreibt. Die Azimutalgeschwindigkeit $\dot{\psi}$ kann nach (1.49) zu

$$\omega_0^{*\,2} = \omega_1^2 + \omega_2^2 = \dot{\vartheta}^2 + (\dot{\psi} \sin \vartheta_0)^2 = \dot{\psi}^2 \sin^2 \vartheta_0$$

berechnet werden. Unter Berücksichtigung von (4.11) erhält man

$$\dot{\psi} = \dot{\psi}_0 = \frac{|\omega_0^*|}{\sin \vartheta_0} = \frac{1}{A} \sqrt{(A\,\omega_0^*)^2 + (C^K \omega_{30} + H^R)^2} \, . \qquad (4.12)$$

Das ist eine verallgemeinerte Nutationsgeschwindigkeit, die für $H^R = 0$ in den bekannten Wert für einen einzelnen starren Körper übergeht.

Die Eigendrehgeschwindigkeit $\dot{\varphi}$ kann aus $\omega_{30} = \dot{\varphi} + \dot{\psi} \cos \vartheta$ unter Berücksichtigung von (4.11) und (4.12) zu

$$\dot{\varphi} = \omega_{30} - \frac{1}{A} (C^K \omega_{30} + H^R) = \nu \qquad (4.13)$$

berechnet werden. Daraus wird durch Integration der Euler-Winkel φ erhalten.

Es ist möglich, die Nutationsbewegungen eines symmetrischen Gyrostaten in analoger Weise wie bei einem einzelnen Körper durch Abrollen von Spur- und Polkegeln zu deuten. Eine derartige Deutung wurde von LEIPHOLZ in [15] angegeben. Sie ist jedoch nicht mehr so anschaulich wie bei einem einzelnen starren Körper (Abschn. 2.1).

4.1.3 Erzwungene Bewegungen des symmetrischen Gyrostaten. Die in 4.1.2 erhaltene Lösung läßt sich ohne Schwierigkeiten verallgemeinern, wenn man Momente M_i zuläßt, deren Vektoren senkrecht zur Symmetrieachse stehen. Mit $M^* = M_1 + i\,M_2$ erhält man dann aus (4.7/3) zunächst wieder $\omega_3 = \omega_{30}$ und damit aus den ersten Gleichungen

$$A\,\dot{\omega}^* + i\,[(A - C^K)\,\omega_{30} - H^R]\,\omega^* = M^* . \qquad (4.14)$$

Mit $M^*/A = m^*$ und ν von (4.10) geht (4.14) über in:

$$\dot{\omega}^* + i\,\nu\,\omega^* = m^* \qquad (4.15)$$

mit der allgemeinen Lösung

$$\omega^* = \omega_0^*\,e^{-i\,\nu t} + \int_0^t m^*(\tau)\,e^{-i\,\nu\,(t-\tau)}\,d\tau . \qquad (4.16)$$

Diese Lösung kann für viele Arten von Erregerfunktionen $m^*(t)$ explizit ausgerechnet und diskutiert werden, ähnlich wie dies bei der völlig analogen Lösung (3.129) für einen selbsterregten Kreisel geschehen ist.

4.1.4 Der kräftefreie unsymmetrische Gyrostat. Auch der Gyrostat mit unsymmetrischem Hüllkörper $A^K \neq B^K$ läßt sich bei verschwindenden äußeren Momenten exakt berechnen. Dabei kann man analog zu Abschn. 2.3.1 vorgehen, nur ist der Rechenaufwand jetzt größer.

Wir wollen uns hier mit einer Andeutung des Weges begnügen, der eingeschlagen werden kann.

Als Ausgangsgleichungen erhält man aus (4.7) mit $M_i = 0$:

$$A\,\dot\omega_1 - (B - C^K)\,\omega_2\,\omega_3 + H^R\,\omega_2 = 0,$$
$$B\,\dot\omega_2 - (C^K - A)\,\omega_3\,\omega_1 - H^R\,\omega_1 = 0, \qquad (4.17)$$
$$C^K\,\dot\omega_3 - (A - B)\;\omega_1\,\omega_2 \qquad\qquad = 0.$$

Durch zeilenweises Multiplizieren mit $\omega_1\,\omega_2\,\omega_3$, nachfolgendes Addieren und Integrieren über die Zeit folgt daraus das Energieintegral:

$$\tfrac{1}{2}(A\,\omega_1^2 + B\,\omega_2^2 + C^K\,\omega_3^2) = E_0, \qquad (4.18)$$

wobei E_0 die Gesamtenergie des Gyrostaten E_0^G abzüglich des konstanten Energieanteils für die Eigendrehung des Rotors um seine Symmetrieachse ist:

$$E_0 = E_0^G - \tfrac{1}{2}H^R\,\omega_{30}^R = E_0^G - \tfrac{1}{2}C^R(\omega_{30}^R)^2.$$

Multipliziert man andererseits (4.17) zeilenweise mit den Drallkomponenten $A\,\omega_1\,B\,\omega_2\,C^K\omega_3$, dann folgt nach Addition und Integration über die Zeit:

$$A^2\,\omega_1^2 + B^2\,\omega_2^2 + C^{K^2}\,\omega_3^2 + 2H^R \int (A - B)\,\omega_1\,\omega_2\,dt = \text{const},$$

wobei das Integral wegen (4.17/3) noch umgeformt werden kann:

$$A^2\,\omega_1^2 + B^2\,\omega_2^2 + C^{K^2}\,\omega_3^2 + 2H^R\,C^K\,\omega_3 = H_0^2. \qquad (4.19)$$

Dabei ist:

$$H_0^2 = (H_0^G)^2 - (H^R)^2$$

mit dem Gesamtdrall H_0^G des Gyrostaten.

Man kann nun mit Hilfe der Teilintegrale (4.18) und (4.19) zwei der Drehungskomponenten, z. B. ω_1 und ω_2, durch die dritte ω_3 ausdrücken. Geht man damit in (4.17/3) ein, dann folgt eine Differentialgleichung erster Ordnung, in der nur noch ω_3 als Unbekannte vorkommt:

$$\dot\omega_3 = \frac{A - B}{C^K}\,\omega_1(\omega_3)\,\omega_2(\omega_3) = F(\omega_3). \qquad (4.20)$$

Die Auflösung kann durch Trennung der Variablen und Integration erfolgen:

$$t = t_0 + \int \frac{d\omega_3}{F(\omega_3)}.$$

Die Umkehrung des Integrals gibt $\omega_3(t)$, womit dann durch Einsetzen auch ω_1 und ω_2 erhalten werden können. Bei der praktischen Durchführung dieser Berechnungen sind allerdings weit mehr Fallunterscheidungen vorzunehmen, als dies beim einzelnen Körper (Abschn. 2.3) notwendig war. LEIPHOLZ [29] konnte bei seinen Untersuchungen zu diesem Problem vier verschiedene Lösungstypen bei 7 Fallunterscheidungen finden.

4.1.5 Permanente Drehungen eines schweren Gyrostaten. Wenn das äußere Moment M_i in (4.1) durch die Schwerkraft (wenn Aufhängepunkt und Massenmittelpunkt nicht zusammenfallen) hervorgerufen wird, dann gilt nach (3.26) mit $G_k = -G\,a_{3k}$

$$M_i = -G\,\varepsilon_{ijk}\,s_j\,a_{3k}. \tag{4.21}$$

Als permanente Drehungen bezeichnen wir wieder (wie in Abschn. 3.3.4c) Drehbewegungen mit konstanter Winkelgeschwindigkeit um eine im Körper und im Raum festliegende Achse:

$$\omega_i = \omega_{i0}; \quad \frac{d\omega}{dt} = 0.$$

Wegen

$$H_i^K = \Theta_{ij}\,\omega_j = \Theta_{ij}\,\omega_{j0}$$

ist dann auch der Drallvektor H_i^K körperfest und dem Betrage nach konstant. Da außerdem das Schweremoment keinen Einfluß auf die Drehung des Rotors gegenüber dem Körper besitzt, bleiben auch Relativgeschwindigkeit und Relativdrall des Rotors konstant. Unter den angegebenen Voraussetzungen fällt daher in der Ausgangsgleichung (4.1) das Glied mit d'/dt fort, so daß zur Berechnung der permanenten Drehungen die Momentenbilanz zwischen Kreisel- und Schweremoment übrigbleibt:

$$\varepsilon_{ijk}\,\omega_j(H_k^K + H_k^R) = -G\,\varepsilon_{ijk}\,s_j\,a_{3k}. \tag{4.22}$$

Diese Beziehung kann nur erfüllt sein, wenn die in die Vektorprodukte eingehenden Vektorfaktoren s_i, a_{3i}, ω_i und $H_i^K + H_i^R$ komplanar sind. Da a_{3i} vertikal ist, muß die gemeinsame Ebene Vertikalebene sein und bleiben. Das ist aber nur möglich, wenn ω_i selbst vertikal ist; also muß

$$\omega_i = \omega_{i0} = \omega\,a_{3i} \tag{4.23}$$

gelten. Permanente Drehungen des schweren Gyrostaten können also — wie die Staudeschen Drehungen des einzelnen Kreisels — nur um die vertikale Achse erfolgen.

Mit (4.23) kann man nun (4.22) wie folgt umformen:

$$\omega^2\,\varepsilon_{ijk}\,a_{3j}\,\Theta_{kl}\,a_{3l} + \omega\,\varepsilon_{ijk}\,a_{3j}\,H_k^R + G\,\varepsilon_{ijk}\,s_j\,a_{3k} = 0. \tag{4.24}$$

Das ist eine quadratische Gleichung zur Bestimmung von ω, deren Koeffizienten konstant sind, da alle in die Vektorprodukte eingehenden Vektorfaktoren körperfest und konstant sind. Damit kann die Winkelgeschwindigkeit der permanenten Drehungen für jede beliebige Achse des Hüllkörpers aus (4.24) ausgerechnet werden. Man stellt leicht fest, daß ein Gyrostat, zum Unterschied von den Staude-Drehungen des einzelnen Körpers, bei nicht verschwindendem Schweremoment auch um die Hauptachsen mit endlicher Drehgeschwindigkeit permanent drehen kann. In diesem Sonderfall verschwindet das erste Glied in (4.24), jedoch kann das Schweremoment dann noch durch das vom Rotor herrührende Moment kompensiert werden. Dazu darf allerdings die Rotorachse nicht in eine Hauptachse des Hüllkörpers fallen.

Die Lage der zulässigen Achsen im Hüllkörper läßt sich aus (4.22) bestimmen. Eine Bedingung für kinematisch mögliche Achsen erhält man durch skalare Multiplikation mit s_i:

$$s_i\,\varepsilon_{ijk}\,a_{3j}(H_k^K + H_k^R) = s_i\,\varepsilon_{ijk}\,a_{3j}(\omega\,\Theta_{kl}^K\,a_{3l} + H_k^R) = 0$$

oder

$$\omega\begin{vmatrix} s_1 & s_2 & s_3 \\ a_{31} & a_{32} & a_{33} \\ A\,a_{31} & B\,a_{32} & C\,a_{33} \end{vmatrix} + \begin{vmatrix} s_1 & s_2 & s_3 \\ a_{31} & a_{32} & a_{33} \\ H_1^R & H_2^R & H_3^R \end{vmatrix} = 0. \qquad (4.25)$$

Setzt man darin die aus (4.24) folgenden Werte für ω ein, so hat man eine Gleichung, in der außer dem Rotordrall H^R nur Größen vorkommen, die vom Hüllkörper abhängen. Die Schar der Vektoren a_{3i}, für die (4.25) mit (4.24) erfüllt ist, bildet einen körperfesten Kegel, den man als verallgemeinerten Staude-Kegel bezeichnen kann. Er bildet den geometrischen Ort für kinematisch mögliche Achsen permanenter Drehungen. Von diesen Achsen sind jedoch nur diejenigen auch kinetisch möglich, für die zugleich (4.22) erfüllt ist. Die kinetisch möglichen Achsen können zu stabilen oder instabilen Bewegungen gehören. Um das zu entscheiden, müßten Stabilitätsuntersuchungen durchgeführt werden, wie sie ähnlich für einen Sonderfall der Staude-Bewegungen im Abschn. 4.4.4c besprochen wurden.

4.1.6 Der Gyrostat mit drehzahlgeregeltem Rotor.

Für praktische Anwendungen des Gyrostaten z. B. bei der Lageregelung von Raumschiffen wird i. allg. eine solche Antriebsregelung vorgesehen, daß die relative Drehzahl ω^Z des Rotors zum Gehäuse konstant bleibt oder eine vorgegebene Funktion der Zeit ist. In einem derartigen Fall ist es zweckmäßig, den Gesamtdrall H_i aufzuteilen in den Drall H_i^G des Gyrostaten bei festgehaltenem Rotor und den Zusatzdrall H_i^Z, der durch die relative Drehung des Rotors entsteht. Wegen der vorausgesetzten Symmetrie des Rotors hat H_i^Z stets die Richtung der Rotorfigurenachse. Mit

$$H_i = H_i^K + H_i^R = H_i^G + H_i^Z$$

zerlegen wir nun die Vektorgleichung (4.1) in skalare Gleichungen bezüglich des Hauptachsensystems, das sich für den Gyrostaten mit festgehaltenem Rotor ergibt. Dabei soll die Rotorfigurenachse eine beliebige Richtung im Gyrostaten haben. Wenn als äußeres Moment ein Schweremoment nach (4.21) eingesetzt wird, dann folgen mit dem konstanten Zusatzdrall $H_i^Z = (H_1^Z, H_2^Z, H_3^Z)$ aus (4.1) die Gleichungen:

$$\begin{aligned} A\,\dot\omega_1 - (B - C)\,\omega_2\,\omega_3 + \omega_2\,H_3^Z - \omega_3\,H_2^Z &= G(a_{32}\,s_3 - a_{33}\,s_2), \\ B\,\dot\omega_2 - (C - A)\,\omega_3\,\omega_1 + \omega_3\,H_1^Z - \omega_1\,H_3^Z &= G(A_{33}\,s_1 - a_{31}\,s_3), \\ C\,\dot\omega_3 - (A - B)\,\omega_1\,\omega_2 + \omega_1\,H_2^Z - \omega_2\,H_1^Z &= G(A_{31}\,s_2 - a_{32}\,s_1). \end{aligned} \qquad (4.26)$$

Diese Bewegungsgleichungen für den schweren Gyrostaten mit konstantem Zusatzdrall des Rotors müssen durch das System der kinematischen Gln. (3.31) ergänzt werden, in denen die Konstanz des Vertikalenvektors a_{3i} im Raum zum Ausdruck kommt.

Man kann nun für das System (4.26) Lösungen finden, die den Lösungen für einen schweren Kreisel (Abschn. 3.3) völlig analog sind. Zunächst lassen sich zwei allgemeine Integrale finden. Das Energieintegral folgt nach skalarer Multiplikation mit ω_i aus (4.1) mit (4.21) wegen der Konstanz von H^Z genau in der früheren Form (3.34):

$$\tfrac{1}{2} H_i^G \, \omega_i + G \, s_i \, a_{3i} = E_0. \tag{4.27}$$

Dabei ist allerdings die Konstante E_0 nicht die Gesamtenergie des Systems, da der konstante, von der Zusatzdrehung kommende Anteil fehlt. Das zweite Integral kann nach skalarer Multiplikation von (4.1) und (4.21) mit a_{3i} und nachfolgender Integration in der Form

$$H_i \, a_{3i} = (H_i^G + H_i^Z) \, a_{3i} = H_0 = \text{const} \tag{4.28}$$

gewonnen werden. Es drückt die Konstanz der Vertikalkomponente des Gesamtdralls aus.

Wie KEIS [30] gezeigt hat, lassen sich nun allgemeine Lösungen von (4.26) nur in 3 Fällen finden, die Verallgemeinerungen der Lösungen von EULER, LAGRANGE und KOVALEVSKAJA für den schweren Kreisel darstellen. Im *Eulerschen* Fall des kräftefreien Gyrostaten mit $M = 0$ erhält man als 3. Integral aus (4.1) nach skalarer Multiplikation mit $H_i^G + H_i^Z$ die Konstanz des Gesamtdralls

$$H^2 = (H_i^G + H_i^Z)^2 = \text{const.} \tag{4.29}$$

Für den *Lagrange*schen Fall muß außer $A = B$ und $s_3 = s$, $s_1 = s_2 = 0$ noch $H_1^Z = H_2^Z = 0$ vorausgesetzt werden. Die Symmetrieachsen von Körper und Rotor müssen also zusammenfallen. Damit aber folgt aus (4.26/3) als 3. Integral die Konstanz der Drehungskomponente $\omega_3 = \omega_{30}$. Ein 3. Integral im *Kovalevskaja*-Fall kann gefunden werden, wenn zusätzlich zu $A = B = 2C$ und $s_1 = s$, $s_2 = s_3 = 0$ noch $H_1^Z = H_2^Z = 0$ gefordert wird.

Für Lageregelungen interessiert vor allem ein nach Programm oder Regelsignal in seiner relativen Drehzahl geregelter Rotor. Dann kann die Zusatzdrehzahl als Stellgröße einer Lageregelung aufgefaßt werden. Entsprechend wird auch der Drall zu einer zeitveränderlichen Größe.

Bei Lageregelungen um alle drei Raumachsen reicht eine einzige Stellgröße nicht aus. Man müßte vielmehr alle drei Komponenten des Zusatzdralls gesondert regeln können. Das kann geschehen durch Schwenken der Rotorfigurenachse relativ zum Körper oder auch durch Einbau von drei Rotoren mit verschiedenen Einbaurichtungen. Im ersten Falle erhält man nur für Rotoren mit kugelförmigem Trägheitsellipsoid Bewegungsgleichungen vom Typ eines Gyrostaten, weil nur dann die Massenverteilung des Gesamtsystems bei Schwenkungen des Rotors unverändert bleibt. Bei drei parallel zu den Richtungen der Körperhauptachsen eingebauten symmetrischen Rotoren mit den Trägheitsmomenten C^{1R}, C^{2R}, C^{3R} für die Figurenachsen erhält man dann bei Abwesenheit äußerer Kräfte die Bewegungsgleichungen:

$$A\,\dot{\omega}_1 - (B - C)\,\omega_2\,\omega_3 = -C^{1R}\,\dot{\omega}^{1Z} + \omega_3\,C^{2R}\,\omega^{2Z} - \omega_2\,C^{3R}\,\omega^{3Z},$$

$$B\,\dot{\omega}_2 - (C - A)\,\omega_3\,\omega_1 = -C^{2R}\,\dot{\omega}^{2Z} + \omega_1\,C^{3R}\,\omega^{3Z} - \omega_3\,C^{1R}\,\omega^{1Z}, \quad (4.30)$$

$$C\,\dot{\omega}_3 - (A - B)\,\omega_1\,\omega_2 = -C^{3R}\,\dot{\omega}^{3Z} + \omega_2\,C^{1R}\,\omega^{1Z} - \omega_1\,C^{2R}\,\omega^{2Z}.$$

Dabei sind die rechten Seiten Funktionen der Stellgrößen ω^{1Z}, ω^{2Z}, ω^{3Z}. Die Aufgabe, diese Größen so zu verändern, daß ein gewünschter Bewegungszustand oder eine vorgegebene Sollage für den Hüllkörper erreicht wird, gehört in das Gebiet der Regelungen und soll hier nicht weiter behandelt werden.

4.2 Allgemeines zum Kardankreisel

Bei den technischen Anwendungen des Kreisels hat die sog. kardanische Lagerung zweifellos die weiteste Verbreitung gefunden. Wenngleich heute feststeht, daß diese Lagerung keineswegs dem Mathematiker und Arzt HIERONYMUS CARDANUS (1501—1576) zu verdanken ist, sondern bereits im 13. Jahrhundert nachgewiesen werden kann, hat sich die obige Bezeichnung durchgesetzt und soll hier beibehalten werden.

Die Kardanlagerung ist eine 2-Rahmen-Lagerung, die dem gelagerten Körper, hier dem Kreiselrotor, volle Drehfreiheit gewährt. Abb. 4.2 zeigt eine Ausführungsform des Kardankreisels. Die Achsen für Außenrahmen A, Innenrahmen I und Rotor R stehen in der Normalstellung rechtwinklig zueinander und schneiden sich i. allg. in einem gemeinsamen Punkt. Er bildet den Aufhängepunkt (Fixpunkt) des Systems. Eine Lagerung nach Abb. 4.2 wird auch als *Außenkardan* bezeichnet im Gegensatz zu dem *Innenkardan* von Abb. 4.3, das als Kardangelenk oder *Hookes joint* bekannt ist. Beide Ausführungsformen werden in der Kreiseltechnik verwendet.

Die Lagerung in einem Kardangehänge beeinflußt sowohl das kinematische wie auch das kinetische Verhalten des Kreisels. Die Besonderheiten des geometrischen Aufbaus einer kardanischen Lagerung können zu den *kinematischen Kardanfehlern* führen, die bei manchen Kreiselgeräten berücksichtigt werden müssen. Darüber soll bei der Behandlung der Kreiselgeräte (Kap. 12.1) berichtet werden. Auch die Auswirkungen der in den Kardanlagerungen unvermeidlichen Reibungen werden später (Kap. 11) näher untersucht. Hier sollen vor allem die Veränderungen im kinetischen Verhalten des Kreisels besprochen werden, die aus der Tatsache folgen, daß ein Kardankreisel nicht mehr als einzelner starrer Körper angesehen werden kann, sondern ein System von drei mit-

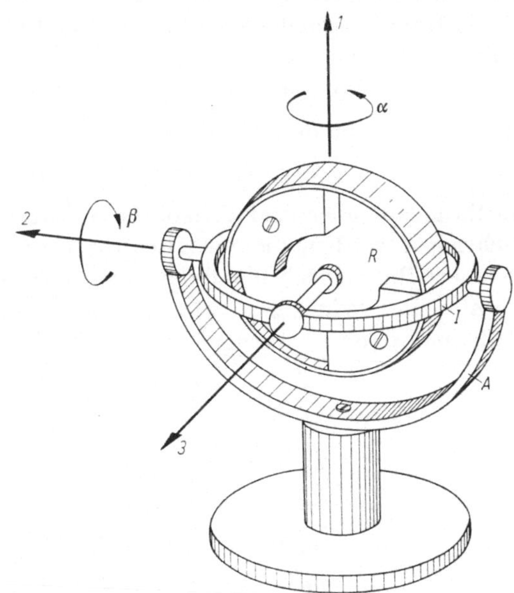

Abb. 4.2 Kardangelagerter Kreisel für Demonstrationszwecke (Außenkardan).

einander verbundenen Körpern bildet. Die Massen der Kardanrahmen dürfen dann nicht vernachlässigt werden; sie sind die Ursache für einige typische und bei manchen Anwendungen wichtige Erscheinungen, deren

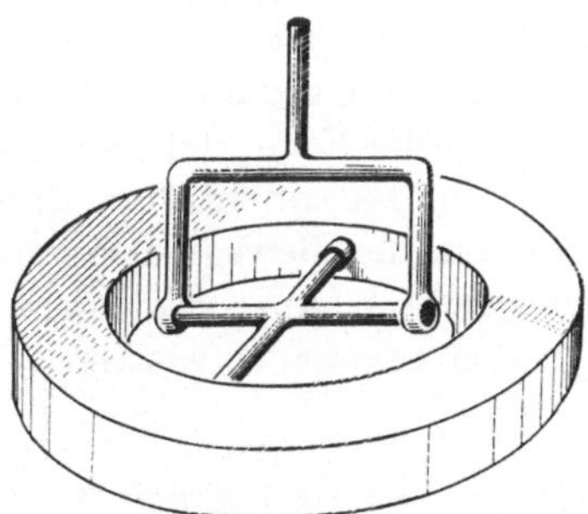

Abb. 4.3 Lagerung eines Rotors durch Innenkardan.

Erklärung und Berechnung Gegenstand der folgenden Abschnitte sein soll.

Bei den weiteren Untersuchungen wird stets vorausgesetzt,

a) daß Rahmen- und Rotorlagerungen reibungsfrei sind,

b) daß Rahmen- und Rotorachsen einen gemeinsamen Schnittpunkt besitzen,

12 Magnus, Kreisel

c) daß Rahmen und Rotor als starr angesehen werden können,

d) daß die Hauptachsen der Rahmen und des Rotors in einer Normalstellung zur Deckung gebracht werden können und dann mit den geometrischen Rahmen- und Rotorachsen zusammenfallen.

Die Hauptträgheitsmomente der drei Teilkörper sollen wie folgt bezeichnet werden:

$$
\begin{aligned}
&\text{für den Rotor:} && A^R \quad B^R \quad C^R, \\
&\text{für den Innenrahmen:} && A^J \quad B^J \quad C^J, \\
&\text{für den Außenrahmen:} && A^A \quad - \quad -\,.
\end{aligned}
\tag{4.31}
$$

Die Raumlage aller drei Teilkörper soll durch die Kardanwinkel $\alpha\,\beta\,\gamma$ beschrieben werden, die den Drehungen um die äußere Rahmenachse, die innere Rahmenachse und die Rotorachse entsprechen. Für die Komponenten der Winkelgeschwindigkeiten $\omega_i^R\,\omega_i^J\,\omega_i^A$ der drei Teilkörper erhält man dann in jeweils körperfesten Bezugssystemen [s. a. (1.51)]:

$$
\begin{aligned}
\omega_1^R &= \dot\alpha \cos\beta \cos\gamma + \dot\beta \sin\gamma, \\
\omega_2^R &= -\dot\alpha \cos\beta \sin\gamma + \dot\beta \cos\gamma, \\
\omega_3^R &= \dot\gamma + \dot\alpha \sin\beta, \\
\omega_1^J &= \dot\alpha \cos\beta, \qquad \omega_1^A = \dot\alpha, \\
\omega_2^J &= \dot\beta, \qquad\qquad \omega_2^A = 0, \\
\omega_3^J &= \dot\alpha \sin\beta, \qquad \omega_3^A = 0.
\end{aligned}
\tag{4.32}
$$

Bei der Berechnung des Kreiselverhaltens kann man die den jeweiligen Problemstellungen angepaßten Methoden verwenden. So ist es bei der Berechnung des schweren symmetrischen Kardankreisels im Abschn. 4.3 zweckmäßig, Energieausdrücke zu verwenden und dann die Bewegungsgleichungen nach der Lagrangeschen Methode aufzustellen. Bei der Berechnung des Kardankreisels mit unsymmetrischem Rotor hat dagegen die Eulersche Form der Bewegungsgleichungen manche Vorteile (siehe z. B. [32]). Für qualitative Untersuchungen bietet sich schließlich eine Diskussion der Bewegungsformen in Phasenebenen an, die den Vorteil einer gewissen Anschaulichkeit haben. Alle drei Verfahren sollen im folgenden verwendet werden.

4.3 Der schwere symmetrische Kardankreisel

Zusätzlich zu den bereits genannten Voraussetzungen soll jetzt ein symmetrischer Rotor $A^R = B^R$, eine vertikal stehende äußere Rahmenachse (1-Achse) und eine Lage des gemeinsamen Schwerpunktes von Rotor und Innenrahmen auf der Figurenachse des Rotors ($s_1 = s_2 = 0$, $s_3 = s \neq 0$) angenommen werden. Mit $s > 0$ und $\beta = +\pi/2$ erhält man dann den aufrechten, mit $\beta = -\pi/2$ den hängenden Kardankreisel.

Manchmal ist es zweckmäßig, den Winkel nicht zu verändern. Dann kann man mit $s > 0$ den aufrechten und mit $s < 0$ den hängenden schweren Kreisel erhalten.

4.3.1 Die allgemeine Lösung. Zur Aufstellung der Bewegungsgleichungen benötigen wir die Ausdrücke für die kinetische und die potentielle Energie des Gesamtsystems. Da die Achse des äußeren Rahmens vertikal steht, hängt die potentielle Energie U nur von dem Winkel β, nicht aber von α ab. Mit dem Gewicht G für Rotor und Innenrahmen hat man:

$$U = G\,s\,\sin\beta. \tag{4.33}$$

Für die kinetische Energie folgt:

$$T = T^R + T^J + T^A = \tfrac{1}{2} \sum_{x=R,\,J,\,A} [A^x(\omega_1^x)^2 + B^x(\omega_2^x)^2 + C^x(\omega_3^x)^2],$$

oder ausgerechnet und zusammengefaßt:

$$T = \tfrac{1}{2}\{\dot\alpha^2[A\cos^2\beta + (A^A + C^J)\sin^2\beta] + \dot\beta^2 B + C^R(\dot\gamma + \dot\alpha\sin\beta)^2\} \tag{4.34}$$

mit den Abkürzungen:

$$A = A^R + A^J + A^A; \quad B = B^R + B^J.$$

Analog zum Fall des Lagrange-Kreisels lassen sich nun drei Integrale der Bewegungsgleichungen finden. Zwei davon folgen aus der Tatsache, daß sowohl γ als auch α zyklische Koordinaten sind: Sie kommen in T und U nicht selbst, sondern lediglich als Ableitungen vor. Aus der Lagrange-Gleichung (1.87) für γ folgt mit (4.34):

$$\frac{\partial T}{\partial \dot\gamma} = C^R(\dot\gamma + \dot\alpha\,\sin\beta) = \text{const}$$

oder

$$\omega_3^R = \dot\gamma + \dot\alpha\,\sin\beta = \omega_0. \tag{4.35}$$

Also bleibt die Drallkomponente und damit auch die Drehgeschwindigkeit für die Figurenachse des Rotors konstant. Das ist wegen der angenommenen Reibungsfreiheit der Lager physikalisch verständlich.

Aus der Lagrange-Gleichung für α folgt entsprechend, daß auch die vertikale Drallkomponente des Gesamtsystems konstant ist:

$$\frac{\partial T}{\partial \dot\alpha} = \dot\alpha[A\cos^2\beta + (A^A + C^J)\sin^2\beta] + C^R\omega_0\sin\beta = H_0 = \text{const}. \tag{4.36}$$

Auch dafür läßt sich eine anschauliche Erklärung finden: Als äußere Momente, die auf das Gesamtsystem wirken, kommen nur Schweremomente und solche Momente in Frage, die über das äußere Rahmenlager auf die Rahmenachse übertragen werden. Da dieses Lager vertikal ist und als reibungsfrei angenommen wurde, liegen die Vektoren beider Momente stets in der Horizontalebene.

Neben den beiden Drallintegralen (4.35) und (4.36) gilt für den Kardankreisel der Energiesatz $T + U = E_0$ oder ausgerechnet:

$$\dot{\alpha}^2 [A \cos^2\beta + (A^A + C^J) \sin^2\beta] + \dot{\beta}^2 B + C^R \omega_0^2 + 2 G s \sin\beta = 2 E_0. \quad (4.37)$$

Mit diesen drei Integralen kann die vollständige Lösung wie folgt gewonnen werden: Aus (4.36) wird

$$\dot{\alpha} = \frac{H_0 - C^R \omega_0 \sin\beta}{A \cos^2\beta + (A^A + C^J) \sin^2\beta} \quad (4.38)$$

ausgerechnet und in (4.37) eingesetzt. Nach $\dot{\beta}$ aufgelöst folgt dann:

$$B \dot{\beta}^2 = 2 E_0 - C^R \omega_0^2 - 2 G s \sin\beta - \frac{(H_0 - C^R \omega_0 \sin\beta)^2}{A \cos^2\beta + (A^A + C^J) \sin^2\beta} \quad (4.39)$$

oder

$$\dot{\beta}^2 = F(\beta).$$

Um den Zusammenhang mit den für den Lagrange-Kreisel erhaltenen Ergebnissen deutlicher zu machen, kann man

$$\sin\beta = u; \quad \dot{\beta} = \frac{\dot{u}}{\cos\beta} \quad (4.40)$$

einführen und erhält dann

$$\dot{u}^2 = (1 - u^2) \left\{ \frac{2 E_0 - C^R \omega_0^2}{B} - \frac{2 G s}{B} u - \frac{(H_0 - C^R \omega_0 u)^2}{B[A - (A^J + A^R - C^J) u^2]} \right\}$$
$$= U(u). \quad (4.41)$$

Diese Gleichung geht für verschwindende Trägheitsmomente der Rahmen in die frühere Form (3.46) für den Lagrange-Kreisel über. Die Kreiselfunktion $U(u)$ ist aber jetzt kein einfaches Polynom, sondern eine gebrochen rationale Funktion von u, deren Integration nicht auf bekannte Funktionen führt. Dennoch kann die Integration numerisch oder grafisch stets durchgeführt werden. Die Integration der Gl. (4.39) ergibt:

$$t = t_0 + \int \frac{d\beta}{\sqrt{F(\beta)}} = t(\beta), \quad (4.42)$$

woraus durch Umkehrung $\beta = \beta(t)$ folgt. Setzt man diesen Wert in (4.38) ein, so kommt nach nochmaliger Integration $\alpha = \alpha(t)$. Einsetzen in (4.35) gibt, wiederum nach Integration, $\gamma = \gamma(t)$. Damit ist die vollständige Lösung für die Bewegungen des schweren Kardankreisels mit vertikaler äußerer Kardanachse gefunden.

Bei der Auswertung der gefundenen Lösung stellt man fest, daß wesentliche, auch qualitative Unterschiede im Verhalten des Kardankreisels gegenüber dem Lagrange-Kreisel nur dann auftreten, wenn die Kreiselspitze in die Nähe der Pollagen kommt oder sie durchläuft. In den Pollagen selbst liegen beide Rahmen in einer gemeinsamen Ebene, so daß Rotorachse und äußere Kardanachse zusammenfallen. In diesem Zustand der *Rahmensperre* verliert der Kreisel einen Freiheitsgrad, so daß Zwangskräfte auftreten können, die das Verhalten des Kardankreisels in den Pollagen erheblich beeinflussen. In Abb. 4.4 sind Bei-

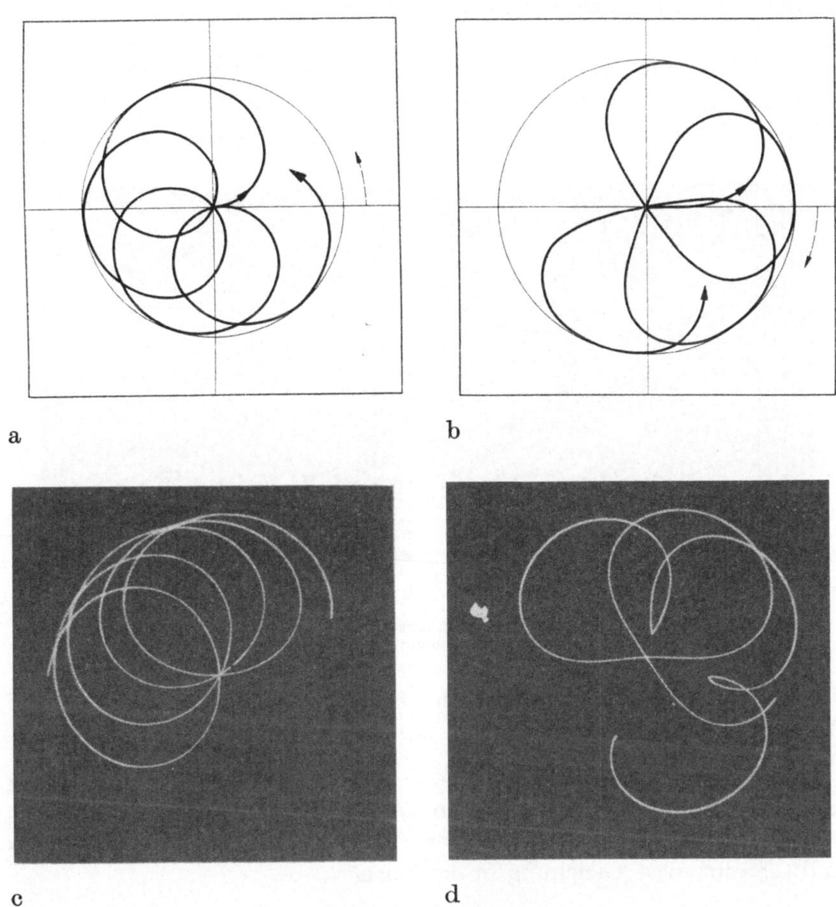

a   b

c   d

Abb. 4.4 Bahnkurven des Kardankreisels bei Bewegungen in der Nähe der Pollagen; a) und b) Theorie, c) und d) Experiment.

spiele dafür gezeigt. Es sind die in eine Horizontalebene projizierten Bahnkurven der Kreiselspitze dargestellt. Als Anfangsbedingung wurde ein seitlicher Stoß gegen die in der oberen Pollage befindliche Rotorachse gewählt. In a) und b) sind theoretisch errechnete, in c) und d) experimentell bei etwa gleichen Anfangsbedingungen ermittelte Kurven wiedergegeben. Die Kurven a) und c) gehören zum Lagrange-Kreisel, während b) und d) für einen Kardankreisel gelten. Als wesentlicher

Unterschied kann festgestellt werden, daß die Krümmung der Kurven beim Lagrange-Kreisel fast konstant bleibt, während die Bahnkurven des Kardankreisels eine merkliche Streckung bei Durchgang durch die Pollage erfahren. Außerdem ist die Wanderungsrichtung für die mittlere Lage der Kreiselspitze in beiden Fällen verschieden, wie dies durch den gestrichelten Pfeil angedeutet ist.

Abb. 4.5 gibt experimentelle Kurven wieder, bei denen die obere Pollage umfahren wird. Im Fall a) ist $s > 0$ und $\beta = \pi/2$ (aufrechter Kreisel), für b) ist $s < 0$ und $\beta = \pi/2$ (hängender Kreisel). Bei b) ist

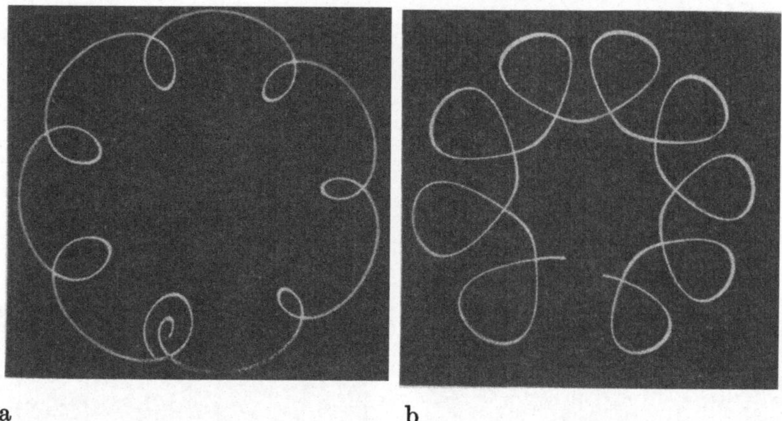

Abb. 4.5 Experimentell aufgenommene Bahnkurven der Kreiselspitze bei a) aufrechtem und b) hängendem Kreisel.

die für den Kardankreisel typische Deformation der Bahnkurven bei Annäherung an die obere Pollage zu erkennen.

4.3.2 Das Phasenporträt für die Bewegungen. Die verschiedenen möglichen Bewegungsformen lassen sich anschaulich aus einem Phasenporträt für den Winkel β erkennen. Hierzu geht man von (4.39) aus und schreibt diese Gleichung in der Form

$$\dot{\beta}^2 = F(\beta) = \frac{1}{B}[2E_0 - f(\beta)] \tag{4.43}$$

mit

$$f(\beta) = C^R \omega_0^2 + 2G s \sin\beta + \frac{(H_0 - C^R \omega_0 \sin\beta)^2}{A \cos^2\beta + (A^A + C^J) \sin^2\beta}. \tag{4.44}$$

In (4.43) ist $\dot{\beta}^2$ ein Maß für die kinetische Energie eines β-Schwingers, $f(\beta)$ kann als Maß für die potentielle Energie angesehen werden. Für eine vorgegebene, noch von den Konstanten ω_0 und H_0 abhängigen Potentialfunktion $f(\beta)$ kann für jeden Wert der Energiekonstanten E_0

eine Phasenkurve $\dot\beta(\beta)$ aus (4.43) konstruiert werden. Das ist in Abb. 4.6 gezeigt. Schneidet man die Potentialkurve $f(\beta)$ mit der *Energiegeraden*, die im Abstand $2E_0$ zur Abszisse parallel verläuft, dann ergibt die Differenz den jeweiligen Wert von $B\dot\beta^2$. Da nur für $\dot\beta^2 > 0$ Bewegungen existieren können, interessieren nur die β-Bereiche, in denen das der

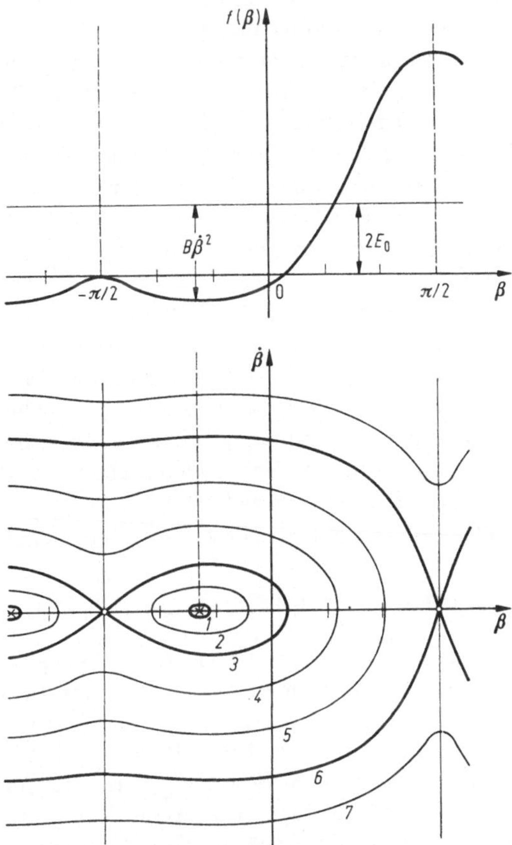

Abb. 4.6 Potentialfunktion $f(\beta)$ und Phasenkurven für die Bewegungen eines schweren, symmetrischen Kardankreisels.

Fall ist. Durch Variation von E_0 lassen sich dann die zu verschiedenen Bewegungstypen gehörenden Phasenkurven leicht konstruieren. In Abb. 4.6 ist das für sieben verschiedene Werte von E_0 geschehen. Dabei gibt es drei charakteristische Werte von E_0, bei deren Durchschreiten qualitativ andere Bewegungen erhalten werden. Wenn die Energiegerade so tief liegt, daß sie das Minimum der $f(\beta)$-Kurve tangiert, dann wird die Gleichgewichtslage 1 erhalten. Sie entspricht einer *regulären Präzession* mit $\beta = \beta_0$, worüber im nächsten Abschnitt noch zu sprechen sein wird. Wenn die E_0-Kurve das Nebenmaximum bei $\beta = -90°$ tangiert, dann erhält man als Phasenkurve die Separatrix 3. Bei Tangieren des Hauptmaximums ($\beta = +90°$) erhält man die Separatrix 6. Es sind nun drei Bewegungstypen zu unterscheiden: Kurven im Innern der Separatrix 3 repräsentieren gestörte Präzessionen, bei denen β um den zum Punkt 1 gehörenden Wert β_0 periodisch hin und her schwankt. Dabei wird die Pollage nicht durchlaufen. Kurven dieses Typs sind in Abb. 4.5 gezeigt. Für Phasenkurven zwischen den Separatrizen 3 und 6 wird die obere, aber nicht die untere Pollage durchlaufen, wie dies in Abb. 4.4b gezeigt ist. Die experimentell gewonnene Kurve 4.4d zeigt zugleich den Einfluß der bei der Rechnung vernachlässigten Reibung. Die ursprünglich durch die Pollage laufende Kreiselspitze kann infolge Energieverlustes die Potentialschwelle bei $\beta = 90°$ nicht mehr überwinden und bleibt dann in der Potentialmulde, die den Punkt 1 als tiefsten Punkt enthält.

Die Phasenkurve 7 ergibt eine durch beide Pollagen führende Bewegung, bei der sich der Innenrahmen vollkommen überschlägt. Auch diese Bewegung kann als periodisch bezeichnet werden.

Den Separatrizen 3 und 6 entsprechen asymptotische Bewegungen. Das ist am einfachsten zu erkennen, wenn man die unmittelbare Umgebung der beiden instabilen Gleichgewichtslagen bei $\beta = \pm 90°$ betrachtet. Hier kann mit einem konstanten Faktor c näherungsweise $\dot\beta = \pm c(\beta \mp \pi/2)$ gesetzt werden. Diese Differentialgleichung hat die Lösung

$$\beta = \pm \frac{\pi}{2} + \left[\beta(0) \mp \frac{\pi}{2}\right] e^{\mp ct}.$$

Die Kreiselspitze kann sich also den instabilen Pollagen nur asymptotisch nähern, ähnlich einem ebenen Schwerependel, das in die obere Gleichgewichtslage einschwingt.

Aus dem Phasenbild von Abb. 4.6 läßt sich nur die β-Bewegung erkennen. Man kann jedoch ohne Schwierigkeiten aus (4.38) auch ein $\dot\alpha(\beta)$-Diagramm gewinnen, aus dem die Azimutalbewegung abgelesen werden kann. Da (4.38) die Energiekonstante E_0 nicht enthält, gehört zu jeder *Potentialkurve* $f(\beta)$ nur eine Kurve $\dot\alpha(\beta)$.

Wenn man die Integrationskonstanten ω_0 nach (4.35) und H_0 nach (4.36) variiert, dann erhält man andere Funktionen $f(\beta)$ und damit auch andere Phasenbilder. In Abb. 4.7 sind einige $f(\beta)$-Kurven gezeigt, wie sie sich bei Variation von H_0 ergeben. Es ist nicht schwer, daraus die möglichen Bewegungsformen abzulesen, jedoch soll das hier nicht weiter untersucht werden.

Es sei lediglich darauf hingewiesen, daß jedem Maximum der $f(\beta)$-Kurven eine instabile Gleichgewichtslage, jedem Minimum eine stabile Gleichgewichtslage entspricht. Im Phasenbild ergeben beide Arten von

Gleichgewichtslagen Punkte auf der β-Achse. Während jedoch die stabilen Punkte von den benachbarten Phasenkurven umschlossen werden (*Wirbelpunkte*), bilden die instabilen Punkte das Zentrum zweier hyperbelähnlichen Kurvenscharen (*Sattelpunkte*). Die durch die Sattelpunkte hindurchlaufenden Separatrizen bilden die *Asymptoten*. Mit Ausnahme der Gleichgewichtspunkte, die singuläre Punkte im Phasenporträt darstellen, läuft durch jeden Punkt der Phasenebene nur eine einzige Phasenkurve. Also gehötr zu jeder vorgegebenen Anfangsbedingung eine eindeutig definierte Bewegung des Kardankreisels.

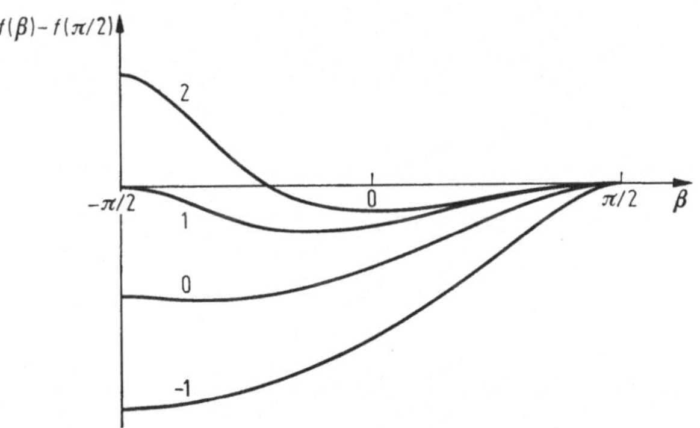

Abb. 4.7 Verlauf der Potentialkurven für den schweren, symmetrischen Kardankreisel bei Variation des Anfangsdralls H_0.

4.3.3 Partikuläre Lösungen.

Aus der bisher noch nicht aufgestellten Lagrangeschen Gleichung für den Winkel β lassen sich leicht zwei partikuläre Lösungen ableiten, die besonderes Interesse beanspruchen. Mit (4.33) und (4.34) folgt aus

$$\frac{d}{dt}\left(\frac{\partial T}{\partial \dot\beta}\right) - \frac{\partial T}{\partial \beta} + \frac{\partial U}{\partial \beta} = 0$$

die Bewegungsgleichung:

$$B\ddot\beta + (A^R + A^J - C^J)\sin\beta\cos\beta\,\dot\alpha^2 - C^R\omega_0\cos\beta\,\dot\alpha + G s\cos\beta = 0. \quad (4.45)$$

Aus ihr folgt eine partikuläre Lösung $\beta = \beta_0$, wenn

$$[\dot\alpha^2(A^R + A^J - C^J)\sin\beta - \dot\alpha\,C^R\omega_0 + G s]\cos\beta = 0 \quad (4.46)$$

ist. Diese Bedingung ist erfüllt für

a) $\cos\beta_0 = 0; \quad \beta_0 = \pm\dfrac{\pi}{2}\,,$ \hfill (4.47)

b) $\left.\begin{array}{l} \dot\alpha = \dot\alpha_1 \\[4pt] \dot\alpha = \dot\alpha_2 \end{array}\right\}$ \hfill (4.48)

$$= \frac{C^R\omega_0}{2(A^R + A^J - C^J)\sin\beta_0}\left[1 \pm \sqrt{1 - \frac{4G s(A^R + A^J - C^J)\sin\beta_0}{(C^R)^2\omega_0^2}}\,\right].$$

Also sind Gleichgewichtsbewegungen möglich, bei denen die Rotorachse
entweder vertikal steht (Fall a) oder einen beliebigen, aber konstanten
Elevationswinkel β_0 besitzt (Fall b). Im letzteren Fall muß die azimutale
Bewegung mit der Winkelgeschwindigkeit $\dot\alpha_1$ oder $\dot\alpha_2$ nach (4.48) erfolgen. Diese Bewegung kann als *reguläre Präzession* bezeichnet werden,
wobei wieder die *schnelle Präzession* $\dot\alpha_1$ (besser *Nutation*) und die *lang-*

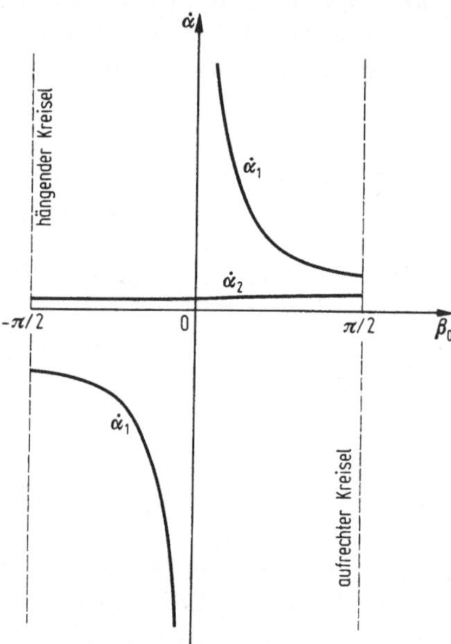

Abb. 4.8 Präzessions- und Nutationsgeschwindigkeiten für den schweren, symmetrischen Kardankreisel in Abhängigkeit vom Schräglagenwinkel β_0.

same Präzession $\dot\alpha_2$ zu unterscheiden sind. Ihre Abhängigkeit von β_0
ist in Abb. 4.8 aufgetragen. Bei horizontal liegender Rotorachse ($\beta_0 = 0$)
bleibt lediglich die gleichförmige Präzession mit

$$\dot\alpha = \frac{G\,s}{C^R\,\omega_0}$$

übrig. Wie bei dem Lagrange-Kreisel zeigt sich, daß auch beim Kardankreisel Nutation und Präzession bei aufrechtem Kreisel gleiches, bei
hängendem Kreisel verschiedenes Vorzeichen haben.

Da bei den üblichen Ausführungsformen kardanisch gelagerter Kreisel stets $C^J < A^R + A^J$ ist, bleibt der Radikand von (4.48) stets positiv, wenn $s\,\sin\beta_0 < 0$ ist. Das ist für einen hängenden Kreisel der Fall,
weil hier der Schwerpunkt tiefer als der Unterstützungspunkt liegt. Für
einen aufrechten Kreisel sind reelle Lösungen für $\dot\alpha$ nur bei hinreichend
schnell drehendem Rotor möglich. Bei zu langsam drehendem Rotor

existiert zwar die partikuläre Lösung (4.47), sie ist jedoch — wie in Abschn. 4.3.4 gezeigt werden wird — für den aufrechten Kreisel instabil.

4.3.4 Die Stabilität des Kardankreisels bei vertikaler Rotorachse. Die partikuläre Lösung (4.47) erlaubt beliebig schnelle, aber konstante Eigendrehungen von Rotor und äußerem Kardanrahmen. Man kann mit $\cos\beta = 0$ aus (4.38) sofort $\dot{\alpha} = \dot{\alpha}_0$ und damit aus (4.35) $\dot{\gamma} = \dot{\gamma}_0$ finden. Nicht jede dieser möglichen Bewegungen ist stabil. Man erkennt das am einfachsten, wenn man Nachbarbewegungen zu $\beta = \pi/2$ untersucht. Wir setzen hierzu in (4.45) $\beta = \pi/2 + \vartheta$ und betrachten den Euler-Winkel ϑ als eine kleine Größe: $\vartheta \ll 1$. Dann ist $\sin\beta \approx 1$ und $\cos\beta \approx -\vartheta$, so daß aus (4.45)

$$B\,\ddot{\vartheta} + [-\dot{\alpha}^2(A^R + A^J - C^J) + \dot{\alpha}\,C^R\,\omega_0 - G\,s]\,\vartheta = B\,\ddot{\vartheta} + r(\dot{\alpha})\,\vartheta = 0 \tag{4.49}$$

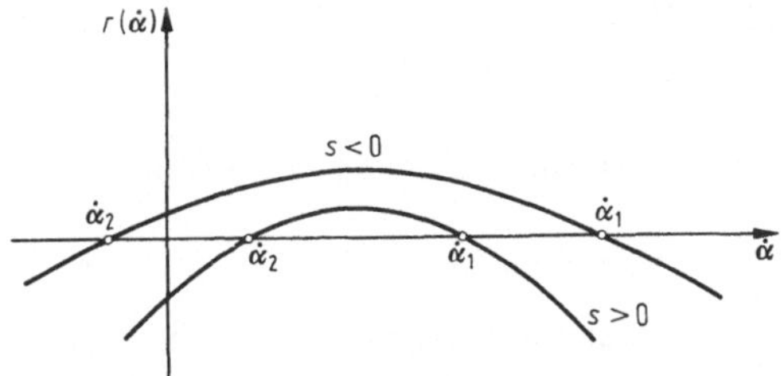

Abb. 4.9 Verlauf der Rückführfunktion $r(\dot{\alpha})$ für kleine Bewegungen des Kardankreisels mit vertikaler Rotorachse.

folgt. Man kann den in der eckigen Klammer stehenden Ausdruck als Rückführfunktion $r(\dot{\alpha})$ auffassen. Nur positive Werte von r ergeben stabile Lösungen für $\vartheta(t)$. Der Verlauf von $r(\dot{\alpha})$ ist in Abb. 4.9 aufgetragen. Lediglich im Bereich

$$\dot{\alpha}_1 > \dot{\alpha} > \dot{\alpha}_2 \tag{4.50}$$

wird $r > 0$, so daß nur für bestimmte Werte der Winkelgeschwindigkeit des Außenrahmens Stabilität möglich ist. Für den hängenden Kreisel ($s < 0$) ist:

$$\dot{\alpha}_2 < 0 < \dot{\alpha}_1,$$

für den aufrechten ($s > 0$):

$$0 < \dot{\alpha}_2 < \dot{\alpha}_1.$$

Daraus folgt z. B., daß der aufrechte Kreisel mit stehendem Außenrahmen auch bei schnellaufendem Rotor nicht stabil sein kann. Man muß vielmehr dem Außenrahmen eine Winkelgeschwindigkeit $\dot{\alpha}$ im Sinne der Rotordrehung erteilen, so daß die Bedingung (4.50) erfüllt ist. Der hängende Kreisel kann dagegen für $\dot{\alpha} = 0$ und sogar auch für nicht zu große Drehgeschwindigkeiten $\dot\alpha$ des Außenrahmens entgegen der Rotor-drehung stabil sein. Man erhält die Grenzwerte für $\dot\alpha$ aus der quadra-tischen Gleichung $r(\alpha) = 0$ nach (4.49) oder aus (4.48) mit $\beta_0 = \pi/2$ und $s > 0$. Daraus folgt zugleich, daß reelle Werte für $\dot\alpha$ nur existieren, wenn

$$C^R \omega_0 \geqq \sqrt{4 G s (A^R + A^J - C^J)} \tag{4.51}$$

ist. Das ist eine gegenüber der Stabilitätsbedingung (3.70) für den Lagrange-Kreisel verallgemeinerte Bedingung, die für $A^J = C^J = 0$ in die frühere Form übergeht. Beim Kardankreisel kommt aber zu (4.51) als weitere notwendige Stabilitätsbedingung (4.50) hinzu.

Die angegebenen Stabilitätsbedingungen wurden nach der Methode der kleinen Schwingungen aus der für die Nachbarbewegung lineari-sierten Bewegungsgleichung (4.49) gewonnen. Es sind notwendige Be-dingungen. Wir wollen im vorliegenden Fall noch zeigen, daß sie zugleich auch hinreichend sind, um die Stabilität zu garantieren. Dazu soll die direkte Methode von LJAPUNOV verwendet werden (siehe z. B. CHETAYEV [32]).

Die betrachtete partikuläre Lösung sei durch

$$\beta = \beta_0 = \frac{\pi}{2}; \quad \dot\gamma = \dot\gamma_0; \quad \dot\alpha = \dot\alpha_0$$

gekennzeichnet. Wir betrachten Nachbarlösungen, die durch jetzt nicht notwendigerweise kleine Abweichungen $x_1\, x_2\, x_3$ nach

$$\beta = \frac{\pi}{2} + x_1; \quad \dot\gamma = \dot\gamma_0 + x_2; \quad \dot\alpha = \dot\alpha_0 + x_3 \tag{4.52}$$

beschrieben werden sollen. Es ist zweckmäßig, die weitere abhängige Variable durch

$$x_4^2 = 1 - \cos x_1 = 1 - \sin\beta > 0 \tag{4.53}$$

einzuführen. Nach dem Vorbilde von CHETAYEV soll jetzt unter Ver-wendung der drei bekannten Integrale der Bewegungsgleichungen eine Ljapunov-Funktion der Abweichungen aufgebaut werden, deren linearer Anteil verschwindet, während der quadratische Anteil definit ist.

Aus dem ersten Integral (4.35) folgt durch Einsetzen von (4.52) und (4.53):

$$x_2 + x_3 - \dot\alpha_0 x_4^2 - x_3 x_4^2 = K_1 \tag{4.54}$$

mit der neuen Konstanten K_1. Entsprechend erhält man aus dem Drall-integral (4.36) und dem Energieintegral (4.37) mit den neuen Kon-stanten K_2 und K_3 sowie mit den Abkürzungen

$$A^A + C^J = P; \quad A^R + A^J - C^J = Q: \tag{4.55}$$

$$x_3 P + x_4^2(2\dot\alpha_0 Q - C^R \omega_0) + x_3 x_4^2 2Q - x_4^4 \dot\alpha_0 Q - x_3 x_4^4 Q = K_2, \tag{4.56}$$

$$\begin{aligned} x_3\, 2\dot\alpha_0 P + x_1^2 B + x_3^2 P + x_4^2\, 2(\dot\alpha_0^2 Q - G s) + x_3 x_4^4\, 4\dot\alpha_0 Q - \\ - x_4^4 \dot\alpha_0^2 Q + x_3 x_4^4\, 2\dot\alpha_0 Q - x_3^2 x_4^2\, 2Q - x_3^2 x_4^4 Q = K_3. \end{aligned} \tag{4.57}$$

Mit den noch frei wählbaren Faktoren λ_1 und λ_2 wird nun eine Ljapunov-Funktion V in der Form

$$V = K_3 + \lambda_1 K_1^2 + \lambda_2 K_2 \tag{4.58}$$

angesetzt. Ihre totale zeitliche Ableitung verschwindet: $dV/dt \equiv 0$, da V eine Linearkombination von Konstanten ist. Nach den Ljapunovschen Sätzen ist die Stabilität gesichert, wenn es gelingt, die λ so zu wählen, daß V als Funktion der x betrachtet mit einem definiten quadratischen Anteil beginnt. Nach Einsetzen von (4.54), (4.56) und (4.57) in (4.58) stellt man fest, daß noch der in x_3 lineare Ausdruck $x_3 \, Q \, (\lambda_2 + 2\dot\alpha_0)$ enthalten ist. Um ihn zu eliminieren, wählen wir $\lambda_2 = -2\dot\alpha_0$ und finden so die Ljapunov-Funktion:

$$\begin{aligned} V = \dot x_1^2 \, B &+ (x_2 + x_3)^2 \, \lambda_1 + x_3^2 \, P + x_4^2 \, 2\,(\dot\alpha_0 \, C^R \, \omega_0 - G\,s - \dot\alpha_0^2 \, Q) + \\ &+ \{ - (x_2 + x_3) \, x_4^2 \, 2\,\lambda_1 \, \dot\alpha_0 - x_2 \, x_3 \, x_4^2 \, 2\,\lambda_1 + x_3^2 \, x_4^2 \, 2\,(Q - \lambda_1) + \\ &+ x_4^4 \, \dot\alpha_0^2 (Q + \lambda_1) + x_2^2 \, x_4^4 (\lambda_1 - Q) \}. \end{aligned} \tag{4.59}$$

Die in der geschweiften Klammer zusammengefaßten Glieder von höherer als der zweiten Ordnung sind für die weitere Untersuchung ohne Bedeutung. Die ersten vier Glieder bilden eine rein quadratische Form, die wegen $B > 0$ und $P > 0$ stets positiv definit ist, wenn

$$\lambda_1 > 0$$

und

$$\dot\alpha_0 \, C^R \, \omega_0 - G\,s - \dot\alpha_0^2 \, Q \geqq 0 \tag{4.60}$$

gilt. Die erste Forderung kann durch Wahl von λ_1 erfüllt werden, so daß als einzige, jetzt aber hinreichende Bedingung die Ungleichung (4.60) übrigbleibt. Sie ist identisch mit der früheren Forderung, daß die Rückführfunktion $r(\dot\alpha)$ in (4.49) positiv sein soll. Die früheren Stabilitätsbedingungen (4.50) und (4.51) sind damit als notwendig und hinreichend erwiesen, um die Stabilität der betrachteten Bewegung bezüglich der Variablen β, $\dot\beta$, $\dot\gamma$ und $\dot\alpha$ zu gewährleisten.

4.4 Auswanderungserscheinungen eines astatisch gelagerten symmetrischen Kardankreisels

Wenn man die Massen von Rotor und Innenring so abgleicht, daß der gemeinsame Massenmittelpunkt mit dem Aufhängepunkt, also dem Schnittpunkt der Achsen des Kardansystems zusammenfällt, dann ist der Kreisel astatisch gelagert; er kann ohne Drehung in jeder beliebigen Position verharren. Dennoch darf man diesen Kreisel — im Gegensatz zum spitzengelagerten astatischen Kreisel — nicht allgemein als kräftefrei bezeichnen, da über das Lager des Außenrahmens Momente auf das System übertragen werden können, deren Vektoren senkrecht zur

Lagerachse stehen. Es ist möglich, daß sie bei schwingenden Bewegungen der Figurenachse zu Verlagerungen der mittleren Richtung dieser Achse, also zu Auswanderungen führen. Dieser Effekt spielt bei den praktischen Anwendungen des Kardankreisels eine besondere Rolle. Deshalb soll ein Beispiel dafür berechnet und erklärt werden.

Mit $s = 0$ lassen sich die Ergebnisse der vorhergehenden Abschnitte unmittelbar auf den astatischen Kardankreisel übertragen. Insbesondere können exakte Lösungen durch numerische Integration von (4.41) gewonnen werden. Ein Beispiel zeigt Abb. 4.10. Links ist die Bahn eines Punktes der Figurenachse für einen spitzengelagerten astatischen Krei-

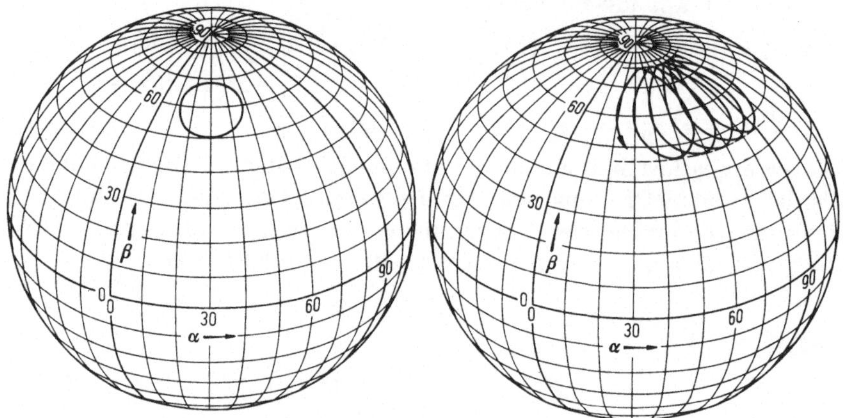

Abb. 4.10 Bahnkurven eines Punktes der Figurenachse für den astatischen Kreisel bei Spitzenlagerung (links) und bei Kardanlagerung (rechts).

sel bei Nutationsschwingungen gezeichnet. Als Bahn erhält man einen Kreis, der die Schnittkurve von Nutationskegel und Einheitskugel ist. Die rechte Kurve zeigt die für einen Kardankreisel bei gleichen Anfangsbedingungen entstehende Bahnkurve. Abgesehen von einer Deformation der Kurve erkennt man ein Auswandern der Mittellage der Figurenachse längs eines Breitenkreises. Der Kurvenzug selbst liegt zwischen zwei begrenzenden Breitenkreisen. Da bei schnellen Kreiseln, wie sie in der Praxis verwendet werden, stets nur Nutationsschwingungen mit kleiner Amplitude vorkommen, soll im folgenden eine Näherung für diesen Fall angegeben werden. Ausgangspunkt sind die Bewegungsgleichungen in den Variablen α und β, die aus (4.36) durch nochmalige Differentiation sowie aus (4.45) für $s = 0$ folgen:

$$\ddot{\alpha}[A \cos^2\beta + (A^A + C^J) \sin^2\beta] - \dot{\alpha}\dot{\beta}(A^R + A^J - C^J) \sin 2\beta +$$
$$+ \dot{\beta} C^R \omega_0 \cos\beta = 0, \qquad (4.61)$$
$$\ddot{\beta} B + \dot{\alpha}^2(A^R + A^J - C^J) \sin\beta \cos\beta - \dot{\alpha} C^R \omega_0 \cos\beta = 0.$$

Diese Gleichungen haben die partikuläre Lösung $\dot{\alpha} = 0$, $\beta = \beta_0$. Sie besagt, daß die Figurenachse des drehenden Kreisels eine beliebige raumfeste Richtung einnehmen und beibehalten kann. Für Nachbarbewegungen zu dieser Lösung soll jetzt

$$\beta = \beta_0 + x; \quad \dot{x} = \beta \tag{4.62}$$

angesetzt werden, wobei die Abweichung x als so klein angenommen wird, daß bezüglich dieser Größe linearisiert werden kann: $\sin\beta \approx \sin\beta_0 + x\cos\beta_0$, $\cos\beta \approx \cos\beta_0 - x\sin\beta_0$. Das System (4.61) kann dann in der Form geschrieben werden:

$$\ddot{\alpha}\,A^0 - \dot{\beta}\,C^R\,\omega_0\,\cos\beta_0 = R_\alpha,$$
$$\ddot{\beta}\,B - \dot{\alpha}\,C^R\,\omega_0\,\cos\beta_0 = R_\beta$$

mit den rechten Seiten

$$R_\alpha = \dot{\alpha}\,\beta(A^R + A^J - C^J)\sin 2\beta_0 +$$
$$+ x[\ddot{\alpha}(A^R + A^J - C^J)\sin 2\beta_0 + \dot{\alpha}\,\beta(A^R + A^J - C^J)\,2\cos 2\beta_0 +$$
$$+ \beta\,C^R\,\omega_0\,\cos\beta_0],$$
$$R_\beta = -\dot{\alpha}^2(A^R + A^J - C^J)\sin\beta_0\,\cos\beta_0 - \tag{4.63}$$
$$- x[\dot{\alpha}^2(A^R + A^J - C^J)\cos 2\beta_0 + \dot{\alpha}\,C^R\,\omega_0\,\sin\beta_0]$$

und der Abkürzung

$$A^0 = A\cos^2\beta_0 + (A^A + C^J)\sin^2\beta_0.$$

Dabei sind alle nichtlinearen Glieder in R_α und R_β zusammengefaßt worden. Diese Gleichungen sollen nun durch Iteration gelöst werden, wobei im 1. Iterationsschritt nur die linearen Glieder berücksichtigt werden. Das dann homogene System (4.63) hat eine Lösung

$$\alpha = \alpha_A\cos\omega_N t,$$
$$\beta = \beta_0 + \beta_A\sin\omega_N t = \beta_0 + \alpha_A\sqrt{\frac{A^0}{B}}\sin\omega_N t \tag{4.64}$$

mit der Nutationsamplitude α_A und der Nutationsfrequenz

$$\omega_N = \frac{C^R\,\omega_0\,\cos\beta_0}{\sqrt{A^0 B}}. \tag{4.65}$$

Die Lösung (4.64) zeigt eine elliptische Schwingung der *Kreiselspitze*, also von Punkten der Figurenachse an, wobei die Bahnform von den Trägheitsmomenten sowie von β_0 abhängt.

Im 2. Iterationsschritt wird nun (4.64) in die rechten Seiten von (4.63) eingesetzt. Damit entstehen zwei inhomogene Differentialgleichungen mit Erregergliedern, die periodische Anteile mit den Frequenzen ω_N, $2\omega_N$ und $3\omega_N$ enthalten. Außerdem treten bei der Multiplikation der trigonometrischen Funktionen auch konstante Anteile auf.

Da hier nur die mittlere Abwanderungsgeschwindigkeit untersucht werden soll, bleiben weiterhin die überlagerten Schwingungen unberücksichtigt. Hierzu wird eine Mittelbildung vorgenommen. Bei Integration der rechten Seiten über die meist sehr kleine Nutationsperiode $T_N = 2\pi/\omega_N$ folgt:

$$\overline{R_\alpha} = \frac{1}{T_N} \int\limits_0^{T_N} R_\alpha\, dt = 0,$$

$$\overline{R_\beta} = \frac{1}{T_N} \int\limits_0^{T_N} R_\beta\, dt \qquad (4.66)$$

$$= \frac{1}{2}\,\alpha_A^2\,\omega_N \sin\beta_0 \left[C^R \omega_0 \sqrt{\frac{A^0}{B}} - (A^R + A^J - C^J)\,\omega_N \cos\beta_0 \right].$$

Damit kann aus (4.63) eine mittlere Auswanderungsgeschwindigkeit

$$\bar{\dot\alpha} = -\,\frac{\overline{R_\beta}}{C^R \omega_0 \cos\beta_0}\,; \qquad \bar{\dot\beta} = \frac{\overline{R_\alpha}}{C^R \omega_0 \cos\beta_0}$$

ausgerechnet werden. Unter Berücksichtigung von (4.65) und (4.66) folgt daraus:

$$\bar{\dot\alpha} = -\,\frac{\alpha_A^2\, C^R \omega_0 \sin\beta_0 (A^A + C^J)}{2\,A^0\,B}\,; \qquad \bar{\dot\beta} = 0. \qquad (4.67)$$

Die Figurenachse des Kreisels wandert also in einer Ebene senkrecht zur Außenachse mit der mittleren Winkelgeschwindigkeit $\bar{\dot\alpha}$ aus, die dem Quadrat der Nutationsamplitude α_A und dem Eigenimpuls $C^R \omega_0$ proportional ist; außerdem hängt sie von der Schräglage β_0 des Innenrahmens sowie von den Trägheitsmomenten ab. Für $\beta_0 = 0$ verschwindet $\bar{\dot\alpha}$. Der mittlere Rahmenneigungswinkel β bleibt erhalten, da $\bar{\dot\beta} = 0$ ist.

Daß die Figurenachse und damit auch die Drallachse nur in der Azimutrichtung auswandern können, ergibt sich aus der Tatsache, daß über das als reibungsfrei angenommene vertikale Lager des Außenrahmens nur Momente mit horizontalem Vektor übertragen werden können. Also kann auch der Endpunkt des Drallvektors nur längs eines Breitenkreises wandern. Eine anschauliche Erklärung für das Auswandern läßt sich aus dem Energiesatz finden: In erster Näherung beschreibt ein Punkt der Figurenachse eine geschlossene Kurve, die zwischen zwei begrenzenden Breitenkreisen liegt (Abb. 4.11). In den Punkten 1 und 2 ist $\beta = 0$, so daß dort für die Energie des Systems

$$T = \tfrac{1}{2}A^0\,\dot\alpha^2 + \tfrac{1}{2}C^R \omega_0^2 \qquad (4.68)$$

folgt. Der zweite Anteil ist konstant, also muß es auch der erste sein. Da nun das Summenträgheitsmoment A^0 nach (4.63) (Abb. 4.12) vom Winkel β_0 abhängt, wird

$$A^0(\beta_{20}) < A^0(\beta_{10})$$

und folglich

$$\dot\alpha(\beta_{20}) > \dot\alpha(\beta_{10}).$$

Die Azimutgeschwindigkeit ist also bei $\beta > 0$ am oberen Begrenzungskreis größer als am unteren, so daß sich die wirklich durchlaufene Bahn-

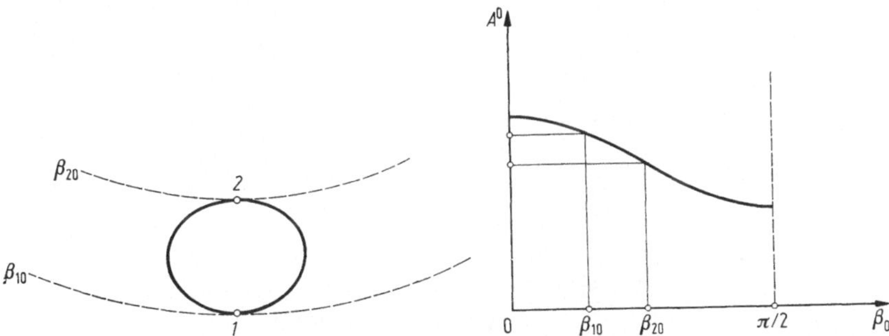

Abb. 4.11 Zur qualitativen Erklärung der Auswanderung eines astatischen Kardankreisels unter dem Einfluß von Nutationsschwingungen.

Abb. 4.12 Abhängigkeit des Trägheitsmomentenausdrucks A° des Kardankreisels um die äußere Rahmenachse vom Schräglagenwinkel β_0.

kurve nicht schließt; vielmehr erhält man eine mittlere Auswanderung im Sinne der am oberen Begrenzungskreis vorhandenen Bewegungsrichtung.

Eine einmal angestoßene Nutationsschwingung des Kreisels wird als freie Schwingung stets mehr oder weniger gedämpft sein. Mit kleiner werdender Nutationsamplitude α_A wird auch die Auswanderungsgeschwindigkeit $\bar\alpha$ geringer, so daß mit $\bar\alpha \to 0$ unter Umständen nur endliche Auswanderungswinkel entstehen.

4.5 Die Stabilität des astatisch gelagerten unsymmetrischen Kardankreisels

Das Stabilitätsverhalten eines Kardankreisels mit unsymmetrischem Rotor weicht in bemerkenswerter Weise von dem bekannten, in Kap. 2 untersuchten Verhalten für den einzelnen starren Körper (Euler-Fall) ab. Die Eulerschen Drehungen um Hauptachsen sind stets um zwei Achsen stabil, um die dritte aber instabil. Auch beim Kardankreisel sind Drehungen um zusammenfallende Hauptachsen der drei Teilkörper möglich. Ihre Stabilität hängt nicht nur von der Form des Rotors allein, sondern auch von den Massenverhältnissen der beiden Rahmen ab.

Wählt man von den verschiedenen Möglichkeiten drei von Prandtl angegebene Drehungen um die drei Hauptachsen des Rotors aus, dann gibt es außer den Verallgemeinerungen des Eulerschen Falles auch neuartige Fälle, bei denen entweder alle drei Prandtl-Drehungen stabil, oder nur eine stabil, die anderen beiden jedoch instabil sind.

Prandtl hat die Stabilität der Euler-Drehungen mit einem sinnreich entworfenen Gerät demonstriert (Abb. 4.13), bei dem eine mit Blei ausgelegte Fahrradfelge in einem Stabgehänge volle Drehfreiheit

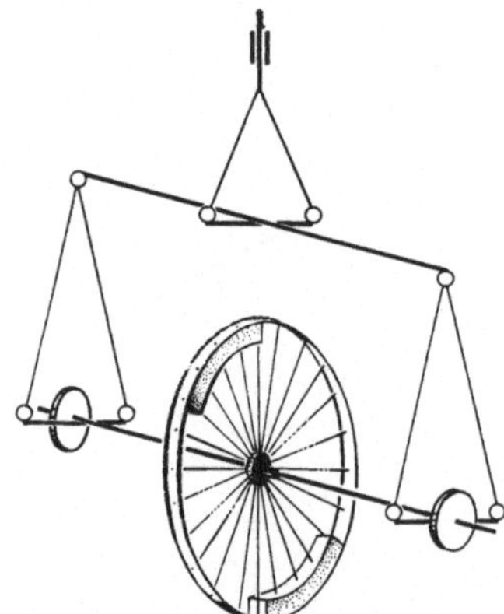

Abb. 4.13 Prandtlsches Rad.

um die drei Rahmenachsen erhält. Durch zwei Zusatzgewichte an der Felge können die drei Hauptträgheitsmomente des Rotors verschieden gemacht werden. Die als stationäre Bewegungen möglichen *Prandtl-Drehungen* sind nun

1. die Drehung um die Rotorachse,
2. die Drehung um die vertikale Aufhängeachse bei einer solchen Stellung des nichtdrehenden Rotors, daß die Zusatzgewichte ihren größten Abstand von der Vertikalachse haben, und
3. die Drehung wie 2., nur mit einem um 90° verdrehten Rotor.

Durch weitere Zusatzgewichte auf der verlängerten Radachse kann man die Trägheitsmomente des Systems verändern und erreichen, daß das Trägheitsmoment um die Rotorachse zum größten, mittleren oder auch kleinsten der Hauptträgheitsmomente des Gesamtsystems wird.

Die drei Prandtl-Drehungen können sinngemäß auch an kardanisch gelagerten Kreiseln demonstriert werden. Dabei lassen sich die anfangs genannten Abweichungen vom Verhalten des Euler-Kreisels sogar besser als am Prandtl-Rad zeigen. Außerdem gestattet der Kardankreisel beliebige Winkeldrehungen um die innere Rahmenachse, während das Gestänge des Prandtl-Rades nur begrenzt gekippt werden kann. Es zeigt sich, daß gerade die Schrägneigung des Innenrahmens wesentlichen

Einfluß auf die Stabilität der Drehung um die Rotorachse hat. Diese Effekte sollen im folgenden untersucht werden.

4.5.1 Die Bewegungsgleichungen und partikuläre Lösungen. Mit den Bezeichnungen von (4.31) und (4.32) erhält man für einen Kardankreisel mit unsymmetrischem Rotor die kinetische Energie

$$T = \tfrac{1}{2}\{\dot{\alpha}^2[\cos^2\beta\,(A^R\cos^2\gamma+B^R\sin^2\gamma+A^J+A^A)+\sin^2\beta\,(C^R+C^J+A^A)]+$$
$$+\beta^2[A^R\sin^2\gamma+B^R\cos^2\gamma+B^J]+\dot{\gamma}^2\,C^R+$$
$$+\dot{\alpha}\,\beta\,(A^R-B^R)\cos\beta\,\sin 2\gamma+\dot{\alpha}\,\dot{\gamma}\,2\,C^R\sin\beta\}. \tag{4.69}$$

Dieser Ausdruck geht mit $A^R = B^R$ in (4.34) über. Jetzt aber tritt die Koordinate γ auch ohne Ableitung auf, so daß sie nicht mehr zyklische Koordinate ist. Daher lassen sich nicht genug Integrale der Bewegungsgleichungen angeben, um die vollständige Lösung wie im Fall des symmetrischen Rotors in Abschn. 4.3 durchzuführen. Wohl aber können die Bewegungsgleichungen selbst und einige partikuläre Lösungen angegeben werden.

Aus (1.87) folgen mit (4.69) und $U = 0$ die Bewegungsgleichungen:

$$\ddot{\alpha}\,[\cos^2\beta\,(A^R\cos^2\gamma+B^R\sin^2\gamma+A^J+A^A)+\sin^2\beta\,(C^R+C^J+A^A)]+$$
$$+\ddot{\beta}\,\tfrac{1}{2}(A^R-B^R)\cos\beta\,\sin 2\gamma+\ddot{\gamma}\,C^R\sin\beta-\dot{\alpha}\,\beta\,\sin 2\beta\,(A^R\cos^2\gamma+$$
$$+B^R\sin^2\gamma+A^J-C^R-C^J)-\dot{\alpha}\,\dot{\gamma}\,(A^R-B^R)\cos^2\beta\,\sin 2\gamma-$$
$$-\beta^2\,\tfrac{1}{2}(A^R-B^R)\sin\beta\,\sin 2\gamma+\beta\,\dot{\gamma}\,\cos\beta\,[(A^R-B^R)\cos 2\gamma+C^R]=0, \tag{4.70}$$

$$\ddot{\alpha}\,\tfrac{1}{2}(A^R-B^R)\cos\beta\,\sin 2\gamma+\ddot{\beta}\,(A^R\sin^2\gamma+B^R\cos^2\gamma+B^J)+$$
$$+\dot{\alpha}^2\,\tfrac{1}{2}\sin 2\beta\,(A^R\cos^2\gamma+B^R\sin^2\gamma+A^J-C^R-C^J)+$$
$$+\dot{\alpha}\,\dot{\gamma}\,\cos\beta\,[(A^R-B^R)\cos 2\gamma-C^R]+\beta\,\dot{\gamma}\,(A^R-B^R)\sin 2\gamma=0, \tag{4.71}$$

$$\ddot{\alpha}\,C^R\sin\beta+\ddot{\gamma}\,C^R+\dot{\alpha}^2\,\tfrac{1}{2}(A^R-B^R)\cos^2\beta\,\sin 2\gamma-$$
$$-\dot{\alpha}\,\beta\,\cos\beta\,[(A^R-B^R)\cos 2\gamma-C^R]-\beta^2\,\tfrac{1}{2}(A^R-B^R)\sin 2\gamma=0. \tag{4.72}$$

Aus diesen nichtlinearen, miteinander verkoppelten Differentialgleichungen zweiter Ordnung lassen sich die folgenden partikulären Lösungen ablesen:

1. Drehungen um die Rotorachse:

$$\alpha = \alpha_0; \quad \beta = \beta_0; \quad \dot{\gamma} = \dot{\gamma}_0 \tag{4.73}$$

mit beliebigen konstanten Werten $\alpha_0, \beta_0, \dot{\gamma}_0$.

2. Drehungen um die äußere Rahmenachse:

$$\text{a)} \quad \dot{\alpha} = \dot{\alpha}_0; \quad \beta = 0; \quad \gamma = 0, \tag{4.74}$$
$$\text{b)} \quad \dot{\alpha} = \dot{\alpha}_0; \quad \beta = 0; \quad \gamma = \pi/2, \tag{4.75}$$
$$\text{c)} \quad \dot{\alpha} = \dot{\alpha}_0; \quad \beta = \pi/2; \quad \dot{\gamma} = \dot{\gamma}_0 \tag{4.76}$$

mit beliebigen konstanten Werten $\dot{\alpha}_0$ und $\dot{\gamma}_0$.

13*

3. Drehungen um die innere Rahmenachse:

a) $\quad \alpha = \alpha_0; \quad \beta = \beta_0; \quad \gamma = 0,$ $\qquad(4.77)$

b) $\quad \alpha = \alpha_0; \quad \beta = \beta_0; \quad \gamma = \pi/2$ $\qquad(4.78)$

mit beliebigen konstanten Werten α_0 und β_0.

Den Prandtl-Drehungen entsprechen die Fälle 1, 2a und 2b. Der Fall 2c ist uninteressant, da der Kreisel dabei einen Freiheitsgrad verliert. Es tritt Rahmensperre auf, da die Rotorachse mit der äußeren Rahmenachse zusammenfällt.

Im folgenden soll nur die Stabilität der Prandtl-Drehungen untersucht werden. Bezüglich der Fälle 3a und 3b sei auf [31] verwiesen.

4.5.2 Drehungen um die Rotorachse. Nachbarbewegungen zu der durch (4.73) gegebenen permanenten Drehung um die Rotorachse sollen nun durch die Abweichungen x gekennzeichnet werden:

$$\alpha = \alpha_0 + x_1; \quad \beta = \beta_0 + x_2; \quad \dot\gamma = \dot\gamma_0 + \dot x_3. \qquad(4.79)$$

Mit Einsetzen in (4.72) folgt damit zunächst:

$$C^R(\ddot x_1 \sin\beta_0 + \ddot x_3) = Q_\gamma(x_1\, x_2\, x_3).$$

Dabei sind alle Ausdrücke, die in den Abweichungen x von zweiter oder höherer Ordnung sind, auf der rechten Seite in Q_γ zusammengefaßt worden. In einer Theorie erster Näherung, auf die wir uns hier beschränken wollen, sollen diese Glieder vernachlässigt werden. Damit folgt $\ddot x_3 = -\ddot x_1 \sin\beta_0$. Unter Berücksichtigung dieser Beziehung erhalten die Bewegungsgleichungen (4.70) und (4.71) die Form:

$$\ddot x_1[\cos^2\beta_0(A^R\cos^2\gamma + B^R\sin^2\gamma + A^J + A^A) + \sin^2\beta_0(C^J + A^A)] +$$
$$+ \ddot x_2 \tfrac{1}{2}(A^R - B^R)\cos\beta_0 \sin 2\gamma - \dot x_1 \dot\gamma_0(A^R - B^R)\cos^2\beta_0 \sin 2\gamma +$$
$$+ \dot x_2 \dot\gamma_0 \cos\beta_0[(A^R - B^R)\cos 2\gamma + C^R] = Q_\alpha(x_1\, x_2\, x_3), \qquad(4.80)$$
$$\ddot x_1 \tfrac{1}{2}(A^R - B^R)\cos\beta_0 \sin 2\gamma + \ddot x_2(A^R\sin^2\gamma + B^R\cos^2\gamma + B^J) +$$
$$+ \dot x_1 \dot\gamma_0 \cos\beta_0[(A^R - B^R)\cos 2\gamma - C^R] +$$
$$+ \dot x_2 \dot\gamma_0(A^R - B^R)\sin 2\gamma = Q_\beta(x_1\, x_2\, x_3). \qquad(4.81)$$

Die auf den linken Seiten stehenden, in x_1 und x_2 linearen Glieder haben zeitabhängige Koeffizienten, da der Winkel γ etwa linear mit der Zeit anwächst: $\gamma \approx \dot\gamma_0\, t$. Die sehr undurchsichtigen Gln. (4.80) und (4.81) lassen sich in eine leichter zu übersehende Form bringen, wenn man anstelle der Abweichungen x_1 und x_2 für die Drehgeschwindigkeiten $\dot\alpha$ und $\dot\beta$ die Abweichungen u und v für die Drehgeschwindigkeitskomponenten ω_1^R und ω_2^R des Rotors einführt. Wegen (4.32) wird daher die Transformation

$$u = \quad \dot x_1 \cos\beta_0 \cos\gamma + \dot x_2 \sin\gamma,$$
$$v = -\dot x_1 \cos\beta_0 \sin\gamma + \dot x_2 \cos\gamma \qquad(4.82)$$

durchgeführt. Das bedeutet einen Übergang auf das rotorfeste Koordinatensystem. Mit (4.82) lassen sich nun (4.80) und (4.81) umformen
und in die folgende Gestalt bringen:

$$(A^R + \Theta^S)\,\dot{u} - [(B^R + \Theta^S) - C^R]\,v\,\dot{\gamma}_0$$

$$= -\Theta^D[(\dot{u} - \dot{\gamma}_0\,v)\cos 2\gamma - (\dot{v} + \dot{\gamma}_0\,u)\sin 2\gamma] + Q_\alpha\,\frac{\cos\gamma}{\cos\beta_0} + Q_\beta\sin\gamma,$$

$$(B^R + \Theta^S)\,\dot{v} - [C^R - (A^R + \Theta^S)]\,u\,\dot{\gamma}_0$$

$$= \Theta^D[(\dot{u} - \dot{\gamma}_0\,v)\sin 2\gamma + (\dot{v} + \dot{\gamma}_0\,u)\cos 2\gamma] - Q_\alpha\,\frac{\sin\gamma}{\cos\beta_0} + Q_\alpha\cos\gamma$$

mit den Abkürzungen: $\hspace{6cm}$ (4.83)

$$\Theta^S = \frac{1}{2}(A^J + B^J) + \frac{1}{2}C^J\tan^2\beta_0 + \frac{A^A}{2\cos^2\beta_0} = \Theta^S(\beta_0),$$

$$\Theta^D = \frac{1}{2}(A^J - B^J) + \frac{1}{2}C^J\tan^2\beta_0 + \frac{A^A}{2\cos^2\beta_0} = \Theta^D(\beta_0).$$

In den Größen Θ^S und Θ^D kommen die Trägheitseigenschaften der
kardanischen Aufhängung zum Ausdruck. Für masselose Rahmen ist
$\Theta^S = \Theta^D = 0$; in diesem Fall bleiben auf den linken Seiten von (4.83)
gerade die ersten beiden Euler-Gleichungen für den Rotor übrig. Die
Größen Θ^S und Θ^D lassen eine anschauliche Deutung zu: Sie bilden
die Zuschläge, die den Trägheitsmomenten des Rotors hinzugefügt werden müssen, um die je nach der Stellung des Rotors und des Innenrahmens verschiedenen Anteile der Rahmen zu berücksichtigen.

Entsprechend dem in der Theorie kleiner Schwingungen üblichen
Vorgehen sollen nun Produkte der Abweichungen vernachlässigt werden, also die Größen Q_α und Q_β unberücksichtigt bleiben. Das noch
verbleibende Gleichungssystem besitzt auf der rechten Seite periodische
Koeffizienten. In zwei Sonderfällen läßt es sich jedoch elementar lösen.
Hierzu muß entweder

$$1)\quad \Theta^D = 0 \hspace{5cm} (4.84)$$

oder

$$2)\quad \dot{u} - \dot{\gamma}_0\,v = 0,$$
$$\dot{v} + \dot{\gamma}_0\,u = 0 \hspace{5cm} (4.85)$$

gelten. Die erste Bedingung ist bei der kardanähnlichen Aufhängung
des Prandtl-Rades (Abb. 4.13) in guter Näherung erfüllt; die zweite
Bedingung gilt für einen stabförmigen Rotor mit $C^R = 0$, $A^R = B^R$.
In beiden Fällen bleiben nur die auf den linken Seiten von (4.83) stehenden Ausdrücke übrig. Das verbleibende lineare Gleichungssystem hat
die Lösung:

$$u = u_0\cos(\nu\,t - \varphi); \quad v = v_0\sin(\nu\,t - \varphi)$$

mit

$$v = \sqrt{\frac{(A^R + \Theta^S - C^R)(B^R + \Theta^S - C^R)}{(A^R + \Theta^S)(B^R + \Theta^S)}}\,, \qquad (4.86)$$

$$\frac{v_0}{u_0} = -\dot{\gamma}_0 \sqrt{\frac{(A^R + \Theta^S)(A^R + \Theta^S - C^R)}{(B^R + \Theta^S)(B^R + \Theta^S - C^R)}}\,.$$

Notwendige Bedingung für die Stabilität der durch (4.86) beschriebenen Bewegung ist die Erfüllung der Bedingung

$$v^2 > 0 \quad \text{also} \quad (A^R + \Theta^S - C^R)(B^R + \Theta^S - C^R) > 0. \qquad (4.87)$$

Daraus kann geschlossen werden, daß sicher Instabilität vorliegt, wenn

$$A^R > C^R - \Theta^S > B^R \qquad (4.88)$$

gilt. Wenn die Bedingung (4.88) nicht erfüllt ist, dann ist das nach Vernachlässigung der rechten Seiten linearisierte System (4.83) stabil im Sinne von LJAPUNOV. Damit ist für das nichtlineare Ausgangssystem (4.70) bis (4.72) eine notwendige Stabilitätsbedingung gefunden. Sie ist aber nach einem Satz von LJAPUNOV nicht hinreichend.

Obwohl die Instabilitätsbedingung (4.88) nur für die beiden Sonderfälle (4.84) und (4.85) abgeleitet wurde, gilt sie angenähert auch für das allgemeinere Gleichungssystem (4.83). Man kann dieses System, das auf der rechten Seite periodische Koeffizienten besitzt, z. B. durch Iteration lösen. Auf diese Weise werden explizite Näherungslösungen erhalten, aus denen der Einfluß der verschiedenen Geräteparameter unmittelbar erkannt werden kann. Eine derartige Näherung wurde in [33] ausgerechnet. Sie ergibt im ersten Iterationsschritt gerade die Be-

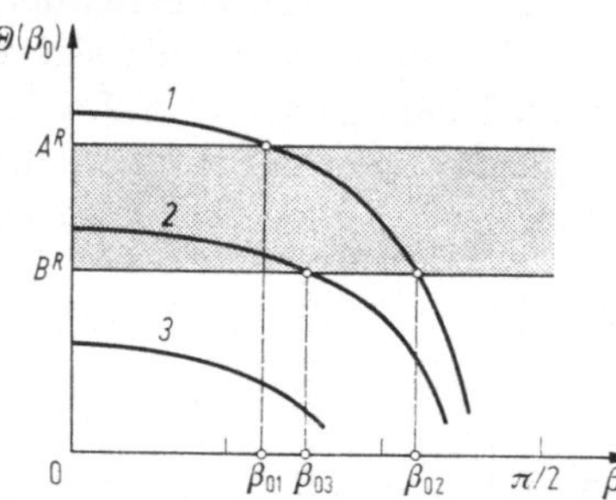

Abb. 4.14 Zur Bestimmung der Stabilität eines unsymmetrischen Kardankreisels.

dingung (4.88). Die Verbesserung der Iteration durch zwei weitere Schritte ergibt als verbesserte Bedingung für Instabilität:

$$A^R > \Theta(\beta_0) > B^R$$

mit
$$\qquad\qquad (4.89)$$
$$\Theta(\beta_0) = \frac{8(A^R + \Theta^S)(B^R + \Theta^S)(C^R - \Theta^S) + (\Theta^D)^2(2A^R + 2B^R + 5\Theta^S - C^R)}{8(A^R + \Theta^S)(B^R + \Theta^S) - (\Theta^D)^2}\,.$$

Diese Bedingung geht für $\Theta^D = 0$ wieder in (4.88) über. Die Funktion $\Theta(\beta_0)$ ist in Abb. 4.14 für einen Kardankreisel mit drei verschiedenen Massen des Innenrahmens aufgetragen. Zu dem Modell von Abb. 4.2 mit dem normalen Innenrahmen gehört die Kurve *1*. Die Bedingung (4.89) ist erfüllt, wenn die Θ-Kurve durch den gestrichelten kritischen Streifen läuft, also für Kurve *1* im Bereich $\beta_{01} < \beta_0 < \beta_{02}$. Für die dadurch gekennzeichneten Schräglagen des Innenrahmens treten mit Sicherheit instabile Bewegungen auf. Für $\beta_0 < \beta_{01}$ und $\beta_0 > \beta_{02}$ ist Stabilität möglich. Bringt man Gewichte am Innenrahmen an, so ändert sich die Funktion $\Theta(\beta_0)$ so, wie dies die Kurven *2* und *3* zeigen. Mit dem zur Kurve *2* gehörenden Zusatzgewicht ist Instabilität für $\beta_0 < \beta_{03}$ vorhanden, während die Bewegung für größere Schräglagenwinkel des Innenrahmens $\beta_0 > \beta_{03}$ stabil sein kann. Mit einem noch größeren Zusatzgewicht wird schließlich die Kurve *3* erhalten, die den kritischen Streifen nicht mehr durchläuft. Hier ist Stabilität für beliebige Werte von β_0 zu erwarten.

Durch Versuche konnte das theoretisch abgeleitete Ergebnis bestätigt werden. Weiterhin zeigte es sich bei der Auswertung, daß die verbesserte Instabilitätsbedingung (4.89) in dem betrachteten Fall nur wenig von der Bedingung (4.88) der ersten Näherung verschieden ist. Man wird also meist schon mit der einfacheren Bedingung (4.88) ausreichende Ergebnisse erwarten können.

Die besprochenen Resultate lassen eine physikalisch anschauliche Deutung zu, die zugleich den Zusammenhang mit dem Stabilitätsverhalten des Euler-Kreisels erkennen läßt. Wenn man den Rotor des Kardankreisels als Bezugskörper betrachtet, dann kann der Einfluß der Rahmen dadurch berücksichtigt werden, daß man mit entsprechend vergrößerten, effektiven Trägheitsmomenten $A^* = A^R + \Theta^S$ und $B^* = B^R + \Theta^S$ für einen Ersatzrotor rechnet. Der Zuschlag Θ^S ist nach (4.83) eine im interessierenden Bereich monoton ansteigende Funktion von β_0. Also wachsen die effektiven Trägheitsmomente A^* und B^* mit wachsender Schräglage des Innenrahmens. Ist nun für $\beta_0 = 0$ die Reihenfolge der Trägheitsmomente durch $C^R > A^* > B^*$ gegeben, dann gibt es sicher Schräglagenbereiche, in denen $A^* > C^R > B^*$ ist; bei noch größeren Werten von β_0 wird schließlich $A^* > B^* > C^R$. Die Schräglage des Innenrahmens wirkt sich also genau so aus wie das Beschweren dieses Rahmens durch Zusatzgewichte. Wenn man Begriffe, die für den einzelnen Körper definiert wurden, sinngemäß überträgt, dann läßt sich sagen, daß ein kurzachsiger Kardankreisel durch Neigen des Innenrahmens zum mittelachsigen und schließlich zum langachsigen gemacht werden kann, ohne daß an der Massenverteilung der drei Teilkörper etwas verändert wird.

4.5.3 Drehungen um die äußere Rahmenachse.

Die beiden Prandtl-Drehungen (4.74) und (4.75) können gemeinsam behandelt werden, da die Bewegungsgleichungen bei Veränderung des Winkels γ um $90°$ und gleichzeitigem Vertauschen von A^R und B^R unverändert bleiben. Es genügt also, in den auszurechnenden Stabilitätsbedingungen einfach A^R und B^R zu vertauschen.

Für die Nachbarbewegung von (4.74) wird jetzt $\dot{\alpha} = \dot{\alpha}_0 + \dot{x}$ gesetzt, während β und γ von Null verschieden sein dürfen, aber klein bleiben sollen. Dann erhält man zunächst aus (4.70)

$$\ddot{x}(A^R + A^J + A^A) = Q_\alpha.$$

Daraus folgt, daß die Veränderungen von $\dot{\alpha}$ mindestens von zweiter Ordnung klein sind. Wenn auch hier wieder die in Q_α zusammengefaßten Glieder höherer Ordnung vernachlässigt werden, dann wird in erster Näherung $\dot{\alpha} \approx \dot{\alpha}_0$. Aus (4.71) und (4.72) folgen damit die Bewegungsgleichungen:

$$\ddot{\beta}(B^R + B^J) + \beta\,\dot{\alpha}_0^2(A^R + A^J - C^R - C^J) + \dot{\gamma}\,\dot{\alpha}_0(A^R - B^R - C^R) = Q_\beta,$$

$$\ddot{\gamma}\,C^R + \gamma\,\dot{\alpha}_0^2(A^R - B^R) - \dot{\beta}\,\dot{\alpha}_0(A^R - B^R - C^R) = Q_\gamma. \qquad (4.90)$$

Der lineare Teil dieser Gleichungen hat konstante Koeffizienten, für ihn erhält man die charakteristische Gleichung:

$$\begin{vmatrix} (B^R + B^J)\,\lambda^2 + \dot{\alpha}_0^2(A^R + A^J - C^R - C^J) & \dot{\alpha}_0(A^R - B^R - C^R)\,\lambda \\ -\dot{\alpha}_0(A^R - B^R - C^R)\,\lambda & C^R\,\lambda^2 + \dot{\alpha}_0^2(A^R - B^R) \end{vmatrix} = 0$$

oder ausgerechnet:

$$a\left(\frac{\lambda}{\dot{\alpha}_0}\right)^4 + b\left(\frac{\lambda}{\dot{\alpha}_0}\right)^2 + c = 0 \qquad (4.91)$$

mit

$$a = C^R(B^R + B^J),$$
$$b = (A^R - B^R)(A^R + B^J - C^R) + C^R(A^J + B^R - C^J),$$
$$c = (A^R - B^R)(A^R + A^J - C^R - C^J).$$

Da keine ungeraden Potenzen von λ auftreten, kann das System bestenfalls stabil im Sinne von Ljapunov sein. Es ist jedoch mit Sicherheit instabil, wenn die notwendigen Stabilitätsbedingungen nicht erfüllt sind. Außer der stets erfüllten Bedingung $a > 0$ wird

$$b > 0; \quad c > 0; \quad b^2 - 4ac > 0 \qquad (4.92)$$

verlangt. Die dritte dieser Bedingungen kann in die Form gebracht werden:

$$b^2 - 4ac = [(A^R - B^R)(A^R - C^R + B^J) - C^R(B^R + A^J - C^J)]^2 -$$
$$- 4C^R(A^R - B^R)(A^R + B^R - C^R)(A^J + B^J - C^J) > 0. \qquad (4.93)$$

Da die Ausdrücke $A^R + B^R - C^R$ und $A^J + B^J - C^J$ wegen der Dreiecksungleichungen (1.10) stets positiv sind, ist (4.93) stets erfüllt, wenn $B^R > A^R$ ist. Außerdem gilt (4.93) für einen scheibenförmigen Rotor ($C^R = A^R + B^R$), wie er z. B. beim Prandtl-Rad vorliegt. Weiterhin ist die Bedingung erfüllt, wenn $A^J + B^J - C^J$ verschwindet. Das gilt für Innenrahmen, die sich scheibenförmig in der 1, 2-Ebene erstrecken. Sie sind jedoch kaum von Interesse. Aber auch für Innenrahmen in der 2, 3-Ebene, wie im Falle von Abb. 4.2, ist (4.93) erfüllt. Man erkennt das, wenn man den Koeffizienten b in der Form

$$b = a + c + (A^R - B^R - C^R)(B^J + C^J - A^J)$$

schreibt. Mit $B^J + C^J = A^J$ wird $b = a + c$, folglich ist $b^2 - 4ac = (a - c)^2 > 0$. An der Erfüllung dieser Bedingung ändert sich nichts, wenn am Innenrahmen noch Zusatzgewichte angebracht werden, wie dies im folgenden auch angenommen werden soll.

Wenn es auch keinerlei Schwierigkeiten bereitet, die allgemeine Bedingung (4.93) auszuwerten, so soll doch hier lediglich der Kardankreisel nach Abb. 4.2 mit $A^J \approx B^J + C^J$ betrachtet werden. Für ihn bleiben nur die ersten beiden Bedingungen (4.92) übrig, von denen die erste wegen $b = a + c$ und $a > 0$ schwächer als die zweite ist. Somit bleibt als einzige notwendige Stabilitätsbedingung

$$c = (A^R - B^R)(A^R + A^J - C^R - C^J) > 0 \qquad (4.94)$$

übrig. Ihre Nichterfüllung zeigt Instabilität der ersten Prandtl-Drehung (4.74) an. Nach dem eingangs Gesagten erhält man die entsprechende Bedingung für die zweite Prandtl-Drehung (4.75) durch Vertauschen von A^R und B^R:

$$c^* = (B^R - A^R)(B^R + A^J - C^R - C^J) > 0. \qquad (4.95)$$

4.5.4 Die Stabilität der Prandtl-Drehungen. Es sollen die Stabilitätsbedingungen der permanenten Prandtl-Drehungen um die Hauptachsen des Rotors für einen Kardankreisel mit verschiedenen Zusatzmassen am Innenrahmen verglichen werden. Bei Versuchen sowohl mit dem Prandtl-Rad (Abb. 4.13) als auch mit dem Kardankreisel (Abb. 4.2) werden die Zusatzmassen auf der verlängerten Rotorachse (Prandtl-Rad) bzw. an den Lagerstellen der Rotorachse im Innenring (Kardankreisel) angebracht. Dadurch werden die Trägheitsmomente A^J und B^J des Innenringes gleichermaßen vergrößert, so daß man

$$A^J = A_0^J + \Theta; \quad B^J = B_0^J + \Theta \qquad (4.96)$$

schreiben kann. Das zusätzliche Trägheitsmoment Θ soll weiterhin als veränderlicher Parameter aufgefaßt und sein Einfluß auf die Stabilitätsausdrücke untersucht werden.

Bei der ersten Prandtl-Drehung (4.73) interessiert hier nur der Fall $\beta_0 = 0$, so daß für $\Theta^S(\beta_0)$ aus (4.83)

$$\Theta^S(0) = \tfrac{1}{2}(A^J + B^J + A^A)$$

folgt. Damit und unter Berücksichtigung von (4.96) können nun die Stabilitätsausdrücke (4.87), (4.94) und (4.95) für die drei Prandtl-Drehungen wie folgt geschrieben werden:

$$S_1 = [A^R - C^R + \tfrac{1}{2}(A_0^J + B_0^J + A^A) + \Theta][B^R - C^R + \tfrac{1}{2}(A_0^J + B_0^J + A^A) + \Theta],$$
$$S_2 = (A^R - B^R)(A^R - C^R + A_0^J - C^J + \Theta), \tag{4.97}$$
$$S_3 = (B^R - A^R)(B^R - C^R + A_0^J - C^J + \Theta).$$

Der Verlauf der Funktionen $S(\Theta)$ ist in Abb. 4.15 aufgetragen. Die Nullstellen bei Θ_1 bis Θ_4 können aus (4.97) unmittelbar abgelesen wer-

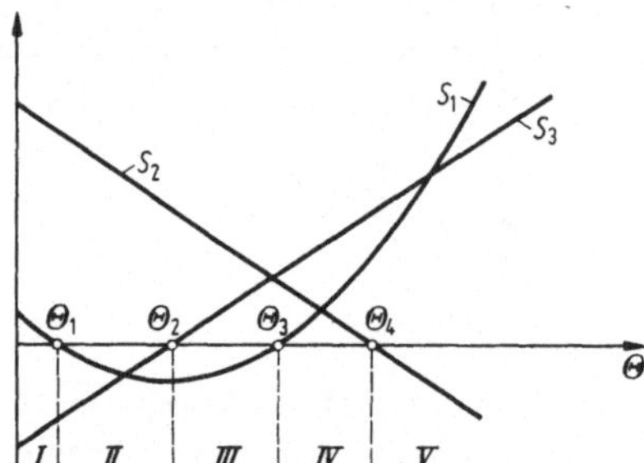

Abb. 4.15 Verlauf der Stabilitätsausdrücke für die Prandtl-Drehungen eines unsymmetrischen Kardankreisels.

den. Sie teilen den Θ-Bereich in fünf Teilbereiche auf, in denen jeweils mit verschiedenem Stabilitätsverhalten gerechnet werden muß. Für den der Abb. 4.15 zugrunde gelegten Kardankreisel kann das aus der folgenden Tabelle entnommen werden:

| | Θ-Bereiche | | | | |
| | I | II | III | IV | V |
Prandtl-Drehung	$\Theta < \Theta_1$	$\Theta_1 < \Theta < \Theta_2$	$\Theta_2 < \Theta < \Theta_3$	$\Theta_3 < \Theta < \Theta_4$	$\Theta_4 < \Theta$
Nr. 1 nach (4.73), Stabilitätsbedingung (4.87)	+	−	−	+	+
Nr. 2 nach (4.74), Stabilitätsbedingung (4.94)	+	+	+	+	−
Nr. 3 nach (4.75), Stabilitätsbedingung (4.95)	−	−	+	+	+

Ein Pluszeichen bedeutet, daß die entsprechende Stabilitätsbedingung erfüllt ist; das Minuszeichen zeigt Instabilität an. In den Bereichen I, III und V sind je zwei Drehungen stabil, während die dritte, um die *mittlere* Hauptachse erfolgende Drehung instabil ist. Das entspricht dem Stabilitätsverhalten des Euler-Kreisels. Abweichend vom bekannten Verhalten des einzelnen Körpers ist die Bewegung in den Bereichen II und IV; für $\Theta_1 < \Theta < \Theta_2$ gibt es nur eine, für $\Theta_3 < \Theta < \Theta_4$ jedoch drei stabile Prandtl-Drehungen. Dieses Ergebnis ist experimentell bestätigt worden, wodurch zugleich gezeigt ist, daß die notwendigen Stabilitätsbedingungen der ersten Näherung im vorliegenden Fall eine mit der Wirklichkeit übereinstimmende Aussage ergeben.

5. Kreiselsysteme

5.1 Bewegungsgleichungen vom Lagrangeschen Typ

In Kap. 1 wurden verschiedene Formen der Bewegungsgleichungen für einen einzelnen starren Körper angegeben. Bei der Ableitung dieser Gleichungen konnte man entweder von Energieausdrücken ausgehen (Lagrangescher Typ) oder den Drallsatz verwenden (Eulerscher Typ). Entsprechende Gleichungen lassen sich auch für Systeme von Körpern formulieren. Diese Aufgabe soll hier unter Berücksichtigung der bei Kreiselsystemen vorkommenden Besonderheiten behandelt werden.

Typisch für Kreiselsysteme ist das Auftreten der sog. zyklischen Koordinaten. Es sollen deshalb die Bewegungsgleichungen für Systeme mit zyklischen Koordinaten in eine möglichst durchsichtige Form gebracht werden. Wesentliche Ergebnisse in dieser Richtung sind vor allem Thomson und Tait [34] zu verdanken. Zusammenfassende Darstellungen von neueren Ergebnissen findet man bei Merkin [8] und Ziegler [35].

Wir gehen aus von den Lagrangeschen Bewegungsgleichungen 2. Art (s. Abschn. 1.5.4 b):

$$\frac{d}{dt}\left(\frac{\partial T}{\partial \dot{q}_\xi}\right) - \frac{\partial T}{\partial q_\xi} = Q_\xi \quad (\xi = 1, \ldots, n). \tag{5.1}$$

Mit Q_ξ sind die zur Koordinate q_ξ gehörenden verallgemeinerten Kräfte bezeichnet. Wenn das System n Freiheitsgrade hat, dann sind n verallgemeinerte Koordinaten q_ξ notwendig, um den Zustand des Systems zu beschreiben. Eine Koordinate $q_\varkappa$ wird zyklisch genannt, wenn für sie die Bedingungen

$$\frac{\partial T}{\partial q_\varkappa} = 0 \quad \text{und} \quad Q_\varkappa = 0 \tag{5.2}$$

erfüllt sind. Aus (5.1) folgt damit sofort für diese Koordinate

$$\frac{\partial T}{\partial \dot{q}_\varkappa} = p_\varkappa = \text{const.} \tag{5.3}$$

Die Konstanten $p_\varkappa$ werden als verallgemeinerte Impulse bezeichnet. Zu jeder zyklischen Koordinate gibt es also, wie aus den Bewegungsgleichungen gefolgert werden kann, eine Impulskonstante $p_\varkappa$.

5.1.1 Elimination der zyklischen Koordinaten. Zur Umformung der Bewegungsgleichungen teilen wir die verallgemeinerten Koordinaten in zwei Gruppen auf:

a) Die nichtzyklischen Koordinaten seien $q_1, \ldots, q_m$; sie sollen durch die Indizes $\alpha, \beta, \gamma, \delta$ gekennzeichnet werden, die von 1 bis m laufen.

b) Die zyklischen Koordinaten seien $q_{m+1}, \ldots, q_n$; sie sollen durch die Indizes $\varkappa, \lambda, \mu, \nu$ gekennzeichnet werden, die von $m + 1$ bis n $(n > m)$ laufen sollen.

Wir betrachten nun die kinetische Energie T. Sie kann bei Verwendung kartesischer Koordinaten für ein beliebiges System von Massen in der Form

$$T = \tfrac{1}{2} \int \dot{x}^2 \, dm \tag{5.4}$$

geschrieben werden. Zwischen den kartesischen Koordinaten x und den verallgemeinerten Koordinaten q sollen nun Beziehungen von der Form

$$x = x(q_1, \ldots, q_n) \tag{5.5}$$

bestehen. Derartige *Bedingungsgleichungen* werden als *holonom-skleronom* bezeichnet; holonom, weil die Geschwindigkeiten nicht explizit auftreten; skleronom, weil die Zeit nicht darin vorkommt. Aus (5.5) folgt durch Differentiation

$$\dot{x} = \frac{\partial x}{\partial q_\xi} \dot{q}_\xi \quad (\xi = 1, \ldots, n), \tag{5.6}$$

wobei auch hier über die doppelt vorkommenden Indizes summiert werden soll. Einsetzen von (5.6) in (5.4) ergibt für T die Doppelsumme

$$T = \tfrac{1}{2} a_{\xi\eta} \dot{q}_\xi \dot{q}_\eta \tag{5.7}$$

mit den *verallgemeinerten Massen*

$$a_{\xi\eta} = \int \frac{\partial x}{\partial q_\xi} \frac{\partial x}{\partial q_\eta} \, dm.$$

Da (5.4) eine positiv definite quadratische Form ist, gilt dies auch für (5.7). Die Massenmatrix selbst ist symmetrisch: $a_{\xi\eta} = a_{\eta\xi}$. Die verallgemeinerten Massen sind Massenträgheitsmomente, wenn die zugehörigen Koordinaten Winkel sind. Ihrer Definition nach können die $a_{\xi\eta}$ nur noch von den nichtzyklischen Koordinaten q_α abhängen, weil sonst (5.2) nicht erfüllt ist. Auch die Geschwindigkeiten $\dot{q}_\xi$ kommen in den $a_{\xi\eta}$ nicht vor.

Entsprechend der angegebenen Aufteilung der Koordinaten in nichtzyklische und zyklische unterteilen wir nun die Massenmatrix

$$a_{\xi\eta} = \begin{bmatrix} a_{\alpha\beta} & \vdots & a_{\alpha\varkappa} \\ \cdots & \vdots & \cdots \\ a_{\alpha\varkappa} & \vdots & a_{\varkappa\lambda} \end{bmatrix}$$

und schreiben anstelle von (5.7)

$$T = \tfrac{1}{2} a_{\alpha\beta}\, \dot{q}_\alpha\, \dot{q}_\beta + a_{\alpha\varkappa}\, \dot{q}_\alpha\, \dot{q}_\varkappa + \tfrac{1}{2} a_{\varkappa\lambda}\, \dot{q}_\varkappa\, \dot{q}_\lambda. \tag{5.8}$$

Für die zyklischen Koordinaten q_μ gilt nach (5.3)

$$\frac{\partial T}{\partial \dot{q}_\mu} = a_{\alpha\mu}\, \dot{q}_\alpha + a_{\mu\lambda}\, \dot{q}_\lambda = p_\mu \quad (\mu = m+1, \ldots, n). \tag{5.9}$$

Die Matrix der $a_{\mu\lambda}$ ist nichtsingulär, da der dritte Term von (5.8) selbst wieder eine positiv definite quadratische Form ist. Wählt man nämlich solche Bewegungsformen aus, für die alle nichtzyklischen Koordinaten verschwinden, dann muß der noch verbleibende Anteil der kinetischen Energie für sich positiv definit sein. Aus (5.9) lassen sich daher die zyklischen Geschwindigkeiten $\dot{q}_\lambda$ ausrechnen:

$$\dot{q}_\lambda = a_{\mu\lambda}^{-1}(p_\mu - a_{\alpha\mu}\, \dot{q}_\alpha) \quad (\lambda = m+1, \ldots, n). \tag{5.10}$$

Dabei ist $a_{\mu\lambda}^{-1}$ die zu $a_{\mu\lambda}$ inverse Matrix. Durch Einsetzen von (5.10) in (5.8) können die zyklischen Geschwindigkeiten eliminiert werden, so daß T dann als Funktion der q_α, $\dot{q}_\alpha$ und $p_\varkappa$ erscheint. Dieser Ausdruck soll mit

$$T^*(q_1, \ldots, q_m, \dot{q}_1, \ldots, \dot{q}_m, p_{m+1}, \ldots, p_n) = T(q_1, \ldots, q_m, \dot{q}_1, \ldots, \dot{q}_n) \tag{5.11}$$

bezeichnet werden. Da nach (5.10) $\dot{q}_\lambda = \dot{q}_\lambda(q_1, \ldots, q_m, \dot{q}_1, \ldots, \dot{q}_m)$ gilt, folgt nun

$$\frac{\partial T^*}{\partial q_\alpha} = \frac{\partial T}{\partial q_\alpha} + \frac{\partial T}{\partial \dot{q}_\varkappa} \frac{\partial \dot{q}_\varkappa}{\partial q_\alpha} = \frac{\partial T}{\partial q_\alpha} + p_\varkappa \frac{\partial \dot{q}_\varkappa}{\partial q_\alpha},$$

$$\frac{\partial T^*}{\partial \dot{q}_\alpha} = \frac{\partial T}{\partial \dot{q}_\alpha} + \frac{\partial T}{\partial \dot{q}_\varkappa} \frac{\partial \dot{q}_\varkappa}{\partial \dot{q}_\alpha} = \frac{\partial T}{\partial \dot{q}_\alpha} + p_\varkappa \frac{\partial \dot{q}_\varkappa}{\partial \dot{q}_\alpha}.$$

Wir führen nun die *Routhsche Funktion*

$$R = T^* - p_\varkappa\, \dot{q}_\varkappa = R(q_1, \ldots, q_m, \dot{q}_1, \ldots, \dot{q}_m, p_{m+1}, \ldots, p_n) \tag{5.12}$$

ein und erhalten damit unter Berücksichtigung der obigen Ableitungen

$$\frac{\partial R}{\partial q_\alpha} = \frac{\partial T^*}{\partial q_\alpha} - p_\varkappa \frac{\partial \dot{q}_\varkappa}{\partial q_\alpha} = \frac{\partial T}{\partial q_\alpha},$$

$$\frac{\partial R}{\partial \dot{q}_\alpha} = \frac{\partial T^*}{\partial \dot{q}_\alpha} - p_\varkappa \frac{\partial \dot{q}_\varkappa}{\partial \dot{q}_\alpha} = \frac{\partial T}{\partial \dot{q}_\alpha}.$$

Damit reduzieren sich die Gln. (5.1) auf ein System von nur noch m Gleichungen für die nichtzyklischen Koordinaten:

$$\frac{d}{dt}\left(\frac{\partial R}{\partial \dot{q}_\alpha}\right) - \frac{\partial R}{\partial q_\alpha} = Q_\alpha \quad (\alpha = 1, \ldots, m). \tag{5.13}$$

Zusammen mit den $n - m$ Gleichungen (5.9) oder (5.10) hat man insgesamt n Gleichungen für die n verallgemeinerten Koordinaten q_ξ zur

Verfügung. In (5.13) kommen die zyklischen Koordinaten $q_\varkappa$ nicht mehr explizit vor; man spricht daher von verborgenen Koordinaten.

Es ist übrigens nicht notwendig, alle zyklischen Koordinaten zu eliminieren. Einige der q_α dürfen selbst noch zyklisch sein. Die Koordinaten müßten dann in die zu eliminierenden zyklischen Koordinaten $q_\varkappa$ und die den Zustand des Systems bestimmenden Koordinaten q_α eingeteilt werden, unter denen auch zyklische sein können. Man eliminiert i. allg. nur solche Koordinaten, die nicht weiter interessieren. Dazu gehören aber gerade die Winkelstellungen der im System eingebauten Kreiselrotoren.

5.1.2 Die Bewegungsgleichungen nach Kelvin und Tait. Durch eine nähere Untersuchung der Routhschen Funktion R und ihrer Eigenschaften lassen sich die Bewegungsgleichungen (5.13) in eine noch durchsichtigere Form bringen. Man erhält zunächst durch Einsetzen von (5.8) und (5.10) in (5.12) die Routhsche Funktion:

$$R = \tfrac{1}{2} a_{\alpha\beta}\, \dot{q}_\alpha\, \dot{q}_\beta + a_{\alpha\varkappa}\, \dot{q}_\alpha\, a_{\mu\varkappa}^{-1}(p_\mu - a_{\beta\mu}\, \dot{q}_\beta) +$$
$$+ \tfrac{1}{2} a_{\varkappa\lambda}\, a_{\mu\varkappa}^{-1}(p_\mu - a_{\alpha\mu}\, \dot{q}_\alpha)\, a_{\nu\lambda}^{-1}(p_\nu - a_{\beta\nu}\, \dot{q}_\beta) - p_\varkappa\, a_{\mu\varkappa}^{-1}(p_\mu - a_{\alpha\mu}\, \dot{q}_\alpha). \quad (5.14)$$

Durch Ausmultiplizieren stellt man fest, daß R aus je einem bezüglich der nichtzyklischen Geschwindigkeiten quadratischen, linearen und konstanten Anteil besteht:

$$R = R_2 + R_1 - R_0.$$

Unter Berücksichtigung der für Matrizen geltenden Multiplikationsregeln lassen sich diese Anteile wie folgt schreiben:

$$\begin{aligned}
R_2 &= \tfrac{1}{2}(a_{\alpha\beta} - a_{\varkappa\lambda}^{-1}\, a_{\alpha\varkappa}\, a_{\beta\lambda})\, \dot{q}_\alpha\, \dot{q}_\beta, \\
R_1 &= a_{\varkappa\lambda}^{-1}\, a_{\varkappa\alpha}\, p_\lambda\, \dot{q}_\alpha, \\
R_0 &= \tfrac{1}{2} a_{\varkappa\lambda}^{-1}\, p_\varkappa\, p_\lambda.
\end{aligned} \quad (5.15)$$

Einsetzen in (5.13) ergibt die Bewegungsgleichungen

$$\frac{d}{dt}\left(\frac{\partial R_2}{\partial \dot{q}_\alpha}\right) - \frac{\partial R_2}{\partial q_\alpha} = Q_\alpha - \frac{d}{dt}\left(\frac{\partial R_1}{\partial \dot{q}_\alpha}\right) + \frac{\partial R_1}{\partial q_\alpha} - \frac{\partial R_0}{\partial q_\alpha}. \quad (5.16)$$

Die beiden mittleren Glieder der rechten Seite lassen sich wie folgt zusammenfassen:

$$\frac{\partial R_1}{\partial q_\alpha} - \frac{d}{dt}\left(\frac{\partial R_1}{\partial \dot{q}_\alpha}\right) = \left[\frac{\partial}{\partial q_\alpha}(a_{\varkappa\lambda}^{-1}\, a_{\varkappa\beta}\, p_\lambda) - \frac{\partial}{\partial q_\beta}(a_{\varkappa\lambda}^{-1}\, a_{\varkappa\alpha}\, p_\lambda)\right] \dot{q}_\beta$$
$$= g_{\alpha\beta}\, \dot{q}_\beta = G_\alpha \quad (5.17)$$

mit

$$g_{\alpha\beta} = \frac{\partial}{\partial q_\alpha}(a_{\varkappa\lambda}^{-1}\, a_{\varkappa\beta}\, p_\lambda) - \frac{\partial}{\partial q_\beta}(a_{\varkappa\lambda}^{-1}\, a_{\varkappa\alpha}\, p_\lambda) = -g_{\beta\alpha}. \quad (5.18)$$

Man bezeichnet die G_α als *verallgemeinerte gyroskopische Kräfte*. Sie sind nach (5.17) linear von den Geschwindigkeiten der nichteliminierten Koordinaten abhängig, wobei die Matrix $g_{\alpha\beta}$ der gyroskopischen Terme schiefsymmetrisch ist. Dementsprechend gilt $g_{\alpha\alpha} = 0$. Die Bewegungsgleichungen (5.16) können nun in der von KELVIN und TAIT angegebenen Form geschrieben werden:

$$\frac{d}{dt}\left(\frac{\partial R_2}{\partial \dot{q}_\alpha}\right) - \frac{\partial R_2}{\partial q_\alpha} = Q_\alpha + G_\alpha - \frac{\partial R_0}{\partial q_\alpha} \qquad (\alpha = 1, \ldots, m). \qquad (5.19)$$

Diese Gleichungen lassen erkennen, daß man die Bewegungen eines Systems so berechnen kann, als seien nur die nichtzyklischen, also die meist am System äußerlich wahrnehmbaren Lagekoordinaten vorhanden. Man muß aber dann gegenüber den üblichen Lagrangeschen Gleichungen die folgenden drei Änderungen vornehmen:

1. Zu den äußeren verallgemeinerten Kräften Q_α sind die verallgemeinerten Kreiselkräfte G_α hinzuzufügen. Über diese Kräfte wird noch näher zu sprechen sein.

2. Es sind zu den äußeren Kräften die *kinetischen Fesselungen* $-\partial R_0/\partial q_\alpha$ hinzuzufügen. Dies können z. B. Zentrifugalkräfte sein, die bei Vorhandensein von zyklischen Koordinaten entstehen. Die Größe R_0 selbst kann als Potential dieser Kräfte aufgefaßt werden.

3. Anstelle der kinetischen Energie muß die Größe R_2 nach (5.15) eingesetzt werden, die zwar auch eine quadratische Funktion der Geschwindigkeiten $\dot{q}_\alpha$ ist, die jedoch eine veränderte Massenmatrix besitzt. Praktisch bedeutet dies eine Veränderung der Trägheitsmomente.

Ein System mit $G_\alpha = 0$ wird als gyroskopisch entkoppelt bezeichnet. Man erkennt leicht aus (5.17), daß dies z. B. für $a_{\varkappa\alpha} = 0$ der Fall ist. Dann wird, wie man aus (5.15) unter Berücksichtigung von (5.9) sieht:

$$R_0 = \tfrac{1}{2} a_{\varkappa\lambda} \dot{q}_\varkappa \dot{q}_\lambda; \qquad R_1 = 0; \qquad R_2 = \tfrac{1}{2} a_{\alpha\beta} \dot{q}_\alpha \dot{q}_\beta.$$

Dann ist R_2 die wirkliche kinetische Energie der sichtbaren, i. allg. nichtzyklischen Lagekoordinaten und R_0 die kinetische Energie der verborgenen zyklischen Koordinaten. Die Bewegungsgleichungen (5.19) nehmen die Lagrangesche Form an, nur sind auf den rechten Seiten die konservativen, von dem Potential R_0 ableitbaren Kräfte der kinetischen Fesselungen hinzuzufügen.

Es sei noch darauf hingewiesen, daß Bewegungsgleichungen ähnlicher Art auch aufgestellt werden können, wenn die Bindungen zwischen den Koordinaten nichtholonom und rheonom sind, wenn also sowohl die Geschwindigkeiten als auch die Zeit in den Bedingungsgleichungen (5.5) vorkommen (hierzu siehe z. B. BOLTZMANN [36]).

5.1.3 Gyroskopische Kräfte. Charakteristisch für die durch (5.17) definierten verallgemeinerten gyroskopischen Kräfte ist, daß sie bei Bewegungen des Systems keine Arbeit leisten. Es gilt stets

$$dA = G_\alpha \, dq_\alpha = G_\alpha \dot{q}_\alpha \, dt = g_{\alpha\beta} \dot{q}_\alpha \dot{q}_\beta \, dt = \tfrac{1}{2}(g_{\alpha\beta} + g_{\beta\alpha}) \dot{q}_\alpha \dot{q}_\beta \, dt.$$

Wegen $g_{\alpha\beta} = -g_{\beta\alpha}$ verschwindet die in Klammern stehende Summe, so daß für die gyroskopischen Kräfte $dA = G_\alpha\,dq_\alpha = 0$ gilt. Umgekehrt folgt aus der Forderung nach Verschwinden der Arbeit sofort auch die Schiefsymmetrie der Matrix $g_{\alpha\beta}$. Man kann daher die gyroskopischen Kräfte auch als solche, linear von den Geschwindigkeiten abhängigen Kräfte definieren, für die die Arbeit bei beliebigen Bewegungen des Systems verschwindet. Mit dieser allgemeinen Definition werden allerdings auch Kräfte erfaßt, die nicht durch eingebaute Kreisel oder Schwungräder entstehen. So wurde z. B. ein rein elektrisches Bauelement, der Gyrator [37], entwickelt, mit dessen Hilfe gyroskopische Terme in elektrischen Netzwerken realisiert werden können.

Zwei allgemeine Eigenschaften der $g_{\alpha\beta}$-Matrix, die unmittelbar aus der Schiefsymmetrie dieser Matrix folgen, sollen noch erwähnt werden:

$$\left.\begin{array}{ll} \det g_{\alpha\beta} = 0 & \text{für ungerade } m, \\[2mm] \det g_{\alpha\beta} > 0 & \text{für gerade } m, \end{array}\right\} \quad (\alpha,\beta = 1,\ldots,m). \qquad (5.20)$$

Im folgenden werden drei einfache Beispiele für gyroskopische Kräfte angegeben:

a) *Bewegung einer Punktmasse im drehenden Bezugssystem.* Bewegt sich eine Punktmasse mit der relativen Geschwindigkeit $v_i = \dot{x}_i$ in einem Bezugssystem, das mit der Winkelgeschwindigkeit ω_i dreht, dann wirkt auf sie eine Corioliskraft

$$F_i = 2m\,\varepsilon_{ijk}\,v_j\,\omega_k, \qquad (5.21)$$

deren Arbeit bei beliebigen Verschiebungen dx_i der Punktmasse verschwindet:

$$dA = F_i\,dx_i = F_i\,v_i\,dt = 2m\,\varepsilon_{ijk}\,v_j\,\omega_k\,v_i\,dt = 2m\,\varepsilon_{ijk}\,v_j\,v_k\,\omega_i\,dt = 0.$$

Die Matrix g_{ij} kann leicht gefunden werden, wenn man (5.21) in Matrizenform anschreibt. Mit $v_i = (\dot{x}_1,\dot{x}_2,\dot{x}_3)$ und $\omega_i = (\omega_1,\omega_2,\omega_3)$ bekommt man:

$$\begin{bmatrix} F_1 \\ F_2 \\ F_3 \end{bmatrix} = 2m \begin{bmatrix} \dot{x}_2\,\omega_3 - \dot{x}_3\,\omega_2 \\ \dot{x}_3\,\omega_1 - \dot{x}_1\,\omega_3 \\ \dot{x}_1\,\omega_2 - \dot{x}_2\,\omega_1 \end{bmatrix} = 2m \begin{bmatrix} 0 & \omega_3 & -\omega_2 \\ -\omega_3 & 0 & \omega_1 \\ \omega_2 & -\omega_1 & 0 \end{bmatrix} \begin{bmatrix} \dot{x}_1 \\ \dot{x}_2 \\ \dot{x}_3 \end{bmatrix}$$

oder

$$F_i = g_{ij}\,\dot{x}_j = G_i, \quad (i,j = 1,2,3)$$

mit

$$g_{ij} = 2m \begin{bmatrix} 0 & \omega_3 & -\omega_2 \\ -\omega_3 & 0 & \omega_1 \\ \omega_2 & -\omega_1 & 0 \end{bmatrix}.$$

Für das vorliegende Beispiel sollen auch die Kelvin-Taitschen Gln. (5.19) angegeben werden. Jedoch wollen wir uns dabei auf den Fall beschränken, daß das Bezugssystem mit konstanter Winkelgeschwindigkeit ω_3 um die x_3-Achse rotiert. Dann hat man die kinetische Energie

$$T = \tfrac{1}{2}m[(\dot{x}_1 - \omega_3 x_2)^2 + (\dot{x}_2 + \omega_3 x_1)^2 + \dot{x}_3^2].$$

Wenn in der x_3-Richtung keine äußere Kraft wirkt, dann ist x_3 zyklische Koordinate. Es gilt deshalb

$$\frac{\partial T}{\partial \dot{x}_3} = m\,\dot{x}_3 = p_3 = \text{const.}$$

Damit kann nun entsprechend (5.12) die Routhsche Funktion aufgestellt werden:

$$R = \underbrace{\frac{1}{2}m(\dot{x}_1^2 + \dot{x}_2^2)}_{R_2} + \underbrace{m\,\omega_3(x_1\,\dot{x}_2 - x_2\,\dot{x}_1)}_{R_1} - \underbrace{\left[\frac{p_3^2}{2m} - \frac{1}{2}m\,\omega_3^2(x_1^2 + x_2^2)\right]}_{R_0}.$$

Die Kelvin-Taitschen Bewegungsgleichungen (5.19) ergeben dann für den vorliegenden Fall das System:

$$\begin{aligned}
m\,\ddot{x}_1 &= Q_1 + 2m\,\omega_3\,\dot{x}_2 + m\,\omega_3^2 x_1,\\
m\,\ddot{x}_2 &= Q_2 - 2m\,\omega_3\,\dot{x}_1 + m\,\omega_3^2 x_2.
\end{aligned} \tag{5.22}$$

Als gyroskopische Kräfte treten hier wieder die Corioliskräfte mit der Matrix

$$g_{ij} = \begin{bmatrix} 0 & 2m\,\omega_3 \\ -2m\,\omega_3 & 0 \end{bmatrix} = 2m\,\omega_3 \begin{bmatrix} 0 & 1 \\ -1 & 0 \end{bmatrix}$$

auf; zusätzlich existiert eine kinetische Fesselung der Punktmasse infolge der vorhandenen Zentrifugalkräfte.

b) Bewegung eines Elektrons im magnetischen Feld. Auf einen mit der Geschwindigkeit v_i in einem magnetischen Feld von der Feldstärke H_i bewegten Ladungsträger, z. B. auf ein Elektron, wirkt die Lorentz-Kraft

$$F_i = \frac{e}{c}\,\varepsilon_{ijk}\,v_j\,H_k,$$

wobei e die Ladung und c die Lichtgeschwindigkeit bedeutet. Diese Kraft hängt in derselben Weise von der Geschwindigkeit v_i ab, wie dies bei dem zuvor betrachteten Beispiel, Formel (5.21), der Fall war. Genau wie zuvor läßt sich daher zeigen, daß die magnetischen Kräfte keine Arbeit leisten; die gyroskopische Matrix wird:

$$g_{ij} = \frac{e}{c}\begin{bmatrix} 0 & H_3 & -H_2 \\ -H_3 & 0 & H_1 \\ H_2 & -H_1 & 0 \end{bmatrix}. \tag{5.23}$$

c) *Der symmetrische Kreisel mit* $Q = 0$. Für die kinetische Energie eines symmetrischen Kreisels war früher [Kap. 1, Gl. (1.62)] der Ausdruck

$$T = \tfrac{1}{2}A\,(\dot\vartheta^2 + \dot\psi^2 \sin^2\vartheta) + \tfrac{1}{2}C(\dot\varphi + \dot\psi \cos\vartheta)^2 \qquad (5.24)$$

ausgerechnet worden. Wegen $\partial T/\partial\varphi = 0$ und $Q_\varphi = 0$ ist φ zyklische Koordinate. Es gilt daher

$$\frac{\partial T}{\partial\dot\varphi} = C(\dot\varphi + \dot\psi \cos\vartheta) = p_\varphi = \text{const.}$$

Damit läßt sich nach (5.12) die Routhsche Funktion

$$R = \frac{1}{2}A\,(\dot\vartheta^2 + \dot\psi^2 \sin^2\vartheta) + \frac{p_\varphi^2}{2C} - p_\varphi\,\dot\varphi$$

bilden, die wegen $\dot\varphi = \dfrac{p_\varphi}{C} - \dot\psi \cos\vartheta$ in

$$R = \underbrace{\frac{1}{2}A\,(\dot\vartheta^2 + \dot\psi^2 \sin^2\vartheta)}_{R_2} + \underbrace{\dot\psi\,p_\varphi \cos\vartheta}_{R_1} - \underbrace{\frac{p_\varphi^2}{2C}}_{R_0} \qquad (5.25)$$

übergeht. Damit erhält man die Kelvin-Taitschen Bewegungsgleichungen:

$$\begin{aligned}
A\,\ddot\vartheta - A \sin\vartheta \cos\vartheta\,\dot\psi^2 &= Q_\vartheta - p_\varphi \sin\vartheta\,\dot\psi, \\
A \sin^2\vartheta\,\ddot\psi + 2A \sin\vartheta \cos\vartheta\,\dot\vartheta\,\dot\psi &= Q_\psi + p_\varphi \sin\vartheta\,\dot\vartheta.
\end{aligned} \qquad (5.26)$$

Die kinetische Fesselung verschwindet in diesem Fall, so daß nur die gyroskopischen Kräfte

$$G_\alpha = \begin{bmatrix} G_\vartheta \\ G_\psi \end{bmatrix} = \begin{bmatrix} 0 & -p_\varphi \sin\vartheta \\ p_\varphi \sin\vartheta & 0 \end{bmatrix} \begin{bmatrix} \dot\vartheta \\ \dot\psi \end{bmatrix} = g_{\alpha\beta}\,\dot q_\beta$$

mit der schiefsymmetrischen Matrix

$$g_{\alpha\beta} = p_\varphi \sin\vartheta \begin{bmatrix} 0 & -1 \\ 1 & 0 \end{bmatrix}$$

als zusätzliche Kräfte in die Bewegungsgleichungen (5.26) eingehen.

5.2 Aussagen über kleine Schwingungen von Kreiselsystemen

Zwei Methoden haben sich bei der näherungsweisen Ermittlung des Verhaltens von Kreiselsystemen als besonders fruchtbar erwiesen: die Methode der kleinen Schwingungen sowie eine Beschränkung auf Systeme mit schnellen Kreiseln. Hier soll zunächst die erstgenannte Methode besprochen werden, in Abschn. 5.3 wird dann über die bei schnellen Kreiseln möglichen Vereinfachungen zu sprechen sein.

Das Verfahren der kleinen Schwingungen läuft auf eine Linearisierung der Bewegungsgleichungen hinaus. Als kleine Größen werden dabei

14*

die Abweichungen der Systemkoordinaten von bekannten Festwerten
oder auch von bekannten Zeitfunktionen dieser Koordinaten angenommen. Wenn die Funktionen $q_{\alpha 0}(t)$ die Bewegungsgleichungen erfüllen,
also einen bestimmten Bewegungszustand des Systems beschreiben,
dann wird nach den Änderungen dieses Bewegungszustandes infolge
einer kleinen Störung gefragt. Die für die gestörte Bewegung geltenden
Koordinaten werden dann in der Form

$$q_\alpha(t) = q_{\alpha 0}(t) + x_\alpha(t) \quad (\alpha = 1, \ldots, m) \tag{5.27}$$

angesetzt, wobei die Abweichungen $x_\alpha(t)$ als kleine Größen zu betrachten sind. Durch die $x_\alpha(t)$ werden die Nachbarbewegungen zur Grundlösung $q_{\alpha 0}(t)$ beschrieben. Sind die $q_{\alpha 0}$ von der Zeit unabhängige konstante Werte, dann kennzeichnen sie eine Gleichgewichtslage. Wichtiger
für Kreiselsysteme ist jedoch der Fall, daß die $q_{\alpha 0}$ Funktionen der
Zeit sind.

**5.2.1 Gleichungen für die Nachbarbewegungen einer bekannten
Grundlösung.** Mit der kinetischen Energie

$$T = \tfrac{1}{2} a_{\alpha\beta} \, \dot{q}_\alpha \, \dot{q}_\beta \tag{5.28}$$

erhält man für die in die Bewegungsgleichungen (5.1) eingehenden Ausdrücke unter Berücksichtigung der Tatsache, daß die verallgemeinerten
Massen $a_{\alpha\beta}$ noch von den Koordinaten q_γ abhängen können, die folgenden Beziehungen:

$$\frac{\partial T}{\partial \dot{q}_\gamma} = \frac{1}{2} \left(a_{\gamma\beta} \, \dot{q}_\beta + a_{\alpha\gamma} \, \dot{q}_\alpha \right) = a_{\alpha\gamma} \, \dot{q}_\alpha,$$

$$\frac{d}{dt} \left(\frac{\partial T}{\partial \dot{q}_\gamma} \right) = a_{\alpha\gamma} \, \ddot{q}_\alpha + \dot{a}_{\alpha\gamma} \, \dot{q}_\alpha = a_{\alpha\gamma} \, \ddot{q}_\alpha + \frac{\partial a_{\alpha\gamma}}{\partial q_\beta} \, \dot{q}_\beta \, \dot{q}_\alpha, \tag{5.29}$$

$$\frac{\partial T}{\partial q_\gamma} = \frac{1}{2} \frac{\partial a_{\alpha\beta}}{\partial q_\gamma} \, \dot{q}_\alpha \, \dot{q}_\beta.$$

Dabei wurde vorausgesetzt, daß die $a_{\alpha\gamma}$ nicht explizit von der Zeit
abhängen. Die Bewegungsgleichungen (5.1) gehen damit über in:

$$a_{\alpha\gamma} \, \ddot{q}_\alpha + \frac{\partial a_{\alpha\gamma}}{\partial q_\beta} \, \dot{q}_\alpha \, \dot{q}_\beta - \frac{1}{2} \frac{\partial a_{\alpha\beta}}{\partial q_\gamma} \, \dot{q}_\alpha \, \dot{q}_\beta = Q_\gamma \quad (\gamma = 1, \ldots, m). \tag{5.30}$$

Die verallgemeinerten Massen

$$a_{\alpha\gamma}(q_1, \ldots, q_m) = a_{\alpha\gamma}(q_{10} + x_1, \ldots, q_{m0} + x_m)$$

sowie die in (5.30) vorkommenden Ableitungen davon können in Taylor-
Reihen nach den kleinen Größen x entwickelt werden:

$$a_{\alpha\gamma} = a_{\alpha\gamma 0} + \left(\frac{\partial a_{\alpha\gamma}}{\partial q_\delta} \right)_0 x_\delta + \cdots,$$

$$\frac{\partial a_{\alpha\gamma}}{\partial q_\delta} = \left(\frac{\partial a_{\alpha\gamma}}{\partial q_\delta} \right)_0 + \left(\frac{\partial^2 a_{\alpha\gamma}}{\partial q_\delta \, \partial q_\beta} \right)_0 x_\beta + \cdots.$$

Der Index 0 kennzeichnet dabei die Grundlösung. Einsetzen dieser Größen in die Ausdrücke von (5.29) ergibt unter Berücksichtigung von (5.27):

$$\frac{d}{dt}\left(\frac{\partial T}{\partial \dot{q}_\gamma}\right) = a_{\alpha\gamma 0}\,\ddot{q}_{\alpha 0} + a_{\alpha\gamma 0}\,\ddot{x}_\alpha + \left(\frac{\partial a_{\alpha\gamma}}{\partial q_\delta}\right)_0 \ddot{q}_{\alpha 0}\,x_\delta + \left(\frac{\partial a_{\alpha\gamma}}{\partial q_\delta}\right)_0 \dot{q}_{\delta 0}\,\dot{q}_{\alpha 0} +$$

$$+ \left(\frac{\partial a_{\alpha\gamma}}{\partial q_\delta}\right)_0 (\dot{q}_{\delta 0}\,\dot{x}_\alpha + \dot{q}_{\alpha 0}\,\dot{x}_\delta) + \left(\frac{\partial^2 a_{\alpha\gamma}}{\partial q_\delta\,\partial q_\beta}\right)_0 \dot{q}_{\alpha 0}\,\dot{q}_{\delta 0}\,x_\beta + \cdots,$$

$$\frac{\partial T}{\partial q_\gamma} = \frac{1}{2}\left[\left(\frac{\partial a_{\alpha\beta}}{\partial q_\gamma}\right)_0 \dot{q}_{\alpha 0}\,\dot{q}_{\beta 0} + \left(\frac{\partial a_{\alpha\beta}}{\partial q_\gamma}\right)_0 (\dot{q}_{\alpha 0}\,\dot{x}_\beta + \dot{q}_{\beta 0}\,\dot{x}_\alpha) + \right.$$

$$\left. + \left(\frac{\partial^2 a_{\alpha\beta}}{\partial q_\gamma\,\partial q_\delta}\right)_0 \dot{q}_{\alpha 0}\,\dot{q}_{\beta 0}\,x_\delta\right] + \cdots.$$

Entwickelt man nun noch die verallgemeinerten Kräfte

$$Q_\gamma = Q_{\gamma 0} + \left(\frac{\partial Q_\gamma}{\partial q_\delta}\right)_0 x_\delta + \left(\frac{\partial Q_\gamma}{\partial \dot{q}_\delta}\right)_0 \dot{x}_\delta + \cdots,$$

so bekommt man unter Berücksichtigung der aus (5.30) für die Grundlösung folgenden Beziehung

$$a_{\alpha\gamma 0}\,\ddot{q}_{\alpha 0} + \left(\frac{\partial a_{\alpha\gamma}}{\partial q_\delta}\right)_0 \dot{q}_{\alpha 0}\,\dot{q}_{\delta 0} - \frac{1}{2}\left(\frac{\partial a_{\alpha\beta}}{\partial q_\gamma}\right)_0 \dot{q}_{\alpha 0}\,\dot{q}_{\beta 0} - Q_\gamma = 0$$

aus (5.1) die Bewegungsgleichungen:

$$a_{\alpha\gamma}\,\ddot{x}_\alpha + b_{\alpha\gamma}\,\dot{x}_\alpha + c_{\alpha\gamma}\,x_\alpha = P_\gamma \quad (\gamma = 1,\ldots,m), \qquad (5.31)$$

mit den Abkürzungen

$$a_{\alpha\gamma} = a_{\alpha\gamma 0},$$

$$b_{\alpha\gamma} = \left[\left(\frac{\partial a_{\beta\gamma}}{\partial q_\alpha}\right)_0 - \left(\frac{\partial a_{\alpha\beta}}{\partial q_\gamma}\right)_0\right] \dot{q}_{\beta 0} + \left(\frac{\partial a_{\alpha\gamma}}{\partial q_\beta}\right)_0 \dot{q}_{\beta 0} - \left(\frac{\partial Q_\gamma}{\partial \dot{q}_\alpha}\right)_0,$$

$$\qquad\qquad (5.32)$$

$$c_{\alpha\gamma} = \left(\frac{\partial a_{\beta\gamma}}{\partial q_\alpha}\right)_0 \ddot{q}_{\beta 0} + \left[\left(\frac{\partial^2 a_{\beta\gamma}}{\partial q_\alpha\,\partial q_\delta}\right)_0 - \frac{1}{2}\left(\frac{\partial^2 a_{\beta\delta}}{\partial q_\alpha\,\partial q_\gamma}\right)_0\right] \dot{q}_{\beta 0}\,\dot{q}_{\delta 0} - \left(\frac{\partial Q_\gamma}{\partial q_\alpha}\right)_0.$$

In dem Ausdruck P_γ sind die hier nicht ausgeschriebenen Glieder zweiter und höherer Ordnung in x_α zusammengefaßt worden. Bei der Methode der kleinen Schwingungen werden diese Glieder vernachlässigt; es wird also $P_\gamma = 0$ gesetzt. Damit aber erhält man aus (5.31) lineare Bewegungsgleichungen, die als Gleichungen erster Näherung bezeichnet werden. Wie LJAPUNOV gezeigt hat, geben die Lösungen des Systems erster Näherung jedoch das Verhalten in der Nachbarschaft der Grundlösung stets dann richtig wieder, wenn die Wurzeln der charakteristischen Gleichung dieses Systems keine verschwindenden Realteile besitzen. Falls auch nur eine der Wurzeln einen verschwindenden Realteil besitzt, müssen genauere Untersuchungen unter Berücksichtigung der nichtlinearen Glieder P_γ durchgeführt werden (siehe z. B. CHETAYEV [32]).

Für die weiteren Untersuchungen soll das System (5.31) noch umgeformt werden. Die Massenmatrix ist ihrer Definition nach symmetrisch $(a_{\alpha\gamma} = a_{\gamma\alpha})$; jetzt sollen die Matrizen $b_{\alpha\gamma}$ und $c_{\alpha\gamma}$ in je einen symmetrischen und einen schiefsymmetrischen Anteil zerlegt werden:

$$b_{\alpha\gamma} = d_{\alpha\gamma} + g_{\alpha\gamma}$$

mit

$$d_{\alpha\gamma} = \tfrac{1}{2}(b_{\alpha\gamma} + b_{\gamma\alpha}); \qquad d_{\alpha\gamma} = d_{\gamma\alpha},$$
$$g_{\alpha\gamma} = \tfrac{1}{2}(b_{\alpha\gamma} - b_{\gamma\alpha}); \qquad g_{\alpha\gamma} = -g_{\gamma\alpha},$$

und

$$c_{\alpha\gamma} = f_{\alpha\gamma} + e_{\alpha\gamma}$$

mit

$$f_{\alpha\gamma} = \tfrac{1}{2}(c_{\alpha\gamma} + c_{\gamma\alpha}); \qquad f_{\alpha\gamma} = f_{\gamma\alpha},$$
$$e_{\alpha\gamma} = \tfrac{1}{2}(c_{\alpha\gamma} - c_{\gamma\alpha}); \qquad e_{\alpha\gamma} = -e_{\gamma\alpha}.$$

$$(5.33)$$

Damit läßt sich die linearisierte Bewegungsgleichung (5.31) in der Form

$$a_{\alpha\gamma}\ddot{x}_\alpha + d_{\alpha\gamma}\dot{x}_\alpha + g_{\alpha\gamma}\dot{x}_\alpha + f_{\alpha\gamma}x_\alpha + e_{\alpha\gamma}x_\alpha = 0 \quad (\gamma = 1, \ldots, m) \qquad (5.34)$$

schreiben. Jedes darin vorkommende Glied kann als verallgemeinerte Kraft physikalisch interpretiert werden:

$A_\gamma = -a_{\alpha\gamma}\ddot{x}_\alpha$ sind *Trägheitskräfte*; sie werden von der stets positiv definiten quadratischen Form der kinetischen Energie (5.7) abgeleitet.

$D_\gamma = -d_{\alpha\gamma}\dot{x}_\alpha$ sind geschwindigkeitsabhängige, *nichtkonservative Kräfte*, die den Energieinhalt des Systems verändern; sie sind aus einer Rayleigh-Funktion

$$D = \tfrac{1}{2}d_{\alpha\gamma}\dot{x}_\alpha\dot{x}_\gamma \qquad (5.35)$$

ableitbar. Ist D eine positiv definite quadratische Form, dann wird im System Energie vernichtet, und die Bewegungen werden gedämpft. In diesem Fall wird D als *Dissipationsfunktion* bezeichnet.

$G_\gamma = -g_{\alpha\gamma}\dot{x}_\alpha$ sind die bereits erwähnten *gyroskopischen Kräfte*. Sie leisten bei beliebigen Bewegungen des Systems keine Arbeit. Wenn die verallgemeinerten Kräfte Q_γ nicht von den Geschwindigkeiten $\dot{x}_\alpha$ abhängen, dann sind die $g_{\alpha\gamma}$ einfach mit dem ersten Ausdruck $b_{\alpha\gamma}$ in (5.32) identisch.

$F_\gamma = -f_{\alpha\gamma}x_\alpha$ sind *konservative Lagekräfte*; sie sind aus einem Potential

$$U = \tfrac{1}{2}f_{\alpha\gamma}x_\alpha x_\gamma \qquad (5.36)$$

ableitbar. Wenn U eine positiv definite quadratische Form ist, dann ergeben diese Kräfte eine statisch stabile Fesselung des Systems.

$E_\gamma = -e_{\alpha\gamma}\,x_\alpha$ sind *nichtkonservative Lagekräfte*, die — wie die Dämpfungskräfte — den Energieinhalt des Systems verändern können. Sie werden auch als zirkulatorische Kräfte bezeichnet. Wir werden derartigen Kräften z. B. bei der Behandlung der Überwachungseinrichtungen von Kreiselgeräten (Kap. 12) begegnen.

Der Einfluß dieser Kräftearten auf das Verhalten des Systems soll im folgenden besprochen werden.

5.2.2 Allgemeine Sätze zum Stabilitätsverhalten. Für die sog. stationären Bewegungen sind die in die Bewegungsgleichungen (5.34) eingehenden Koeffizienten zeitunabhängig. In diesem Fall lassen sich einige sehr allgemeine Aussagen über das Stabilitätsverhalten sowie über die Möglichkeit der Stabilisierung von Bewegungen ableiten. Da diese Erkenntnisse für die Konstruktion von Kreiselgeräten sowie für das Verständnis von gyroskopischen Systemen von Bedeutung sind, sollen sie hier zusammenfassend aufgeführt und — soweit notwendig — erklärt werden.

Es sei ausdrücklich darauf hingewiesen, daß die nun zu besprechenden Ergebnisse zunächst nur für ein Ersatzsystem gelten, das den linearen Bewegungsgleichungen (5.34) genügt. Sofern nicht kritische Fälle vorliegen, bei denen die Realteile der Wurzeln der charakteristischen Gleichung von (5.34) verschwinden, können die Ergebnisse aber auch auf das ursprüngliche, meist nichtlineare Ausgangssystem (5.31) übertragen werden.

Die Bewegungen des linearen Systems sollen hier als stabil bezeichnet werden, wenn die Realteile $\mathrm{Re}(\lambda)$ der Wurzeln λ der charakteristischen Gleichung nicht positiv sind. Es soll also auch der Fall $\mathrm{Re}(\lambda) = 0$ zugelassen werden, sofern keine Mehrfachwurzeln vorhanden sind. Die in diesem Fall möglichen ungedämpften Schwingungen lassen die Auslenkungen des Systems nicht über bestimmte Schranken hinausgehen; bei entsprechend kleinen Anfangsstörungen bleiben sie selbst klein. Es ist daher gerechtfertigt, die Bewegungen als stabil zu bezeichnen. Würde man den Grenzfall $\mathrm{Re}(\lambda) = 0$ ausschließen, dann müßten alle konservativen Systeme als instabil bezeichnet werden. Das aber wäre weder üblich noch zweckmäßig. Wenn für alle λ die Beziehung $\mathrm{Re}(\lambda) < 0$ gilt, dann ist das System asymptotisch stabil.

Der hier verwendete und allgemein übliche Stabilitätsbegriff ist von dem Verhalten eines Systems für $t \to \infty$ abgeleitet. Das kann bei manchen praktischen Anwendungen zu Schwierigkeiten führen, da in vielen Fällen nur das Verhalten in einem endlichen Zeitintervall interessiert. Deshalb kommt es vor, daß in der Praxis Kreiselgeräte verwendet werden und brauchbar sind, obwohl sie nach der hier gebrauchten Terminologie als instabil bezeichnet werden müssen.

Zur Bestimmung der Stabilität linearer dynamischer Systeme werden häufig Kriterien herangezogen, die in algebraischer Form von HERMITE, ROUTH, HURWITZ u. a., in geometrischer, aber völlig äquivalenter Form von NYQUIST, LEONHARD, MICHAILOW und NEUMARK angegeben wurden. So wertvoll und nützlich diese Kriterien für die Untersuchung gegebener Systeme sind, so erweist sich eine physikalische Interpretation ihrer Ergebnisse oft als schwierig. Für den Entwurf oder die Synthese von Kreiselsystemen kann aber eine physikalisch anschauliche Deutung von besonderer Bedeutung sein.

Auch dazu stehen eine Anzahl allgemeiner Sätze zur Verfügung, die z. T. bereits auf LAGRANGE und DIRICHLET, vor allem aber auf THOMSON und TAIT [34] zurückgehen. Während zunächst vorwiegend konservative Systeme untersucht wurden, ist es inzwischen gelungen, auch die Einflüsse nichtkonservativer Kräfte zu erfassen. Die bisher erreichten Ergebnisse dieser Art sollen hier zusammengestellt werden, wobei stets nur die Sätze mit der am weitesten reichenden Formulierung berücksichtigt werden. Der Vorteil der in der späteren Tabelle verzeichneten Sätze kann darin gesehen werden, daß sie Aussagen über den Einfluß bestimmter Kräftearten auf das Stabilitätsverhalten geben. Dem Konstrukteur geben sie Hinweise, welche Kräfte zu verwenden sind, um ein gewünschtes Verhalten zu erreichen; der Analytiker kann oft allein schon aus einer Übersicht über die vorkommenden Kräftearten ersehen, ob Stabilität oder Instabilität zu erwarten ist.

In den Bewegungsgleichungen (5.34) treten fünf verschiedene Kräftearten auf: die Trägheitskräfte A_γ, die nichtkonservativen Geschwindigkeitskräfte D_γ, die Kreiselkräfte G_γ, die konservativen (F_γ) und die nichtkonservativen (E_γ) Lagekräfte. Um eine gewisse Ordnung in die Vielzahl der Systeme mit verschiedenen Kräftekombinationen zu bringen, soll eine Klassifikation vorgenommen werden, wie sie die folgende Tabelle zeigt. Es wird dabei angenommen, daß stets Trägheitskräfte A_γ vorhanden sind. Je nach An- oder Abwesenheit der anderen Kräftearten sind die Systeme eindeutig durch eines der 16 Kästchen der Tabelle sowie durch eine Kurzbezeichnung unmittelbar verständlich gekennzeichnet. Auf Indizes kann bei dieser Darstellung verzichtet werden. Man erkennt aus der Tabelle leicht, daß z. B. die folgende Zuordnung gilt:

ungefesselte Systeme: 1. und 2. Zeile,
gefesselte Systeme: 3. und 4. Zeile,
nichtgyroskopische Systeme: 1. und 2. Spalte,
Kreiselsysteme: 3. und 4. Spalte,
gedämpfte (oder angefachte) Systeme: 2. und 4. Spalte,
konservative Systeme (für die sowohl $d \equiv 0$ als auch
$e \equiv 0$ gilt): Kästchen $A,\ AG,\ AF,\ AGF$.

In die Kästchen sind die Nummern 1 bis 20 eingetragen; sie beziehen sich auf die nachfolgend im Wortlaut aufgeführten Sätze. Einige Sätze sind allgemeiner Natur, so daß sie für mehrere Systemarten gelten.

Übersicht zu den für verschiedenartige Systeme geltenden allgemeinen Sätzen und deren Verknüpfungen

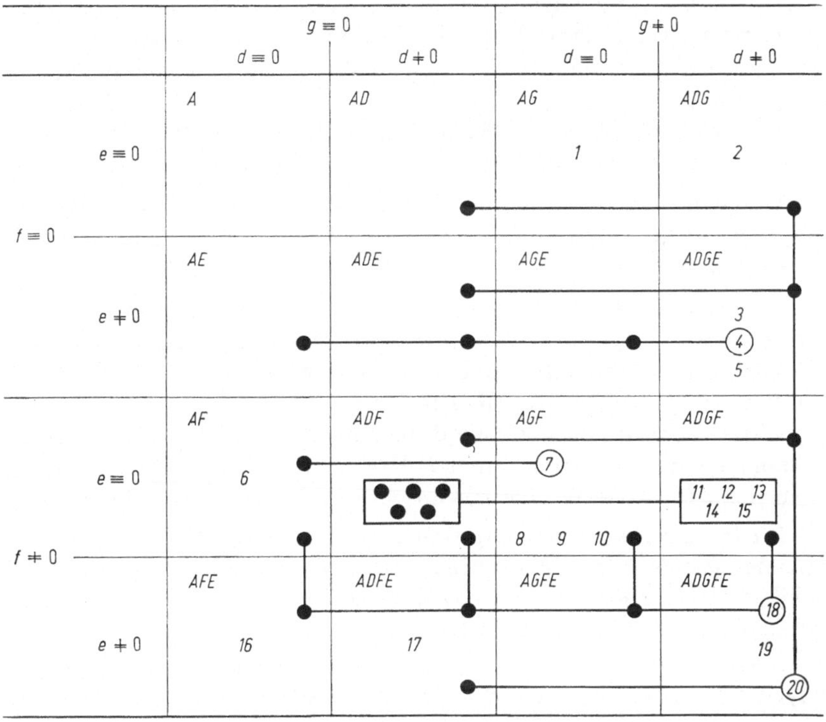

		$g \equiv 0$		$g \neq 0$	
		$d \equiv 0$	$d \neq 0$	$d \equiv 0$	$d \neq 0$
$f \equiv 0$	$e \equiv 0$	A	AD	AG \ 1	ADG \ 2
	$e \neq 0$	AE	ADE	AGE	$ADGE$ \ 3 \ 4 \ 5
$f \neq 0$	$e \equiv 0$	AF \ 6	ADF	AGF \ 7	$ADGF$ \ 11 12 13 14 15
				8 9 10	
	$e \neq 0$	AFE \ 16	$ADFE$ \ 17	$AGFE$	$ADGFE$ \ 18 \ 19 \ 20

Das ist aus den angegebenen Bezugsstrichen zu ersehen. Der Satz selbst ist dann stets bei dem allgemeinsten System, für das er gilt, aufgeführt. Der Beweis jedes Satzes kann bei der jeweils angegebenen Literaturstelle gefunden werden. Diese betreffen i. allg. nicht die Erstveröffentlichungen der Entdecker, sondern leichter zugängliche zusammenfassende Darstellungen, von denen hier vor allem das Buch von FORBAT [38] sowie die Monografie von MERKIN [8] genannt werden sollen.

Zum besseren Verständnis werden zu einigen der Sätze weitere Erklärungen gegeben. Für jedes der zugehörigen Systeme wird außerdem ein praktisches Beispiel erwähnt.

A G-Systeme (Beispiel: ein drehender starrer Körper im Zustand der Schwerelosigkeit oder ein antriebsloses Raumschiff, sofern der Gradient der Massenanziehung vernachlässigt wird).

1. Die Gleichgewichtslage eines konservativen Systems, auf das nur gyroskopische Kräfte G_γ einwirken, ist dann und nur dann stabil, wenn $\det(g_{\alpha\gamma}) \neq 0$ *gilt* [8, S. 126].

Aus diesem Satz folgt sofort, daß ein den Bedingungen von Satz 1 genügendes System stets instabil ist, wenn die Zahl m der nichtzyklischen Lagekoordinaten in (5.34) ungerade ist. Dann ist nach (5.20) stets $\det(g_{\alpha\gamma}) = 0$.

ADG-Systeme (Beispiel: ein drehender Körper im schwerelosen Zustand, auf den geschwindigkeitsproportionale Dämpfungskräfte wirken).

2. Die Gleichgewichtslage eines Systems, auf das nur gyroskopische und dissipative Kräfte G_γ und D_γ einwirken, ist stets stabil, wenn die Rayleigh-Funktion D (5.35) positiv definit ist [8, S. 163].

Ein positiv definites D bedeutet, daß die Bewegungen in allen Freiheitsgraden des Systems gedämpft sind. Die Kräfte D_γ wirken dann dissipativ und nicht anfachend. In diesem Sinne wird auch weiterhin der Begriff der dissipativen Kräfte verwendet.

ADGE-Systeme (Beispiel: ein drehendes Raumschiff im schwerelosen Zustand mit Lageregelung durch E-Kräfte; mit Hilfe derartiger Kräfte kann die Drallachse in eine gewünschte Richtung eingestellt werden).

3. Die Bewegungen eines Systems mit $F_\gamma \equiv 0$ können bei geradem m, d. h. bei gerader Anzahl nichtzyklischer Lagekoordinaten, asymptotisch stabil gemacht werden, wenn außer dissipativen Kräften D_γ zugleich auch gyroskopische Kräfte G_γ hinzugefügt werden [8, S. 214].

4. Die Bewegungen eines Systems mit $F_\gamma \equiv 0$ können bei ungeraden Werten von m nicht asymptotisch stabil gemacht werden, unabhängig von den vorhandenen dissipativen, anfachenden oder gyroskopischen Kräften D_γ und G_γ [8, S. 214].

5. Die instabile Gleichgewichtslage eines nichtkonservativen Systems mit $F_\gamma \equiv 0$ kann nur stabilisiert werden, wenn sowohl dissipative als auch gyroskopische Kräfte D_γ und G_γ hinzugefügt werden [39, S. 33].

AF-Systeme (Beispiel: ein ungedämpfter Feder-Masse-Schwinger).

6. Die charakteristische Gleichung eines konservativen Systems mit $G_\gamma \equiv 0$ und nicht definiter potentieller Energie U (5.36) besitzt mindestens eine Wurzel mit positivem Realteil.

Die charakteristische Gleichung eines AF-Systems hat die Form $\det(a_{\alpha\gamma}\lambda^2 + f_{\alpha\gamma}) = 0$. Da man stets eine Koordinatentransformation so vornehmen kann, daß die Matrizen $a_{\alpha\gamma}$ und $f_{\alpha\gamma}$ zugleich in Diagonalform gebracht werden [40, Kap. 10], muß bei nicht definiter potentieller Energie mindestens eines der Diagonalelemente der transformierten Fesselungsmatrix $f_{\alpha\gamma}$ negativ sein. Daraus folgt sofort die Existenz einer Wurzel der charakteristischen Gleichung mit $\mathrm{Re}(\lambda) > 0$.

A G F-Systeme (Beispiel: ein Kreiselpendel, eine Einschienenbahn ohne Dämpfungseinrichtung oder ein Spielkreisel ohne Reibung).

7. Die charakteristische Gleichung eines konservativen Systems mit stabiler Gleichgewichtslage besitzt nur Wurzeln mit verschwindendem Realteil [38, S. 49].

Eine stabile Gleichgewichtslage ist durch eine positiv definite potentielle Energie U gekennzeichnet. Der angegebene Satz, der bereits auf LAGRANGE zurückgeht, besagt, daß konservative Systeme stets ungedämpft schwingen, wenn ein stabiles Gleichgewicht gestört wird.

8. Wenn für die Gleichgewichtslage eines konservativen Systems eine ungerade Anzahl instabiler Freiheitsgrade vorhanden ist, dann kann sie durch Hinzufügen von gyroskopischen Kräften G_γ nicht stabilisiert werden [8, S. 176].

Die Anzahl der instabilen Freiheitsgrade ist gleich der Zahl der Wurzeln λ mit $\mathrm{Re}(\lambda) > 0$.

9. Die instabile Gleichgewichtslage eines konservativen Systems kann durch gyroskopische Kräfte G_γ stabilisiert werden, wenn 1. $\det(g_{\alpha\gamma}) \neq 0$, 2. die potentielle Energie U definit ist, 3. die charakteristische Gleichung keine Mehrfachwurzeln besitzt und 4. der Drall H hinreichend groß ist [8, S. 179].

Die Sätze 8 und 9 enthalten ein klassisches Ergebnis, das THOMSON und TAIT [34] zu verdanken ist. Die praktische Bedeutung dieser Erkenntnis ist jedoch nicht sehr groß, da sie sich nur auf konservative Systeme bezieht. Bei realen Systemen wird aber stets Energie vernichtet; dadurch kann sich das Stabilitätsverhalten grundlegend ändern, wie der spätere Satz 11 zeigen wird.

10. Ein konservatives System mit stabiler Gleichgewichtslage kann durch Hinzufügen von gyroskopischen Kräften G_γ nicht instabil gemacht werden [38, S. 49].

ADGF-Systeme (Beispiel: Kreiselpendel mit Dämpfung).

11. Wenn die Rayleigh-Funktion D positiv definit ist und die Fesselungsmatrix $f_{\alpha\gamma}$ keine verschwindenden Eigenwerte hat, dann ist die Stabilität unabhängig von Dämpfungs- und Kreiselkräften D_γ und G_γ [41, S. 47].

Dieser Satz ist außerordentlich wichtig. Er wurde bereits von THOMSON und TAIT vermutet, später von CHETAYEV [32] formuliert und bewiesen. Er sagt letzten Endes aus, daß die Stabilität eines vollständigen $ADGF$-Systems mit der Bewegungsgleichung

$$a_{\alpha\gamma}\ddot{x}_\alpha + d_{\alpha\gamma}\dot{x}_\alpha + g_{\alpha\gamma}\dot{x}_\alpha + f_{\alpha\gamma}x_\alpha = 0 \quad (\gamma = 1, 2, \ldots, m) \qquad (5.37)$$

der Stabilität des entsprechenden AF-Systems mit der verkürzten Bewegungsgleichung

$$a_{\alpha\gamma}\ddot{x}_\alpha + f_{\alpha\gamma}x_\alpha = 0 \quad (\gamma = 1, 2, \ldots, m) \qquad (5.38)$$

entspricht. Letztlich wird damit die Stabilität eines $ADGF$-Systems ausschließlich durch die Eigenwerte der Fesselungsmatrix $f_{\alpha\gamma}$ bestimmt, wobei diese Eigenwerte Lösungen der Gleichung $\det(f_{\alpha\gamma} - \lambda\,\delta_{\alpha\gamma}) = 0$ sind. Durch Satz 11 wird gezeigt, daß ein stabiles System durch Hinzufügen von Dämpfungskräften D_γ instabil gemacht werden kann. Tatsächlich läßt sich nachweisen, daß der aufrechte Lagrange-Kreisel (und auch der Spielkreisel) bei Berücksichtigung der dämpfenden Einflüsse und bei Anwendung des zuvor erklärten Stabilitätsbegriffes instabil ist. Dem widerspricht auch nicht die Tatsache, daß Dämpfungseinflüsse beim Spielkreisel zum Aufrichten und damit zu einem Abklingen von Präzessionsbewegungen führen. Für $t \to \infty$ wird jedenfalls der Drall so verringert, daß der Spielkreisel umfällt. Die bekannte Stabilität des Spielkreisels bei hinreichend hohem Drall muß deshalb als *Stabilität in einem endlichen Zeitintervall* oder als *praktische Stabilität* bezeichnet werden.

12. Wenn die Rayleigh-Funktion D positiv definit ist, dann ist die Zahl der Wurzeln der charakteristischen Gleichung mit positivem Realteil gleich der Zahl der negativen Eigenwerte der Fesselungsmatrix $f_{\alpha\gamma}$ [41, S. 47].

13. Statisch stabile Gleichgewichtslagen bleiben stabil, auch wenn beliebige Kreisel- und Dämpfungskräfte G_γ und D_γ mit positiv semidefiniter Rayleigh-Funktion D hinzugefügt werden [8, S. 202].

Bei positiv semidefiniter Rayleigh-Funktion D kann das System in einem oder mehreren Freiheitsgraden ungedämpfte Schwingungen ausführen, während alle anderen Bewegungen gedämpft verlaufen.

14. Bei positiv semidefiniter Rayleigh-Funktion D sind die Bewegungen eines Systems bei beliebigen Kreiselkräften G_γ instabil, sofern alle Eigenwerte der Fesselungsmatrix $f_{\alpha\gamma}$ negativ sind [41, S. 48].

15. Eine statisch stabile Gleichgewichtslage wird bei Hinzufügen von D_γ-Kräften mit positiv definiter Rayleigh-Funktion D und beliebigen Kreiselkräften G_γ asymptotisch stabil [8, S. 203].

AFE-Systeme (Beispiel: ein Doppelpendel, auf dessen unteres Pendel eine konstante Kraft in körperfester, d. h. mitdrehender Richtung einwirkt).

16. Die Gleichgewichtslage eines konservativen Systems mit $G_\gamma \equiv 0$ kann durch Hinzufügen nichtkonservativer Lagekräfte E_γ stabilisiert oder instabil gemacht werden [35, S. 108].

$ADFE$-Systeme (Beispiel: Doppelpendel wie beim AFE-System, aber mit Dämpfung oder Anfachung).

17. Wenn die Gleichgewichtslage eines Systems mit $G_\gamma \equiv 0$ statisch instabil ist, dann läßt sie sich durch Hinzufügen nichtkonservativer Lagekräfte E_γ nicht stabilisieren [39, S. 33].

$ADGFE$-Systeme (Beispiel: ein Kreiselpendel mit Überwachungseinrichtung nach SPERRY sowie mit Dämpfung, eine Einschienenbahn mit Stabilisierungseinrichtung oder ein drehender Satellit mit Lageregelung auf einer erdnahen Bahn).

18. Die Gleichgewichtslagen eines Systems mit negativ definiter potentieller Energie U können bei einer ungeraden Anzahl nichtzyklischer Lagekoordinaten durch Hinzufügen beliebiger Kräfte D_γ, G_γ oder E_γ nicht stabilisiert werden [8, S. 215].

19. Die Gleichgewichtslagen eines Systems mit negativ definiter potentieller Energie U können bei gerader Anzahl nichtzyklischer Lagekoordinaten und bei Vorhandensein von D_γ-Kräften mit positiv definiter Rayleigh-Funktion D nur stabilisiert werden, wenn sowohl Kreiselkräfte G_γ als auch nichtkonservative Lagekräfte E_γ hinzugefügt werden [8, S. 215].

20. Die Bewegungen eines Systems sind bei beliebigen Kräften G_γ, F_γ und E_γ instabil, wenn die Spur der Matrix $d_{\alpha\gamma}$ positiv ist [8, S. 213].

Die Bedingung $\mathrm{sp}(d_{\alpha\gamma}) > 0$ besagt physikalisch, daß die dämpfenden Anteile der Rayleigh-Funktion gegenüber den anfachenden dominieren. Das kann wie folgt eingesehen werden: Wenn man die Matrix $d_{\alpha\gamma}$ durch eine Koordinatentransformation in Diagonalform überführt, dann deuten positive Elemente auf gedämpfte, negative auf angefachte Schwingungsformen hin. Wenn die Summe der positiven Elemente größer als die Summe der Beträge der negativen ist, dann überwiegt die Dämpfung. Da jedoch die Summe der Diagonalelemente einer Matrix, also ihre Spur, invariant gegenüber Koordinatentransformationen ist, kann das Überwiegen oder Nichtüberwiegen der Dämpfungsanteile bereits aus der ursprünglichen Matrix $d_{\alpha\gamma}$ durch Bilden der Spur erkannt werden.

5.3 Näherungsbetrachtungen für Systeme mit schnellen Kreiseln

Technische Kreiselgeräte enthalten i. allg. schnellaufende Kreisel, weil man den aus Funktionsgründen notwendigen Drall mit möglichst geringem Gewicht erreichen möchte. Bei den üblichen Bewegungsformen gerartiger Geräte dominieren deshalb die Kreiselkräfte gegenüber ande-

ren Kräftearten, wie Trägheitskräften, Fesselungskräften und Reibungskräften. Wenn ein solcher Fall vorliegt, dann kann man durch geeignete
Vernachlässigungen zu erheblich einfacheren, aber meist ausreichenden
Berechnungsverfahren gelangen. Komplizierte Geräte werden oft erst
dank derartiger Vereinfachungen der Berechnung zugänglich. Man faßt
Näherungen dieser Art allgemein unter dem Begriff *Technische Kreiseltheorie* zusammen; sinngemäß spricht man auch von *Technischen Kreiselgleichungen*. Über diese Ansätze und ihre Grenzen soll nun berichtet
werden.

5.3.1 Gleichungen für Systeme mit schnellen symmetrischen Kreiseln.

In (5.8) wurde ein in verschiedene Glieder unterteilter Ausdruck für die
kinetische Energie T angegeben und als Ausgangspunkt für die Elimination der zyklischen Koordinaten verwendet. Dieser Ansatz soll jetzt
noch weiter spezialisiert werden.

Als zyklische Koordinaten, die die Lage der Kreiselrotoren beschreiben, wählen wir die Winkel $\varphi_\varkappa$ der Relativdrehung der im System eingebauten Kreisel gegenüber ihrem Gehäuse. Diese Drehung erfolgt um
die Symmetrieachse der Rotoren, für die die Hauptträgheitsmomente $C_\varkappa$
gelten. In diesem Fall kann die kinetische Energie (5.8) in der Form

$$T = \tfrac{1}{2} a_{\alpha\beta}\, \dot{q}_\alpha\, \dot{q}_\beta + \tfrac{1}{2} C_\varkappa (\dot{\varphi}_\varkappa + h_{\varkappa\alpha}\, \dot{q}_\alpha)^2 \tag{5.39}$$

geschrieben werden. Hierin laufen die Indizes α und β von 1 bis m,
der Index $\varkappa$ dagegen von $m + 1$ bis n. Die Größe $h_{\varkappa\alpha}$ ist gleich dem
Cosinus des Winkels zwischen der Richtung der Symmetrieachse des
$\varkappa$-ten Kreisels und der Richtung der Drehgeschwindigkeitsvektoren $\dot{q}_\alpha$.
Dabei darf der Index α nur für diejenigen Drehungen berücksichtigt
werden, die als Führungsdrehungen für den $\varkappa$-ten Kreisel in Frage
kommen. Der in runden Klammern stehende Ausdruck in (5.39) ist
daher gleich der Komponente der Absolutdrehung des $\varkappa$-ten Kreisels
in Richtung seiner Symmetrieachse.

Die Annahme, daß die $\varphi_\varkappa$ zyklische Koordinaten sind, bedeutet,
daß für jeden der Kreisel Momentengleichgewicht um die Symmetrieachse vorhanden ist ($Q_\varkappa = 0$). Aus (5.1) folgt dann:

$$\frac{\partial T}{\partial \dot{\varphi}_\varkappa} = C_{(\varkappa)} (\dot{\varphi}_\varkappa + h_{\varkappa\alpha}\, \dot{q}_\alpha) = H_\varkappa = \text{const.} \tag{5.40}$$

Ein Index wird hier (und im folgenden) eingeklammert, wenn ausnahmsweise nicht über ihn summiert werden soll. Mit Einsetzen von (5.40)
in (5.39) erhalten wir:

$$T = \frac{1}{2}\, a_{\alpha\beta}\, \dot{q}_\alpha\, \dot{q}_\beta + \frac{1}{2}\, C_\varkappa \left(\frac{H_\varkappa}{C_\varkappa}\right)^2.$$

Für die Routhsche Funktion folgt damit nach (5.12):

$$R = T^* - H_\varkappa\,\dot\varphi_\varkappa = \underbrace{\frac{1}{2}\,a_{\alpha\beta}\,\dot q_\alpha\,\dot q_\beta}_{R_2} + \underbrace{H_\varkappa\,h_{\varkappa\alpha}\,\dot q_\alpha}_{R_1} - \underbrace{\frac{1}{2}\frac{H_\varkappa^2}{C_\varkappa}}_{R_0}. \qquad (5.41)$$

Wegen der Konstanz von R_0 geht die Bewegungsgleichung (5.16) über in:

$$\frac{d}{dt}\left(\frac{\partial R_2}{\partial\dot q_\alpha}\right) - \frac{\partial R_2}{\partial q_\alpha} = Q_\alpha - \frac{d}{dt}\left(\frac{\partial R_1}{\partial\dot q_\alpha}\right) + \frac{\partial R_1}{\partial q_\alpha} \quad (\alpha = 1,\ldots,m). \qquad (5.42)$$

Diese noch allgemein geltenden Gleichungen werden nun dadurch für den Fall schneller Kreisel vereinfacht, daß der Energieanteil R_2 gegenüber R_1 vernachlässigt wird. Dies bedeutet physikalisch, daß die von den Drehungen $\dot q_\alpha$ herrührende, also insbesondere in den Massen der Kreiselgehäuse und der Aufhängungen steckende Bewegungsenergie als klein gegenüber der Energie der Kreiselrotoren angesehen wird. Eine derartige Annahme ist bei vielen technischen Kreiselgeräten zulässig. Damit erhält man aus (5.42) die Näherungen:

$$\frac{d}{dt}\left(\frac{\partial R_1}{\partial\dot q_\alpha}\right) - \frac{\partial R_1}{\partial q_\alpha} = Q_\alpha \quad (\alpha = 1,\ldots,m). \qquad (5.43)$$

Die genäherten Bewegungsgleichungen werden also einfach dadurch erhalten, daß in die Lagrangeschen Bewegungsgleichungen 2. Art anstelle der kinetischen Energie T nur der linear von den Systemgeschwindigkeiten $\dot q_\alpha$ abhängige Anteil der Routhschen Funktion

$$R_1 = H_\varkappa\,h_{\varkappa\alpha}\,\dot q_\alpha \qquad (5.44)$$

eingesetzt wird. Die Gln. (5.43) können dann auch in die Form

$$H_\varkappa\left(\frac{\partial h_{\varkappa\beta}}{\partial q_\alpha} - \frac{\partial h_{\varkappa\alpha}}{\partial q_\beta}\right)\dot q_\alpha = g_{\alpha\beta}\,\dot q_\alpha = Q_\beta \quad (\beta = 1,\ldots,m) \qquad (5.45)$$

gebracht werden. Die Schiefsymmetrie der Matrix $g_{\alpha\beta}$ der Kreiselkräfte ist hier unmittelbar zu erkennen. Durch (5.45) wird zum Ausdruck gebracht, daß die Bewegungen vorwiegend von dem Gleichgewicht zwischen den äußeren Kräften Q_β und den Kreiselkräften G_β bestimmt werden. Die Trägheitskräfte sind herausgefallen, da sie in dem vernachlässigten Anteil R_2 der Routhschen Funktion enthalten sind.

Bei der praktischen Anwendung der Näherungsgleichungen kann noch eine weitere Vereinfachung dadurch vorgenommen werden, daß die Führungsanteile bei der Berechnung der Drallausdrücke $H_\varkappa$ nach (5.40) gegenüber der Eigendrehung vernachlässigt werden: $\dot\varphi_\varkappa \gg h_{\varkappa\alpha}\,\dot q_\alpha$. Man kann daher bei technischen Kreiselberechnungen in den folgenden vier Schritten vorgehen:

1. Berechne die Drallkonstanten $H_\varkappa \approx C_{(\varkappa)}\,\dot\varphi_\varkappa$,
2. bestimme damit die verkürzte Routhsche Funktion (5.44),
3. ermittle die Bewegungsgleichungen nach (5.43),
4. löse die Bewegungsgleichungen.

Die auf diese Weise resultierenden Näherungsgleichungen besitzen einen niedrigeren Grad als die exakten Gleichungen, wie man aus einem Vergleich z. B. mit (5.30) erkennt. Dies bedeutet, daß die Lösungen der Näherungsgleichungen nicht beliebigen Anfangsbedingungen angepaßt werden können. Die Näherungen sind daher nicht für jeden möglichen Bewegungszustand eines Kreiselsystems zulässig. Es wird sich jedoch zeigen, daß in zahlreichen Fällen eine ausreichende Beschreibung des Systemverhaltens mit Hilfe der genäherten Gleichungen möglich ist. Die Frage, unter welchen Bedingungen dies möglich ist, wird dabei noch genauer zu klären sein. Ganz allgemein läßt sich jetzt schon sagen, daß die Näherungen in nicht ausgearteten Fällen um so besser sein werden, je größer der Drall der vorhandenen Kreisel ist.

Einige bei den technischen Anwendungen der Näherungsgleichungen auftretende Fragen sollen in dem späteren Abschn. 10.1 besprochen werden.

5.3.2 Bewegungsformen und Eigenfrequenzen in Systemen mit schnellen Kreiseln. Um einen tieferen Einblick in das Bewegungsverhalten eines Kreiselsystems zu gewinnen, wollen wir uns hier auf die Betrachtung eines konservativen Systems beschränken und die unter der Voraussetzung schnellaufender Kreisel gewonnenen Vereinfachungen berücksichtigen. Nach (5.34) können dann die Bewegungsgleichungen in der Umgebung einer Gleichgewichtslösung in der Form

$$a_{\beta\gamma}\ddot{x}_\beta + g_{\beta\gamma}\dot{x}_\beta + f_{\beta\gamma}x_\beta = 0 \quad (\gamma = 1,\ldots,m) \tag{5.46}$$

geschrieben werden. Bei konstanten Koeffizienten lassen sich die Lösungen der linearen Differentialgleichungen (5.46) durch den Ansatz

$$x_\beta = A_\beta\,e^{\lambda t} \tag{5.47}$$

finden. Damit erhält man ein System linearer algebraischer Gleichungen für die Amplitudenfaktoren A_β:

$$(a_{\beta\gamma}\lambda^2 + g_{\beta\gamma}\lambda + f_{\beta\gamma})\,A_\beta = 0 \quad (\gamma = 1,\ldots,m). \tag{5.48}$$

Nichttriviale Lösungen dieses Systems existieren nur, wenn die Determinante verschwindet. Diese Forderung führt zu der charakteristischen Gleichung

$$\Delta(\lambda) = \det(a_{\beta\gamma}\lambda^2 + g_{\beta\gamma}\lambda + f_{\beta\gamma}) = 0. \tag{5.49}$$

Die Ausrechnung der Determinante ergibt eine algebraische Gleichung vom Grade $2m$ für die Eigenwerte λ, in der jedoch nur gerade Potenzen von λ vorkommen. Dies erkennt man aus der Tatsache, daß mit der Wurzel λ stets auch $-\lambda$ eine Lösung von (5.49) ist. Unter Berücksichtigung der Beziehungen (5.33) $a_{\beta\gamma} = a_{\gamma\beta};\ g_{\beta\gamma} = -g_{\gamma\beta};\ f_{\beta\gamma} = f_{\gamma\beta}$ erhält man nämlich

$$\begin{aligned}
\Delta(-\lambda) &= \det(a_{\beta\gamma}(-\lambda)^2 - g_{\beta\gamma}\lambda + f_{\beta\gamma}) \\
&= \det(a_{\gamma\beta}\lambda^2 \quad + g_{\gamma\beta}\lambda + f_{\gamma\beta}) \\
&= \det(a_{\beta\gamma}\lambda^2 \quad + g_{\beta\gamma}\lambda + f_{\beta\gamma}) = \Delta(\lambda).
\end{aligned}$$

Hier wurde beim Übergang von der zweiten zur dritten Zeile von der Tatsache Gebrauch gemacht, daß sich der Wert einer Determinante nicht ändert, wenn man Spalten und Zeilen vertauscht.

Wenn wir uns weiterhin auf den Fall stabiler Lösungen der Differentialgleichung beschränken, dann folgt aus der Tatsache, daß mit λ auch $-\lambda$ eine Wurzel der charakteristischen Gleichung ist, sofort, daß diese Wurzeln selbst rein imaginär sein müssen:

$$\lambda_\delta = +i\,\omega_\delta; \quad \lambda_{m+\delta} = -i\,\omega_\delta \quad (\delta = 1, \ldots, m). \qquad (5.50)$$

Dies bedeutet, daß der Bewegungsvorgang aus einer Überlagerung von ungedämpften Schwingungen besteht. Ohne die Kreisfrequenzen dieser Schwingungen durch Lösen der charakteristischen Gleichung explizit auszurechnen, können einige sehr allgemeine Aussagen gewonnen werden. Dazu kann man wie folgt vorgehen:

Unter der Voraussetzung, daß die charakteristische Gleichung keine Mehrfachwurzeln besitzt, setzt sich die Gesamtlösung aus den Partiallösungen

$$x_{\beta\delta} = A_{\beta\,(\delta)}\, e^{\lambda_\delta t}$$

zusammen, die, in die Ausgangsgleichungen (5.46) eingesetzt, das System

$$(a_{\beta\gamma}\,\lambda_\delta^2 + g_{\beta\gamma}\,\lambda_\delta + f_{\beta\gamma})\, A_{\beta(\delta)} = 0 \quad (\gamma = 1, \ldots, m) \qquad (5.51)$$

ergeben. Die Amplitudenfaktoren $A_{\beta\delta}$ können dabei komplex sein. Da die Koeffizienten des Gleichungssystems reell sind, müssen die zu den beiden Wurzeln (5.50) gehörenden Amplitudenfaktoren konjugiert zueinander sein:

$$A_{\beta\delta} = B_{\beta\delta} + i\,C_{\beta\delta}; \quad A_{\beta(m+\delta)} = B_{\beta\delta} - i\,C_{\beta\delta} = \bar{A}_{\beta\delta}. \qquad (5.52)$$

Jetzt multiplizieren wir die Gleichungen des Systems (5.51) mit $\bar{A}_{\gamma\delta}$ und addieren über γ:

$$(a_{\beta\gamma}\,\lambda_\delta^2 + g_{\beta\gamma}\,\lambda_\delta + f_{\beta\gamma})\, A_{\beta(\delta)}\, \bar{A}_{\gamma(\delta)} = 0. \qquad (5.53)$$

Unter Berücksichtigung von (5.52) und der Symmetrie der Matrizen $a_{\beta\gamma}$ und $f_{\beta\gamma}$ sowie der Schiefsymmetrie der Matrix $g_{\beta\gamma}$ erhält man für die in (5.53) vorkommenden Ausdrücke

$$a_{\beta\gamma}\, A_{\beta(\delta)}\, \bar{A}_{\gamma(\delta)} = a_{\beta\gamma}[B_{\beta(\delta)}\, B_{\gamma(\delta)} + C_{\beta(\delta)}\, C_{\gamma(\delta)}] = a_\delta > 0,$$

$$g_{\beta\gamma}\, A_{\beta(\delta)}\, \bar{A}_{\gamma(\delta)} = i\, g_{\beta\gamma}[C_{\beta(\delta)}\, B_{\gamma(\delta)} - C_{\gamma(\delta)}\, B_{\beta(\delta)}] = i\, g_\delta, \qquad (5.54)$$

$$f_{\beta\gamma}\, A_{\beta(\delta)}\, \bar{A}_{\gamma(\delta)} = f_{\beta\gamma}[B_{\beta(\delta)}\, B_{\gamma(\delta)} + C_{\beta(\delta)}\, C_{\gamma(\delta)}] = f_\delta.$$

Dabei sind die $a_\delta,\ g_\delta,\ f_\delta$ reelle Größen; die a_δ sind als Summe zweier positiv definiter quadratischer Formen stets positiv; auch die f_δ sind Summen von zwei quadratischen Formen, die jedoch wegen (5.36) nur bei statisch stabilen Gleichgewichtslagen positiv sind; die g_δ sind Bilinearformen, die sowohl positiv als auch negativ sein können. Die Gl. (5.53) geht mit (5.54) über in:

$$a_{(\delta)}\,\lambda_\delta^2 + i\,g_{(\delta)}\,\lambda_\delta + f_\delta = 0 \qquad (5.55)$$

mit den Lösungen

$$\lambda_\delta = -i\,\frac{g_{(\delta)}}{2a_\delta}\left[1 \mp \sqrt{1 + \frac{4a_{(\delta)}\,f_{(\delta)}}{g_{(\delta)}^2}}\,\right]. \qquad (5.56)$$

Stabilen Lösungen entsprechen im hier betrachteten Fall nur rein imaginäre Werte von λ_δ; sie werden erhalten, wenn der Radikand nicht negativ ist:

$$g_\delta^2 + 4a_{(\delta)}\,f_\delta \geqq 0 \qquad (\delta = 1, \ldots, m). \qquad (5.57)$$

Hieraus folgt unmittelbar die schon in den allgemeinen Sätzen von Abschn. 5.2.2 enthaltene Erkenntnis, daß bei statisch stabilen Fesselungen ($f_\delta > 0$) stets Stabilität vorliegt; dagegen können bei statisch instabiler Fesselung nur für hinreichend große Kreiselkräfte, also für starken Drall, stabile Bewegungen erreicht werden.

Die bisherigen Ergebnisse sollen nun für den Fall schneller Kreisel vereinfacht werden. Hierzu führen wir zunächst einen Drallparameter H durch

$$H_\varkappa = k_\varkappa\,H \qquad (5.58)$$

ein und betrachten dann den Grenzfall $H \to \infty$. Mit (5.58) definiert man nun

$$g_{\beta\gamma} = H\,g_{\beta\gamma}^* \quad \text{und} \quad g_\delta = H\,g_\delta^*, \qquad (5.59)$$

wobei die Größen $g_{\beta\gamma}^*$ und g_δ^* unabhängig von H sind, da die Elemente der gyroskopischen Matrix nach (5.45) linear von den $H_\varkappa$ abhängen.

Mit Einsetzen von (5.59) in (5.56) und unter Berücksichtigung von $H \to \infty$ läßt sich die dort vorkommende Wurzel entwickeln. Wenn von dieser Entwicklung nur jeweils das Glied mit der höchsten Potenz von H berücksichtigt wird, dann erhält man die beiden Näherungswerte:

$$\left.\begin{aligned}\lambda_{\delta 1} &\approx i\,\frac{f_{(\delta)}}{H\,g_\delta^*}, \\[2ex] \lambda_{\delta 2} &\approx -i\,\frac{H\,g_\delta^*}{a_{(\delta)}},\end{aligned}\right\} \quad (\delta = 1, \ldots, m). \qquad (5.60)$$

Die Wurzeln $\lambda_{\delta 1}$ gehen im Falle $H \to \infty$ mit $1/H$ gegen Null; ihnen entsprechen die langsamen Präzessionsschwingungen eines Kreiselsystems. Die Wurzeln $\lambda_{\delta 2}$ wachsen proportional zu H an; diesen sind die schnellen Nutationsschwingungen zuzuordnen. Es gilt der allgemeine Satz:

In einem stabilen, konservativen, gyroskopischen System mit $\det(g_{\beta\gamma}) \neq 0$ *werden die vorkommenden Frequenzen stets in zwei Gruppen aufgespalten, von denen sich bei großem Drall H die Frequenzen der einen Gruppe proportional zu $1/H$, die der anderen Gruppe proportional zu H verändern.*

Es ist einleuchtend, daß ein derartiges Aufspalten der Frequenzen in zwei Gruppen nur im Falle gerader m möglich ist. Wegen (5.50) gehört ja zu jeder der Wurzeln (5.60) noch die Wurzel gleichen Betrages, aber entgegengesetzten Vorzeichens. Wie man leicht feststellen kann, erhält man diese Wurzeln durch Vertauschen der Indizes β und γ in (5.53). Jedem Wert von δ können daher 4 Wurzeln zugeordnet werden. Das geht aber nur, wenn der Grad $2m$ der charakteristischen Gl. (5.49) durch 4 teilbar ist.

Die Bedingung, daß m gerade sein muß, ist in der schärferen Forderung $\det(g_{\beta\gamma}) \neq 0$ enthalten. Daß $\det(g_{\beta\gamma}) \neq 0$ notwendig ist, erkennt man aus einer Betrachtung der charakteristischen Gl. (5.49). Als Polynom geschrieben geht sie über in:

$$\Delta(\lambda) = b_{2m}\,\lambda^{2m} + b_{2m-2}\,\lambda^{2m-2} + \cdots + b_2\,\lambda^2 + b_0 = 0. \qquad (5.61)$$

Wenn m gerade ist, dann kommt in dieser Entwicklung auch das Glied

$$b_m\,\lambda^m \quad \text{mit} \quad b_m(H) = \det(g_{\beta\gamma})\,H^m + \cdots$$

vor. Die höchste Potenz des Parameters H in $b_m(H)$ besitzt den Faktor $\det(g_{\beta\gamma}^*)$. Auch die Nachbarkoeffizienten von b_m sind Funktionen von H, jedoch werden die höchsten darin vorkommenden Potenzen von H um so kleiner, je weiter das Glied von dem Mittelglied entfernt ist. Die Randkoeffizienten $b_{2m} = \det(a_{\beta\gamma})$ und $b_0 = \det(f_{\beta\gamma})$ selbst sind unabhängig von H. Im Grenzfall schneller Kreisel $H \to \infty$ dominieren in den Koeffizienten die Glieder mit den höchsten Potenzen von H. Diese Potenzen sind in dem Ausdruck

$$\Delta_1(\lambda) = b_m\,\lambda^m + b_{m-2}\,\lambda^{m-2} + \cdots + b_2\,\lambda^2 + b_0 \qquad (5.62)$$

fallend, jedoch in

$$\Delta_2(\lambda) = b_{2m}\,\lambda^{2m} + b_{2m-2}\,\lambda^{2m-2} + \cdots + b_m\,\lambda^m \qquad (5.63)$$

steigend. Setzt man nun jeden dieser beiden Teilausdrücke für sich gleich Null, dann erhält man aus $\Delta_1 = 0$ Wurzeln, deren Beträge proportional zu $1/H$ sind, während die Beträge der Wurzeln von $\Delta_2 = 0$ proportional zu H anwachsen. Die Wurzeln von $\Delta_1 = 0$ sind identisch mit $\lambda_{\delta 1}$, die Wurzeln von $\Delta_2 = 0$ sind identisch mit $\lambda_{\delta 2}$ von (5.60). Das Auseinanderlaufen der beiden Wurzelgruppen rechtfertigt zugleich das hier praktizierte Vorgehen eines Zerschlagens der charakteristischen Gleichung in zwei Teilgleichungen.

Man erkennt aus diesen Überlegungen, daß ein vollständiges Aufspalten der Wurzeln in zwei Gruppen nur für $\det(g_{\beta\gamma}^*) \neq 0$ möglich ist.

15*

Im Falle einer singulären gyroskopischen Matrix mit $\det(g^*_{\beta\gamma}) = 0$ und nicht verschwindenden ersten Unterdeterminanten sind die Koeffizienten b_{m+2}, b_m, b_{m+2} bezüglich der Größe H von gleicher Ordnung. Daher existieren im Grenzfall $H \to \infty$ sicher zwei Wurzeln der charakteristischen Gleichung, die einem von H unabhängigen Grenzwert zustreben. Sie gehören also weder zu den Präzessionen noch zu den Nutationen. Wir wollen sie hier als *Pendelschwingungen* bezeichnen.

Bei Systemen mit ungeradem m existiert mindestens eine Pendelschwingung, weil hier stets die beiden mittleren Koeffizienten b_{m-1} und b_{m-1} von gleicher Ordnung in H sind. Je höher der Defekt der Matrix $g_{\beta\gamma}$ ist, um so mehr Pendelschwingungen können auftreten. Es läßt sich daher sagen, daß die Wurzeln der charakteristischen Gleichung mit $H \to \infty$ i. allg. in drei Gruppen aufgespalten werden, die den Präzessionen, den Nutationen sowie den zwischen beiden liegenden Pendelschwingungen entsprechen.

Durch geeignetes Aufspalten der charakteristischen Gleichung lassen sich Näherungswerte für die Wurzeln finden. So kann man z. B. als erste Annäherung für die kleinste Wurzel

$$\lambda_1 \approx i \sqrt{\frac{b_0}{b_2}},$$

und für die größte Wurzel

$$\lambda_m \approx i \sqrt{\frac{b_{2m-2}}{b_{2m}}}$$

verwenden. Mit Hilfe bekannter Verfahren lassen sich diese Näherungen dann verbessern. Man muß aber nicht notwendigerweise von der charakteristischen Gleichung ausgehen, um Näherungslösungen für die vorkommenden Frequenzen zu erhalten. Es ist bei Berechnungen von Kreiselgeräten i. allg. zweckmäßiger, unmittelbar auf die Bewegungsgleichungen selbst zurückzugehen. Bei großem Drall dominiert wegen $g_{\beta\gamma} = H\, g^*_{\beta\gamma}$ stets das mittlere Glied in (5.46). Bei langsamen Bewegungen werden die zugehörigen Trägheitskräfte sicher klein sein. Man kann solche Bewegungen also näherungsweise aus der Bedingung des Kräftegleichgewichtes zwischen Kreisel- und Fesselkräften berechnen. Das ergibt die Näherungsgleichungen

$$g_{\beta\gamma}\,\dot{x}_\beta + f_{\beta\gamma}\,x_\beta \approx 0 \quad (\gamma = 1, \ldots, m). \tag{5.64}$$

Damit sind gerade wieder die früher auf völlig anderem Wege abgeleiteten Näherungsgleichungen (5.45) gefunden worden. Ihre Lösung ergibt — abgesehen von ausgearteten Fällen — die den Präzessionen entsprechenden Wurzeln $\lambda_{\delta 1}$ von (5.60). Aus diesem Grunde nennt man (5.64) auch die *Präzessionsgleichungen* der Kreisellehre.

Wenn umgekehrt schnelle Bewegungen (Nutationen) untersucht werden sollen, dann werden die Trägheitskräfte sicher wesentlich größer als die Fesselkräfte sein. Dann kommt man durch die Forderung nach einem Kräftegleichgewicht zwischen Kreisel- und Trägheitskräften aus (5.46) zu den Näherungsgleichungen

$$a_{\beta\gamma}\,\ddot{x}_\beta + g_{\beta\gamma}\,\dot{x}_\beta \approx 0 \quad (\gamma = 1,\ldots,m). \tag{5.65}$$

Ihre Lösung ergibt — wieder von ausgearteten Fällen abgesehen — die den Nutationen entsprechenden Wurzeln λ_{δ_2} von (5.60).

Die Gln. (5.64) und (5.65) bilden Systeme von Differentialgleichungen, deren Ordnung nur halb so groß ist, wie die des vollständigen Systems (5.46). Ihre Lösungen sind daher wesentlich einfacher zu gewinnen. Es ist jedoch schwierig, die Fehler der Näherungen allgemein abzuschätzen. Um so wichtiger ist es daher, die Voraussetzungen zu kennen, unter denen die Fehler der Näherungen mit $H \to \infty$ klein werden. MERKIN [8, S. 185] gibt dafür die folgenden drei Bedingungen an:

1. Es muß $\det(g_{\beta\gamma}) \neq 0$ sein. Daraus folgt sofort, daß m gerade sein muß.
2. Die Lösungen des Näherungssystems (5.45) bzw. (5.64) müssen stabil sein.
3. Es dürfen für das System erster Näherung keine Mehrfachwurzeln auftreten.

$$\tag{5.66}$$

Von diesen drei Bedingungen wurde bei den vorhergehenden Betrachtungen bereits Gebrauch gemacht. Es muß jedoch ausdrücklich betont werden, daß ihre Nichterfüllung keineswegs ein völliges Versagen der Näherungsrechnungen zur Folge hat. Das soll an einem Beispiel veranschaulicht werden.

5.3.3 Beispiel: ein gefesselter 3-Rahmen-Kreisel. Der in Abb. 5.1 schematisch skizzierte 3-Rahmen-Kreisel besteht aus vier als starr an-

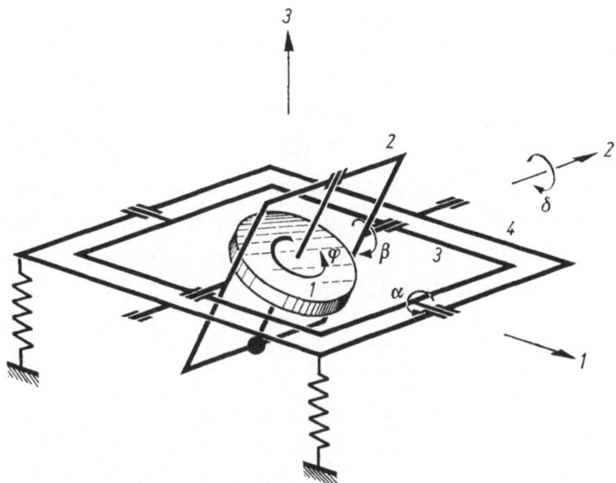

Abb. 5.1 Drei-Rahmen-Kreisel mit Schwere- und Federfesselung.

genommenen Körpern, dem Rotor *1*, dem Innenrahmen *2*, dem Zwischenrahmen *3* und dem Außenrahmen *4*. Die Relativverdrehungen dieser Körper gegeneinander seien durch die Winkel φ, β, α gekennzeichnet, der Drehwinkel des Außenrahmens gegenüber dem festen Gehäuse sei δ. Das aus Rotor und Innenrahmen gebildete Teilsystem möge einen auf der Rotorachse liegenden Massenmittelpunkt haben, der nicht mit dem Schnittpunkt der Achsen zusammenfallen soll (Schwerefesselung). Der Außenrahmen sei durch elastische Federn an eine horizontale Gleichgewichtslage gefesselt.

Für dieses System sollen im folgenden zunächst die Technischen Kreiselgleichungen aufgestellt werden; sie werden für den Fall kleiner Auslenkungen linearisiert und gelöst. Anschließend werden dann die allgemeineren Gleichungen für den Fall kleiner Auslenkungen untersucht, um auf diese Weise verschiedene Näherungen für die im System vorkommenden Frequenzen abzuleiten.

Zur Aufstellung der Näherungsgleichungen verwenden wir das im Abschn. 5.3.1 angegebene Rezept: Da nur ein Kreiselrotor vorhanden ist, dessen Drehung um die Symmetrieachse durch die zyklische Koordinate φ beschrieben wird, erhält man für die Drallkonstante

$$H_1 \approx C_1 \dot{\varphi} = H.$$

Damit läßt sich die verkürzte Routhsche Funktion (5.44)

$$R_1 = H_\varkappa\, h_{\varkappa\alpha}\, \dot{q}_\alpha = H\,(\dot{\alpha}\,\sin\beta - \dot{\delta}\,\sin\alpha\,\cos\beta)$$

berechnen. Aus den für schnelle Kreisel geltenden Näherungen (5.43) folgen damit die Bewegungsgleichungen

$$\begin{aligned}
\dot{\beta}\,H\cos\beta + \dot{\delta}\,H\cos\alpha\,\cos\beta &= Q_\alpha, \\
-\dot{\alpha}\,H\cos\beta - \dot{\delta}\,H\sin\alpha\,\sin\beta &= Q_\beta, \\
-\dot{\alpha}\,H\cos\alpha\,\cos\beta + \dot{\beta}\,H\sin\alpha\,\sin\beta &= Q_\delta.
\end{aligned} \tag{5.67}$$

Die verallgemeinerten Kräfte Q können aus einem Potential $U = U(\alpha\,\beta\,\delta)$ abgeleitet werden. Wir wollen uns bei ihrer Berechnung sogleich auf den Fall kleiner Abweichungen der Winkel $\alpha\,\beta\,\delta$ von den Gleichgewichtswerten $\alpha = \beta = \delta = 0$ beschränken und erhalten dann

$$U \approx \tfrac{1}{2} m\, g\, s\,[\alpha^2 + (\beta + \delta)^2] + \tfrac{1}{2} c_\delta\, \delta^2.$$

Dabei ist $U(0, 0, 0) = 0$ gesetzt worden, und es wurden alle Glieder von höherer als zweiter Ordnung in $\alpha\,\beta\,\delta$ vernachlässigt. Mit der Federkonstanten c_δ für die Federfesselung und der Abkürzung $c = m\,g\,s$ folgen die verallgemeinerten Kräfte:

$$Q_\alpha = -\frac{\partial U}{\partial \alpha} = -c\,\alpha,$$

$$Q_\beta = -\frac{\partial U}{\partial \beta} = -c\,(\beta + \delta),$$

$$Q_\delta = -\frac{\partial U}{\partial \delta} = -c\,(\beta + \delta) - c_\delta\,\delta.$$

Damit erhält man aus (5.67) das für kleine Auslenkungen linearisierte System

$$H\,\beta + H\delta + c\,\alpha = 0,$$
$$-H\,\dot\alpha + c\,\beta + c\,\delta = 0,$$
$$-H\,\dot\alpha + c\,\beta + (c + c_\delta)\,\delta = 0.$$

$$(5.68)$$

Aus einem Vergleich mit (5.64) erkennt man, daß die hier vorkommenden Matrizen die Form

$$g_{\beta\gamma} = \begin{bmatrix} 0 & H & H \\ -H & 0 & 0 \\ -H & 0 & 0 \end{bmatrix}; \quad f_{\beta\gamma} = \begin{bmatrix} c & 0 & 0 \\ 0 & c & c \\ 0 & c & c + c_\delta \end{bmatrix} \qquad (5.69)$$

haben. Daraus ist unmittelbar zu ersehen, daß $\det(g_{\beta\gamma}) = 0$ ist; im vorliegenden Fall ist $m = 3$ ungerade. Die charakteristische Gleichung des Systems (5.68) wird:

$$\Delta^*(\lambda) = \det(g_{\beta\gamma}\,\lambda + f_{\beta\gamma}) = \begin{vmatrix} c & H\lambda & H\lambda \\ -H\lambda & c & c \\ -H\lambda & c & c + c_\delta \end{vmatrix}$$
$$= c_\delta(H^2\,\lambda^2 + c^2) = 0. \qquad (5.70)$$

Ihre Lösungen sind:

$$\lambda = \pm i\,\frac{c}{H}. \qquad (5.71)$$

Diese Wurzeln entsprechen der Präzessionsbewegung. Das Ergebnis ist im vorliegenden Fall — wie eine genauere Rechnung [s. Gl. (5.77)] zeigen wird — durchaus brauchbar, obwohl die Bedingung (5.66/1) nicht erfüllt ist.

Schränkt man die Bewegungsfreiheit des Systems durch Arretieren des Außenrahmens ein, dann wird $\delta \equiv 0$. Die dritte der Gln. (5.68) gibt dann keine Aussage mehr. Die gyroskopische Matrix für das System der verbleibenden beiden Gleichungen ist

$$g_{\beta\gamma} = \begin{bmatrix} 0 & H \\ -H & 0 \end{bmatrix} \quad \text{mit} \quad \det(g_{\beta\gamma}) = H^2 \neq 0.$$

Aus der charakteristischen Gleichung des Restsystems

$$\Delta^{**}(\lambda) = \begin{vmatrix} c & H\lambda \\ -H\lambda & c \end{vmatrix} = H^2\,\lambda^2 + c^2 = 0$$

folgt als Lösung wieder genau das Wurzelpaar (5.71), das somit auch im Fall eines arretierten Außenrahmens eine brauchbare Annäherung für die Präzessionsbewegungen ergibt. Diesmal jedoch ist die Näherung *legitim*, da die Bedingungen (5.66) erfüllt sind.

Bei Arretieren des Innenrahmens gegenüber den Zwischenrahmen wird die Bewegungsfreiheit des Systems so eingeschränkt, daß $\beta \equiv 0$ wird. Dann gibt die zweite der Gln. (5.68) keine Aussage. Für das verbleibende Restsystem gilt wieder $\det(g_{\beta\gamma}) = H^2 \neq 0$, und man erhält die charakteristische Gleichung

$$\varDelta^{***}(\lambda) = \begin{vmatrix} c & H\,\lambda \\ -H\,\lambda & c + c_\delta \end{vmatrix} = H^2\,\lambda^2 + c\,(c + c_\delta) = 0$$

mit den Lösungen

$$\lambda = \pm i\,\frac{\sqrt{c\,(c + c_\delta)}}{H}\,. \tag{5.72}$$

Diese Näherung ist wiederum legitim, da die Voraussetzungen (5.66) erfüllt sind. Für das hier betrachtete System liefern also die für schnelle Kreisel abgeleiteten Näherungsgleichungen in den drei betrachteten Fällen brauchbare Ergebnisse.

Jetzt sollen die bei der Näherungsrechnung vernachlässigten Energieanteile R_2 mitberücksichtigt werden. Für den Fall kleiner Auslenkungen aus der Normallage erhält man dafür:

$$R_2 = \tfrac{1}{2}[(A_1 + A_2 + A_3)\,\dot\alpha^2 + (B_1 + B_2)\,\beta^2 + 2(B_1 + B_2)\,\beta\,\delta +$$
$$+ (B_1 + B_2 + B_3 + B_4)\,\delta^2]. \tag{5.73}$$

Dabei sind A bzw. B Trägheitsmomente um Achsen, die in der Ruhelage mit den 1- bzw. 2-Achsen zusammenfallen; die Indizes bezeichnen die jeweiligen Rahmen (Abb. 5.1). Rechnet man nun nach (5.42) die vollständigen Bewegungsgleichungen aus, dann erhält man anstelle von (5.68) mit den Abkürzungen

$$A = A_1 + A_2 + A_3; \qquad B = B_1 + B_2 + B_3 + B_4; \qquad B^* = B_1 + B_2$$

das System:

$$A\,\ddot\alpha + H\,\dot\beta + H\,\dot\delta + c\,\alpha = 0,$$
$$B^*\,\ddot\beta + B^*\,\ddot\delta - H\,\dot\alpha + c\,\beta + c\,\delta = 0, \tag{5.74}$$
$$B^*\,\ddot\beta + B\,\ddot\delta - H\,\dot\alpha + c\,\beta + (c + c_\delta)\,\delta = 0.$$

Daraus folgt die charakteristische Gleichung

$$\varDelta(\lambda) = \begin{vmatrix} A\,\lambda^2 + c & H\,\lambda & H\,\lambda \\ -H\,\lambda & B^*\,\lambda^2 + c & B^*\,\lambda^2 + c \\ -H\,\lambda & B^*\,\lambda^2 + c & B\,\lambda^2 + c + c_\delta \end{vmatrix} = 0,$$

oder

$$b_6\,\lambda^6 + b_4\,\lambda^4 + b_2\,\lambda^2 + b_0 = 0 \tag{5.75}$$

mit den Koeffizienten

$$b_6 = A B^* (B_3 + B_4),$$
$$b_4 = H^2 (B_3 + B_4) + c(A + B^*)(B_3 + B_4) + c_\delta A B^*,$$
$$b_2 = H^2 c_\delta + c^2 (B_3 + B_4) + c c_\delta (A + B^*),$$
$$b_0 = c^2 c_\delta.$$

Bei gegebenen Zahlenwerten für die Trägheitsmomente und die Fesselungsbeiwerte können die Wurzeln von (5.75) ohne Schwierigkeiten ausgerechnet werden. Wir wollen uns hier jedoch nur mit dem Fall $H \to \infty$ beschäftigen, um einen Vergleich mit der zuvor durchgeführten Rechnung zu haben. Bei Mitnahme der jeweils höchsten Potenzen von H in den Koeffizienten erhält man für (5.75) näherungsweise

$$\lambda^6 A B^* (B_3 + B_4) + \lambda^4 H^2 (B_3 + B_4) + \lambda^2 H^2 c_\delta + c^2 c_\delta = 0. \qquad (5.76)$$

Wegen der für $H \to \infty$ sehr verschiedenen Größenordnungen der Glieder dieser Gleichung können die Wurzeln näherungsweise aus je zwei benachbarten Gliedern ausgerechnet werden. Man erhält auf diese Weise:

$$\lambda_1^2 \approx -\frac{c^2}{H^2}; \qquad \lambda_2^2 \approx -\frac{c_\delta}{B_3 + B_4}; \qquad \lambda_3^2 \approx -\frac{H^2}{A B^*}. \qquad (5.77)$$

Hier entsprechen λ_1 der Präzessionsbewegung, λ_2 der Pendelschwingung und λ_3 der Nutation. Die Wurzel λ_1 ist mit der zuvor auf anderem Wege erhaltenen Näherung (5.71) identisch. Die Eigenfrequenzen der drei Bewegungsformen des Systems liegen bei großem Drall hinreichend weit auseinander, so daß die zuvor durchgeführte Näherungsrechnung dennoch ein für die technische Praxis durchaus brauchbares Ergebnis liefert, obwohl $\det(g_{\beta\gamma}) = 0$ ist.

Im Falle eingeschränkter Bewegungsfreiheit, z. B. bei arretiertem Außenrahmen ($\delta \equiv 0$), findet man durch einen Grenzübergang $c \to \infty$ aus der charakteristischen Gl. (5.75) nur die Wurzeln λ_1 und λ_3 von (5.77). Die Pendelschwingung ist durch das Arretieren unterdrückt worden.

Bei arretiertem Innenrahmen ($\beta \equiv 0$) geht man am besten auf das aus (5.74) für diesen Fall folgende System

$$A \ddot{\alpha} + H \dot{\delta} + c \alpha = 0,$$
$$B \ddot{\delta} - H \dot{\alpha} + (c + c_\delta) \delta = 0 \qquad (5.78)$$

zurück. Aus der dafür geltenden charakteristischen Gleichung

$$\lambda^4 A B + \lambda^2 [H^2 + c(A + b) + c_\delta A] + c(c + c_\delta) = 0$$

folgen für den Fall großen Dralls $H \to \infty$ die beiden Näherungslösungen

$$\lambda_1^2 \approx -\frac{c(c + c_\delta)}{H^2}; \qquad \lambda_2^2 \approx -\frac{H^2}{A B}. \qquad (5.79)$$

Dabei ist λ_1 wieder identisch mit der zuvor auf anderem Wege abgeleiteten Näherung (5.72), während λ_2 der Nutationsfrequenz entspricht. Die physikalische Deutung des Ergebnisses leuchtet ein: Bei räumlichen Bewegungen der Kreiselachse muß jetzt der Außenrahmen mitbewegt werden; dadurch ist sowohl die Präzessionsfrequenz (Wurzel λ_1) wegen der Federfesselung als auch die Nutationsfrequenz (Wurzel λ_2) wegen des erhöhten Trägheitsmomentes der bewegten Zusatzmassen gegenüber den für den nicht arretierten Fall geltenden Werten (5.77) verändert.

5.4 Bewegungsgleichungen vom Eulerschen Typ

Die Eulerschen Bewegungsgleichungen für einen einzelnen starren Körper konnten durch Anschreiben des Drallsatzes in einem körperfesten Bezugssystem mit dem Massenmittelpunkt S oder einem beliebigen sowohl körper- wie auch raumfesten Bezugspunkt als Ursprung in der Form (1.83) gewonnen werden. Hat man ein System von Körpern zu berechnen, dann kann man entsprechende Gleichungen für jeden der Teilkörper anschreiben. Bei der Zusammenfassung dieser Gleichungen treten jedoch die folgenden drei Schwierigkeiten auf:

1. die Bezugssysteme der verschiedenen Teilkörper verdrehen sich gegeneinander,
2. auch die Bezugspunkte können sich gegeneinander bewegen,
3. die Reaktionskräfte und -momente zwischen den Teilkörpern sind bei der Aufstellung der Bewegungsgleichungen zu berücksichtigen und gehen als zusätzliche Unbekannte ein.

Die Verdrehung der körperfesten Teilsysteme gegeneinander wird dadurch berücksichtigt, daß man alle vorkommenden Größen auf ein geeignet ausgewähltes Bezugssystem umrechnet. Als ein solches Bezugssystem eignet sich z. B. das körperfeste Hauptachsensystem des im betrachteten System hauptsächlich interessierenden Teilkörpers. Wenn z. B. die Drehbewegungen eines Satelliten mit bewegten Massen im Innern berechnet werden sollen, dann wird man am zweckmäßigsten ein im Hüllkörper des Satelliten festes Bezugssystem verwenden. Dreht sich das Bezugssystem mit einer Winkelgeschwindigkeit Ω_i, dann kann man ganz allgemein den Drallsatz in diesem System anschreiben und erhält dann anstelle von (1.85)

$$\dot{H}_i = \overset{\circ}{H}_i + \varepsilon_{ijk}\,\Omega_j\,H_k = M_i. \tag{5.80}$$

Hierbei ist H_i der Gesamtdrall aller Teilkörper, $\overset{\circ}{H}_i$ ist die im Bezugssystem genommene Ableitung des Gesamtdralls nach der Zeit. Die Größe H_i hängt in so komplizierter Weise von den Relativbewegungen der Teilkörper ab, daß es zweckmäßig ist, (5.80) ausführlicher auszurechnen. Dabei darf man sich wegen der möglicherweise vorhandenen

Verschiebungen der Teilkörper gegeneinander nicht allein auf die Drehbewegungen beschränken. Es müssen also Impulssatz und Drallsatz gemeinsam berücksichtigt werden. Formal läßt sich eine derartige Rechnung durch Zusammenfassen von Impulsvektor und Drallvektor zu einem Gebilde höherer Art (Impulsmotor) recht einfach durchführen und ergibt übersichtliche Gleichungen (siehe z. B. [42]), jedoch wird dadurch die für die Lösung konkreter Probleme notwendige Zerlegung in Koordinatengleichungen nicht wesentlich vereinfacht. Wir wollen deshalb die Gleichungen hier in einer solchen Form bringen, daß der Übergang zu einer für die Behandlung auf Rechenautomaten geeigneten Matrizenform erleichtert wird. Wesentliche Ergebnisse in dieser Richtung sind LURJE [43], ROBERSON und WITTENBURG [44] zu verdanken.

5.4.1 Die Bewegungsgleichungen für einen Teilkörper. Im Abschn. 1.5.3 war festgestellt worden, daß der Drallsatz bei Bezug auf den Massenmittelpunkt S die einfache Form

$$\frac{d}{dt}\left(\Theta_{ij}^{S}\,\omega_{j}\right) = \Theta_{ij}^{S}\,\frac{d^{*}\omega_{j}}{dt} + \varepsilon_{ijk}\,\omega_{j}\,\Theta_{kl}^{S}\,\omega_{l} = M_{i}^{S} \tag{5.81}$$

annimmt. Dabei soll mit $dx_i/dt = \dot{x}_i$ wie bisher die Differentiation im Inertialsystem und mit $d^{*}x_i/dt = \overset{*}{x}_i$ die Differentiation in den körperfesten Systemen bezeichnet werden. Mit dem Geschwindigkeitsvektor v_i^S für den Massenmittelpunkt gilt außerdem der Impulssatz

$$\frac{dJ_i}{dt} = m\,\dot{v}_i^S = F_i. \tag{5.82}$$

Jetzt soll (5.81) für einen nicht mit S zusammenfallenden, aber körperfesten Bezugspunkt P (Abb. 5.2) umgerechnet werden. Nach der

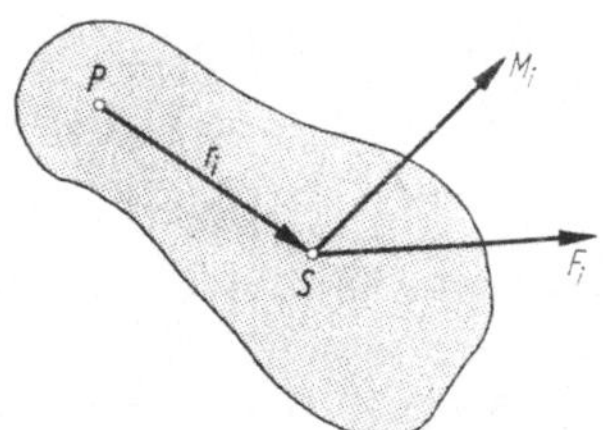

Abb. 5.2 Zur Ableitung des Drallsatzes für einen Teilkörper.

Huygens-Steinerschen Beziehung (1.17) gilt

$$\Theta_{ij}^{S} = \Theta_{ij}^{P} - m\,(r_k\,r_k\,\delta_{ij} - r_i\,r_j)$$

und nach Multiplikation mit ω_j

$$\Theta_{ij}^{S}\,\omega_j = \Theta_{ij}^{P}\,\omega_j - m\,(r_k\,r_k\,\omega_i - r_i\,r_j\,\omega_j),$$

woraus unter Berücksichtigung von (1.8)

$$\Theta_{ij}^{S}\,\omega_j = \Theta_{ij}^{P}\,\omega_j - m\,\varepsilon_{ijk}\,r_j\,\varepsilon_{klm}\,\omega_l\,r_m \tag{5.83}$$

gewonnen werden kann. Berücksichtigt man jetzt noch die Beziehungen

$$M_i^S = M_i^P - \varepsilon_{ijk}\, r_j\, F_k,$$
$$v_i^S = v_i^P + \varepsilon_{ijk}\, \omega_j\, r_k,$$
$$\dot{v}_i^S = \dot{v}_i^P + \varepsilon_{ijk}\, \dot{\omega}_j\, r_k + \varepsilon_{ijk}\, \omega_j\, \varepsilon_{klm}\, \omega_l\, r_m,$$

dann folgt nach Einsetzen in (5.81) mit (5.82) der Drallsatz für den Einzelkörper bei bewegtem, aber körperfestem Bezugspunkt P in der Form

$$\Theta_{ij}^P\, \overset{*}{\omega}_j + \varepsilon_{ijk}\, \omega_j\, \Theta_{kl}^P\, \omega_l + m\, \varepsilon_{ijk}\, r_j\, \dot{v}_k^P = M_i^P. \tag{5.84}$$

Das entspricht der früher abgeleiteten Gl. (1.76); allerdings ist die frühere Beziehung allgemeiner, da dort der Bezugspunkt P nicht körperfest zu sein braucht.

Jetzt wird angenommen, daß N Teilkörper K^α ($\alpha = 1, \ldots, N$) vorhanden seien, deren Bewegungen von einem mit der Winkelgeschwindigkeit Ω_i drehenden Bezugssystem aus beurteilt werden sollen. Dieses Bezugssystem kann z. B. das Hauptachsensystem eines Bezugskörpers K des betrachteten Verbandes sein. Wenn ω_i^α die relative Winkelgeschwindigkeit des α-ten Teilkörpers gegenüber dem Bezugssystem ist, dann ist die absolute Winkelgeschwindigkeit

$$\omega_i = \Omega_i + \omega_i^\alpha,$$

und es gilt:

$$\dot{\Omega}_i = \overset{\circ}{\Omega}_i = \overset{*}{\Omega}_i + \varepsilon_{ijk}\, \omega_j^\alpha\, \Omega_k,$$
$$\dot{\omega}_i^\alpha = \overset{\circ}{\omega}_i^\alpha + \varepsilon_{ijk}\, \Omega_j\, \omega_k^\alpha = \overset{*}{\omega}_i^\alpha + \varepsilon_{ijk}\, \Omega_j\, \omega_k^\alpha,$$
$$\overset{*}{\omega}_i = \overset{*}{\Omega}_i + \overset{*}{\omega}_i^\alpha = \overset{\circ}{\Omega}_i + \overset{\circ}{\omega}_i^\alpha + \varepsilon_{ijk}\, \Omega_j\, \omega_k^\alpha.$$

Teilt man noch die auf den α-ten Teilkörper wirkenden Momente in die vom Bezugskörper herrührenden $M_i^{B\,\alpha}$ und die übrigen Momente $M_i^{P\,\alpha}$ auf, dann folgt aus (5.84)

$$\Theta_{ij}^{P\,\alpha}(\overset{\circ}{\Omega}_j + \overset{\circ}{\omega}_j^\alpha + \varepsilon_{jkl}\, \Omega_k\, \omega_l^\alpha) + \varepsilon_{ijk}(\Omega_j + \omega_j^\alpha)\, \Theta_{kl}^{P\,\alpha}(\Omega_l + \omega_l^\alpha) +$$
$$+ m^\alpha\, \varepsilon_{ijk}\, r_j^\alpha\, \dot{v}_k^{P\,\alpha} = M_i^{P\,\alpha} + M_i^{B\,\alpha}. \tag{5.85}$$

Außerdem kann man mit der vom Bezugskörper ausgeübten Kraft $F_i^{B\,\alpha}$ sowie den von den übrigen Körpern ausgeübten Kräften F_i^α den Impulssatz (5.82) in der Form

$$m^\alpha\, \dot{v}_i^{S\,\alpha} = F_i^\alpha + F_i^{B\,\alpha} \tag{5.86}$$

schreiben. Für den Bezugskörper K selbst erhält man Impuls- und Drallsatz bezüglich des Punktes O (Abb. 5.3) wie folgt:

$$m\, \dot{v}_i^S = F_i - \sum_\alpha F_i^{B\,\alpha}, \tag{5.87}$$

$$\Theta_{ij}^O\, \overset{\circ}{\Omega}_j + \varepsilon_{ijk}\, \Omega_j\, \Theta_{kl}^O\, \Omega_l + m\, \varepsilon_{ijk}\, r_j\, \dot{v}_k^O$$
$$= M_i^O - \sum_\alpha M_i^{B\,\alpha} - \sum_\alpha \varepsilon_{ijk}\, x_j^\alpha\, F_k^{B\,\alpha}. \tag{5.88}$$

Dabei sind die Reaktionen $F^{B\alpha}$ und $M^{B\alpha}$ mit negativem Vorzeichen eingesetzt worden.

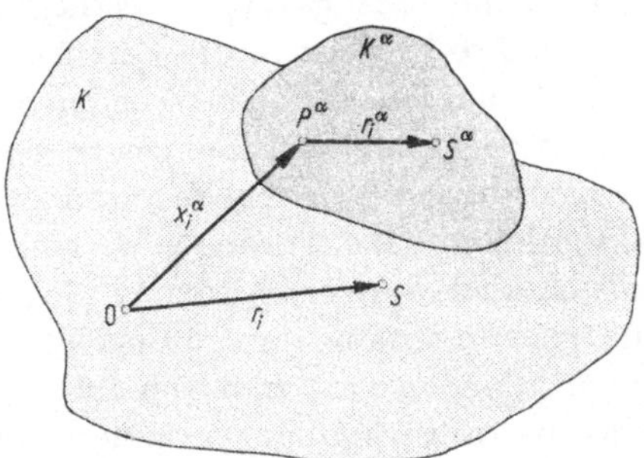

Abb. 5.3 System starrer Körper mit dem Bezugskörper K und den Teilkörpern K^α .

5.4.2 Die Bewegungsgleichungen für ein System von starren Körpern.

Durch Elimination der i. allg. nicht interessierenden Reaktionskräfte und -momente lassen sich die Gleichungen für die Einzelkörper zusammenfassen. Man erhält zunächst mit (5.86) aus (5.87) den Impulssatz für das Gesamtsystem:

$$m\,\dot{v}_i^S + \sum_\alpha m^\alpha\,\dot{v}_i^{S\alpha} = F_i + \sum_\alpha F_i^\alpha = R_i. \tag{5.89}$$

Darin ist R_i der Vektor aller am System angreifenden äußeren Kräfte.

Durch Addition von N Gleichungen nach (5.85) mit (5.88) lassen sich die $M^{B\alpha}$ eliminieren. Man erhält unter Berücksichtigung von (5.86) und nach Umrechnen der äußeren Momente auf den Bezugspunkt O die Vektorgleichung:

$$(\Theta_{ij}^O + \sum_\alpha \Theta_{ij}^{P\alpha})\,\mathring{\Omega}_j + \varepsilon_{ijk}\,\Omega_j(\Theta_{kl}^O + \sum_\alpha \Theta_{kl}^{P\alpha})\,\Omega_l +$$

$$+ \sum_\alpha [\Theta_{ij}^{P\alpha}(\mathring{\omega}_j^\alpha + \varepsilon_{jkl}\,\Omega_k\,\omega_l^\alpha) + \varepsilon_{ijk}\,\Omega_j\,\Theta_{kl}^{P\alpha}\,\omega_l^\alpha + \varepsilon_{ijk}\,\omega_j^\alpha\,\Theta_{kl}^{P\alpha}(\Omega_l + \omega_l^\alpha) +$$

$$+ m^\alpha\,\varepsilon_{ijk}(r_j^\alpha\,\dot{v}_k^{P\alpha} + x_j^\alpha\,\dot{v}_k^{S\alpha})] + m\,\varepsilon_{ijk}\,r_j\,\dot{v}_k^O = M_i^O + \sum_\alpha M_i^O = M_i^{OR}.$$

$$\tag{5.90}$$

Darin ist M_i^{OR} das resultierende Moment aller am System angreifenden äußeren Kräfte bezüglich des Punktes O.

Die praktische Anwendung der Vektorgleichung (5.90) erfordert einen erheblichen Rechenaufwand, da beim Umrechnen auf das gemeinsame Bezugssystem die i. allg. zeitveränderlichen Transformationsmatrizen zwischen Bezugssystem und den körperfesten Systemen berücksichtigt werden müssen.

Gleichungen dieser Art wurden bereits bei der Untersuchung des Kardankreisels mit unsymmetrischem Rotor im Abschn. 4.5.1 [s. die Gln. (4.70), (4.71), (4.72)] verwendet.

Vereinfachungen ergeben sich bei der Lösung konkreter Aufgaben stets dann, wenn die Teilkörper aus symmetrischen Rotoren bestehen, deren Symmetrieachsen im Bezugskörper festliegen. Auch spezielle Lagen der Teilschwerpunkte S^α können die Berechnung erleichtern. In allgemeinen Fällen wird man jedoch die notwendigen Transformationen durch Rechenanlagen erledigen müssen. Bei geeigneter Programmierung lassen sich sogar die Koordinatengleichungen automatisch aufstellen und lösen. Geeignete Algorithmen dazu wurden z. B. von WITTENBURG [45] angegeben, der zugleich auch die verschiedenen Möglichkeiten der Verkoppelung der Teilkörper untereinander untersucht hat. Vereinfachungen für den häufig vorliegenden Fall, daß sich einige der kinematischen Koordinaten des Systems nur geringfügig verändern, sind von ROBERSON und LIKINS [46] untersucht worden.

Die erhaltenen Bewegungsgleichungen können noch weiter umgeformt werden. So wurden von SCHIEHLEN [47] anstelle der üblichen Trägheitstensoren 2. Stufe massengeometrische Größen 3. Stufe verwendet und zur Kennzeichnung des Bezugspunktes der Teilkörper Tensoren 2. Stufe eingeführt. Unter Berücksichtigung der Anwendung auf Satellitenprobleme sind dabei die Massenmittelpunkte als Bezugspunkte gewählt worden. Man erhält auf diese Weise eine sehr durchsichtige Formulierung. Jedoch muß bezüglich dieser weitergehenden Ergebnisse auf das Fachschrifttum verwiesen werden.

6. Drehbewegungen nicht-starrer Körper

Bei der Untersuchung von Kreiselerscheinungen des drehenden Erdkörpers ergaben sich Unterschiede zwischen beobachteten Daten und solchen Werten, die unter der Annahme einer starren Erde errechnet wurden. Durch genauere Berechnungen konnte gezeigt werden, daß die Differenzen durch die elastische Nachgiebigkeit des Erdkörpers sowie durch die Massenverlagerungen infolge der Wasserbewegungen an der Erdoberfläche erklärt werden können. Auch bei technischen Kreiseln konnten wegen der Verformung von Wellen oder Schwungringen deutliche Abweichungen gegenüber dem Verhalten starrer Rotoren beobachtet werden. Wenngleich man derartige Erscheinungen näherungsweise nach den im Kap. 5 besprochenen Verfahren dadurch berechnen kann, daß man die verformbaren Körper durch ein System miteinander verbundener starrer Teilkörper ersetzt, so führen doch in vielen Fällen andere Berechnungsverfahren besser und schneller zum Ziel. Für einige typische Fälle soll das im folgenden gezeigt werden. Dabei soll zugleich über die bisher bekannt gewordenen Kreiselerscheinungen an nicht-starren Körpern berichtet werden.

6.1 Verformbar feste Kreisel

KLEIN und SOMMERFELD [6] haben den Einfluß der elastischen Nachgiebigkeit eines ellipsoidförmigen Kreiselkörpers auf die Perioden von Nutation und Präzession ausführlich untersucht. Ihr Ziel war, das *Kreiselverhalten der Erde* zu erklären und die beobachteten Effekte zu deuten. Dabei zeigte sich, daß im Falle der Erde neben der Elastizität auch die Massenanziehung der Teilmassen des Erdkörpers berücksichtigt werden mußte. Zwei Ergebnisse wurden erhalten:

1. die Präzessionsdauer eines Kreisels aus elastisch nachgiebigem Material ist praktisch unabhängig von der Elastizität; dagegen ist

2. die Nutationsdauer eines verformbaren Kreisels, z. B. der Erde, größer, als sie sich für einen absolut starren Körper ergibt.

Aus Beobachtungen der Polwanderungen konnte eine Periode der Nutationen von 14 Monaten (Chandlersche Periode) festgestellt werden. Die für starre Körper geltende Theorie ergibt aus (2.38) mit den Daten der Erde einen Wert von 10 Monaten als Zeitdauer T_p für das Durchlaufen der körperfesten Polkurve. Jedoch reicht bereits eine geringe

Nachgiebigkeit des Erdmaterials aus, um einen verbesserten theoretischen Wert mit der beobachteten Periode in Übereinstimmung zu bringen. Man hat hierzu der als homogen und elastisch angenommenen Erde einen Elastizitätsmodul zuzuschreiben, der um etwa 25% größer als der von Stahl ist. Zumindest qualitativ ist damit die beobachtete Abweichung erklärt. Bei einer noch genaueren Theorie muß freilich die Tatsache berücksichtigt werden, daß die Erde nicht homogen und z. T. flüssig ist.

Auch in der Kreiseltechnik kann die Verformung der Rotoren solchen Einfluß gewinnen, daß sie berücksichtigt werden muß. Die Verformungen können sowohl bei der Welle als auch bei den Schwungkörpern selbst auftreten. Ihr Einfluß auf das Kreiselverhalten wird im Abschn. 11.3 näher besprochen werden.

Versuche, durch die die Kreiselwirkung und zugleich auch die Verformung einer *nachgiebigen Scheibe* demonstriert werden können, sind von PERRY [9] und PAVLOV [48] angegeben worden. So verhält sich eine rasch rotierende Scheibe aus biegeweichem Material, wie z. B. Stoff oder Papier, wie eine steife Platte und kann nach Anschlagen mit einem Stab wie eine Metallplatte tönen. Läßt man eine um die 1-Achse senkrecht zu ihrer Ebene drehende biegeweiche Scheibe (Abb. 6.1) zusätzlich noch um eine in der Scheibenebene liegende Achse, z. B. die 2-Achse, drehen, dann verformt sich die zuvor ebene Scheibe

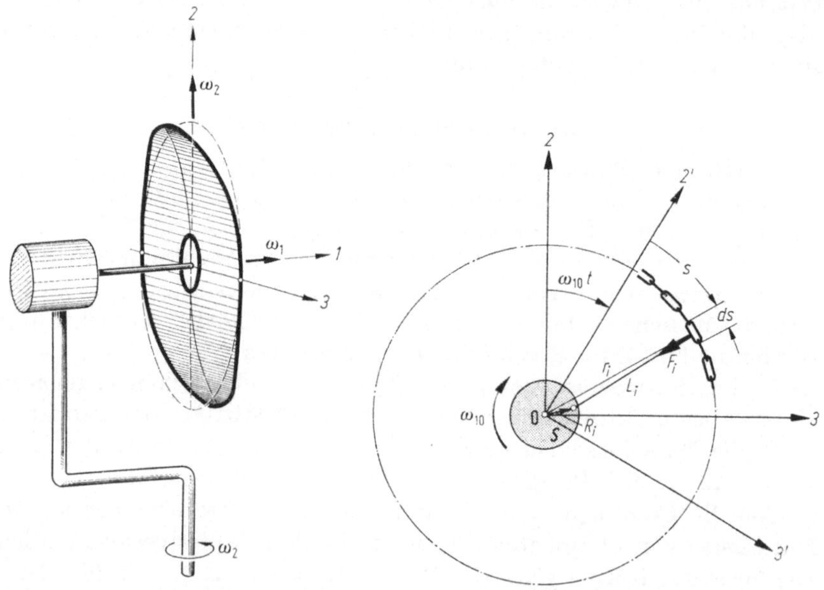

Abb. 6.1 Verformung einer um die Achse 2 gedrehten, rotierenden biegeweichen Scheibe.

Abb. 6.2 Zur Berechnung des Kettenringes.

zu einer räumlichen Fläche, aus deren Gestalt unmittelbar anschaulich die Wirkung der Kreiselkräfte (Corioliskräfte) zu ersehen ist. Die Richtung der Verformung ist so, daß die Tendenz zu einem gleichsinnigen Parallelismus von Eigendrehung ω_1 und Zusatzdrehung ω_2 erkennbar ist.

Die beschriebenen Effekte und insbesondere die Analogien zum Verhalten eines starren Kreisels können auch theoretisch erfaßt werden. Das soll hier für ein Beispiel gezeigt werden, bei dem anstelle der schlaffen Scheibe ein *Kettenring* betrachtet wird. Bei diesem Ring (Abb. 6.2) sei dadurch eine stationäre Drehung in der Ringebene (2, 3-Ebene) aufrechterhalten, daß die Kettenglieder durch dünne Fäden an eine starre, um die 1-Achse drehende Scheibe S gebunden sind, ähnlich wie bei einem Rad der Radkranz durch Speichen mit der Nabe verbunden ist. Der Mittelpunkt O der antreibenden Scheibe soll raumfest sein. Wenn die einzelnen Glieder der Kette klein sind, dann kann quasikontinuierlich wie bei einem biegeweichen Seil gerechnet werden. Der Ort eines Kettengliedes von der Länge ds und der Masse $\mu\,ds$ sei durch den Vektor r_i gekennzeichnet, der als Summe der Vektoren R_i (Scheibenradius) und L_i (Fadenlänge) dargestellt werden kann. Auf das Kettenglied wirken als äußere Kräfte die Fadenkraft F_i sowie die von den Nachbargliedern übertragenen Spannkräfte der Kette K_i, die zu einer Resultierenden ΔK_i zusammengefaßt werden können. Bei Vernachlässigung von Eigengewicht und Widerstandskräften gilt für das Kettenglied die Bewegungsgleichung

$$\mu\,ds\,\frac{dv_i}{dt} = F_i + \Delta K_i = (f_i + \Delta k_i)\,ds. \tag{6.1}$$

Für den Fall einer konstanten Drehgeschwindigkeit der Antriebsscheibe mit $\omega_i = (\omega_{10}, 0, 0)$ findet man leicht eine partikuläre Lösung, bei der die Kette als Kreisring vom Radius $R + L$ konzentrisch zur Antriebsscheibe und in deren Ebene dreht. Diese Lösung ist durch

$$r_i = R_i\,\frac{R+L}{R}; \qquad r = R + L = r_0,$$

$$v_i = \varepsilon_{ijk}\,\omega_j\,r_k; \qquad v = r_0\,\omega_{10} = v_0,$$

$$\frac{dv_i}{dt} = \varepsilon_{ijk}\,\omega_j\,\frac{dr_k}{dt} = -r_0\,\omega_{10}^2\,\frac{R_i}{R},$$

$$\mu\,r_0\,\omega_{10}^2 = f_0 + \Delta k_0 \tag{6.2}$$

gekennzeichnet. Die äußeren Kräfte $F_0 + \Delta K_0$ haben radiale Richtung und sind dann gerade mit den Zentrifugalkräften des Kettengliedes im Gleichgewicht.

Um die Nachbarbewegungen zur Lösung (6.2) zu erkennen, soll die Bewegungsgleichung (6.1) auf ein mit der Antriebsscheibe fest verbundenes Bezugssystem umgerechnet werden. Wegen (1.55) ist

$$\frac{dv_i}{dt} = \frac{d'v_i}{dt} + \varepsilon_{ijk}\,\omega_j\,v_k.$$

Damit folgt aus (6.1)

$$\mu\left(\frac{d'v_i}{dt} + \varepsilon_{ijk}\,\omega_j\,v_k\right) = f_i + \Delta k_i. \tag{6.3}$$

Hierin ist v_i die Absolutgeschwindigkeit des Kettengliedes.

Wir wollen uns darauf beschränken, die Gleichung für die erste Koordinate von (6.3) für kleine Abweichungen von der Grundlösung zu untersuchen. Es soll also das Heraustreten der Kette aus der Ebene der Antriebsscheibe betrachtet werden. Wenn zunächst wieder $\omega_i = (\omega_{10}, 0, 0)$ angenommen wird, dann erhält man mit $v_1 = \dot{r}_1$ für die linke Seite von (6.3) einfach $\mu\,\ddot{r}_1$. Auf der rechten Seite hat man für kleine Abweichungen von der Grundbewegung näherungsweise die bezogene Fadenkraft:

$$f_1 = -f_0\frac{r_1}{L}.$$

Der entsprechende Ausdruck für die bezogene Kettenkraft ergibt sich aus der Überlegung, daß der resultierende Vektor dieser Kraft in die Hauptnormale der jetzt räumlichen Kettenkurve fällt. Der Hauptnormalenvektor hat in erster Näherung die Koordinaten

$$r_0\left(\frac{\partial^2 r_1}{\partial s^2},\quad \frac{\partial^2 r_2}{\partial s^2},\quad \frac{\partial^2 r_3}{\partial s^2}\right).$$

Berücksichtigt man außerdem noch die Beziehung

$$K_0 = \Delta K_0\,\frac{r_0}{ds} = \Delta k_0\,r_0$$

dann gilt

$$\Delta k_1 = \Delta k_0\,r_0\,\frac{\partial^2 r_1}{\partial s^2} = K_0\,\frac{\partial^2 r_1}{\partial s^2}.$$

Somit folgt aus (6.3) als erste Koordinatengleichung:

$$\frac{\partial^2 r_1}{\partial t^2} + \frac{f_0}{L}\,r_1 = K_0\,\frac{\partial^2 r_1}{\partial s^2}. \tag{6.4}$$

Die Lösung $r_1 = r_1(s, t)$ dieser partiellen Differentialgleichung hängt von den Variablen s und t ab und gibt damit Form und Bewegung der Kette in der 1-Richtung an. Für zwei Fälle soll die Lösung ausgerechnet werden.

Es sei zunächst $f_0 = 0$ angenommen; das gilt für einen völlig freien Kettenring ohne radiale Kraftübertragung durch Fäden (oder Membranen). Damit geht (6.4) in die eindimensionale Wellengleichung

$$\frac{\partial^2 r_1}{\partial t^2} = c^2 \frac{\partial^2 r_1}{\partial s^2} \qquad (6.5)$$

mit der Wellengeschwindigkeit

$$c = \sqrt{\frac{K_0}{\mu}}$$

über. Wegen (6.2) erhält man mit $K_0 = \Delta k_0 r_0 = \mu r_0^2 \omega_{10}^2$:

$$c = r_0 \omega_{10} = v_0. \qquad (6.6)$$

Da die Wellengeschwindigkeit, mit der sich eine Störung längs der Kette fortpflanzt, gerade gleich der Absolutgeschwindigkeit ihrer Glieder ist, können örtliche Verbeulungen des Ringes senkrecht zur Ebene der ungestörten Bewegung raumfest bleiben. Die Kettenglieder bewegen sich dabei über die feststehende Beule hinweg. Diese Erscheinung bildet ein räumliches Analogon zu der bekannten Formstabilität eines Kettenringes in seiner Ebene, die als *Radingersches Seilphänomen* bekannt ist.

Um die Analogie zur Kreiselbewegung noch deutlicher zu machen, betrachten wir die Bewegung eines Kettenringes, der zur Zeit $t = 0$ als Kreis in einer zur 2, 3-Ebene leicht geneigten, nicht bewegten Ebene rotiert (Abb. 6.3). Dann ist

$$r_{10} = A \cos \frac{s}{r_0}; \qquad \dot{r}_{10} = -A \omega_{10} \sin \frac{s}{r_0}.$$

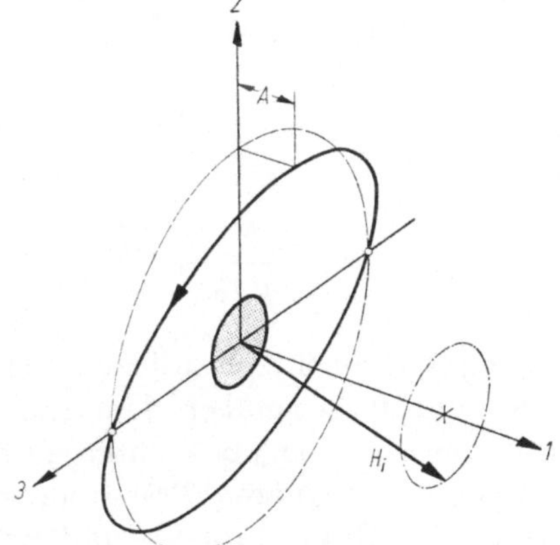

Abb. 6.3 Präzession des Kettenringes.

Dieser Anfangsbedingung entspricht die Lösung

$$r_1 = A \cos\left(\frac{s}{r_0} + \omega_{10} t\right) \qquad (6.7)$$

16*

der Gl. (6.5). Der Maximalausschlag $(r_1)_{\max} = A$ bewegt sich im mitlaufenden Kettensystem $2'\,3'$ (Abb. 6.3) wegen $s + r_0\,\omega_{10}\,t = 0$ mit der Geschwindigkeit $v_0 = r_0\,\omega_{10}$ *entgegen* der Bewegungsrichtung der Kettenglieder. Folglich bleibt er, von einem Betrachter im raumfesten $1, 2, 3$-System betrachtet, stets an der gleichen Stelle. Die gesamte Ringebene bleibt raumfest, so daß der Kettenring wie ein kräftefreier starrer Ringkreisel die Richtung seiner Drallachse unveränderlich im Raum beibehält.

Es gibt jedoch für (6.5) auch die Lösung

$$r_1 = A \cos\left(\frac{s}{r_0} - \omega_{10}\,t\right), \tag{6.8}$$

zu der die Anfangsbedingungen

$$r_{10} = A \cos\frac{s}{r_0}; \quad \dot{r}_{10} = A\,\omega_{10}\sin\frac{s}{r_0}$$

gehören. Jetzt bewegt sich der Maximalausschlag mit $v_0 = r_0\,\omega_{10}$ *in* der Bewegungsrichtung der Kettenglieder; gegenüber dem Raum bewegt er sich also mit der doppelten Geschwindigkeit $2v_0$. Alle Glieder der Kette liegen weiterhin zu jedem Zeitpunkt in einer Ebene, aber diese Ebene taumelt mit einer Kreisfrequenz $2\omega_{10}$ um die Ebene der Antriebsscheibe. Das ist vollkommen analog zur Nutationsbewegung eines starren, scheibenförmigen Kreisels, dessen Nutationsfrequenz nach (2.42) gleich dem doppelten Wert der Umlauffrequenz ist.

Nimmt man nun $f_0 \neq 0$ an, dann erhält man die zu den Präzessionen analogen Bewegungen. Eine leicht zu bestätigende partikuläre Lösung der Bewegungsgleichung (6.4) ist

$$r_1 = A \cos\left(\frac{s}{r_0} + v\,t\right) \tag{6.9}$$

mit

$$v^2 = \frac{K_0}{\mu\,r_0^2} + \frac{f_0}{\mu\,L} = \omega_{10}^2 + \frac{f_0}{\mu\,L} > \omega_{10}^2.$$

Der Ring liegt auch hier zu jedem Zeitpunkt in einer Ebene, aber diese Ebene taumelt gegenüber dem raumfesten Bezugssystem mit einer Kreisfrequenz $v - \omega_{10} > 0$ entgegen der Drehrichtung der Kette. Das entspricht der regulären Präzession eines hängenden, symmetrischen Kreisels. Der Drallvektor H_i umfährt dabei den Mantel eines Kreiskegels, der die 1-Achse zur Symmetrieachse hat (Abb. 6.3).

Schließlich läßt sich noch eine Lösung für den geführten Kettenkreisel finden. Dazu wollen wir annehmen, daß die Antriebsscheibe außer der Drehung ω_{10} noch einer langsamen Führungsdrehung ω^* um eine raum-

feste **Querachse**, z. B. um die 2-Achse, unterworfen wird (Abb. 6.4).
Dann gilt im umlaufenden Bezugssystem $1', 2', 3'$:

$$\omega_i = (\omega_{10},\, \omega^* \cos\omega_{10}\, t,\, -\omega^* \sin\omega_{10}\, t),$$

$$v_i \approx \left(\dot{r}_1,\, - r_0\, \omega_{10} \sin \frac{s}{r_0},\, r_0\, \omega_{10} \cos \frac{s}{r_0} \right).$$

Die erste Koordinatengleichung von (6.3) ergibt dann mit den schon
verwendeten Bezeichnungen

$$\frac{\partial^2 r_1}{\partial t^2} + r_0\, \omega_{10}\, \omega^* \cos\left(\omega_{10}\, t + \frac{s}{r_0}\right) + \frac{f}{\mu\, L}\, r_1 = c^2\, \frac{\partial^2 r_1}{\partial s^2}. \qquad (6.10)$$

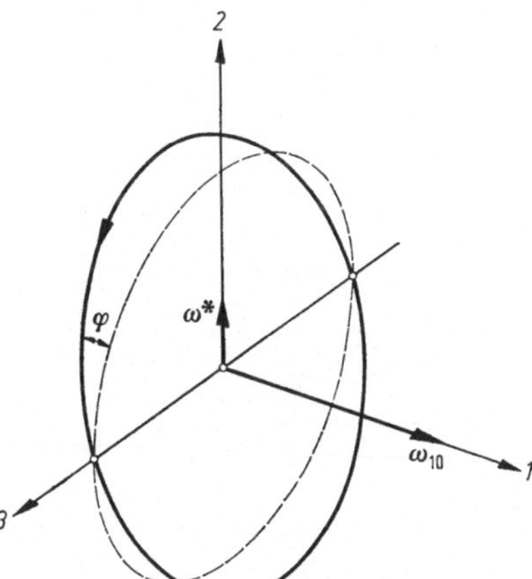

Abb. 6.4 Neigung der Ebene des Kettenringes bei zusätzlicher Drehung um die
Achse 2.

Eine partikuläre Lösung dieser Gleichung ist

$$r_1 = - \frac{\mu\, L\, r_0\, \omega_{10}\, \omega^*}{f_0} \cos\left(\omega_{10}\, t + \frac{s}{r_0}\right). \qquad (6.11)$$

Der Kettenring liegt dabei in einer zur raumfesten 2, 3-Ebene um den
Winkel

$$\varphi \approx \frac{r_{1\,\text{max}}}{r_0} = \frac{\mu\, L\, \omega_{10}\, \omega^*}{f_0}$$

geneigten Ebene. Der Betrag der Neigung ist der Führungsdrehgeschwin-
digkeit ω^* direkt, der *Fesselung* f_0 umgekehrt proportional; der Richtungssinn zeigt die Tendenz zum gleichsinnigen Parallelismus der Drehachsen an. Dieses Verhalten ist analog zum Auswandern eines gefesselten
Kreisels im drehenden Bezugssystem, das beim Wendekreisel (Kap. 15)
technisch ausgenützt wird, um die Drehgeschwindigkeit ω^* zu messen.

6.2 Kreisel mit Flüssigkeitsfüllung

Im Zusammenhang mit den Bemühungen, das Kreiselverhalten der Erde zu erklären, sind schon frühzeitig Versuche mit flüssigkeitsgefüllten Kreiseln durchgeführt worden. So beschreibt LORD KELVIN Versuche mit *flüssigen Gyrostaten*, die aus einer dünnen Schale in Form eines Rotationsellipsoides bestehen und vollständig mit Flüssigkeit gefüllt sind. Es zeigte sich, daß eine abgeplattete Schale nach entsprechend langem Andrehen wie ein Spielkreisel auf horizontaler Unterlage tanzen kann (Abb. 6.5), während ein gestrecktes Ellipsoid unter gleichen Bedingungen sofort nach dem Freilassen umfällt. Diese Versuche können auch mit zylindrischen Schalen durchgeführt werden, wie dies bei PERRY [9] beschrieben ist.

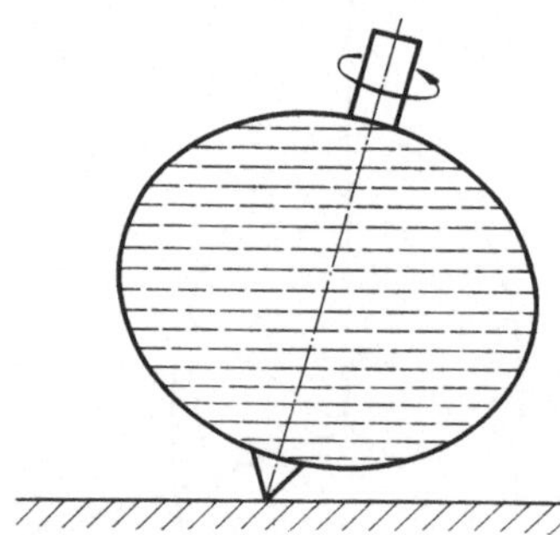

Abb. 6.5 Flüssigkeitskreisel nach LORD KELVIN.

Eine Berechnung dieser Erscheinungen erweist sich als schwierig, da die Bewegung der Flüssigkeit durch ein kontinuierliches Strömungsfeld beschrieben werden muß. Es konnten daher bis jetzt nur wenige, verhältnismäßig einfache Fälle theoretisch erfaßt werden. Unter gewissen Voraussetzungen ist es aber durchaus möglich, die Bewegung des Hüllkörpers (der Schale) mit endlich vielen Variablen zu berechnen. So interessiert beim Stabilitätsverhalten des Systems zunächst nur die Bewegung der Schale, während die Strömung der Flüssigkeit in ihrem Innern nur sekundäre Bedeutung hat. Dennoch wirken beide Bewegungen aufeinander ein, so daß die Bewegungsgleichungen sowohl der Schale als auch der Flüssigkeit berücksichtigt werden müssen. Einige Ansätze und Ergebnisse derartiger Berechnungen sollen hier besprochen werden; nähere Einzelheiten möge man der grundlegenden Arbeit von JUKOVSKI [49] und vor allem einem zusammenfassenden Bericht von RUMJANZEV [50] entnehmen.

Für den flüssigkeitsgefüllten Kreisel gilt der Drallsatz (1.75) mit dem Drall

$$H_i = H_i^K + H_i^F = \Theta_{ij}^K \omega_j + \varrho\, \varepsilon_{ijk} \int\limits_V r_j\, v_k\, dV, \qquad (6.12)$$

wobei das Integral über den ganzen, von der Flüssigkeit eingenommenen Bereich V zu erstrecken ist. Wenn die Flüssigkeit den ganzen Hohlraum ausfüllt, reibungsfrei (ideal) und inkompressibel ist, dann läßt sich das Integral in (6.12), also der Drall der Flüssigkeit in die Form

$$H_i^F = \Theta_{ij}^M\,\omega_j + H_i^* \tag{6.13}$$

bringen. Darin ist H_i^* der Drall der Relativbewegung der Flüssigkeit gegenüber der Schale. Die Größe Θ_{ij}^M kann als Trägheitstensor eines Ersatzkörpers aufgefaßt werden, der aus der erstarrt gedachten Flüssigkeit entsteht. Als Bezugspunkt ist dabei jedoch nicht der Fixpunkt F des Kreisels, sondern der Massenmittelpunkt M der Flüssigkeit zu nehmen (Abb. 6.6).

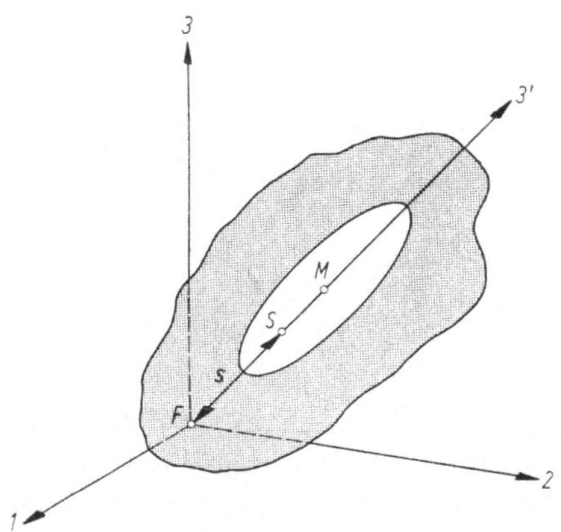

Abb. 6.6 Schwerer Kreisel mit flüssigkeitsgefülltem, symmetrischem Hohlraum.

Man kann nun zusammenfassen

$$\Theta_{ij}^K + \Theta_{ij}^M = \Theta_{ij}$$

und erhält für den Fall, daß die Hauptachsen von Körper und Hohlraum zusammenfallen, die effektiven Hauptträgheitsmomente

$$A = A^K + A^M; \qquad B = B^K + B^M; \qquad C = C^K + C^M. \tag{6.14}$$

Die Bewegungsgleichungen des Flüssigkeitskreisels werden am zweckmäßigsten im körperfesten Hauptachsensystem angeschrieben:

$$A\,\dot\omega_1 - (B - C)\,\omega_2\,\omega_3 + \dot H_1^* - H_2^*\,\omega_3 + H_3^*\,\omega_2 = M_1,$$
$$B\,\dot\omega_2 - (C - A)\,\omega_3\,\omega_1 + \dot H_2^* - H_3^*\,\omega_1 + H_1^*\,\omega_3 = M_2, \tag{6.15}$$
$$C\,\dot\omega_3 - (A - B)\,\omega_1\,\omega_2 + \dot H_3^* - H_1^*\,\omega_2 + H_2^*\,\omega_1 = M_3.$$

Zur Berechnung der Drallkoordinaten $H_1^*\,H_2^*\,H_3^*$ müssen strömungsmechanische Gleichungen herausgezogen werden. JUKOVSKI hat gezeigt, daß diese Koordinaten konstant sind, wenn die Strömung im Hohlraum eine Potentialströmung mit konstanter Zirkulation ist. Im Sonderfall $H_i^* \equiv 0$ gehen die Bewegungsgleichungen (6.15) in die bekannte Eulersche Form über. Die Anwesenheit der Flüssigkeit bewirkt dann lediglich eine Veränderung der Trägheitsmomente nach (6.14). Mit $H_i^* \neq 0$ treten zusätzliche Kreiselwirkungen infolge der rotierenden Flüssigkeit auf, die sich in den neu hinzugekommenen Gliedern von (6.15) bemerkbar machen.

Betrachtet man einen schweren symmetrischen Kreisel mit flüssigkeitsgefülltem symmetrischem Hohlraum, dessen Massenmittelpunkt S im Abstand s vom Fixpunkt F auf der Symmetrieachse $3'$ liegt (Abb. 6.6), dann ist

$$A = B; \quad M_1 = G\, s\, a_{32}; \quad M_3 = -\,G\, s\, a_{31}.$$

Liegt eine Potentialströmung vor, dann erhält man aus (6.15) das gegenüber (3.35) erweiterte System der Bewegungsgleichungen

$$
\begin{aligned}
A\,\dot\omega_1 - (A - C)\,\omega_2\,\omega_3 - H_2^*\,\omega_3 + H_3^*\,\omega_2 &= G\, s\, a_{32}, \\
A\,\dot\omega_2 + (A - C)\,\omega_3\,\omega_1 - H_3^*\,\omega_1 + H_1^*\,\omega_3 &= -\,G\, s\, a_{31}, \\
C\,\dot\omega_3 \qquad\qquad\quad - H_1^*\,\omega_2 + H_2^*\,\omega_1 &= 0.
\end{aligned}
\tag{6.16}
$$

Es hat die partikuläre Lösung:

$$
\begin{aligned}
\omega_1 = \omega_2 &= 0; \quad \omega_3 = \omega_{30} = \text{const}, \\
a_{31} = a_{32} &= 0; \quad a_{33} = 1, \\
H_1^* = H_2^* &= 0; \quad H_3^* = H_{30}^* = \text{const},
\end{aligned}
\tag{6.17}
$$

der eine stationäre Drehung des Systems um die vertikal stehende Symmetrieachse entspricht. Die Stabilität dieser Bewegung kann in bekannter Weise durch Untersuchen der Nachbarbewegungen ermittelt werden. Die Berechnung ist völlig analog zum Lagrangeschen Fall des schweren symmetrischen Kreisels (Abschn. 3.32) und ergibt als notwendige und hinreichende Bedingung für Stabilität der Bewegung (6.17):

$$(C\,\omega_{30} + H_{30}^*)^2 \geqq 4\,G\, s\, A.\tag{6.18}$$

Gegenüber der früher abgeleiteten Bedingung (3.70) sind jetzt wegen (6.14) die Trägheitsmomente A und C verändert. Bei nicht mitrotierender Flüssigkeit wird $H_{30}^* = -\,C^M\,\omega_{30}$, so daß

$$(C^K\,\omega_{30})^2 \geqq 4\,G\, s\,(A^K + A^M)\tag{6.19}$$

erhalten wird. In diesem Fall wird die Stabilität durch die Flüssigkeit stets verschlechtert, verglichen mit der Stabilität eines Kreisels mit gleichem Wert für A^K, C^K und $G\, s$ ohne Flüssigkeit. Bei mitrotierender Flüssigkeit kann dagegen auch eine Verbesserung der Stabilität eintreten. Eine Potentialströmung ist nämlich auch bei verschwindendem Relativdrall $H_{30}^* = 0$ möglich (Potentialwirbel). Dann geht (6.18) über in

$$(C\,\omega_{30})^2 \geqq 4\,G\, s\, A.\tag{6.20}$$

Andersartige Ergebnisse erhält man dagegen, wenn allgemeinere, wirbelige Strömungen auftreten. Das ist z. B. bei der *Starrkörperdrehung* der Fall, bei der sich die Flüssigkeit wie ein starrer Körper dreht. Man kann zwar auch dann die Drallanteile

$$H_1^* = A^* \, \Omega_1; \quad H_2^* = B^* \, \Omega_2; \quad H_3^* = C^* \, \Omega_3 \tag{6.21}$$

als Produkte von Trägheitsmomenten und Winkelgeschwindigkeitskoordinaten ansetzen, jedoch muß die Größe Ω_i aus den Helmholtzschen Wirbelgleichungen berechnet werden. Da es sich dabei um kinematische Differentialgleichungen erster Ordnung handelt, erhöht sich der Grad des zur Berechnung der Bewegungen notwendigen Systems von Gleichungen. Einige Ergebnisse sollen hier mitgeteilt werden.

Wenn der Kreisel aus einer dünnen Schale in Form eines Rotationsellipsoides mit den Halbachsen a und c besteht, dann kann das Trägheitsmoment der Schale vernachlässigt werden. Wenn das Ellipsoid mit idealer, inkompressibler Flüssigkeit gefüllt ist und so aufgehängt wird, z. B. in kardanischer Lagerung, daß der Mittelpunkt des Ellipsoides zum Fixpunkt wird (kräftefreier Kreisel), erhält man als hinreichende Bedingung für Stabilität der permanenten Starrkörperdrehung um die vertikal stehende Symmetrieachse

$$a > c \quad \text{oder} \quad 3a < c. \tag{6.22}$$

Der Hohlraum muß entweder eine abgeplattete oder aber eine hinreichend verlängerte Gestalt besitzen. Dieses Ergebnis bestätigt die Ergebnisse der von KELVIN und anderen beschriebenen Versuche. Es gibt zugleich eine Erklärung für die Tatsache, daß es nicht möglich ist, ein ungekochtes Ei auch nach langem Andrehen um die Symmetrieachse wie einen Spielkreisel tanzen zu lassen. Ein gekochtes Ei tut dies ohne Schwierigkeiten, ja es richtet sich sogar nach Andrehen um eine Querachse infolge der Reibung auf der Unterlage von selbst auf (s. a. Kap. 7).

Als hinreichende Stabilitätsbedingung für die permanente Drehung eines schweren Kreisels mit symmetrischem Hohlraum bei wirbelbehafteter Strömung der als reibungsfrei angenommenen und mitdrehenden Flüssigkeit um die vertikale Achse hat RUMJANZEV die Ungleichung

$$(C - A) \, \omega_{30}^2 \geqq G \, s \tag{6.23}$$

abgeleitet. Wegen $C - A = C^K + C^M - A^K - A^M$ kann für einen Körper mit gestrecktem Trägheitsellipsoid ($C^K < A^K$) die Erfüllung von (6.23) bei hinreichend großer Drehgeschwindigkeit erzwungen werden, wenn ein abgeplatteter Hohlraum ($A^M < C^M$) vorhanden ist.

Die Bedingung (6.23) gilt auch dann noch, wenn eine reale Flüssigkeit mit nicht verschwindender Zähigkeit verwendet wird. Die Zähigkeit selbst hat im betrachteten Fall einer Drehung um die vertikale Symmetrieachse bei mitdrehender Flüssigkeit keinen Einfluß.

Es sei noch bemerkt, daß die Forderung (6.23) keineswegs auch notwendig ist. Sie ist stets schärfer als (6.20). Wendet man nämlich beide Formeln auf einen einzelnen starren Körper an, so erhält man mit $A = A^K$, $C = C^K$ und $x = C^K/A^K$ aus (6.20):

$$\frac{1}{4}\,(x\,\omega_{30})^2 \geqq \frac{G\,s}{A^K}\,, \tag{6.24}$$

aus (6.23):

$$(x - 1)\,\omega_{30}^2 \geqq \frac{G\,s}{A^K}\,. \tag{6.25}$$

Wegen $(x/2 - 1)^2 \geqq 0$ ist aber stets $x^2/4 \geqq x - 1$, folglich ist die Bedingung (6.25) schärfer als (6.24). Im Falle des starren Körpers ist sie

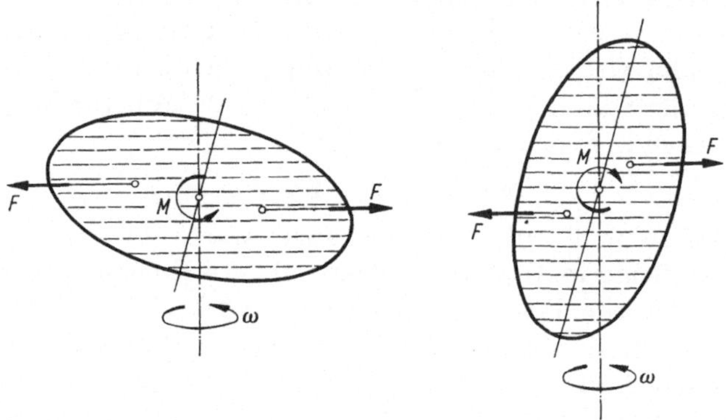

Abb. 6.7 Zur qualitativen Erklärung des Kreiselverhaltens von flüssigkeitsgefüllten Rotationsellipsoiden.

unnötig scharf, da (6.24) bereits früher, s. (3.70), als notwendig und hinreichend erkannt wurde. Für den anderen Grenzfall eines flüssigen Körpers mit vernachlässigbarer Masse der Schale wird aus (6.23)

$$(C^M - A^M)\,\omega_{30}^2 \geqq G\,s \tag{6.26}$$

erhalten. Dieses Ergebnis steht in Übereinstimmung mit den von Lord Kelvin beschriebenen Versuchen, da (6.26) für aufrechte Kreisel ($s > 0$) mit gestrecktem Trägheitsellipsoid ($A^M > C^M$) nicht erfüllt werden kann. Eine physikalische Erklärung für dieses Verhalten ist darin zu sehen, daß die Druckverteilung in der rotierenden Flüssigkeit an der Schalenwand bei abgeplatteten Schalen ein stabilisierendes, bei gestreckten jedoch ein destabilisierendes Moment ausübt.

In Abb. 6.7 ist das schematisch angedeutet. Bei Neigungen der Schalensymmetrieachse dreht die Flüssigkeit zunächst um die frühere, strich-punktiert gezeichnete Achse weiter. Die dabei resultierenden Zentrifugalkräfte F übertragen je nach der Form der Schale Momente verschiedenen Vorzeichens auf die Schale. Diese Momente sind wie alle Zentrifugalmomente zu ω^2 proportional, so daß ein gestreckter flüssiger Kreisel auch durch erhöhte Drehzahlen nicht stabilisiert werden kann. Ein hängender ($s < 0$) gestreckter Kreisel kann entsprechend nur für solche Drehzahlen stabil bleiben, die unterhalb eines kritischen Wertes liegen.

Wiederum andere Ergebnisse folgen für Kreisel, deren Hohlräume nur zum Teil mit Flüssigkeit gefüllt sind. Das ist beispielsweise bei den Treibstoffbehältern drallender Raketen der Fall. Hier muß das Treibstoffschwappen berücksichtigt werden. Unter vereinfachenden Voraussetzungen hat STEWARTSON [51] zeigen können, daß instabiles Verhalten stets dann zu befürchten ist, wenn die Frequenz irgendeiner der freien Eigenschwingungen der Flüssigkeit in die Nähe der Nutationsfrequenz für den leeren Körper fällt. Da zweifach unendlich viele Eigenschwingungen der Flüssigkeit möglich sind, gibt es ebensoviele instabile Bereiche, von denen jedoch, wie Versuche gezeigt haben, nur den ersten eine praktische Bedeutung zukommen dürfte. Es kann angenommen werden, daß die stets vorhandene Dämpfung der Flüssigkeitseigenschwingungen durch innere Reibung die Instabilitätsbereiche höherer Ordnung zum Verschwinden bringt. Die Eigenschwingungen und damit auch die instabilen Bereiche hängen vom Füllungsgrad des Hohlraums ab.

Die Dämpfungswirkungen schwappender Flüssigkeiten können auch zur Verringerung von Nutationsbewegungen ausgenutzt werden. So hat man Ringrohre verwendet, die ganz oder teilweise mit Flüssigkeit gefüllt sind, um die Taumelbewegungen von Satelliten zu dämpfen (siehe z. B. CARRIER-MILES [52]).

Schließlich soll noch ein besonderer Typ von Flüssigkeitskreiseln erwähnt werden, von dem Abb. 6.8 ein Beispiel zeigt (s. WING in [15]). Ein starrer Körper K ist hier um die Achse $A - A$ drehbar gelagert, so daß er gegenüber dem Gehäuse nur einen Freiheitsgrad besitzt. Im Körper befindet sich ein zur Achse $A - A$ symmetrischer Hohlraum H, der vollständig mit Flüssigkeit gefüllt ist. An zwei symmetrisch gelegenen Stellen sind Bohrungen in der Wandung des Hohlraums angebracht, von denen Leitungen zu einem Differenzdruckmanometer M führen. Dreht der Körper stationär um die Achse $A - A$, dann zeigt das Manometer keinen Druckunterschied an. Wenn sich jedoch die Richtung der Achse $A - A$ ändert, dann ist die Flüssigkeit bestrebt, die frühere Rotationsachse beizubehalten. Dadurch weicht die Rotationsachse der Flüssigkeit um einen Winkel δ von $A - A$ ab. Für den Differenzdruck ergibt sich dann unter der Voraussetzung, daß die

Bohrungen um je 45° gegenüber $A-A$ versetzt sind, bei $\delta \ll 1$ der Wert

$$\Delta p \approx \varrho\, R^2 \omega^2\, \delta. \tag{6.27}$$

Bei völlig reibungsfreier Flüssigkeit bleibt die Rotationsachse $B-B$ raumfest. Die stets vorhandene Zähigkeit bewirkt, daß sich $B-B$ all-

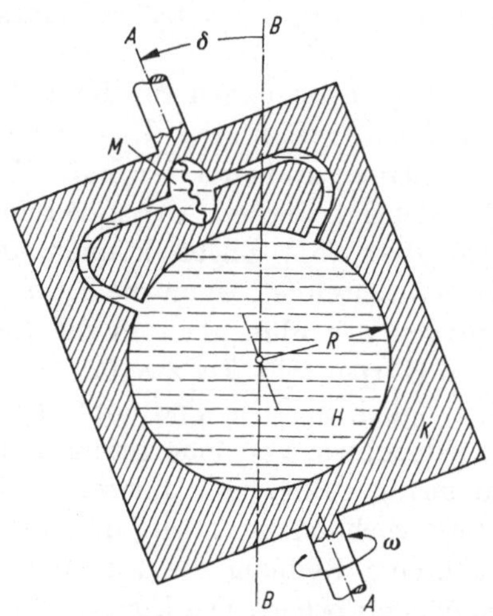

Abb. 6.8 Meßkreisel mit Flüssigkeitsfüllung nach WING.

mählich wieder $A-A$ annähert. Dies geschieht in einer asymptotischen Bewegung mit der Zeitkonstanten

$$T_Z = k\,\frac{R}{\sqrt{\omega\,\nu}}. \tag{6.28}$$

Darin ist ν die kinematische Zähigkeit der Flüssigkeit und $k \approx 0{,}28$ ein annähernd konstanter Faktor. Der beschriebene Flüssigkeitskreisel wurde für Anwendungen in Navigationsgeräten (Kap. 16) vorgeschlagen. Je nach der Art der Anwendung muß dabei die Zeitkonstante T_Z durch geeignete Wahl der Parameter auf den gewünschten Wert gebracht werden.

6.3 Kreisel mit veränderlicher Masse

Die Trägheitsmomente von Raketen, Raumschiffen und Satelliten sind i. allg. nicht konstant, sondern Funktionen der Zeit. Hierfür gibt es zwei Gründe: Entweder verschieben sich Teilmassen relativ zum Bezugskörper, oder aber es werden Massen abgestoßen (oder aufgenommen). Im erstgenannten Fall bleibt die Gesamtmasse des Systems konstant, im zweiten Fall verändert sie sich, da die abgestoßenen Massen

hinterher (die aufgenommenen Massen vorher) als nicht zum System
gehörend betrachtet werden.

Nichttechnische Beispiele für Systeme mit veränderlicher Masse sind
Hagelkörner, die beim Fallen durch eine Zone von unterkühlten Nebel-
tröpfchen wachsen, oder Regentropfen, die unter bestimmten Bedingungen durch Verdunstung ständig kleiner werden.

6.3.1 Die allgemeinen Bewegungsgleichungen. Im folgenden soll die
Drehbewegung eines Bezugskörpers K (Abb. 6.9) untersucht werden,
bei dem sowohl Änderungen der Massenverteilung durch Verschieben
von Teilmassen dm^T innerhalb des Körpers als auch Änderungen der

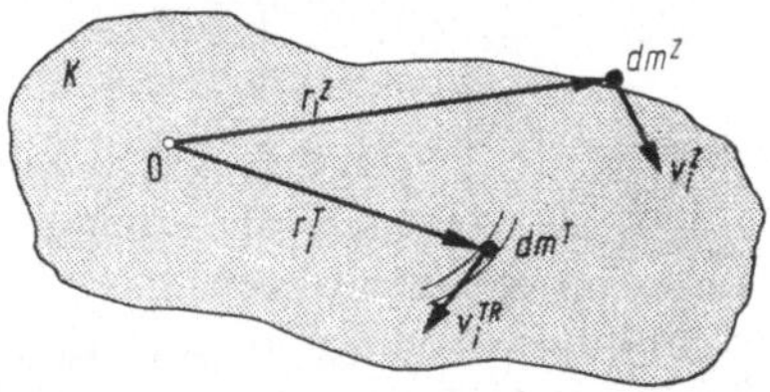

Abb.6.9 Zur Ableitung der Bewegungsgleichung für einen Körper K mit bewegten Teilmassen dm^T
und veränderlicher Masse infolge von hinzukommenden Massen dm^Z.

Gesamtmasse durch Aufnahme (oder Abgabe) von Zusatzmassen dm^Z
vorkommen. Die momentane Lage der Teil- und Zusatzmassen sei durch
die vom Fixpunkt O ausgehenden Ortsvektoren r_i^T und r_i^Z gekennzeichnet, die Relativgeschwindigkeit von dm^T gegenüber K sei v_i^{TR},
die Absolutgeschwindigkeit von dm^Z unmittelbar vor dem Auftreffen
auf K sei v_i^Z, unmittelbar danach $v_i^{Z}*$. Die Massenaufnahme kann als
plastischer Stoß aufgefaßt werden, bei dem sich das stoßende Teilchen
dm^Z nach dem Stoß mit der Geschwindigkeit des Stoßortes am Körper K bewegt.

Zur Aufstellung der Bewegungsgleichungen trennen wir den Gesamtdrall H_i in die beiden Anteile H_i^T und H_i^Z auf, die von der Bewegung
der bereits zu K gehörenden Teilchen dm^T bzw. der gerade hinzukommenden Teilchen dm^Z herrühren:

$$H_i = \varepsilon_{ijk} \int r_j v_k \, dm = H_i^T + H_i^Z$$

$$= \varepsilon_{ijk} \int_T r_j^T v_k^T \, dm^T + \varepsilon_{ijk} \int_Z r_j^Z v_k^Z \, dm^Z. \qquad (6.29)$$

Die Geschwindigkeit v_k^T kann als Summe von Relativgeschwindigkeit v_k^{TR} und Führungsgeschwindigkeit v_k^{TF} ausgedrückt werden, wobei
die letztere von der Drehung des Bezugskörpers K um den Fixpunkt O
herrührt:

$$v_k^T = v_k^{TR} + v_k^{TF} = v_k^{TR} + \varepsilon_{klm} \omega_l r_m^T. \qquad (6.30)$$

Zur Aufstellung des Drallsatzes muß (6.29) differenziert werden. Unter Berücksichtigung von (6.30) und

$$\frac{dr_m^T}{dt} = \frac{d'r_m^T}{dt} + \varepsilon_{mno}\,\omega_n\,r_o^T = v_m^{TR} + \varepsilon_{mno}\,\omega_n\,r_o^T$$

ergibt sich zunächst:

$$\frac{dH_i^T}{dt} = \varepsilon_{ijk}\int\limits_T r_j^T\left(\varepsilon_{klm}\,\dot\omega_l\,r_m^T + \varepsilon_{klm}\,\omega_l\,\varepsilon_{mno}\,\omega_n\,r_o^T\right)dm^T +$$

$$+\ \varepsilon_{ijk}\int\limits_T r_j^T\left(2\varepsilon_{klm}\,\omega_l\,v_m^{TR} + a_k^{TR}\right)dm^T. \tag{6.31}$$

Darin ist

$$a_k^{TR} = \frac{d'v_k^{TR}}{dt}$$

die Relativbeschleunigung der bewegten Teilmassen. Das erste Integral von (6.31) enthält nur solche Glieder, die auch bei einem starren Körper K vorhanden sind. Dieser Anteil muß also wie für den erstarrt gedachten Körper K gebildet werden; er soll weiterhin durch dH^K/dt abgekürzt werden. Das zweite Integral liefert nur für die relativ zu K bewegten Teilmassen nicht verschwindende Beiträge; sie resultieren aus der Relativ- und der Coriolis-Beschleunigung dieser Massen.

Bei der Ableitung des Anteiles H_i^Z von (6.29) muß berücksichtigt werden, daß die Zusatzmassen dm^Z im Augenblick der Ankopplung an den Körper K einen Geschwindigkeitssprung von der Größe $v^Z - v^{Z*} = v^{ZR}$ erleiden, wobei v^{ZR} die Relativgeschwindigkeit gegenüber dem Auftreffpunkt vor dem Ankoppeln ist. Man erhält nun durch Differentiation:

$$\frac{dH_i^Z}{dt} = \frac{d}{dt}\left[\varepsilon_{ijk}\int\limits_Z r_j^Z\,v_k^Z\,dm^Z\right] = \varepsilon_{ijk}\int\limits_Z r_j^Z\,dv_k^Z\,\frac{dm^Z}{dt}$$

$$= \varepsilon_{ijk}\int\limits_Z r_j^Z(v^{Z*} - v^Z)\,d\dot m^Z = -\varepsilon_{ijk}\int\limits_Z r_j^Z\,v_k^{ZR}\,d\dot m^Z. \tag{6.32}$$

Durch diesen Anteil wird die Dralländerung des Systems durch Aufnahme der Zusatzteilchen dm^Z beschrieben. Die Größe $d\dot m^Z$ gibt die je Zeiteinheit aufgenommene (oder abgestoßene) Masse an. Dabei ist die Relativgeschwindigkeit der Zusatzmassen nach dem Stoß gleich Null gesetzt worden. Das ist zulässig, da ein Teilchen dm^Z nach dem Stoß zum System gehört und dann, falls es sich relativ zu K bewegt, wie ein bewegtes Teilchen dm^T behandelt werden muß.

Unter Berücksichtigung von (6.31) und (6.32) erhält man nun aus (6.29) den Drallsatz in der Form:

$$\frac{dH_i^K}{dt} = M_i + M_i^R + M_i^B + M_i^C \tag{6.33}$$

mit dem resultierenden Moment M_i aller äußeren Kräfte, mit dem Reaktionsmoment

$$M_i^R = \varepsilon_{ijk} \int\limits_Z r_j^Z v_k^{ZR} \, d\dot{m}^Z \qquad (6.34)$$

aller hinzukommenden (oder abgestoßenen) Massen, mit dem Beschleunigungsmoment

$$M_i^B = -\varepsilon_{ijk} \int\limits_T r_j^T a_k^{TR} \, dm^T, \qquad (6.35)$$

das bei Relativbeschleunigungen von Teilmassen innerhalb des Körpers auftritt und mit dem Coriolis-Moment

$$M_i^C = -2\varepsilon_{ijk}\varepsilon_{klm} \int\limits_T r_j^T \omega_l v_m^{TR} \, dm^T \qquad (6.36)$$

der bewegten Teilmassen des Körpers. In vielen Fällen ist es zweckmäßig, die Bewegungsgleichung (6.33) auf ein im Bezugskörper K festes Koordinatensystem zu transformieren:

$$\frac{d' H_i^K}{dt} + \varepsilon_{ijk} \omega_j H_k^K = M_i + M_i^R + M_i^B + M_i^C. \qquad (6.37)$$

Bei Anschreiben der zugehörigen Koordinatengleichungen muß berücksichtigt werden, daß sich die Hauptachsen des Systems gegenüber K verdrehen können. Dadurch wird im allgemeinen Fall nicht die einfache Eulersche Form der Koordinatengleichungen erhalten. Aber selbst bei festen Hauptachsen sind die Koordinatengleichungen von (6.37) sehr viel schwieriger zu lösen als bei einem einzelnen starren Körper, weil die Trägheits- und Deviationsmomente wegen der Massenverlagerungen und -veränderungen Funktionen der Zeit sind. Einige lösbare Fälle sollen im folgenden betrachtet werden (s. hierzu auch AMINOV [53]).

6.3.2 Einfache Beispiele. Es sei zunächst angenommen, daß die Summe der auf der rechten Seite von (6.37) stehenden Momente verschwindet. Wenn außerdem die Hauptachsen in K festliegen, dann folgen für das Hauptachsensystem die Koordinatengleichungen

$$\begin{aligned}
A(t)\,\dot{\omega}_1 - [B(t) - C(t)]\,\omega_2\,\omega_3 &= 0, \\
B(t)\,\dot{\omega}_2 - [C(t) - A(t)]\,\omega_3\,\omega_1 &= 0, \qquad (6.38) \\
C(t)\,\dot{\omega}_3 - [A(t) - B(t)]\,\omega_1\,\omega_2 &= 0.
\end{aligned}$$

Ihre Lösung ist in den folgenden drei Fällen ohne Schwierigkeit möglich:

a) Kreisel mit kugelförmigem Trägheitsellipsoid: $A(t) = B(t) = C(t)$. Dafür folgt sofort die Konstanz aller Koordinaten des Drehgeschwindigkeitsvektors

$$\omega_1 = \omega_{10}; \quad \omega_2 = \omega_{20}; \quad \omega_3 = \omega_{30}.$$

b) Gleichartig veränderliche Trägheitsmomente:

$$A = A_0 f(t); \quad B = B_0 f(t); \quad C = C_0 f(t).$$

Da die Gln. (6.38) in den Trägheitsmomenten linear sind, spielt die Zeitfunktion $f(t)$ keine Rolle, so daß die Aufgabe auf das im Kap. 2 behandelte Problem des starren kräftefreien Kreisels zurückgeführt ist.

c) Symmetrischer Kreisel: $A(t) = B(t)$. Hierfür folgt sofort aus (6.38/3) die Konstanz der Koordinate $\omega_3 = \omega_{30}$. Die ersten beiden Gln. (6.38) können in die Form

$$\dot{\omega}_1 - \nu(t)\,\omega_2 = 0,$$
$$\dot{\omega}_2 + \nu(t)\,\omega_1 = 0$$

mit

$$\nu(t) = \omega_{30}\left[1 - \frac{C(t)}{A(t)}\right] \tag{6.39}$$

gebracht werden. Ihre Lösung ist

$$\omega_1 = \omega_0 \sin\left[\int \nu(t)\,dt + \varphi_0\right],$$
$$\omega_2 = \omega_0 \cos\left[\int \nu(t)\,dt + \varphi_0\right] \tag{6.40}$$

mit den Integrationskonstanten ω_0 und φ_0. Die physikalische Deutung des Ergebnisses ist einleuchtend: Der Vektor ω_i umfährt den Mantel eines Polkegels, der ein gerader Kreiskegel mit der konstanten Höhe ω_{30} und dem konstanten Grundflächenradius ω_0 ist. Dieser Kegel wird mit der veränderlichen Winkelgeschwindigkeit $\nu(t)$ umfahren. Bei konstantem Verhältnis $C(t)/A(t)$ wird $\nu = \nu_0$ konstant, so daß die Bewegungen wieder denen eines starren symmetrischen Kreisels entsprechen.

6.3.3 Strahldämpfung taumelnder Raketen. Als Beispiel einer Bewegung bei nichtverschwindenden Momenten auf der rechten Seite der allgemeinen Bewegungsgleichung (6.37) soll die in der Raketentechnik sehr wichtige *Strahldämpfung* behandelt werden. Es sei ein Raketenkörper K gegeben, aus dessen Antriebsdüse ein Strahl von Verbrennungsgasen in Richtung der Symmetrieachse 3 ausgeblasen wird (Abb. 6.10). Um die hier für den Fall eines Körpers mit Fixpunkt abgeleiteten Gleichungen anwenden zu können, soll weiter angenommen werden, daß sich die Rakete auf einem Pendelprüfstand befinde, so daß der Massenmittelpunkt O als Fixpunkt betrachtet werden kann. Die Ergebnisse gelten sinngemäß aber auch für die freifliegende Rakete. Es sei weiter vorausgesetzt, daß keine äußeren Momente M_i vorhanden sind. Der Körper K soll nun so abgegrenzt werden, daß alle innerhalb von Raketenhaut und Randquerschnitt A der Verbrennungskammer liegenden Massen als innere Massen, die Teile des Strahls außerhalb von A als abgestoßene Zusatzmassen betrachtet werden. Dann ist nach

(6.34) das Moment $M_i^R = 0$, da r_j^Z parallel zu v_k^{ZR} ist. Weiterhin ist nach (6.35) auch $M_i^B = 0$, da r_j^T parallel zu a_k^{TR} ist; die Teilchen werden ja in der Verbrennungskammer in Richtung der 3-Achse beschleunigt. Das Moment M_i^C ist von Null verschieden; es folgt mit

$$r_j^T = (0, \quad 0, \quad -r^T),$$
$$\omega_1 = (\omega_1, \omega_2, \omega_3),$$
$$v_m^{TR} = (0, \quad 0, \quad -v^{TR})$$

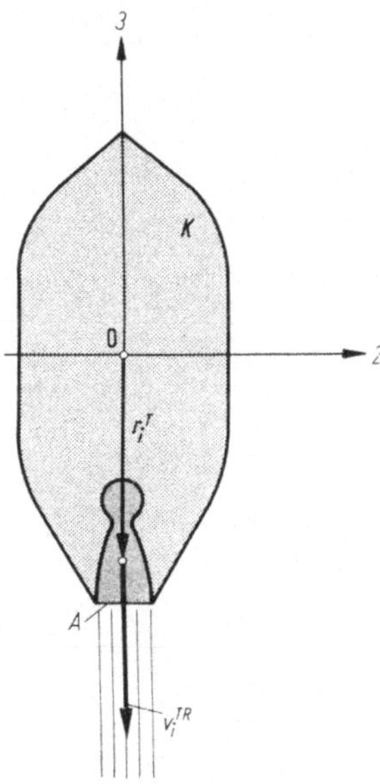

Abb. 6.10 Zur Berechnung der Strahldämpfung einer Rakete.

aus (6.36). Mit der durch die Konstruktion gegebenen Strahlkonstanten

$$S = \int_T r^T \, v^{TR} \, dm^T$$

erhält man die Koordinaten

$$M_i^C = (-2S\,\omega_1, \; -2S\,\omega_2, \, 0). \tag{6.41}$$

Aus (6.37) folgen nun für die Hauptachsen der Rakete die Koordinatengleichungen

$$A\,\dot{\omega}_1 - (A - C)\,\omega_2\,\omega_3 = -2S\,\omega_1,$$
$$A\,\dot{\omega}_2 + (A - C)\,\omega_3\,\omega_1 = -2S\,\omega_2, \tag{6.42}$$
$$C\,\dot{\omega}_3 \qquad\qquad\qquad = 0.$$

Aus der letzten dieser Gleichungen folgt $\omega_3 = \omega_{30}$. Damit lassen sich die ersten beiden umformen in

$$\dot{\omega}_1 + \mu(t)\,\omega_1 - \nu(t)\,\omega_2 = 0,$$
$$\dot{\omega}_2 + \mu(t)\,\omega_2 + \nu(t)\,\omega_1 = 0 \tag{6.43}$$

mit

$$\nu(t) = \omega_{30}\left[1 - \frac{C(t)}{A(t)}\right] \quad \text{und} \quad \mu(t) = \frac{2S}{A(t)}.$$

Durch komplexes Zusammenfassen mit $\omega^* = \omega_1 + i\,\omega_2$ folgt aus (6.43)

$$\dot{\omega}^* + [\mu(t) + i\,\nu(t)]\,\omega^* = 0 \tag{6.44}$$

mit der allgemeinen Lösung

$$\omega^* = \omega_0^*\,\exp\left\{-\int[\mu(t) + i\,\nu(t)]\,dt + \varphi_0\right\}. \tag{6.45}$$

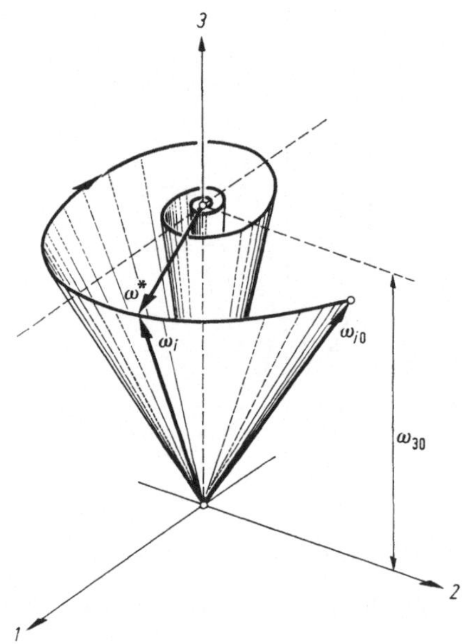

Abb. 6.11 Polfläche bei Nutationsbewegungen einer Rakete mit Strahldämpfung.

Da μ und ν reell sind und stets $\mu > 0$ gilt, ist der Betrag von ω^* eine monoton fallende Funktion:

$$|\omega^*| = \sqrt{\omega_1^2 + \omega_2^2} = |\omega_0^*|\,e^{\varphi_0}\exp\left[-\int\mu(t)\,dt\right]. \tag{6.46}$$

Wegen $|\omega^*| \to 0$ nähert sich der Vektor ω_i der Drehgeschwindigkeit asymptotisch der 3-Achse; er umfährt dabei einen offenen Polkegel, dessen Öffnungswinkel ständig kleiner wird (Abb. 6.11). Das bedeutet, daß die durch die Anfangsbedingungen hervorgerufenen Nutationsschwingungen abklingen: Die Taumelbewegungen der Rakete werden also durch den Antriebsstrahl gedämpft.

7. Drehbewegungen starrer Körper ohne Fixpunkt

Bei der Berechnung der Kreiselbewegungen starrer Körper mit Fixpunkt kann dieser als Bezugspunkt gewählt werden. Dann reicht der *Drallsatz* in seiner einfachen Form (1.75)

$$\frac{dH_i}{dt} = M_i \tag{7.1}$$

vollständig zur Berechnung des Bewegungszustandes aus. Er gilt in derselben Form zwar auch noch bei Körpern ohne Fixpunkt, aber nur, wenn der Massenmittelpunkt als Bezugspunkt gewählt wird. Da sich die Bewegungen eines Körpers ohne Fixpunkt aus Dreh- und Fortschreitbewegungen zusammensetzen, muß zur Bestimmung der Gesamtbewegung zusätzlich der *Impulssatz*

$$\frac{dJ_i}{dt} = F_i \tag{7.2}$$

herangezogen werden. Nun gilt für den Impuls J_i eines Körpers mit der Masse m

$$J_i = \int v_i \, dm = m \, v_i^S, \tag{7.3}$$

wobei v_i^S die Geschwindigkeit des Massenmittelpunktes S ist. Wegen (7.3) kann der Impulssatz (7.2) für Systeme mit konstanter Masse m auch als *Schwerpunktssatz* formuliert werden:

$$m \, \dot{v}_i^S = F_i. \tag{7.4}$$

Er besagt, daß sich der Massenmittelpunkt stets wie eine Punktmasse m bewegt, an der alle äußeren Kräfte F_i angreifend zu denken sind.

Drallsatz (7.1) und Impulssatz (7.2) oder (7.4) sind i. allg. miteinander verkoppelt, so daß sie nicht unabhängig voneinander verwendet werden können. Die Kräfte F_i hängen meist von den aus dem Drallsatz zu berechnenden Drehgeschwindigkeiten oder den Drehwinkeln ab, und umgekehrt können die Momente M_i von dem aus dem Impulssatz zu berechnenden Ort, der Geschwindigkeit oder auch der Beschleunigung des Massenmittelpunktes abhängen. Nur in Sonderfällen tritt eine Entkopplung ein. Wichtigstes Beispiel hierfür ist ein geworfener Körper in einem homogenen Schwerefeld bei Vernachlässigung des Luftwiderstandes. Die einzige äußere Kraft, die Schwerkraft, greift dann im

17*

Massenmittelpunkt S (Schwerpunkt) an und hat kein Moment bezüglich S. In diesem Fall läßt sich die Fortschreitbewegung allein aus dem Impulssatz, die Drehbewegung allein aus dem Drallsatz berechnen. Aber schon in einem zentralsymmetrischen Schwerefeld, wie es auf der Erde tatsächlich vorhanden ist, gilt das nicht mehr. Darüber wird noch ausführlicher zu sprechen sein (Kap. 8).

Selbstverständlich kann bei Körpern ohne Fixpunkt jeder beliebige Punkt als Bezugspunkt gewählt werden, nur hat man dann den Drallsatz in seiner allgemeineren Form (1.76) zu verwenden. Zur Vereinfachung der Berechnungen ist es daher meist zweckmäßig, den Massenmittelpunkt als Bezugspunkt zu wählen.

Im folgenden sollen einige Ergebnisse zu zwei Typen von Kreiseln ohne Fixpunkt besprochen werden: starre Körper, die sich frei im Raum bewegen können, also 6 Freiheitsgrade haben, und Körper, die wie z. B. der Spielkreisel stets Kontakt mit einer horizontalen Stützebene haben.

7.1 Kreiselerscheinungen an geworfenen Körpern

Geworfene, fallende oder fliegende Körper sind in jedem Falle dem Einfluß der Erdanziehung unterworfen. Wirken keine weiteren äußeren Kräfte, dann ist die Bahn des Massenmittelpunktes im zentralen Schwere-

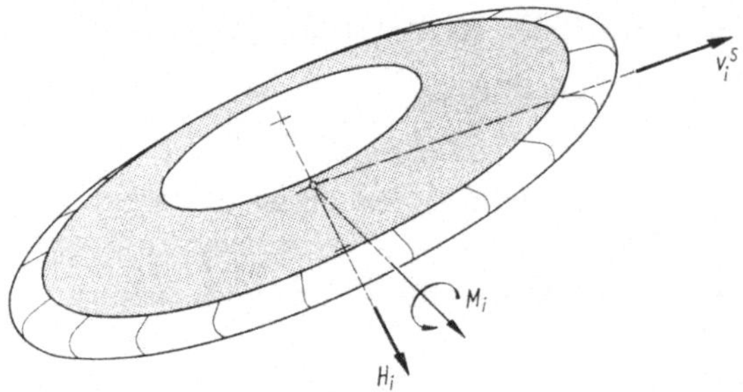

Abb. 7.1 Geschwindigkeit v_i^S, Drall H_i und Moment M_i der Luftkräfte bei Diskus und Bierfilz.

feld stets ein Ellipsenbogen (Kepler-Ellipse), der meist ausreichend genau durch eine Parabel ersetzt werden kann. Die hier besonders interessierenden Drehbewegungen und ihre Rückwirkungen auf die Bahn hängen nun sehr wesentlich von den außer der Schwerkraft noch vorhandenen Kräften und Momenten ab. Einige physikalisch oder technisch interessante Erscheinungen sollen im folgenden betrachtet werden. Von den Drehbewegungen der Satelliten wird im Kap. 8 ausführlicher zu sprechen sein.

Ein fliegender *Diskus* hat i. allg. einen beachtlichen Drall, dessen Vektor senkrecht auf der Scheibenebene steht und bei rechtshändigem Wurf nach unten zeigt (Abb. 7.1). Wegen der Krümmung der Bahn

liegt der Vektor v_i^S der Schwerpunktsgeschwindigkeit bereits kurz nach
dem Abwurf nicht mehr in der Scheibenebene. Diese Anstellung des
Diskus bewirkt neben Auftriebs- und Widerstandskräften der durchflogenen Luft auch ein Moment M_i, das im eingezeichneten Sinne wirkt,
also den Diskus aufzurichten und umzuwerfen sucht. Der Diskus gibt
diesem Moment jedoch nicht nach, sondern führt eine Präzessionsbewegung aus, bei der sich die Scheibenebene in Flugrichtung gesehen
linksherum dreht. Wegen des großen Dralls — der Diskus hat einen
eisenbewehrten Rand — ist die Präzessionsgeschwindigkeit jedoch so
klein, daß während der kurzen Flugzeit keine merklichen Verdrehungen
entstehen. Man kann jedoch diese Präzession ohne Schwierigkeiten beobachten, wenn man anstelle des Diskus einen *Bierfilz* verwendet. Ein
rechtshändig geschleuderter Bierfilz kippt nach links, ein linkshändig
geschleuderter nach rechts ab.

Eine entsprechende Erscheinung, wenn auch mit umgekehrten Vorzeichen, kann an flachen *Steinen* beobachtet werden, die, in geeigneter
Weise über eine ruhige Wasserfläche geworfen, mehrfach abprallen und
hüpfend beachtliche Strecken durchfliegen können. Man kann dabei feststellen, daß die Bahn eines rechtshändig geworfenen Steines zum Schluß
nach rechts abweicht; entsprechend krümmt sich die Bahn eines linkshändig geworfenen Steines nach links. Die Erklärung ist einfach: Beim

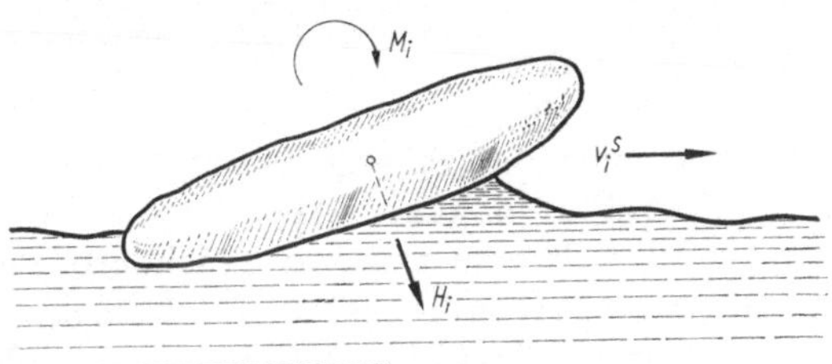

Abb. 7.2 Zur Erklärung der Seitenabweichung rotierend geworfener Steine beim Abprallen auf der Wasseroberfläche.

Flug in der Luft behält der flache Stein als beinahe kräftefrei drehender
Kreisel seine Orientierung bei (wie ein Diskus). Beim Auftreffen auf das
Wasser wird nun wegen der Schräglage des Steines nur der hintere Teil
benetzt (Abb. 7.2); die Druckkräfte des Wassers ergeben daher ein Moment, das gerade in entgegengesetztem Sinne wie bei einem Diskus wirkt.
Dadurch präzediert der Stein und kippt bei jedem Aufprall etwas mehr
nach rechts. Dies ruft Seitenkräfte hervor, die zu einer im Auslauf nach
rechts gekrümmten Bahn führen.

7.1.1 Das Kreiselverhalten von Geschossen. Sehr ausführlich untersucht wurden die Kreiselerscheinungen an *fliegenden Geschossen* mit
Drall. Geschosse mit Rechtsdrall (in Flugrichtung gesehen) weichen auf

ihrer Bahn nach rechts, Geschosse mit Linksdrall nach links ab. Eine qualitative Erklärung dieser Erscheinung ist einfach, während die quantitative Berechnung überaus mühsam ist (siehe z. B. [54, 55]). Das aerodynamische Moment M_i sucht ein Geschoß der in Abb. 7.3 skizzierten Form um die horizontale Querachse zu drehen. Infolge des Dralls H_i erfolgt jedoch eine Präzession, bei der die Spitze die Richtung der Flugbahn von hinten gesehen rechts herum umfährt. In Abb. 7.4

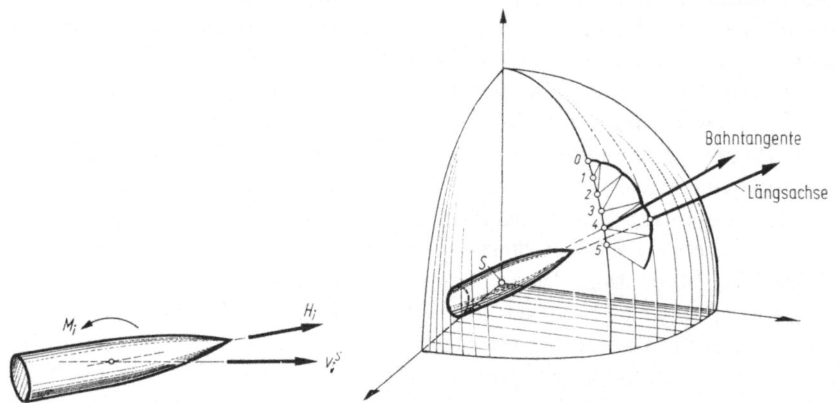

Abb. 7.3 Geschwindigkeit v_i^S, Drall H_i und Moment M_i der Luftkräfte beim rotierenden Geschoß.

Abb. 7.4 Angenäherte Bestimmung der Bahn der Geschoßspitze bei der Präzessionsbewegung während des Fluges.

ist vereinfachend und schematisch angedeutet, welche Bewegung die Geschoßspitze dabei ausführen kann (Abb. 7.4 gilt für Geschosse mit Linksdrall). Man denke sich eine um den Geschoßschwerpunkt S gelegte, mit dem Geschoß bewegte, aber nicht drehende Einheitskugel und betrachte die Durchstoßpunkte der Symmetrieachse sowie der Bahnrichtung durch diese Einheitskugel. Wegen der Krümmung der Bahn wandert der Durchstoßpunkt der Bahnrichtung nach unten (Punkte *1* bis *5*). Wenn sich der Bildpunkt der Geschoßspitze anfangs bei *0* befand, dann entsteht zunächst ein Präzessionsbogen im Rechtssinne um den festgehalten gedachten Bildpunkt *1* der Bahnrichtung. Nach einer gewissen Zeit wird der Bildpunkt der Bahnrichtung als in *2* liegend angenommen und dort vorübergehend fest gedacht. Jetzt erfolgt der Präzessionsbogen um den neuen Mittelpunkt *2* mit einem i. allg. anderen Radius. In gleicher Weise fortfahrend kann schrittweise eine Näherung für die von der Geschoßspitze durchlaufene Bahn konstruiert werden. Zwei Tatsachen lassen sich der Konstruktion entnehmen: Erstens folgt die Geschoßspitze der Bahnrichtung, und zweitens weicht sie im Mittel nach links ab. Die seitliche Schräglage des Geschosses führt wegen der dadurch hervorgerufenen Seitenkräfte zu einer Seitenabweichung der Bahn. Der wirkliche Vorgang verläuft natürlich stetig, jedoch bleiben die beiden, am vereinfachten Modell abgeleiteten Schlußfolgerungen auch dann gültig.

Für die richtige Bemessung des Dralls von Geschossen sind zwei Gesichtspunkte maßgebend: Erstens muß der Drall $H = C\,\omega_0$ groß genug sein, um das Geschoß gegenüber den aerodynamischen Momenten zu stabilisieren, also ein Überschlagen zu vermeiden. Das läßt sich in einer Stabilitätsbedingung ausdrücken, die der bekannten Stabilitätsbedingung (3.70) des schweren symmetrischen Kreisels (Lagrangescher Fall) entspricht. Wenn das aerodynamische Moment durch $M = k\,\alpha$ ausgedrückt werden kann, also dem Anstellwinkel α proportional ist, dann gilt die Stabilitätsbedingung

$$H^2 = C^2\,\omega_0^2 > 4kA\,. \qquad (7.5)$$

Zweitens möchte man erreichen, daß die Geschoßlängsachse nicht viel von der Bahnrichtung abweicht. Bei sehr großem Drall würde die Richtung der Symmetrieachse praktisch konstant bleiben, so daß der Anstellwinkel ständig anwachsen würde. Die Geschoßlängsachse soll nach Möglichkeit der Bahnrichtung folgen, so wie das in der Skizze von Abb. 7.4 angedeutet wurde. Man hat das Verhältnis von Präzessionsgeschwindigkeit $\dot{\psi}$ zur Schwenkgeschwindigkeit $\dot{\delta}$ der Bahnrichtung als Folgsamkeitsfaktor ε eingeführt und die Erfüllung der Folgsamkeitsbedingung

$$\varepsilon = \frac{\dot{\psi}}{\dot{\delta}} = \frac{M}{H\,\dot{\delta}} = \frac{M}{C\,\omega_0\,\dot{\delta}} > 1 \qquad (7.6)$$

verlangt. Es gibt Fälle, in denen die Bedingungen (7.5) und (7.6) nicht gleichzeitig erfüllt werden können. Bei zu kleinem Drall kann (7.5) verletzt sein, bei zu großem Drall dagegen (7.6). In derartigen Fällen wird anstelle einer Drallstabilisierung eine Stabilisierung durch geeignete Heckflossen (Flügelstabilisierung) angewendet.

7.1.2 Der Bumerang. Besonders reizvoll ist das Zusammenwirken von Kreisel-, Luft- und Schwerkräften beim *Bumerang*. Dieses meist hakenförmige Wurfgerät durchfliegt bei richtigem Abwurf eine etwa kreisförmige Bahn und kehrt dabei wieder zum Startpunkt zurück. Das Zustandekommen des Bumerangfluges kann dank der sorgfältigen Untersuchungen von Hess [56] als vollständig geklärt angesehen werden. Es ist gelungen, auf rein theoretischem Wege Bahnkurven auszurechnen, die den wirklich durchflogenen Kurven in allen charakteristischen Eigenheiten völlig entsprechen. Abb. 7.5 gibt zwei Beispiele davon: Die Fotos auf der linken Seite zeigen Nachtaufnahmen der Bahnen eines Bumerangs, der mit einer elektrischen Lampe ausgerüstet war; die Kurven auf den rechten Bildern wurden mit Hilfe eines Computers errechnet und sind unter Berücksichtigung der perspektivischen Verzerrung automatisch aufgezeichnet worden. Der Zeitabstand der Bahnpunkte beträgt 0,1 Sekunde. In Abb. 7.6 sind die für einen anderen Flug errechneten Kurven in Grundriß und den beiden Seitenrissen gezeigt.

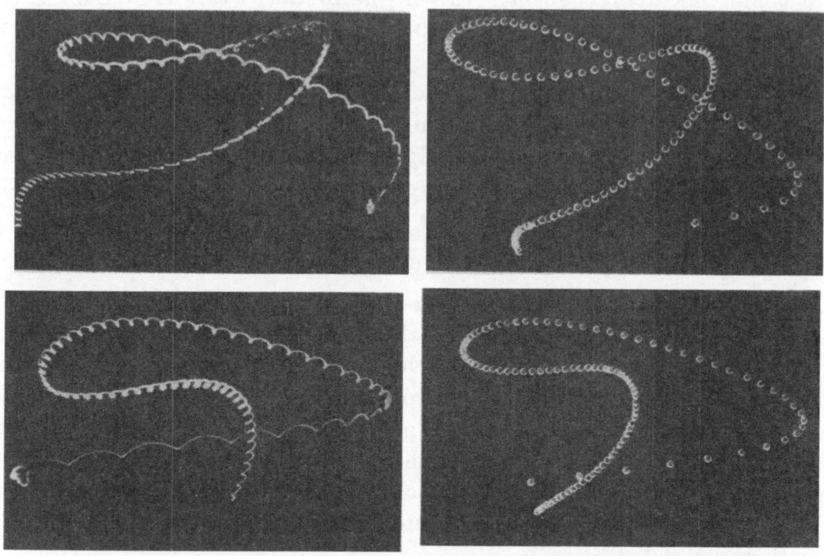

Abb. 7.5 Gemessene (links) und theoretisch berechnete Bahnkurven (rechts) eines Bumerangs.

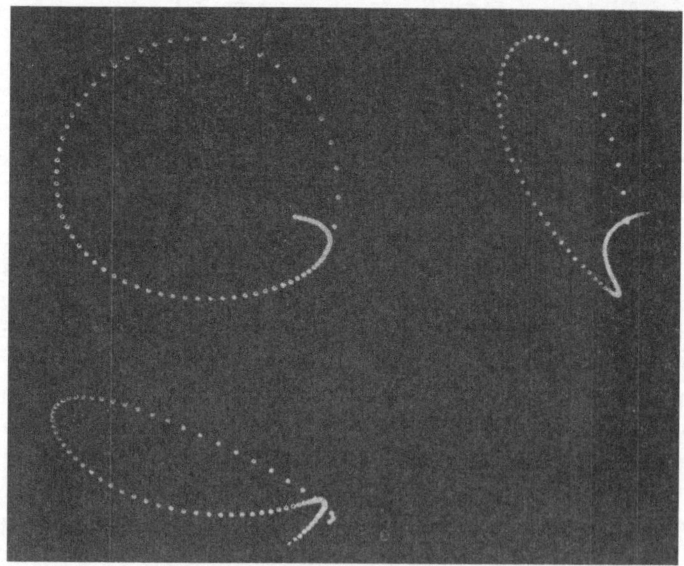

Abb. 7.6 Bahnkurve eines Bumerangs in Grundriß und Seitenrissen.

Zur Erklärung des Flugverhaltens müssen zwei Dinge beachtet werden: die Gestalt des Bumerangs und die durch die Art des Abwurfs gegebenen Anfangsbedingungen. Wichtig ist, daß die beiden Arme des Bumerangs leicht verwunden sind und ein geeignetes, tragflügelähnliches Querschnittsprofil haben. Beim Abwurf ist die Ebene des Bumerangs etwa vertikal, wobei die *Tragflügeloberseite* bei rechtshändigem Wurf nach links zeigt. Außer der Schwerpunktsgeschwindigkeit v_i^S muß eine hinreichend große Drehgeschwindigkeit ω_i (etwa 10 U/sec) erteilt werden (Abb. 7.7). Wegen dieser Drehung ist die Geschwindigkeit des

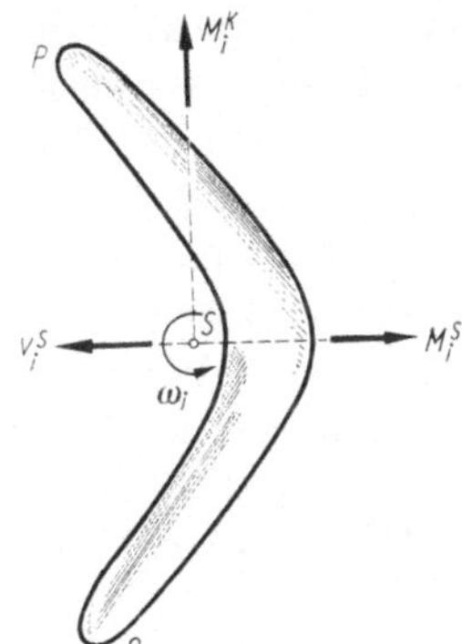

Abb. 7.7 Schwerpunktgeschwindigkeit v_i^S, Drehgeschwindigkeit ω_i sowie die Momentenanteile der Luftkräfte M_i^S (Schwenkmoment) und M_i^K (Kippmoment) beim Bumerang.

oberen Armes P größer als die des unteren Q. Folglich erfährt der obere Arm durch die Luftströmung eine stärkere, in Flugrichtung nach links gerichtete *Auftriebskraft* als der untere. Wegen der unterschiedlichen Größe dieser Kräfte entsteht ein resultierendes Moment. Über eine volle Umdrehung gemittelt ergibt dieses Moment nicht nur eine Komponente M_i^S entgegen der Bewegungsrichtung, sondern auch eine senkrecht dazu stehende Komponente M_i^K. Dieser Anteil des Momentes entspricht dem bei Tragflügeln auftretenden Moment, jedoch ist er beim Bumerang z. T. auch durch die Tatsache bedingt, daß die Achsen der Arme nicht durch den Schwerpunkt S gehen. Da der Bumerang als Kreisel wirkt, gibt er den auf ihn wirkenden Momenten nicht nach, sondern antwortet mit einer Präzessionsbewegung: Das Moment M_i^S hat eine Schwenkbewegung zur Folge, bei der die Ebene des Bumerangs nach links schwenkt; gleichzeitig bewirkt die Momentkomponente M_i^K ein Kippen, bei der sich die Ebene des Bumerangs nach rechts neigt. Beide Bewegungen beeinflussen die Bahn: Die Schwenkbewegung führt zusammen mit den Seitenkräften infolge des *Auftriebs* der Arme zu einer Ablenkung nach links; gleichzeitig steigt die Bahn leicht an, weil die Luftkräfte der Arme infolge der Kippbewegung eine nach oben gerichtete Komponente bekommen, die der Schwerkraft entgegenwirkt. Unter weiterem Schwenken und Kippen durchfliegt der Bumerang einen etwa kreisförmigen Bogen. Auf dem letzten Teil der Kreisbahn liegt die Ebene des Bumerangs fast horizontal; mit leichter Schrägneigung segelt er dabei mit sehr geringem Gleitwinkel an Höhe verlierend seinem Startpunkt zu. Bei großer Anfangsgeschwindigkeit kann es je nach der beim Abgleiten erreichten Geschwindigkeit zu einem nochmaligen Aufsteigen oder einer Schleife kommen, bevor der Bumerang dann, einem Hubschrauber ähnlich, langsam absteigt.

Erfahrung und Theorie zeigen, daß der Durchmesser der durchflogenen Bahn fast unabhängig von der Wurfgeschwindigkeit ist. Das kann aus der Tatsache erklärt werden, daß das Moment der Luftkräfte dem Produkt $\omega\, v$ proportional ist. Wegen $H = \Theta\, \omega$ erhält man daher eine Präzessionsgeschwindigkeit, die, von ω unabhängig, dem Quotienten v/Θ proportional ist. Mit einer Vergrößerung von v wird also zugleich auch die Schwenkgeschwindigkeit entsprechend vergrößert, so daß der Grundriß der durchflogenen Bahn praktisch unverändert bleibt. Allerdings wächst die Gipfelhöhe merklich an, wenn die Abwurfgeschwindigkeit größer wird. Über den Einfluß der sonstigen Systemparameter und Anfangsbedingungen gibt die bereits erwähnte Veröffentlichung von HESS [56] nähere Auskunft.

7.2 Starre Körper auf horizontaler Unterlage

Sowohl in der Technik als auch bei Spiel und Sport kommen Körper vor, die sich so bewegen, daß stets einer ihrer Punkte in einer vorgegebenen Ebene liegt. Charakteristische Beispiele hierfür sind das rollende Rad, der Kinderreifen, die Kegel- oder Billardkugel und die verschiedenen Formen der Spielkreisel. Sonderfälle der teilweise recht unerwarteten Bewegungen derartiger Körper sind schon früh (J. D'ALEMBERT 1761, L. EULER 1765, S. D. POISSON 1811) untersucht worden. Zusammen mit den später vorwiegend von Mathematikern veröffentlichten Arbeiten ergibt sich eine kaum zu übersehende Fülle von Ergebnissen, die jedoch zum größten Teil nur akademisches Interesse beanspruchen können. Einige dieser Probleme findet man in den Büchern von KLEIN und SOMMERFELD [6] und GRAMMEL [3] dargestellt oder zitiert. An dieser Stelle sollen nur einige allgemeine Überlegungen angestellt und an dem auch technisch interessierenden Beispiel eines Spielkreisels weiter ausgeführt werden.

Ein auf horizontaler Unterlage bewegter starrer Körper hat insgesamt 5 Freiheitsgrade. Zur Berechnung seiner Bewegungen stehen der Drallsatz (7.1) und der Impulssatz (7.2) sowie die geometrischen Zwangsbedingungen zwischen Körper und Unterlage zur Verfügung. Diese können kinematischen oder kinetischen Charakter haben. Zwei Grenzfälle sind besonders leicht zu übersehen und werden deshalb im Schrifttum besonders ausführlich behandelt:

1. reibungsfreie Berührung zwischen Körper und Unterlage und

2. ideal rauhe Unterlage, die ein Gleiten des Körpers auf der Unterlage verhindert.

Im erstgenannten Fall kann im Berührungspunkt nur eine vertikal gerichtete Kraft übertragen werden, im zweiten Fall rollt der Körper auf der Unterlage ab. In beiden Grenzfällen kann das System konservativ sein, da die an der Berührungsstelle von Körper und Unterlage angreifenden Kräfte keine Arbeit leisten. Mit den Vereinfachungen der beiden genannten Grenzfälle lassen sich aber die wirklich beobachteten Erscheinungen nicht genau genug beschreiben. Also muß die Reibung zwischen Körper und Unterlage berücksichtigt werden. Der Körper kann sich relativ zur Unterlage verschieben und zugleich um eine zur Unterlage senkrechte Achse drehen. Es kann also Gleit- und Bohrreibung auftreten. Dabei zeigt sich, daß der unmittelbare Einfluß der Bohrreibung gering ist. Die Drehung um die Vertikale verändert jedoch die für die Gleitreibung geltende Gesetzmäßigkeit in beachtlicher Weise. Während die Gleitreibung allein nach dem bekannten Coulombschen Reibungsgesetz berechnet werden kann, also dem Betrage nach konstant ist, wird durch die Überlagerung von Gleit- und Bohrbewegung eine Art Mittelung vorgenommen. Sie führt zu einer der Gleitgeschwindigkeit näherungsweise proportionalen Gleitreibungskraft (CONTENSOU in [15]). Dieser Effekt kann übrigens sehr gut an Bohnermaschinen beobachtet werden, die mit rotierenden Bürsten arbeiten. Bei stehenden Bürsten muß zum Verschieben der Maschine eine beachtliche Kraft aufgebracht werden (Coulomb-Gesetz); bei rotierenden Bürsten hingegen ist ein langsames Verschieben fast ohne Kraftaufwand möglich, weil die Gleitreibung durch die überlagerte Rotation stark verringert wird.

7.2.1 Gleichungen für den Spielkreisel. Mit Hilfe eines speziellen Reibungsansatzes, der zugleich auch die beiden anfangs erwähnten Grenzfälle umfaßt, soll im folgenden nach dem Vorbilde von CONTENSOU eine lineare Theorie für die Stabilität der Drehungen eines symmetrischen Körpers auf einer horizontalen Unterlage entwickelt werden. Es sei ein symmetrischer Körper mit $A = B$ gegeben, dessen Massenmittelpunkt S auf der Symmetrieachse $3'$ liegt (Abb. 7.8). Der Körper möge die Unterlage im Fußpunkt P berühren; seine Oberfläche in der Umgebung von P soll durch eine Kugel vom Radius r angenähert werden. Der Krümmungsmittelpunkt K soll auf der Achse $3'$ liegen. Die horizontale Unterlage werde zur 1, 2-Ebene eines raumfesten Bezugssystems gewählt. Zur Beschreibung der Körperbewegungen verwenden wir die Kardanwinkel $\alpha\,\beta\,\gamma$ (Abschn. 1.4.3c) sowie den Ortsvektor x_i^S

des Massenmittelpunktes S. Die Winkel α und β sowie die Veränderungen von x_i^S werden als klein von erster Ordnung angenommen, so daß eine Linearisierung im Sinne der Theorie kleiner Schwingungen bezüglich dieser Größen vorgenommen werden kann.

Bei Vernachlässigung der Bohrreibung ist eine durch $\alpha = \beta = 0$, $\dot{\gamma} = \omega_0$, $x_i^S = x_{io}^S$ gekennzeichnete stationäre Bewegung möglich: Der Kreisel dreht dabei um die vertikal stehende Symmetrieachse $3'$ (*sleeping top*). Für die Nachbarbewegungen findet man nun aus den allgemeinen Bewegungsgleichungen (1.91) das linearisierte System, in dem jetzt die Winkel α und β als klein von erster Ordnung betrachtet werden können:

$$\frac{d}{dt}\,(A\,\dot{\alpha} + C\,\omega_0\,\beta) = M_\alpha = M_1,$$

$$A\,\ddot{\beta} - C\,\omega_0\,\dot{\alpha} = M_\beta = M_2,$$

$$\frac{d}{dt}\,(C\,\dot{\gamma}) = M_\gamma = M_3. \tag{7.7}$$

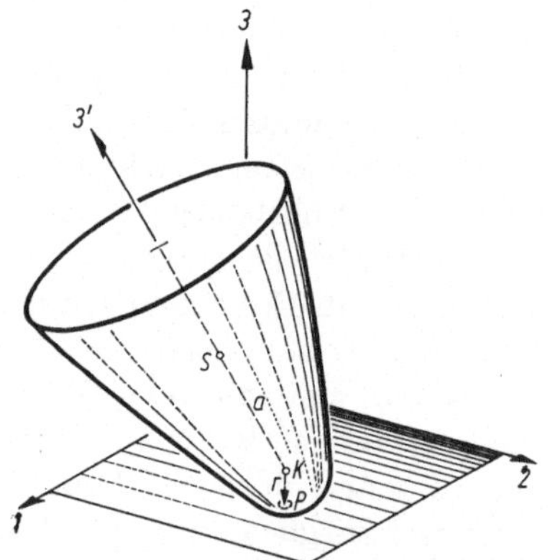

Abb. 7.8 Spielkreisel mit abgerundeter Spitze auf horizontaler Unterlage.

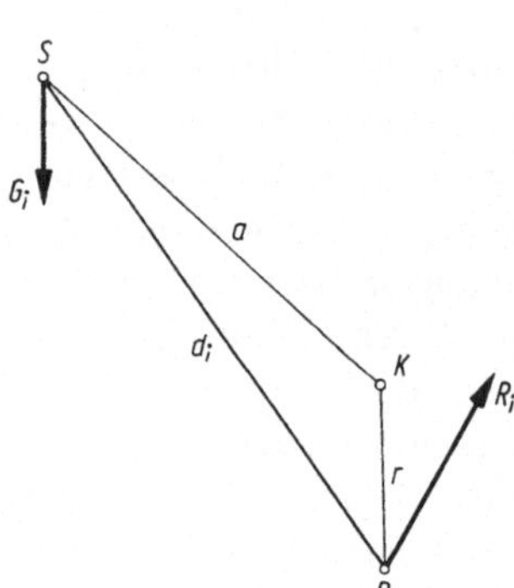

Abb. 7.9 Zur Berechnung des Spielkreisels.

Diese Gleichungen ergeben sich aus dem für den Massenmittelpunkt S angeschriebenen Drallsatz. Für die Momente M_i muß mit den Bezeichnungen von Abb. 7.9 der Ausdruck

$$M_i = \varepsilon_{ijk}\,d_j\,R_k \tag{7.8}$$

mit

$$d_j = \begin{bmatrix} -a\,\beta \\ +a\,\alpha \\ -h \end{bmatrix}; \quad R_k = \begin{bmatrix} R_1 \\ R_2 \\ R_3 \end{bmatrix} = \begin{bmatrix} -k\,v_1^{PK} \\ -k\,v_2^{PK} \\ G \end{bmatrix}$$

eingesetzt werden. Darin ist $h = a + r$ die maximale Höhe von S über P; k ist der Proportionalitätsfaktor der Reibungskraft; v_i^{PK} ist die Geschwindigkeit desjenigen körperfesten Punktes, der gerade mit dem Fußpunkt P zusammenfällt. Sie setzt sich aus den Anteilen der Schwerpunktsverschiebung, der Drehung um die Achsen 1 und 2 sowie der Eigendrehung um die Symmetrieachse zusammen:

$$v_1^{PK} = v_1^S - h\,\beta + r\,\dot{\gamma}\,\alpha,$$
$$v_2^{PK} = v_2^S + h\,\dot{\alpha} + r\,\dot{\gamma}\,\beta. \tag{7.9}$$

Weil auch v_i^S als kleine Größe angenommen wird, ist M_3 nach (7.8) eine von zweiter Ordnung kleine Größe. Man erhält daher aus (7.7/3) sofort $\dot{\gamma} \approx \omega_0 = $ const. Durch Einsetzen von (7.8) und (7.9) in (7.7) erhält man damit für die ersten beiden Koordinatengleichungen:

$$A\,\ddot{\alpha} + k\,h^2\,\dot{\alpha} - a\,G\,\alpha + C\,\omega_0\,\beta + k\,h\,r\,\omega_0\,\beta + k\,h\,v_2^S = 0,$$
$$A\,\ddot{\beta} + k\,h^2\,\beta - a\,G\,\beta - C\,\omega_0\,\dot{\alpha} - k\,h\,r\,\omega_0\,\alpha - k\,h\,v_1^S = 0. \tag{7.10}$$

Außerdem folgen aus dem Impulssatz (7.2) die beiden ersten Koordinatengleichungen

$$m\,\dot{v}_1^S = R_1 = -k\,(v_1^S - h\,\beta + r\,\omega_0\,\alpha),$$
$$m\,\dot{v}_2^S = R_2 = -k\,(v_2^S + h\,\dot{\alpha} + r\,\omega_0\,\beta). \tag{7.11}$$

Die dritte Koordinatengleichung ist stets erfüllt, da der Massenmittelpunkt S seine Höhenlage bei kleinen Neigungen des Körpers in erster Näherung nicht verändert.

Für die weitere Rechnung werden nun die komplexen Variablen

$$\vartheta = \alpha + i\,\beta; \qquad w = v_1^S + i\,v_2^S \tag{7.12}$$

eingeführt. Die Zusammenfassungen der Systeme (7.10) und (7.11) ergeben damit die komplexen Differentialgleichungen

$$A\,\ddot{\vartheta} + b\,\dot{\vartheta} - c\,\vartheta - i\,k\,h\,w = 0,$$
$$i\,k\,h\,\dot{\vartheta} + k\,r\,\omega_0\,\vartheta + m\,\dot{w} + k\,w = 0 \tag{7.13}$$

mit den Abkürzungen

$$b = k\,h^2 - i\,C\,\omega_0; \qquad c = a\,G + i\,k\,h\,r\,\omega_0.$$

Mit dem Ansatz

$$\vartheta = \Theta\,e^{\lambda t}; \qquad w = W\,e^{\lambda t}$$

folgt aus (7.13) die charakteristische Gleichung:

$$\begin{vmatrix} A\,\lambda^2 + b\,\lambda - c & -i\,k\,h \\ i\,k\,h\,\lambda + k\,r\,\omega_0 & m\,\lambda + k \end{vmatrix} = 0, \tag{7.14}$$

oder:

$$\lambda\,m\,[A\,\lambda^2 - i\,C\,\omega_0\,\lambda - a\,G] +$$
$$+ k\,[(A + m\,h^2)\,\lambda^2 - i\,(C + m\,h\,r)\,\omega_0\,\lambda - a\,G] = 0. \tag{7.15}$$

7.2.2 Grenzfälle. Aus (7.15) lassen sich leicht die beiden früher erwähnten Grenzfälle ableiten:

a) $k = 0$, *Fall verschwindender Reibung zwischen Körper und Unterlage*. Dafür folgt

$$A \lambda^2 - i\, C\, \omega_0\, \lambda - a\, G = 0$$

oder

$$\lambda = i\left[\frac{C\,\omega_0}{2A} \pm \sqrt{\frac{C^2\,\omega_0^2}{4A^2} - \frac{a\,G}{A}}\,\right].\qquad(7.16)$$

Die zugehörige Bewegung kann nur beschränkt sein, wenn λ rein imaginär ist. Dazu muß notwendigerweise

$$C^2\,\omega_0^2 \geqq 4a\,GA\qquad(7.17)$$

sein. Das entspricht der Stabilitätsbedingung (3.70) des aufrechten, schweren symmetrischen Kreisels bei vertikaler Figurenachse. Zu beachten ist dabei, daß in (7.17) das Trägheitsmoment A bezüglich einer Querachse durch S einzusetzen ist und daß anstelle des früheren Abstandes s zwischen S und dem Fixpunkt F hier der Abstand zwischen S und dem Krümmungsmittelpunkt K verwendet werden muß. Der Punkt K entspricht also dem früheren Fixpunkt.

Aus (7.16) werden die beiden reellen Frequenzen

$$\left.\begin{array}{c}\omega_N\\[4pt]\omega_P\end{array}\right\} = \frac{C\,\omega_0}{2A}\left[1 \pm \sqrt{1 - \frac{4a\,GA}{C^2\,\omega_0^2}}\,\right]\qquad(7.18)$$

gewonnen, die als Nutations- und Präzessionsfrequenz bezeichnet werden können. Bei der Bewegung selbst bleibt der Massenmittelpunkt S stets an derselben Stelle, wie man aus (7.11) wegen $k = 0$ sehen kann. Der Fußpunkt P beschreibt einen Kreis auf der Unterlage, der stets im Sinne der Eigendrehung des Kreisels mit einer durch (7.18) gegebenen Frequenz durchlaufen wird.

b) $k \to \infty$, *ideal rauhe Unterlage, reines Rollen*. Dafür folgt aus (7.15) das Verschwinden des zweiten Ausdrucks in eckigen Klammern. Der Vergleich mit dem Fall a) zeigt, daß völlig analoge Ergebnisse erhalten werden, nur ist A durch $A + m\,h^2 = A^P$ und C durch $C + m\,h\,r$ zu ersetzen. Die notwendige Bedingung für die Stabilität des Spielkreisels auf rauher Unterlage wird deshalb:

$$(C + m\,h\,r)^2\,\omega_0^2 \geqq 4a\,G(A + m\,h^2).\qquad(7.19)$$

7.2.3 Eine notwendige Stabilitätsbedingung für den allgemeinen Fall. Bei beliebigen Werten von k kann man folgendermaßen vorgehen: Unabhängig davon, daß die charakteristische Gl. (7.15) komplexe Koeffizienten besitzt, befindet sich das System sicher an der Grenze der Stabilität, wenn λ rein imaginär ist. Mit $\lambda = i\,\omega$ werden aber beide

Klammerausdrücke von (7.15) reell. Da der erste noch mit λ multipliziert ist, kann (7.15) nur erfüllt sein, wenn beide Klammerausdrücke für sich verschwinden. Wie man durch Subtraktion beider Ausdrücke feststellt, muß dazu notwendigerweise die Bedingung

$$m\,h\,\lambda(h\,\lambda - i\,r\,\omega_0) = 0$$

erfüllt sein. Hieraus folgt die eine der Wurzeln zu

$$\lambda_1 = i\,\frac{r\,\omega_0}{h}\,. \tag{7.20}$$

Setzt man dies in den ersten Klammerausdruck von (7.15) ein, dann bleibt eine Beziehung

$$\omega_0^2\,\frac{r}{h}\left(C - A\,\frac{r}{h}\right) - a\,G = 0\,, \tag{7.21}$$

die nur noch Systemparameter enthält. Diese Beziehung gilt für die Stabilitätsgrenze; im stabilen Bereich muß der Ausdruck auf der linken

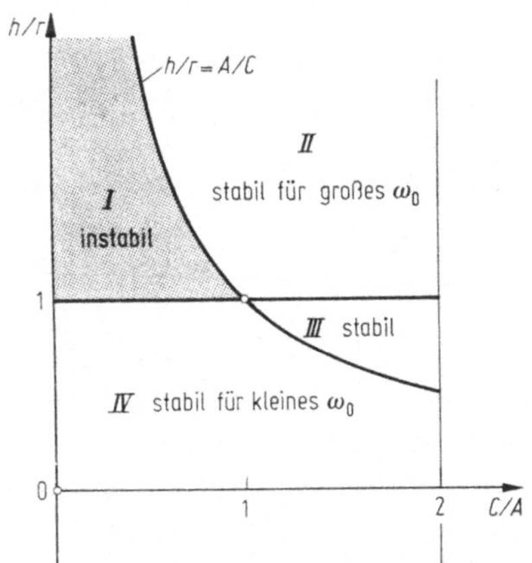

Abb. 7.10 Stabilitätsdiagramm für verschiedene Spielkreiseltypen (aus den notwendigen Stabilitätsbedingungen berechnet).

Seite von (7.21) positiv sein. Man erkennt das sofort, wenn man den Grenzfall des nichtdrehenden Kreisels ($\omega_0 = 0$) betrachtet, der nur für $a < 0$ stabil sein kann. Man erhält deshalb als notwendige Stabilitätsbedingung die Ungleichung:

$$\omega_0^2\,\frac{r}{h}\left(\frac{C}{A} - \frac{r}{h}\right) > \frac{a\,G}{A}\,. \tag{7.22}$$

Zur Auswertung betrachten wir eine $(h/r,\,C/A)$-Ebene (Abb. 7.10). Wegen $0 < C/A < 2$ interessiert nur ein Streifen dieser Ebene. Dieser Streifen wird durch

$$\text{die Gerade}\qquad \frac{h}{r} = 1$$

entsprechend $a = 0$ und

$$\text{die Hyperbel} \qquad \frac{h}{r} = \frac{1}{C/A} = \frac{A}{C}.$$

in vier Bereiche eingeteilt, in denen ein verschiedenes Stabilitätsverhalten vorliegt:

Bereich I: $1 < \dfrac{h}{r} < \dfrac{A}{C}$. Wegen $a + r = h$ ist $a > 0$; die linke Seite von (7.22) ist negativ, also ist die Bewegung unabhängig von der Größe der Eigendrehung ω_0 stets *instabil*.

Bereich II: $1 < \dfrac{h}{r}$; $\dfrac{A}{C} < \dfrac{h}{r}$. Wenn man den kritischen Wert für die Eigendrehung

$$\omega_k^2 = \frac{a\,G}{A\,\dfrac{r}{h}\left(\dfrac{C}{A} - \dfrac{r}{h}\right)} \tag{7.23}$$

einführt, dann ist die Bewegung im Bereich II sicher instabil für $\omega_0 < \omega_k$; für $\omega_0 > \omega_k$ ist dagegen Stabilität möglich.

Bereich III: $\dfrac{A}{C} < \dfrac{h}{r} < 1$. Jetzt ist $a < 0$, folglich ist (7.22) für beliebige Werte von ω_0 stets erfüllt; also Stabilität möglich.

Bereich IV: $\dfrac{h}{r} < 1$; $\dfrac{h}{r} < \dfrac{A}{C}$. In diesem Bereich ist die Bewegung sicher instabil für $\omega_0 > \omega_k$ nach (7.23), dagegen ist Stabilität für $\omega_0 < \omega_k$ zu erwarten. Mit $\omega_0 = 0$ ist statische Stabilität vorhanden.

Die kritische Drehzahl ω_k hängt von den Systemparametern ab; sie geht gegen Unendlich auf der Grenzhyperbel $h/r = A/C$. Für einen schnellen Kreisel ($\omega_0 \gg \omega_k$) erhält man nach dem Gesagten das Stabilitätsdiagramm von Abb. 7.11a; für einen langsamen Kreisel ($\omega_0 \ll \omega_k$) gilt Abb. 7.11b, das identisch mit dem Diagramm für die statische Stabilität ist ($h < 1$; $a < 0$).

7.2.4 Folgerungen aus dem Stabilitätsdiagramm. Durch Versuche läßt sich das erhaltene Stabilitätsdiagramm bestätigen, womit zugleich gezeigt ist, daß der gewählte Reibungsansatz die wirklichen Verhältnisse befriedigend wiedergibt. Es ist übrigens bemerkenswert, daß die Bedingung (7.22) den Reibungsbeiwert k selbst nicht mehr enthält.

Im Diagramm 7.11a sind Punkte *1* bis *6* eingetragen, die Kreiseln mit den in Abb. 7.12 skizzierten Querschnittsformen entsprechen. Der Kreisel *1* kann auch bei noch so starker Eigendrehung nicht zum Tanzen gebracht werden. Kreisel *2* tanzt bekanntlich, wenn er hinreichend schnell dreht, Kreisel *4* ist für alle Drehzahlen stabil, Kreisel *5* ist nur bei ganz schwacher Eigendrehung stabil. Besonders interessant ist der Kreisel *3*, der als *tippe-top* (Stehaufkreisel) bekannt ist. In der statisch stabilen Lage *3a* liegt sein Bildpunkt im Stabilitätsdiagramm bei hin-

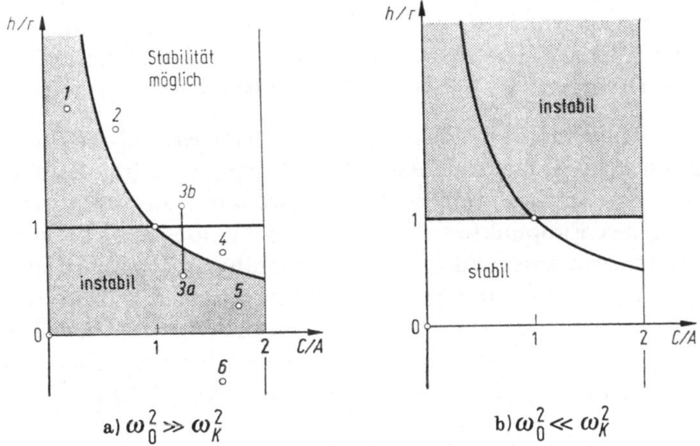

Abb. 7.11 Grenzfälle des Stabilitätsdiagramms für a) schnelle oder b) langsame Spielkreisel.

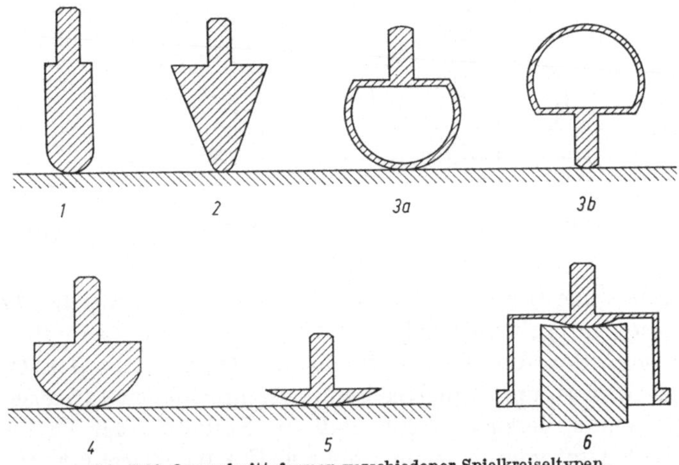

Abb. 7.12 Querschnittsformen verschiedener Spielkreiseltypen.

reichend schneller Drehung im stabilen Bereich; der Kreisel verläßt daher nach dem Andrehen die in *3a* gezeichnete Lage, überschlägt sich vollkommen und stellt sich auf den Stiel (Lage *3b*). Zu dieser Lage gehört ein Bildpunkt im stabilen Bereich. Mit der hier durchgeführten Näherungsrechnung kann natürlich nur der Anfang und das Ende des Umschlagvorgangs erfaßt werden.

18 Magnus, Kreisel

Für den Kreisel Nr. *6* ist $h < 0$; Querschnittsformen dieser Art wurden bei einigen Kreiselgeräten (Fleuriais-Horizont) verwendet. Da die Kreisel bei technischen Anwendungen stets schnell umlaufen, würde man instabile Verhältnisse bekommen, vorausgesetzt, daß man den Kreisel auf einer horizontalen Ebene drehen läßt. Um seitliche Verschiebungen zu vermeiden, verwendet man jedoch stets konkave Unterlagen. Die Theorie (CONTENSOU in [15]) zeigt, daß dadurch auch die stationäre Drehung um die Vertikale stabilisiert werden kann.

7.2.5 Allgemeine Fälle. Betrachtet man Körper, auf die die Voraussetzung einer kugelförmigen Abrollfläche nicht zutrifft, dann ergeben sich neuartige Effekte. Der Krümmungsradius r des Körpers in der Umgebung des Fußpunktes P ist dann nicht konstant. Vielmehr existieren stets zwei zueinander senkrechte Hauptkrümmungsrichtungen, für die r Extremwerte annimmt. Als Beispiel kann ein eiförmiger Körper gelten. Hier erweist sich eine Drehung um die Vertikale bei liegendem Ei als instabil (Abb. 7.13a). Das Ei richtet sich bei hinreichend starkem Antrieb auf und tanzt auf der Spitze weiter (Abb. 7.13b).

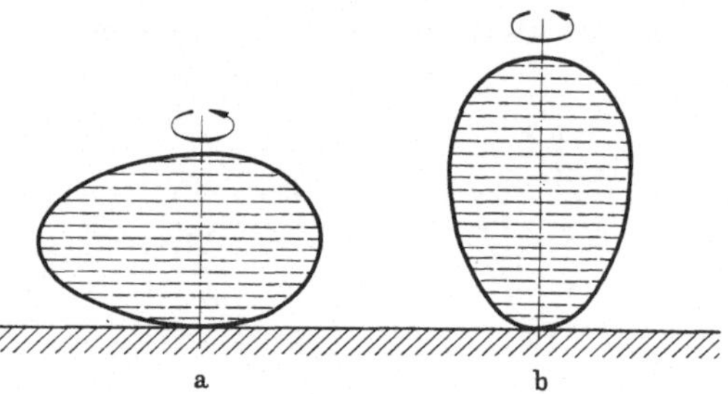

Abb. 7.13 a) Instabile und b) stabile Lagen für einen eiförmigen Körper, der um die Vertikale rotiert.

Besonders merkwürdig ist das Verhalten der *Keltischen Wackelsteine*. Es sind dies unregelmäßig geformte Kieselsteine, die dadurch gekennzeichnet sind, daß die Hauptkrümmungsrichtungen für den Punkt P nicht mit den Hauptträgheitsachsen zusammenfallen. Theorie (HERGLOTZ [57]) und Versuch zeigen, daß die Stabilität der Drehung um die Vertikale jetzt vom Drehsinn abhängt. Ein Wackelstein kann rechtsdrehend stabil, linksdrehend aber instabil sein, und umgekehrt. Ein auf eine horizontale Unterlage geworfener Stein dieser Art dreht von selbst in dem ihm eingeprägten stabilen Drehsinn. Dabei eilt die (kleinere oder größere) Hauptträgheitsachse stets der (kleineren oder größeren) Hauptkrümmungsrichtung voraus.

8. Kreisel im zentralsymmetrischen Schwerefeld

Bei der Untersuchung schwerer Kreisel wurde das Schwerefeld bisher stets als homogen angenommen. Der Vektor der Schwerkraft greift dann im *Schwerpunkt* (Massenmittelpunkt) eines Körpers an und ist nach Größe und Richtung konstant. Wenngleich diese Annahme für die weitaus meisten technischen Probleme als Näherung vollkommen ausreicht, so darf man doch die Änderung, also den Gradienten der Schwerkraft, nicht in allen Fällen vernachlässigen. Dieser Gradient hat z. B. wesentlichen Einfluß auf das Kreiselverhalten von künstlichen Satelliten und muß sogar bei der Berechnung einiger hochempfindlicher terrestrischer Geräte berücksichtigt werden.

Das Schwerefeld der Erde soll im folgenden als ideal zentralsymmetrisch vorausgesetzt werden, so wie es bei einer aus homogenen Kugelschalen zusammengesetzten Erde der Fall wäre. Störungen durch Abplattung, Inhomogenitäten oder infolge der Anwesenheit anderer Himmelskörper werden vernachlässigt. Befindet sich ein Körper in einem zentralsymmetrischen Schwerefeld, dann geht die Wirkungslinie der resultierenden Schwerkraft i. allg. nicht durch den Massenmittelpunkt, so daß ein Moment bezüglich dieses Punktes entstehen kann. Man kann daher Körpern im zentralsymmetrischen Feld keinen Schwerpunkt zuordnen, da kein körperfester Punkt existiert, durch den der resultierende Schwerkraftvektor bei beliebiger Orientierung des Körpers hindurchgeht. Eine Folge dieser Erkenntnis ist die Tatsache, daß starre Körper im Schwerefeld auch bei ideal reibungsfreier Aufhängung im Massenmittelpunkt nicht grundsätzlich *kräftefrei* sind.

8.1 Das Moment der Schwerkraft für einen starren Körper

Es sei ein starrer Körper K gegeben, der sich in einem zentralsymmetrischen Schwerefeld mit dem Zentrum O befindet (Abb. 8.1). Als Bezugspunkt soll ein vom Massenmittelpunkt M abweichender Punkt A des Körpers gewählt werden. Auf das bei P befindliche Massenelement dm des Körpers wirkt nach dem Newtonschen Gravitationsgesetz eine zum Zentrum O hin gerichtete Kraft

$$dF_i = -\gamma \, \frac{m_E \, dm}{(R^P)^2} \left(\frac{R_i^P}{R^P} \right). \tag{8.1}$$

18*

Darin ist γ die Gravitationskonstante und m_E die Masse des anziehenden Körpers (z. B. Erde). Für das Moment der Kraft dF_i bezüglich A folgt

$$dM_i = \varepsilon_{ijk}\, r_j\, dF_k, \qquad (8.2)$$

woraus mit $R_i^P = R_i + r_i$ das Gesamtmoment

$$M_i = -\gamma\, m_E\, \varepsilon_{ijk} \int\limits_K \frac{r_j\, R_k}{(R^P)^3}\, dm \qquad (8.3)$$

erhalten wird. Aus der Form des Integranden erkennt man, daß das Moment nicht nur von der Massenverteilung des Körpers K, sondern

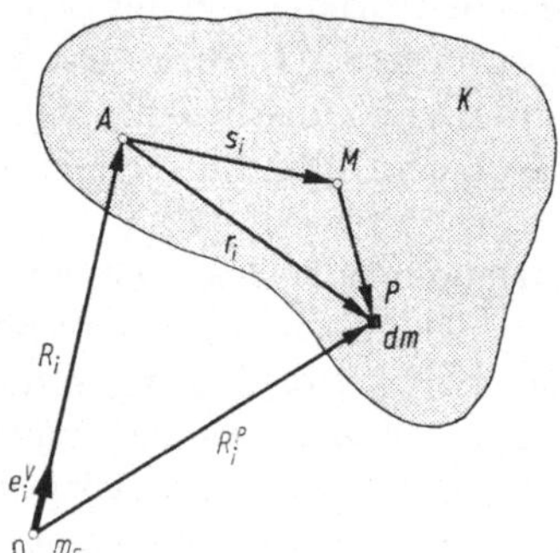

Abb. 8.1 Zur Ableitung des Schweremomentes für einen Körper im zentralsymmetrischen Schwerefeld.

auch von dessen Orientierung im Raum abhängt. Das Integral konnte bisher nur für wenige Sonderfälle explizit ausgerechnet werden. Es ist aber möglich, das Schwerepotential und die daraus abzuleitenden Momente als Reihen spezieller Funktionen auszudrücken, die absolut und gleichmäßig konvergieren (LEIMANIS [7]). Eine für die meisten Fälle vollkommen ausreichende Näherung läßt sich gewinnen, wenn man die Abmessungen r des Körpers als klein gegenüber seinem Abstand R vom Anziehungszentrum annimmt. Mit

$$R^P = |R_l + r_l| = +\sqrt{(R_l + r_l)^2} = (R^2 + r^2 + 2r_l\, R_l)^{1/2}$$

läßt sich der Nenner des Integranden in (8.3) nach Potenzen des kleinen Verhältnisses r/R entwickeln:

$$(R^2 + r^2 + 2r_l\, R_l)^{-3/2}$$

$$= \frac{1}{R^3}\left[1 - 3\left(\frac{r_l\, R_l}{R^2}\right) - \frac{3}{2}\left(\frac{r}{R}\right)^2 + \frac{15}{2}\left(\frac{r_l\, R_l}{R^2}\right)^2 - \cdots\right]. \qquad (8.4)$$

Von dieser Entwicklung werden im folgenden nur die beiden ersten Anteile berücksichtigt; quadratische und höhere Potenzen von r/R sollen vernachlässigt werden. Unter Berücksichtigung der lokalen, d. h. für den Punkt A geltenden Erdbeschleunigung $g = \gamma\, m_E/R^2$ erhält man damit für das Moment (8.3):

$$M_i = -g\,\varepsilon_{ijk} \int_K r_j \frac{R_k}{R} \left[1 - 3\left(\frac{r_l R_l}{R^2}\right) \right] dm. \tag{8.5}$$

Mit dem Einsvektor

$$a_{3k} = \frac{R_k}{R}$$

in Richtung der Vertikalen OA sowie mit

$$m\,g = G \quad \text{und} \quad \int r_j\,dm = m\,s_j$$

geht (8.5) über in

$$M_i = G\,\varepsilon_{ijk}\,a_{3j}\,s_k + \frac{3g}{R}\,\varepsilon_{ijk} \int r_j\,a_{3k}(r_l\,a_{3l})\,dm. \tag{8.6}$$

Der erste Anteil ist das bekannte Schweremoment in einem parallelen, homogenen Schwerefeld. Es verschwindet für $s = 0$, wenn also der Massenmittelpunkt M als Bezugspunkt gewählt wird. Der zweite Anteil berücksichtigt den Gradienten der Schwerkraft. Dieser Anteil läßt sich noch so umformen, daß bei der Integration der Trägheitstensor Θ_{ij} des Körpers erhalten wird. Berücksichtigt man nämlich die Identität

$$\varepsilon_{ijk}\,a_{3j}\,a_{3k} = \varepsilon_{ijk}\,a_{3j}\,a_{3k}\,r_m\,r_m = \varepsilon_{ijk}\,a_{3j}\,r_m\,r_m\,\delta_{kl}\,a_{3l} = 0$$

und addiert diesen verschwindenden Ausdruck zu dem in (8.6) vorkommenden Produkt, so folgt

$$\varepsilon_{ijk}\,r_j\,a_{3k}(r_l\,a_{3l}) = \varepsilon_{ijk}\,a_{3j}(r_m\,r_m\,\delta_{kl} - r_k\,r_l)\,a_{3l}.$$

Wegen (1.13) wird so aus (8.6) das Moment

$$M_i = G\,\varepsilon_{ijk}\,a_{3j}\,s_k + \frac{3g}{R}\,\varepsilon_{ijk}\,a_{3j}\,\Theta_{kl}\,a_{3l} \tag{8.7}$$

erhalten. Man kann aus dieser Darstellung sofort schließen, daß das vom Schweregradienten herrührende Moment stets verschwindet, wenn eine der Hauptachsen des Körpers zum Zentrum O zeigt oder wenn der Körper ein kugelförmiges Trägheitsellipsoid besitzt. In beiden Fällen sind die Vektoren a_{3j} und $\Theta_{kl}\,a_{3l}$ parallel, so daß ihr Vektorprodukt verschwindet.

Bei Bezug auf das Hauptachsensystem des Körpers für den Punkt A erhält man für M_i die Koordinaten

$$M_i = G \begin{bmatrix} a_{32}\,s_3 - a_{33}\,s_2 \\ a_{33}\,s_1 - a_{31}\,s_3 \\ a_{31}\,s_2 - a_{32}\,s_1 \end{bmatrix} + \frac{3g}{R} \begin{bmatrix} (C - B)\,a_{32}\,a_{33} \\ (A - C)\,a_{33}\,a_{31} \\ (B - A)\,a_{31}\,a_{32} \end{bmatrix}. \tag{8.8}$$

8.2 Kreisel mit Fixpunkt

Für einen schweren Kreisel mit dem Fixpunkt A, der sich im zentralsymmetrischen Schwerefeld befindet, erhält man mit (8.7) die gegenüber (3.28) erweiterte Bewegungsgleichung

$$\frac{dH_i}{dt} = \frac{d'H_i}{dt} + \varepsilon_{ijk}\,\omega_j\,H_k = G\,\varepsilon_{ijk}\,a_{3j}\,s_k + \frac{3g}{R}\,\varepsilon_{ijk}\,a_{3j}\,\Theta_{kl}\,a_{3l}. \qquad (8.9)$$

Diese Gleichung kann in drei Fällen, von denen noch zu sprechen sein wird (Abschn. 8.2.2, 8.2.3, 8.2.4), in klassischer Weise durch Quadraturen gelöst werden. Das ist möglich, weil außer dem Energieintegral und einem allgemeinen Drallintegral noch weitere Integrale gefunden werden können.

8.2.1 Energie- und Drallintegral. Durch skalare Multiplikation von (8.9) mit ω_i erhält man zunächst auf der linken Seite wegen (1.81)

$$\frac{d'H_i}{dt}\,\omega_i = \frac{d'}{dt}\left(\frac{1}{2}\,H_i\,\omega_i\right).$$

Für die Ausdrücke der rechten Seite von (8.9) erhält man wegen

$$\frac{da_{3i}}{dt} = \frac{d'a_{3i}}{dt} + \varepsilon_{ijk}\,\omega_j\,a_{3k} = 0 \quad \text{und} \quad \frac{d's_i}{dt} = 0,$$

$$G\,\varepsilon_{ijk}\,a_{3j}\,s_k\,\omega_i = G\,\varepsilon_{ijk}\,\omega_j\,a_{3k}\,s_i = -\frac{d'}{dt}\,(G\,a_{3i}\,s_i),$$

$$\varepsilon_{ijk}\,a_{3j}\,\Theta_{kl}\,a_{3l}\,\omega_i = \varepsilon_{ijk}\,\omega_j\,a_{3k}\,\Theta_{il}\,a_{3l} = -\frac{d'}{dt}\left(\frac{1}{2}\,a_{3i}\,\Theta_{ij}\,a_{3j}\right).$$

Nach Integration über die Zeit folgt damit aus (8.9) das *Energieintegral*:

$$\frac{1}{2}\,H_i\,\omega_i + G\,a_{3i}\,s_i + \frac{3g}{2R}\,\Theta_{ij}\,a_{3i}\,a_{3j} = E_0. \qquad (8.10)$$

Dieser Ausdruck geht für $R \to \infty$ in den früher erhaltenen Wert (3.34) über.

Weiterhin kann man durch skalare Multiplikation von (8.9) mit a_{3i} wegen des Verschwindens der Ausdrücke auf der rechten Seite und mit

$$\frac{da_{3i}}{dt} = 0 \quad \text{und folglich} \quad \frac{dH_i}{dt}\,a_{3i} = \frac{d}{dt}\,(H_i\,a_{3i}) = 0$$

das *Drallintegral*

$$H_i\,a_{3i} = H_0^V \qquad (8.11)$$

erhalten. Es ist mit dem früheren Ergebnis (3.33) identisch und besagt, daß die vertikale Komponente des Dralls unverändert bleibt.

Weitere Integrale lassen sich nur in den Sonderfällen des Kugelkreisels sowie der verallgemeinerten Kreisel nach EULER und LAGRANGE

finden. Diese Integrale werden im folgenden abgeleitet, ohne daß die
dann mögliche vollständige Integration der Bewegungsgleichungen im
einzelnen durchgeführt wird. Allerdings sollen einige durch den Schwerkraftgradienten bedingte Besonderheiten des Bewegungsverhaltens
näher untersucht werden.

8.2.2 Der Kugelkreisel. Mit $A = B = C$ erhält man für $\Theta_{ij}\,a_{3j}$
einen zu a_{3j} parallelen Vektor. Deshalb verschwindet das Gradientenglied in (8.9). Da außerdem H_i parallel zu ω_i ist, wird

$$\frac{d'H_i}{dt} = G\,\varepsilon_{ijk}\,a_{3j}\,s_k,$$

woraus nach skalarer Multiplikation mit s_i

$$\frac{d'H_i}{dt}\,s_i = \frac{d'}{dt}\,(H_i\,s_i) = 0$$

erhalten wird. Hieraus folgt

$$H_i\,s_i = H^s = \text{const}$$

oder wegen $H_i = \Theta\,\omega_i$ mit dem skalaren Faktor Θ

$$\omega_i\,s_i = \omega^s = \text{const}. \tag{8.12}$$

Die Komponenten des Dralls und der Drehgeschwindigkeit in Richtung
der Verbindungslinie von Fixpunkt und Massenmittelpunkt sind konstant.

Da der schwere Kugelkreisel als Sonderfall des Lagrange-Kreisels
aufgefaßt werden kann und da außerdem für ihn jeglicher Einfluß des
Schwerkraftgradienten fehlt, sollen seine Bewegungen hier nicht weiter
untersucht werden.

8.2.3 Der verallgemeinerte Euler-Kreisel. Die Untersuchung des im
Massenmittelpunkt unterstützten Euler-Kreisels ($s = 0$) erweist sich als
viel schwieriger, als es bei einem homogenen Schwerefeld der Fall ist.
Das hängt mit der Tatsache zusammen, daß der Kreisel durch Wahl
eines geeigneten Fixpunktes nicht grundsätzlich kräftefrei gemacht,
also dem Einfluß von Schweremomenten entzogen werden kann. Dennoch
läßt sich ein weiteres Integral der Bewegungsgleichung finden. Wir
erhalten nach skalarer Multiplikation von (8.9) mit H_i:

$$\frac{d'H_i}{dt}\,H_i = \frac{3g}{R}\,\varepsilon_{ijk}\,a_{3j}\,\Theta_{kl}\,a_{3l}\,H_i,$$

$$\frac{d'}{dt}\left(\frac{1}{2}\,H^2\right) = \frac{3g}{R}\,\varepsilon_{ijk}\,\Theta_{jl}\,a_{3l}\,H_k\,a_{3i}. \tag{8.13}$$

Bezieht man sich nun auf ein körperfestes Hauptachsensystem, dann läßt sich der letzte Ausdruck wie folgt umformen:

$$\varepsilon_{ijk}\,\Theta_{jl}\,a_{3l}\,H_k\,a_{3i} = \begin{vmatrix} a_{31} & a_{32} & a_{33} \\ A\,a_{31} & B\,a_{32} & C\,a_{33} \\ A\,\omega_1 & B\,\omega_2 & C\,\omega_3 \end{vmatrix} = a_{31}\,B\,C\,(a_{32}\,\omega_3 - a_{33}\,\omega_2) +$$

$$+\; a_{32}\,C\,A\,(a_{33}\,\omega_1 - a_{31}\,\omega_3) + a_{33}\,A\,B\,(a_{31}\,\omega_2 - a_{32}\,\omega_1).$$

Wegen $\dfrac{d'}{dt}\,(a_{31}) = a_{32}\,\omega_3 - a_{33}\,\omega_2$ usw. kann man umformen:

$$\varepsilon_{ijk}\,\Theta_{jl}\,a_{3l}\,H_k\,a_{3i} = \frac{d'}{dt}\left[\frac{1}{2}\,(B\,C\,a_{31}^2 + C\,A\,a_{32}^2 + A\,B\,a_{33}^2)\right].$$

Nach Integration von (8.13) folgt deshalb

$$H^2 - \frac{3g}{R}\,(B\,C\,a_{31}^2 + C\,A\,a_{32}^2 + A\,B\,a_{33}^2) = K_0. \qquad (8.14)$$

Zusammen mit (8.10) und (8.11) läßt sich damit die vollständige Lösung der Ausgangsgleichungen finden (LEIMANIS [7]).

Wir wollen hier noch die Möglichkeit permanenter Drehungen um körperfeste Achsen und deren Stabilität untersuchen. Hierzu betrachten wir die aus (8.9) mit $s = 0$ und bei Bezug auf das Hauptachsensystem des Körpers folgenden Koordinatengleichungen:

$$A\,\dot{\omega}_1 - (B - C)\,\omega_2\,\omega_3 = \frac{3g}{R}\,(C - B)\,a_{32}\,a_{33},$$

$$B\,\dot{\omega}_2 - (C - A)\,\omega_3\,\omega_1 = \frac{3g}{R}\,(A - C)\,a_{33}\,a_{31}, \qquad (8.15)$$

$$C\,\dot{\omega}_3 - (A - B)\,\omega_1\,\omega_2 = \frac{3g}{R}\,(B - A)\,a_{31}\,a_{32}.$$

Dieses System läßt als partikuläre Lösungen Drehungen mit konstanter Winkelgeschwindigkeit um Hauptachsen zu, die in die Vertikalrichtung $OA = OM$ fallen. Wenn z. B. die körperfeste 3-Achse vertikal steht, dann ist die zugehörige partikuläre Lösung von (8.15) durch

$$\omega_1 = \omega_2 = 0; \quad \omega_3 = \omega_{30},$$
$$a_{31} = a_{32} = 0; \quad a_{33} = 1 \qquad (8.16)$$

definiert. Um die Stabilität dieser Drehungen zu untersuchen, werden Nachbarbewegungen betrachtet, für die die Variablen $\omega_1, \omega_2, a_{31}, a_{32}$ als klein betrachtet werden können. Dann folgt aus (8.15/3) unmittelbar, daß die Veränderungen von ω_3 von zweiter Ordnung klein sind. Sie sollen, ebenso wie die aus der kinematischen Gl. (3.31/3) folgende Änderung von a_{33} in einer Theorie erster Näherung vernachlässigt werden.

Zur Berechnung der Nachbarbewegungen von (8.16) stehen deshalb die jeweils ersten beiden Gleichungen der Systeme (8.15) und (3.31) zur Verfügung. Mit den Abkürzungen

$$\frac{C - B}{A} = a; \qquad \frac{C - A}{B} = b; \qquad \frac{3g}{R} = \varkappa \qquad (8.17)$$

gehen sie über in:

$$\begin{aligned}
\dot{\omega}_1 + a\,\omega_{30}\,\omega_2 - \varkappa\,a\,a_{32} &= 0, \\
\dot{\omega}_2 - b\,\omega_{30}\,\omega_1 + \varkappa\,b\,a_{31} &= 0, \\
\dot{a}_{31} + \omega_2 \qquad - \omega_{30}\,a_{32} &= 0, \\
\dot{a}_{32} + \omega_{30}\,a_{31} - \omega_1 \qquad &= 0.
\end{aligned} \qquad (8.18)$$

Die charakteristische Gleichung dieses Systems ist

$$\begin{vmatrix}
\lambda & a\,\omega_{30} & 0 & -a\,\varkappa \\
-b\,\omega_{30} & \lambda & b\,\varkappa & 0 \\
0 & 1 & \lambda & -\omega_{30} \\
-1 & 0 & \omega_{30} & \lambda
\end{vmatrix} = 0,$$

oder

$$\lambda^4 + p\,\lambda^2 + q = 0$$

mit

$$\begin{aligned}
p &= \omega_{30}^2(1 + a\,b) - \varkappa(a + b), \\
q &= a\,b\,(\omega_{30}^2 - \varkappa^2).
\end{aligned} \qquad (8.19)$$

Ihre Lösungen für λ^2 sind

$$\lambda_{1,2}^2 = -\frac{p}{2} \pm \frac{1}{2}\sqrt{p^2 - 4q}\,. \qquad (8.20)$$

Stabile Bewegungen können nur erhalten werden, wenn die λ^2 reell und negativ sind. Hierzu müssen sowohl die Koeffizienten p und q als auch die Diskriminante $p^2 - 4q$ positiv sein.

Je nach der Größe des Hauptträgheitsmomentes C für die 3-Achse, um die der Kreisel dreht, sind nun drei Fälle zu unterscheiden. Dabei kann ohne Einschränkung weiterhin $A > B$ vorausgesetzt werden.

1. $A > C > B$, C ist das mittlere Hauptträgheitsmoment. Dann ist wegen (8.17) $a > 0$ und $b < 0$. Mit $a\,b < 0$ folgt aus (8.19) $q < 0$, so daß keine Stabilität möglich ist.

2. $A > B > C$, C ist das kleinste Hauptträgheitsmoment. Es ist $a < 0$, $b < 0$ und daher $p > 0$ und $q > 0$. Aber auch die Diskriminante ist stets positiv, wie man aus der mit (8.19) auszurechnenden Form

$$p^2 - 4q = \omega_{30}^4(1 - a\,b)^2 + 2\varkappa\,\omega_{30}^2[4a\,b - (1 + a\,b)(a + b)] + \varkappa^2(a - b)^2$$

$$(8.21)$$

entnehmen kann. Das mittlere Glied ist wegen $ab > 0$ und $a + b < 0$ stets positiv. Die Stabilitätsbedingungen sind also erfüllt.

3. $C > A > B$, C ist das größte Hauptträgheitsmoment. Jetzt wird $a > 0$, $b > 0$ und $q > 0$. Dagegen gilt $p > 0$ nur für

$$\omega_{30}^2 > \omega_{\mathrm{I}}^2 = \varkappa \, \frac{a + b}{1 + ab} \, . \tag{8.22}$$

Die Diskriminante (8.21) wird jetzt umgeformt

$$p^2 - 4q = \left[\omega_{30}^2(1 - \sqrt{ab})^2 - \varkappa(\sqrt{a} - \sqrt{b})^2\right]\left[\omega_{30}^2(1 + \sqrt{ab})^2 - \varkappa(\sqrt{a} + \sqrt{b})^2\right].$$

Dieser Ausdruck verschwindet für

$$\omega_{30}^2 = \omega_{\mathrm{II}}^2 = \varkappa \left(\frac{\sqrt{a} - \sqrt{b}}{1 - \sqrt{ab}}\right)^2 \quad \text{und} \quad \omega_{30}^2 = \omega_{\mathrm{III}}^2 = \varkappa \left(\frac{\sqrt{a} + \sqrt{b}}{1 + \sqrt{ab}}\right)^2;$$

er ist wegen $\omega_{\mathrm{II}} < \omega_{\mathrm{III}}$ positiv für $\omega_{30} > \omega_{\mathrm{III}}$ sowie für $\omega_{30} < \omega_{\mathrm{II}}$. Da nun die Größen a und b wegen $C > A > B$ und wegen der Ungleichungen (1.10) im Wertebereich $1 > a > b > 0$ liegen, gilt — wie man durch Ausrechnen leicht bestätigen kann — die Ungleichung

$$\left(\frac{\sqrt{a} - \sqrt{b}}{1 - \sqrt{ab}}\right)^2 < \frac{a + b}{1 + ab} < \left(\frac{\sqrt{a} + \sqrt{b}}{1 + \sqrt{ab}}\right)^2.$$

Es ist also $\omega_{\mathrm{II}} < \omega_{\mathrm{I}} < \omega_{\mathrm{III}}$. Daher existiert nur eine kritische Winkelgeschwindigkeit $\omega_K = \omega_{\mathrm{III}}$, da die Stabilitätsbedingungen für $\omega_{30} < \omega_{\mathrm{III}}$ in jedem Fall verletzt werden. Also ist die Erfüllung von

$$\omega_{30} > \omega_K = \sqrt{\frac{3g}{R}\left(\frac{\sqrt{B(C - B)} + \sqrt{A(C - A)}}{\sqrt{AB} + \sqrt{(C - A)(C - B)}}\right)} \tag{8.23}$$

notwendig für stabile Bewegungen. BELETZKIJ [58] hat nachgewiesen, daß diese und die zuvor für die Fälle 1 und 2 ausgerechneten Bedingungen auch hinreichend sind. Daher läßt sich das *Ergebnis* der Untersuchungen zur Stabilität permanenter Drehungen um vertikal ausgerichtete Hauptachsen wie folgt zusammenfassen:

1. Drehungen um die mittlere Hauptachse sind instabil.

2. Drehungen um die Achse des kleinsten Hauptträgheitsmomentes sind stabil.

3. Drehungen um die Achse des größten Hauptträgheitsmomentes sind nur stabil, wenn die Drehgeschwindigkeit den kritischen Wert (8.23) überschreitet.

Der kritische Wert (8.23) ist sehr klein. Man erhält z. B. für eine symmetrische Scheibe $(C = 2A = 2B)$ an der Erdoberfläche einen

Betrag von $\omega_K = 2{,}15 \cdot 10^{-3}\ 1/\mathrm{sec}$, der einer Winkelgeschwindigkeit von $0{,}12°/\mathrm{sec}$ entspricht. Abweichungen gegenüber dem Verhalten des Euler-Kreisels in einem homogenen Schwerefeld sind also nur im Fall 3 für $\omega_{30} < \omega_K$ vorhanden; hinzu kommt jedoch, daß in allen Fällen die Richtung der Achse permanenter Drehungen nicht mehr beliebig ist, sondern mit der Vertikalrichtung zusammenfallen muß.

Als Sonderfall läßt sich für $\omega_{30} = 0$ aus den hier durchgeführten Überlegungen erkennen, daß ein ruhender, im Massenmittelpunkt frei drehbar gelagerter starrer Körper nur dann im stabilen Gleichgewicht ist, wenn die Achse des kleinsten Hauptträgheitsmomentes zum Anziehungszentrum zeigt.

8.2.4 Der verallgemeinerte Lagrange-Kreisel. Für den Lagrange-Kreisel gilt $A = B$ und $s_i = (0, 0, s) = a_{i3}\, s$, wobei a_{i3} der Einsvektor in Richtung der Symmetrieachse des Körpers ist. Multipliziert man die Bewegungsgleichung (8.9) skalar mit a_{i3}, dann fallen beide Glieder der rechten Seite sowie das zweite Glied der linken Seite heraus, da diese Vektorprodukte unter den angegebenen Voraussetzungen keine Komponenten in Richtung der Symmetrieachse haben. Es bleibt demnach

$$\frac{d'H_i}{dt}\, a_{i3} = \frac{d'}{dt}\,(H_i\, a_{i3}) = 0$$

und nach Integration

$$H_i\, a_{i3} = H_{30} = \text{const}$$

oder wegen $H_3 = C\,\omega_3$:

$$\omega_3 = \omega_{30} = \text{const.} \tag{8.24}$$

Dies ist das dritte Integral der Bewegungsgleichung (8.9). Es ermöglicht zusammen mit den Integralen (8.10) und (8.11) eine explizite Lösung durch Quadraturen.

Wir wollen hier lediglich noch den Sonderfall der permanenten Drehung des Kreisels bei vertikaler Symmetrieachse untersuchen. Partikuläre Lösung von (8.9) ist

$$\omega_1 = \omega_2 = 0; \qquad \omega_3 = \omega_{30},$$

$$a_{31} = a_{32} = 0; \qquad a_{33} = 1.$$

Um die Stabilität dieser Bewegung zu untersuchen, betrachten wir Nachbarbewegungen, bei denen die Variablen $\omega_1, \omega_2, a_{31}, a_{32}$ als klein betrachtet werden können. In einer Theorie erster Näherung können $\omega_3 \approx \omega_{30}$ und $a_{33} \approx 1$ als konstant angenommen werden, da ihre Änderungen von zweiter Ordnung klein sind. Man erhält damit aus

den ersten beiden Koordinatengleichungen von (8.9) für die Nachbarbewegung:

$$A\,\dot\omega_1 - (A-C)\,\omega_{30}\,\omega_2 = G\,a_{32}\,s - \frac{3g}{R}\,(A-C)\,a_{32},$$

$$A\,\dot\omega_2 + (A-C)\,\omega_{30}\,\omega_1 = -G\,a_{31}\,s + \frac{3g}{R}\,(A-C)\,a_{31}. \qquad (8.25)$$

Diese Differentialgleichungen haben dieselbe Form wie im Fall des
Lagrange-Kreisels für ein homogenes Schwerefeld, s. (3.35), nur tritt
jetzt anstelle der früheren Größe $G\,s$ der Ausdruck

$$G\,s - \frac{3g}{R}\,(A-C)$$

auf. Damit läßt sich unmittelbar auch das früher erhaltene Ergebnis
bezüglich der Stabilität des aufrechten Lagrange-Kreisels übertragen.
Der aufrechte Lagrange-Kreisel im zentralsymmetrischen Schwerefeld
ist demnach stabil, wenn

$$C^2\,\omega_{30}^2 \geq 4A\left[G\,s - \frac{3g}{R}\,(A-C)\right] \qquad (8.26)$$

erfüllt ist. Diese Ungleichung geht für $R \to \infty$ in die frühere Bedingung (3.70) über.

Für den Grenzfall des im Massenmittelpunkt aufgehängten Lagrange-
Kreisels ($s = 0$) findet man aus (8.26) als Ergebnis, daß der gestreckte
Kreisel ($A > C$) stets stabil ist; dagegen muß ein abgeplatteter Kreisel
($C > A$) eine Mindestdrehgeschwindigkeit ω_K überschreiten, wenn er
stabil sein soll. Das stimmt mit dem in Abschn. 8.2.3 gefundenen Ergebnis überein. Der kritische Wert

$$\omega_K = \frac{2}{C}\sqrt{\frac{3g}{R}\,A\,(C-A)}$$

läßt sich sowohl aus (8.26) als auch aus (8.23) ableiten.

8.2.5 Verallgemeinerte Staude-Drehungen. Der schwere unsymmetrische Kreisel kann auch in einem zentralsymmetrischen Schwerefeld permanente Drehungen um eine sowohl im Körper als auch im
Raum feste Achse ausführen. Die Drehachse muß in die Vertikalrichtung fallen:

$$\omega_i = a_{3i}\,\omega_0. \qquad (8.27)$$

Daß eine solche Bewegung möglich ist, erkennt man am einfachsten,
wenn (8.9) skalar mit s_i multipliziert wird. Wegen (8.27) und $\omega_0 = \text{const}$
folgt dann

$$\omega_0^2\,\varepsilon_{ijk}\,a_{3j}\,\Theta_{kl}\,a_{3l}\,s_i = \frac{3g}{R}\,\varepsilon_{ijk}\,a_{3j}\,\Theta_{kl}\,a_{3l}\,s_i.$$

Das ist nicht nur für den kaum interessierenden Sonderfall $\omega_0^2 = 3g/R$ erfüllt, sondern bei beliebigen Drehgeschwindigkeiten ω_0 stets für

$$\varepsilon_{ijk}\, a_{3j}\, \Theta_{kl}\, a_{3l}\, s_i = 0. \tag{8.28}$$

Diese Bedingung ist identisch mit der früher erhaltenen (3.93), so daß im hier betrachteten verallgemeinerten Fall derselbe Staude-Kegel als geometrischer Ort möglicher Drehachsen im Körper erhalten wird. Bei der Untersuchung der Stabilität der verallgemeinerten Staude-Drehungen ergeben sich freilich Unterschiede. POZHARITSKIJ [59] hat gezeigt, daß die Bereiche stabiler Drehachsen auf dem Staude-Kegel im verallgemeinerten Fall etwas größer sind als im klassischen Fall des homogenen Schwerefeldes.

8.3 Kreiselbewegungen künstlicher Satelliten

Bei den ohne Fixpunkt im zentralsymmetrischen Schwerefeld umlaufenden Satelliten wird der Massenmittelpunkt M als Bezugspunkt gewählt. Seine Bewegungen müssen mit Hilfe des Impulssatzes (7.2) berechnet werden. Mit der Schwerkraft nach (8.1) und unter der Voraussetzung, daß die Masse m des Satelliten konstant ist, geht (7.2) über in:

$$m\,\ddot{R}_i = -\gamma\, m_E \int \frac{R_i^P}{(R^P)^3}\, dm. \tag{8.29}$$

Wegen $R_i^P = R_i + r_i$ hängt der Integrand nicht nur vom Abstand R, sondern auch von Gestalt und Orientierung des Satelliten ab. Daher sind die Bahnbewegungen des Satelliten nicht mehr unabhängig von seinen Drehbewegungen. Der Impulssatz (8.29) muß also durch den Drallsatz ergänzt werden. Dieser nimmt mit (8.3) die Form an:

$$\frac{d'H_i}{dt} + \varepsilon_{ijk}\, \omega_j\, H_k = -\gamma\, m_E\, \varepsilon_{ijk} \int \frac{r_j\, R_k}{(R^P)^3}\, dm. \tag{8.30}$$

Um aus dem Drehgeschwindigkeitsvektor ω_i die Orientierung des Satelliten gegenüber einem geeigneten Bezugssystem zu erhalten, wird außerdem eine kinematische Beziehung benötigt. Sie kann z. B. aus der erweiterten Gl. (1.55) gewonnen werden, die auf einen vertikal gerichteten Einsvektor a_{3i} angewendet wird. Im zentralsymmetrischen Schwerefeld zeigt dieser Vektor stets vom Anziehungszentrum zum Satelliten; seine Richtung ist also während des Bahnumlaufes des Satelliten nicht konstant. Wenn die Vertikale mit einer Winkelgeschwindigkeit Ω_i dreht, dann gilt

$$\frac{da_{3i}}{dt} = \frac{d'a_{3i}}{dt} + \varepsilon_{ijk}\, \omega_j\, a_{3k} = \varepsilon_{ijk}\, \Omega_j\, a_{3k}. \tag{8.31}$$

Die Grundgleichungen (8.29), (8.30), (8.31) bilden zusammen ein System von zwölfter Ordnung, da es sich um Vektordifferentialgleichungen von zweiter (8.29) bzw. erster Ordnung (8.30) und (8.31) handelt. Mit Hilfe von Integralen für die Bahnbewegung sowie für Drall und Energie läßt sich die Ordnung des Systems zwar reduzieren, jedoch reicht das zu einer vollständigen Lösung im Sinn der Jacobischen Integrationstheorie nicht aus. Die Schwierigkeiten sind vor allem durch die Notwendigkeit bedingt, Bahn- und Drehbewegungen gemeinsam zu berechnen.

8.3.1 Partikuläre Lösungen der allgemeinen Bewegungsgleichungen. Bevor die technisch wichtigen Näherungen für kleine Satelliten besprochen werden, sollen hier einige leicht erkennbare Sonderlösungen der allgemeinen Gleichungen erwähnt werden. Solche Lösungen sind bisher nur für stark eingeschränkte Probleme gefunden worden, wobei sich diese Einschränkungen sowohl auf die Systemparameter als auch auf die Anfangsbedingungen beziehen. Sie betreffen:

1. die *Form* des Körpers (d. h. seines Trägheitsellipsoides),
2. die vom Massenmittelpunkt durchlaufene *Bahn*,
3. die *Orientierung* des Körpers relativ zur Bahn,
4. den *Bewegungszustand*.

Als Beispiel soll hier ein *stabförmiger Satellit* mit $A = B$, $C = 0$ betrachtet werden, dessen Massenmittelpunkt M eine *Kreisbahn* um das Anziehungszentrum durchläuft. Dann ist $R = $ const. Es soll das in Abb. 8.2 skizzierte, bahnorientierte 1, 2, 3-Bezugssystem verwendet

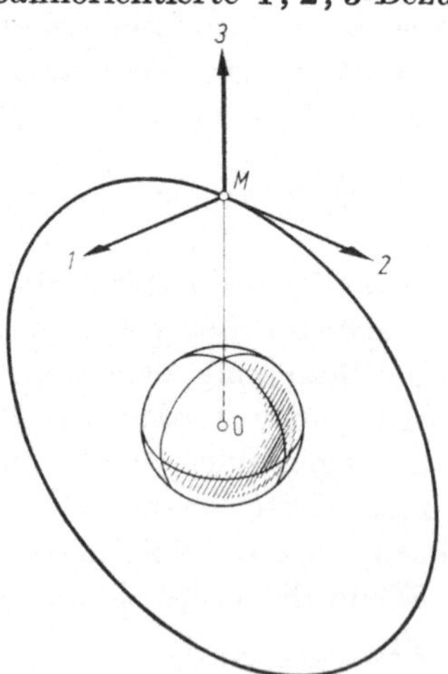

Abb. 8.2 Kreisbahn eines Satelliten um das Anziehungszentrum O mit dem bahnorientierten 1,2,3-Koordinatensystem.

werden, dessen 1-Achse senkrecht auf der Bahnebene steht. Die 2-Achse verläuft tangential zur Bahn; die 3-Achse fällt in die Vertikalenrichtung.

Wenn eine Punktmasse m die gezeichnete Kreisbahn mit dem Radius R durchläuft, dann sind Zentrifugalkraft und Schwerkraft im Gleichgewicht. Es gilt

$$m\,\Omega_0^2\,R = m\,g = \gamma\,\frac{m_E\,m}{R^2},$$

woraus

$$\Omega_0 = \sqrt{\frac{g}{R}} = \sqrt{\frac{\gamma\,m_E}{R^3}} \tag{8.32}$$

als konstante Kreisfrequenz für den Umlauf erhalten wird. Die Umlaufzeit wird

$$T_0 = \frac{2\pi}{\Omega_0} = 2\pi\,\sqrt{\frac{R}{g}}\,. \tag{8.33}$$

Setzt man darin für g und R die an der Erdoberfläche geltenden Werte ein, dann erhält man gerade die *Schuler-Periode* von 84,3 Minuten. Diese von SCHULER [60] in anderem Zusammenhang entdeckte terrestrische Konstante ist die kleinste mögliche Umlaufzeit eines Erdsatelliten.

Partikuläre Lösungen des aus (8.29), (8.30), (8.31) bestehenden Gleichungssystems liegen nun vor, wenn die Stabachse mit einer der Achsen des bahnorientierten Bezugssystems $1, 2, 3$ (Abb. 8.2) zusammenfällt. Man kann dabei drei Lagen unterscheiden:

Lage III: Die Stabachse $3'$ fällt in die Richtung der 3-Achse. Dann ist das körperfeste Hauptachsensystem mit dem bahnorientierten $1, 2, 3$-System identisch. Orientierung und Bewegungszustand sind durch

$$\begin{aligned} a_{3i} &= (0,\quad 0,1),\\ \omega_i &= (\Omega_{III}, 0, 0) \end{aligned} \tag{8.34}$$

gegeben. Darin ist Ω_{III} die noch zu bestimmende Umlauffrequenz. Mit (8.34) ist (8.30) erfüllt, da jedes Glied für sich verschwindet, die rechte Seite wegen $r_i \parallel R_i$.

Aus (8.31) erhält man wegen $\omega_j = \Omega_j$ als Änderungsgeschwindigkeit der Vertikalen

$$\frac{da_{3i}}{dt} = \varepsilon_{ijk}\,\omega_j\,a_{3k} = (0, -\Omega_{III}, 0)\,.$$

Schließlich folgt aus (8.29) wegen $R_i^T = (R + r)\dfrac{R_i}{R}$ unter Berücksichtigung von (8.32) und mit $dm = \mu\,dr$:

$$m\,\ddot{R}_i = -\Omega_0^2\,R^2\,R_i\,\mu \int \frac{dr}{(R + r)^2}\,. \tag{8.35}$$

Wenn der Stab die Länge $2L$ hat, dann ergibt das Integral:

$$\mu \int\limits_{-L}^{+L} \frac{dr}{(R+r)^2} = \frac{2\,\mu\,L}{R^2 - L^2} = \frac{m}{R^2 - L^2}\,.$$

Damit geht (8.35) über in

$$\ddot{R}_i + \frac{\Omega_0^2\,R^2}{R^2 - L^2}\,R_i = \ddot{R}_i + \Omega_{\mathrm{III}}^2\,R_i = 0\,. \tag{8.36}$$

Diese Differentialgleichung besitzt eine Lösung

$$R_i = R \begin{bmatrix} 0 \\ -\sin\Omega_{\mathrm{III}}\,t \\ \cos\Omega_{\mathrm{III}}\,t \end{bmatrix}, \tag{8.37}$$

die einer gleichförmigen Drehung des Fahrstrahls R_i mit der Winkelgeschwindigkeit

$$\Omega_{\mathrm{III}} = \Omega_0\,\frac{1}{\sqrt{1 - \left(\dfrac{L}{R}\right)^2}} \tag{8.38}$$

entspricht. Die Umlaufzeit ist

$$T_{\mathrm{III}} = \frac{2\pi}{\Omega_0}\,\sqrt{1 - \left(\frac{L}{R}\right)^2}\,. \tag{8.39}$$

Daraus ist zu erkennen, daß ein mit seiner Stabachse zum Anziehungszentrum zeigender Stabsatellit etwas schneller umläuft als eine Punktmasse auf der Bahn des Massenmittelpunktes M des Stabes. Für Satelliten mit endlichen Abmessungen ergeben sich demnach Abweichungen gegenüber der bekannten Kepler-Bewegung.

Lage II: Die Stabachse fällt in die Richtung der 2-Achse (Abb. 8.3). Jetzt wird eine Lösung der Grundgleichungen mit

$$\begin{aligned} a_{3i} &= (0, \quad -1, 0), \\ \omega_i &= (\Omega_{\mathrm{II}}, \quad 0, 0) \end{aligned} \tag{8.40}$$

erhalten. In (8.30) fällt damit das Momentenintegral heraus, da sich die Anteile der Integration von $-L$ bis 0 und von 0 bis $+L$ herausheben. Auch die linke Seite verschwindet mit den Werten von (8.40). Aus (8.31) folgt jetzt

$$\frac{da_{3i}}{dt} = \varepsilon_{ijk}\,\omega_j\,a_{3k} = (0, 0, -\Omega_{\mathrm{II}})\,.$$

Schließlich erhält man aus (8.29) mit den schon verwendeten Bezeichnungen

$$m\,\ddot{R}_i = -\Omega_0^2\,R^3\,\mu \int\limits_{-L}^{+L} \frac{R_i + r_i}{(R^2 + r^2)^{3/2}}\,dr\,.$$

Das Integral ergibt

$$\mu \int\limits_{-L}^{+L} \frac{R_i + r_i}{(R^2 + r^2)^{3/2}}\, dr = \frac{m}{R^2\,\sqrt{R^2 + L^2}}\,.$$

Damit folgt:

$$\ddot{R}_i + \Omega_{\mathrm{II}}^2\, R_i = 0$$

mit der Winkelgeschwindigkeit

$$\Omega_{\mathrm{II}} = \Omega_0\, \frac{1}{\sqrt[4]{1 + \left(\dfrac{L}{R}\right)^2}} \tag{8.41}$$

und der Umlaufzeit

$$T_{\mathrm{II}} = \frac{2\pi}{\Omega_0}\, \sqrt[4]{1 + \left(\frac{L}{R}\right)^2}\,. \tag{8.42}$$

Sie ist größer als die Umlaufzeit einer Punktmasse auf der Bahn des Massenmittelpunktes M des Stabes. Wie die spätere Untersuchung eines allgemeineren Falles ergeben wird, ist die Lage II instabil (s. Abschnitt 8.3.4a).

Abb. 8.3 u. 8.4 Sonderfälle der Orientierung von satellitenfestem 1',2',3'-System und bahnorientiertem 1,2,3-System.

Lage I: Die Stabachse fällt in die Richtung der 1-Achse (Abb. 8.4). Dafür hat man eine Lösung mit

$$\begin{aligned} a_{3i} &= (0,1,0),\\ \omega_i &= (0,0,\omega_0) \end{aligned} \tag{8.43}$$

wobei ω_0 eine beliebige Größe haben darf. Die Ausrechnung ergibt jetzt $\Omega_{\mathrm{I}} = \Omega_{\mathrm{II}}$ und damit $T_{\mathrm{I}} = T_{\mathrm{II}}$, also die gleiche Umlaufzeit wie im Fall II. Daß der Stab dabei mit beliebiger Winkelgeschwindigkeit ω_0

um seine Längsachse rotieren darf, ist verständlich, wenn man bedenkt, daß dieser Drehung wegen $C = 0$ keine Drallkomponente entspricht.

Es soll noch erwähnt werden, daß im Prinzip eine derartige Drehung um die Stablängsachse auch in den Fällen II und III zugelassen werden darf.

Die hier am Beispiel eines Stabes angestellten Überlegungen lassen sich auf andere einfache Körper, wie Kreisring, Kreisscheibe, Kreiszylindermantel und Kreiszylinder, übertragen (HOFER [61]). Dabei ergeben sich in allen Fällen Umlaufzeiten, die von denen der Kepler-Bewegung einer Punktmasse bei gleichem Abstand R abweichen. Die Umlaufzeiten sind stets dann kleiner als die der Kepler-Bewegung, wenn die Körper Lagen minimaler potentieller Energie einnehmen. Beim Stab ist dies der Fall, wenn die Stabachse zum Zentrum zeigt. Dann nämlich wird die dem Zentrum zugewandte Hälfte des Stabes etwas stärker angezogen als die abgewandte Hälfte, so daß der Anziehungsmittelpunkt (*Schwerpunkt*) etwas unterhalb des Massenmittelpunktes M liegt. Diese Orientierung des Stabes ist statisch stabil. Gleichgewichtslagen, bei denen die Stabachse senkrecht zum Fahrstrahl R_i steht, sind dagegen statisch instabil. Bei der Untersuchung der Stabilität im Rahmen der im folgenden Abschnitt zu betrachtenden Näherungstheorie sind diese Ergebnisse als Grenzfälle enthalten.

8.3.2 Näherungen für kleine Satelliten. Das System der Grundgleichungen (8.29), (8.30) und (8.31) kann in verschiedener Weise näherungsweise gelöst werden. Stets wird dabei ein als klein anzunehmender Systemparameter abgespalten und ein Lösungsansatz in Form einer Potenzreihe nach diesem kleinen Parameter vorgenommen. Als geeignete Parameter können beispielsweise verwendet werden:

1. die Differenzen der Hauptträgheitsmomente bei Körpern mit fast kugelförmigem Trägheitsellipsoid (Mond!);

2. das Verhältnis Ω/ω von Drehgeschwindigkeit Ω des Bahnfahrstrahls R_i zur Eigendrehgeschwindigkeit bei Satelliten mit starker Eigendrehung;

3. das Verhältnis L/R der linearen Abmessungen L des Körpers zum Abstand R bei kleinen Satelliten.

Beispiele für die beiden erstgenannten Berechnungsarten findet man bei LEIMANIS [7]. Für die Satellitentechnik ist zweifellos die Näherung für kleine Satelliten am wichtigsten. Sie soll hier verwendet werden, um einige praktisch interessierende Probleme zu untersuchen.

Von besonderer Bedeutung ist die Tatsache, daß mit der Annahme $L/R \ll 1$ und bei Vernachlässigung aller Glieder, die von zweiter und höherer Ordnung klein sind, eine Entkopplung von Bahn- und Drehbewegungen auftritt. Man erkennt das durch Betrachten des in (8.29) vorkommenden Integrals. Eine Reihenentwicklung des Integranden erhält man durch Multiplikation von (8.4) mit $R_i^P = R_i + r_i$. Die in r linearen Glieder dieser Entwicklung fallen bei der Integration über die Körpermassen heraus, da mit dem Massenmittelpunkt M als Bezugspunkt

$$\int r_i \, dm = m \, s_i = 0$$

gilt. Die außer dem von r unabhängigen Glied noch vorkommenden Terme sind demnach von zweiter oder höherer Ordnung klein. Sie sollen in einer Theorie erster Näherung vernachlässigt werden. Daß der Einfluß der Satellitenabmessungen nur von der Ordnung $(L/R)^2$ ist, läßt sich übrigens auch aus den Ergebnissen (8.38) und (8.41) ersehen, die für den Sonderfall des Stabsatelliten ohne Vernachlässigungen ausgerechnet wurden.

Wegen der Entkopplung können nunmehr die Drehbewegungen allein aus dem Drallsatz z. B. in der Form (8.9) mit $s = 0$ unter Berücksichtigung der kinematischen Gl. (8.31) berechnet werden. In Koordinatenform lauten die Bewegungsgleichungen (8.9):

$$A \, \dot{\omega}_1 - (B - C) \, \omega_2 \, \omega_3 = \frac{3g}{R} (C - B) \, a_{32} \, a_{33},$$

$$B \, \dot{\omega}_2 - (C - A) \, \omega_3 \, \omega_1 = \frac{3g}{R} (A - C) \, a_{33} \, a_{31}, \tag{8.44}$$

$$C \, \dot{\omega}_3 - (A - B) \, \omega_1 \, \omega_2 = \frac{3g}{R} (B - A) \, a_{31} \, a_{32}.$$

Daraus lassen sich leicht einige partikuläre Lösungen für den Fall ablesen, daß der Massenmittelpunkt M des Satelliten eine Kreisbahn durchläuft. Dann sind R und g und damit zugleich die Winkelgeschwindigkeit $\Omega = \sqrt{g/R}$ konstant. Vier partikuläre Lösungen von (8.44) sind:

1. Kugelkreisel ($A = B = C$) mit $\omega_i = \omega_{i0} = $ const. Die Orientierung der Drehachse ist dabei beliebig.

2. Symmetrische Kreisel ($A = B$), die mit beliebiger, aber konstanter Winkelgeschwindigkeit ω_{30} um die in die 1-Achse (Abb. 8.2) fallende Symmetrieachse drehen. Dabei gilt (Abb. 8.5):

$$\omega_i = (0, 0, \omega_{30}),$$
$$a_{3i} = [\sin(\omega_{30} - \Omega) \, t, \, \cos(\omega_{30} - \Omega) \, t, \, 0]. \tag{8.45}$$

3. Unsymmetrische Kreisel (A, B, C verschieden), deren Hauptachsen in die Bezugsrichtungen des bahnorientierten $1, 2, 3$-Systems fallen. Ist z. B. $1', 2', 3' \equiv 1, 2, 3$, dann gilt:

$$\omega_i = (\Omega, 0, 0),$$
$$a_{3i} = (0, 0, 1). \tag{8.46}$$

Der Satellit dreht dabei mit dem Radiusvektor der Bahn, so daß er relativ zum $1, 2, 3$-System in Ruhe ist (Zustand der *relativen Ruhe*).

19*

4. Unsymmetrische Kreisel, bei denen eine Hauptachse in die 1-Richtung senkrecht zur Bahnebene fällt, können Drehbewegungen um diese Achse ausführen. Wenn z. B. die $1'$-Achse mit der 1-Achse zusammenfällt, dann liegt die $2', 3'$-Ebene stets in der $2, 3$-Ebene. Mit dem Winkel φ von Abb. 8.6 gilt dann:

$$\omega_i = [\,\Omega + \dot{\varphi}(t), \quad 0, \quad 0\,],$$
$$a_{3i} = (\quad 0, \quad \sin\varphi, \quad \cos\varphi).$$

(8.47)

Man findet für $\varphi(t)$ aus (8.44/1) die Differentialgleichung

$$A\,\ddot{\varphi} - \tfrac{3}{2}\Omega^2(C - B)\sin 2\varphi = 0.$$

(8.48)

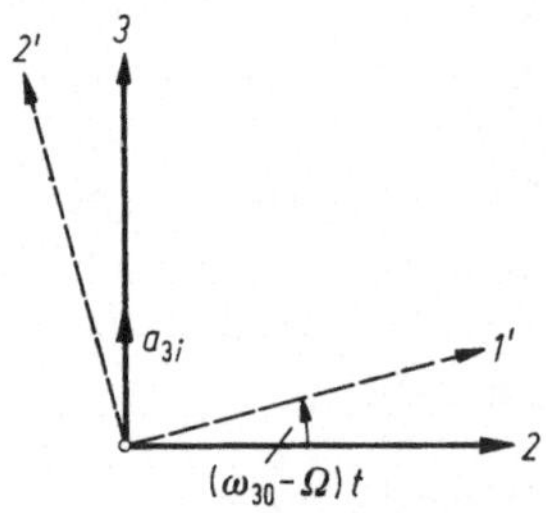

Abb. 8.5 Drehung der satellitenfesten $1'$- und $2'$-Achsen in der $2,3$-Ebene im Sonderfall der Bewegung eines sich überschlagenden symmetrischen Satelliten.

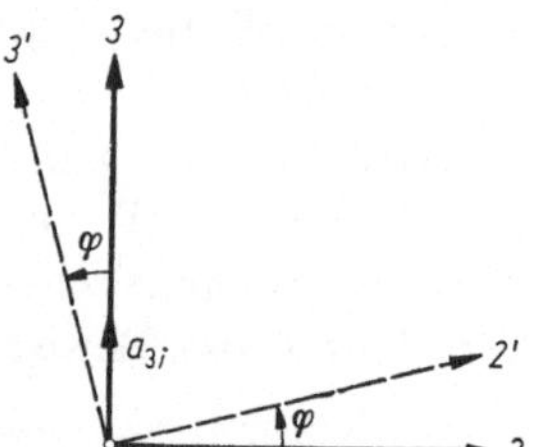

Abb. 8.6 Lage der Achsen im Sonderfall der Bewegung eines unsymmetrischen Satelliten.

Sie hat die Form der Gleichung für ebene Schwingungen eines Schwerependels und kann wie diese durch elliptische Funktionen gelöst werden (z. B. [62]). Dabei können pendelnde oder rotierende Bewegungen auftreten. Man erkennt aus (8.48), daß die Pendelungen stets so erfolgen, daß die Achse des in der $2', 3'$-Ebene kleineren Hauptträgheitsmomentes um die Vertikalrichtung (3-Achse) pendelt. Nur dann nämlich geht (8.48) in die Form einer Schwingungsgleichung $\ddot{\varphi} + \nu^2 \sin\varphi = 0$ mit $\nu^2 > 0$ über.

Die unter 2 bis 4 genannten Fälle sind von besonderer Bedeutung für die Satellitentechnik. Deshalb soll die Stabilität dieser Lösungen genauer untersucht werden.

8.3.3 Symmetrische Satelliten auf einer Kreisbahn. Es sollen die Nachbarbewegungen zur partikulären Lösung (8.45) untersucht werden. Man erkennt aus (8.44/3) wegen $A = B$ sofort, daß auch für die Nachbarbewegung $\omega_3 = \omega_{30} = $ const gilt. Die Komponenten ω_1 und ω_2 können jetzt als kleine Größen angesehen werden. Für sie folgen aus (8.44) die Gleichungen

$$A\,\dot{\omega}_1 - (A - C)\,\omega_{30}\,\omega_2 + 3\Omega^2(A - C)\,a_{32}\,a_{33} = 0,$$
$$A\,\dot{\omega}_2 + (A - C)\,\omega_{30}\,\omega_1 - 3\Omega^2(A - C)\,a_{33}\,a_{31} = 0.$$

(8.49)

Da die Symmetrieachse des Körpers (3'-Achse) für die zu untersuchenden Bewegungen stets in der Nähe der 1-Achse bleibt, ist es zweckmäßig, zum Beschreiben der Körperorientierung den Euler-Winkel φ sowie die Komplementwinkel $\alpha = 90 - \vartheta$ und $\beta = 90 - \psi$ nach Abb. 8.7 zu verwenden. Dann lassen sich die Koordinaten von ω_i und $a_{3\,i}$ wie folgt ausdrücken:

$$\omega_i = \begin{bmatrix} -\dot{\alpha}\cos\varphi - \dot{\beta}\cos\alpha\,\sin\varphi + \Omega\,(\sin\beta\,\cos\varphi - \cos\beta\,\sin\alpha\,\sin\varphi) \\ \dot{\alpha}\sin\varphi - \dot{\beta}\cos\alpha\,\cos\varphi - \Omega\,(\sin\beta\,\sin\varphi + \cos\beta\,\sin\alpha\,\cos\varphi) \\ \dot{\varphi} - \dot{\beta}\sin\alpha + \Omega\,\cos\beta\,\cos\alpha \end{bmatrix},$$

$$a_{3\,i} = \begin{bmatrix} \cos\alpha\,\sin\varphi \\ \cos\alpha\,\cos\varphi \\ \sin\alpha \end{bmatrix}. \tag{8.50}$$

Mit $\alpha, \beta \ll 1$ kann man diese Ausdrücke vereinfachen, so daß bei Vernachlässigung der von quadratischer oder höherer Ordnung kleinen Glieder zunächst

$$\dot{\varphi} = \omega_{30} - \Omega = \text{const} \tag{8.51}$$

erhalten wird. Nach Einsetzen von (8.50) in (8.49) folgen zwei Gleichungen für die Winkel α und β, in denen jedes Glied mit $\sin\varphi$ oder $\cos\varphi$ multipliziert ist. Diese Faktoren lassen sich leicht durch eine Trans-

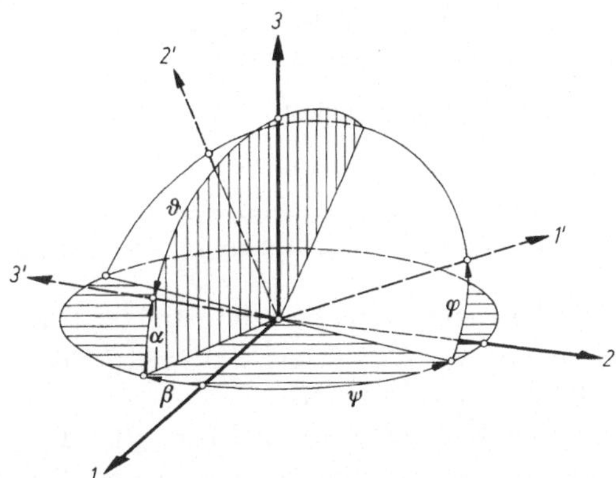

Abb. 8.7 Lagewinkel zur Berechnung der Satellitenbewegungen.

formation eliminieren, so daß ein System von zwei linearen Differentialgleichungen für α und β mit konstanten Koeffizienten erhalten wird:

$$A\,\ddot{\alpha} + \beta\,(C\,\omega_{30} - 2A\Omega) + \alpha\,(C\,\omega_{30}\,\Omega + 3C\Omega^2 - 4A\Omega^2) = 0,$$

$$A\,\ddot{\beta} - \dot{\alpha}\,(C\,\omega_{30} - 2A\Omega) + \beta\,(C\,\omega_{30}\,\Omega - A\Omega^2) = 0. \tag{8.52}$$

Als charakteristische Gleichung dieses Systems erster Näherung folgt

$$\begin{vmatrix} A\,\lambda^2 + (C\,\omega_{30}\,\Omega + 3C\,\Omega^2 - 4A\,\Omega^2) & (C\,\omega_{30} - 2A\,\Omega)\,\lambda \\ -(C\,\omega_{30} - 2A\,\Omega)\,\lambda & A\,\lambda^2 + (C\,\omega_{30}\,\Omega - A\,\Omega^2) \end{vmatrix} = 0,$$

oder

$$\lambda^4 + p\,\lambda^2 + q = 0$$

mit

$$p = \Omega^2\left(\frac{3C}{A} - 1\right) - \Omega\,\frac{2C\,\omega_{30}}{A} + \left(\frac{C\,\omega_{30}}{A}\right)^2, \qquad (8.53)$$

$$q = \Omega^4\left(4 - \frac{3C}{A}\right) + \Omega^3\frac{C\,\omega_{30}}{A}\left(\frac{3C}{A} - 5\right) + \Omega^2\left(\frac{C\,\omega_{30}}{A}\right)^2.$$

Stabile Bewegungen sind nur möglich, wenn die Bedingungen

$$p > 0, \quad q > 0, \quad D = p^2 - 4q > 0$$

erfüllt sind. Eine Auswertung dieser Bedingungen zeigt Abb. 8.8. Dort ist C/A über dem Verhältnis ω_{30}/Ω aufgetragen. Das Verhältnis C/A durchläuft seinen Wertebereich $0 < C/A < 2$ entsprechend den möglichen Körperformen vom Stab über Körper mit kugelförmigem Trägheitsellipsoid (*Kugel*) bis zu ebenen Scheiben; von den Abszissenwerten

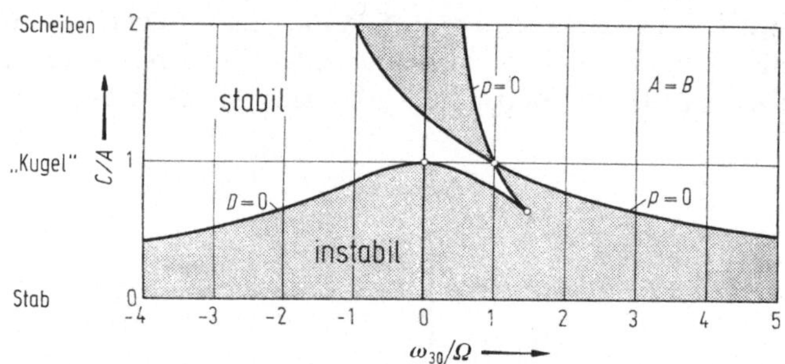

Abb. 8.8 Stabilitätsdiagramm für symmetrische Satelliten mit Eigendrall auf einer Kreisbahn.

sind $\omega_{30}/\Omega = 0$ als Fall eines rein translatorischen Umlaufens des Anziehungszentrums sowie $\omega_{30}/\Omega = 1$ als Fall gleichbleibender Orientierung relativ zur Bahn bemerkenswert.

Stabile und instabile Bereiche in der $(C/A, \omega_{30}/\Omega)$-Ebene von Abb. 8.8 werden durch Kurven getrennt, die aus $p = 0$ und $D = 0$ folgen. Aus dem Stabilitätsdiagramm lassen sich die folgenden Eigenschaften ablesen:

1. Abgeplattete Satelliten mit $|\omega_{30}/\Omega| > 1$ sind stets stabil.

2. Je größer die Eigendrehung ω_{30} ist, um so mehr können auch gestreckte Satelliten stabilisiert werden. Sogar fast stabförmige Satelliten lassen sich stabilisieren, wenn nur ihr Eigendrall hinreichend groß ist. (Dieses Ergebnis gilt für starre Körper. Es muß darauf hingewiesen

werden, daß bei verformbaren Körpern eine Übertragung der Drehenergie von der Achse des kleinsten zur Achse des größten Hauptträgheitsmomentes möglich ist. Das hat zur Folge, daß Satelliten, die um die Achse des kleinsten Hauptträgheitsmomentes drehen, instabil werden können.)

3. Translatorisch umlaufende Satelliten ($\omega_{30} = 0$) können nur stabil umlaufen, wenn sie leicht abgeplattet sind ($1 < C/A < 1,33$). Sowohl der Stab ($C = 0$) als auch die Scheibe ($C/A = 2$) sind in diesem Fall instabil.

4. Satelliten mit stets gleicher Orientierung zum Zentrum ($\omega_{30} = \Omega$) sind stabil, wenn sie abgeplattet ($2 > C/A > 1$) oder nur ganz wenig gestreckt ($1 > C/A > 0,855$) sind.

Es sei ausdrücklich darauf hingewiesen, daß die hier erwähnten Effekte eine Folge des durch den Schwerkraftgradienten bedingten Momentes sind. In einem homogenen Schwerefeld könnten bei Drehung eines starren Körpers um seine Symmetrieachse keinerlei Instabilitäten auftreten.

8.3.4 Satelliten beliebiger Form auf einer Kreisbahn. Wenn die Hauptträgheitsmomente A, B, C voneinander verschieden sind, dann läßt sich ein Überblick über das Stabilitätsverhalten durch Untersuchen der Nachbarbewegungen zu den beiden partikulären Lösungen (8.46) und (8.47) gewinnen. Der durch (8.46) gekennzeichnete Zustand der relativen Ruhe eines Satelliten in bezug auf die Bahn interessiert für praktische Anwendungen ganz besonders, da eine bahnfeste Orientierung häufig erwünscht oder sogar notwendig ist (Wetter- und Nachrichtensatelliten). Bei der der Lösung (8.47) entsprechenden Bewegung bleibt nur die Orientierung einer Hauptachse senkrecht zur Bahnebene unverändert. Um diese Hauptachse rotiert der Körper, so daß man in diesem Falle von Drallstabilisierung der Satelliten sprechen kann.

a) Die Stabilität des Zustandes der relativen Ruhe. Um die schon im Abschn. 8.3.3 verwendeten Beziehungen verwenden zu können, soll angenommen werden, daß der Satellit die in Abb. 8.7 für das körperfeste $1, 2', 3'$-System skizzierte Orientierung haben möge; mit $\alpha = \beta = \varphi = 0$ wird $1', 2', 3' \equiv 2, 3, 1$ (Abb. 8.4), so daß anstelle der partikulären Lösung (8.46) jetzt

$$\omega_i = (0, 0, \Omega),$$
$$a_{3i} = (0, 1, 0) \tag{8.54}$$

zu nehmen ist. Für die Nachbarlösungen sind dann die Größen α, β, φ, ω_1 und ω_2 als klein anzusehen. Aus (8.50) folgt dann

$$\omega_i \approx \begin{bmatrix} -\dot\alpha + \Omega\beta \\ -\dot\beta - \Omega\alpha \\ +\Omega \end{bmatrix}; \quad a_{3i} \approx \begin{bmatrix} \varphi \\ 1 \\ \alpha \end{bmatrix}. \tag{8.55}$$

Mit Einsetzen dieser Ausdrücke in (8.44/3) folgt zunächst eine Gleichung für φ, die der früheren Gl. (8.48) entspricht:

$$C\,\ddot{\varphi} + 3\Omega^2(A - B)\,\varphi = 0. \tag{8.56}$$

Daraus kann $\varphi(t)$ für sich berechnet werden. Man erkennt aus (8.56) unmittelbar, daß für stabile Bewegungen $A > B$ notwendig ist. Aus (8.44/1) und (8.44/2) folgt mit (8.55) ein gekoppeltes System für α und β:

$$\begin{aligned}
A\,\ddot{\alpha} - \beta\,\Omega(A + B - C) + \alpha\,4\Omega^2(C - B) &= 0, \\
B\,\ddot{\beta} + \dot{\alpha}\,\Omega(A + B - C) + \beta\,\Omega^2(C - A) &= 0.
\end{aligned} \tag{8.57}$$

Die charakteristische Gleichung dieses Systems ist:

$$\begin{vmatrix} A\,\lambda^2 + 4\Omega^2(C - B) & -\lambda\,\Omega(A + B - C) \\ \lambda\,\Omega(A + C - B) & B\,\lambda^2 + \Omega^2(C - A) \end{vmatrix} = 0,$$

oder

$$\left(\frac{\lambda}{\Omega}\right)^4 + p\left(\frac{\lambda}{\Omega}\right)^2 + q = 0$$

mit

$$p = 2 - 3\frac{B}{A} + 2\frac{C}{A} - \frac{C}{B} + \frac{C^2}{AB}, \tag{8.58}$$

$$q = \left(\frac{C}{A} - 1\right)\left(\frac{C}{B} - 1\right).$$

Da p und q und damit auch die Diskriminante $D = p^2 - 4q$ nur noch von den Verhältnissen der Trägheitsmomente abhängen, bietet sich eine Darstellung der Stabilitätsbereiche im Formdreieck an. In Abb. 8.9 sind stabile und instabile Bereiche aufgetragen. Bei der hier vorliegen-

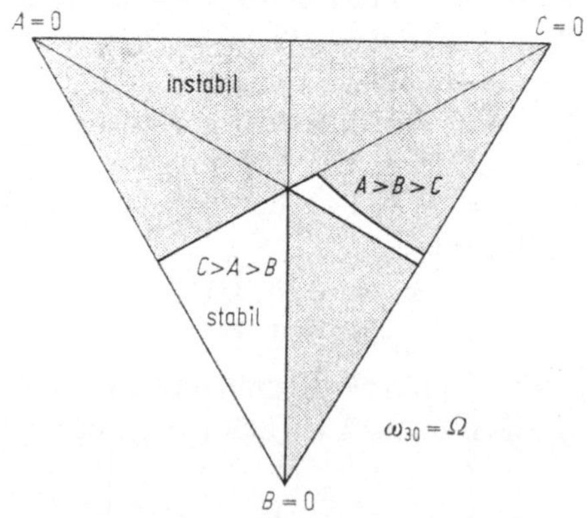

Abb. 8.9 Stabilitätsdiagramm für einen unsymmetrischen, erdorientierten Satelliten (Zustand relativer Ruhe zur Bahn).

den Orientierung des Satelliten ($1'2'3' \equiv 2, 3, 1$) entsprechen die Eckpunkte des Formdreiecks: einem Stab tangential zur Bahn ($A = 0$), einem Stab in Vertikalenrichtung ($B = 0$), einem Stab quer zur Bahnebene ($C = 0$). Aus dem Stabilitätsdiagramm lassen sich damit die folgenden Ergebnisse ablesen:

1. Für $A < B$ (linke obere Hälfte des Dreiecks) ist keine Stabilität erreichbar. Also muß von den beiden in die Bahnebene fallenden Hauptachsen die zum kleineren Trägheitsmoment gehörende zum Anziehungszentrum weisen, wenn Stabilität angestrebt wird (passive Schwerkraftstabilisierung!).

2. Für stabile Konfigurationen darf C, also das Hauptträgheitsmoment für die senkrecht zur Bahnebene stehende Hauptachse, nicht mittleres Hauptträgheitsmoment sein.

3. Die Orientierung des Satelliten ist stets stabil, wenn $C > A > B$ gilt (linkes unteres Teildreieck). Die Eckpunkte des dazugehörigen Teildreiecks entsprechen: einem Körper mit kugelförmigem Trägheitsellipsoid, einem Stab, dessen Achse zum Anziehungszentrum zeigt, und einer symmetrischen Scheibe in der Bahnebene. Auch der Bildpunkt des natürlichen Erdsatelliten, des Mondes, liegt in diesem Teildreieck nahe der Mitte des Formdreiecks.

4. Im Teildreieck $A > B > C$ *kann* Stabilität vorhanden sein, sofern die Abweichungen von einem bezüglich der $1'$-Achse symmetrischen ($B = 0$) abgeplatteten ($A > C$) Körper nicht zu groß sind. Im ganzen Teildreieck $A > B > C$ liegt *statische* Instabilität vor, da das vom Schweregradienten herrührende Moment derartige Satelliten aus ihrer Lage herauszudrehen sucht. In dem schmalen stabilen Streifen reicht jedoch das schwache, von der Teilnahme an der Umlaufbewegung herrührende Kreiselmoment zu einer Kompensation des Schweremomentes aus. Man kann dies als ein Analogon zum Spielkreisel ansehen. Obwohl dieser statisch instabil ist, kann er — durch Kreiselkräfte stabilisiert — auf seiner Spitze tanzen. Diese Analogie kann sogar noch weitergeführt werden: So wie der Spielkreisel infolge von Energieverlusten durch Reibung nach einiger Zeit umfällt, so kann auch bei einem Satelliten der schmale Stabilitätsbereich praktisch nicht ausgenützt werden, wenn mit Energiedissipation z. B. durch Verformungen, durch wippende Antennen oder durch bewegte Flüssigkeit im Innern gerechnet werden muß (s. a. Satz 11 in Abschn. 5.2.2).

5. Auf der von der rechten oberen Ecke ausgehenden Mittellinie des Formdreiecks können alle Eigenschaften abgelesen werden, die im Abschn. 8.3.3 für symmetrische Satelliten mit $\omega_{30} = \Omega$ (Abb. 8.8) erhalten wurden. Man beachte, daß die dort als stabil bezeichneten Fälle hier auf der Grenze des Stabilitätsbereiches liegen. Eine genauere Analyse zeigt, daß auf der Stabilitätsgrenze die Orientierung der beiden

in die Bahnebene fallenden Hauptachsen unbestimmt wird. Der Satellit kann um die Querachse rollen, jedoch bleibt die Richtung der Rollachse, also der Symmetrieachse, erhalten.

b) Die Stabilität rotierender Satelliten von beliebiger Form. Für Nachbarbewegungen zu der durch (8.47) gegebenen ebenen Bewegung eines Satelliten lassen sich die notwendigen kinematischen Beziehungen z. B. aus (8.50) gewinnen, wenn man die Koordinaten zyklisch vertauscht: Die früheren $1, 2, 3$-Koordinaten werden im vorliegenden Fall zu $3, 1, 2$-Koordinaten. Nimmt man außerdem $\alpha \ll 1$ und $\beta \ll 1$ an, dann bleibt:

$$\omega_i \approx \begin{bmatrix} \dot{\varphi} + \Omega \\ -\dot{\alpha}\cos\varphi - \beta\sin\varphi + \Omega(\beta\cos\varphi - \alpha\sin\varphi) \\ \dot{\alpha}\sin\varphi - \beta\cos\varphi - \Omega(\beta\sin\varphi + \alpha\cos\varphi) \end{bmatrix},$$

$$a_{3i} \approx \begin{bmatrix} \alpha \\ \sin\varphi \\ \cos\varphi \end{bmatrix}. \tag{8.59}$$

Mit Einsetzen dieser Werte in (8.44/1) erhält man gerade wieder die Bestimmungsgleichung (8.48) für φ. In erster Näherung ist daher die φ-Bewegung, also das Nicken oder Überschlagen des Satelliten um die quer zur Bahnebene stehende Hauptachse unabhängig von den Bewegungen dieser Achse (Winkel α und β). Im vorliegenden Fall interessieren Lösungen von (8.48), bei denen $\varphi(t)$ monoton anwächst. Das entspricht überschlagenden Bewegungen des Satelliten, die durch hinreichend starke Anfangsgeschwindigkeit

$$\varphi(0) = 0; \quad \dot{\varphi}(0) > 3\Omega^2\left(\frac{B-C}{A}\right)$$

erzeugt werden können. Ohne auf die Einzelheiten des Berechnungsganges einzugehen, soll hier nur der Weg skizziert und die Ergebnisse angegeben werden. Näheres findet man z. B. in [62].

Mit $\varphi = \varphi(t)$ folgen nach Einsetzen von (8.59) in (8.44/1, 2) zwei Differentialgleichungen, deren Glieder mit $\sin\varphi$ oder $\cos\varphi$ multipliziert sind. Diese Gleichungen lassen sich wie im Falle eines symmetrischen Satelliten umformen. Während jedoch für den symmetrischen Satelliten Gleichungen mit konstanten Koeffizienten (8.52) erhalten wurden, werden die Koeffizienten der Gleichungen für Satelliten beliebiger Form periodisch. Sie enthalten die Faktoren $\sin 2\varphi$ und $\cos 2\varphi$. Das Gleichungssystem wurde nach der Floquetschen Theorie mit Hilfe von Rechenautomaten gelöst und auf diese Weise die Stabilitätsgrenzen bestimmt.

Die Ergebnisse sind in den Abb. 8.10 und 8.11 im Formdreieck dargestellt. Als Parameter wurde der für die Zeit eines vollen Überschlags des Satelliten gemittelte Wert des Verhältnisses $k = (\omega_1/\Omega)_m$ gewählt, da $\omega_1 \approx \dot{\varphi} + \Omega$ jetzt nicht konstant ist. Für $k = 0$ wird translatorisches Umlaufen, für $k = 1$ der schon im Abschn. a) behandelte Fall der relativen Ruhe erhalten. Positive Werte von k bedeuten Überschlagen im Sinne des Bahnumlaufs ($\omega_i \uparrow\uparrow \Omega_i$), $k < 0$ entspricht einem Überschlagen im Gegensinne des Bahnumlaufs. Beide Diagramme sind symmetrisch zu der von der Ecke $A = 0$ ausgehenden Winkelhalbierenden des Formdreiecks. Das ist erklärlich, da wegen des Überschlagens B und C miteinander vertauscht werden dürfen, ohne daß sich das physikalische Verhalten des Systems ändert. Vertauschen von B und C bedeutet im Formdreieck aber eine Spiegelung an der genannten Winkelhalbierenden.

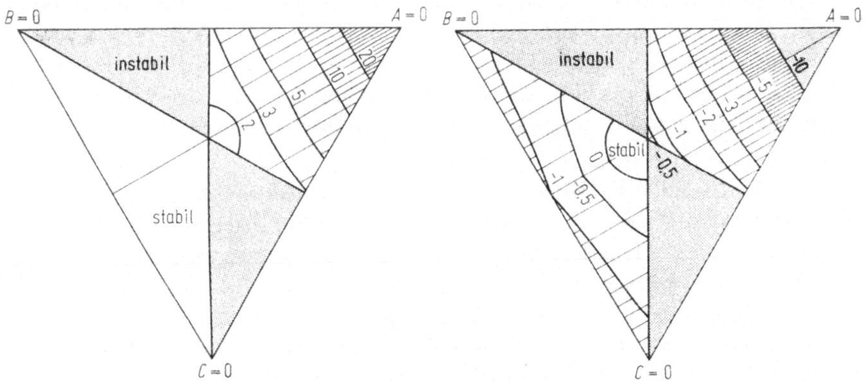

Abb. 8.10 u. 8.11 Stabilitätsdiagramme für unsymmetrische Satelliten auf einer Kreisbahn bei verschiedener Größe der bezogenen Eigendrehung $k = (\omega_1/\Omega)_m$.

Aus den Abb. 8.10 und 8.11 kann gefolgert werden:

1. Für $k > 2$ sind Satelliten, die um die Achse des größten Hauptträgheitsmomentes A drehen, stets stabil.

2. Drehungen um die Achse des mittleren Hauptträgheitsmomentes sind in jedem Falle instabil.

3. Drehungen um die Achse des kleinsten Hauptträgheitsmomentes können für $k > 2$ (Abb. 8.10) oder $k < 0$ (Abb. 8.11) nur stabilisiert werden, wenn die Eigendrehung hinreichend groß ist. Die Stabilitätsgrenze verschiebt sich mit wachsender Eigendrehung immer mehr in Richtung der Ecke $A = 0$ (Stab quer zur Bahnebene) des Formdreiecks.

4. Bei translatorischem Umlauf ($k = 0$), Abb. 8.11, erhält man lediglich einen kleinen Stabilitätsbereich für schwach abgeplattete Körper ($A > B, C$). Auch die Unsymmetrie darf in diesem Falle nicht zu

groß werden. Dieser Fall interessiert besonders für Anwendungen auf erdumkreisende astronomische Observatorien, bei denen die Einhaltung einer festen Richtung im Raum erwünscht ist.

5. Der Stabilitätsbereich abgeplatteter Satelliten $(A > B, C)$ kann schon durch geringe Eigendrehung im Gegensinne des Bahnumlaufs $(k < 0)$ erheblich vergrößert werden. Bereits für $k < 1{,}5$ wird Stabilität im gesamten Bereich erhalten.

Von der Ecke $A = 0$ geht die symmetrischen Satelliten mit $B = C$ entsprechende Gerade aus. Die hier erhaltenen Grenzwerte für die Stabilität bei verschwindenden Werten der Eigendrehung stimmen natürlich mit den entsprechenden Werten von Abb. 8.8 überein.

In den Diagrammen 8.10 und 8.11 wurde der Bereich $0 < k < 2$ ausgespart. Dafür müssen gesonderte Betrachtungen angestellt werden, da hier Synchronisierungseffekte auftreten können. Je nach der Größe der Anfangsdrehgeschwindigkeit kann es dabei zum Überschlagen oder aber zum Pendeln um die Lage relativer Ruhe $k = 1$ kommen.

Die Berechnungen (s. [62]) zeigen, daß der Synchronisierungsbereich recht klein ist. Deshalb müssen die Störungen bei passiv erdorientierten Satelliten in ziemlich engen Grenzen gehalten werden.

8.3.5 Störende Einflüsse. Die in den vorhergehenden Abschnitten beschriebenen Ergebnisse gelten unter einschränkenden Bedingungen: für einen *starren* Körper, der *kleine Schwingungen* ausführt und dessen Massenmittelpunkt auf einer *Kreisbahn* um das Zentrum eines ideal *zentralsymmetrischen Schwerefeldes* umläuft. Zusätzliche *Störmomente* wurden vernachlässigt. Sind diese Voraussetzungen nicht erfüllt, dann ist auf jeden Fall ein quantitativ verändertes, z. T. jedoch auch ein qualitativ anderes Verhalten möglich. Einige derartige Abweichungen sollen hier erwähnt werden, jedoch muß bezüglich der näheren Einzelheiten auf das Schrifttum zur Satellitentheorie verwiesen werden.

a) *Nichtstarre Satelliten* liegen vor, wenn Verformungen auftreten, wenn bewegte Teile vorhanden sind oder wenn der Satellit Flüssigkeiten enthält. Verformungen treten auch bei den i. allg. sehr langsamen Satellitenbewegungen an den oft langen Auslegern oder Antennen auf. Zum Teil werden diese Verformungen durch ungleichförmige Wärmeeinstrahlung hervorgerufen. Stets führen die Verformungen zu einer Energiezerstreuung, die das Stabilitätsverhalten beeinflußt. Bewegte Teile können im Satelliten dazu verwendet werden, die Drehbewegungen in einem gewünschten Sinne zu beeinflussen, also eine Lageregelung durchzuführen oder vorhandene Taumelbewegungen (Nutationen) zu dämpfen. Die Dämpfung kann auch durch geeignet ausgebildete flüssigkeitsgefüllte Ringrohre erreicht werden. Es ist im Prinzip sogar möglich, einen für sich instabilen starren Satelliten durch Einbau eines geeignet geformten und mit Flüssigkeit gefüllten Hohlraumes zu stabilisieren.

b) *Abweichungen von einem zentralsymmetrischen Schwerefeld* treten auf, wenn weitere Himmelskörper (Sonne und Mond) oder die Abplattung der Erde berücksichtigt werden. In gleicher Weise wirken sich Unregelmäßigkeiten in der Massenverteilung des Zentralkörpers (Erde) aus.

c) Der *Einfluß nichtlinearer Glieder* in den Differentialgleichungen, der stets dann berücksichtigt werden muß, wenn die auftretenden Bewegungen nicht mehr als klein bezeichnet werden können, wurde bereits im Abschn. 8.3.4a erwähnt.

d) Die reale Bewegung der Satelliten ist ein Zwei-Körper-Problem, bei dem das *Anziehungszentrum nicht fest* steht. Auch das Zentrum des Hauptkörpers beschreibt eine Kepler-Ellipse, deren Durchmesser sich zum Bahndurchmesser der Satellitenbahn umgekehrt wie die zugehörigen Massen verhält. Dieser Einfluß ist jedoch so gering, daß er bei Erdsatelliten völlig vernachlässigt werden kann.

e) *Zusätzliche Störmomente*, die außer dem Schweremoment Einfluß auf die Drehbewegungen von Satelliten haben, entstehen z. B. durch den atmosphärischen Widerstand, durch magnetische oder elektrostatische Beeinflussung sowie durch den Strahlungsdruck der Sonne.

f) Wenn die *Bahnkurve elliptisch* ist, muß die Bewegung des Massenmittelpunktes M aus den Kepler-Gesetzen

$$R = \frac{P}{1 + e \cos\tau},$$

$$\dot{\tau} = \sqrt{\frac{\gamma\, m_E}{P^3}} (1 + e \cos\tau)^2$$

$$(8.60)$$

berechnet werden. Darin wird zweckmäßigerweise der Winkel τ von Abb. 8.12, die *wahre Anomalie*, als unabhängige Veränderliche verwendet. P ist der Bahnparameter, e ist die Bahnexzentrizität. Bei Verwendung des bahnorientierten Bezugssystems 1, 2, 3 behalten zwar die 1- und die 3-Achse die schon in Abb. 8.2 angegebene Orientierung, aber die 2-Achse liegt nicht mehr tangential zur Bahnkurve.

Man erkennt leicht, daß eine partikuläre Lösung der Bewegungsgleichungen (8.44), die einem Zustand relativer Ruhe bezüglich des 1, 2, 3-Systems entspricht, wegen der ungleichförmigen Drehung des Fahrstrahls nicht existiert. Dagegen kann man eine Verallgemeinerung der früheren Lösung (8.47) finden. Mit

$$\omega_i = (\dot\tau + \dot\varphi, \quad 0, \quad\quad 0 \ ),$$
$$\dot a_{3i} = (\quad 0, \quad \sin\varphi, \quad \cos\varphi)$$

$$(8.61)$$

sind (8.44/2 und 3) erfüllt, während **aus** (8.44/1) anstelle von (8.48) jetzt die Differentialgleichung

$$A\,\ddot\varphi + \frac{3g}{2R}\,(B - C)\sin 2\varphi = -A\,\ddot\tau \tag{8.62}$$

erhalten wird. Diese Gleichung läßt sich mit (8.60) zusammenfassen, wenn man die Zeit t eliminiert und die wahre Anomalie τ als Variable verwendet. Die Ableitungen nach τ sollen durch Striche gekennzeichnet werden. Dann geht (8.62) über in:

$$A\,(1 + e\cos\tau)\,\varphi'' - 2A\,e\sin\tau\,\varphi' + \tfrac{3}{2}(B - C)\sin 2\varphi = 2A\,e\sin\tau. \tag{8.63}$$

Diese für $e \neq 0$ inhomogene Differentialgleichung besitzt periodische Koeffizienten. Neben den durch die ungleichförmige Drehung des Fahr-

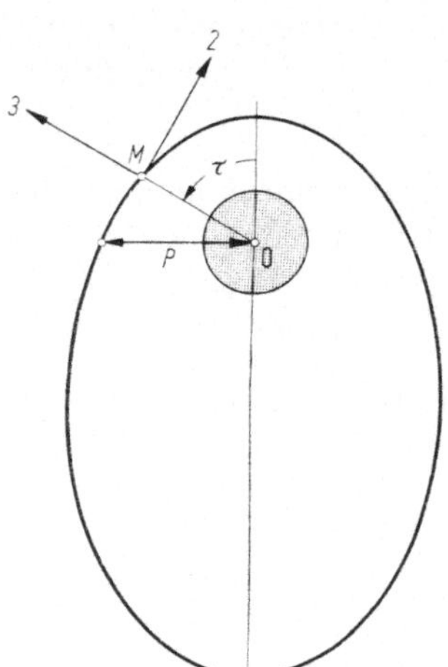

Abb. 8.12 Satellit auf elliptischer Bahn mit dem bahnorientierten 1,2,3-Koordinatensystem.

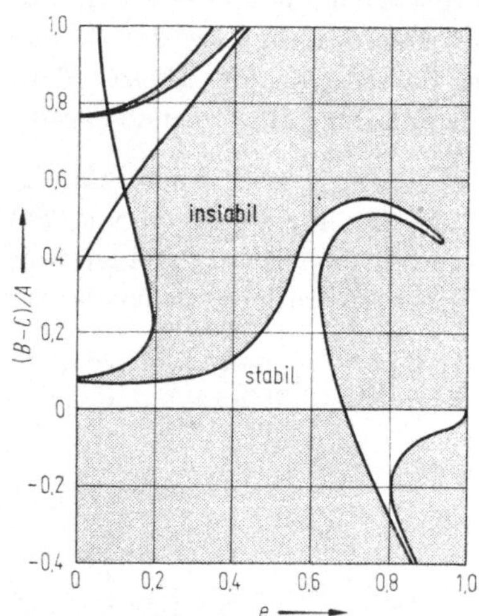

Abb. 8.13 Stabilitätsdiagramm für unsymmetrische Satelliten bei verschiedéner Exzentrizität e der Bahn.

strahls R_i bedingten erzwungenen Schwingungen können deshalb auch noch parametererregte Schwingungen auftreten. Ein von ZLATOUSTOV u. a. [63] ausgerechnetes Stabilitätsdiagramm für diese Bewegungen ist in Abb. 8.13 wiedergegeben. Man kann daraus erkennen, daß die für $B > C$ und $e = 0$ stabile Lage *relativer Ruhe* mit zunehmender Exzentrizität der Bahn instabil wird. Andererseits ist es möglich, daß für stark elliptische Bahnen ($e \approx 0{,}8$) auch Satelliten mit $C > B$ stabile ebene Pendelbewegungen ausführen können.

Die erzwungenen, nicht jedoch die parametererregten Schwingungen eines Satelliten können durch Schwungräder oder auch mit Hilfe von variablen Auslegern vollkommen getilgt werden, so daß auch auf elliptischen Bahnen eine Gleichgewichtslage erreicht werden kann, bei der eine Achse des Satelliten zum Anziehungszentrum zeigt. Entsprechende Steuergesetze und Regeleinrichtungen wurden von SCHIEHLEN [64] angegeben und untersucht.

9. Kreiselwirkungen an Rotoren

Bei technischen Geräten und Maschinen machen sich Kreiselwirkungen in vielfältiger Weise bemerkbar. Sie treten stets auf, wenn drehende Teile vorhanden sind, deren Drehachsen ihre Richtung im Raum ändern. Das ist z. B. bei der Kurvenfahrt aller Räderfahrzeuge, im Kurvenflug von Motorflugzeugen oder bei Kursänderungen motorangetriebener Schiffe der Fall. Aber auch bei Rotoren in festen Lagern können Kreiselwirkungen erheblichen Einfluß haben, wenn die Rotorwellen elastisch sind und Schwingungen auftreten, bei denen sich die Rotoren nicht nur translatorisch bewegen, sondern auch Drehschwingungen ausführen.

Sofern die Kreiselmomente geführter Rotoren nicht auf die Führungsbewegung zurückwirken, können sie aus Überlegungen abgeleitet werden, wie sie in Abschn. 3.1 für den Fall zwangsläufig geführter Kreisel angestellt wurden. Die dort für verschiedene Fälle abgeleiteten Formeln für das vom Kreisel, also vom drehenden Teil auf die Lagerung übertragene Kreiselmoment M_i^K, insbesondere die sehr allgemeine Beziehung (3.7), können dann unmittelbar verwendet werden. An den Beispielen des Kurvenkreisels und einer Kollermühle wurde das im Abschn. 3.1 gezeigt.

Im folgenden sollen zwei weitere Auswirkungen von Kreiselmomenten betrachtet werden: die Kopplung der Drehbewegungen um verschiedene Achsen bei Fahr- und Flugzeugen sowie die Beeinflussung der kritischen Drehzahlen von Rotoren. Für diese beiden technisch bedeutsamen Effekte sollen hier einige typische Beispiele besprochen werden.

9.1 Die Kopplung der Drehbewegungen bei Fahr- und Flugzeugen

Es sei angenommen, daß sich in dem betrachteten Fahrzeug Radsätze oder drehende Motoren befinden. Diese Rotoren seien symmetrisch bezüglich der fahrzeugfesten Drehachsen, und diese Achsen sollen zugleich Hauptachsen des Fahrzeugs und der Rotoren sein. Unter der weiteren Voraussetzung, daß die relative Drehgeschwindigkeit der Rotoren konstant bleibt, lassen sich die Drehbewegungen des Fahrzeuges aus den im Abschn. 4.1 für Gyrostaten abgeleiteten Bewegungsgleichungen berechnen. Setzt man z. B. in (4.26) anstelle des Schweremomentes allgemeine Momente M_i ein, dann folgt:

$$A\,\dot{\omega}_1 - (B - C)\,\omega_2\,\omega_3 + \omega_2\,H_3^Z - \omega_3\,H_2^Z = M_1,$$
$$B\,\dot{\omega}_2 - (C - A)\,\omega_3\,\omega_1 + \omega_3\,H_1^Z - \omega_1\,H_3^Z = M_2, \qquad (9.1)$$
$$C\,\dot{\omega}_3 - (A - B)\,\omega_1\,\omega_2 + \omega_1\,H_2^Z - \omega_2\,H_1^Z = M_3.$$

Darin sind A, B, C die Hauptträgheitsmomente des Fahrzeugs einschließlich der Rotoren, ω_i ist der Drehvektor des Fahrzeugs, und H_i^Z ist der Vektor des Zusatzdralls aller Rotoren relativ zum Fahrzeug. Zur Berechnung der Bewegung des Fahrzeugs ist noch das Moment einzusetzen. Da dieses meist von den Bahnbewegungen des Fahrzeugs abhängt, müßte das System (9.1) noch durch die drei aus dem Impulssatz folgenden Beziehungen für das Kräftegleichgewicht erweitert werden. Außerdem sind die kinematischen Gleichungen zu berücksichtigen. Ohne auf die recht schwierige allgemeine Lösung einzugehen, können bereits aus (9.1) einige für die Drehbewegungen wichtige Folgerungen gezogen werden.

Abgesehen von den eventuell vorhandenen Kopplungen über die auf den rechten Seiten stehenden Momente lassen sich aus (9.1) zwei Arten von Kreiselkopplungen erkennen:

1. Infolge des Eigendralls H^Z der Rotoren erhält man stets eine gegenseitige Beeinflussung der Bewegungen um die beiden zur Rotorachse senkrechten Achsen. Liegt die Rotorachse z. B. in 1-Richtung, dann sind die Drehbewegungen um 2- und 3-Achse des Fahrzeugs gekoppelt.

2. Unabhängig von den Wirkungen der vorhandenen Rotoren ergeben sich Kopplungen stets dann, wenn die Trägheitsmomente A, B, C des Fahrzeugs verschieden voneinander sind und der Vektor ω_i nicht in einer der Hauptachsen liegt. So wirkt z. B. bei $A \neq B$ ein Kreiselmoment von der Größe $(A - B)\,\omega_1\,\omega_2$ um die 3-Achse. Dadurch beeinflussen die Drehungen um die Achsen 1 und 2 die Bewegung um die Achse 3.

Das genannte Moment hat jedoch i. allg. nur geringen Einfluß und kann oft vernachlässigt werden. Das gilt vor allem, wenn die Drehgeschwindigkeitskoordinaten des Fahrzeugs klein sind, so daß in einer Theorie erster Näherung quadratisch kleine Glieder unberücksichtigt bleiben können.

Führt man das in Abb. 9.1 eingezeichnete flugzeugfeste Bezugssystem $1^F\,2^F\,3^F$ sowie die (im Abschn. 12.1 näher zu definierenden) Winkel $\varphi\,\vartheta\,\psi$ ein, dann kann man unter der Voraussetzung kleiner Winkelauslenkungen näherungsweise

$$\omega_1 \approx \dot{\varphi}; \quad \omega_2 \approx \dot{\vartheta}; \quad \omega_3 \approx \dot{\psi} \qquad (9.2)$$

ansetzen. Die entsprechenden Drehbewegungen werden beim Flugzeug als Rollen, Nicken und Gieren bezeichnet. Bei Vernachlässigung quadra-

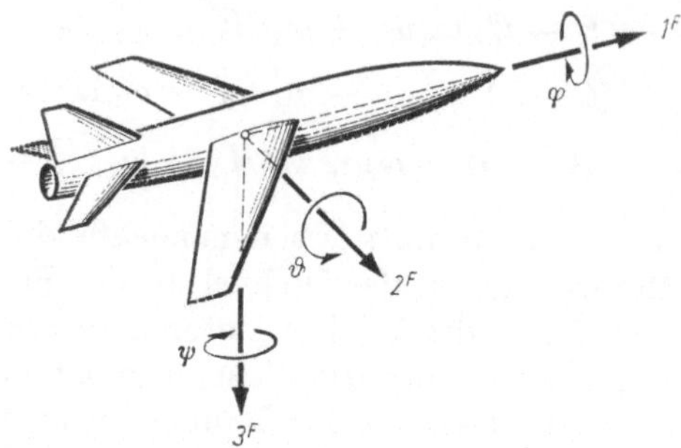

Abb. 9.1 Flugzeugfestes Koordinatensystem und Drehwinkel φ, ϑ, ψ.

tisch kleiner Glieder geht damit (9.1) über in:

$$A\,\ddot{\varphi} + H_3^Z\,\dot{\vartheta} - H_2^Z\,\dot{\psi} = M_1,$$
$$B\,\ddot{\vartheta} + H_1^Z\,\dot{\psi} - H_3^Z\,\dot{\varphi} = M_2, \tag{9.3}$$
$$C\,\ddot{\psi} + H_2^Z\,\dot{\varphi} - H_1^Z\,\dot{\vartheta} = M_3.$$

Anhand dieser Gleichungen sollen einige Beispiele qualitativ untersucht werden:

1. Bei einem *Motorflugzeug* liege die Achse der als symmetrisch angenommenen (mindestens dreiflügeligen) Luftschraube in 1^F-Richtung. Dann ist $H_1^Z = H \neq 0$, $H_2^Z = H_3^Z = 0$. Daher sind Gier- und Nickbewegungen miteinander gekoppelt. Bei in Flugrichtung gesehen rechtsdrehender Luftschraube drückt das Kreiselmoment $M_2^K = -H\,\dot{\psi}$ die Nase des Flugzeugs bei einer Linkskurve nach oben, bei einer Rechtskurve nach unten. Die dadurch entstehende Nickbewegung wirkt infolge des Momentes $M_3^K = H\,\dot{\vartheta}$ auf die Kurvendrehung zurück und sucht sie zu bremsen. Besitzt das Flugzeug eine unsymmetrische zweiflügelige Luftschraube, dann überlagern sich den genannten Kreiselmomenten noch periodische Anteile, wie sie z. B. in Abschn. 3.1.3 untersucht wurden. Besitzt ein Flugzeug zwei gegenläufige Triebwerke, dann treten die Kreiselmomente äußerlich nicht in Erscheinung; sie beanspruchen jedoch die Flugzeugzelle entsprechend.

2. Bei *Räderfahrzeugen*, bei Elektrolokomotiven mit querliegendem Motor sowie bei Raddampfern liegt der Drall der Radsätze oder Rotoren quer zur Fahrtrichtung in 2-Richtung: $H_2^Z = H \neq 0$, $H_1^Z = H_3^Z \neq 0$. Dann sind die Gier- und Rollbewegungen miteinander verkoppelt. Das bei einer Kurvenfahrt auftretende Kreiselmoment $M_1^K = H\,\dot{\psi}$ ist dabei stets so gerichtet, daß die auf der Außenseite der Kurve liegenden Räder des Fahrzeugs stärker belastet werden. Fährt das Fahrzeug in

eine überhöhte Kurve ein, dann wirkt das durch die Änderung der Schräglage ($\varphi \neq 0$) bedingte Kreiselmoment $M_3^K = -H\,\dot\varphi$ im Sinne der Kurvendrehung $\dot\psi$. Beim Ausfahren aus einer überhöhten Kurve wirkt es entsprechend umgekehrt und trägt so dazu bei, das Fahrzeug wieder in die gerade Fahrtrichtung einschwenken zu lassen. In völlig gleicher Weise wirkt ein anderer Effekt: Fährt ein Fahrzeug z. B. mit den linken Rädern über ein Hindernis, dann sucht das Kreiselmoment $M_3^K = -H\,\dot\varphi$ das Fahrzeug vorübergehend nach rechts aus- und wieder zurückzulenken.

3. Bei einem *Gyrobus* liegt die Achse des energiespeichernden Schwungrades vertikal, also in 3-Richtung. Es ist $H_2^Z = H \neq 0$, $H_1^Z = H_2^Z = 0$. Dann sind Roll- und Nickbewegungen miteinander gekoppelt, so daß sich z. B. Nickschwingungen infolge einer welligen Fahrbahn auf die Rollbewegung übertragen.

Die Auswirkungen der Kreiselmomente sollen nun noch am Beispiel eines Raddampfers etwas ausführlicher untersucht werden. Dabei sollen für die auf den rechten Seiten von (9.3) stehenden Momente vereinfachend, aber im Rahmen einer Theorie erster Näherung sicher zulässig, die folgenden Ausdrücke eingesetzt werden:

$$\begin{aligned}
M_1 &= -c_1\,\varphi - d_1\,\dot\varphi, \\
M_2 &= -c_2\,\vartheta - d_2\,\dot\vartheta, \\
M_3 &= \qquad\quad - d_3\,\dot\psi.
\end{aligned} \tag{9.4}$$

Die Beiwerte d_1, d_2 und d_3 bezeichnen die Größe des Wasserwiderstandes gegenüber Drehbewegungen, c_1 und c_2 sind Beiwerte, die den metazentrischen Höhen des Dampfers bezüglich Roll- und Nickbewegungen (beim Schiff auch als Stampfen bezeichnet) proportional sind. Einsetzen von (9.4) in (9.3) ergibt mit $H_2^Z = H$, $H_1^Z = H_3^Z = 0$ das System:

$$\begin{aligned}
A\,\ddot\varphi + d_1\,\dot\varphi + c_1\,\varphi - H\,\dot\psi &= 0, \\
B\,\ddot\vartheta + d_2\,\dot\vartheta + c_2\,\vartheta \qquad\quad &= 0, \\
C\,\ddot\psi + d_3\,\dot\psi \qquad\quad + H\,\dot\varphi &= 0.
\end{aligned} \tag{9.5}$$

Daraus ist zunächst zu ersehen, daß die Stampfbewegung bei den hier getroffenen Annahmen unabhängig von Gieren und Rollen ist. Für die gekoppelte Gier-Roll-Bewegung erhält man die charakteristische Gleichung

$$\begin{vmatrix} A\,\lambda^2 + d_1\,\lambda + c_1 & -H\,\lambda \\ H\,\lambda & C\,\lambda^2 + d_3\,\lambda \end{vmatrix} = 0,$$

oder ausgerechnet: $\hspace{6cm}$ (9.6)

$$\lambda[\lambda^2\,A\,C + \lambda^2(A\,d_3 + C\,d_1) + \lambda(H^2 + d_1\,d_3 + c_1\,C) + c_1\,d_3] = 0.$$

20*

Die Wurzel $\lambda = 0$ ist durch die Indifferenz des Schiffes gegenüber dem Kurswinkel ψ bedingt. Die anderen drei Wurzeln haben wegen $d > 0$ negative Realteile, wenn die Bedingungen

$$c_1 > 0,$$

$$(A\,d_3 + C\,d_1)\,(H^2 + d_1\,d_3 + c_1\,C) > c_1\,d_3 A\,C \tag{9.7}$$

erfüllt sind. Daraus ist zu erkennen, daß der Drall H im hier betrachteten Fall stabilisierend wirkt. Jedoch kann auch durch noch so großen Drall eine etwa vorhandene statische Instabilität in der Rollachse ($c_1 < 0$) nicht kompensiert werden.

Die Auswirkung von H läßt sich auch aus der folgenden Näherungsbetrachtung erkennen: Für $H = 0$ sind die Gln. (9.5) völlig entkoppelt und ergeben für die Rollbewegung eine gedämpfte Schwingung mit der für nicht zu starke Dämpfung näherungsweise gültigen Eigenfrequenz:

$$\omega^2_{\text{Roll}} \approx \frac{c_1}{A};$$

für die Gierbewegung folgt eine aperiodische Bewegung mit der Zeitkonstante

$$T_{\text{Gier}} = \frac{C}{d_3}.$$

Für großes H und kleine Dämpfung lassen sich aus (9.6) die entsprechenden Näherungswerte

$$\omega^2_{\text{Roll}} \approx \frac{H^2 + c_1\,C}{A\,C}; \quad T_{\text{Gier}} \approx \frac{H^2 + c_1\,C}{c_1\,d_3} \tag{9.8}$$

ableiten. Daraus folgt, daß der Drall sowohl die Eigenfrequenz als auch die Zeitkonstante erhöht; die Schwingung erfolgt demnach schneller, die aperiodische Bewegung langsamer als bei kleinem oder verschwindendem Drall H.

9.2 Schwingungen eines Kardankreisels mit nachgiebiger Rotorwelle

Bei der Untersuchung von Eigenfrequenzen und kritischen Drehzahlbereichen sind bei Kreiselgeräten mehrfach Unterschiede zwischen experimentellen und theoretisch gewonnenen Werten festgestellt worden. Es zeigte sich, daß diese Abweichungen meist durch die bei der Rechnung vernachlässigte Nachgiebigkeit der Rotorwelle bedingt waren. Ihr Einfluß erwies sich als weitaus stärker als zunächst vermutet wurde. Das soll hier am Beispiel eines Kardankreisels gezeigt werden.

Es wird angenommen, daß die gesamte Nachgiebigkeit von Rotor und Innenrahmen in der Welle konzentriert sei, so daß vereinfachend mit einem starren Rotor auf elastischer Welle in einem starren Innenrahmen gerechnet werden kann. Im folgenden interessieren die Verdrehungen des Rotors gegenüber dem Innenrahmen, so wie dies in Abb. 9.2 skizziert ist. Eventuell überlagerte Querschwingungen des Rotors können unberücksichtigt bleiben, da sie bei symmetrischem Aufbau des Rotors keinen Einfluß auf die Drehschwingungen des Systems haben. Verdrehungen der skizzierten Art können z. B. durch dynami-

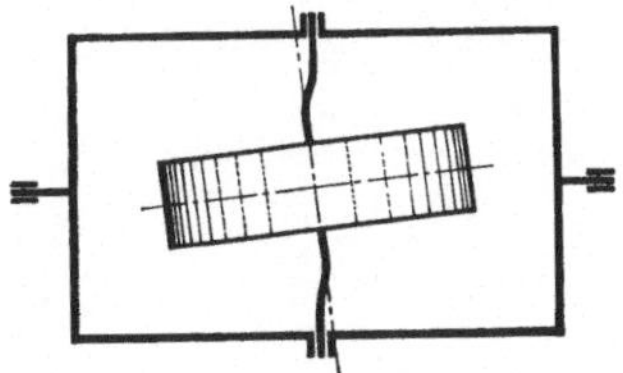

Abb. 9.2 Rotor mit elastischer Welle.

sche Unwuchten des Rotors oder auch durch Eigenschwingungen angeregt werden. Um beide Möglichkeiten erfassen zu können, sollen zunächst die Bewegungsgleichungen für den allgemeinen Fall aufgestellt und anschließend für einige interessierende Sonderfälle gelöst werden.

9.2.1 Die Bewegungsgleichungen für einen Kardankreisel mit Unwucht und elastischer Rotorwelle.

Es sollen die in Kap. 4 verwendeten Bezeichnungen für den Kardankreisel übernommen werden. Die Drehungen der Rahmen seien durch die Kardanwinkel α und β, die Drehung des Rotors gegenüber dem Innenrahmen um die Rotorachse sei durch γ gekennzeichnet. Um die Drehung des Rotors um die Querachsen infolge der Wellenbiegung zu erfassen, werden die Winkel α^R und β^R eingeführt. Sie sollen bei unverformter Welle gleich α bzw. β sein. Die Differenzen $\alpha^R - \alpha$ und $\beta^R - \beta$ sind demnach ein Maß für die Verformung der Welle. Im Rahmen einer Theorie erster Ordnung werden die Winkel $\alpha, \beta, \alpha^R, \beta^R$ als klein vorausgesetzt. Dann lassen sich die Bewegungsgleichungen der beiden Rahmen in der Form schreiben:

$$A^S \ddot{\alpha} + c_1 \alpha + c(\alpha - \alpha^R) = 0,$$
$$B^J \ddot{\beta} + c_2 \beta + c(\beta - \beta^R) = 0. \tag{9.9}$$

Darin ist $A^S = A^J + A^A$ das Summenträgheitsmoment der Rahmen bezüglich der äußeren Rahmenachse, c ist der Fesselungsbeiwert der nachgiebigen Welle, während c_1 und c_2 eventuelle Fesselungen der Rahmen kennzeichnen.

Zur Ableitung der entsprechenden Gleichungen für den Rotor gehen wir von den Euler-Gleichungen

$$A^R \dot{\omega}_1^R - (A^R - C^R)\, \omega_2^R\, \omega_3^R = M_1^R,$$
$$A^R \dot{\omega}_2^R + (A^R - C^R)\, \omega_3^R\, \omega_1^R = M_2^R, \tag{9.10}$$
$$C^R \dot{\omega}_3^R \qquad\qquad\qquad\quad = M$$

aus. Darin ist $A^R = B^R$ gesetzt, also ein symmetrischer Rotor angenommen worden. Bei Momentengleichgewicht bezüglich der rotorfesten 3-Achse kann $M_3^R = 0$, also $\omega_3^R = \omega_{30} = \text{const}$ vorausgesetzt werden. Den Zusammenhang zwischen den Winkelgeschwindigkeitskoordinaten ω_1^R, ω_2^R und den Winkeln α^R, β^R vermitteln die kinematischen Gln. (1.51). Da jedoch eine dynamische Unwucht, d. h. eine Abweichung der Rotorsymmetrieachse (Hauptachse 3) von der durch die Konstruk-

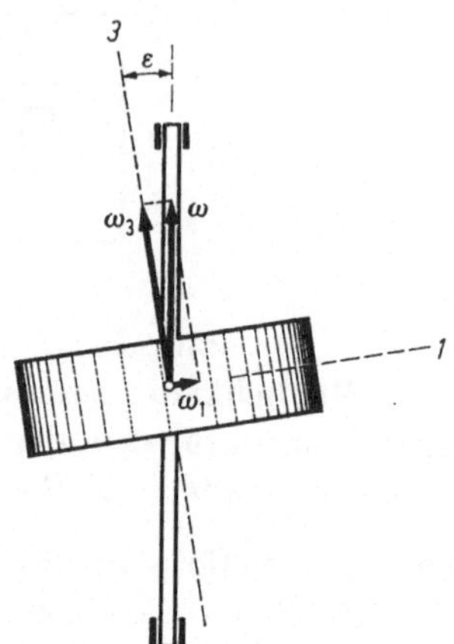

Abb. 9.3 Rotor mit dynamischer Unwucht.

tion gegebenen Verbindungslinie der Rotorlager um den kleinen Winkel ε (Abb. 9.3) angenommen werden soll, muß in (1.51) anstelle von $\dot\alpha$ stets $\dot\alpha^R + \varepsilon\,\omega_{30}\cos\gamma$ und anstelle von β stets $\beta^R + \varepsilon\,\omega_{30}\sin\gamma$ eingesetzt werden. Wegen $\alpha, \beta \ll 1$ erhält man dann:

$$\omega_1^R \approx \dot\alpha^R\cos\gamma + \beta^R\sin\gamma + \varepsilon\,\omega_{30},$$
$$\omega_2^R \approx -\dot\alpha^R\sin\gamma + \beta^R\cos\gamma, \tag{9.11}$$
$$\omega_3^R = \omega_{30} \approx \dot\gamma.$$

Durch Einsetzen in (9.10) ergibt sich mit $H = C^R\omega_{30}$ nach einigen Umformungen:

$$A^R\ddot\alpha^R + H\beta^R - (A^R - C^R)\,\varepsilon\,\omega_{30}^2\sin\gamma = M_1^R\cos\gamma - M_2^R\sin\gamma,$$
$$A^R\ddot\beta^R - H\dot\alpha^R + (A^R - C^R)\,\varepsilon\,\omega_{30}^2\cos\gamma = M_1^R\sin\gamma\,\omega + M_2^R\cos\gamma. \tag{9.12}$$

Die auf den rechten Seiten stehenden Momente entstehen durch die Biegung der Welle. Wenn diese eine in allen Querrichtungen gleiche Biegesteifigkeit besitzt, erhält man

$$M_1^R\cos\gamma - M_2^R\sin\gamma = -c\,(\alpha^R - \alpha),$$
$$M_1^R\sin\gamma + M_2^R\cos\gamma = -c\,(\beta^R - \beta). \tag{9.13}$$

Damit kann (9.12) in der Form

$$A^R \ddot{\alpha}^R + H \dot{\beta}^R + c(\alpha^R - \alpha) = (A^R - C^R)\, \varepsilon\, \omega_{30}^2 \sin\omega_{30} t,$$
$$A^R \ddot{\beta}^R - H \dot{\alpha}^R + c(\beta^R - \beta) = -(A^R - C^R)\, \varepsilon\, \omega_{30}^2 \cos\omega_{30} t \tag{9.14}$$

geschrieben werden. Zusammen mit (9.9) sind dies die Bewegungsgleichungen für kleine Schwingungen eines Kardankreisels mit dynamischer Unwucht und nachgiebiger Welle. Die vier Gleichungen des Systems sind über die Wellenelastizität (Beiwert c) und den Drall H des Rotors miteinander gekoppelt.

Im folgenden sollen zunächst die Eigenschwingungen des Systems, danach die durch Unwucht erregten Zwangsschwingungen untersucht werden.

9.2.2 Eigenschwingungen bei ausgewuchtetem Rotor. Mit $\varepsilon = 0$ werden (9.9) und (9.14) zu einem homogenen linearen Gleichungssystem mit der charakteristischen Gleichung

$$\begin{vmatrix} A^S \lambda^2 + c + c_1 & 0 & -c & 0 \\ 0 & B^J \lambda^2 + c + c_2 & 0 & -c \\ -c & 0 & A^R \lambda^2 + c & H\lambda \\ 0 & -c & -H\lambda & A^R \lambda^2 + c \end{vmatrix} = 0, \tag{9.15}$$

oder ausgerechnet

$$a_8\, \lambda^8 + a_6\, \lambda^6 + a_4\, \lambda^4 + a_2\, \lambda^2 + a_0 = 0 \tag{9.16}$$

mit den Koeffizienten:

$$a_8 = A^{R^2} A^S B^J,$$

$$a_6 = H^2 A^S B^J + A^S A^{R^2}(c + c_2) + B^J A^{R^2}(c + c_1) + 2c\, A^S A^R B^J,$$

$$a_4 = H^2[A^S(c + c_2) + B^J(c + c_1)] + A^{R^2}(c + c_1)(c + c_2) +$$
$$+\, A^S A^R c(c + 2c_2) + A^R B^J c(c + 2c_1) + A^S B^J c^2,$$

$$a_2 = H^2(c + c_1)(c + c_2) + 2A^R c\, c_1 c_2 + c^2[c_1(A^R + B^J) + c_2(A^R + A^S)],$$

$$a_0 = c^2 c_1 c_2.$$

Die Gl. (9.16) besitzt vier negativ reelle Wurzeln für λ^2, denen vier Eigenschwingungen mit den Kreisfrequenzen $\omega_i = |\lambda_i|$ ($i = 1, 2, 3, 4$) entsprechen. Bei bekannten Parametern lassen sich also die Eigenfrequenzen des Systems durch Auflösen der algebraischen Gl. (9.16) bestimmen.

Ein Beispiel hierfür zeigt Abb. 9.4. Dort sind die vier Kreisfrequenzen als Funktionen der Rotordrehgeschwindigkeit ω_{30} für einen Kreisel mit nachgiebiger Welle aufgetragen, wie er in einem handelsüblichen Kreiselkompaß verwendet wird. Bei nichtdrehendem Rotor ($\omega_{30} = 0$)

existieren zwei langsame Eigenschwingungen ω^I und ω^{II}, die durch die meist schwachen Fesselungen c_1 und c_2 bedingt sind; die beiden schnellen Schwingungen ω^{III} und ω^{IV} entstehen demgegenüber durch die Relativdrehungen zwischen Rotor und Rahmen etwa so, wie dies in Abb. 9.2 angedeutet ist. Bei nicht zu großem ω_{30} könnte man die Schwingung mit der kleinsten Eigenfrequenz ω^I als *Präzession*, die nächsthöhere ω^{II} als *Nutation* und ω^{III} und ω^{IV} als *elastische Schwin-*

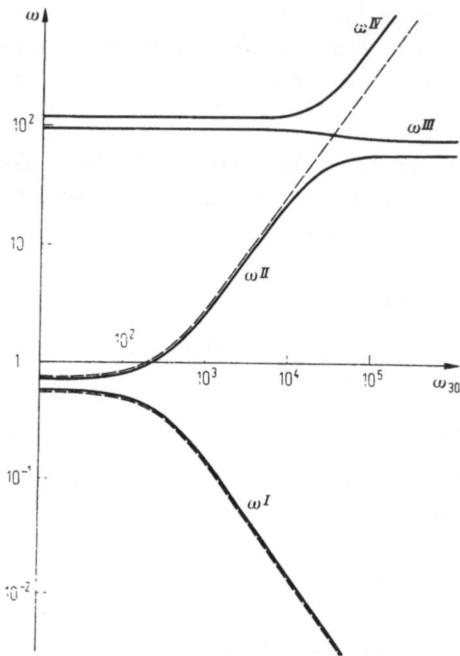

Abb. 9.4 Eigenfrequenzen eines Kardankreisels mit elastischer Welle als Funktion der Drehzahl (gestrichelt: Eigenfrequenzen bei starrer Welle).

gungen bezeichnen. Eine solche Zuordnung ist jedoch nicht eindeutig. Bei großen Werten von ω_{30} müßte man nämlich in dem hier ausgerechneten Beispiel die Schwingung mit der Frequenz ω^{IV} als Nutation bezeichnen, weil sie die für Nutationen als charakteristisch erkannte Eigenschaft (s. Kap. 5) zeigt, daß ihre Frequenz bei großem ω_{30} näherungsweise proportional zur Drehzahl und damit zum Drall anwächst.

Die Frequenzkurven für einen Kreisel mit starrer Welle sind in Abb. 9.4 gestrichelt eingezeichnet. Der Vergleich mit den ausgezogenen Kurven zeigt, daß die Abweichungen bei der Präzession so gering bleiben, daß die entsprechenden Kurven praktisch zusammenfallen; bei der Nutation zeigen sich dagegen erhebliche Unterschiede.

Die Kurven von Abb. 9.4 gelten für einen Rotor, dessen Welle so nachgiebig ist, daß er bei der Betriebsdrehzahl überkritisch läuft. Bei den meisten technisch verwendeten Kreiseln bleibt man jedoch im unterkritischen Bereich. Für derartige Fälle kann man aus der charakteristischen Gleichung leicht Näherungsformeln ableiten, die den Einfluß der Wellenelastizität ausreichend genau erkennen lassen. Das soll hier für einige in der Praxis interessierende Fälle gezeigt werden.

Bei hinreichend großem Drall lassen sich die Präzessionen stets dadurch näherungsweise ausrechnen, daß die Beschleunigungsglieder in den Bewegungsgleichungen vernachlässigt werden. In (9.16) fallen dann alle Trägheitsmomente heraus, und es wird $a_8 = a_6 = a_4 = 0$. Es bleibt eine Gleichung $a_2 \lambda^2 + a_0 = 0$ mit der Lösung

$$\lambda^2 = -\frac{a_0}{a_2} = -\frac{c^2\, c_1\, c_2}{H^2(c + c_1)\,(c + c_2)}.$$

Da normalerweise $c_1 \ll c$; $c_2 \ll c$ gilt, bekommt man für die Präzessionsfrequenz

$$\omega^{\mathrm{I}} \approx \frac{\sqrt{c_1\, c_2}}{H}. \tag{9.17}$$

Dieses Ergebnis bestätigt die schon aus dem Kurvenverlauf von Abb. 9.4 erkannte Tatsache, daß die Präzession durch die Nachgiebigkeit der Welle fast nicht beeinflußt wird.

Zur Berechnung der anderen Eigenfrequenzen können bei hinreichend großem ω_{30} die Fesselungsbeiwerte c_1 und c_2 vernachlässigt werden. Dann wird in (9.16) $a_0 = 0$. Es existiert eine Doppelwurzel $\lambda_1^2 = 0$, die der Präzession entspricht. Die anderen Wurzeln lassen sich — zumindest für den Grenzfall sehr großen Dralls — abschätzen. Behält man nämlich in (9.16) zunächst nur die Glieder mit dem Faktor H^2 bei, dann kann die verbleibende Gleichung in der Form

$$(A^S \lambda^2 + c)\,(B^J \lambda^2 + c) \approx 0$$

geschrieben werden. Ihre Lösungen ergeben die Näherungswerte:

$$\omega^{\mathrm{II}} \approx \sqrt{\frac{c}{A^S}} = \sqrt{\frac{c}{A^J + A^A}}; \qquad \omega^{\mathrm{III}} \approx \sqrt{\frac{c}{B^J}}. \tag{9.18}$$

Das sind gerade die Eigenfrequenzen von Schwingungen des Rahmensystems um einen feststehenden Rotor infolge der Elastizität der Welle. Auch die Nutationsfrequenz kann näherungsweise ausgerechnet werden: Sie ist im Grenzfall $H \to \infty$ sicher die höchste der vorkommenden Frequenzen. Folglich kann man einen Näherungswert dadurch gewinnen, daß in (9.16) nur die Glieder mit den beiden höchsten Potenzen von λ mitgenommen werden. Damit folgt

$$\omega^{\mathrm{IV}} \approx \sqrt{\frac{a_6}{a_8}} \approx \frac{H}{A^R} = \frac{C^R}{A^R}\, \omega_{30}. \tag{9.19}$$

Das ist die bekannte Formel für die Nutationsfrequenz eines als vollkommen ungefesselt angenommenen Rotors.

Neben den Näherungen für den Fall großen Dralls interessieren in der Praxis vor allem Formeln für die Schwingungen im Falle sehr steifer, aber nicht starrer Welle ($c \to \infty$). Einen Näherungswert für die Nutationsfrequenz bekommt man mit der Annahme, daß die Frequenzen ω^{III} und ω^{IV} der elastischen Schwingungen in diesem Fall sehr groß werden. Zur Berechnung der demgegenüber kleineren Nutationsschwingung kann dann die Näherung

$$\omega^{II} \approx \sqrt{\frac{a_2}{a_4}} \approx \frac{H}{\sqrt{(A^R + A^J + A^A)(A^R + B^J) + \dfrac{H^2}{c}(A^J + B^J + A^A)}}$$

$$(9.20)$$

verwendet werden. Bei starrer Welle fällt der zweite Summand unter der Wurzel fort; dann bleibt der bekannte Ausdruck für die Nutationsfrequenz eines symmetrischen Kardankreisels übrig. Man erkennt, daß die Nutationsfrequenz infolge der Nachgiebigkeit der Rotorwelle um so stärker verringert wird

1. je größer der Drall H,
2. je größer die Summe $A^J + B^J + A^A$ für die Trägheitsmomente der Rahmen und
3. je weicher die Welle ist.

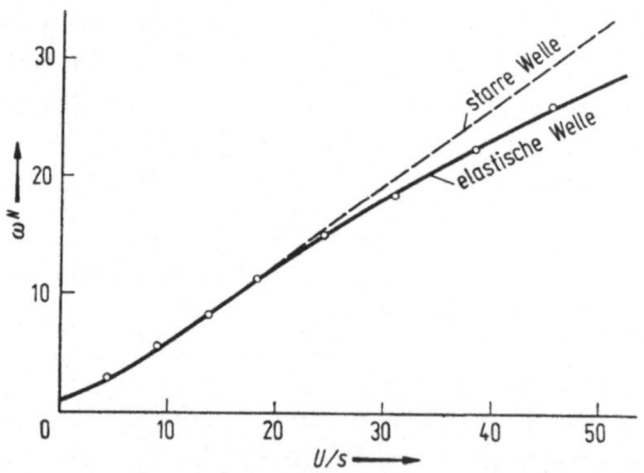

Abb. 9.5 Veränderung der Eigenfrequenz eines Kardankreisels infolge der Elastizität der Rotorwelle.

Daß der Einfluß der Wellennachgiebigkeit überraschend groß sein kann, soll an einem Beispiel gezeigt werden. In Abb. 9.5 sind die errechneten Werte mit Meßergebnissen verglichen für einen Kreisel, bei dem man einen derartigen Einfluß nicht erwarten würde: Die Kreiselscheibe von einer Masse von 1 kg war auf einer kurzen Stahlwelle von 7 mm

Durchmesser befestigt. Trotz der geringen Drehzahlen des Rotors ($n < 3000$ U/min) war der Einfluß der Wellenelastizität deutlich nachzuweisen.

Ähnliche Erscheinungen hat man bei Kreiseln mit eingeschränkter Bewegungsfreiheit, z. B. bei Wendekreiseln, feststellen können. Auch hierfür läßt sich aus der charakteristischen Gl. (9.16) eine Näherung ableiten. Man kann einen Kreisel mit zwei Freiheitsgraden beispielsweise dadurch erhalten, daß der innere Rahmen gegenüber dem Außenrahmen festgeklemmt wird. Das bedeutet $c_2 \to \infty$. Nimmt man außerdem ein großes c (steife, aber nicht starre Welle) an, dann liegen die Frequenzen der zu erwartenden elastischen Schwingungen so hoch, daß die außerdem noch vorhandene Pendelschwingung des Rahmens aus der Näherung

$$\omega \approx \sqrt{\frac{a_0}{a_2}} \approx \sqrt{\frac{c_1}{A^R + A^J + A^A + \dfrac{H^2}{c}}} \qquad (9.21)$$

berechnet werden kann. Auch hier wirkt sich die Nachgiebigkeit der Welle in einer Erniedrigung der Pendelfrequenz aus. Durch Messungen an ausgeführten Geräten konnten diese Zusammenhänge bestätigt werden, wie dies in Abb. 9.6 gezeigt ist.

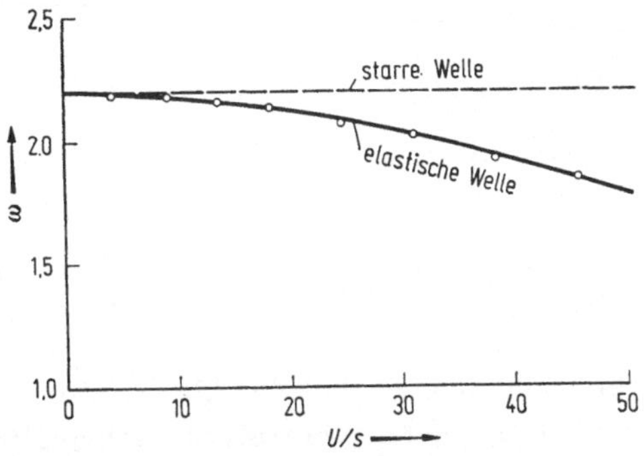

Abb. 9.6 Veränderung der Eigenfrequenz eines Kreisels mit 2 Freiheitsgraden infolge der Elastizität der Rotorwelle.

In besonders gelagerten Fällen kann es notwendig werden, den Einfluß der Elastizität der Kreiselwellen sogar bei den langsamen Präzessionsschwingungen zu berücksichtigen, insbesondere dann, wenn die mit dem Kreisel verbundenen Massen beträchtlich sind. So berichtet HIERHOLZER [65], daß die Nachgiebigkeit der Kreiselwellen die Präzessionsdauer (84 Minuten!) eines Kreiselkompasses um etwa 0,4% verringert hat.

9.2.3 Zwangsschwingungen des Kardankreisels mit Unwucht. Zunächst sollen die Zwangsschwingungen des Kreisels mit starrer Welle ($c = \infty$) untersucht werden. In diesem Fall reduziert sich das System der Gln. (9.9) und (9.14) wegen $\alpha^R = \alpha$ und $\beta^R = \beta$ auf:

$$A\,\ddot{\alpha} + H\,\dot{\beta} + c_1\alpha = \quad \varepsilon\,\omega_{30}^2(A^R - C^R)\sin\omega_{30}t,$$
$$B\,\ddot{\beta} - H\,\dot{\alpha} + c_2\beta = -\varepsilon\,\omega_{30}^2(A^R - C^R)\cos\omega_{30}t \tag{9.22}$$

mit den Abkürzungen

$$A = A^R + A^J + A^A; \quad B = A^R + B^J.$$

Für das gekoppelte System (9.22) existiert eine partikuläre Lösung

$$\alpha = R_\alpha \sin\omega_{30}t; \quad \beta = -R_\beta \cos\omega_{30}t$$

mit den Resonanzfunktionen

$$R_\alpha = \frac{\varepsilon\,\omega_{30}^2(A^R - C^R)\,(B\,\omega_{30}^2 + H\,\omega_{30} - c_2)}{(A\,\omega_{30}^2 - c_1)\,(B\,\omega_{30}^2 - c_2) - H^2\,\omega_{30}^2}, \tag{9.23}$$
$$R_\beta = \frac{\varepsilon\,\omega_{30}^2(A^R - C^R)\,(A\,\omega_{30}^2 + H\,\omega_{30} - c_1)}{(A\,\omega_{30}^2 - c_1)\,(B\,\omega_{30}^2 - c_2) - H^3\,\omega_{30}^2}.$$

Der Nenner ist ein quadratisches Polynom in ω_{30}^2, das wegen $H = C^R\omega_{30}$ in die Form

$$N = [A\,B - (C^R)^2]\,\omega_{30}^4 - (c_1\,B + c_2\,A)\,\omega_{30}^2 + c_1\,c_2$$

gebracht werden kann. Seine Nullstellen ergeben die kritischen Frequenzen; sie liegen bei:

$$\omega_{30}^2 = \frac{c_1\,B + c_2\,A}{2[A\,B - (C^R)^2]}\left[1 \pm \sqrt{1 - \frac{4c_1\,c_2[A\,B - (C^R)^2]}{(c_1\,B + c_2\,A)^2}}\,\right]. \tag{9.24}$$

Es läßt sich leicht nachrechnen, daß der hier vorkommende Radikand nie negativ werden kann, sofern eine statisch stabile Fesselung ($c_1 > 0$; $c_2 > 0$) angenommen wird. Daher hat man die folgenden drei Fälle zu unterscheiden:

1. $\sqrt{A\,B} > C^R$, das System ist *gestreckt*: Es existieren zwei reelle Nullstellen für ω_{30},

2. $\sqrt{A\,B} = C^R$, *Grenzfall*: Eine der beiden reellen Nullstellen rückt gegen Unendlich,

3. $\sqrt{A\,B} < C^R$, das System ist *abgeplattet*: Es existiert eine reelle Nullstelle.

Die Resonanzkurven selbst verlaufen in diesen drei Fällen, wie es in Abb. 9.7 gezeichnet ist. Ihre physikalische Deutung ist einfach: Die untere Resonanzstelle tritt auf, wenn ω_{30} mit der Präzessionsfrequenz des Kreisels übereinstimmt; die obere ergibt Resonanz mit der Nutationsfrequenz. Daß die obere Resonanzstelle nur bei gestreckten Systemen vorkommen kann, erkennt man am einfachsten aus einer Auftragung der Eigenwerte über ω_{30} (Abb. 9.8). Die Nutationskurven ver-

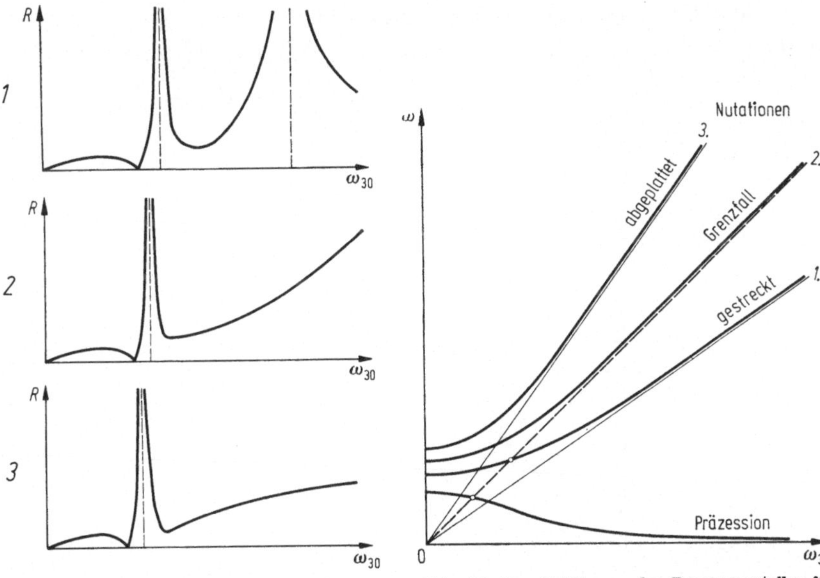

Abb. 9.7 Resonanzfunktionen eines schweren Kardankreisels mit Unwucht bei starrer Rotorwelle.
1. gestrecktes System $(\sqrt{A\,B} > C^R)$,
2. Grenzfall $\sqrt{A\,B} = C_R$,
3. abgeplattetes System $(\sqrt{A\,B} < C_R)$.

Abb. 9.8 Zur Erklärung der Resonanzstellen für einen Kardankreisel mit Unwucht bei starrer Rotorwelle; 3 Fälle wie bei Abb. 9.7.

laufen hyperbelartig und nähern sich asymptotisch bestimmten Geraden durch den Nullpunkt. Der Neigungswinkel dieser Asymptoten ist für gestreckte Systeme kleiner, für verlängerte Systeme größer als 45°. Ein Schnitt mit der 45°-Geraden, die als Kurve der Erregerfrequenz aufgefaßt werden kann, ist daher nur bei gestreckten Systemen (Fall 1) möglich. Im Grenzfall 2 rückt der Schnittpunkt ins Unendliche, eine Tatsache, die sich in Abb. 9.7 durch ein starkes Ansteigen der Resonanzkurven bei hohen Drehzahlen bemerkbar macht. Dieser Fall sollte bei der Konstruktion von Kreiselgeräten unbedingt vermieden werden, da hier eine Art Dauerresonanz vorliegt: Erregerfrequenz und Eigenfrequenz stimmen über einen weiten Bereich von Kreiseldrehzahlen sehr nahe überein.

Die 45°-Gerade schneidet in jedem Fall auch die Kurve der Präzession. Diese Resonanzstelle liegt jedoch so tief, daß sie ungefährlich
bleibt, zumal sie beim Anlaufen des Kreisels rasch durchfahren wird.

Es bleibt nun noch zu untersuchen, wie sich die Verhältnisse ändern,
wenn die Rotorwelle elastisch ist. Mit dem Ansatz

$$\alpha = R_\alpha \sin\omega\,t; \quad \alpha^R = R_\alpha^R \sin\omega\,t,$$
$$\beta = R_\beta \cos\omega\,t; \quad \beta^R = R_\beta^R \cos\omega\,t \tag{9.25}$$

kann man leicht eine partikuläre Lösung des Systems (9.9) mit (9.14)
finden. Die Amplitudenfunktionen R_α, R_β, R_α^R und R_β^R lassen sich da-

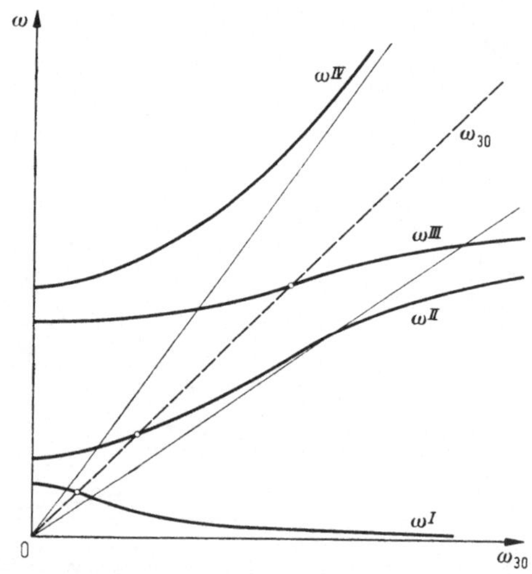

Abb. 9.9 Zur Erklärung der Resonanzstellen für einen Kardankreisel bei elastischer Rotorwelle
(abgeplatteter Rotor).

bei in bekannter Weise ausrechnen, jedoch sollen sie hier nicht explizit
angegeben werden. Um einen Überblick über die möglichen Resonanzstellen zu erhalten, genügt es, die Nullstellen des allen vier Funktionen
gemeinsamen Nenners zu untersuchen. Der prinzipielle Verlauf dieser
Nullstellen als Funktion von ω_{30} ist in Abb. 9.9 skizziert. Die dort gezeichneten Kurven entsprechen im wesentlichen denen von Abb. 9.4.
Schnittpunkte der gezeichneten Kurven mit der 45°-Geraden (Kurve
der Erregerfrequenz) zeigen Resonanzstellen an. Es existieren stets
mindestens drei derartige Schnittpunkte, nämlich die mit den Kur-
ven ω^I, ω^{II} und ω^{III}. Bei gestrecktem Rotor ($C^R/A^R < 1$) gibt es außerdem noch einen Schnittpunkt mit der ω^{IV}-Kurve bei meist sehr großen
Werten von ω_{30}. Die ω^{IV}-Kurve nähert sich nämlich asymptotisch der
durch den Nullpunkt gehenden Geraden mit dem Neigungswinkel
$\tan\varphi = C^R/A^R$. Bei abgeplattetem Rotor kann es wegen $\varphi > 45°$ keine

weitere Resonanzstelle geben. Aus diesem Grunde ist es bei Verwendung überkritisch laufender Kreisel stets günstig, $C^R > A^R$ zu wählen.

Die Lage des Schnittpunktes der ω^{III}-Kurve mit der 45°-Geraden hängt von den elastischen Eigenschaften der Welle ab. Bei überkritisch laufendem Rotor wird die entsprechende Resonanzstelle meist rasch durchfahren, bei unterkritisch laufenden wird sie gar nicht erreicht. Der Schnittpunkt mit der ω^{I}-Kurve ist i. allg. ungefährlich, da er bei sehr niedrigen Drehzahlen liegt. Seine Lage hängt vor allem von der Stärke der Fesselungen c_1 und c_2 ab. Interessant und für die Anwendung von Kreiselgeräten wichtig ist der Schnittpunkt mit der ω^{II}-Kurve. Seine

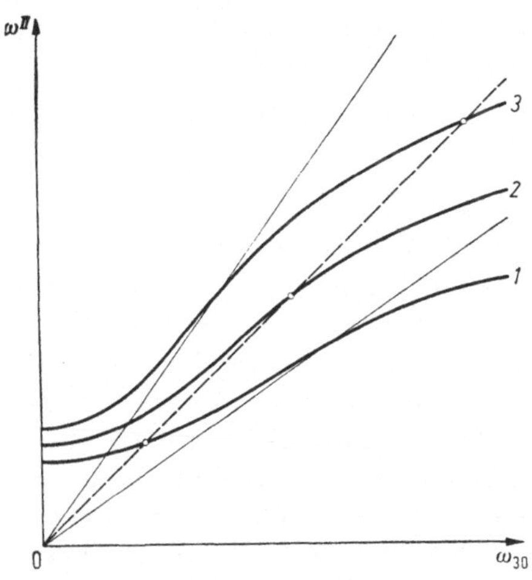

Abb. 9.10 Resonanz mit Nutationsschwingungen bei einem Kreisel mit elastischer Rotorwelle; 3 Fälle wie bei Abb. 9.7.

Lage hängt vor allem von den Trägheitsmomenten des Gesamtsystems ab. Wäre die Läuferwelle starr, dann würde sich die ω^{II}-Kurve asymptotisch einer Geraden durch den Nullpunkt nähern, deren Steigung durch

$$\tan\varphi = \frac{C^R}{\sqrt{AB}} = \frac{C^R}{\sqrt{(A^R + A^J + A^A)(A^R + B^J)}}$$

gegeben ist. Dieser Ausdruck ist kleiner als 1 für ein *gestrecktes* System, größer für ein *abgeplattetes* System. Man erkennt diese Zusammenhänge auch aus Abb. 9.10. Dort sind die ω^{II}-Kurven für die auch bei starrer Welle (Abb. 9.8) untersuchten Fälle eingezeichnet. Bei einem gestrecktem System (Fall 1) liegt der Schnittpunkt so tief, daß die entsprechende Resonanzstelle meist nicht stört. Dagegen können die Resonanzstellen bei einem abgeplatteten System (Fall 3) oder im Grenzfall 2 in die Nähe der Betriebsdrehzahl rücken und dadurch sehr stören.

Die ω^{II}-Kurve schmiegt sich im Bereich mittlerer ω_{30}-Werte der Geraden an, um dann für höhere Drehzahlen wegen der Nachgiebigkeit der Welle nach unten abzubiegen. Man erkennt aus diesem Verlauf, daß sich die Resonanzstelle zu niederen Drehzahlen verschieben läßt, wenn man mit einem gestreckten System arbeitet. Die Lage dieser Resonanzstelle muß besonders beachtet werden, weil sie beim Anlaufen des Kreisels meist nur langsam durchfahren wird. Der Schnitt der ω^{II}-Kurve mit der 45°-Geraden ist schleifend, so daß Eigenfrequenz und Erregerfrequenz über einen größeren Drehzahlbereich nahezu übereinstimmen.

Aus den hier durchgeführten Überlegungen kann man schließen, daß es zweckmäßig ist, die Trägheitsmomente eines Kardankreisels mit drei Freiheitsgraden so zu wählen, daß die Bedingungen

$$A^R < C^R < \sqrt{A\,B} = \sqrt{(A^R + A^J + A^R)\,(A^R + B^J)} \qquad (9.26)$$

erfüllt sind: Der Rotor soll abgeplattet, das System gestreckt sein.

Die in (9.23) und (9.25) vorkommenden Resonanzfunktionen haben den Ausdruck $(A^R - C^R)\,\varepsilon\,\omega_{30}^2$ als Faktor. Man könnte versucht sein, daraus zu schließen, daß ein Rotor mit kugelförmigem Trägheitsellipsoid $(A^R = C^R)$ am günstigsten ist, weil er den Faktor zu Null machen würde. Das ist jedoch ein Trugschluß, weil stets das Produkt $(A^R - C^R)\,\varepsilon$ beachtet werden muß. Die geringste Störung in der Massenverteilung des Rotors kann gerade im Falle $A^R = C^R$ zu einem besonders großen Wert von ε führen. Es läßt sich zeigen [66], daß das Produkt $(A^R - C^R)\,\varepsilon$ bei einer vorgegebenen Störung fast unabhängig von der Form des Trägheitsellipsoides ist. Eine besondere Vorzugsstellung des Kugelkreisels läßt sich jedenfalls auf diese Weise nicht begründen.

9.3 Die Beeinflussung von Biegeschwingungen durch Kreiselwirkung

In Abschn. 9.2 wurde der Einfluß von Drehschwingungen eines Rotors mit elastischer Welle auf die Eigenfrequenzen eines Kardankreisels untersucht. Querschwingungen des Rotors konnten dabei vernachlässigt werden. Es gibt jedoch zahlreiche Fälle, in denen die Querschwingungen infolge der Wellenbiegung durch Kreiseleffekte erheblich verändert werden. Drei derartige Probleme seien im folgenden wenigstens andeutungsweise betrachtet. Für genauere Untersuchungen sei auf das Fachschrifttum (z. B. BIEZENO-GRAMMEL [67] oder TONDL [68]) verwiesen.

9.3.1 Schwingungen einer freifliegend gelagerten rotierenden Scheibe.

Ein Rotor, z. B. eine Scheibe, sei nach Abb. 9.11 am freien Ende einer einseitig gelagerten, elastischen Welle befestigt. Es sei angenommen, daß die Scheibe starr, die Welle torsionssteif und die Antriebsgeschwindigkeit ω konstant ist. Die Masse der Welle sei vernachlässigbar klein gegenüber der Masse der Scheibe; es seien keine dämpfenden Kraftwirkungen vorhanden, und die Gewichtskraft soll ohne Einfluß bleiben, wie dies bei kleinen Auslenkungen einer vertikal ausgerichteten Welle der Fall ist.

Die unverformte Welle möge die Richtung der vertikalen 3-Achse haben (Abb. 9.12). Ihr Endpunkt, der zugleich der Mittelpunkt des Rotors ist, liegt dann bei P; bei verformter Welle wandert der Wellenendpunkt zum Punkte M aus. Durch x_1 und x_2 seien die Koordinaten von M, durch α und β die Richtung der Tangente an die Wellenmittel-

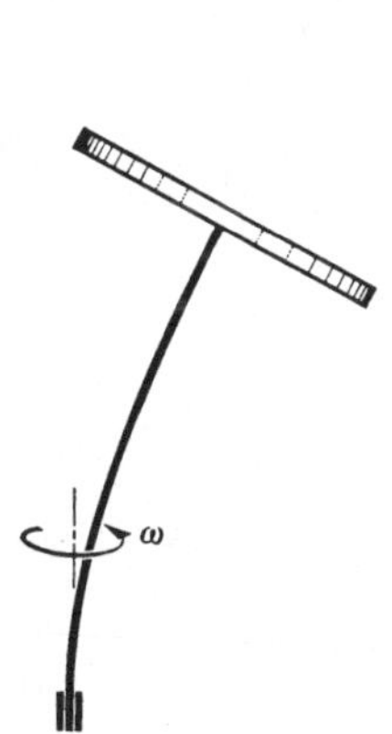

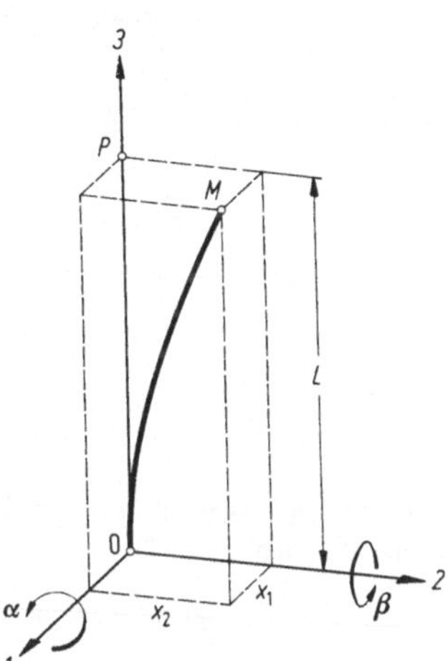

Abb. 9.11 Freifliegend gelagerte Scheibe auf elastischer Welle.

Abb. 9.12 Zur Beschreibung der verformten Welle.

linie im Punkt M beschrieben. Alle vier Variablen sollen als klein betrachtet werden. Wenn am Punkte M die Kräfte F_1, F_2 und die Momente M_1, M_2 auf die Welle übertragen werden, dann liefert die technische Biegetheorie der Balken die Beziehungen:

$$
\begin{aligned}
x_1 &= \quad\ \ a\,F_1 + c\,M_2,\\
x_2 &= \quad\ \ a\,F_2 - c\,M_1,\\
\alpha &= -\,c\,F_2 + b\,M_1,\\
\beta &= \quad\ \ c\,F_1 + b\,M_2.
\end{aligned}
\tag{9.27}
$$

Darin sind a, b, c die Einflußzahlen, deren Beträge aus der Länge L des Balkens, dem Elastizitätsmodul E und dem Flächenträgheitsmoment J des Wellenquerschnitts berechnet werden können; es gilt für die Lagerung nach Abb. 9.11:

$$
a = \frac{L^3}{3\,EJ}; \quad b = \frac{L}{EJ}; \quad c = \frac{L^2}{2\,EJ}.
\tag{9.28}
$$

21 Magnus, Kreisel

Aus (9.27) findet man

$$F_1 = \frac{b\,x_1 - c\,\beta}{a\,b - c^2}\,; \qquad F_2 = \frac{b\,x_2 + c\,\alpha}{a\,b - c^2}\,,$$

$$M_1 = \frac{a\,\alpha + c\,x_2}{a\,b - c^2}\,; \qquad M_2 = \frac{a\,\beta - c\,x_1}{a\,b - c^2}\,.$$

Aus Impuls- und Drallsatz erhält man nun mit $\alpha, \beta \ll 1$ (s. die Berechnung für den Rotor des Kardankreisels in Abschn. 9.2.1):

$$m\,\ddot{x}_1 = -F_1 = \frac{1}{N}\,(c\,\beta - b\,x_1),$$

$$m\,\ddot{x}_2 = -F_2 = \frac{1}{N}\,(-c\,\alpha - b\,x_2),$$

$$A\,\ddot{\alpha} + C\,\omega\,\dot{\beta} = -M_1 = \frac{1}{N}\,(-c\,x_2 - a\,\alpha), \qquad (9.29)$$

$$A\,\ddot{\beta} - C\,\omega\,\dot{\alpha} = -M_2 = \frac{1}{N}\,(c\,x_1 - a\,\beta)$$

mit

$$N = a\,b - c^2.$$

Dieses System gekoppelter Gleichungen läßt sich durch Einführen der komplexen Variablen

$$x_1 + i\,x_2 = \xi\,; \qquad \beta - i\,\alpha = \eta \qquad (9.30)$$

vereinfachen:

$$N\,m\,\ddot{\xi} + b\,\xi - c\,\eta = 0,$$
$$N\,A\,\ddot{\eta} - i\,N\,C\,\omega\,\dot{\eta} + a\,\eta - c\,\xi = 0. \qquad (9.31)$$

Die charakteristische Gleichung dieses Systems ist

$$\begin{vmatrix} N\,m\,\lambda^2 + b & -c \\ -c & N\,A\,\lambda^2 - i\,N\,C\,\omega\,\lambda + a \end{vmatrix} = 0. \qquad (9.32)$$

Sie geht mit $\lambda = i\,\nu$ in die reelle algebraische Gleichung

$$\nu^4\,m\,A\,(a\,b - c^2) - \nu^3\,m\,C\,\omega\,(a\,b - c^2) - \nu^2\,(a\,m + b\,A) + \nu\,b\,C\,\omega + 1 = 0 \qquad (9.33)$$

über. Wenn anstelle des Rotors eine Punktmasse am Wellenende befestigt wäre, dann hätte man wegen $A = C = 0$ die Biegekreisfrequenz

$$\nu^2 = \nu_0^2 = \frac{1}{a\,m} = \frac{3\,E\,J}{m\,L^3}\,. \qquad (9.34)$$

Mit den bezogenen Größen

$$\tau = \frac{\nu}{\nu_0} \quad \text{und} \quad \sigma = \frac{\omega}{\nu_0} \qquad (9.35)$$

läßt sich unter Berücksichtigung von (9.28) die Frequenzgleichung (9.33) wie folgt schreiben:

$$\tau^4 \frac{3A}{4mL^2} - \tau^3 \sigma \frac{3C}{4mL^2} - \tau^2 \left(1 + \frac{3A}{mL^2}\right) + \tau \sigma \frac{3C}{mL^2} + 1 = 0. \quad (9.36)$$

Diese Gleichung besitzt vier reelle Wurzeln, deren Verlauf abhängig von der bezogenen Drehgeschwindigkeit σ in Abb. 9.13 aufgetragen ist. Die Kurven *2, 3, 4* nähern sich für $\sigma \to \infty$ asymptotisch den horizontalen Geraden mit $\tau = +2, 0, -2$. Das kann aus (9.36) unmittelbar

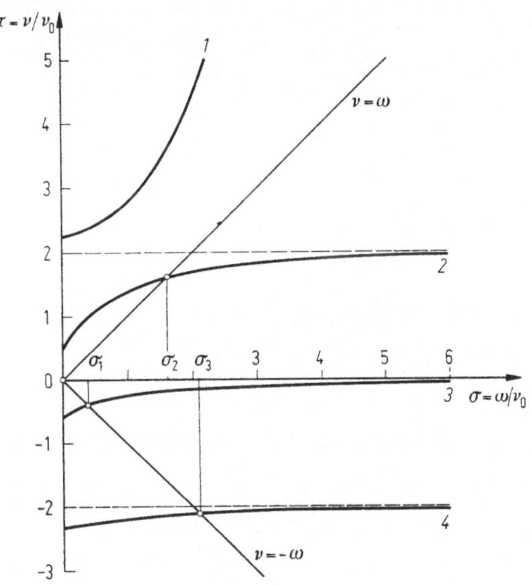

Abb. 9.13 Eigenfrequenzen der freifliegend gelagerten Scheibe als Funktion der Drehzahl.

abgelesen werden. Jeder Wurzel $\tau = \nu/\nu_0$ entspricht ein Lösungsterm von der Form

$$\xi = x_1 + i x_2 = \Phi e^{i\nu t} = \Phi(\cos \nu t + i \sin \nu t). \quad (9.37)$$

Daraus ist zu entnehmen, daß zu den positiven Eigenfrequenzen ν_1 und ν_2 Eigenbewegungen gehören, bei denen der Punkt M im Sinne der Drehung umläuft. Bei den negativen Eigenfrequenzen ν_3 und ν_4 erfolgt die Bewegung im Gegensinn von ω. Diese Eigenbewegungen der Scheibe können durch geeignete Erregerkräfte, z. B. durch einen Stoß, angeregt werden und überlagern sich dann den möglicherweise sonst noch vorhandenen Bewegungen der Scheibe. Bei Anregungen im Takte der Eigenschwingungen sind auch Resonanzerscheinungen möglich, jedoch wird die Resonanzamplitude durch Dämpfung oder infolge von nichtlinearen Einflüssen endlich bleiben.

21*

Da die umlaufende Scheibe stets gewisse, wenn auch geringe Unwuchten aufweist, ist ständig eine Erregung mit der Frequenz ω vorhanden, wobei der Erregervektor im Sinne der Scheibendrehung umläuft. Es tritt Resonanz auf, wenn die Scheibendrehzahl ω mit einer der Eigenfrequenzen ν übereinstimmt. Man findet diese Resonanzfrequenz in Abb. 9.13 als Abszisse des Schnittpunktes der Frequenzkurven mit der Geraden $\tau = \sigma$, d. h. $\nu = \omega$. Auf diese Weise ergibt sich die kritische Drehzahl $\omega_2 = \nu_0 \sigma_2$, deren Größe aus (9.36) leicht ausgerechnet werden kann.

Manchmal bezeichnet man als kritische Drehzahlen auch die Frequenzen $\omega_1 = \nu_0 \sigma_1$ und $\omega_3 = \nu_0 \sigma_3$ (Abb. 9.13), die sich aus den Schnittpunkten der Frequenzkurven mit der Geraden $\tau = -\sigma$, d. h. $\nu = -\omega$

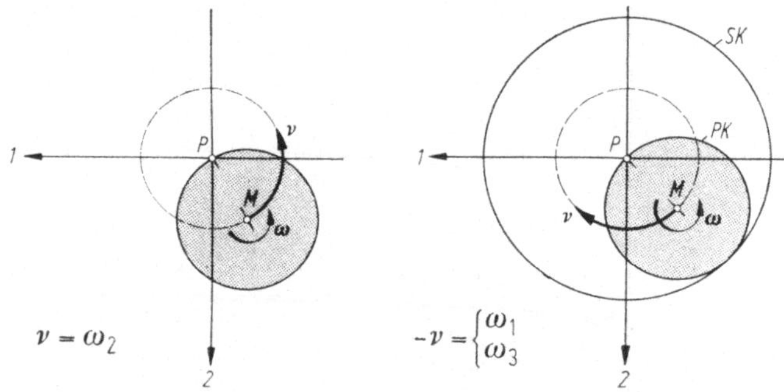

Abb. 9.14 Bewegungsformen bei gleichlaufender (links) und bei gegenlaufender Bewegung der Scheibe (rechts).

ergeben. Eigenschwingungen mit den Eigenfrequenzen ω_1 und ω_3 können jedoch nicht durch umlaufende Unwuchten angeregt werden und machen sich deshalb in der Praxis kaum störend bemerkbar.

Die zu den Eigenfrequenzen $\omega_1, \omega_2, \omega_3$ gehörenden Eigenbewegungen des Gleichlaufs und des Gegenlaufs sind in Abb. 9.14 schematisch angedeutet. Es ist der Weg des Punktes M in der 1, 2-Ebene gestrichelt eingetragen. Der Rotor selbst ist durch den schattierten Kreis veranschaulicht. Bei Gleichlauf $\nu = \omega_2$ bewegt sich die Rotorscheibe so, daß der Punkt P zugleich ein körperfester Punkt der Scheibe ist. Von einem mitdrehenden Beobachter gesehen erscheint dabei die verformte Welle mit der Scheibe unbewegt. Bei den Drehzahlen ω_1 und ω_3 des Gegenlaufs kann die Bewegung kinematisch durch das Abrollen eines scheibenfesten Polkreises PK am Innern eines doppelt so großen raumfesten Spurkreises SK dargestellt werden. Der Mittelpunkt M der Scheibe bewegt sich dabei mit $\nu = -\omega$ entgegen der Drehung der Scheibe. Die Welle wird bei dieser Bewegung ständig in sich verformt, so daß die

innere Dämpfung des Werkstoffs zur Beruhigung des eventuell an-
gestoßenen Schleudervorgangs beitragen kann. Eine derartige Dämpfungswirkung ist bei der kritischen Drehzahl des Gleichlaufs nicht
vorhanden.

Die Form der Ausbiegung der Welle bei den kritischen Drehzahlen
ist in Abb. 9.15 skizziert.

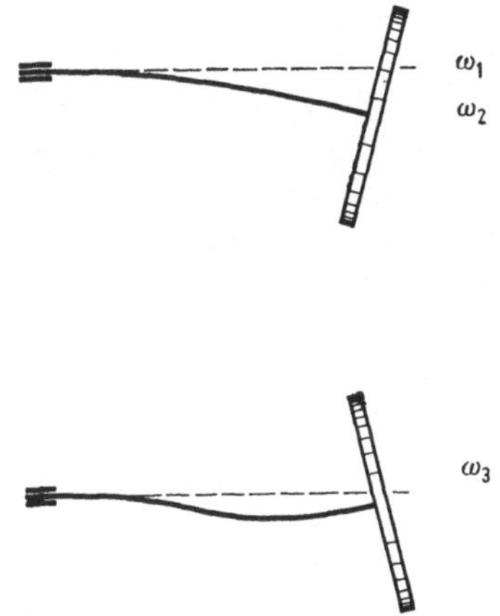

Abb. 9.15 Schwingungsformen der Scheibe bei den kritischen Drehzahlen ω_1, ω_2 und ω_3.

9.3.2 Kritische Drehzahlen bei Rotoren mit mehreren Freiheits-
graden. Ähnlich wie dies im Abschn. 9.3.1 für den Fall eines einzelnen
starren Rotors auf elastischer Welle geschah, lassen sich die kritischen
Drehzahlen von Gebilden mit weiteren Freiheitsgraden berechnen. Die
Vielzahl der vorhandenen Eigenschwingungsformen und der möglichen
Erregerarten hat jedoch zur Folge, daß sich allgemeingültige Aussagen
nur schwer gewinnen lassen.

Man ist deshalb i. allg. auf das zahlenmäßige Durchrechnen konkreter Probleme angewiesen. Mit Hilfe elektronischer Rechenanlagen
ist das auch für Systeme mit vielen Freiheitsgraden bei vertretbarem
Aufwand möglich. Allerdings ist es zweckmäßig, die theoretischen Ansätze dann bereits in einer für elektronische Rechenanlagen geeigneten
Form aufzustellen. Hierzu kann z. B. die Matrizenform der Bewegungsgleichungen (s. Kap. 5) gewählt werden, die im vorliegenden Fall stets
auf

$$a_{\alpha\gamma}\,\ddot{x}_\alpha + b_{\alpha\gamma}\,\dot{x}_\alpha + c_{\alpha\gamma}\,x_\alpha = E_\gamma(t) \tag{9.38}$$

führt. So bekommt man z. B. für den im Abschn. 9.2.1 untersuchten
Kardankreisel mit elastischer Welle und dynamischer Unwucht [Gln. (9.9)

und (9.14)] mit $x_\alpha = [\alpha, \beta, \alpha^R, \beta^R]$ die folgenden Matrizen:

$$a_{\alpha\gamma} = \begin{bmatrix} A^S & 0 & 0 & 0 \\ 0 & B^J & 0 & 0 \\ 0 & 0 & A^R & 0 \\ 0 & 0 & 0 & A^R \end{bmatrix}; \quad b_{\alpha\gamma} = \begin{bmatrix} 0 & 0 & 0 & 0 \\ 0 & 0 & 0 & 0 \\ 0 & 0 & 0 & H \\ 0 & 0 & -H & 0 \end{bmatrix};$$

$$c_{\alpha\gamma} = \begin{bmatrix} c_\alpha + c & 0 & -c & 0 \\ 0 & c_\beta + c & 0 & -c \\ -c & 0 & c & 0 \\ 0 & -c & 0 & c \end{bmatrix}; \quad E_\gamma = \begin{bmatrix} 0 \\ 0 \\ (A^R - C^R)\,\varepsilon\,\omega_{30}^2 \sin\omega_{30} t \\ (A^R - C^R)\,\varepsilon\,\omega_{30}^2 \cos\omega_{30} t \end{bmatrix}.$$

Die Matrix $b_{\alpha\gamma}$ ist als rein gyroskopische Matrix schiefsymmetrisch, $a_{\alpha\gamma}$ und $c_{\alpha\gamma}$ sind symmetrisch.

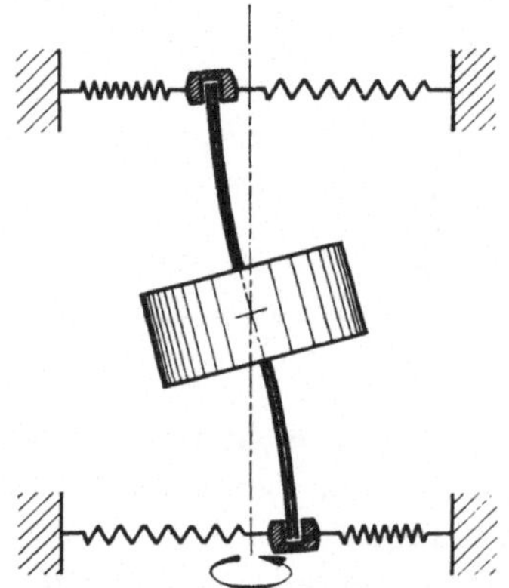

Abb. 9.16 Rotor mit elastischer Lagerung.

Ein etwas komplizierteres System ist in Abb. 9.16 skizziert. Es kann als Ersatzmodell für einen Rotor mit nachgiebiger Welle und elastischer Lagerung angesehen werden, wobei die Lagermassen selbst nicht vernachlässigt werden. Wenn die Drehzahl des Rotors bekannt ist, dann hat das System bei ebener Bewegung der Lagermassen und des Rotorschwerpunktes noch immer 8 Freiheitsgrade. Man kann daher eine Zeilen- oder Spaltenmatrix

$$x_\alpha = [x_1, x_2, x_3, x_4, x_5, x_6, x_7, x_8] \tag{9.39}$$

einführen und gelangt damit wieder auf ein System von Bewegungsgleichungen von der Form (9.38) mit 8×8 Matrizen $a_{\alpha\gamma}$, $b_{\alpha\gamma}$ und $c_{\alpha\gamma}$. Daraus lassen sich Eigenfrequenzen, Eigenschwingungsformen und bei vorgegebener Erregung auch Resonanzkurven und Frequenzgänge ermitteln. Einige Eigenschwingungsformen des Systems von Abb. 9.16

zeigt Abb. 9.17. In Abb. 9.18 ist eine dazugehörige experimentell gewonnene und automatisch aufgezeichnete Resonanzkurve bei Erregung durch Unwuchten des Rotors wiedergegeben.

Auch die in der Praxis viel verwendeten, mit mehreren Scheiben oder Rotoren besetzten Wellen lassen sich auf entsprechende Weise untersuchen. Jedoch sollen diese im Fachschrifttum ausführlich behandelten Fragen hier nicht weiter untersucht werden.

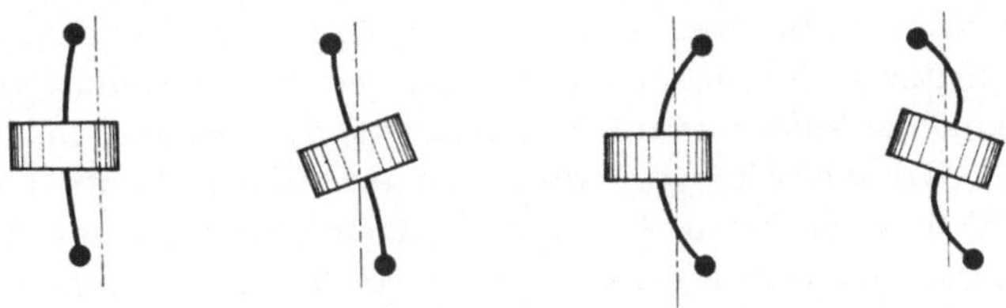

Abb. 9.17 Eigenschwingungsformen für den Rotor von Abb. 9.16.

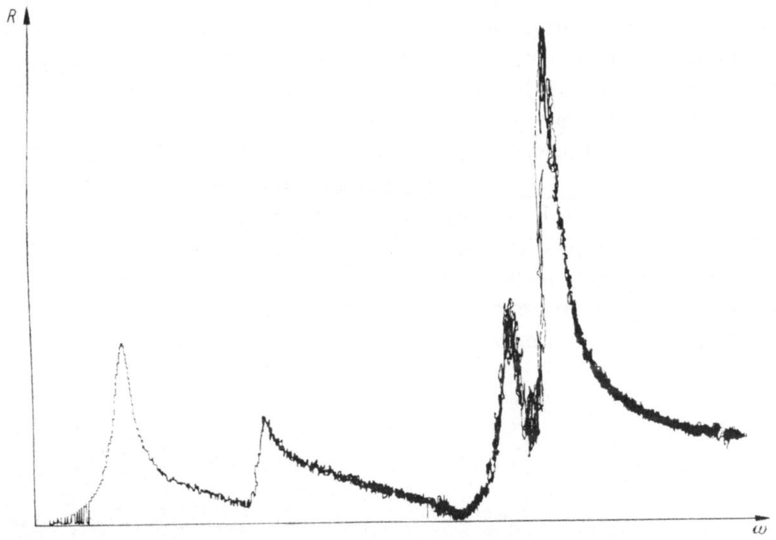

Abb. 9.18 Experimentell aufgenommene Resonanzkurve für den Rotor von Abb. 9.16.

9.3.3 Der Einfluß der Unsymmetrie von Rotor und Welle.

Zu den bisher schon beschriebenen Erscheinungen kommen weitere Effekte hinzu, wenn das System Unsymmetrien besitzt. Diese können sich sowohl auf den Rotor selbst als auch auf Welle oder Lagerung beziehen. Wenn die Welle nicht in allen Richtungen die gleiche Biegesteifigkeit besitzt, wie dies z. B. bei genuteten Wellen oder bei rechteckigem Wellenquerschnitt der Fall ist, dann existieren stets zwei zueinander senkrechte elastische Hauptachsen. Da diese mit der Welle umlaufen, ändert sich die Biegesteifigkeit in den raumfesten Bezugsrichtungen mit der doppelten Frequenz des Umlaufs. Daher erhielte man z. B. in den Gln. (9.29) für eine freifliegend gelagerte Scheibe zeitveränderliche Einflußbeiwerte a, b, c. Sie sind die Ursache für parametererregte Schwingungen, die zu weiteren kritischen Drehzahlen oder Drehzahlbereichen führen (siehe z. B. Tondl [68]).

Bei einem Rotor mit drei voneinander verschiedenen Hauptträgheitsmomenten (z. B. einer zweiflügeligen Luftschraube) entstehen zusätzliche kritische Drehzahlbereiche infolge der Massenunsymmetrie. Man erkennt das sofort, wenn man bedenkt, daß bei sehr hohen Drehzahlen die Kreiselkräfte gegenüber den elastischen Kräften der verformten Welle dominieren. Dann aber ist eine Drehung um die Achse des mittleren Hauptträgheitsmomentes instabil. Bei dominierenden elastischen Kräften nähert sich das Verhalten des Systems dem einer umlaufenden Welle mit Endmasse (d. h. ohne Kreiselwirkung). Der Übergang von den vorwiegend elastisch bedingten Instabilitätsbereichen zu den bei hohen Drehzahlen durch Kreiseleinwirkung hervorgerufenen instabilen Bereichen wurde von Crandall und Brosens [69] genauer untersucht. Ohne auf die ausführliche Theorie einzugehen, sei als Ergebnis nur erwähnt, daß die Orientierung der Hauptträgheitsachsen und der elastischen Hauptachsen zueinander von Bedeutung ist. Bei gegebenen Größen für die Unsymmetrie der Massen und der Biegesteifigkeiten sind die instabilen Bereiche am kleinsten, wenn die Achse des größten Hauptträgheitsmomentes in der Ebene senkrecht zur Drehachse mit der Achse der geringsten Biegesteifigkeit zusammenfällt. Das ist zugleich diejenige Anordnung, bei der die Eigenfrequenzen bei stehendem Rotor ($\omega = 0$) am weitesten auseinander liegen.

10. Ansätze einer technischen Kreiseltheorie

Die im Kap. 5 besprochenen Möglichkeiten einer allgemeinen Theorie von Kreiselsystemen sind für die Berechnung von technisch genutzten Kreiselgeräten besonders nützlich und wertvoll. In vielen Fällen ist jedoch der Weg über die exakten Bewegungsgleichungen sehr mühsam und schwerfällig. Außerdem sind reale Systeme meist so kompliziert, daß eine Integration der allgemeinen Bewegungsgleichungen nur für konkrete, zahlenmäßig fixierte Fälle möglich ist. Bereits im Kap. 5 wurden deshalb zwei Wege gezeigt, wie man unter einschränkenden Bedingungen zu Näherungsgleichungen gelangen kann: Im Abschn. 5.2 wurden Gleichungen zur Berechnung *kleiner Schwingungen* abgeleitet und untersucht, im Abschn. 5.3 wurden *schnelle Kreisel* vorausgesetzt. Es ist jedoch wünschenswert, die dort in sehr allgemeiner Form erhaltenen Ergebnisse in dreifacher Hinsicht zu ergänzen:

1. Es soll ein Weg angegeben werden, der unmittelbar zu geeigneten Näherungsgleichungen führt,

2. die Näherungsgleichungen sollen für den sehr wichtigen Fall bewegter Bezugssysteme erweitert werden und

3. sollte eine solche Form der Kreiselgleichungen gefunden werden, die eine Anpassung an die in der Systemtheorie üblichen Methoden erleichtert. Hierzu sind Strukturdiagramme oder Blockschaltbilder, Übertragungsfunktionen und Übertragungsmatrizen geeignet.

10.1 Vereinfachte Bewegungsgleichungen für Kreiselsysteme

Am Beispiel eines kardanisch gelagerten Kreiselpendels soll hier die unmittelbare Ableitung der Bewegungsgleichungen aus dem Drallsatz durchgeführt werden. Dieser Weg ist auch für die technisch wichtigen Näherungsgleichungen von besonderer Bedeutung.

Es sei ein Kreiselpendel mit kardanischer Lagerung nach Abb. 10.1 gegeben, dessen äußere Rahmenachse mit der Vertikalen den Winkel δ einschließen soll. Die Richtung der Rotorachse soll durch die Kardanwinkel α und β beschrieben werden, wobei für $\alpha = 0$ die Achse des Innenrahmens (2-Achse) horizontal sein soll. Für $\beta = 0$ sollen die Ebenen beider Rahmen senkrecht aufeinander stehen. Es wird — wie schon bei der Berechnung des Kardankreisels in Kap. 4 — angenommen, daß die drei Achsen des Systems zugleich Hauptachsen für die Teilkörper Außenrahmen, Innenrahmen und Rotor sind. Ferner soll der Rotor symmetrisch sein.

Die Bewegungsgleichungen werden nun aus dem Drallsatz gewonnen, der für das im Außenrahmen feste Bezugssystem $1, 2, 3$ angesetzt wird. Da sich dieses System mit der Winkelgeschwindigkeit $\dot{\alpha}$ gegenüber einem Inertialsystem dreht, erhält man mit $\Omega_i = (\dot{\alpha}, 0, 0)$

$$\frac{d'H_i}{dt} + \varepsilon_{ijk}\,\Omega_j\,H_k = M_i. \tag{10.1}$$

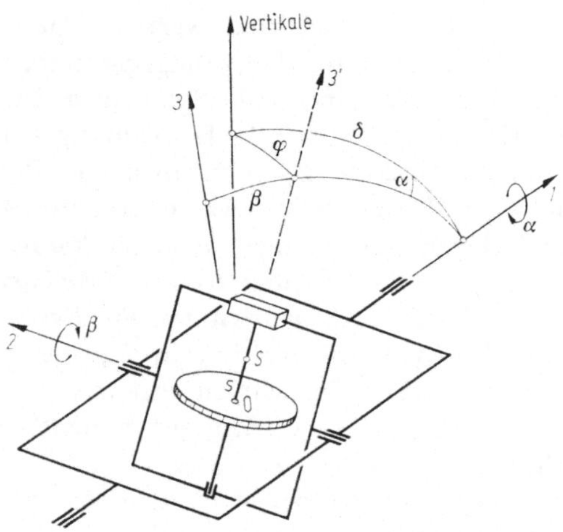

Abb. 10.1 Kardanisch gelagertes Kreiselpendel mit schrägstehender Achse des Außenrahmens mit dem im Außenrahmen festen Bezugssystem 1, 2, 3.

Der Drall H_i setzt sich aus den Anteilen für jeden der drei Teilkörper zusammen:

$$H_i = H_i^R + H_i^J + H_i^A.$$

Mit den schon im Kap. 4 in (4.31) und (4.32) verwendeten Bezeichnungen erhält man nach Transformation aller Drallanteile auf das angegebene, im Außenrahmen feste Bezugssystem die Koordinaten:

$$H_i = \begin{bmatrix} A^A\,\dot{\alpha} \\ 0 \\ 0 \end{bmatrix} + \begin{bmatrix} (A^J\cos^2\beta + C^J\sin^2\beta)\,\dot{\alpha} \\ B^J\,\dot{\beta} \\ (C^J - A^J)\,\dot{\alpha}\sin\beta\cos\beta \end{bmatrix} +$$

$$+ \begin{bmatrix} A^R\,\dot{\alpha}\cos^2\beta + C^R\,\omega_3\sin\beta \\ A^R\,\dot{\beta} \\ -A^R\,\dot{\alpha}\sin\beta\cos\beta \end{bmatrix}. \tag{10.2}$$

Bevor dieser Ausdruck in (10.1) eingesetzt wird, soll die Gleichung für das Momentengleichgewicht um die Rotorachse (3'-Achse) betrachtet werden. Wenn kein resultierendes äußeres Moment um diese Achse wirkt, dann folgt wegen $M_3' = 0$ und $A^R = B^R$ [s. a. (4.35)]:

$$C^R \omega_3' = C^R(\dot{\gamma} + \dot{\alpha}\sin\beta) = C^R \omega_0 = H_3' = H = \text{const.} \qquad (10.3)$$

Mit H wird also hier und im folgenden nicht der Betrag des Gesamtdralls, sondern der stets dominierende Drallanteil des Rotors um seine Symmetrieachse bezeichnet. Mit (10.3) erhält man nun nach Einsetzen von (10.2) in (10.1) die folgenden Gleichungen für die ersten beiden Koordinaten:

$$[A\cos^2\beta + (A^A + C^J)\sin^2\beta]\ddot{\alpha} - (A^R + A^J - C^J)\sin 2\beta\,\dot{\alpha}\dot{\beta} + H\cos\beta\,\dot{\beta} = M_1,$$
$$B\ddot{\beta} + (A^R + A^J - C^J)\sin\beta\cos\beta\,\dot{\alpha}^2 - H\cos\beta\,\dot{\alpha} = M_2, \qquad (10.4)$$

mit $\qquad A = A^A + A^J + A^R \quad$ und $\quad B = B^J + A^R.$

Die linken Seiten dieser Gleichungen sind identisch mit den früher mit Hilfe des Lagrangeschen Formalismus gefundenen Gln. (4.61).

Die Momente M_1 und M_2 entstehen bei dem Kreiselpendel nach Abb. 10.1 dadurch, daß der Schwerpunkt S nicht mit dem Fixpunkt O (Schnittpunkt der Rahmenachsen) zusammenfällt. Wenn S im Abstand s von F auf der 3'-Achse liegt, dann läßt sich M_i aus

$$M_i = \varepsilon_{ijk}\, s_j\, G_k \qquad (10.5)$$

mit

$$s_j = s \begin{bmatrix} \sin\beta \\ 0 \\ \cos\beta \end{bmatrix} \quad \text{und} \quad G_k = -G \begin{bmatrix} \cos\delta \\ \sin\delta\,\sin\alpha \\ \sin\delta\,\cos\alpha \end{bmatrix} \qquad (10.6)$$

berechnen. Man erhält die Momentkoordinaten:

$$\begin{aligned} M_1 &= G\,s\,\sin\delta\,\cos\beta\,\sin\alpha, \\ M_2 &= -G\,s(\cos\delta\,\cos\beta - \sin\delta\,\sin\beta\,\cos\alpha). \end{aligned} \qquad (10.7)$$

Eingesetzt in (10.4) folgen die exakten Bewegungsgleichungen für das kardanisch gelagerte Kreiselpendel bei schrägstehender äußerer Rahmenachse. Man stellt leicht fest, daß diese Gleichungen als partikuläre Lösungen die folgenden Gleichgewichtslagen ergeben:

1) $\sin\alpha_0 = 0; \quad \cos(\delta + \beta_0) = 0,$

   d. h. $\alpha_0 = 0, \pm\pi, \ldots,$

   $$\beta_0 = \pm\frac{\pi}{2} - \delta, \pm\frac{3\pi}{2} - \delta, \ldots$$

2) $\cos\alpha_0 = 0; \quad \cos\beta_0 = 0,$

   d. h. $\alpha_0 = \pm\frac{\pi}{2}, \pm\frac{3\pi}{2}, \ldots,$

   $$\beta_0 = \pm\frac{\pi}{2}, \pm\frac{3\pi}{2}, \ldots$$

$$(10.8)$$

Bei der ersten Lösung steht die Rotorachse vertikal, wobei der Schwerpunkt über oder unter dem Fixpunkt des Kardansystems liegen kann. Bei der zweiten Lösung liegen beide Rahmen in einer Vertikalebene; die Bewegungsfreiheit des Kreisels ist dann eingeschränkt (*Rahmensperre*).

Die erhaltenen Bewegungsgleichungen können nun schrittweise vereinfacht werden. Zunächst seien die Nachbarbewegungen für die erste der Gleichgewichtslösungen (10.8) betrachtet. Dann kann

$$\beta = \beta_0 + x = \frac{\pi}{2} - \delta + x \qquad (10.9)$$

angesetzt werden, und es sollen weiterhin die Größen α und x als klein betrachtet werden. Betrachtet man — wie dies bei der Methode der kleinen Schwingungen üblich ist — auch die Ableitungen von α und x als klein von erster Ordnung, so erhält man bei Vernachlässigung der von zweiter Ordnung kleinen Größen aus (10.4) mit (10.7) die linearen Gleichungen:

$$[A\cos^2\beta_0 + (A^A + C^J)\sin^2\beta_0]\,\ddot{\alpha} + H\cos\beta_0\,\dot{x} - Gs\cos^2\beta_0\,\alpha = 0,$$
$$B\ddot{x} - H\cos\beta_0\,\dot{\alpha} - Gs\,x = 0. \qquad (10.10)$$

In dem technisch besonders interessierenden Sonderfall einer horizontalen äußeren Rahmenachse ($\delta = \pi/2$, $\beta_0 = 0$, $x = \beta$) folgt daraus:

$$A\ddot{\alpha} + H\beta - Gs\alpha = 0,$$
$$B\ddot{\beta} - H\dot{\alpha} - Gs\beta = 0. \qquad (10.11)$$

Bevor eine weitere Spezialisierung für den Fall schneller Kreisel (großer Rotordrall H) vorgenommen wird, soll zunächst gezeigt werden, daß die Gln. (10.11) sehr viel einfacher unmittelbar aus dem Drallsatz für ein *raumfestes* Bezugssystem 1, 2, 3 hergeleitet werden können, dessen 3-Achse mit der Vertikalen zusammenfällt (Abb. 10.2). Hier erhält man für kleine Winkel α und β einfach

$$H_i = \begin{bmatrix} A\dot{\alpha} + H\beta \\ B\dot{\beta} - H\alpha \\ H \end{bmatrix}; \quad M_i = \begin{bmatrix} Gs\alpha \\ Gs\beta \\ 0 \end{bmatrix}. \qquad (10.12)$$

Eingesetzt in

$$\frac{dH_i}{dt} = M_i \qquad (10.13)$$

folgen damit sofort die Gln. (10.11). Entsprechend läßt sich auch das System (10.10) ableiten, nur sind dann zusätzlich einige trigonometrische Umrechnungen zu berücksichtigen.

Zur Ableitung der Näherungsgleichungen für schnelle Kreisel kann die im Abschn. 5.3.1 angegebene Methode verwendet werden. In Sonderfällen, wie dem hier betrachteten Kreiselpendel, lassen sich die Näherungen jedoch sehr viel einfacher gewinnen. Das soll am Beispiel des Systems (10.11) gezeigt werden. Man erhält hierfür die charakteristische Gleichung

$$\begin{vmatrix} A\,\lambda^2 - G\,s & H\,\lambda \\ -H\,\lambda & B\,\lambda^2 - G\,s \end{vmatrix} = 0\,,$$

oder

$$A\,B\,\lambda^4 + [H^2 - G\,s(A + B)]\,\lambda^2 + G^2\,s^2 = 0 \tag{10.14}$$

mit den Lösungen

$$\left.\begin{array}{l} -\lambda_1^2 = (\omega^N)^2 \\ -\lambda_2^2 = (\omega^P)^2 \end{array}\right\} = \frac{H^2 - G\,s(A + B)}{2\,A\,B}\left[1 \pm \sqrt{1 - \frac{4\,A\,B\,G^2\,s^2}{[H^2 - G\,s(A + B)]^2}}\,\right]. \tag{10.15}$$

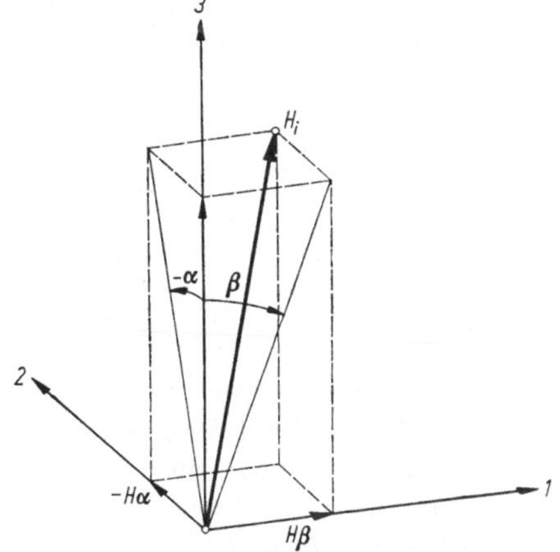

Abb. 10.2 Zum Näherungsansatz für die Komponenten des Drallvektors H_i.

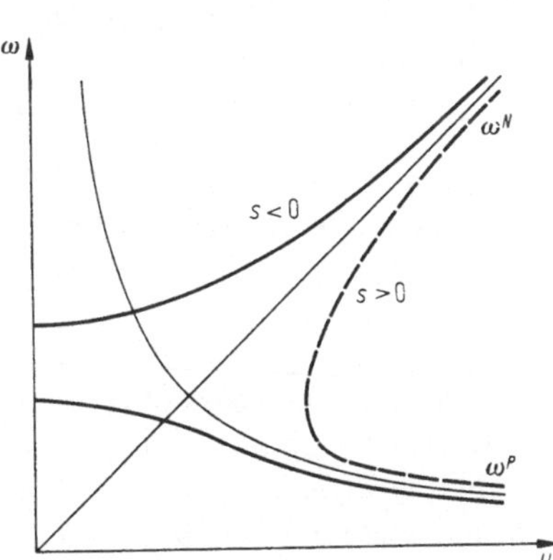

Abb. 10.3 Abhängigkeit der Eigenfrequenzen ω^N und ω^P vom Drall H.

Der Verlauf der Eigenfrequenzen ω^N und ω^P als Funktion des Dralls H ist in Abb. 10.3 aufgetragen. Die erhaltenen Kurven können als Sonderfälle der früher untersuchten Kurven von Abb. 3.22 aufgefaßt werden. Man erhält für $H = 0$ die beiden Pendelfrequenzen

$$\omega_0^N = \sqrt{-\frac{G\,s}{B}}\,; \quad \omega_0^P = \sqrt{-\frac{G\,s}{A}}\,, \tag{10.16}$$

die nur bei hängendem Pendel ($s < 0$) reelle Werte ergeben. Für große Werte von H findet man unabhängig vom Vorzeichen von s die Frequenzen

$$\omega^N \approx \frac{H}{\sqrt{A\,B}}\,; \quad \omega^P \approx \left|\frac{G\,s}{H}\right|. \tag{10.17}$$

Sie geben die Nutations- und die Präzessionsfrequenzen bei hinreichend großem Drall H in guter Näherung an. In Abb. 10.3 entsprechen sie den dünn ausgezogenen Kurven: Gerade und Hyperbel.

Die Näherungen (10.17) lassen sich auf zweierlei Art gewinnen: entweder durch Aufspalten der charakteristischen Gl. (10.14) oder durch Vereinfachen der Ausgangsgleichungen (10.11). Wenn H sehr groß ist, dann dominiert in (10.14) das mittlere Glied. Dann kann mit $H^2 \gg \gg G\,s(A + B)$ aufgespalten werden in

$$A B \left(\lambda^2 + \frac{H^2}{A B}\right)\left(\lambda^2 + \frac{G^2\, s^2}{H^2}\right) \approx 0$$

mit den Wurzeln (10.17). Man erkennt aus (10.17), daß bei großem Drall die Nutationen nicht mehr vom Schweremoment, die Präzessionen nicht mehr von den Trägheitsmomenten abhängen. Deshalb kann man die entsprechenden Anteile auch gleich in den Ausgangsgleichungen (10.11) vernachlässigen. Dann lassen sich die Nutationsbewegungen näherungsweise aus

$$\begin{aligned} A\,\ddot\alpha + H\,\beta &\approx 0, \\ B\,\ddot\beta - H\,\dot\alpha &\approx 0 \end{aligned} \tag{10.18}$$

bestimmen, die Präzessionsbewegungen dagegen aus

$$\begin{aligned} H\,\beta - G\,s\,\alpha &\approx 0, \\ -H\,\dot\alpha - G\,s\,\beta &\approx 0. \end{aligned} \tag{10.19}$$

Man kann dieses Ergebnis auch physikalisch interpretieren: Bei der Nutationsbewegung schneller Kreisel sind die Kreiselkräfte mit den Trägheitskräften im Gleichgewicht, bei der Präzessionsbewegung herrscht Gleichgewicht zwischen den äußeren Kräften und den Kreiselkräften. Diese Erkenntnis läßt sich als Grundlage für sehr allgemeine Näherungsrechnungen in Kreiselsystemen verwenden. So erhält man beispielsweise die Präzessionen des Systems (10.4) näherungsweise aus

$$\begin{aligned} H \cos\beta\, \dot\beta &= M_1, \\ -H \cos\beta\, \dot\alpha &= M_2. \end{aligned} \tag{10.20}$$

Man bezeichnet Gleichungen dieser Art als *Technische Kreiselgleichungen*. Verschiedentlich sind sie auch *Gleichungen der Präzessionstheorie* genannt worden. Dieselben Gleichungen erhält man auch als Ergebnis des in Abschn. 5.3.1 beschriebenen allgemeinen Näherungsverfahrens für schnelle Kreisel.

Die Verwendung der Technischen Kreiselgleichungen ist gleichbedeutend mit einer Vernachlässigung der Nutationsbewegungen. Für sehr viele Anwendungen des Kreisels ist das durchaus zulässig. Es muß jedoch darauf hingewiesen werden, daß mit den Nutationsschwingungen auch die durch sie hervorgerufenen sekundären Effekte, wie z. B. die in Abschn. 4.4 untersuchten kinetischen Auswanderungserscheinungen, vernachlässigt werden. Sie lassen sich dann auch nicht aus den Näherungsgleichungen berechnen. Wenn man diese Effekte bestimmen will, dann kann das in Abschn. 4.4 verwendete Verfahren benutzt werden. Dabei sind nur die Winkelabweichungen selbst, nicht aber ihre zeitlichen Ableitungen als klein vorausgesetzt worden. Die damit erhaltenen Näherungsgleichungen enthalten noch nichtlineare Glieder. Sie bilden eine Art Zwischenstufe zwischen den exakten Ausgangsgleichungen und den nach der Methode der kleinen Schwingungen linearisierten Bewegungsgleichungen.

Die Ableitung der Näherungsgleichungen der Technischen Kreiseltheorie in der hier an einem Beispiel gezeigten Weise ist sinnvoll, wenn die folgenden Bedingungen erfüllt sind:

1. der Rotor ist symmetrisch ($A^R = B^R$) und dreht mit konstanter Winkelgeschwindigkeit um seine Symmetrieachse;

2. es sind keine oder nur sehr kleine Nutationsbewegungen vorhanden, d. h., Drallachse und Symmetrieachse des Rotors fallen praktisch zusammen;

3. der Drall $H = C^R \omega_3'$ ist groß.

Im Zusammenhang mit den hier anhand eines einfachen, aber typischen Beispiels durchgeführten Überlegungen sei auf die allgemeineren Untersuchungen hingewiesen, die in den Abschn. 5.2 und 5.3 durchgeführt worden sind. Auch das dort betrachtete Beispiel eines 3-Rahmen-Kreisels (Abschn. 5.3.3) unterstreicht die hier erhaltenen Ergebnisse.

10.2 Kreisel in drehenden Bezugssystemen

Die beschriebene Methode zur Ableitung von Näherungsgleichungen bleibt auch dann anwendbar, wenn sich das Bezugssystem dreht. Voraussetzung ist dabei, daß die Rotorachse nur wenig von einer im Bezugssystem festen Richtung abweicht. Diese Richtung entspricht i. allg. der Gleichgewichtslage. Die genannte Voraussetzung ist bei zahlreichen Kreiselgeräten, z. B. bei den verschiedenen Arten von Wendekreiseln (Kap. 15), erfüllt. Ist $\Omega_i = (\Omega_1, \Omega_2, \Omega_3)$ der Vektor der Drehgeschwindigkeit des Bezugssystems, dann kann anstelle des früheren Ausdrucks (10.12) der Drallvektor H_i wie folgt angesetzt werden:

$$H_i = \begin{bmatrix} A\,(\dot\alpha + \Omega_1) + H\,\beta \\ B\,(\dot\beta + \Omega_2) - H\,\alpha \\ H \end{bmatrix}. \tag{10.21}$$

Dabei ist wiederum $M_3' = 0$ angenommen worden, so daß der Drall $H = C^R(\dot\gamma + \dot\alpha \sin\beta + \Omega_3')$ konstant bleibt. Im allgemeinen ist die Führungsdrehung des Bezugssystems so langsam, daß $\Omega_3' \ll \dot\gamma$ ist. Dann gilt zugleich $A\Omega_3 \ll H$ und $B\Omega_3 \ll H$. Unter Berücksichtigung dieser

Beziehungen folgt nun nach Einsetzen von (10.21) in (10.1) für die ersten beiden Koordinaten das Gleichungssystem:

$$A\,\ddot{\alpha} + H\,\dot{\beta} + H\,\Omega_3\,\alpha = M_1 - A\,\dot{\Omega}_1 - H\,\Omega_2,$$
$$B\,\ddot{\beta} - H\,\dot{\alpha} + H\,\Omega_3\,\beta = M_2 - B\,\dot{\Omega}_2 + H\,\Omega_1. \tag{10.22}$$

Man erkennt daraus, daß die Richtung der Rotorachse nur dann relativ zum Bezugssystem beibehalten werden kann, wenn die Momente

$$M_1 = A\,\dot{\Omega}_1 + H\,\Omega_2,$$
$$M_2 = B\,\dot{\Omega}_2 - H\,\Omega_1 \tag{10.23}$$

um die beiden Rahmenachsen ausgeübt werden. Auf Kreiselgeräte ohne Momentengeber ($M_1 = M_2 = 0$) können deshalb die Gln. (10.22) nur angewendet werden, wenn $\Omega_1 = \Omega_2 = 0$ ist; die Drehachse des Bezugssystems muß also mit der Gleichgewichtsrichtung der Rotorachse zusammenfallen. Das ist z. B. bei den später (Kap. 12) zu besprechenden Kreiselhorizonten im Kurvenflug der Fall.

Die Drehung des Bezugssystems macht sich nicht nur im Auftreten der Störglieder auf den rechten Seiten von (10.22), sondern auch durch je ein Glied auf den linken Seiten bemerkbar. Diese Anteile können als zusätzliche Fesselungen gedeutet werden: Für $\Omega_3 > 0$, also bei Drehung des Bezugssystems im Sinne der Rotordrehung, wirkt die Zusatzfesselung zur Gleichgewichtslage hin, für $\Omega_3 < 0$ sucht sie die Rotorachse aus der Gleichgewichtslage herauszuziehen. Dieses Verhalten läßt eine Tendenz zum gleichsinnigen Parallelismus der Drehachsen erkennen.

Als einfaches Beispiel sei ein Kreiselpendel mit ortsfestem Aufhängepunkt auf der drehenden Erde betrachtet. Wenn die äußere Rahmenachse in der Horizontalebene nach Norden zeigt und die Rotorachse in der Ruhelage vertikal nach oben weist, dann gilt mit der geografischen Breite φ und dem Betrag ω^E der Erddrehung (Abb. 10.4)

$$\Omega_i = \begin{bmatrix} \omega^E \cos\varphi \\ 0 \\ \omega^E \sin\varphi \end{bmatrix}; \quad \dot{\Omega}_i = 0. \tag{10.24}$$

Mit einem aus Schweremoment und zusätzlichem Moment M_i^* resultierenden Momentenvektor

$$M_i = \begin{bmatrix} G\,s\,\alpha + M_1^* \\ G\,s\,\beta + M_2^* \\ 0 \end{bmatrix}$$

erhält man damit aus (10.22) die Bewegungsgleichungen

$$A\,\ddot{\alpha} + H\,\dot{\beta} + (H\,\omega^E \sin\varphi - G\,s)\,\alpha = M_1^*,$$
$$B\,\ddot{\beta} - H\,\dot{\alpha} + (H\,\omega^E \sin\varphi - G\,s)\,\beta = M_2^* + H\,\omega^E \cos\varphi. \tag{10.25}$$

Um eine erdfeste Gleichgewichtsrichtung für die Rotorachse zu erhalten, muß demnach das Zusatzmoment

$$M_1^* = 0; \qquad M_2^* = -H\,\omega^E \cos\varphi$$

ausgeübt werden. Dieses um die innere Rahmenachse wirkende Moment, sorgt dafür, daß die Ebene des Außenrahmens stets horizontal bleibt. Um die Gleichgewichtslage kann das Kreiselpendel Schwingungen ausführen, die aus den linken Seiten von (10.25) leicht ausgerechnet

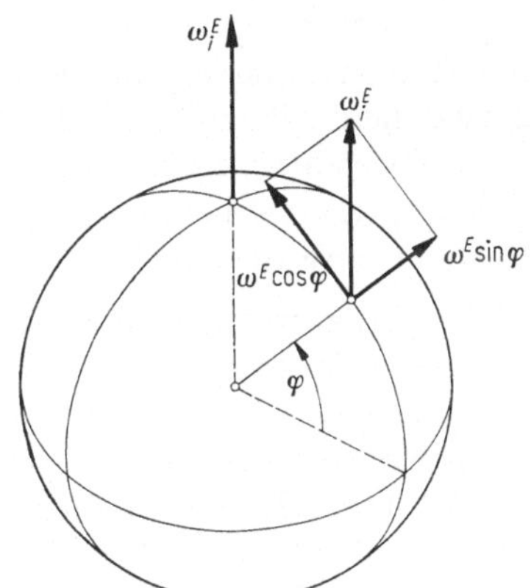

Abb. 10.4 Komponenten der Erddrehung ω_i^E für einen Beobachtungsort mit der geografischen Breite φ.

werden können. Für hinreichend große Werte von H (schneller Kreisel) erhält man für die beiden möglichen Frequenzen die Näherungswerte

$$\omega^N \approx \frac{H}{\sqrt{AB}}; \qquad \omega^P \approx \left| \omega^E \sin\varphi - \frac{G\,s}{H} \right|. \qquad (10.26)$$

Die Nutationsfrequenz bleibt ungeändert gegenüber (10.17), bei der Präzessionsfrequenz ist der Anteil der Erddrehung zu berücksichtigen; er muß je nach dem Vorzeichen hinzugezählt oder abgezogen werden. Das Vorzeichen ist am einfachsten zu erkennen, wenn man (10.25) bei verschwindenden rechten Seiten nach dem Vorbild der *Präzessionstheorie* löst. Das ist gleichbedeutend mit einer Vernachlässigung der Beschleunigungsglieder. Mit $z = \alpha + i\,\beta$ folgt dann aus (10.25) die reduzierte Gleichung

$$-i\,H\,\dot{z} + (H\,\omega^E \sin\varphi - G\,s)\,z = 0. \qquad (10.27)$$

Sie hat die Lösung

$$z = Z_0 \exp\left[-i\left(\omega^E \sin\varphi - \frac{G\,s}{H}\right)t\right]. \qquad (10.28)$$

Daraus folgt für $s = 0$ (astatisches Pendel) eine Präzession im Gegensinne der Erddrehung mit $\omega^P = |\omega^E \sin\varphi|$. Bei aufrechtem Kreisel

22 Magnus, Kreisel

($s > 0$) ist die *Differenz* der beiden Präzessionsanteile, beim hängenden Kreisel ($s < 0$) ist die *Summe* zu nehmen. Im Grenzfall $G\,s = H\,\omega^E \sin\varphi$ bleibt die Rotorachse relativ zur Erde unverändert. Ein erdfester Beobachter könnte diesen Kreisel als astatisch bezeichnen, obwohl sein Massenmittelpunkt über dem Aufhängepunkt liegt.

10.3 Das Übertragungsverhalten von Kreiseln

Kreiselgeräte sind Bauelemente, bei denen im Sinne der Regelungstechnik ein Eingang und ein Ausgang definiert werden kann. Die Abhängigkeit der Ausgangsgröße von der Eingangsgröße wird durch das Übertragungsverhalten gekennzeichnet. Der mathematische Zusammenhang zwischen beiden Größen kann durch Übertragungsfunktionen oder Übertragungsmatrizen beschrieben werden; der strukturelle Aufbau eines Übertragungsgliedes wird durch Strukturdiagramme oder Blockschaltbilder veranschaulicht.

10.3.1 Strukturdiagramme eines Kreiselpendels. Am Beispiel eines kardanisch aufgehängten Kreiselpendels mit Momentengebern an beiden Rahmenachsen sollen verschiedene Möglichkeiten zur Konstruktion eines Strukturbildes gezeigt werden. Nach Hinzufügen der Momente M_1 und M_2 von Momentengebern an den Rahmenachsen und mit dem in der Theorie linearer Systeme üblichen Operator $p = d/dt$ erhält man für die kleinen Schwingungen des Kreiselpendels aus (10.11) jetzt:

$$A\,p^2\alpha + H\,p\,\beta - G\,s\,\alpha = M_1,$$
$$B\,p^2\beta - H\,p\,\alpha - G\,s\,\beta = M_2. \tag{10.29}$$

Auflösen der ersten Gleichung nach β und der zweiten nach α ergibt

$$\beta = \frac{1}{H\,p}(M_1 - A\,p^2\alpha + G\,s\,\alpha),$$
$$\alpha = -\frac{1}{H\,p}(M_2 - B\,p^2\beta + G\,s\,\beta). \tag{10.30}$$

Diese Gleichungen lassen sich durch das Blockschaltbild von Abb. 10.5 veranschaulichen. Jedem Block entspricht eine Operationsvorschrift für die jeweilige Eingangsgröße: Der Operator p bedeutet Differentiation, p^2 gibt zweifaches Differenzieren an, $1/p$ entspricht der Integration; die anderen in den Kästchen vermerkten Größen werden als Faktoren behandelt. Punkte bilden Verzweigungsstellen, Kreise deuten Verknüpfungen an, wobei das Pluszeichen Addition, das Minuszeichen Subtraktion bedeutet. Die eingezeichneten Pfeile geben den Signalfluß im Diagramm an. Für das hier betrachtete Beispiel werden M_1 und M_2 als Eingangs-, α und β als Ausgangsgrößen betrachtet. Der Kreisel kann als ein Vierpol aufgefaßt und rechnerisch mit den Mitteln der Vierpoltheorie untersucht werden.

Ein anderes Strukturdiagramm erhält man, wenn (10.29) nach den Variablen in den ersten Gliedern aufgelöst wird:

$$\alpha = \frac{1}{A\,p^2}\,(M_1 - H\,p\,\beta + G\,s\,\alpha),$$

$$\beta = \frac{1}{B\,p^2}\,(M_2 + H\,p\,\alpha + G\,s\,\beta). \qquad (10.31)$$

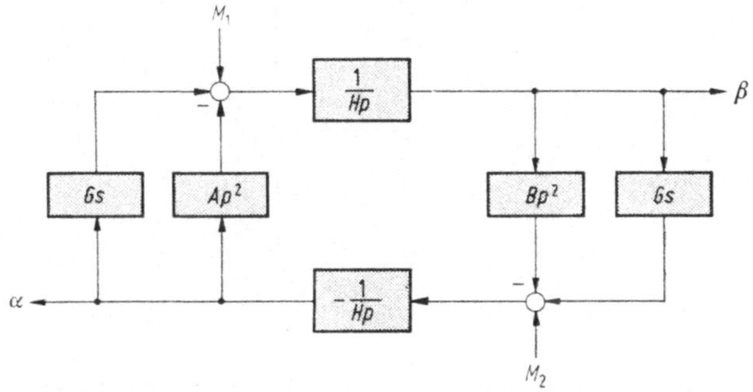

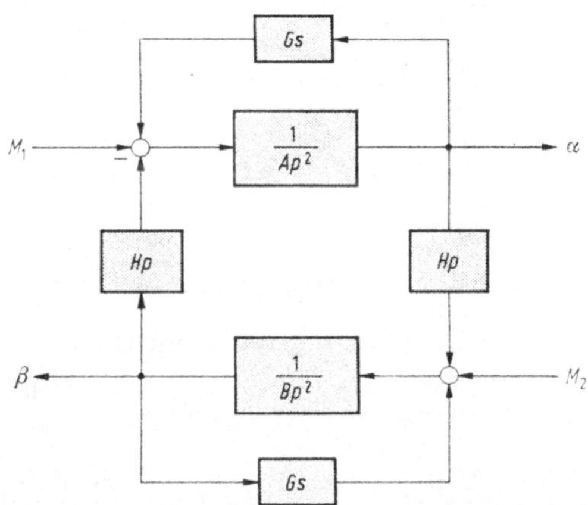

Abb. 10.5 Erste Form des Blockschaltbildes für das Gleichungssystem (10.29).

Aus diesen Beziehungen folgt das Strukturbild von Abb. 10.6. Es ist zu dem Schema von Abb. 10.5 äquivalent, da es zu demselben Glei-

Abb. 10.6 Zweite Form des Blockschaltbildes für das Gleichungssystem (10.29).

chungssystem gehört. Man kann sogar noch weitere Blockschaltbilder konstruieren, wenn man die allgemeinen Regeln beachtet, die für die Umwandlung von Blockschaltbildern abgeleitet werden können (OPPELT [70]). Drei derartige Diagramme sollen hier noch erwähnt werden, von

22*

denen das erste (Abb. 10.7) vor allem für die theoretische Analyse verwendet werden kann, während die anderen beiden (Abb. 10.8 und 10.10) besonders zur Untersuchung des Systemverhaltens auf einem Analogrechner geeignet sind.

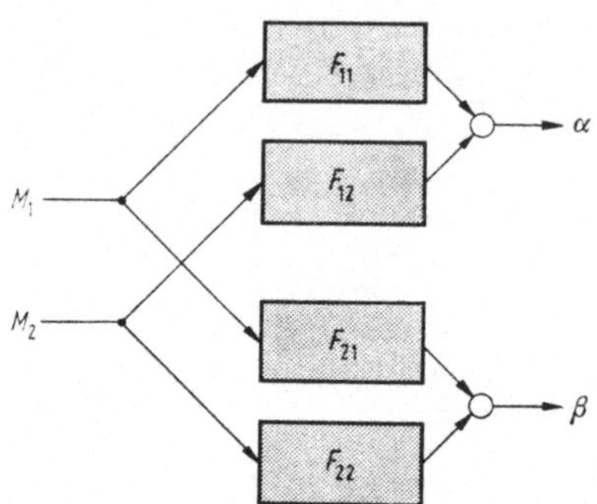

Abb. 10.7 Blockschaltbild mit Übertragungsfunktionen.

10.3.2 Übertragungsfunktionen und Übertragungsmatrizen. Die in den Blöcken von Abb. 10.7 eingetragenen Funktionen werden als Übertragungsfunktionen bezeichnet, da sie unmittelbar den Zusammenhang zwischen Eingangs- und Ausgangsgrößen vermitteln. Für das hier betrachtete Kreiselpendel gibt es vier Übertragungsfunktionen, die sich ausrechnen lassen, wenn man (10.29) als algebraische Gleichungen betrachtet und nach α und β auflöst:

$$\alpha = \frac{1}{N}\,[(B\,p^2 - G\,s)\,M_1 - H\,p\,M_2],$$

$$\beta = \frac{1}{N}\,[H\,p\,M_1 + (A\,p^2 - G\,s)\,M_2] \tag{10.32}$$

mit dem Nenner

$$N = (A\,p^2 - G\,s)\,(B\,p^2 - G\,s) + H^2\,p^2.$$

Man hat demnach die Übertragungsfunktionen:

$$F_{11}(p) = \frac{B\,p^2 - G\,s}{N}\,; \qquad F_{12}(p) = -\,\frac{H\,p}{N}\,;$$

$$F_{21}(p) = \frac{H\,p}{N}\,; \qquad\qquad F_{22}(p) = \frac{A\,p^2 - G\,s}{N}\,. \tag{10.33}$$

Hierin wird $p = i\,\omega$ als Variable aufgefaßt. Durch Vergleich mit der charakteristischen Gl. (10.14) stellt man fest, daß die Übertragungsfunktionen Pole für $p = i\,\omega^N$ und $p = i\,\omega^P$, also bei den Eigenfrequenzen für Nutation und Präzession besitzen. Die Funktionen F_{11} und F_{22} besitzen für $s < 0$ außerdem je eine Nullstelle für diejenigen Frequenzen, mit denen das hängende Pendel bei nichtlaufendem Kreisel um die 1- bzw. 2-Achse schwingen kann. Aus der Verteilung von Nullstellen und Polen der Übertragungsfunktionen, insbesondere jedoch aus ihren Verschiebungen bei Verändern der Systemparameter, lassen sich die für das dynamische Verhalten eines Bauelementes wichtigen Eigenschaften bestimmen (OPPELT [70]).

Die Gln. (10.32) können mit (10.33) auch in Matrizenform wie folgt geschrieben werden:

$$\begin{bmatrix} \alpha \\ \beta \end{bmatrix} = \begin{bmatrix} F_{11} & F_{12} \\ F_{21} & F_{22} \end{bmatrix} \begin{bmatrix} M_1 \\ M_2 \end{bmatrix}. \tag{10.34}$$

Die Matrix der Übertragungsfunktionen F wird als Übertragungsmatrix bezeichnet. Je nach der Art der Ein- und Ausgänge kann man verschiedene Übertragungsmatrizen erhalten. Wenn man z. B. einen kardanisch gelagerten astatischen Kreisel mit $s = 0$ und $M_1 = M_2 = 0$ dazu verwendet, die Drehwinkel eines bewegten Fahrzeuges zu bestimmen, dann findet man aus dem für diesen Fall geltenden Gleichungssystem (10.22) mit Ω_1 und Ω_2 als Eingangsgrößen

$$\begin{bmatrix} \alpha \\ \beta \end{bmatrix} = \begin{bmatrix} F_{11}^* & F_{12}^* \\ F_{21}^* & F_{22}^* \end{bmatrix} \begin{bmatrix} \Omega_1 \\ \Omega_2 \end{bmatrix}$$

mit den Übertragungsfunktionen

$$F_{11}^* = - \frac{p}{N^*} [H^2 + A(B\,p^2 + H\,\Omega_3)],$$

$$F_{21}^* = -F_{21}^* = \frac{H^2\,\Omega_3}{N^*}, \tag{10.35}$$

$$F_{22}^* = - \frac{p}{N^*} [H^2 + B(A\,p^2 + H\,\Omega_3)]$$

und dem Nenner

$$N^* = (A\,p^2 + H\,\Omega_3)(B\,p^2 + H\,\Omega_3) + H^2\,p^2.$$

Die Übertragungsmatrix hängt hier noch von Ω_3 ab. Wenn man mit den Technischen Kreiselgleichungen rechnet, also von den Nutationsbewegungen absieht, dann vereinfachen sich die Übertragungsfunktionen zu:

$$F_{11}^* = F_{22}^* = - \frac{p}{p^2 + \Omega_3^2},$$

$$F_{21}^* = -F_{12}^* = \frac{\Omega_3}{p^2 + \Omega_3^2}. \tag{10.36}$$

Für $\Omega_3 = 0$ fallen die Kreuzkopplungsfunktionen F_{21} und F_{12} fort, so daß dann einfach

$$\alpha = -\frac{\Omega_1}{p} \quad \text{und} \quad \beta = -\frac{\Omega_2}{p} \, .$$

Da nun wegen $\Omega_3 = 0$ und unter der Voraussetzung kleiner Winkel

$$\frac{\Omega_1}{p} = \int \Omega_1 \, dt = \alpha^F \quad \text{und} \quad \frac{\Omega_2}{p} = \int \Omega_2 \, dt = \beta^F$$

gilt, entsprechen die Winkel α und β der relativen Rahmendrehung gerade den Winkeln α^F und β^F, um die sich das Fahrzeug gedreht hat. Der Kreisel arbeitet dann als *Lagekreisel* (Kap. 12), da er zum Messen der Lagewinkel verwendet werden kann.

10.3.3 Blockschaltbilder für Untersuchungen mit Analogrechenanlagen. Die hier untersuchten Kreiselgleichungen lassen sich auch auf Analogrechnern lösen. Man kann dann das Strukturdiagramm oder Blockschaltbild zum Programmieren des Rechners verwenden. Allerdings sind die Diagramme der Abb. 10.5 und 10.6 zu diesem Zweck noch nicht brauchbar. Sie enthalten Differentiationen, während ein

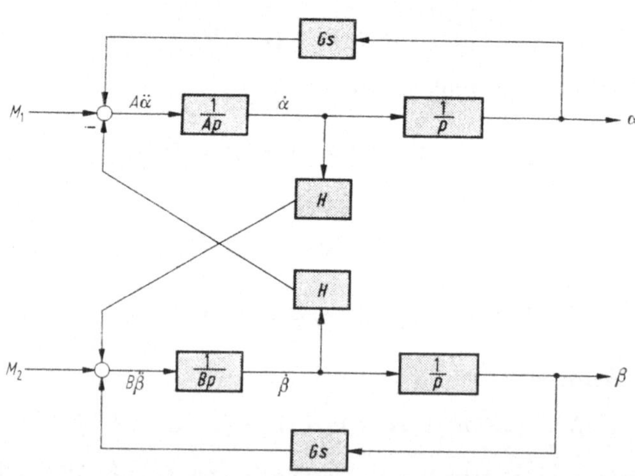

Abb. 10.8 Dritte Form des Blockschaltbildes für das Gleichungssystem (10.29).

Analogrechner normalerweise nur Integrationen ausführen kann. Es ist daher zweckmäßig, das Blockschaltbild so umzuformen, daß nur Integrationen vorkommen. Man löst daher (10.29) am besten nach den Gliedern mit den höchsten Ableitungen auf und integriert dann in zwei Stufen. Abb. 10.8 zeigt das auf diese Weise erhaltene Blockschaltbild. Es läßt sich unmittelbar in eine Programmierschaltung für den Analogrechner umformen, wie sie Abb. 10.9 zeigt. Beim Aufstellen der Programmierschaltungen ist zu beachten, daß jeder Integrationsverstärker zugleich auch das Vorzeichen umkehrt. Dabei wird aus der am Eingang des ersten oberen Integrierers vorhandenen Summe

$$M_1 - H\beta + Gs\,\alpha = A\,\ddot\alpha$$

am Ausgang der Wert $-A\,\dot\alpha$ erhalten.

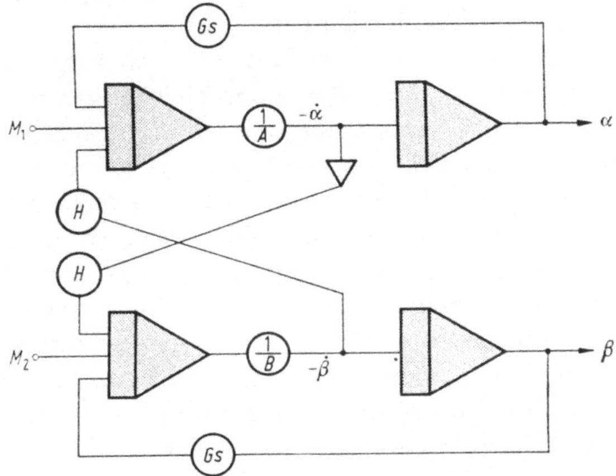

Abb. 10.9 Analogrechner-Schaltplan für das Gleichungssystem (10.29).

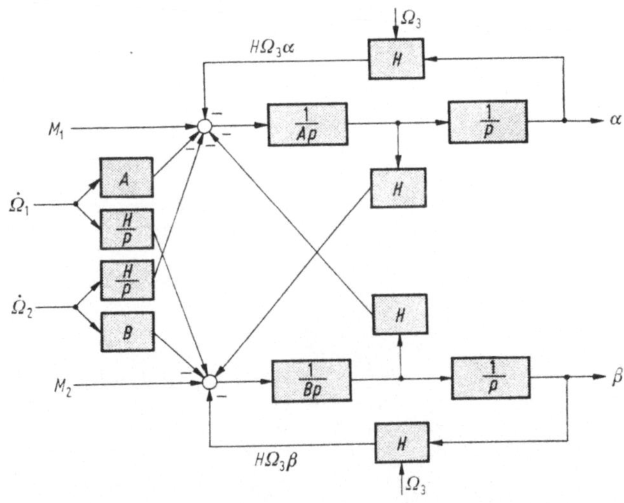

Abb. 10.10 Blockschaltbild für das Gleichungssystem (10.22).

Auch für das Gleichungssystem (10.22) eines astatischen Kreisels mit Momentengebern in einem drehenden Bezugssystem läßt sich ein rechnergeeignetes Blockschaltbild entwerfen (Abb. 10.10). Dabei verwendet man am besten die Ableitungen $\dot{\Omega}_1$ und $\dot{\Omega}_2$ als Eingangsgrößen. Die Größe Ω_3 ist als Störgröße aufzufassen; sie ergibt zusammen mit α (bzw. β) und dem Faktor H das Störglied $H\Omega_3\alpha$ (bzw. $H\Omega_3\beta$). Zum Programmieren des Bildes 10.10 werden 6 Integratoren benötigt. Das Schaltbild kann noch weiter ausgebaut werden, wenn die Momente M_1 und M_2 selbst von den Ausgangsgrößen (oder/und den Eingangsgrößen) abhängen, wie dies z. B. bei den Überwachungseinrichtungen von Lagekreiseln (s. Kap. 12) der Fall ist.

Auf eine charakteristische Schwierigkeit soll noch hingewiesen werden, die sich ergibt, wenn man die Bewegungsgleichungen von Kreiselsystemen auf elektronischen Rechenanlagen lösen will. Die Eigenfrequenzen der Nutationen und der Präzessionen liegen fast immer um mehrere Zehnerpotenzen auseinander. Daher erfordert das Ausrechnen einer einzigen Präzessionsschwingung zugleich das Durchrechnen einer Vielzahl von Nutationsschwingungen. Bei Verwendung von Digitalrechnern kann das zu sehr erheblichen Rechenfehlern und großen Rechenzeiten führen. Aber auch bei Analogrechnern sind Schwierigkeiten zu erwarten, z. B. bei der Normung der Gleichungen oder wenn an den Ausgang des Rechners ein Schreiber angeschlossen wird. In diesen Fällen lassen sich meist bessere Ergebnisse erzielen, wenn man von vornherein die für großen Drall vereinfachten Näherungsgleichungen, also die Technischen Kreiselgleichungen verwendet.

11. Kreiselgeräte, Klassifikation und allgemeines Verhalten

In diesem Kapitel sollen neben einer allgemeinen Übersicht über die verschiedenen Typen von Kreiselgeräten einige Erscheinungen, wie Reibungs-, Schwingungs-, Anlauf- und Auslaufeffekte, untersucht werden, die bei mehreren Arten von Geräten auftreten können. Es ist zweckmäßig, sie hier — losgelöst vom speziellen Aufbau und den besonderen Funktionen der verschiedenartigen Kreiselgeräte — zusammenfassend zu behandeln.

11.1 Klassifikation von Kreiselgeräten

Eine Einteilung der Kreiselgeräte kann nach verschiedenen Gesichtspunkten vorgenommen werden. Eine der möglichen Klassifikationen zeigt die Aufstellung der Tabelle auf S. 346/47. Dabei wurde die Funktion der Geräte in den Vordergrund gestellt. Eine derartige Einteilung überdeckt sich weitgehend mit der Einteilung nach gewissen Konstruktionsmerkmalen.

Bei den richtunghaltenden *Lagekreiseln* (Kap. 12) wird die Eigenschaft eines kräftefreien Kreisels, seine Drallachse im Raum unverändert beizubehalten, ausgenutzt. Derartige Geräte ohne Überwachungseinrichtungen können aber immer nur für einen begrenzten Zeitraum verwendet werden, da die unvermeidlichen Störmomente im Laufe der Zeit zu einer Abwanderung der Drallachse von der ursprünglichen Richtung führen. Um diese Abwanderungen zu vermeiden, kann man die Richtung der Drallachse überwachen. Das geschieht meist durch mehr oder weniger starkes Verkoppeln des Kreisels mit richtungweisenden Elementen, wie z. B. Magnetnadeln oder Pendeln. Durch Vereinigung von Richtungfühler und Richtunghalter ist es bei geeigneter Abstimmung möglich, die eigentümlichen Fehler beider Bauteile — die Störanfälligkeit gegen Schwingungen bei den Richtungfühlern und das langsame Abwandern bei den Richtunghaltern — zu vermeiden oder weitgehend zu verringern. Lagekreisel mit Überwachung überschreiten bereits den Bereich der richtunghaltenden Geräte im engeren Sinne. Sie können selbsttätig in eine gewünschte Sollrichtung einschwingen. Man bezeichnet diesen Vorgang auch als ein *Führen des Kreisels* durch den Fühler. Da die Führungseinrichtungen i. allg. sehr schwach ausgebildet sind, wurden diese Geräte in der Tabelle bei den Lagekreiseln mit aufgeführt.

Kreiselgeräte

Lagekreisel (Richtunghaltende Kreisel)		*Kreiselkompasse* (Richtungsuchende Kreisel)
ohne Überwachung	mit Überwachung	
„freie Kreisel"	Kurskreisel	Deklinationskreisel
Winkelmeßkreisel	Kompaßkurskreisel	Inklinationskreisel
Geradlaufkreisel	Lotkreisel (Vertikant)	1-, 2-, 3-Kreiselkompaß
freie Kurskreisel	Kreiselhorizont	Raumkompaß
		Meridiankreisel
		Vermessungskreisel
		Kreiseltheodolit
		Aufsatzkreisel

Bei den in der zweiten Spalte aufgeführten richtungsuchenden *Kreiselkompassen* kann der Kreisel selbst die gewünschte Richtung erkennen und aufsuchen. Bei allen dort genannten Geräten kommt das Erkennen der Richtung letztlich durch die Drehung der Erde zustande. Als Bezugsrichtungen fungieren daher entweder die Nordrichtung oder — bei dem Inklinationskreisel — die Richtung der Erdachse. Von den verschiedenartigen Varianten des Kreiselkompasses wird im Kap. 13 noch zu sprechen sein.

Bei den *Stabilisierungskreiseln* (Spalte 3) müssen zwei Arten unterschieden werden: Die zur direkten Stabilisierung verwendeten Kreisel greifen unmittelbar in den Momentenhaushalt des zu stabilisierenden Körpers ein (Kap. 14); vielseitiger und meist anpassungsfähiger sind indirekte Stabilisierungen, bei denen der Kreisel i. allg. nur Meßgerät ist, das über einen verstärkenden Servokreis auf das zu stabilisierende Objekt einwirkt. Zu diesen in vielfältigen Varianten entworfenen und gebauten Geräten gehören auch die stabilisierten Plattformen, die als Richtungszentralen dienen. Derartige Plattformen lassen sich sowohl als Richtunghalter wie auch als Richtungsucher verwenden. Bei anspruchsvollen Geräten dieser Art, wie sie z. B. in der Technik der Trägheitsnavigation notwendig sind, kann man die zu dem gerade vorhandenen Bewegungszustand gehörende Arbeitsweise des Gerätes wählen und dann z. B. durch Knopfdruck von Suchen auf Halten umschalten. Geräte dieser Art werden im Kap. 16 beschrieben.

Wendekreisel zur Messung von Drehgeschwindigkeiten (Spalte 4) sind zuerst als Wendezeiger in der Flugtechnik verwendet worden. Sie werden jetzt in vielseitiger Weise als Meß- und Steuerkreisel, vor allem in Systemen der automatischen Regelung, eingesetzt. Dabei arbeitet man

Kreiselgeräte

Stabilisierungskreisel		Wendekreisel (ω-Meßkreisel)	Sonstige Kreisel
direkte Stabilisierung	indirekte Stabilisierung		
Howell-Torpedo Einschienenbahn Schiffskreisel Kreiseldämpfer kraftgestützte Kreiselrahmen und -plattformen Schwingerantriebskreisel Stellkreisel	aktive Schlingerdämpfer servogestützte Kreiselrahmen und -plattformen	P-Wendekreisel I-, I²-, D-Wendekreisel PD-, PI-, PID- usw. Wendekreisel (Mischkreisel) Steuerzeiger	Integrierkreisel Kreiselbeschleunigungsmesser Reglerkreisel Relaiskreisel Fesselkreisel Schwingerkreisel nichtkonventionelle Kreisel

nicht nur mit den sog. P-Wendekreiseln, bei denen die Ausgangsgröße proportional zur Meßgröße (Drehgeschwindigkeit ω) ist, es sind vielmehr auch Geräte gebaut worden, die integrierende oder differenzierende Wirkung haben (I- und D-Kreisel). Auch Mischformen, vor allem PI-Wendekreisel, werden oft als Meßgeber in Lageregelungen verwendet. Die Eigenschaften der Wendekreisel sollen im Kap. 15 untersucht werden.

In der 5. Spalte sind einige Geräte zusammengefaßt worden, die bei der vorliegenden Einteilung nicht anderen Gruppen zugeordnet werden können. Sie unterscheiden sich meist nach Verwendungsart, Arbeits- oder Konstruktionsprinzip von den bisher genannten Geräten. Sie sollen hier nicht ausführlicher betrachtet werden.

Es gibt Kreiselgeräte, die nach Aufbau oder Funktion in mehreren Spalten der Übersichtstabelle aufgeführt werden müßten. Hierzu zählt z. B. der *Wendehorizont*, ein Kreiselgerät, das einen Wendekreisel und einen Kreiselhorizont (Lagekreisel) so vereinigt, daß eine kompakte Konstruktion und eine sinnfällige Anzeige des Flugzustandes erreicht wird. Derartige Mehrzweckkreiselgeräte werden nicht in die Tabelle aufgenommen.

Nicht aufgeführt sind in der Tabelle außerdem diejenigen *Gyroskope*, die keine Kreisel, also keine rotierenden Massen enthalten. Hierzu gehören Geräte, die mit schwingenden Stimmgabeln, Platten oder Ringen arbeiten. Man kann damit, ähnlich wie mit einem Wendekreisel, Drehgeschwindigkeiten messen. Derartige, oft als *exotische Gyroskope* bezeichnete Geräte sollen hier nicht betrachtet werden.

Man klassifiziert Kreiselgeräte oft auch nach der Zahl der Freiheitsgrade des Kreisels. Wenn der Kreiselrotor einen Fixpunkt, aber volle Drehfreiheit um alle drei Raumachsen besitzt, dann hat er nach der in der Physik üblichen Definition drei Freiheitsgrade. Wenn sich die Symmetrieachse des Rotors nur in einer Ebene bewegen kann, dann hat der Rotor zwei Freiheitsgrade. Es ist nun seit den klassischen Untersuchungen zur Kreiseltheorie üblich, als Kreisel den Rotor anzusehen. Man spricht demnach von einem *Kreisel mit drei Freiheitsgraden*, wenn der *Rotor* drei Freiheitsgrade hat. Daneben hat sich vor allem im englischsprachigen Schrifttum eingebürgert, als Kreisel das Gehäuse mit dem darin befindlichen Rotor zu bezeichnen. Der Freiheitsgrad des Rotors gegenüber dem Rotorgehäuse wird dann nicht mitgezählt. Dieses Vorgehen mag zwar bei idealen Synchronkreiseln noch berechtigt sein, bei komplizierten Bewegungen realer Kreisel können dadurch jedoch Fehldeutungen entstehen. Um Mißverständnisse zu vermeiden, sollte man daher bei einem Kreisel zwischen dem *Freiheitsgrad der Rotordrehung* und den *Meßfreiheitsgraden* unterscheiden. In englisch-amerikanischen Berichten der Kreiseltechnik werden i. allg. nur die Meßfreiheitsgrade gezählt. Demnach entspricht der *Two Degree of Freedom Gyro* (abgekürzt: TDF-Gyro) dem klassischen *Kreisel mit drei Freiheitsgraden* oder einem *Kreisel mit zwei Meßfreiheitsgraden*. Der *Single Degree of Freedom Gyro* (abgekürzt: SDF-Gyro) entspricht sinngemäß einem *Kreisel mit einem Meßfreiheitsgrad* oder dem klassischen *Kreisel mit zwei Freiheitsgraden*. Ein *Zero Degree of Freedom Gyro* (abgekürzt: ZDF-Gyro) ist ein Rotor, dessen Achse praktisch starr an das Gehäuse gefesselt ist.

Bei den Geräten der ersten beiden Spalten der Tabelle haben die Kreisel ausnahmslos drei Freiheitsgrade gegenüber dem Gerätegestell. Die Bewegungsmöglichkeit des Rotors kann dabei durch Fesselung oder Überwachung eingeschränkt sein, jedoch ist die prinzipielle Möglichkeit der Drehung um alle drei Achsen vorhanden. Bei den in der 3. und 4. Spalte aufgeführten Geräten haben die Kreisel i. allg. nur zwei Freiheitsgrade gegenüber dem Gerätegestell. Auch hier ist die Bewegungsmöglichkeit meist durch Fesselungen auf elektrischem oder mechanischem Wege eingeschränkt. Bei dem bestenfalls noch historisch interessierenden Howell-Torpedo ist sogar nur ein Freiheitsgrad vorhanden.

11.2 Reibungseffekte

Reibungskräfte können sich in sehr verschiedenartiger Weise auf das Verhalten von Kreiselgeräten auswirken, da sowohl die Bauart und der Bewegungszustand der Geräte als auch der Charakter des Reibungsgesetzes von Einfluß sind. Einige typische Reibungseffekte sollen hier untersucht werden.

Bezüglich des Reibungsgesetzes werden wir uns hier auf zwei einfache Reibungsarten beschränken: linear von der Geschwindigkeit ab-

hängige (viskose) Dämpfung und geschwindigkeitsunabhängige Reibung
mit konstantem Betrag (Coulombsche Festreibung). Bei schnellaufenden
Kreiselrotoren treten zwar auch Reibungsmomente auf, die etwa dem
Quadrat der Drehgeschwindigkeit proportional sind, doch ist ihr Einfluß qualitativ nicht von dem der linearen Dämpfungsanteile verschieden.

11.2.1 Viskose Dämpfung in den Rahmenlagern eines gefesselten Kardankreisels.

Es sei angenommen, daß ein Kardankreisel um beide
Rahmenachsen elastisch, z. B. durch Schweremomente oder Federn
gefesselt und zugleich durch linear von den Drehgeschwindigkeiten $\dot{\alpha}$
und β abhängige Reibungsmomente gedämpft sei. Mit den Fesselungs-
beiwerten c_1 und c_2 sowie den Dämpfungsbeiwerten d_1 und d_2 erhält
man dann für kleine Auslenkungen des Systems aus dem Gleichgewichts-
zustand die Gleichungen (s. Abschn. 10.1):

$$A\,\ddot{\alpha} + H\,\dot{\beta} = M_1 = -d_1\,\dot{\alpha} - c_1\,\alpha,$$
$$B\,\ddot{\beta} - H\,\dot{\alpha} = M_2 = -d_2\,\dot{\beta} - c_2\,\beta. \tag{11.1}$$

Sie führen in bekannter Weise auf eine charakteristische Gleichung
4. Grades

$$\lambda^4\,AB + \lambda^3(A\,d_2 + B\,d_1) + \lambda^2(H^2 + A\,c_2 + B\,c_1 + d_1\,d_2) +$$
$$+ \lambda(d_1\,c_2 + d_2\,c_1) + c_1\,c_2 = 0. \tag{11.2}$$

Für zahlenmäßig gegebene Einzelfälle lassen sich die Wurzeln dieser
Gleichung und damit auch Eigenschwingungen und Dämpfungen des
Kreisels ohne Schwierigkeiten bestimmen. Jedoch lassen sich auch ohne
numerisches Ausrechnen einige allgemeine Erkenntnisse gewinnen.
Wegen $AB > 0$ müssen notwendigerweise alle Beiwerte von (11.2)

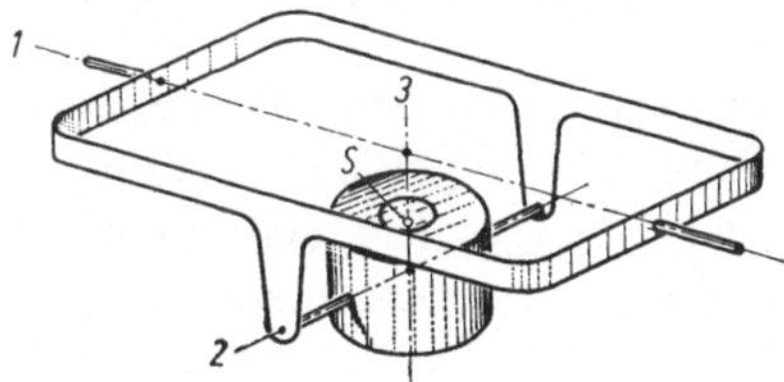

Abb. 11.1 Kardankreisel mit gemischter
Fesselung.

positiv sein, wenn die Wurzeln negative Realteile haben sollen. Daraus
folgt, daß ein System mit gemischter Fesselung ($c_1\,c_2 < 0$) nicht stabil
sein kann. Eine derartige Fesselung liegt bei einem schweren Kreisel
z. B. dann vor, wenn sich die beiden Rahmenachsen des Kardansystems
nicht schneiden und wenn zugleich der Schwerpunkt S von Innenrahmen (Rotorgehäuse) und Rotor auf der kürzesten Verbindungslinie
beider Rahmenachsen zwischen diesen Achsen liegt, so wie dies in
Abb. 11.1 skizziert ist. Die Potentialfunktion hat dann in der Gleich-

gewichtslage einen Sattelpunkt. Diese statische Instabilität läßt sich weder durch großen Kreiseldrall noch durch Dämpfungen beseitigen, da sowohl H als auch d nicht im letzten Glied von (11.2) vorkommen.

Bei verschwindender Dämpfung ($d_1 = d_2 = 0$) ist es möglich, auch ein statisch instabiles Kreiselpendel mit $c_1 < 0$ und $c_2 < 0$ zu stabilisieren, wenn der Drall hinreichend groß ist. Das wurde bei dem aufrechten Lagrange-Kreisel (Abschn. 3.3.2) gezeigt; es geht außerdem aus dem Verlauf der Eigenfrequenzen für das kardanisch gelagerte Kreiselpendel mit $s > 0$ (Abb. 10.3) hervor. Die Möglichkeit der Stabilisierung entfällt sofort, wenn dämpfende Kräfte hinzukommen. Dann nämlich wird in jedem Fall der Faktor von λ in (11.2) negativ. Dieses Ergebnis entspricht den Sätzen Nr. 11 und 14, die im Abschn. 5.2.2 angeführt wurden.

Einen etwas genaueren Einblick erhält man durch Betrachten der für großen Drall geltenden Näherungen nach Abschn. 10.1. Zur Berechnung der Nutationen kann $c_1 = c_2 = 0$ gesetzt werden. Damit folgen aus (11.2) die beiden Lösungen:

$$\left.\begin{array}{r}\lambda_1 \\ \lambda_2\end{array}\right\} \approx -\frac{A\,d_2 + B\,d_1}{2\,A\,B} \pm i\,\sqrt{\frac{H^2}{A\,B} - \left(\frac{A\,d_2 - B\,d_1}{2\,A\,B}\right)^2}. \qquad (11.3)$$

Die Nutationsschwingungen sind demnach für $d > 0$ stets gedämpft; für die Frequenz erhält man bei nicht zu großen Dämpfungsbeiwerten gerade wieder den bekannten Näherungswert (10.17).

Zur Berechnung der Präzessionsbewegungen kann $A = B = 0$ gesetzt werden. Dann hat (11.2) die beiden Wurzeln:

$$\left.\begin{array}{r}\lambda_3 \\ \lambda_4\end{array}\right\} \approx -\frac{d_1\,c_2 + d_2\,c_1}{2\,(H^2 + d_1\,d_2)} \pm i\,\sqrt{\frac{H^2\,c_1\,c_2}{(H^2 + d_1\,d_2)^2} - \frac{1}{4}\left(\frac{d_1\,c_2 - d_2\,c_1}{H^2 + d_1\,d_2}\right)^2}. \qquad (11.4)$$

Daraus folgt, daß die Präzessionsschwingungen für statisch stabile Fesselung ($c > 0$) gedämpft, für statisch instabile Fesselung ($c < 0$) aber angefacht werden. Bei nicht zu großen Dämpfungsbeiwerten erhält man für die Frequenz den Ausdruck

$$\omega^P \approx \frac{\sqrt{c_1\,c_2}}{H}, \qquad (11.5)$$

der dem früheren Wert (10.17) entspricht.

11.2.2 Das Kreiselpendel mit Coulomb-Reibung in den Kardanlagern.
In diesem Fall soll sogleich ein schneller Kreisel vorausgesetzt werden, so daß nach dem im Abschn. 10.1 näher beschriebenen Vorgehen die Nutations- und die Präzessionsschwingungen getrennt untersucht werden können. Nimmt man ideale Coulomb-Reibung mit konstantem Be-

trag und nur vom Vorzeichen der Geschwindigkeiten abhängiger Richtung an, dann lassen sich die Nutationsschwingungen aus

$$A\,\ddot{\alpha} + H\,\beta = M_1 = -r_1\,\mathrm{sgn}\,\dot{\alpha},$$
$$B\,\ddot{\beta} - H\,\dot{\alpha} = M_2 = -r_2\,\mathrm{sgn}\,\beta \tag{11.6}$$

berechnen. Wegen der Unstetigkeit der Signumfunktion ist eine geschlossene analytische Lösung jetzt nicht möglich, jedoch kann das Bewegungsverhalten vollständig aus einer Betrachtung der Zustandskurven in einer Geschwindigkeitsebene abgelesen werden. Am besten trägt man β über der normierten Drehgeschwindigkeit $\dot{\alpha}^* = \sqrt{A/B}\,\dot{\alpha}$ auf, da — wie sich zeigen wird — die Zustandskurven dann eine besonders einfache Gestalt annehmen. Durch Einführen von $\dot{\alpha}^*$ und Auflösen nach den Beschleunigungen folgt aus (11.6):

$$\sqrt{A\,B}\,\ddot{\alpha}^* = -H\,\beta - r_1\,\mathrm{sgn}\,\dot{\alpha}^*,$$
$$\sqrt{A\,B}\,\ddot{\beta} = H\,\dot{\alpha}^* - \sqrt{\frac{A}{B}}\,r_2\,\mathrm{sgn}\,\beta. \tag{11.7}$$

Dividiert man beide Gleichungen durcheinander, dann folgt:

$$\frac{\ddot{\beta}}{\ddot{\alpha}^*} = \frac{d\beta}{d\dot{\alpha}^*} = -\frac{H\,\dot{\alpha}^* - \sqrt{\dfrac{A}{B}}\,r_2\,\mathrm{sgn}\,\beta}{H\,\beta + r_1\,\mathrm{sgn}\,\dot{\alpha}^*} = F(\dot{\alpha}^*, \beta). \tag{11.8}$$

Betrachtet man nun die $\dot{\alpha}^*, \beta$-Ebene, so kann man aus (11.8) zu jedem Punkt dieser Ebene die Steigung $d\beta/d\dot{\alpha}^*$ derjenigen Zustandskurve finden, die durch diesen Punkt hindurchgeht. Aus dem Verlauf dieser Kurve kann die Veränderung der Geschwindigkeiten und damit die Bewegung selbst abgelesen werden. Um den Verlauf der Zustandskurven zu bestimmen, sollen zunächst die singulären Punkte der $\dot{\alpha}^*\,\beta$-Ebene aufgesucht werden. Derartige Punkte treten auf, wenn Zähler und Nenner des Bruches (11.8) gleichzeitig verschwinden. Das ist der Fall für

$$\dot{\alpha}_0^* = \frac{r_2}{H}\,\sqrt{\frac{A}{B}}\,\mathrm{sgn}\,\beta; \qquad \beta_0 = -\frac{r_1}{H}\,\mathrm{sgn}\,\dot{\alpha}^*. \tag{11.9}$$

Den möglichen Kombinationen für die Werte der Signumfunktionen entsprechend gibt es vier singuläre Punkte, die bestimmten Quadranten der $\dot{\alpha}^*\,\beta$-Ebene zugeordnet sind. Im ersten Quadranten ist $\dot{\alpha}^* > 0$ und $\beta > 0$; daraus folgt nach (11.9) $\dot{\alpha}_0^* > 0$ und $\beta_0 < 0$; also liegt der dem ersten Quadranten zugeordnete singuläre Punkt nicht in diesem Quadranten, sondern im vierten Quadranten. Der dem zweiten Quadranten zugeordnete singuläre Punkt liegt im ersten Quadranten usw. Das wurde in Abb. 11.2 eingezeichnet, wobei die Quadranten durch römische, die zugehörigen singulären Punkte durch arabische Zahlen bezeichnet wurden.

Um die Integralkurven zu erhalten, wird nun die Transformation

$$u = \dot{\alpha}^* - \dot{\alpha}_0^*; \quad v = \beta - \beta_0$$

durchgeführt. Damit geht (11.8) über in

$$\frac{dv}{du} = -\frac{u}{v} \quad \text{oder} \quad u\,du + v\,dv = 0.$$

Die Integration ergibt die Gleichung eines Kreises in der $u\,v$-Ebene:

$$u^2 + v^2 = \text{const} = \varrho^2.$$

In jedem der Quadranten hat man demnach als Zustandskurve einen Kreisbogen um den diesem Quadranten zugeordneten singulären Punkt

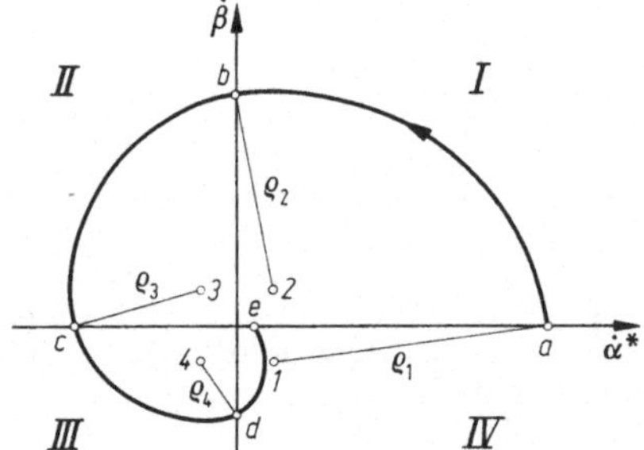

Abb. 11.2 Nutationsbewegung eines Kardankreisels mit Coulomb-Reibung in den Rahmenlagern.

als Mittelpunkt. Damit läßt sich die gesamte Zustandskurve sehr einfach durch Anstückeln von Kreisbogenstücken konstruieren. Der Durchlaufungssinn kann aus (11.6) festgestellt werden: So folgt aus der ersten dieser Gleichungen für den ersten Quadranten unmittelbar $\ddot{\alpha} < 0$; also kann $\dot{\alpha}$ und damit auch $\dot{\alpha}^*$ nur abnehmen, so daß der zugehörige Kreisbogen entgegen dem Uhrzeigersinn durchlaufen wird. Beginnend mit einem Punkte a auf der positiven $\dot{\alpha}^*$-Achse von Abb. 11.2 hat man nun im ersten Quadranten einen Kreisbogen um den Punkt 1 mit dem Radius ϱ_1 zu zeichnen. Im zweiten Quadranten folgt dann ein Kreisbogen um den Punkt 2 mit dem Radius ϱ_2 usw. Die so konstruierten Zustandskurven enden stets auf einer der Achsen an einem Punkte, der im Innern des von den vier singulären Punkten gebildeten Rechtecks liegt.

Ein Steckenbleiben in einem vom Nullpunkt der $\dot{\alpha}^*, \beta$-Ebene verschiedenen Punkte (z. B. Punkt e in Abb. 11.2) würde bedeuten, daß der Kreisel nach dem Einschwingen mit konstanter Geschwindigkeit um eine der Kardanachsen abwandert. Versuche zeigen nun, daß dieses Abwandern nach einer gewissen Zeit aufhört und daß der Kreisel schließlich zur Ruhe kommt. Um diesen Effekt zu erklären, betrachten wir den in Abb. 11.3 vergrößert dargestellten inneren Teil der Zustandsebene. Die Zustandskurve möge aus dem vierten Quadranten kommen und längs eines Kreisbogens um *4* beim Punkte *e* den ersten Quadranten erreichen. Man kann nun annehmen, daß das Umspringen des Vorzeichens der Coulomb-Reibung nicht genau bei dem Werte $\beta = 0$, sondern erst bei dem wenig davon verschiedenen Werte $\Delta\beta$ stattfindet. Es sollen also gewisse, durch $\Delta\beta$ bzw. $\Delta\dot\alpha^*$ definierte Unbestimmtheitszonen exi-

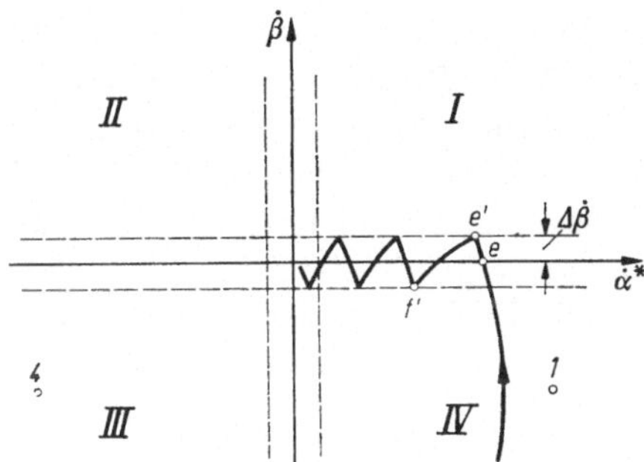

Abb. 11.3 Zur Entstehung des Zittergleitens.

stieren, in denen das Vorzeichen der Reibung von der Richtung abhängt, in der diese Zonen betreten werden. Bei der Kurve von Abb. 11.3 wird demnach das Umschalten der Reibungsmomente nicht bei *e*, sondern erst bei *e'* stattfinden. Daran schließt ein Kreisbogen um den Punkt *1* an. Das erneute Umschalten erfolgt wiederum etwas verspätet beim Punkte *f'*; dort schließt ein Kreisbogen um den Punkt *4* an. Auf diese Weise fortfahrend gleitet der Zustandspunkt mit einer in der Praxis kaum merklichen Zitterbewegung längs der $\dot\alpha^*$-Achse in den Nullpunkt hinein. Man hat diese Bewegung als *Zittergleiten* oder kurz als *Gleiten* bezeichnet; sie tritt in ähnlicher Weise auch bei Relaissystemen auf, wenn Unbestimmtheitszonen vorhanden sind.

Die mittlere Bewegung des Kreisels während des Gleitens läßt sich leicht aus (11.6) berechnen. Wenn der Gleitzustand — wie in Abb. 11.3 skizziert — bei einem Punkte *e* auf der positiven $\dot\alpha^*$-Achse beginnt, dann kann mit guter Annäherung $\beta \approx 0$ gesetzt werden. Damit folgt aus (11.6/1) für die rechte Hälfte der $\dot\alpha^*, \beta$-Ebene (erster und vierter Quadrant)

$$A\,\ddot\alpha \approx -r_1$$

oder integriert

$$\dot\alpha = \dot\alpha_0 - \frac{r_1}{A}\,t\,; \quad \alpha = \alpha_0 + \dot\alpha_0\,t - \frac{r_1}{2A}\,t^2.$$

Der Zustandspunkt in der $\dot\alpha^*, \beta$-Ebene wandert daher mit abnehmender Geschwindigkeit zum Nullpunkt. Der Winkel α selbst wächst mit konstanter Verzögerung r_1/A an, bis der Kreisel schließlich bei der Auslenkung

$$\alpha(t_0) = \alpha_0 + \frac{\dot\alpha_0^2 A}{2r_1} \quad \text{zur Zeit} \quad t_0 = \frac{\dot\alpha_0 A}{r_1} \tag{11.10}$$

zum Stillstand kommt. Als Ergebnis der hier durchgeführten Untersuchungen kann also festgestellt werden, daß Coulomb-Reibung in den Rahmenlagern zu einer Dämpfung der Nutationsbewegungen und zu einer Abwanderung der Kreiselachse führt.

Das Verhalten des Kreisels kann sich jedoch qualitativ ändern, wenn zugleich mit den Reibungsmomenten weitere Momente um die Rahmenachsen einwirken oder wenn sich der Kreisel in einem drehenden Bezugssystem befindet. Das soll am Beispiel eines konstanten Zusatzmomentes M_0 um die äußere Rahmenachse gezeigt werden (BUTENIN [71]). Die Bewegungsgleichungen gehen in diesem Fall über in

$$\begin{aligned} A\,\ddot\alpha + H\,\beta &= M_1 = -r_1\,\mathrm{sgn}\,\dot\alpha + M_0, \\ B\,\ddot\beta - H\,\dot\alpha &= M_2 = -r_2\,\mathrm{sgn}\,\beta. \end{aligned} \tag{11.11}$$

Daraus erhält man in gleicher Weise wie zuvor eine Gleichung für die Zustandskurve:

$$\frac{d\beta}{d\dot\alpha^*} = -\frac{H\,\dot\alpha^* - \sqrt{\dfrac{A}{B}}\,r_2\,\mathrm{sgn}\,\beta}{H\,\beta + r_1\,\mathrm{sgn}\,\dot\alpha^* - M_0}. \tag{11.12}$$

Die singulären Punkte liegen bei

$$\dot\alpha_0^* = \frac{r_1}{H}\sqrt{\frac{A}{B}}\,\mathrm{sgn}\,\beta \qquad \beta_0 = -\frac{r_1}{H}\,\mathrm{sgn}\,\dot\alpha^* + \frac{M_0}{H}. \tag{11.13}$$

Gegenüber dem zuvor behandelten Fall sind jetzt die singulären Punkte in Richtung der β-Achse verschoben. Wenn die Verschiebung so groß ist, daß alle singulären Punkte in der oberen (oder unteren) Halbebene liegen, dann treten neue Erscheinungen auf. Abb. 11.4 zeigt ein Beispiel dafür: Eine im Punkte a beginnende Zustandskurve läuft zunächst über b bis c. Von c bis d findet Gleiten statt; danach wird ein Kreisbogen im ersten Quadranten um den Punkt 1 bis e durchlaufen. Nach nochmaligem kurzen Gleiten von e bis f schließt sich dann ein Vollkreis im ersten Quadranten mit dem Radius $\dot\alpha_0^*$ um den Punkt 1 als Mittelpunkt an. Dieser Vollkreis wird ständig weiter umfahren, so daß die Nutationen nicht zur Ruhe kommen. Es bleibt also ein *Grenzzykel*, der im dargestellten Fall durch

$$\begin{aligned} \dot\alpha^* &= \dot\alpha_0^*(1 - \cos\omega^N t) > 0, \\ \beta &= \beta_0 - \dot\alpha_0^* \sin\omega^N t > 0 \end{aligned} \tag{11.14}$$

beschrieben werden kann. Durch Integration folgt daraus

$$\alpha = \alpha_0 + \dot\alpha_0^* \left(t - \frac{1}{\omega^N} \sin\omega^N t \right),$$

$$\beta = \beta_0 + \dot\beta_0 \, t + \frac{\dot\alpha_0^*}{\omega^N} \cos\omega^N t. \tag{11.15}$$

Der Kreisel wandert also nicht nur um die Achse, um die das Zusatz-moment M_0 wirkt, sondern um beide Achsen ab. Diesem Abwandern sind ungedämpfte Nutationsschwingungen überlagert.

Schließlich bleibt noch die Auswirkung der Reibung auf die Prä-zessionsbewegungen zu untersuchen. Die Bewegungsgleichungen hierfür können bei großem Drall wie folgt geschrieben werden:

$$H \dot\beta = M_1 = -c_1 \alpha - r_1 \operatorname{sgn}\dot\alpha,$$

$$-H \dot\alpha = M_2 = -c_2 \beta - r_2 \operatorname{sgn}\dot\beta. \tag{11.16}$$

Jetzt werden die Bewegungen am besten in einer α^*, β-Ebene mit $\alpha^* = \sqrt{c_1/c_2}\,\alpha$ aufgetragen. Man erhält als Gleichung für die Zustands-kurven:

$$\frac{d\beta}{d\alpha^*} = -\sqrt{\frac{c_1}{c_2}} \, \frac{\sqrt{c_1 c_2}\,\alpha^* + r_1 \operatorname{sgn}\dot\alpha^*}{c_2 \beta + r_2 \operatorname{sgn}\dot\beta}. \tag{11.17}$$

Die singulären Punkte sind:

$$\alpha_0^* = -\frac{r_1}{\sqrt{c_1 c_2}} \operatorname{sgn}\dot\alpha^* \qquad \beta_0 = -\frac{r_2}{c_2} \operatorname{sgn}\dot\beta. \tag{11.18}$$

Wieder gibt es vier singuläre Punkte, die jedoch den Quadranten der *Geschwindigkeitsebene* zugeordnet sind, da die Signumfunktionen von den Geschwindigkeiten abhängen. In der in Abb. 11.5 gezeichneten

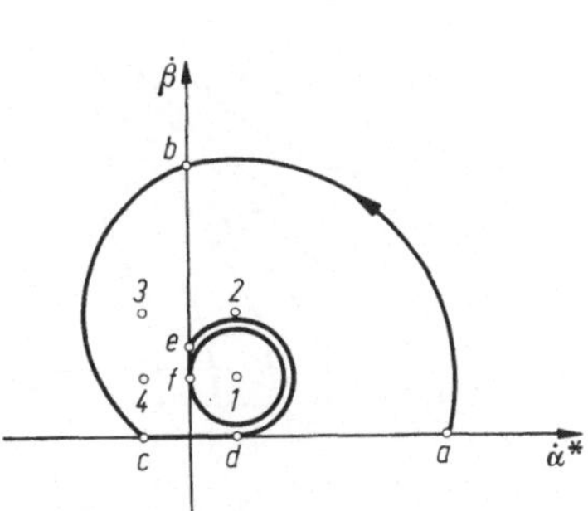

Abb. 11.4 Nutationsbewegung eines Kardankreisels mit Coulomb-Reibung und konstantem äußerem Moment.

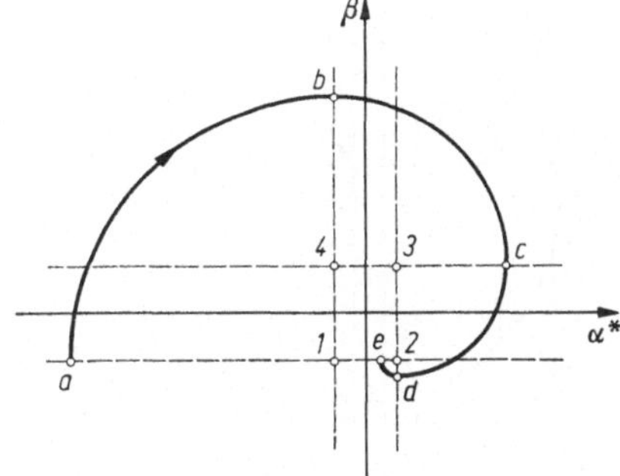

Abb. 11.5 Präzessionsbewegung eines statisch stabilen Kardankreisels mit Coulomb-Reibung in den Rahmenlagern.

23*

α^*, β-Ebene sind diese Punkte eingezeichnet und entsprechend den Quadranten der Geschwindigkeitsebene beschriftet.

Zur Berechnung der Zustandskurven führen wir

$$x = \alpha^* - \alpha_0^* \quad \text{und} \quad y = \beta - \beta_0$$

ein und erhalten dann

$$\frac{dy}{dx} = -\frac{x}{y} \quad \text{oder} \quad x\,dx + y\,dy = 0$$

mit der Lösung

$$x^2 + y^2 = \varrho^2.$$

Wieder erhält man als Zustandskurven Kreise um die jeweiligen singulären Punkte. Diese Kreise werden bei statisch stabiler Fesselung ($c_1 > 0$, $c_2 > 0$) im Uhrzeigersinne durchlaufen. So gehört zum ersten Quadranten der Geschwindigkeitsebene ($\dot\alpha > 0$, $\dot\beta > 0$) ein Viertelkreisbogen von a nach b. Im Punkte b ändert sich das Vorzeichen von $\dot\beta$, das entspricht einem Übergang in den vierten Quadranten der $\dot\alpha, \dot\beta$-Ebene. Zu diesem Quadranten gehört der Bogen bc in der α^*, β-Ebene. Durch wiederholtes Aneinanderheften von Viertelkreisbögen erhält man so die gesuchte Bahnkurve. Im gezeichneten Fall endet sie bei dem Punkte e auf der Verbindungslinie der beiden Punkte 1 und 2. Man kann sich leicht überlegen, daß ein Gleiten, wie es bei den Nutationsbewegungen aufgetreten ist, hier nicht entstehen kann.

Im Falle einer um beide Achsen statisch instabilen Fesselung ($c_1 < 0$; $c_2 < 0$) ändert sich die Zuordnung der singulären Punkte und der Durchlaufungssinn der Bahnkurven. Wie Abb. 11.6 zeigt, läuft dann der Bildpunkt vom Zentrum fort und entfernt sich längs einer aus Viertelkreisbögen zusammengesetzten spiraligen Kurve von ihm.

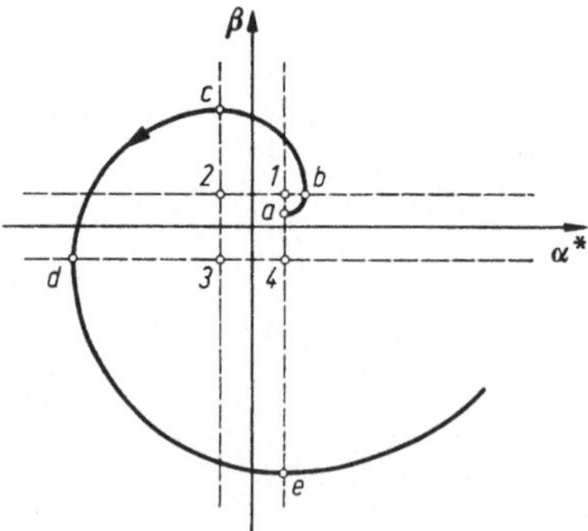

Abb. 11.6 Präzessionsbewegung eines statisch instabilen Kardankreisels mit Coulomb-Reibung in den Rahmenlagern.

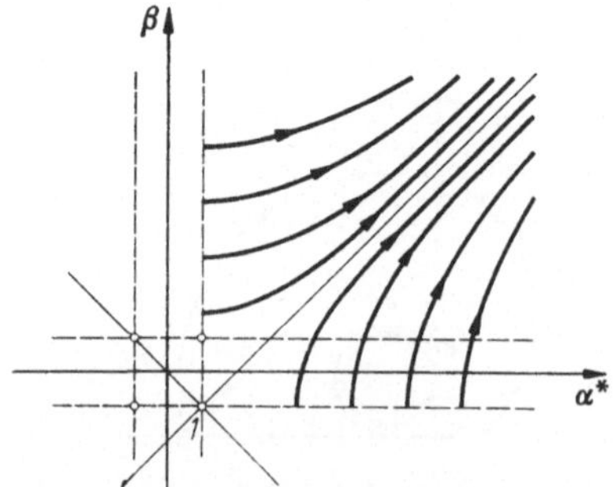

Abb. 11.7 Präzessionsbewegungen eines Kardankreisels mit gemischter Fesselung bei Vorhandensein von Coulomb-Reibung in den Rahmenlagern.

Bei gemischter Fesselung ($c_1\,c_2 < 0$) lassen sich analoge Überlegungen anstellen. Man verwendet hier am einfachsten eine α,β-Ebene und bekommt dann aus (11.16) sofort

$$\frac{d\beta}{d\alpha} = -\,\frac{c_1(\alpha - \alpha_0)}{c_2(\beta - \beta_0)} \qquad (11.19)$$

mit

$$\alpha_0 = -\,\frac{r_1}{c_1}\,\mathrm{sgn}\,\dot\alpha \quad \text{und} \quad \beta_0 = -\,\frac{r_2}{c_2}\,\mathrm{sgn}\,\dot\beta.$$

Mit der Transformation $x = \alpha - \alpha_0$; $y = \beta - \beta_0$ folgt aus (11.19)

$$\frac{dy}{dx} = -\,\frac{c_1\,x}{c_2\,y} \quad \text{oder} \quad c_1\,x\,dx + c_2\,y\,dy = 0 \qquad (11.20)$$

mit der Lösung

$$c_1\,x^2 + c_2\,y^2 = \mathrm{const.} \qquad (11.21)$$

Da die Vorzeichen von c_1 und c_2 jetzt verschieden sind, erhält man als Bahnkurven Hyperbeln, deren Asymptoten durch die singulären Punkte laufen. Eine derartige Hyperbelschar, und zwar die dem ersten Quadranten der $\dot\alpha,\beta$-Ebene zugeordnete, ist in Abb. 11.7 gezeichnet. Man erkennt, daß die Bewegung in einem aperiodischen Fortlaufen aus der Gleichgewichtslage besteht.

Zusammenfassend kann gesagt werden, daß das Vorhandensein von Coulomb-Reibung in den Rahmenlagern eines kardanisch aufgehängten Kreiselpendels bei den Präzessionsbewegungen qualitativ dieselben Auswirkungen hat wie eine viskose Dämpfung: Der statisch stabil gefesselte Kreisel wird gedämpft, der statisch instabile wird aufgeschaukelt; ein Kreisel mit gemischter Fesselung ist aperiodisch instabil. Nutationsschwingungen werden in jedem Falle gedämpft. Bei Vorhandensein von äußeren Momenten kann jedoch eine Restnutationsschwingung übrigbleiben, die sich einem langsamen Abwandern der Rotorachse überlagert.

Mit dem hier Beschriebenen sind die bei kardanisch gelagerten Kreiseln möglichen Erscheinungen keineswegs erschöpft. So sind bei Vorhandensein von Coulomb-Reibung auch Bewegungen möglich, bei denen eine *Reibungssperre*, also ein zeitweiliges Blockieren um eine oder beide Rahmenachsen vorkommt. Besonders vielfältig sind die Bewegungsformen, wenn die Kreisel in drehenden Bezugssystemen, z. B. auf der Erde, verwendet werden. Wir wollen uns hier mit dem Hinweis auf die weiterführenden Arbeiten von GRAMMEL und ZIEGLER [72] sowie von BUTENIN und LUNZ [73] begnügen.

11.2.3 Die Auswirkung von Coulomb-Reibung im Rahmenlager eines Kreisels mit zwei Freiheitsgraden. Bei eingeschränkter Bewegungsfreiheit können sich Reibungskräfte in völlig anderer Weise auf das

Verhalten von Kreiseln auswirken, als dies bei freien Kreiseln der Fall ist. Das soll am Beispiel eines rahmengelagerten Kreisels von zwei Freiheitsgraden nach Abb. 11.8 gezeigt werden. Wenn der Rahmen angenähert in der Vertikalebene bleibt, also nur kleine Winkeldrehungen α ausführen kann — wie dies z. B. bei technischen Wendekreiseln stets der Fall ist —, dann werden in den Rahmenlagern vertikal gerichtete Druckkräfte übertragen. Diese Druckkräfte setzen sich aus den Anteilen des Gewichtes G und des Präzessionsdrucks $H\,\dot\alpha/a$ wie folgt zusammen:

$$F_A = \frac{G}{2} + \frac{H\,\dot\alpha}{a}\,; \quad F_B = \frac{G}{2} - \frac{H\,\dot\alpha}{a}\,. \tag{11.22}$$

Sie erzeugen tangential gerichtete Reibungskräfte R (Abb. 11.9), deren Moment um die Rahmenachse bei einem Zapfenradius r nach dem Coulomb-Gesetz für Gleitreibung durch

$$M = -r\,R = -\mu\,r\,F$$

ausgedrückt werden kann; dabei ist μ der Beiwert für die Gleitreibung. Unabhängig vom Vorzeichen der Normalkräfte sind die Momente stets der Drehbewegung entgegengerichtet. Da nun die Kräfte (11.22) für

$$\dot\alpha = \dot\alpha_0 = \pm\,\frac{a\,G}{2H}$$

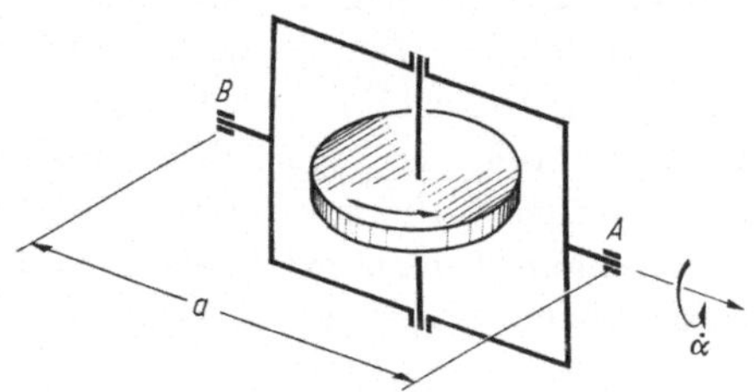

Abb. 11.8 Zur Berechnung des Wendekreisels mit Coulomb-Reibung in den Rahmenlagern.

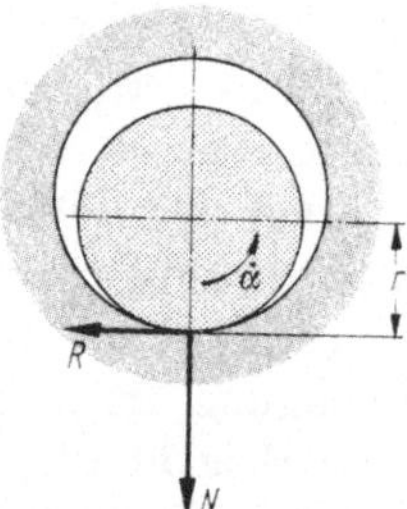

Abb. 11.9 Normalkraft und Reibungskraft am Zapfen des Rahmenlagers.

zu Null werden können, ergeben sich für das Gesamtmoment die folgenden Beziehungen:

$$\text{für} \quad |\dot\alpha| < |\dot\alpha_0|:\quad M = -\mu\,r\,(F_A + F_B) = -\mu\,r\,G\,\operatorname{sgn}\dot\alpha,$$

$$\text{für} \quad |\dot\alpha| > |\dot\alpha_0|:\quad M = -\mu\,r\,(F_A - F_B) = -\frac{2\,\mu\,r\,H}{a}\,\dot\alpha. \tag{11.23}$$

Die Reibungskennlinie $M_1(\dot\alpha)$ wird auf diese Weise nichtlinear und verläuft so, wie es in Abb. 11.10 dargestellt ist: Für kleine Drehgeschwindigkeiten entspricht das Reibungsmoment der Coulombschen Festreibung. Bei größeren Drehgeschwindigkeiten wird es proportional zu $\dot{\alpha}$. Die Festreibung wirkt dann über den Präzessionsdruck wie eine teilweise viskose Reibung (METELIZYN [74]).

Unter dem Einfluß der Reibungskennlinie von Abb. 11.10 kommen die Schwingungen des Rahmens in endlicher Zeit zur Ruhe. Ein derartiges Verhalten tritt i. allg. nur bei Kreiseln mit stark eingeschränkter

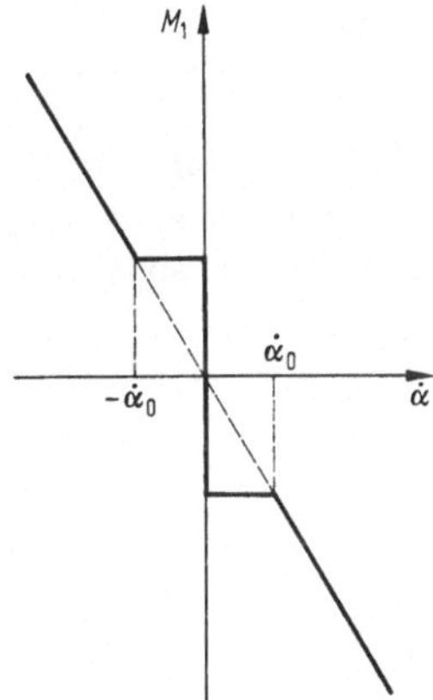

Abb. 11.10 Nichtlineare Reibungskennlinie für einen Wendekreisel.

Bewegungsfreiheit auf, weil nur dabei der Präzessionsdruck größer als der Gewichtsdruck werden kann. Bei Kreiseln mit drei Freiheitsgraden übertragen die Lager außer dem Gewicht nur die zur Beschleunigung der Zusatzmassen notwendigen Kräfte. Diese bleiben i. allg. erheblich kleiner als die Gewichtskraft.

11.3 An- und Auslauf von Kreiseln

Zu den Reibungseffekten kann man auch einige eigenartige Erscheinungen zählen, die beim An- oder Abschalten des Antriebs für die Kreiselrotoren an kardanisch gelagerten Kreiseln mit drei Freiheitsgraden beobachtet werden können. Beim Anlaufen des Rotors pendelt sich der Innenrahmen so ein, daß seine Ebene senkrecht zur Ebene des Außenrahmens steht ($\beta \to 0$). Dieser Bewegung sind bei plötzlichem Einschalten des Antriebs meist Nutationsschwingungen überlagert, deren Amplitude mit dem Höherlaufen des Rotors abklingt. Umgekehrt bewegt sich der Innenrahmen nach Abschalten des Antriebs aus der Normallage fort. Kommt er dabei zum Anschlag, dann beginnt der Außenrahmen ziemlich plötzlich und mit großer Geschwindigkeit um die äußere Kardanachse zu drehen. Bei Kurskreiseln kann man das Abwandern des Innenrahmens meist nicht sehen. Um so überraschender ist es daher, wenn plötzlich, einige Zeit nach dem Abschalten des Antriebs, die im Anzeigefenster sichtbare Kursrose mit recht großer Geschwindigkeit zu drehen beginnt. Man hat diesen Effekt als *Kreiselkollaps* bezeichnet.

Die beschriebenen Erscheinungen können als Auswirkungen des gestörten Momentengleichgewichtes um die Rotorachse gedeutet werden. Um das zu erklären, betrachten wir den in Abb. 11.11 skizzierten Kardankreisel und stellen zunächst die Momentengleichung für die Rotorachse 3' auf. Man erhält

$$\dot{H}_3' = C^R \, \dot{\omega}_3' = M^A - M^R = M_3' \tag{11.24}$$

mit dem Antriebsmoment M^A und dem durch Luft- und Lagerreibungen bedingten Reibungsmoment M^R. Diese Momente hängen von der relativen Winkelgeschwindigkeit $\dot{\gamma}$ etwa so ab, wie dies in Abb. 11.12 dargestellt ist. Wegen

$$\omega_3' = \dot{\gamma} + \dot{\alpha} \sin\beta$$

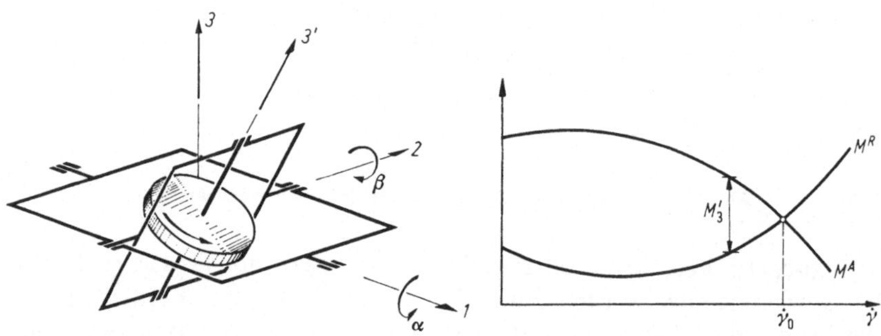

Abb. 11.11 Astatischer Kardankreisel.   Abb. 11.12 Momente um die Rotorachse.

muß für nichtschwingenden Kreisel ($\dot{\alpha} = 0$) bei der Betriebsdrehzahl $\omega_3' = \dot{\gamma} = \omega_0$ Momentengleichgewicht vorhanden sein, so daß $M_3' = M^A - M^R = 0$ gilt. Bei anderen Drehgeschwindigkeiten gilt $M_3' = M_3'(\dot{\gamma})$ nach Abb. 11.12. Mit $M_3'(\dot{\gamma}) = M_3'(\omega_3')$ kann aus (11.24) mit $\dot{\alpha} \approx 0$ die Drehgeschwindigkeit ω_3' und damit der Drall H_3' berechnet werden.

Nun betrachten wir das im Außenrahmen feste Bezugssystem 1, 2, 3. Unter der Voraussetzung, daß der Kreisel so schnell läuft, daß die Drallanteile der Rahmen gegenüber dem Rotordrall vernachlässigt werden können, wird

$$H_i \approx (H \sin\beta, \, 0, \, H \cos\beta)$$

angesetzt. Mit dem Vektor $\Omega_i = (\dot{\alpha}, 0, 0)$ für die Drehgeschwindigkeit des Innenrahmens erhält man dann aus dem Drallsatz (10.1) die Bewegungsgleichungen:

$$\begin{aligned} \dot{H} \sin\beta + H \cos\beta \, \dot{\beta} &= M_1, \\ -H \cos\beta \, \dot{\alpha} &= M_2. \end{aligned} \tag{11.25}$$

Bei Abwesenheit von Reibung in den Rahmenlagern und bei astatischem System wird $M_1 = M_2 = 0$. Dann folgt aus (11.25)

$$\frac{d}{dt}(H\sin\beta) = 0 \quad \text{und} \quad \dot\alpha = 0.$$

Folglich ist

$$H\sin\beta = H_0\sin\beta_0; \quad \alpha = \alpha_0. \tag{11.26}$$

Wegen $H = H_3' = C^R\,\omega_3'$ wird die Bewegung des Innenrahmens durch

$$\sin\beta = \frac{H_0\sin\beta_0}{C^R\,\omega_3'(t)} \tag{11.27}$$

beschrieben. Damit werden die anfangs beschriebenen Effekte bestätigt: In dem hier interessierenden Bereich gilt für anlaufenden Rotor $\dot\omega_3' > 0$ und daher $\beta < 0$, der Innenrahmen wandert zur Normallage hin; für auslaufenden Rotor gilt $\dot\omega_3' < 0$ und daher $\beta > 0$, der Innenrahmen wandert aus.

Damit kann auch der *Kreiselkollaps* erklärt werden: Wenn der Innenrahmen soweit ausgewandert ist, daß er zum Anschlag kommt, dann ist in der zweiten der Gleichungen (11.25) ein vom Anschlagdruck abhängiges Moment M_2 einzusetzen. Dadurch ergibt sich eine Drehgeschwindigkeit des Außenrahmens von

$$\dot\alpha = -\frac{M_2}{C^R\,\omega_3'(t)\,\cos\beta_A} \tag{11.28}$$

mit dem Anschlagwinkel β_A. Da $\dot\alpha$ mit abnehmendem $\omega_3'(t)$ noch zunimmt, hat man bei einigen Kreiselgeräten besondere Maßnahmen ergreifen müssen, um ein zu schnelles Durchdrehen des Außenrahmens zu verhindern.

An den hier beschriebenen Ergebnissen ändert sich qualitativ nichts, wenn noch zusätzlich Reibungsmomente in den Rahmenlagern vorhanden sind. Mit den Reibungsmomenten $M_1(\dot\alpha)$ und $M_2(\dot\beta)$ folgen dann aus (11.25) die Gleichungen

$$\dot H\sin\beta + H\cos\beta\,\dot\beta = M_1(\dot\alpha),$$
$$-H\cos\beta\,\dot\alpha = M_2(\dot\beta). \tag{11.29}$$

Unabhängig von der speziellen Gestalt der Reibungsfunktionen gilt stets $\operatorname{sgn} M_2 = -\operatorname{sgn}\dot\beta$, da die Reibung stets der Bewegung entgegenwirkt. Damit folgt aus der zweiten Gleichung wegen $H > 0$ und $\cos\beta > 0$ stets $\operatorname{sgn}\dot\alpha = \operatorname{sgn}\dot\beta$. Das Auswandern erfolgt also um beide Achsen stets im gleichen Sinn.

Aus (11.29/1) folgt nun wegen $\operatorname{sgn} M_1 = -\operatorname{sgn}\dot\alpha = -\operatorname{sgn}\dot\beta$ die Beziehung:

$$\dot H\sin\beta + H\cos\beta\,\dot\beta + |M_1|\operatorname{sgn}\beta = 0. \tag{11.30}$$

Das ist nur möglich, wenn

$$
\begin{array}{ll}
\text{bei anlaufendem Kreisel} & \begin{cases} \text{für} \quad \sin\beta > 0 \quad \text{gilt} \quad \beta < 0, \\ \text{für} \quad \sin\beta < 0 \quad \text{gilt} \quad \beta > 0, \end{cases} \\[2mm]
(\dot{H} > 0) & \\[4mm]
\text{bei auslaufendem Kreisel} & \begin{cases} \text{für} \quad \sin\beta > 0 \quad \text{gilt} \quad \beta > 0, \\ \text{für} \quad \sin\beta < 0 \quad \text{gilt} \quad \beta < 0. \end{cases} \\[2mm]
(\dot{H} < 0) &
\end{array}
$$

Dies bedeutet, daß der Innenrahmen. unabhängig von der speziellen Gestalt der Reibungsfunktionen bei auslaufendem Kreisel ($\dot{H} < 0$) stets von der Mittellage fort, bei anlaufendem Kreisel ($\dot{H} > 0$) aber zur Mittellage hin wandert.

11.4 Schwingungseffekte

Wenn in Kreiselgeräten Schwingungen auftreten, dann können verschiedene Erscheinungen hervorgerufen werden, die z. T. auch die Funktion der Geräte beeinträchtigen. Am wichtigsten sind dabei zweifellos die sog. *Gleichrichtereffekte*, bei denen infolge von gewissen Unsymmetrien, die dem System anhaften, einseitige Auswanderungen oder einseitige Störmomente entstehen können. Derartige Effekte können bedingt sein:

1. durch die Trägheitswirkungen der Rahmen,
2. durch pulsierenden Antrieb des Rotors,
3. durch die elastische Nachgiebigkeit der Konstruktion,
4. durch kinematische Kopplung der Schwingungen bei Kreiseln mit zwei Freiheitsgraden.

Da der letztgenannte Effekt nur für Wendekreisel von Bedeutung ist, soll er später (Abschn. 15.5) untersucht werden. Von den anderen Effekten werden im folgenden einige typische Beispiele beschrieben.

11.4.1 Auswirkungen der Rahmenträgheit. Hierbei sind zwei grundsätzlich verschiedene Fälle zu unterscheiden, je nachdem, ob das Gerätegestell — und damit die äußere Rahmenachse — unbewegt bleibt oder selbst Schwingungen ausführt. Bei feststehendem Gestell können Rahmensystem und Rotor Schwingungen ausführen, die entweder als Eigenschwingungen (Nutationen) angeregt oder durch Unwuchten zwangserregt werden. Auch Selbsterregungen über Überwachungsvorrichtungen sind möglich. Bei bewegtem Gestell kommen die Schwingungen stets von außen und werden z. T. auf das Rahmensystem übertragen.

Die durch Rahmenträgheit bedingten Gleichrichtereffekte führen zu einer *kinetischen Auswanderung*. Ein Sonderfall hiervon wurde bereits im Abschn. 4.4 untersucht. Ausgehend von den nichtlinearen Bewegungsgleichungen (4.61) wurde dort für einen astatischen Kardankreisel mit symmetrischem Rotor die mittlere Abwanderungsgeschwindigkeit der Rotorachse ausgerechnet. Durch Mittelung über eine Nutationsperiode wurde erkannt, daß der Innenrahmen nicht auswandert ($\bar{\beta} = 0$) und daß sich der Außenrahmen mit der durch (4.67) gegebenen Winkelgeschwindigkeit $\bar{\alpha}$ dreht. Bei den Berechnungen im Abschn. 4.4 ist vorausgesetzt worden, daß die geometrischen Achsen des Kardansystems in der Normallage mit den Hauptachsen von Rotor, Innenrahmen und Außenrahmen zusammenfallen. Bei wirklichen Kreiselgeräten ist diese Voraussetzung nicht immer erfüllt. Daher interessiert auch der Einfluß, den die Deviationsmomente der Rahmen auf die kinetische Auswanderung haben. Das kann in derselben Weise wie in Kap. 4.4 berechnet werden. Eine ausführlichere Theorie [75] führt zu dem Ergebnis, daß anstelle von (4.67) eine mittlere Abwanderungsgeschwindigkeit des Außenrahmens von

$$\bar{\alpha} \approx \frac{\beta_A^2\, H\,[E^J \cos\beta_0 - (A^A + C^J)\sin\beta_0]}{2\,[A^0 - 2E^J \cos\beta_0 \sin\beta_0]^2} \tag{11.31}$$

zu erwarten ist. Mit $E^J = 0$ und unter Berücksichtigung der aus (4.64) ersichtlichen Beziehung $\beta_A = \alpha_A \sqrt{A^0/B}$ geht (11.31) in (4.67) über. Beachtenswert ist die Tatsache, daß nur das Deviationsmoment E^J des Innenrahmens von Einfluß ist. Sowohl D^J und F^J als auch die Deviationsmomente des Außenrahmens gehen nicht in das Endergebnis ein. Man erkennt aus (11.31), daß auch für $\beta_0 = 0$ eine kinetische Auswanderung möglich ist. Will man sie vermeiden, dann muß der Innenrahmen dynamisch gewuchtet werden, so daß $E^J = 0$ wird.

Bei unwuchtigem Rotor werden Zwangsschwingungen des Kardankreisels mit der Frequenz des Kreiselumlaufs erregt. Amplituden und Phasenwinkel dieser Schwingungen lassen sich in bekannter Weise errechnen, wobei besonders zu beachten ist, daß durch Resonanzwirkungen besonders große Schwingungsamplituden möglich sind. Auch für diese Schwingungen lassen sich durch Mittelbildung über eine Periode die einseitigen Rüttelmomente bestimmen, die zu kinetischen Auswanderungen führen [75]. Entsprechendes gilt auch für selbsterregte Schwingungen des Rahmensystems. In allen diesen Fällen sind die resultierenden Auswanderungsgeschwindigkeiten proportional zum Quadrat der Schwingungsamplituden. Die Abhängigkeit von den Trägheits- und Deviationsmomenten der Rahmen ist bei den verschiedenen Schwingungsarten verschieden, ebenso der Einfluß von Schräglagenwinkel β_0 und Drall H.

Die erwähnten Auswanderungen können sich sehr nachteilig auswirken, wenn Geräte im Laboratorium justiert und später unter Bedingungen der Schwerelosigkeit in Satelliten und Raumschiffen verwendet werden. Da die Kreisel im Laboratorium durch sorgfältigen Schwerpunktsausgleich so justiert werden, daß ihre Auswanderungsgeschwindigkeit relativ zu einem fixsternfesten Bezugssystem zu Null wird, kann es vorkommen, daß eine kinetisch bedingte Auswanderungsgeschwindigkeit gerade durch ein beim Auswiegen erzeugtes Schweremoment kompensiert wird. Da dieses unter den Betriebsbedingungen der Schwerelosigkeit im Weltraum fortfällt oder bei Raumschiffen in der Antriebsphase falsche Werte annimmt, können Fehler auftreten, die sich bei manchen Versuchen im Laboratorium gar nicht bemerkbar machen.

Während bei den bisher besprochenen Effekten angenommen wurde, daß der Rotor selbst an den Schwingungen beteiligt ist, kann die Rotorachse bei solchen Schwingungen, die über das Gerätegestell übertragen werden, als nicht schwingend angenommen werden. Ein eventuelles Auswandern erfolgt jedenfalls so langsam, daß die Rotorachse für die Dauer einer Schwingungsperiode als raumfest betrachtet werden kann. Dann aber können aus den bekannten Bewegungen der Rahmen deren Reaktionsmomente berechnet werden. Aus dem über eine Periode gemittelten resultierenden Moment, das vom Innenrahmen auf den Rotor übertragen wird, läßt sich die mittlere Auswanderung der Rotorachse bestimmen.

Es sei das in Abb. 11.13 eingezeichnete Achsensystem verwendet, bei dem die 3-Achse mit der raumfesten Richtung der Rotorachse zu-

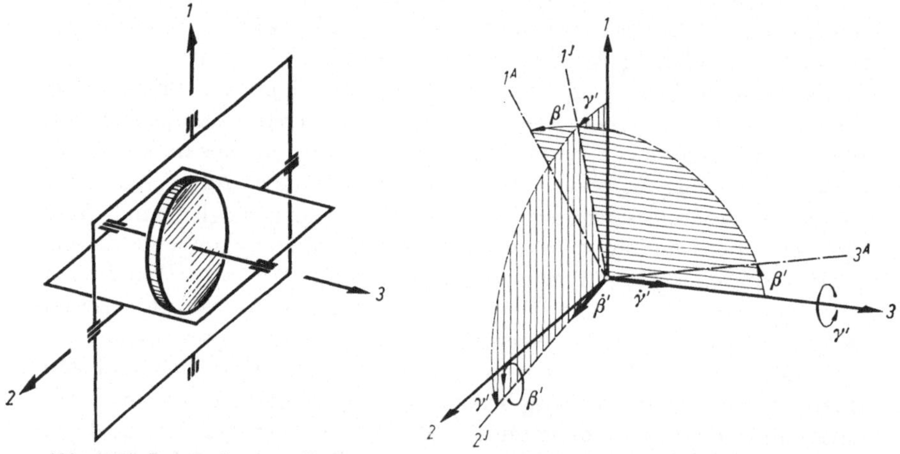

Abb. 11.13 Bezugsachsen am Kardankreisel.

Abb. 11.14 Zur Berechnung der Verdrehung der Rahmen gegenüber dem Rotor.

sammenfällt. Der Innenrahmen kann dann nur um die 3-Achse drehen; der zugehörige Drehwinkel sei γ'. Wenn der relative Drehwinkel des Außenrahmens gegenüber dem Innenrahmen β' ist, dann hat man die Drehgeschwindigkeitsvektoren (Abb. 11.14)

$$\omega_i^J = (0, 0, \dot{\gamma}'),$$
$$\omega_i^A = (-\dot{\gamma}' \sin\beta', \dot{\beta}', \dot{\gamma}' \cos \beta').$$

$$(11.32)$$

Die Bewegungsgleichungen für Innen- und Außenrahmen können nun in jeweils körperfesten Achsensystemen in der Eulerschen Form

$$\dot{H}_i^J + \varepsilon_{ijk}\,\omega_j^J\,H_k^J = M_i^J = M_i^{JR} + M_i^{JA},$$
$$\dot{H}_i^A + \varepsilon_{ijk}\,\omega_j^A\,H_k^A = M_i^A = M_i^{AJ} + M_i^{AG} \tag{11.33}$$

geschrieben werden. Wenn die geometrischen Achsen des Kardansystems nicht mit den Hauptachsen der Rahmen zusammenfallen, hat man die Drallvektoren:

$$H_i^J = \Theta_{ij}^J\,\omega_j^J = \begin{bmatrix} -E^J\,\dot{\gamma}' \\ -D^J\,\dot{\gamma}' \\ C^J\,\dot{\gamma}' \end{bmatrix},$$

$$H_i^A = \Theta_{ij}^A\,\omega_j^A = \begin{bmatrix} -A^A\sin\beta'\,\dot{\gamma}' - F^A\,\beta' - E^A\cos\beta'\,\dot{\gamma}' \\ F^A\sin\beta'\,\dot{\gamma}' + B^A\,\beta' - D^A\cos\beta'\,\dot{\gamma}' \\ E^A\sin\beta'\,\dot{\gamma}' - D^A\,\beta' + C^A\cos\beta'\,\dot{\gamma}' \end{bmatrix}. \tag{11.34}$$

Bei den Momenten in (11.33) gibt der erste obere Index den Körper an, auf den dieses Moment wirkt, sowie das Koordinatensystem, in dem gerechnet wird. Der zweite Index zeigt die Herkunft des Momentes an. So ist M^{AG} das vom Gehäuse auf den Außenrahmen ausgeübte Moment. Da die Gln. (11.33) in jeweils körperfesten Bezugssystemen gelten, muß die Transformation

$$M_j^{JA} = -a_{ij}^\beta\,M_i^{AJ} = -\begin{bmatrix} \cos\beta' & 0 & \sin\beta' \\ 0 & 1 & 0 \\ -\sin\beta' & 0 & \cos\beta' \end{bmatrix}\begin{bmatrix} M_1^{AJ} \\ 0 \\ M_3^{AJ} \end{bmatrix} \tag{11.35}$$

berücksichtigt werden. Für das im raumfesten $1, 2, 3$-System vorhandene Moment auf den Rotor gilt entsprechend

$$M_j^{RJ} = -a_{ij}^\gamma\,M_i^{JR} = -\begin{bmatrix} \cos\gamma' & -\sin\gamma' & 0 \\ \sin\gamma' & \cos\gamma' & 0 \\ 0 & 0 & 1 \end{bmatrix}\begin{bmatrix} M_1^{JR} \\ M_2^{JR} \\ 0 \end{bmatrix}. \tag{11.36}$$

Dabei wurde die Reibungsfreiheit der Achslagerungen, d. h. $M_1^{AG} = M_2^{JA} = M_3^{JR} = 0$, berücksichtigt. Zur Berechnung des gesuchten Momentes M_i^{RJ} kann man nun aus (11.33/2) die Größe M_i^{AJ} ausrechnen. Nach Umrechnen mit (11.35) und Einsetzen in (11.33/1) erhält man M_i^{JR}. Daraus folgt mit (11.36) M_j^{RJ} in der Form

$$M_j^{RJ} = -a_{ij}^\gamma[a_{ki}^\beta(-M_k^{AG} + \dot{H}_k^A + \varepsilon_{klm}\,\omega_l^A\,H_m^A) + \dot{H}_i^J + \varepsilon_{ikl}\,\omega_k^J\,H_l^J]. \tag{11.37}$$

In diesen Ausdruck werden die Funktionen $\beta'(t)$ und $\gamma'(t)$ eingesetzt, und es wird über eine Schwingungsperiode T gemittelt:

$$\overline{M_i^{RJ}} = \frac{1}{T}\int\limits_0^T M_i^{RJ}\,dt. \tag{11.38}$$

Daraus folgen mit den Näherungsgleichungen (11.25) (mit $\dot{H} = 0$) die mittleren Auswanderungsgeschwindigkeiten für die jetzt nicht mehr als raumfest betrachtete Rotorachse:

$$\bar{\alpha} \approx - \frac{\overline{M_2^{RJ}}}{H \cos\beta_0} \; ; \qquad \bar{\beta} \approx \frac{\overline{M_1^{RJ}}}{H \cos\beta_0} \, . \tag{11.39}$$

Die Ausrechnung des in (11.39) vorkommenden Ausdrucks (11.37) kann für allgemeinere Fälle sehr mühsam sein, jedoch fallen bei der Mittelbildung nach (11.38) die meisten Glieder heraus, so auch das unbekannte Moment M_i^{AG}. Als einfaches Beispiel sei der Fall einer Taumelbewegung des Gehäuses behandelt, bei der die äußere Rahmenachse den Mantel

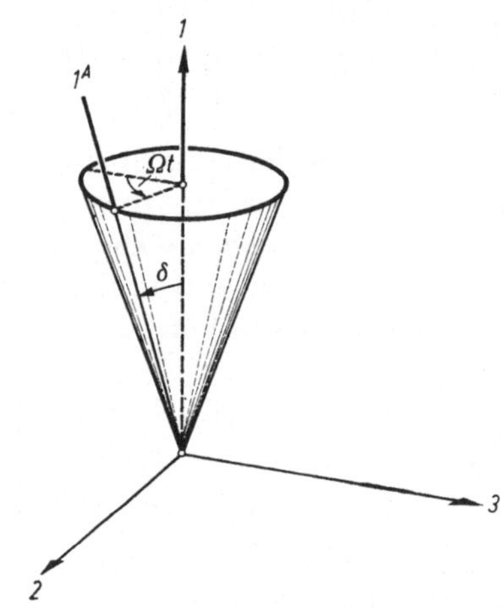

Abb. 11.15 Taumelbewegung der äußeren Rahmenachse.

eines geraden Kreiskegels mit dem Öffnungswinkel δ umfährt (Abb. 11.15). Dann gilt

$$\beta' = \delta \cos\Omega\, t,$$
$$\gamma' = \delta \sin\Omega\, t. \tag{11.40}$$

Die Ausrechnung von (11.37) ergibt unter der Annahme $\delta \ll 1$ nach Mittelung (11.38) die Momente

$$M_1^{RJ} = -\tfrac{1}{2}D^A\, \delta^2\, \Omega^2; \qquad M_2^{RJ} = -\tfrac{1}{2}E^A\, \delta^2\, \Omega^2. \tag{11.41}$$

Damit folgen aus (11.39) die mittleren Auswanderungsgeschwindigkeiten

$$\bar{\alpha} \approx \frac{E^A\, \delta^2\, \Omega^2}{2H} \; ; \qquad \bar{\beta} \approx - \frac{D^A\, \delta^2\, \Omega^2}{2H} \, . \tag{11.42}$$

Diese Winkelgeschwindigkeiten sind wieder dem Quadrat der Amplitude und dem Quadrat der Frequenz proportional. Bei dynamisch ausgewuchteten Außenrahmen tritt kein Auswandern auf. Bei Schwingungs- oder Taumelbewegungen, die nicht um die Normallage $\beta' = 0$ erfolgen, ist aber auch bei verschwindenden Deviationsmomenten ein Abwandern festzustellen. Verschiedene Fälle dieser Art wurden z. B. von KLIMOV [76] untersucht.

11.4.2 Auswirkungen des gestörten Momentengleichgewichtes um die Rotorachse. Bereits in Abschn. 11.3 wurden einige beim Anlaufen oder Auslaufen des Rotors auftretende Erscheinungen besprochen. Hier sollen zwei weitere Effekte erwähnt werden, die bei schwingenden Kreiseln auftreten können.

Der Antrieb eines Rotors richtet sich nach der relativen Drehzahl des Rotors gegenüber dem Stator, also bei einem Kardankreisel nach $\dot{\gamma}$. Im Gleichgewichtsfall (Abb. 11.12) ist $\dot{\gamma} = \omega_0 = \text{const.}$ Für einen Kardankreisel gilt jedoch nach (1.51)

$$\omega_3' = \dot{\gamma} + \dot{\alpha}\sin\beta.$$

Bei schwingendem Kreisel wird für $\dot{\alpha}\sin\beta > 0$ die Relativgeschwindigkeit $\dot{\gamma}$ kleiner, da die absolute Kreiseldrehzahl ω_3' wegen der Trägheit des Rotors bei den schnellen Nutationsschwingungen praktisch unverändert bleibt. Nach Abb. 11.12 entsteht daher ein Differenzmoment $\Delta M_3'$ von der Größe

$$\Delta M_3' = -k\,\Delta\dot{\gamma} \approx k\,\dot{\alpha}\sin\beta. \tag{11.43}$$

Bei Synchronkreiseln kann die Konstante k recht große Werte annehmen. Das Gegenmoment zu $\Delta M_3'$ wirkt auf den Stator (Innenrahmen) und ergibt eine Komponente

$$\Delta M_1 = -\Delta M_3'\sin\beta = -k\sin^2\beta\,\dot{\alpha} \tag{11.44}$$

in Richtung der äußeren Kardanachse (1-Achse). Bei Nutationsschwingungen mit kleiner Amplitude kann $\beta = \beta_0 + \tilde{\beta}$ und

$$\alpha = \alpha_A \cos\omega^N t,$$
$$\tilde{\beta} = \alpha_A \sqrt{\frac{A^0}{B}}\sin\omega^N t \tag{11.45}$$

angesetzt werden. Damit geht (11.44) über in:

$$\Delta M_1 = -k\,\dot{\alpha}\,(\sin^2\beta_0 + \tilde{\beta}\sin 2\beta_0)$$
$$= k\sin^2\beta_0\,\alpha_A\,\omega^N\sin\omega^N t + k\sin 2\beta_0\,\alpha_A^2\sqrt{\frac{A^0}{B}}\,\omega^N\sin^2\omega^N t.$$

Bei Mittelung über eine Nutationsperiode fällt dieses Moment nicht heraus; es bleibt vielmehr ein Mittelwert:

$$\overline{\Delta M_1} = \frac{\omega^N}{2\pi}\int\limits_0^{T_N} \Delta M_1\,dt = \frac{1}{2}\,\omega^N\,k\sin 2\beta_0\,\alpha_A^2\sqrt{\frac{A^0}{B}}\,.$$

Mit den aus (11.39) und (4.65) bekannten Größen

$$\bar{\beta} = \frac{\overline{\Delta M_1}}{H\cos\beta_0} \quad \text{und} \quad \omega^N = \frac{H\cos\beta_0}{\sqrt{A^0 B}}$$

folgt demnach eine Auswanderungsgeschwindigkeit für den Innenrahmen von

$$\bar{\beta} = \frac{k\,\alpha_A^2\,\sin 2\beta_0}{2B} \, . \tag{11.46}$$

Eine bereits vorhandene Schräglage des Innenrahmens wird dadurch vergrößert.

Ein weiterer Schwingungseffekt läßt sich bei kardanisch gelagerten Kreiseln beobachten: Die Amplituden der Nutationsschwingungen wachsen bei auslaufendem Rotor in bestimmten Drehzahlbereichen stark an, während sie bei hochlaufendem Rotor meist kleiner werden, manchmal jedoch auch anwachsen. Diese Erscheinungen lassen sich plausibel machen, wenn man die Bewegungsgleichungen betrachtet. Aus den früher bereits verwendeten Näherungsgleichungen (11.25) erhält man durch Hinzufügen der Trägheitsglieder sowie mit $M_1 = M_2 = 0$ das System:

$$\begin{aligned} A\,\ddot{\alpha} + H\cos\beta\,\dot{\beta} + \dot{H}\sin\beta &= 0, \\ B\,\ddot{\beta} - H\cos\beta\,\dot{\alpha} \phantom{+ \dot{H}\sin\beta} &= 0. \end{aligned} \tag{11.47}$$

Darin ist $H(t)$ eine Funktion der Zeit, und $\dot{H} = \Delta M_3'$ ist gleich dem resultierenden Moment um die Rotorachse. Durch Multiplikation der

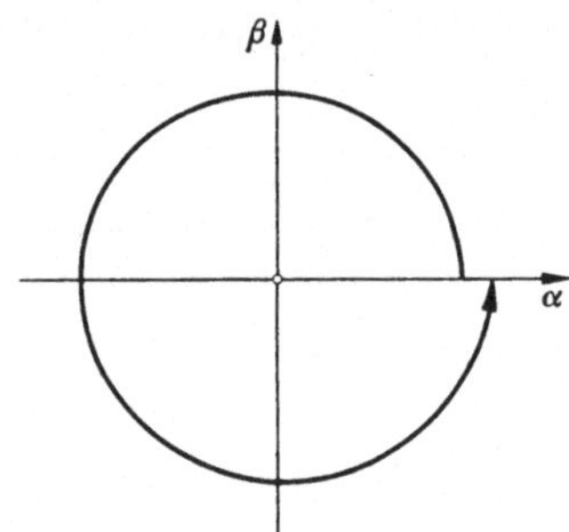

Abb. 11.16 Bild eines Nutationsbogens in der α, β-Ebene.

ersten Gleichung mit $\dot{\alpha}$ und Einsetzen der zweiten folgt nach Integration über die Zeit die Energiebeziehung:

$$\tfrac{1}{2}(A\,\dot{\alpha}^2 + B\,\dot{\beta}^2) + \int \dot{H}\,\dot{\alpha}\sin\beta\,dt = E_0. \tag{11.48}$$

Da mögliche Nutationsschwingungen des Kreisels stets im Sinne des Kreiselumlaufs erfolgen, läuft der Bildpunkt des Systems in einer α, β-Ebene und damit auch in einer $\alpha, \sin\beta$-Ebene im mathematisch positiven Sinne um (Abb. 11.16). Demnach gilt stets:

$$\int \dot{\alpha}\sin\beta\,dt = \int \sin\beta\,d\alpha < 0.$$

Daraus folgt, daß das Integral in (11.48) für anlaufende Kreisel ($\dot{H} > 0$) eine monoton fallende, für auslaufende ($\dot{H} < 0$) eine monoton steigende Funktion der Zeit ist. Demnach wird bei anlaufendem Kreisel Energie in die Rahmenbewegung übertragen, dagegen bei auslaufendem Kreisel entzogen. Daraus darf aber nicht unmittelbar auf die Veränderung der Nutationsamplitude geschlossen werden, da $H(t)$ veränderlich ist. Die Tendenz der Amplitudenänderung kann für kleine Werte von $\dot{H}$ sowie für $\beta \ll 1$ wie folgt abgeschätzt werden. Für (11.47) kann der Lösungsansatz

$$\alpha = \alpha_A(t) \cos\varphi(t),$$

$$\beta = \beta_A(t) \sin\varphi(t) = \sqrt{\frac{A}{B}}\, \alpha_A(t) \sin\varphi(t) \tag{11.49}$$

gewählt werden. Er ergibt für $\dot{H} = 0$ gerade die bekannte Lösung für die Nutationsschwingung mit

$$\alpha_A = \text{const} \quad \text{und} \quad \varphi(t) = \omega^N t = \frac{H}{\sqrt{A\,B}}\, t. \tag{11.50}$$

Durch Einsetzen von (11.49) in (11.48) folgt

$$\frac{1}{2} A \left[\alpha_A^2 \left(\frac{d\varphi}{dt}\right)^2 + \dot{\alpha}_A^2 \right] = E_0 - \int \dot{H} \sin\beta \, d\alpha. \tag{11.51}$$

Wegen der vorausgesetzten Kleinheit von $\dot{H}$ wird

$$\dot{\alpha}_A \ll \alpha_A \left(\frac{d\varphi}{dt}\right) \quad \text{und} \quad \frac{d\varphi}{dt} \approx \omega^N \approx \frac{H}{\sqrt{A\,B}}\,.$$

Demnach wird näherungsweise

$$\alpha_A^2 \approx \frac{2B}{H^2} \left[E_0 - \int \dot{H} \sin\beta \, d\alpha \right] \tag{11.52}$$

erhalten. Daraus ist zu erkennen, daß α_A im wesentlichen zu $1/H$ proportional ist, so daß bei anlaufendem Kreisel eine Verkleinerung, bei auslaufendem eine Vergrößerung der Nutationsamplitude zu erwarten ist. Das steht mit den Beobachtungen im Einklang. Der in der eckigen Klammer stehende Integralausdruck wirkt der genannten Tendenz entgegen, jedoch kann er das qualitative Bild der Erscheinungen wegen der vorausgesetzten Kleinheit von $\dot{H}$ i. allg. nicht verändern (vgl. hierzu auch SCHMID [77]).

11.4.3 Auswirkungen der Elastizität der Bauelemente eines Kreiselgerätes. Die einen Kreiselrotor tragenden Bauelemente, wie Wellen, Rahmen, Halterungen und Gehäuse, sind nicht völlig starr. Unter dem Einfluß von Beanspruchungen, wie sie z. B. bei Beschleunigungen vorkommen, gibt es stets Verformungen. Auch dadurch können einseitige

Rüttelmomente entstehen, die zu unerwünschten Fehlern oder Auswanderungen führen. Sie sollen hier für den Fall elastischer Verformungen untersucht werden.

Zum Unterschied von den in den vorhergehenden Abschnitten betrachteten Schwingungserscheinungen werden jetzt nicht Drehschwingungen, sondern translatorische Schwingungen des Gestells vorausgesetzt. Wenn $a_i = (a_1, a_2, a_3)$ der Beschleunigungsvektor dieser Schwingungen ist, dann greift im Massenmittelpunkt des Systems eine Reaktionskraft von der Größe

$$F_i^R = -m\,a_i \qquad (11.53)$$

an. Nach Abb. 11.17 ist aber der Massenmittelpunkt S wegen der elastischen Nachgiebigkeit der Konstruktion um einen Vektor r_i aus seiner

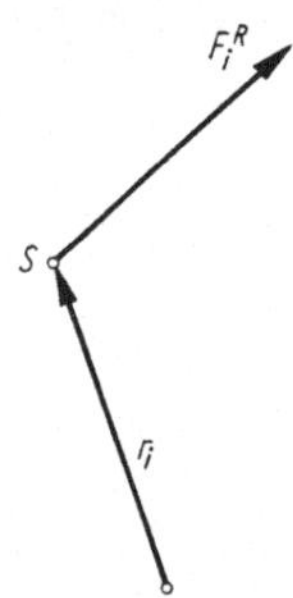

Abb. 11.17 Zur Entstehung des Reaktionsmomentes (11.56) bei nachgiebiger Lagerung eines Kreisels.

Ruhelage O ausgelenkt. Die Größe von r_i kann aus

$$F_i^R = c_{ij}\,r_j \qquad (11.54)$$

berechnet werden. Dabei wird vorausgesetzt, daß sich die Auslenkungen statisch berechnen lassen. Das ist sicher zulässig, wenn die Frequenz der von außen kommenden periodischen Bewegung des Gestells erheblich kleiner ist als die Frequenz der Eigenschwingung infolge der Nachgiebigkeit der Konstruktion. Diese Bedingung ist in den meisten Fällen erfüllt. Wenn die Hauptachsen des Fesselungstensors c_{ij} mit den Bezugsachsen des Systems zusammenfallen, dann folgt

$$F_i^R = \begin{bmatrix} c_1\,r_1 \\ c_2\,r_2 \\ c_3\,r_3 \end{bmatrix} \quad \text{und} \quad r_i = \begin{bmatrix} F_1^R/c_1 \\ F_2^R/c_2 \\ F_3^R/c_3 \end{bmatrix}. \qquad (11.55)$$

Die im verschobenen Massenmittelpunkt S angreifende Reaktionskraft F_i^R erzeugt nun bezüglich des Punktes O, der die Ruhelage des Massenmittelpunktes bildet (Abb. 11.17), ein Moment

$$M_i = \varepsilon_{ijk}\,r_j\,F_k. \qquad (11.56)$$

Mit (11.55) und (11.53) folgt daher

$$
M_i = \begin{bmatrix} F_2\, F_3 \left(\dfrac{1}{c_2} - \dfrac{1}{c_3}\right) \\[2ex] F_3\, F_1 \left(\dfrac{1}{c_3} - \dfrac{1}{c_1}\right) \\[2ex] F_1\, F_2 \left(\dfrac{1}{c_1} - \dfrac{1}{c_2}\right) \end{bmatrix} = m^2 \begin{bmatrix} a_2\, a_3\, \dfrac{c_3 - c_2}{c_2\, c_3} \\[2ex] a_3\, a_1\, \dfrac{c_1 - c_3}{c_3\, c_1} \\[2ex] a_1\, a_2\, \dfrac{c_2 - c_1}{c_1\, c_2} \end{bmatrix} . \tag{11.57}
$$

Daraus ist zu ersehen, daß für eine isoelastische Lagerung mit $c_1 = c_2 = c_3$ kein Moment auftreten kann. Man spricht deshalb von *anisoelastischen Effekten* der Lagerung.

Als Beispiel sei zunächst der sehr wichtige Fall einer konstanten Beschleunigung (Erdbeschleunigung!) untersucht. Wenn der Vektor der Schwerebeschleunigung z. B. in der 2, 3-Ebene (s. Abb. 11.13) liegt und mit der 2-Achse den Winkel φ einschließt, dann ist

$$
a_1 = 0; \quad a_2 = g \cos\varphi; \quad a_3 = g \sin\varphi.
$$

Damit folgt aus (11.57) das Moment

$$
M_1 = \frac{m^2\, g^2\, (c_3 - c_2) \sin 2\varphi}{2\, c_2\, c_3}; \quad M_2 = M_3 = 0. \tag{11.58}
$$

Das entstehende Moment verschwindet in den Hauptrichtungen $\varphi = 0, \pi/2, \pi, 3\pi/2$. Es ist proportional zu der Differenz $c_3 - c_2$ der Fesselungsbeiwerte sowie zu dem Quadrat der Beschleunigung (g^2-Effekt!). Wenn die Richtung des Beschleunigungsvektors relativ zum Gerät konstant bleibt, kann das Moment leicht kompensiert werden. Jedoch werden beim Prüfen von Kreiselgeräten auf Drehtischen oft absichtlich verschiedene Lagen des Gerätes im Schwerefeld untersucht. Bei Variation von φ macht sich der hier betrachtete anisoelastische Effekt dann als Störung von der doppelten Frequenz der Veränderung von φ bemerkbar.

Als weiteres Beispiel sei eine lineare Schwingung des Gerätegestells mit der Amplitude $s_{i0} = (s_{10}, s_{20}, s_{30})$ und der Frequenz Ω betrachtet. Dann ist:

$$
a_i = s_{i0}\, \Omega^2 \cos\Omega\, t. \tag{11.59}
$$

Einsetzen in (11.57) ergibt ein Moment, das zu $\cos^2\Omega\, t$ proportional ist. Daher bleibt bei Mittelbildung über eine Periode T

$$
\overline{M_i} = \frac{1}{T} \int_0^T M_i\, dt \tag{11.60}
$$

24*

das Moment

$$\overline{M}_i = \frac{1}{2}\, m^2\, \Omega^4 \begin{bmatrix} s_{20}\, s_{30}\, \dfrac{c_3 - c_2}{c_2\, c_3} \\[2ex] s_{30}\, s_{10}\, \dfrac{c_1 - c_3}{c_3\, c_1} \\[2ex] s_{10}\, s_{20}\, \dfrac{c_2 - c_1}{c_1\, c_2} \end{bmatrix} \tag{11.61}$$

übrig. Man kann sich leicht davon überzeugen, daß bei zirkularen Translationsschwingungen, etwa von der Form

$$\begin{aligned} a_2 &= s\, \Omega^2 \cos\Omega\, t, \\ a_3 &= s\, \Omega^2 \sin\Omega\, t \end{aligned} \tag{11.62}$$

im Mittel keine anisoelastischen Momente entstehen können. Entsprechendes gilt auch für elliptische Schwingungen, sofern die Hauptachsen der Ellipsen in die Bezugsrichtungen fallen. Allerdings muß dabei vorausgesetzt werden, daß die Frequenz der erzwungenen Auslenkungen genügend weit unter der Eigenfrequenz der Struktur bleibt und daß keine Dämpfung vorhanden ist. Dann sind Erregung und Auslenkung stets in Phase. Gilt das nicht, dann erhält man wiederum ein Gleichrichtmoment, das jetzt jedoch von der Dämpfung, von der Frequenz und von der Stärke der Erregung abhängt (FERNANDEZ und MACOMBER [78]).

Es sei noch darauf hingewiesen, daß die Momente (11.58) oder (11.61) bei freien Kreiseln zu Auswanderungsgeschwindigkeiten, bei gefesselten Kreiseln dagegen zu Anzeigefehlern führen. Beides kann in bekannter Weise berechnet werden.

12. Lagekreisel

Wenn das auf einen Kreisel wirkende Moment aller äußeren Kräfte verschwindet, dann folgt aus dem Drallsatz die Konstanz des Drallvektors $H_i = H_i^0 = $ const. Da bei schnellen Kreiseln Drallachse, Drehachse und Figurenachse praktisch zusammenfallen, behält also ein momentenfreier Kreisel die Richtung seiner Achse im Raum bei. Er kann als *Richtunghalter* bezeichnet und verwendet werden.

Die Lagerung von Lagekreiseln muß so beschaffen sein, daß der Rotor drei Freiheitsgrade der Drehung erhält. Hierzu hat man vielerlei Konstruktionen verwendet: Spitzenlagerung, schwimmende Aufhängung, elektrostatische oder elektromagnetische Lagerungen, ferner Drahtaufhängungen oder Kreuzfedergelenke. Besonders verbreitet ist die kardanische Lagerung, die als *Innenkardan* (Abb. 12.1a), als *Außenkardan* (Abb. 12.1b) oder auch in einer *Mischform* (Abb. 12.1c) ausgeführt sein

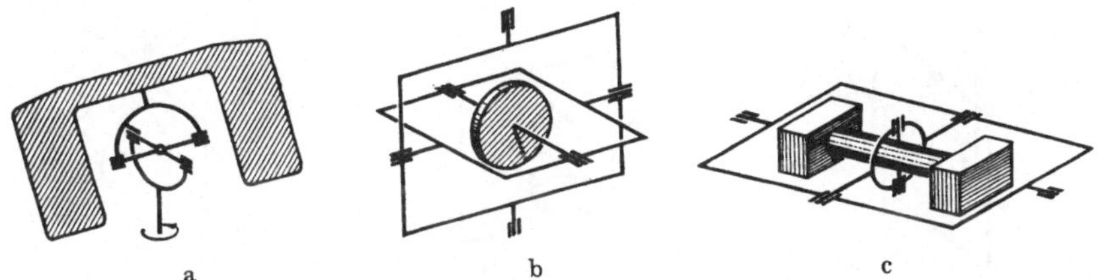

a   b   c

Abb. 12.1 Verschiedene Arten kardanischer Lagerungen:
a) Innenkardan, b) Außenkardan, c) gemischt-kardanische Lagerung.

kann. Charakteristisch für kardanisch gelagerte Kreisel sind gewisse kinematische Besonderheiten, die im folgenden Abschnitt besprochen werden sollen.

12.1 Der kinematische Fehler kardanisch aufgehängter Lagekreisel

Als Beispiel sei die Anzeige eines in einen Träger (Flugzeug) eingebauten Lagekreisels untersucht. Je nach der Orientierung der flugzeugfesten Bezugsachsen $1^F, 2^F, 3^F$ (Abb. 9.1) zu den Achsen $1, 2, 3$ des Kardankreisels werden verschiedene Anzeigen erhalten. Im allgemeinen interessieren dabei nur die Haupteinbaulagen, bei denen die Rahmenachsen in der Normallage zu den flugzeugfesten Achsen parallel sind. Dabei sind die sechs in Abb. 12.2 skizzierten Fälle möglich. Sie können eindeutig durch eine der Permutationen der Zahlen 1, 2, 3 gekennzeichnet werden. So soll „123" diejenige Einbaulage bedeuten, bei der — ohne Rücksicht auf das Vorzeichen der Achsrichtungen — die Richtungsbeziehungen $1 \parallel 1^F$, $2 \parallel 2^F$, $3 \parallel 3^F$ gelten; für „312" gilt $3 \parallel 1^F$, $1 \parallel 2^F$, $2 \parallel 3^F$ usw.

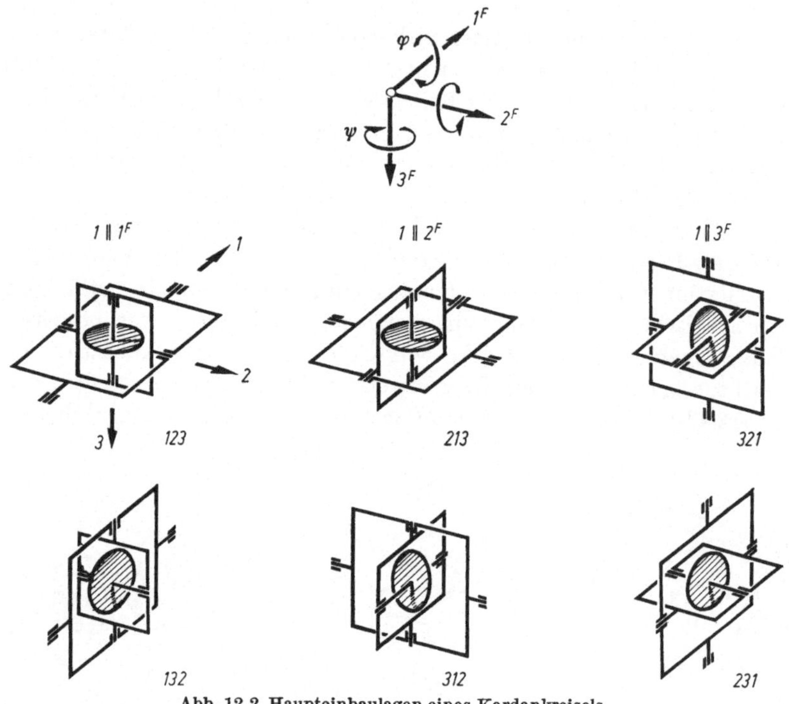

Abb. 12.2 Haupteinbaulagen eines Kardankreisels.

Zum Messen des Winkels ψ (Gierwinkel) werden z. B. die Einbaulagen „321" oder „231" verwendet. Sie gestatten um die äußere Rahmenachse ein volles Durchdrehen um 360°, so daß die Geräte dann auch im Kurvenflug noch brauchbar sind. Wenn nur begrenzte Gierwinkel vorkommen, dann können auch die Konfigurationen „132" oder „312" verwendet werden. Für Lotkreisel oder Kreiselhorizonte, mit denen die Winkel ϑ (Nickwinkel) und φ (Rollwinkel) gemessen werden sollen, sind die Einbaulagen „123" und „213" brauchbar. Wenn die Konstruktion so gewählt ist, daß der äußere Kardanrahmen voll durchdrehen kann, dann wären mit „123" Rollen, mit „213" Loopings des Flugzeuges zugelassen.

Am Kardankreisel sind die Winkel α und β leicht meßbar. Es interessiert deshalb der Zusammenhang dieser Winkel mit den Winkeln ψ, ϑ, φ, die die Lage des Flugzeuges im Raum beschreiben. Gesucht wird also

$$\alpha = \alpha(\psi, \vartheta, \varphi); \quad \beta = \beta(\psi, \vartheta, \varphi). \tag{12.1}$$

Zur Berechnung dieser Funktionen kann man von der Annahme ausgehen, daß die Richtung der Rotorachse im Raum unverändert bleibt. Selbst wenn ein langsames Auswandern stattfindet, kann näherungsweise mit dieser Annahme gerechnet werden, da die entstehenden Fehler i. allg. überlagert werden können.

Wir betrachten nun ein raumfestes Inertialsystem $1, 2, 3$ und das flugzeugfeste Bezugssystem 1^F, 2^F, 3^F (Abb. 12.3). Beide Systeme kön-

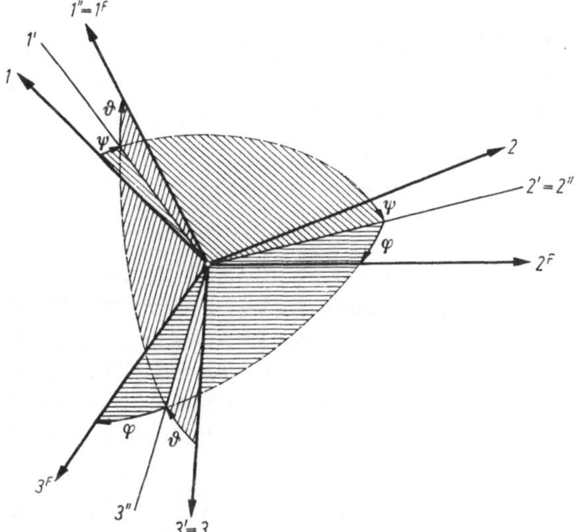

Abb. 12.3 Drehungen des trägerfesten $1^F,2^F,3^F$-Bezugssystems gegenüber dem 1,2,3-System des Kardankreisels.

nen durch drei nacheinander ausgeführte orthogonale Drehungen um die Achsen 3 (Winkel ψ), $2'$ (Winkel ϑ) und $1'' \equiv 1^F$ (Winkel φ) ineinander übergeführt werden. Man beachte, daß diese in der Flugmechanik gebräuchlichen Winkel anders definiert sind als die Euler-Winkel nach Abb. 1.23. Für die Darstellung eines Ortsvektors r_i in den verschiedenen Koordinatensystemen gelten nun die Transformationsformeln

$$\begin{aligned}
r_i &= a_{ij}^{\varphi}\, r_j', \\
r_i &= a_{ij}^{\psi}\, a_{jk}^{\vartheta}\, r_k'', \\
r_i &= a_{ij}^{\varphi}\, a_{jk}^{\vartheta}\, a_{kl}^{\varphi}\, r_l^F = a_{ij}\, r_j^F
\end{aligned} \tag{12.2}$$

mit den Transformationsmatrizen

$$a_{ij}^{\psi} = \begin{bmatrix} \cos\psi & -\sin\psi & 0 \\ \sin\psi & \cos\psi & 0 \\ 0 & 0 & 1 \end{bmatrix}; \quad a_{ij}^{\vartheta} = \begin{bmatrix} \cos\vartheta & 0 & \sin\vartheta \\ 0 & 1 & 0 \\ -\sin\vartheta & 0 & \cos\vartheta \end{bmatrix};$$

$$a_{ij}^{\varphi} = \begin{bmatrix} 1 & 0 & 0 \\ 0 & \cos\varphi & -\sin\varphi \\ 0 & \sin\varphi & \cos\varphi \end{bmatrix};$$

$$a_{ij}^{F} =$$
$$\begin{bmatrix} \cos\psi\cos\vartheta & -\sin\psi\cos\varphi + \cos\psi\sin\vartheta\sin\varphi & \sin\psi\sin\varphi + \cos\psi\sin\vartheta\cos\varphi \\ \sin\psi\cos\vartheta & \cos\psi\cos\varphi + \sin\psi\sin\vartheta\sin\varphi & -\cos\psi\sin\varphi + \sin\psi\sin\vartheta\cos\varphi \\ -\sin\vartheta & \cos\vartheta\sin\varphi & \cos\vartheta\cos\varphi \end{bmatrix}.$$

$$\tag{12.3}$$

Andererseits kann man einen im körperfesten Bezugssystem des Innenrahmens definierten Ortsvektor r_i^J über Außenrahmen und Gehäuse auf das flugzeugfeste System transformieren. Hierfür gilt:

$$\begin{aligned} r_i^A &= a_{ij}^{\beta}\, r_i^J, \\ r_i^G &= a_{ij}^{\alpha}\, r_j^A = a_{ij}^{\alpha}\, a_{jk}^{\beta}\, r_k^J, \\ r_i^F &= a_{ij}^{E}\, r_j^G = a_{ij}^{E}\, a_{jk}^{\alpha}\, a_{kl}^{\beta}\, r_l^J \end{aligned} \tag{12.4}$$

mit der Einbaumatrix a_{ij}^{E}, die z. B. aus (12.3) gewonnen werden kann, wenn man dort die Einbauwinkel ψ_0, ϑ_0, φ_0 einsetzt. Die Einbaumatrix bestimmt die Orientierung des Gerätegestells gegenüber dem Flugzeug. Da in der normalen Betriebslage des Gerätes die Winkel α und β gleich Null sind, kennzeichnet die Einbaumatrix die im Normalfall vorhandene Orientierung der Kardanachsen und der Rotorachse im Flugzeug. Die anderen Matrizen sind:

$$a_{ij}^{\beta} = \begin{bmatrix} \cos\beta & 0 & \sin\beta \\ 0 & 1 & 0 \\ -\sin\beta & 0 & \cos\beta \end{bmatrix}; \quad a_{ij}^{\alpha} = \begin{bmatrix} 1 & 0 & 0 \\ 0 & \cos\alpha & -\sin\alpha \\ 0 & \sin\alpha & \cos\alpha \end{bmatrix}.$$

Damit findet man für den Zusammenhang zwischen dem Innenrahmen und dem raumfesten System

$$r_i = a_{ij}^{F}\, a_{jk}^{E}\, a_{kl}^{\alpha}\, a_{lm}^{\beta}\, r_m^J. \tag{12.5}$$

Berücksichtigt man nun, daß der Einsvektor in Richtung der Rotorachse $r_i^{J\,o} = (0, 0, 1)$ raumfest ist und daß die Anfangslage der Rotorachse wegen $a_{ij}^{\alpha} = a_{ij}^{\beta} = \delta_{ij}$ durch

$$r_i^o = a_{ij}^{E}\, r_j^{J\,o}$$

im raumfesten System gegeben ist, so findet man aus (12.5) für beliebige Trägerbewegungen die Beziehung

$$a_{ij}^{E}\, r_j^{J\,o} = a_{ij}^{F}\, a_{jk}^{E}\, a_{kl}^{\alpha}\, a_{lm}^{\beta}\, r_m^{J\,o}.$$

Für die Auswertung ist es zweckmäßig, diese Beziehung durch Multiplikation mit a_{ji}^{F} umzuformen:

$$a_{ji}^{F}\, a_{jk}^{E}\, r_{k}^{J\,o} = a_{ij}^{E}\, r_{j}^{G\,o} \tag{12.6}$$

mit

$$r_{i}^{G\,o} = a_{ij}^{\alpha}\, a_{jk}^{\beta}\, r_{k}^{J\,o} = \begin{bmatrix} \sin\beta \\ -\sin\alpha\,\cos\beta \\ \cos\alpha\,\cos\beta \end{bmatrix}. \tag{12.7}$$

Die Koordinaten dieses Einsvektors der Rotorachse im gestellfesten System hängen nur noch von α und β ab. In a_{ij}^{F} sind die Flugzeugwinkel ψ, ϑ, φ, in a_{ij}^{E} die Einbauwinkel ψ_0, ϑ_0, φ_0 enthalten. Daher kann man aus (12.6) für jede beliebige Einbaulage des Kreisels im Flugzeug die Funktionen

$$\begin{aligned} \alpha &= \alpha(\psi,\,\vartheta,\,\varphi,\,\psi_0,\,\vartheta_0,\,\varphi_0), \\ \beta &= \beta(\psi,\,\vartheta,\,\varphi,\,\psi_0,\,\vartheta_0,\,\varphi_0) \end{aligned} \tag{12.8}$$

ausrechnen. In Sonderfällen kann man auch noch eine in der normalen Arbeitsstellung eventuell vorhandene Schräglage β_0 des Innenrahmens gegenüber dem Außenrahmen bei diesen Berechnungen berücksichtigen. Dann geht β_0 als weiterer Parameter in (12.8) ein.

Das Ausrechnen und Auswerten des Ergebnisses (12.8) kann sehr mühsam sein, bereitet jedoch keine prinzipiellen Schwierigkeiten, wenn elektronische Rechenanlagen zu Hilfe genommen werden.

Als Beispiel soll ein Kurskreisel mit „321"-Konfiguration nach Abb. 12.4 durchgerechnet werden. Die an sich beliebig wählbaren posi-

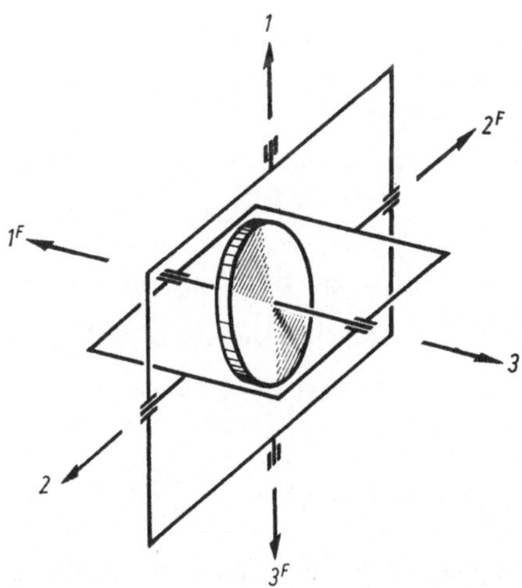

Abb. 12.4 „321"-Einbaulage eines Kurskreisels.

tiven Achsrichtungen wurden in diesem Falle so wie in der Abbildung angegeben gewählt, damit im Endergebnis positive Werte herauskommen. Die Einbaumatrix ist im vorliegenden Fall:

$$a_{ij}^{E} = \begin{bmatrix} 0 & 0 & -1 \\ 0 & -1 & 0 \\ -1 & 0 & 0 \end{bmatrix}.$$

Damit erhält man für die rechte Seite von (12.6) unter Berücksichtigung von (12.7)

$$a_{ij}^{E}\, r_{j}^{Go} = \begin{bmatrix} -\cos\alpha\,\cos\beta \\ \sin\alpha\,\cos\beta \\ -\sin\beta \end{bmatrix}. \tag{12.9}$$

Andererseits gilt

$$a_{ij}^{E}\, r_{j}^{Jo} = [-1, 0, 0]$$

und deshalb wegen (12.3)

$$a_{ij}^{F}\, a_{jk}^{E}\, r_{k}^{Jo} = \begin{bmatrix} -\cos\psi\,\cos\vartheta \\ \sin\psi\,\cos\varphi - \cos\psi\,\sin\vartheta\,\sin\varphi \\ -\sin\psi\,\sin\varphi - \cos\psi\,\sin\vartheta\,\cos\varphi \end{bmatrix}. \tag{12.10}$$

Wegen (12.6) müssen (12.9) und (12.10) gleich sein. Aus den damit folgenden drei Bedingungen können α und β wie folgt ausgerechnet werden:

$$\text{,,321''} \qquad \tan\alpha = \frac{\sin\psi\,\cos\varphi - \cos\psi\,\sin\vartheta\,\sin\varphi}{\cos\psi\,\cos\vartheta}, \tag{12.11}$$

$$\sin\beta = \sin\psi\,\sin\varphi + \cos\psi\,\sin\vartheta\,\cos\varphi.$$

Daraus folgt, daß für $\vartheta = \varphi = 0$ der Winkel $\alpha = \psi$ und für $\psi = \varphi = 0$ der Winkel $\beta = \vartheta$ erhalten wird: Die relative Verdrehung des Außenrahmens gibt dann genau den Gierwinkel, die Verdrehung des Innenrahmens genau den Nickwinkel an. Bei allgemeineren Flugzeugbewegungen gilt das nicht mehr. Vielmehr treten hier die *kinematischen Kardanfehler*

$$\Delta\psi = \alpha - \psi \quad \text{und} \quad \Delta\vartheta = \beta - \vartheta \tag{12.12}$$

auf. So hat man z. B. für horizontalen Kurvenflug ($\vartheta \equiv 0$) aus (12.11)

$$\tan\alpha = \tan\psi\,\cos\varphi. \tag{12.13}$$

Und daraus

$$\tan\Delta\psi = \tan(\alpha - \psi) = -\frac{\tan\psi\,(1 - \cos\varphi)}{1 + \cos\varphi\,\tan^{2}\psi}. \tag{12.14}$$

Eine Auswertung dieser Formel zeigen die Abb. 12.5 und 12.6. Der Anzeigefehler wächst mit wachsender Schräglage des Flugzeuges (Rollwinkel φ); er ist π-periodisch mit dem Gierwinkel ψ und verschwindet für $\psi = \pm \dfrac{n}{2}\,\pi$. Für kleine Rollwinkel $\varphi \ll 1$ wird

$$\Delta\psi \approx -\tfrac{1}{4}\varphi^2 \sin 2\psi \tag{12.15}$$

erhalten.

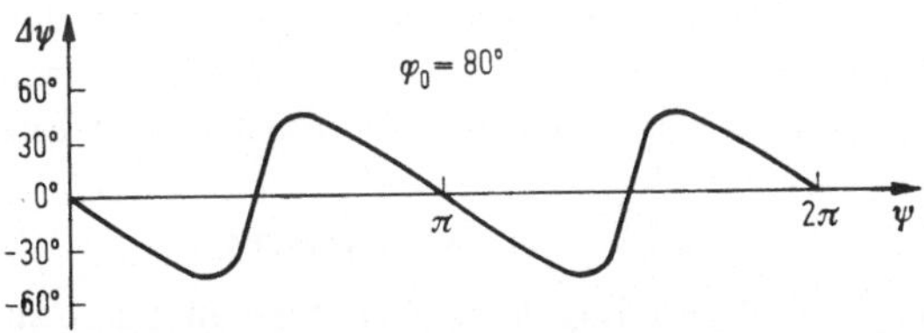

Abb. 12.5 **Kinematischer Kardanfehler als Funktion des Winkels ψ für $\varphi_0 = 80°$.**

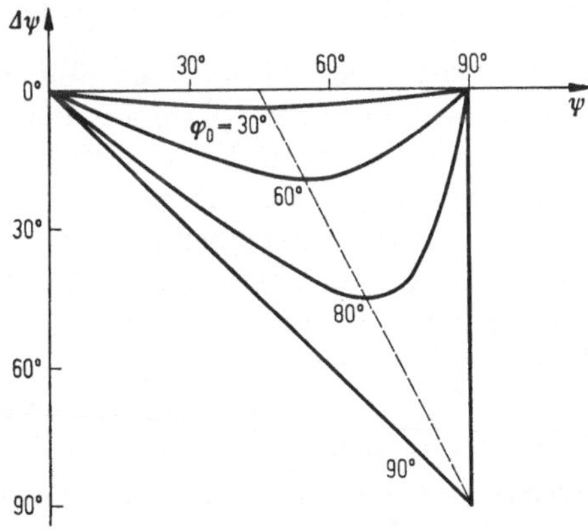

Abb. 12.6 **Einfluß der Schräglage φ_0 des Flugzeugs auf den kinematischen Kardanfehler im Bereich** $0 \leqq \psi \leqq \pi/2$.

Eine Berechnung der Kardanwinkel für die anderen in Abb. 12.2 skizzierten Hauptlagen führt auf die folgenden Ergebnisse:

„123" $\qquad\qquad\qquad \alpha = \varphi; \quad \beta = \vartheta.$ $\qquad\qquad$ (12.16)

„213" $\qquad\qquad \tan\alpha = \dfrac{\tan\vartheta}{\cos\varphi}; \quad \sin\beta = \sin\varphi \cos\vartheta.$ $\qquad$ (12.17)

„132" $\qquad\qquad \tan\alpha = \dfrac{\sin\varphi \cos\psi - \sin\psi \sin\vartheta \cos\varphi}{\cos\varphi \cos\psi + \sin\psi \sin\vartheta \sin\varphi};$ $\qquad$ (12.18)

$\qquad\qquad\qquad\quad \sin\beta = \sin\psi \cos\vartheta.$

„312" $\qquad\qquad \tan\alpha = \dfrac{\sin\psi \sin\varphi + \cos\psi \sin\vartheta \cos\varphi}{\cos\psi \cos\vartheta};$ $\qquad$ (12.19)

$\qquad\qquad\qquad\quad \sin\beta = \sin\psi \cos\varphi - \cos\psi \sin\vartheta \sin\varphi.$

„231" $\qquad\qquad \tan\alpha = \dfrac{\sin\psi \cos\vartheta}{\cos\psi \cos\varphi + \sin\psi \sin\vartheta \sin\varphi};$ $\qquad$ (12.20)

$\qquad\qquad\qquad\quad \sin\beta = \sin\varphi \cos\psi - \sin\psi \sin\vartheta \cos\varphi.$

Bemerkenswert ist die Tatsache, daß die Einbaulage „123" eine kardan-
fehlerfreie Messung von Rollwinkel φ und Nickwinkel ϑ bei beliebigen
Flugzeugbewegungen ermöglicht. Das hängt natürlich mit der Definition der Flugzeuglagenwinkel zusammen. Alle anderen Einbaulagen
ergeben bei Flugzeugbewegungen um mehrere Achsen kinematische
Meßfehler. Eine systematische Untersuchung dieser Fehler ist SEE-
BACH [79] zu verdanken. MARRE [80] hat Möglichkeiten für kardan-
fehlerfreie Lagerungen von Kreiseln und Plattformen angegeben.

12.2 Der Kurskreisel

Der Kurskreisel ist ein Lagekreisel, der so in ein Fahr- oder Flugzeug eingebaut ist, daß der Azimutwinkel, d. h. der Drehwinkel des
Trägers um eine lotrechte Achse gemessen werden kann.

12.2.1 Allgemeines Verhalten, Führung und Stützung. Bei terrestri-
schen Anwendungen ist der Kurs eines Fahrzeugs ein in bezug auf die
Erde definierter Begriff. Das hat zur Folge, daß ein ideal momentenfreier Lagekreisel, dessen Drallachse im Inertialraum unveränderlich ist,
nur unter bestimmten Bedingungen, jedoch nicht allgemein in der Lage
ist, den Kurs richtig anzuzeigen. Änderungen der Kursanzeige, also
Abwanderungen, werden hervorgerufen:

1. durch die Drehung der Erde,
2. durch die Eigenbewegungen des Fahrzeugs und
3. durch restliche Störmomente.

Der Drehgeschwindigkeitsvektor ω_i^E der Erde hat die Richtung der
Erdachse und zeigt von Süd nach Nord. An einem Beobachtungsort
mit der geografischen Breite φ kann er in die Vertikalkomponente
$\omega^E \sin\varphi$ und die in der Horizontebene nach Norden zeigende Komponente $\omega^E \cos\varphi$ zerlegt werden (Abb. 12.7). Beide Anteile beeinflussen

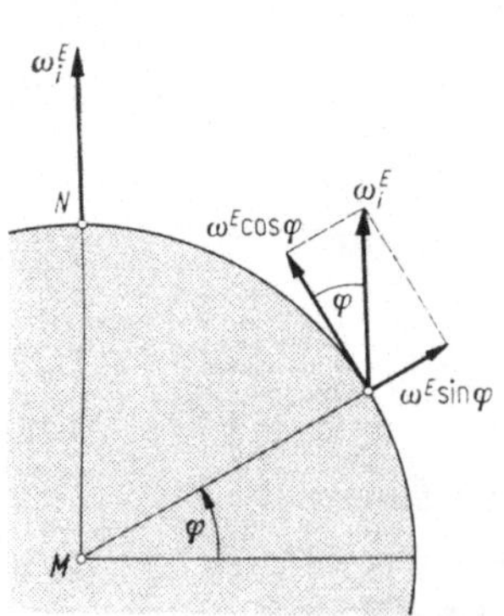

Abb. 12.7 Horizontal- und Vertikal-
komponenten der Erddrehung.

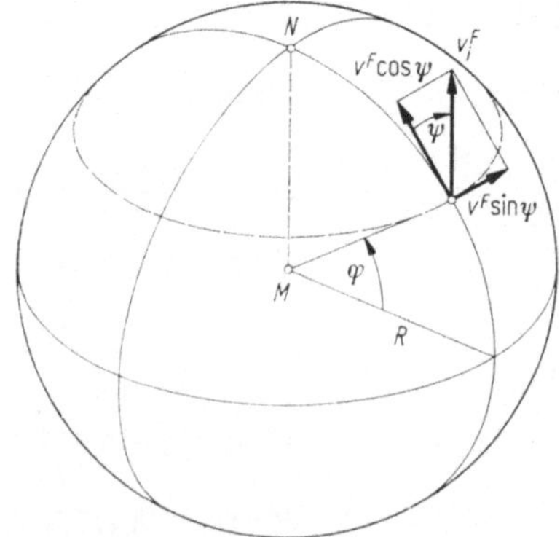

Abb. 12.8 Zerlegen der Trägergeschwindigkeit
v_i^F in Ost- und Nordkomponente.

einen Kurskreisel: Die Vertikalkomponente $\omega^E \sin\varphi$ wird unmittelbar als Relativdrehung zwischen Außenrahmen (*Kursrahmen*) und Gestell gemessen und entsprechend als Kursänderung angezeigt; die Horizontalkomponente hat zwar keinen direkten Einfluß auf die Kursanzeige, jedoch kann die durch sie hervorgerufene Relativdrehung zwischen Innen- und Außenrahmen sekundären Einfluß auf die Anzeige, z. B. über die Kardanfehler, haben.

Wenn das Fahrzeug eine Eigenbewegung relativ zur Erde ausführt, dann gibt es wegen der Besonderheiten der erdbezogenen Richtungsdefinition Kurskreiselanzeigen, die bei Fahrten zwischen Orten mit hohen geografischen Breiten auf jeden Fall korrigiert werden müssen (SCHMID [81]). In einfacheren Fällen kann der Fehler automatisch durch Ausüben von Momenten kompensiert werden. Ist v_i^F der Geschwindigkeitsvektor des Fahrzeugs relativ zur Erde und ψ der Kurswinkel (gegen Nord), so kann v_i^F in die Anteile:

$$\text{Nordgeschwindigkeit:} \quad v^N = v^F \cos\psi,$$

$$\text{Ostgeschwindigkeit:} \quad v^O = v^F \sin\psi$$

zerlegt werden (Abb. 12.8). Nur die Ostkomponente hat Einfluß auf die Kursrichtung; man kann die durch sie bedingte Veränderung der Kursrichtung auch durch eine solche zusätzliche Drehung ω^F der Erde um ihre Achse entstanden denken, die zu einer gleichen Ortsveränderung des Fahrzeugs im Raum führt. Hierzu muß gelten

$$v^O = v^F \sin\psi = \omega^F R \cos\varphi$$

oder

$$\omega^F = \frac{v^F \sin\psi}{R \cos\varphi}. \tag{12.21}$$

Die Vertikalkomponente dieser Drehung geht, genau wie auch die Vertikalkomponente der Erddrehung selbst, in die Anzeige des Kurskreisels ein, so daß eine Auswanderung des Außenrahmens relativ zum Gehäuse vom Betrag

$$\dot{\alpha}^R = -\omega^E \sin\varphi - \frac{v^F}{R} \sin\psi \tan\varphi \tag{12.22}$$

entsteht. Der erste Anteil wird als *Erddrehfehler*, der zweite als *Fahrtfehler* bezeichnet. Beide lassen sich im Prinzip kompensieren, da sie in bekannter Weise von Kurs, Geschwindigkeit und geografischer Breite abhängen. Man benötigt zur Kompensation ein Moment um die innere Rahmenachse von der Größe

$$M_2 = -H\,\dot{\alpha} = -H\left(\omega^E \sin\varphi + \frac{v^F}{R} \sin\psi \tan\varphi\right).$$

Dieses Moment ist gerade so groß, daß die hierdurch erzwungene Präzession $\dot{\alpha}$ die Auswanderung $\dot{\alpha}^R$ durch Erddrehung und Fahrt kompensiert.

Nicht kompensierbar sind Anzeigefehler des Kurskreisels, die durch regellose Störmomente um die innere Rahmenachse hervorgerufen werden. Immerhin lassen sich derartige Störungen durch geschickte Konstruktion so klein halten, daß die dadurch bedingten Auswanderungen der Kreiselachse kleiner als etwa 0,1° je Stunde sind. Derartige Geräte können für eine begrenzte Zeitdauer als freie Kreisel durchaus verwendet werden.

Bei den üblicherweise für lange Betriebszeiten verwendbaren Kurskreiseln wird die Richtung der Rotorachse in zweifacher Hinsicht überwacht: Erstens wird durch Vergleich mit einem Richtungsfühler (Magnetkompaß, Radiokompaß) die Abweichung von der Sollrichtung gemessen. Bei Differenzweisungen wird der Kreisel durch ein Moment

$$M_2^F = M_2^F(\psi - \psi_{\text{soll}}) \tag{12.23}$$

so nachgeführt, daß die Differenz verringert wird. Diesen Vorgang nennt man *Führen*; das verwendete Moment M_2^F heißt *Führmoment*. Es kommt in der Praxis darauf an, die Führgeschwindigkeiten $\dot{\alpha}^F$ und $\dot{\psi}^F$ bzw. die Führmomente geeignet zu wählen: Bei zu kleinen Werten können vorhandene Fehler nur langsam abgebaut werden, bei zu großem $\dot{\alpha}^F$ werden die Fehler der stets sehr störanfälligen Richtungfühler auf den Kreisel übertragen. Die Führgeschwindigkeiten ausgeführter Geräte liegen etwa zwischen 0,1° und 4° je Minute.

Zweitens wird auch die Drehung des Innenrahmens überwacht, damit sich dessen Fehllagen möglichst nicht über den kinematischen Kardanfehler (Abschn. 12.1) auf die Anzeige übertragen oder der Innenrahmen gar bis zum Anschlag kommt. Die Funktion des Kurskreisels ist am wenigsten gestört, wenn der Innenrahmen im Mittel stets senkrecht zum Außenrahmen steht ($\beta = 0$). Das kann durch eine *Rahmen-Mitten-Stützung* erreicht werden, bei der über ein *Stützmoment*

$$M_1^S = M_1^S(\beta) \quad \text{mit} \quad M_1^S(0) = 0 \tag{12.24}$$

eine Präzession des Innenrahmens zur Mittellage hin erzwungen wird. Zum Unterschied von Führen um die Meßachse beeinflußt das Stützen des Kurskreisels die Messung nicht unmittelbar. Da die Ebene des Innenrahmens beim Kurskreisel meist horizontal liegen soll, kann man die Stützung auch über Pendel als Richtungsfühler vornehmen lassen. Da dann bei beschleunigtem Flug aber eine Stützung senkrecht zum jeweiligen Scheinlot vorhanden ist, spricht man von *Scheinlotstützung*.

Auch die Stützgeschwindigkeit eines Kurskreisels muß sorgfältig bemessen werden: Eine zu schwache Stützung kann praktisch unwirksam sein, eine zu starke dagegen bringt neue Fehlermöglichkeiten, von denen hier der Taumelfehler im Kurvenflug als Beispiel untersucht werden soll.

12.2.2 Der Taumelfehler gestützter Kurskreisel.

Es sei angenommen, daß ein Flugzeug eine horizontale Kurve ($\vartheta = 0$) mit konstanter Kurvendrehgeschwindigkeit ($\dot{\psi} = \dot{\psi}_0$) und konstanter Schräglage ($\varphi = \varphi_0$) fliegt (Abb. 12.9). Im Flugzeug sei ein Kurskreisel so eingebaut, daß die Kursachse (1-Achse) mit der Flugzeughochachse (3^F-Achse) zusammenfällt. Zur Zeit $t = 0$ sei die Rotorachse horizontal und in Flugrichtung ausgerichtet.

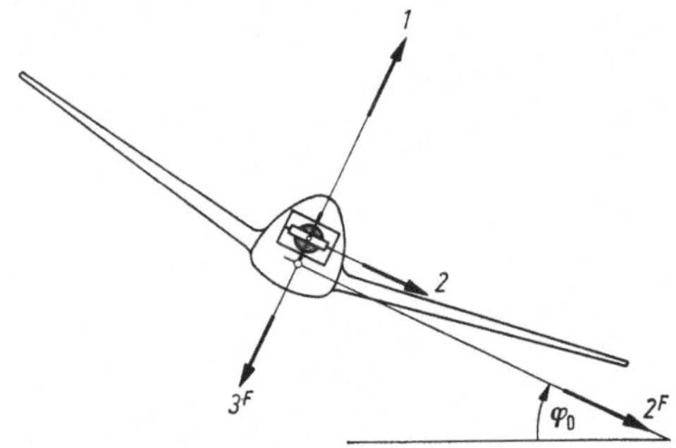

Abb. 12.9 Flugzeug und Kurskreisel zu Beginn des Kurvenfluges
(Rechtskurve in Flugrichtung gesehen).

Die Anzeige des Kurskreisels wird während des Kurvenfluges durch die bereits ausführlich besprochenen kinematischen Kardanfehler sowie außerdem durch einen *Taumelfehler* beeinflußt. Nur der letztere soll hier untersucht werden. Der Taumelfehler entsteht bei gestützten Kurskreiseln dadurch, daß die bei schrägstehender äußerer Rahmenachse ausgeübten Stützmomente auch Horizontalkomponenten besitzen, die zu einem Abwandern der Drallachse in der Azimutrichtung führen können.

Es sei hier weiterhin angenommen, daß sowohl der Rollwinkel φ_0 als auch der Winkel β für den Innenrahmen so klein seien, daß mit $\varphi_0 \ll 1$ und $\beta \ll 1$ linearisiert werden darf. Eine ausführlichere Theorie des Taumelfehlers kann man bei PRICE [82] nachlesen. Alle wesentlichen Kennzeichen des Taumelfehlers kommen jedoch schon bei der hier durchzuführenden Näherungsberechnung zum Ausdruck. Bei dieser Rechnung wird der Winkel β in einen rein kinematischen Anteil β^K und einen Anteil durch die Präzessionsbewegung infolge der Stützung β^P zerlegt. Der Winkel β^K gibt die Verdrehung des Innenrahmens gegenüber dem Außenrahmen bei raumfester Rotorachse wieder. Aus dem sphärischen Dreieck ABC der in Abb. 12.10 dargestellten Einheitskugel um den Kreiselaufhängepunkt liest man nach dem Sinussatz

$$\sin(-\beta^K) : \sin\varphi_0 = \sin\psi : \sin(\pi/2)$$

ab, woraus wegen der vorausgesetzten Kleinheit von φ_0 und β^K

$$\beta^K \approx -\varphi_0 \sin\psi \tag{12.25}$$

folgt. Wenn eine zu $\beta = \beta^K + \beta^P$ proportionale Rahmenmittenstützung vorhanden ist, dann läßt sich β^P aus der für schnelle Kreisel gültigen Näherungsgleichung

$$H\,\beta^P = M_1 = -k(\beta^K + \beta^P) \tag{12.26}$$

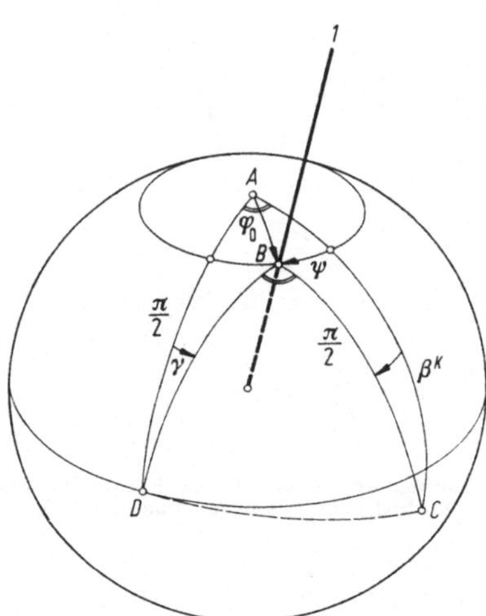

Abb. 12.10 Zur Berechnung des Taumelfehlers.

berechnen. Bei Bezug auf den Winkel ψ mit $d\psi = \dot\psi_0\,dt$ und Einführen der neuen Konstanten

$$c = \frac{k}{H\,\dot\psi_0} \tag{12.27}$$

geht (12.26) mit (12.25) über in:

$$\frac{d\beta^P}{d\psi} + c\,\beta^P = c\,\varphi_0 \sin\psi. \tag{12.28}$$

Die für $\beta^P(0) = 0$ geltende Lösung dieser Differentialgleichung ist

$$\beta^P = \frac{c\,\varphi_0}{c^2 + 1}\,[e^{-c\psi} + c\sin\psi - \cos\psi]. \tag{12.29}$$

Die Präzessionsbewegung infolge der Stützung erfolgt so, daß sich der Durchstoßpunkt D der Rotorachse in Abb. 12.10 in Richtung BD, im gezeichneten Fall über D hinaus verschiebt. Der Präzessionsgeschwindigkeit β^P entspricht dabei eine Abwanderungsgeschwindigkeit δ der Rotorachse in der Azimutrichtung von der Größe

$$\delta \approx \beta^P \gamma \approx \beta^P \varphi_0 \cos\psi. \tag{12.30}$$

Daraus folgt mit (12.29)

$$\frac{d\delta}{d\psi} = \frac{d\beta^P}{d\psi} \varphi_0 \cos\psi = \frac{c\,\varphi_0^2}{c^2 + 1} \left[c\cos^2\psi + \sin\psi\cos\psi - c\,e^{-c\,\psi}\cos\psi \right], \tag{12.31}$$

woraus nach Integration der *Taumelfehler*

$$\delta = \frac{c\,\varphi_0^2}{2\,(c^2 + 1)} \left[c\,\psi + c\sin\psi\cos\psi + \sin^2\psi - \frac{2c\,e^{-c\,\psi}}{c^2 + 1}\{\sin\psi + c\,(1 - \cos\psi)\} \right] \tag{12.32}$$

folgt. Der Ausdruck (12.32) enthält einen linear anwachsenden Term, periodische, konstante und abklingende Anteile. Davon deutet das erste Glied in der eckigen Klammer auf einen Mitschleppeffekt hin: Die Rotorachse wird über den Mechanismus der Stützung ständig im Sinne der Kurvendrehung mitgenommen. Will man diesen bei länger andauernden Kurvenflügen wohl gefährlichsten Anteil klein halten, so kann das nur durch möglichst schwache Stützung, also kleines c, geschehen. Im Grenzfall $c \to 0$ bleibt — solange man das Glied $c\,\psi$ vernachlässigen kann — als Näherungswert

$$c \to 0: \quad \delta \approx c\,\tfrac{1}{4}\varphi_0^2(1 - \cos 2\psi). \tag{12.33}$$

Im anderen Grenzfall sehr starker Stützung kann man

$$c \to \infty: \quad \delta \approx \tfrac{1}{2}\varphi_0^2(\psi + \sin\psi\cos\psi) \tag{12.34}$$

erhalten. In beiden Fällen sind die Fehler dem Quadrat des Rollwinkels φ_0 proportional. Für fehlende Stützung ($c = 0$) verschwindet der Taumelfehler ($\delta = 0$). Um Störungen möglichst zu vermeiden, wird deshalb bei manchen Kurskreiseln die Stützung im Kurvenflug ausgeschaltet.

12.3 Der Lotkreisel

Ein Lotkreisel — auch *Kreiselhorizont* oder *Vertikant* genannt — wird so in den Träger, z. B. in ein Flugzeug, eingebaut, daß die Rotorachse im Normalzustand die Richtung des Lotes, also der Vertikalen hat. Aus den Relativbewegungen des Flugzeugs gegenüber der Rotorachse lassen sich dann Roll- und Nickbewegungen des Flugzeugs bestimmen. Bei Einbau in 123-Lage (Abb. 12.2) gibt der Kardanwinkel α den Rollwinkel φ, der Winkel β den Nickwinkel ϑ wieder.

Auch der Lotkreisel kann — wie der Kurskreisel — die Richtung der Rotorachse nicht ständig in der Sollrichtung halten. Auswanderungen aus der Sollage entstehen nicht nur durch die unvermeidlichen Störmomente, sondern auch durch die Richtungsänderungen des Lotes gegenüber einem Inertialsystem auf der drehenden Erde und infolge der Bewegungen des Trägers relativ zur Erde. Ähnlich wie bei einem Kurskreisel gibt es einen *Erddrehfehler* und einen *Fahrtfehler*, zusätzlich aber auch einen *Beschleunigungsfehler*. Um solche Auswanderungen klein zu halten, werden zwei Wege eingeschlagen: Erstens wird der richtunghaltende Kreisel mit einem Richtungfühler verbunden und durch diesen geführt; zweitens sucht man die Auswirkungen der Fahrzeugbewegungen durch besondere Abstimmung der Geräteparameter klein zu halten.

12.3.1 Das Einschwingen des geführten Lotkreisels. Als Richtungsfühler für Lotkreisel können Lotmeßgeräte, also Pendel beliebiger Konstruktion, verwendet werden. Man kann aber auch den Kreisel selbst durch Tieferlegen des Schwerpunktes als Kreiselpendel ausbilden. Verschiedene Konstruktionen dieser Art sind z. B. von FISCHEL [83] beschrieben worden. Die Verbindung von Richtungfühler und Richtunghalter führt zu einem Gerät, dessen Verhalten gegenüber möglichen Störungen ganz wesentlich besser ist als das von Richtungfühler oder Kreisel allein: Die Störschwingungen der Pendel werden praktisch nicht auf den trägen Kreisel übertragen, andererseits korrigieren die Pendel die sonst nicht vermeidbaren Abwanderungen der Rotorachse aus der Sollrichtung.

Kennzeichnend für die Eigenschaften eines Lotkreisels ist sein Einschwingverhalten. Man kann es i. allg. aus den für großen Drall geltenden Näherungsgleichungen der Präzessionstheorie

$$H\,\beta = M_1; \quad -H\,\dot\alpha = M_2 \tag{12.35}$$

bestimmen. Als Momente sind dabei Stör- und Führmomente einzusetzen, die je nach der Konstruktion des Lotkreisels verschiedenen Gesetzmäßigkeiten gehorchen. Am häufigsten treten die in der folgenden Tabelle aufgeführten Momente auf.

	M_1	M_2
1. Schweremomente	$-c_1\,\alpha$	$-c_2\,\beta$
2. Widerstandsmomente durch viskose Dämpfung	$-d_1\,\dot\alpha$	$-d_2\,\dot\beta$
3. Widerstandsmomente durch Coulomb-Reibung	$-r_1\,\mathrm{sgn}\,\dot\alpha$	$-r_2\,\mathrm{sgn}\,\dot\beta$
4. Winkelproportionale Führmomente	$-f_1\,\beta$	$f_2\,\alpha$
5. Führmomente vom Schwarz-weiß-Typ (Zweipunkt- oder Bang-Bang-Typ)	$-g_1\,\mathrm{sgn}\,\beta$	$g_2\,\mathrm{sgn}\,\alpha$

Je nach den vorkommenden Kombinationen dieser Momente gibt es zahlreiche Typen von Einschwingkurven. Die Auswirkungen der unter 1, 2 und 3 genannten Momente wurden bereits in Abschn. 11.2

untersucht. Neu gegenüber dem damals Betrachteten sind jetzt vor allem die Führmomente nach 4 und 5. Sie haben solche Vorzeichen, daß die Rotorachse nach einer Störung wieder zur Sollage zurückpräzediert. Nach der Terminologie von Kap. 5 handelt es sich hier um nichtkonservative Lagekräfte, wie man aus dem Aufbau der in die Gleichungen eingehenden Matrizen für die Lagekräfte entnehmen kann. Mit den proportionalen Führmomenten nach 4 erhält man beispielsweise die Bewegungsgleichungen:

$$H\,\dot\beta + f_1\,\beta = 0; \quad -H\,\dot\alpha - f_2\,\alpha = 0.$$

Ihre Lösungen sind

$$\alpha = \alpha_0\,e^{-(f_1/H)\,t}; \quad \beta = \beta_0\,e^{-(f_2/H)\,t}.$$

In einer α,β-Ebene (Abb. 12.11) ergibt das Einschwingkurven, die von

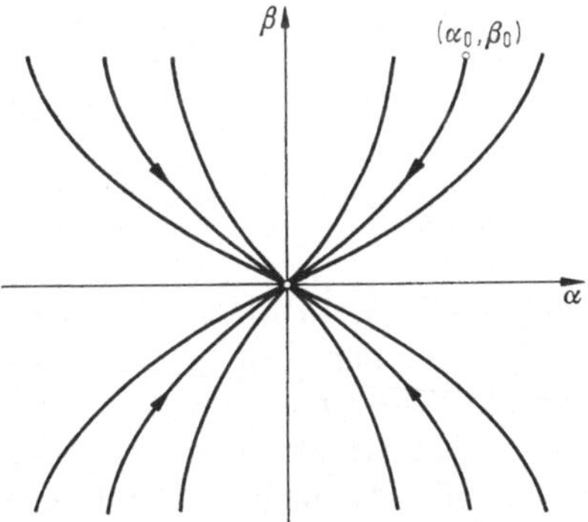

Abb. 12.11 Einschwingkurven eines Lotkreisels mit proportional wirkenden Führmomenten.

einer gegebenen Ausgangslage $\alpha_0\,\beta_0$ asymptotisch in den Nullpunkt hereinlaufen. Für $f_1 = f_2$ werden diese Einschwingkurven zu Geraden durch den Nullpunkt.

Wenn zu den Führmomenten nach 4 noch Momente durch Coulomb-Reibung nach 3 kommen, dann laufen die Einschwingkurven nicht zum Nullpunkt der α,β-Ebene, sondern zu gewissen Konvergenzpunkten *1* bis *4* (Abb. 12.12), die die Eckpunkte eines Totbereiches bilden. Die Einschwingkurven wurden hier für $f_1 = f_2$ gezeichnet.

Mit den Führmomenten nach 5 erhält man Einschwingkurven, von denen Abb. 12.13 ein Beispiel zeigt. Die Bildpunkte wandern hier längs der geneigten Geraden bis zu einer der Koordinatenachsen und rutschen dann unter Zittergleiten (s. Abschn. 11.2.2) in den Nullpunkt herein.

Die hier besprochenen Einschwingkurven gelten in einem Inertialsystem. Bei Berücksichtigung der Erddrehung oder von Trägerbewegungen gibt es Modifikationen der Einschwingkurven, aus denen sich die

25*

jeweiligen Eigenschaften des Lotkreisels meist unmittelbar ablesen lassen (siehe z. B. [84]). Zwei Beispiele sollen im folgenden Abschnitt untersucht werden.

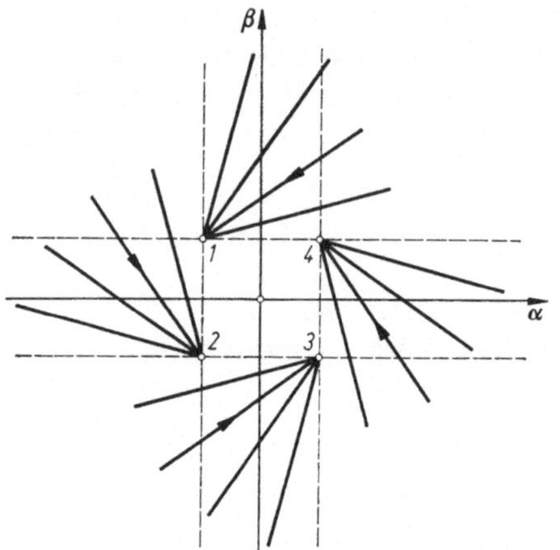

Abb. 12.12 Einschwingkurven eines Lotkreisels bei Vorhandensein von Coulomb-Reibung.

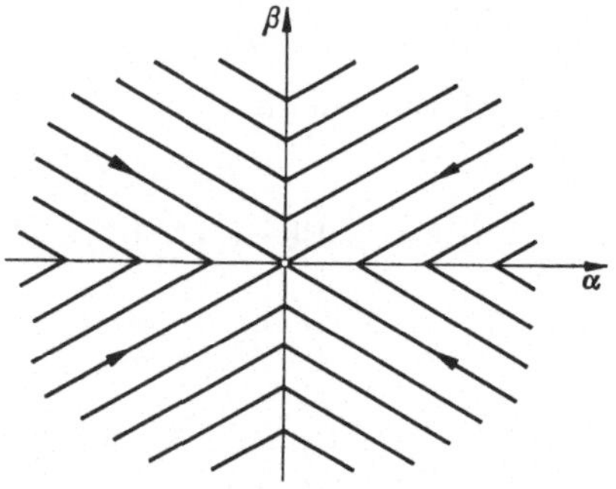

Abb. 12.13 Einschwingkurven eines Lotkreisels mit Zweipunktführung.

12.3.2 Elementare Theorie des Lotkreisels bei bewegtem Träger. Es sei ein Lotkreisel in 123-Einbaulage mit $123 \Uparrow 1^F 2^F 3^F$ sowie mit einem unter dem Aufhängepunkt liegenden Schwerpunkt und proportionalen Führmomenten gegeben. Das Gerät sei so aufgebaut, daß $c_1 = c_2 = c = m\,g\,s$ und $f_1 = f_2 = f$ gilt. Es sollen zwei Flugzustände betrachtet werden: beschleunigter (oder verzögerter) Geradeausflug sowie Kurvenflug.

Bei *beschleunigtem Geradeausflug* mit der Beschleunigung b stellen sich die Richtungfühler stets in die Richtung des Scheinlots ein, für das

$$\alpha_L = 0; \quad \tan\beta_L = -\frac{b}{g} \tag{12.36}$$

gilt. Es sei angenommen, daß die Abweichung des Scheinlots vom wahren Lot so klein ist, daß $\tan\beta_L \approx \beta_L$ gesetzt werden kann. Die Bewegungsgleichungen (12.35) mit den Momenten 1 und 4 der Tabelle des vorigen Abschnittes ergeben dann:

$$H\,\dot\beta + c\,\alpha + f(\beta - \beta_L) = 0,$$
$$-H\,\dot\alpha + c(\beta - \beta_L) - f\,\alpha = 0. \tag{12.37}$$

Mit $z = \alpha + i\,\beta$ sowie den Abkürzungen

$$\frac{f}{H} = \delta; \quad \frac{c}{H} = \omega^P \tag{12.38}$$

kann (12.37) in

$$\dot{z} + (\delta + i\,\omega^P)\,z = i(\delta + i\,\omega^P)\,\beta_L \tag{12.39}$$

übergeführt werden. Die allgemeine Lösung dieser Gleichung für beliebige Beschleunigungsfunktionen $\beta_L(t) \approx -b(t)/g$ ist

$$z = e^{-(\delta + i\,\omega^P)t}\left[Z_0 + i(\delta + i\,\omega^P)\int_0^t \beta_L(t)\,e^{(\delta + i\,\omega^P)t}\,dt\right]. \tag{12.40}$$

Hier gibt der erste Term das Einschwingen aus einer Anfangslage $z(0) = Z_0$ wieder; das zweite Glied entspricht den von den Scheinlotschwankungen herrührenden Abwanderungen der Kreiselachse. Nimmt man z. B. $Z_0 = 0$ und eine für $0 < t < T$ andauernde Verzögerung konstanter Größe $-b_0 = g\,\beta_{L0}$ nach Abb. 12.14 an, dann kann man mit der Einheitssprungfunktion $1(t)$ für $\beta_L(t)$ ansetzen:

$$\beta_L = \beta_{L0}[1(t) - 1(t - T)]. \tag{12.41}$$

Die Lösung von (12.40) für $0 < t < T$ ist:

$$z = i\,\beta_{L0}\left[1 - e^{-(\delta + i\,\omega^P)t}\right]. \tag{12.42}$$

Einige daraus erhaltene Lösungskurven zeigt Abb. 12.15. Für $\delta = 0$ führt der Lotkreisel einen Präzessionsbogen um $\beta = \beta_L$ aus; im anderen Grenzfall $\omega^P = 0$ wandert der Bildpunkt geradlinig und asymptotisch vom Ursprung der α, β-Ebene nach $\beta = \beta_L$. Für alle dazwischen liegenden Fälle werden spiralige Bahnen erhalten. Nach Aufhören der

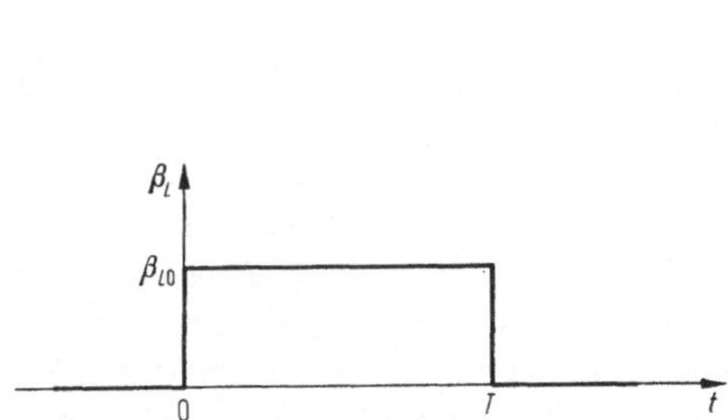

Abb. 12.14 Angenommener Verlauf des Scheinlotwinkels bei einer vorübergehenden Verzögerung in der Flugrichtung.

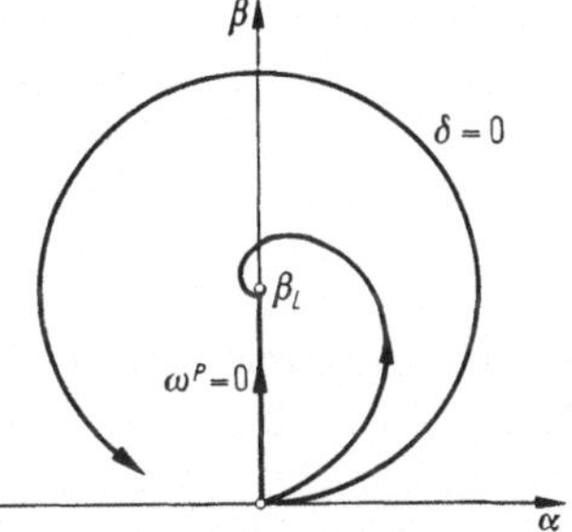

Abb. 12.15 Auswanderungskurven eines Lotkreisels bei konstanter Verzögerung.

Verzögerung zur Zeit $t = T$ beginnt der Lotkreisel einen Einschwingvorgang mit der neuen Anfangsbedingung $Z_0 = z(T)$ sowie mit $\beta_L(t) = 0$.

Als weiterer beschleunigter Flugzustand sei ein *horizontaler Kurvenflug* betrachtet. Dabei gilt für das Scheinlot

$$\alpha_L \approx \tan\alpha_L = \frac{v\,\omega}{g}; \quad \beta_L = 0. \tag{12.43}$$

Hierin ist v die Fluggeschwindigkeit und ω die Winkelgeschwindigkeit der Kurvendrehung. Bei Rechtskurven ist $\omega > 0$, bei Linkskurven $\omega < 0$; Entsprechendes gilt für den Scheinlotwinkel α_L. Unter Verwendung der für ein mit ω drehendes Bezugssystem geltenden Näherungsgleichungen (10.22) erhält man für den hier betrachteten Fall bei Vernachlässigung der Trägheitsglieder die Bewegungsgleichungen

$$H\,\beta + H\,\omega\,\alpha + c\,(\alpha - \alpha_L) + f\,\beta = 0,$$
$$-H\,\dot{\alpha} + H\,\omega\,\beta + c\,\beta - f\,(\alpha - \alpha_L) = 0. \tag{12.44}$$

Mit $z = \alpha + i\,\beta$ zusammengefaßt ergibt sich mit den bereits verwendeten Bezeichnungen (12.38)

$$\dot{z} + [\delta + i(\omega + \omega^P)]\,z = (\delta + i\,\omega^P)\,\alpha_L. \tag{12.45}$$

Die allgemeine Lösung dieser Differentialgleichung ist

$$z = \exp[-\delta t - i(\omega^P t + \psi)]\left\{Z_0 + (\delta + i\,\omega^P)\int_0^t \alpha_L(t)\exp[\delta t + i(\omega^P t + \psi)]\,dt\right\}. \tag{12.46}$$

Darin ist $\psi = \int \omega\,dt$ der seit Beginn der Kurve durchflogene Kurswinkel. Für den Fall eines *stationären Kurvenfluges* mit konstanten Werten für ω und α_L kann (12.46) weiter ausgerechnet werden. Man erhält

$$z = z_G\{1 - \exp[-\delta t - i(\omega + \omega^P)\,t]\}$$

mit dem Gleichgewichtswert

$$z_G = \frac{\delta^2 + \omega^P(\omega + \omega^P) - i\,\delta\,\omega}{\delta^2 + (\omega + \omega^P)^2}\,\alpha_L. \tag{12.47}$$

Daraus können Einschwingkurven und Gleichgewichtslagen für die interessierenden Fälle bestimmt werden. Bemerkenswert ist die Tatsache, daß eine Gleichgewichtsauslenkung auch in der β-Richtung vorhanden ist, obwohl $\beta_L = 0$ gilt. Aus dem Nenner von z_G läßt sich weiterhin entnehmen, daß ein Resonanzeffekt für $\omega = -\omega^P$ vorhanden ist. Er kann sich um so stärker auswirken, je kleiner δ, also je schwächer die Führmomente sind. Größere Kurvenflugfehler sind also bei einem als Kreiselpendel ausgebildeten Lotkreisel dann zu erwarten, wenn die Kurvendrehung im Gegensinne der Rotordrehung erfolgt und ihre Winkelgeschwindigkeit in der Nähe der Präzessionsfrequenz ω^P liegt.

Im Grenzfall fehlender Führmomente ($\delta = 0$) geht (12.47) in

$$z = \frac{\omega^P \alpha_L}{\omega + \omega^P}\{1 - \exp[-i(\omega + \omega^P)t]\} \tag{12.48}$$

über. Dies bedeutet, daß ungedämpfte Präzessionsbewegungen um eine reelle Gleichgewichtslage $\alpha = \alpha_G$ ausgeführt werden. Bei Kurvendrehungen im Sinne der Rotordrehung ($\omega > 0$) ist $\alpha_G < \alpha_L$, bei Drehungen im Gegensinne der Rotordrehung ($\omega < 0$) wird $\alpha_G > \alpha_L$.

Für den Grenzfall eines astatischen Kreisels ($\omega^P = 0$) erhält man aus (12.47)

$$z = \frac{(\delta^2 - i\,\delta\,\omega)\,\alpha_L}{\delta^2 + \omega^2}\,\{1 - \exp[-(\delta + i\,\omega)\,t]\}. \qquad (12.49)$$

Das ergibt bei langsamem Kurvenflug ($\omega \ll \delta$) ein fast aperiodisches Einlaufen in das Scheinlot $z_G \approx \alpha_L$, bei schneller Kurvendrehung bzw. schwacher Führung ($\delta \ll \omega$) ein spiraliges Einlaufen in die Gleichgewichtslage $z_G \approx -i\,\dfrac{\delta\alpha_L}{\omega} = -i\,\dfrac{v\,\delta}{g}$. Zwischen diesen Grenzfällen erhält man Einschwingkurven von dem in Abb. 12.16 skizzierten Typ.

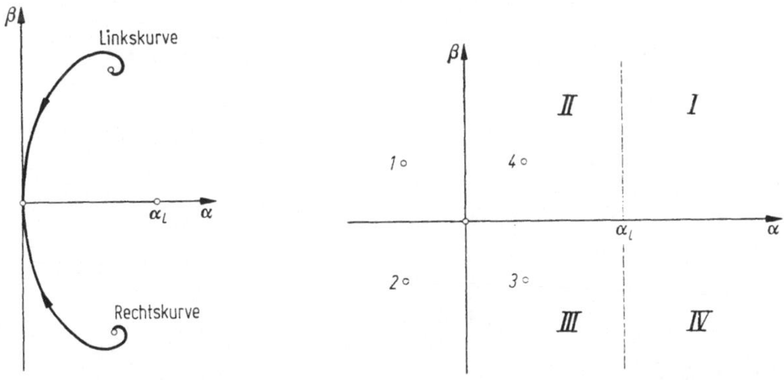

Abb. 12.16 Auswanderungskurven eines Lotkreisels im Kurvenflug.
Abb. 12.17 Einteilung der Quadranten bei einem Lotkreisel mit Zweipunktführung im Kurvenflug.

Ein vom bisher Besprochenen abweichendes Kurvenflugverhalten erhält man bei Führmomenten, die ihrem Betrage nach konstant sind und im Vorzeichen entsprechend den Meßwerten der Richtungfühler wechseln (*Schwarz-weiß-* oder *Bang-Bang-Überwachung*). Anstelle der früheren Bewegungsgleichungen (12.44) hat man dann bei Abwesenheit von Schweremomenten:

$$\begin{aligned} H\,\dot\beta + H\,\omega\,\alpha + g\,\mathrm{sgn}\,\beta &= 0, \\ -H\,\dot\alpha + H\,\omega\,\beta - g\,\mathrm{sgn}\,(\alpha - \alpha_L) &= 0. \end{aligned} \qquad (12.50)$$

Die α, β-Ebene wird jetzt durch die Abszisse ($\beta = 0$) sowie durch die zur Ordinate parallele Gerade ($\alpha = \alpha_L$) in 4 Quadranten eingeteilt, für die die Gleichgewichtspunkte

$$\alpha_G = \pm\frac{g}{H\,\omega}; \quad \beta_G = \pm\frac{g}{H\,\omega} \qquad (12.51)$$

gelten. In Abb. 12.17 sind die Quadranten *I* bis *IV* sowie die zugehörigen Gleichgewichtspunkte *1* bis *4* eingetragen. Die aus (12.50) folgenden Lösungskurven

$$(\alpha - \alpha_G)^2 + (\beta - \beta_G)^2 = r^2$$

sind Kreise um die Gleichgewichtspunkte. Durch Aneinanderheften von Kreisbogenstücken lassen sich die Einschwingkurven leicht konstruieren. In den Abb. 12.18 bis 12.20 sind sie für drei Fälle gezeichnet worden. Dabei wurde angenommen, daß der Lotkreisel zu Beginn des Kurven-

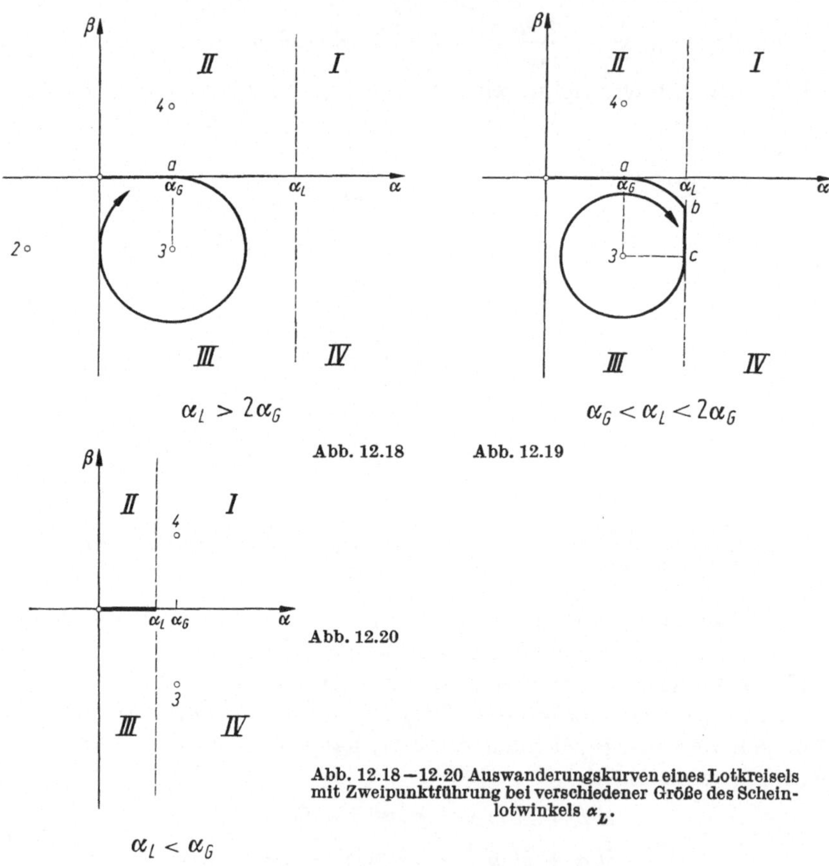

Abb. 12.18   Abb. 12.19

Abb. 12.20

Abb. 12.18—12.20 Auswanderungskurven eines Lotkreisels mit Zweipunktführung bei verschiedener Größe des Scheinlotwinkels α_L.

fluges fehlerfrei sei. Stets beginnt dann die Auswanderung mit einem Zittergleiten längs der α-Achse, die die Grenze zwischen den Quadranten *II* und *III* bildet. Bei dem Punkte *a* schließt sich ein Kreisbogen im Quadranten *III* an, der im Falle von Abb. 12.18 ständig weiter durchlaufen wird. Im Falle von Abb. 12.19 wird im Punkte *b* die Grenze zwischen den Quadranten *III* und *IV* erreicht, so daß ein Zittergleiten von b bis c stattfindet. Erst danach wird ein Kreisbogen im Quadranten *III* mit dem Radius $\alpha_L - \alpha_G$ durchlaufen. Im Falle von Abb. 12.20 besteht die Abwanderung nur in einem Zittergleiten zum Scheinlotpunkt $\alpha = \alpha_L$.

Als Abhilfe gegen Kurvenflugfehler der hier behandelten Art kann die Führung des Lotkreisels ganz oder auch nur in der gestörten 1-Achse während des Kurvenfluges ausgeschaltet werden. Der Kreisel wird dann zeitweilig als nichtüberwachter freier Kreisel verwendet.

12.3.3 Störungstheorie des Lotkreisels bei beliebigen Bewegungen seines Aufhängepunktes längs der Erdoberfläche.

Bei der in Abschn. 12.3.2 behandelten elementaren Theorie des Lotkreisels wurden Einflüsse der Erddrehung und der Erdkrümmung vernachlässigt. Es zeigt sich jedoch, daß die dadurch bedingten Effekte bei genaueren Untersuchungen berücksichtigt werden müssen und daß man gerade dank dieser Effekte zu sehr nützlichen Abstimmungen kommen kann, die den Lotkreisel gegenüber bestimmten Störeinflüssen unabhängig zu machen gestatten.

Es sei ein Lotkreisel gegeben, der aus einem symmetrischen Rotor R in einem ebenfalls symmetrischen Rotorgehäuse G besteht (Abb. 12.21).

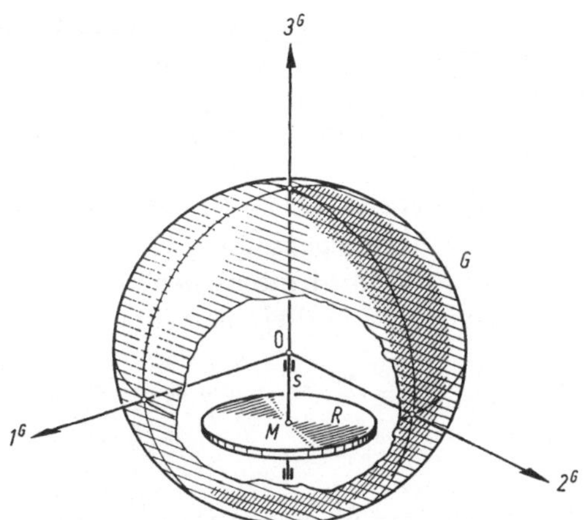

Abb. 12.21 Lotkreisel mit Schwimmkugelaufhängung.

Die Hauptträgheitsmomente seien $A^R = B^R$, C^R und $A^G = B^G$, C^G, so daß $A = A^R + A^G = B^R + B^G$ und $C = C^R + C^G$ ist. Das z. B. als kugelförmiger Schwimmer ausgebildete Rotorgehäuse besitze einen trägerfesten Fixpunkt O (Aufhängepunkt). Der gemeinsame Massenmittelpunkt M liege auf der 3-Achse im Abstand s von O. Reibungs-

und Antriebsmomente um die Rotorachse seien im Gleichgewicht; Dämpfungsmomente für die Schwimmerkugel werden vernachlässigt.

Der Aufhängepunkt O des Lotkreisels möge in beliebiger Weise auf der Oberfläche der als kugelförmig angenommenen Erde (Radius R) bewegt werden. Die Geschwindigkeit dieser Bewegung soll mit der von der Erddrehung herrührenden Geschwindigkeit zu dem gemeinsamen Geschwindigkeitsvektor v_i zusammengefaßt werden. In einem gehäusefesten Bezugssystem mit den horizontalen Achsen 1^G und 2^G und der Vertikalachse 3^G hat v_i die Komponenten $v_i = (v_1, v_2, 0)$. Das Bezugssystem muß eine Drehung

$$\Omega_i = \left(-\frac{v_2}{R}, \; \frac{v_1}{R}, 0 \right) \tag{12.52}$$

ausführen, damit die 3^G-Achse vertikal bleiben kann. Für dieses Bezugssystem wird nun der Drallsatz in der Form

$$\frac{dH_i}{dt} + \varepsilon_{ijk}\, \Omega_j\, H_k = M_i \tag{12.53}$$

mit (12.52) und

$$H_i = \left[A\left(\dot\alpha - \frac{v_2}{R} \right) + H\beta; \; A\left(\beta + \frac{v_1}{R} \right) - H\alpha; H \right] \tag{12.54}$$

zur Ableitung der Näherungsgleichungen verwendet (s. Abschn. 10.2). Dabei wird vorausgesetzt, daß die Kardanwinkel α und β klein bleiben, daß sich also die Rotorachse 3^G nur wenig von der Vertikalen entfernt. Die Größe $H = H_0$ ist die konstante Drallkomponente in Richtung der Rotorachse.

Berücksichtigt man in (12.53) als äußere Momente die Anteile infolge der Beschleunigung des Aufhängepunktes O sowie die Momente der Schwerkraft und des Schweregradienten [siehe z. B. (8.25), jedoch dort mit anderen Vorzeichen s!], so erhält man die Bewegungsgleichungen

$$A\left(\ddot\alpha - \frac{\dot v_2}{R} \right) + H\beta + \frac{H}{R}\, v_1 = M_1 = -m\, s\, \dot v_2 - \left[m\, s\, g - \frac{3g}{R}\, (C - A) \right]\alpha,$$
$$\tag{12.55}$$
$$A\left(\ddot\beta + \frac{\dot v_1}{R} \right) - H\dot\alpha + \frac{H}{R}\, v_2 = M_2 = m\, s\, \dot v_1 - \left[m\, s\, g - \frac{3g}{R}\, (C - A) \right]\beta.$$

Durch komplexe Zusammenfassung mit

$$z = \alpha + i\,\beta \quad \text{und} \quad w = v_1 + i\, v_2 \tag{12.56}$$

sowie mit der Abkürzung

$$k = m\, g\, s - \frac{3g}{R}\, (C - A) \tag{12.57}$$

erhält man:

$$A\,\dot z - i\,H\,\dot z + k\,z = i\left(m\,s - \frac{A}{R}\right)\dot w - \frac{H}{R}\,w = f(t)\,. \qquad (12.58)$$

Dabei steht auf der rechten Seite eine von der Geschwindigkeit w und der Beschleunigung $\dot w$ abhängige Zeitfunktion $f(t)$, über die im folgenden keinerlei einschränkende Voraussetzungen getroffen werden sollen. Die Art der Bewegung des Aufhängepunktes O auf der Erdoberfläche kann also ganz beliebig sein.

Bevor die allgemeine Lösung von (12.58) untersucht wird, soll eine spezielle Lösung angegeben werden, die von prinzipiellem Interesse ist. Wird der Rotor relativ zum Gehäuse festgehalten, dann ist $H = 0$. Der Kreisel wird zu einem einfachen Körperpendel. Wählt man dessen Schwerpunktsabstand s so, daß

$$s = \frac{A}{m\,R} \qquad (12.59)$$

ist, dann verschwindet die rechte Seite von (12.58). Dann aber ist $z \equiv 0$ eine partikuläre Lösung. Sie besagt, daß die 3^G-Achse des Körperpendels völlig unabhängig von eventuellen Bewegungen seines Aufhängepunktes auf der Erdoberfläche stets vertikal bleibt, sofern sie anfangs vertikal war. Somit liegt hier ein idealer Lotanzeiger vor, der auch bei bewegtem Fahrzeug fehlerlos die Vertikale angibt. Auf diese Möglichkeit hat erstmals SCHULER [60] hingewiesen. Die praktische Realisierung eines derartigen Lotgebers scheitert jedoch an der Erfüllung der Abstimmbedingung (12.59). Sie besagt, daß die reduzierte Pendellänge des Körperpendels gleich dem Erdradius R sein muß. Die Schwingungszeit eines derart abgestimmten Körperpendels ergibt sich zu

$$T = 2\pi\sqrt{\frac{A}{k}} = 2\pi\sqrt{\frac{R}{g}}\,\sqrt{\frac{A}{4A - 3C}}\,. \qquad (12.60)$$

Sie hat für ein stabförmiges Pendel mit $C = 0$ den Wert $T = 42{,}2$ Minuten; für ein Pendel mit kugelförmigem Trägheitsellipsoid ergibt sich die *Schuler-Periode* von $T = 84{,}4$ Minuten; im Falle $4A = 3C$ wird $T \to \infty$. Für stark abgeplattete Pendel mit $3C > 4A$ wird die Gleichgewichtslage $z = 0$ instabil. Bei Vernachlässigung des Anteils des Schweregradienten in (12.55) erhält man quantitativ falsche Ergebnisse, weil sich dann für beliebige Pendelform eine Schwingungszeit von 84,4 Minuten ergibt.

Die allgemeine Lösung von (12.58) kann nun in bekannter Weise aus den partikulären Lösungen für die homogene Gleichung aufgebaut werden. Zunächst stellt man fest, daß die homogene Gleichung die beiden Eigenfrequenzen

$$\left.\begin{array}{c}\omega^N\\[2pt]\omega^P\end{array}\right\} = \frac{H}{2A}\left[1 \pm \sqrt{1 + \frac{4A\,k}{H^2}}\,\right] \qquad (12.61)$$

ergibt. Die zugehörigen Partiallösungen

$$z_1 = Z_1\, e^{i\,\omega^N t} \quad \text{und} \quad z_2 = Z_2\, e^{i\,\omega^P t} \tag{12.62}$$

bilden ein Fundamentalsystem, aus dem die allgemeine Lösung von (12.58) mit $f(t) \neq 0$ wie folgt gefunden wird:

$$z = z_1 \left[1 + \int\limits_0^t \frac{z_2\, f(t)}{A\,(z_2\,\dot z_1 - z_1\,\dot z_2)}\, dt \right] +$$

$$+ z_2 \left[1 + \int\limits_0^t \frac{z_1\, f(t)}{A\,(z_1\,\dot z_2 - z_2\,\dot z_1)}\, dt \right],$$

oder mit (12.62) ausgerechnet

$$z = e^{i\,\omega^N t} \left[Z_1 + \frac{i}{A\,(\omega^P - \omega^N)} \int\limits_0^t f(t)\, e^{-i\,\omega^N t}\, dt \right] +$$

$$+ e^{i\,\omega^P t} \left[Z_2 + \frac{i}{A\,(\omega^N - \omega^P)} \int\limits_0^t f(t)\, e^{-i\,\omega^P t}\, dt \right]. \tag{12.63}$$

Setzt man in die hier vorkommenden Integrale die Funktion $f(t)$ nach (12.58) ein, so lassen sich die von der Geschwindigkeit w abhängigen Anteile durch partielle Integration umformen:

$$\int\limits_0^t w\, e^{-i\,\omega t}\, dt = \frac{i}{\omega}\, [w\, e^{-i\,\omega t} - w_0] - \frac{i}{\omega} \int\limits_0^t \dot w\, e^{-i\,\omega t}\, dt. \tag{12.64}$$

Damit sowie mit den neuen Konstanten

$$Z_1^* = Z_1 + \frac{H\,w_0}{A\,R\,\omega^N\,(\omega^N - \omega^P)}; \quad Z_2^* = Z_2 - \frac{H\,w_0}{A\,R\,\omega^P\,(\omega^N - \omega^P)}$$

läßt sich die allgemeine Lösung (12.63) in die Form bringen:

$$z = \left[Z_1^*\, e^{i\,\omega^N t} + Z_2^*\, e^{i\,\omega^P t} \right] + \frac{H\,w}{A\,R\,\omega^N\,\omega^P} +$$

$$+ \frac{e^{i\,\omega^P t}}{A\,(\omega^N - \omega^P)} \left[m\,s - \frac{A}{R} + \frac{H}{R\,\omega^N} \right] \int\limits_0^t \dot w\, e^{-i\,\omega^N t}\, dt +$$

$$+ \frac{e^{i\,\omega^P t}}{A\,(\omega^P - \omega^N)} \left[m\,s - \frac{A}{R} + \frac{H}{R\,\omega^P} \right] \int\limits_0^t \dot w\, e^{-i\,\omega^P t}\, dt. \tag{12.65}$$

In dieser Lösung geben die Glieder in der ersten eckigen Klammer die Eigenschwingungen Nutation und Präzession wieder; das nächste Glied kennzeichnet eine von der Geschwindigkeit w abhängige Fehlweisung des Lotkreisels, in der der *Erddrehfehler* sowie der *Fahrtfehler* infolge der Eigenbewegung des Trägers enthalten sind. Es bereitet keine Schwierigkeiten, diese Anteile unter Berücksichtigung von Erddrehgeschwindigkeit, geografischer Breite, Kurswinkel und Trägergeschwindigkeit einzeln auszurechnen. Die letzten beiden Ausdrücke von (12.65) hängen von der Beschleunigung $\dot{w}$ ab; sie haben Faktoren, die nur im Fall $H = 0$ durch Erfüllen der Abstimmbedingung (12.59) gleichzeitig zum Verschwinden gebracht werden können. Damit ist zugleich gezeigt, daß nur für den bereits behandelten Sonderfall des Körperpendels eine Abstimmung der Geräteparameter existiert, die den Einfluß von Beschleunigungen des Geräteträgers völlig ausschaltet. Mit $H \neq 0$ können wegen $\omega^N \neq \omega^P$ niemals beide Faktoren vor den Beschleunigungsgliedern in (12.65) zugleich verschwinden. Folglich ist eine völlig beschleunigungsunabhängige Abstimmung des schweren Lotkreisels nicht möglich.

Je nach dem Frequenzspektrum für die zu erwartenden Beschleunigungen $\dot{w}$ muß man sich entscheiden, welches der beiden Störglieder durch geeignete Abstimmung unschädlich gemacht werden soll. Sind langzeitig andauernde Beschleunigungen — z. B. bei Schiffsmanövern — zu erwarten, dann wird sicher

$$\int \dot{w}\, e^{-i\,\omega^P t}\, dt \gg \int \dot{w}\, e^{-i\,\omega^N t}\, dt$$

gelten, während bei höherfrequenten horizontalen Erschütterungen des Aufhängepunktes die Relation beider Anteile umgekehrt sein kann. Folglich wird man im ersten Fall den Lotkreisel so abstimmen, daß

$$m\,s - \frac{A}{R} + \frac{H}{R\,\omega^P} = 0 \tag{12.66}$$

erhalten wird. Darin soll nun der für den Fall großen Dralls geltende Näherungswert für ω^P eingesetzt werden. Man erhält hierfür aus (12.61) $\omega^P \approx -k/H$. Einsetzen in (12.66) unter Berücksichtigung von (12.57) ergibt die quadratische Gleichung für s:

$$s^2\, m^2\, R^2\, g - s\, m\, R\, g\,(3C - 2A) - [H^2\, R - 3g\, A\,(C - A)] = 0.$$

Bei großem Drall gilt sicher $H^2 R \ll 3g A (C - A)$. Man findet dann eine Näherungslösung

$$s \approx \frac{H}{m\,\sqrt{R\,g}}, \tag{12.67}$$

wenn das mittlere Glied vernachlässigt wird. Tatsächlich wird es nach Einsetzen des Wertes (12.67) als klein gegenüber dem Ausdruck $H^2 R$ erkannt. Der Wert s nach (12.67) erweist sich als groß gegenüber dem für das physikalische Pendel erhaltenen Wert (12.59), da auf jeden Fall $H \ll A \sqrt{g/R}$ gilt. Daher kann für k nach (12.57) die Näherung

$$k \approx m\,g\,s \approx H \sqrt{\frac{g}{R}}$$

angenommen werden. Damit ergibt sich als Präzessionsdauer eines nach (12.67) abgestimmten Lotkreisels

$$T = \frac{2\pi}{|\omega^P|} \approx 2\pi \frac{H}{k} \approx 2\pi \sqrt{\frac{R}{g}} = 84{,}4 \text{ Minuten.} \qquad (12.68)$$

Will man umgekehrt die Einflüsse höherfrequenter Erschütterungen ausschalten, dann wählt man

$$m\,s - \frac{A}{R} + \frac{H}{R\,\omega^N} \approx 0\,.$$

Mit dem Näherungswert $\omega^N \approx H/A$ folgt daraus unmittelbar $s = 0$. Tatsächlich lassen sich Erschütterungen durch eine astatische Lagerung des Kreisels am besten unschädlich machen.

13. Kreiselkompasse

Im Gegensatz zu den richtunghaltenden Lagekreiseln sind Kreiselkompasse in der Lage, ihre Sollrichtung, die geografische Nordrichtung auf der Erde, selbständig zu finden und sich in diese Richtung einzustellen. Die Fähigkeit, Richtungen aufzuspüren, wird dadurch erreicht, daß der Kreisel gezwungen wird, in bestimmter Weise an der Erddrehung teilzunehmen. Er reagiert auf diese Zwangsdrehung mit einem Einschwingen der Rotorachse in die Meridianebene des Beobachtungsortes.

Das für das Einstellen des Kreiselkompasses notwendige Mitführen wird stets durch eine *Bindung des Kreisels an das Lot* oder an die Horizontebene erreicht. Man bildet den Kreisel entweder selbst als Pendel aus oder bindet ihn über Momentgeber an einen mit Lotfühlern arbeitenden Servokreis. Auf die vielerlei konstruktiven Varianten dieser Lotbindung soll hier nicht eingegangen werden. Auch soll die zwar interessante, aber durch viele Umwege gekennzeichnete historische Entwicklung der Kreiselkompasse hier nicht nachgezeichnet werden. Das ist an zahlreichen anderen Stellen ausführlich geschehen (siehe z. B. GRAMMEL [3], SCHULER [85] oder RICHARDSON [10]). Wir wollen uns hier vielmehr darauf beschränken, die wichtigsten Typen von Kreiselkompassen gegeneinander abzugrenzen und die allgemeinen physikalischen Eigenschaften dieser Geräte an Beispielen zu erklären.

13.1 Richtungfindende Kreiselgeräte

Auf FOUCAULT geht nicht nur der Gedanke, sondern auch der Versuch einer ersten Realisierung von zwei richtungfindenden Kreiselgeräten zurück, die üblicherweise als Deklinations- und Inklinationskreisel bezeichnet werden.

Der *Deklinationskreisel* ist im Prinzip so aufgebaut, wie dies in Abb. 13.1 skizziert ist: Der Rotor liegt mit horizontaler Achse in einem Rahmen, der sich selbst um die vertikale 1-Achse ungehindert drehen kann. Das Bezugssystem 1, 2, 3 sei erdgebunden und so orientiert, daß die 3-Achse in der Horizontalebene nach Norden zeigt. Die 2-Achse zeigt dann horizontal nach Osten. Da das Bezugssystem an der Erddrehung ω^E teilnimmt, fallen die Komponenten $\omega^E \sin\varphi$ bzw. $\omega^E \cos\varphi$

(s. Abb. 12.8) in die 1- bzw. 3-Richtung. Infolge dieser Zwangsdrehungen werden im Kreisel, dessen Rotorachse 3' um den Winkel α aus der Nordrichtung verdreht sein möge, Reaktionsmomente hervorgerufen, die für

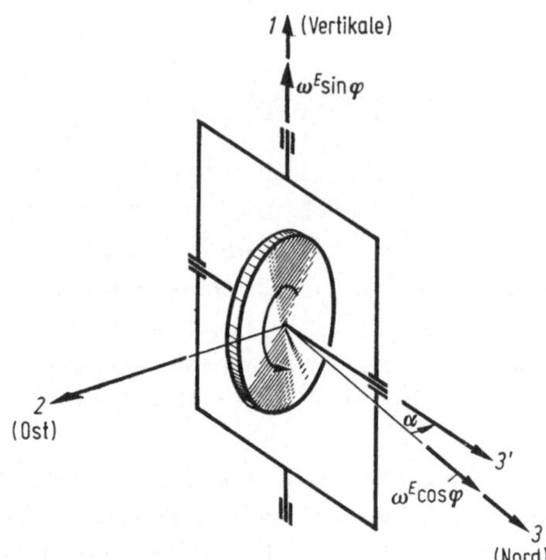

Abb. 13.1 Prinzipieller Aufbau des Deklinationskreisels.

festgehaltenen Rahmen ($\alpha = \text{const}$) aus

$$M_i^{KR} = -\varepsilon_{ijk}\,\Omega_j\,H_k \qquad (13.1)$$

mit

$$\Omega_j = (\omega^E \sin\varphi, \qquad 0, \qquad \omega^E \cos\varphi),$$
$$H_k = (\qquad 0, \qquad -H \sin\alpha,\; H \cos\alpha)$$

zu

$$M_i^{KR} = (-H\,\omega^E \cos\varphi\sin\alpha,\; H\,\omega^E \sin\varphi \cos\alpha,\; H\,\omega^E \sin\varphi \sin\alpha) \qquad (13.2)$$

berechnet werden können. Die Komponenten M_2^{KR} und M_3^{KR} werden von den Rahmenlagern aufgenommen. Die Komponente M_1^{KR} versucht den Rahmen so zu drehen, daß der Drallvektor nach Norden zeigt; M_1^{KR} ist zu $\sin\alpha$ proportional und vermittelt eine elastische Fesselung der Drallachse an die Nordrichtung, die zur Nordanzeige ausgenutzt werden kann.

Der *Inklinationskreisel* zeigt denselben prinzipiellen Aufbau wie der Deklinationskreisel, nur ist seine Orientierung eine andere (Abb. 13.2). Die Rahmenachse ist hier horizontal in Ost-West-Richtung erdfest gelagert. Mit

$$\Omega_j = (\omega^E \sin\varphi,\; 0,\; \omega^E \cos\varphi),$$
$$H_k = (H \sin\vartheta,\; 0,\; H \cos\vartheta) \qquad (13.3)$$

findet man in diesem Fall für die Rahmenachse ein Reaktionsmoment

$$M_i^{KR} = H\,\omega^E \sin(\vartheta - \varphi). \qquad (13.4)$$

Dieses Moment fesselt den Kreisel an die durch $\vartheta = \varphi$ gekennzeichnete Richtung. Der Gleichgewichtswert von ϑ ist demnach gleich dem Winkel der örtlichen geografischen Breite φ. Die Rotorachse ist in der zu

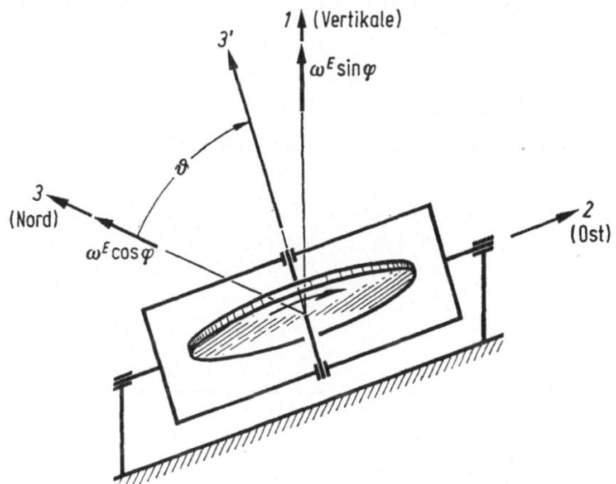

Abb. 13.2 Prinzipieller Aufbau des Inklinationskreisels.

$M_2^{KR} = 0$ gehörenden Stellung parallel zur Drehachse der Erde (Abb. 13.3).

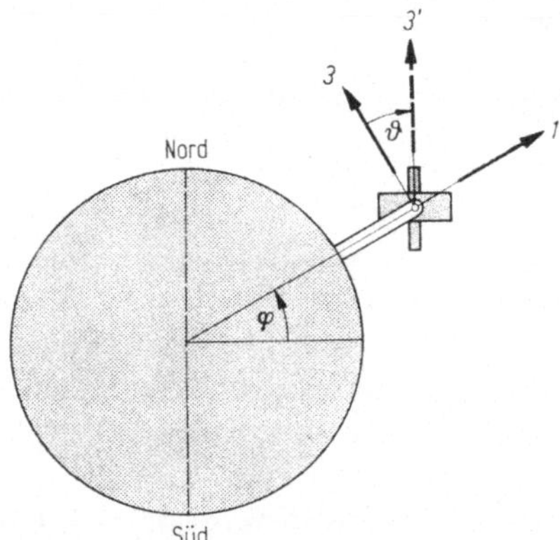

Abb. 13.3 Orientierung des Inklinationskreisels im eingeschwungenen Zustand.

Der Deklinationskreisel bildet die einfachste Form eines Kreiselkompasses. Die Lotbindung ist hier durch den starren Einbau der Rahmenachse in Vertikalrichtung gegeben. Bei anderen Arten von Kreiselkompassen erreicht man die Lotbindung meist dadurch, daß der Kreisel durch eine exzentrische Schwerpunktslage selbst zum Pendel gemacht wird. Ein Beispiel zeigt Abb. 13.4, bei dem der Rotor so in einen Kugelschwimmer eingebaut ist, daß der Massenmittelpunkt M unter dem Kugelmittelpunkt O (Aufhängepunkt) liegt. Die Rotorachse liegt senkrecht zur Verbindungslinie OM, so daß sie sich im wesentlichen in einer Horizontalebene bewegt. Eine andere Konstruktion zeigt Abb. 13.5. Hier ist zwar die äußere Rahmenachse vertikal, jedoch kann die im Gehäuse gelagerte Rotorachse noch um die innere Rahmenachse (Gehäuseachse) schwenken. Ein am Rotorgehäuse unter der Gehäuseachse angebrachtes Gewicht macht das System zu einem Pendel, so daß

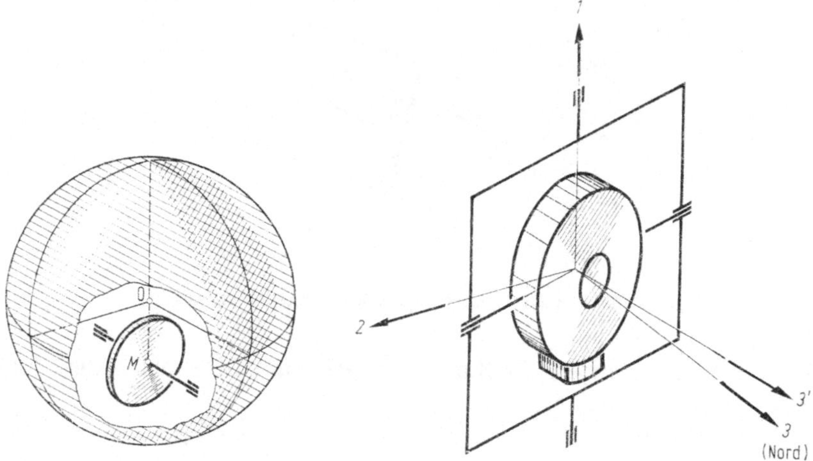

Abb. 13.4 Schwimmkugelaufhängung des Kompaßkreisels.   Abb. 13.5 Kreiselkompaß mit kardanischer Aufhängung.

die Rotorachse wieder annähernd horizontal bleibt. Kreiselgeräte nach Abb. 13.4 werden z. B. bei *Schiffskreiselkompassen* verwendet, während Konstruktionen nach Abb. 13.5 als *Meridiankreisel* sowie bei *Vermessungskompassen* zu finden sind. Die Bedingungen, unter denen diese beiden Kompaßtypen normalerweise arbeiten, sind so verschieden, daß sie sich im konstruktiven Aufbau sowie im Gebrauch stark unterscheiden.

Vermessungskompasse werden stets ortsfest, d. h. erdfest angewendet. Die Lotrichtung kann dabei als bekannt vorausgesetzt werden. Die Aufstellung selbst kann so gestaltet werden, daß Erschütterungen oder Schwankungen der Unterlage vermieden werden. Unter diesen günstigen Meßbedingungen läßt sich die Nordrichtung mit großer Genauigkeit bestimmen. Mit transportablen Geräten sind mittlere Meßfehler von etwa $10''$ (entsprechend 30^{cc}) erreicht worden. Vermessungskompasse bestehen aus dem eigentlichen Kreisel (einem Meridiankreisel) und einem optischen Visiergerät. Sie sind auch unter der Bezeichnung *Landkompaß* sowie als *Kreiseltheodolit* bekannt. Zusatzkompasse für Theodoliten werden als *Aufsatzkreisel* bezeichnet.

Schiffskompasse sind die wichtigsten auf bewegter Basis verwendeten Kreiselkompasse. Ihre Genauigkeit ist erheblich geringer als die der Landkompasse und hängt stark vom Bewegungszustand des Schiffes ab. Im Gegensatz zu den Vermessungskompassen, bei denen die Nordrichtung — eventuell nach Auswerten verschiedener Meßreihen — nur einmal festgestellt zu werden braucht, wird beim Schiffskompaß verlangt, daß der Kurs jederzeit abgelesen werden kann. Das erfordert eine völlig andere Abstimmung des Gerätes, die vor allem zu einer sehr großen Einstellzeit führt. Während ortsfeste Kreiselkompasse grundsätzlich nur mit *einem* Rotor arbeiten (*Ein-Kreisel-Kompaß*), werden bei Schiffskompassen zwei oder früher auch drei Rotoren verwendet, um ein besseres Störverhalten zu erzielen (*Zwei-* bzw. *Drei-Kreisel-Kompaß*). Als *Raumkompaß* wird ein spezieller Kreiselkompaß mit zwei Rotoren bezeichnet, der dank einer besonderen Abstimmung der Geräteparameter nicht nur die Nordrichtung, sondern zugleich auch die Vertikalenrichtung unabhängig von den Trägerbewegungen angibt. Mit Hilfe eines derartigen Kreiselgerätes kann ein trägerunabhängiges, erdorientiertes Bezugssystem geschaffen werden. Der Raumkompaß wird im Abschn. 13.4 behandelt.

13.2 Das Verhalten ortsfester Kreiselkompasse

Die Bewegungsgleichung des Deklinationskreisels nach Abb. 13.1 nimmt bei Abwesenheit von äußeren Stör- oder Dämpfungsmomenten um die 1-Achse die Form

$$A\,\ddot\alpha + H\,\omega^E\cos\varphi\,\sin\alpha = 0 \qquad (13.5)$$

an. Sie entspricht der Gleichung für die Schwingungen eines Schwerependels in einer Vertikalebene. Bei kleinen Auslenkungen ($\alpha \ll 1$) aus der Gleichgewichtslage $\alpha = 0$ erhält man die Schwingungszeit

$$T_{\text{Dekl.}} = 2\pi\sqrt{\frac{A}{H\,\omega^E\cos\varphi}}. \qquad (13.6)$$

Für ein gegebenes Gerät erfolgen die Schwingungen demnach um so langsamer, je höher die geografische Breite φ ist. An den Polen $\varphi = \pm\pi/2$ verliert das Gerät seine Richtwirkung.

Die Bewegungsgleichung (13.5) sowie die daraus abgeleitete Schwingungszeit (13.6) gelten unter der vereinfachenden Annahme, daß Rotor, Rahmen und Lager völlig starr sind. Experimente zeigen, daß gemessene Schwingungszeiten meist erheblich größer als der theoretische Wert (13.6) sind. Das ist auf den im Abschn. 9.2.2 ausführlicher untersuchten Einfluß der Nachgiebigkeit der Bauelemente des Systems zurückzuführen.

26*

Bei nicht starrer Lotbindung ergibt sich ein qualitativ anderes Verhalten des Kompaßkreisels. Das soll am Beispiel eines Kreisels nach Abb. 13.5 gezeigt werden. Dabei soll von vornherein eine Beschränkung auf kleine Auslenkungen aus der Gleichgewichtslage vorgenommen werden ($\alpha, \beta \ll 1$). Dann erhält man mit

$$\Omega_j = (\omega^E \sin\varphi,\ 0,\ \omega^E \cos\varphi),$$
$$H_k = [A(\dot\alpha + \omega^E \sin\varphi) + H\beta,\ B\beta - H\alpha,\ H]$$

aus

$$\dot H_i + \varepsilon_{ijk}\,\Omega_j\,H_k = M_i$$

die Bewegungsgleichungen

$$A\ddot\alpha + (H - B\omega^E \cos\varphi)\beta + H\omega^E \cos\varphi\,\alpha = M_1,$$
$$B\ddot\beta - (H - A\omega^E \cos\varphi)(\dot\alpha + \omega^E \sin\varphi) + H\omega^E \cos\varphi\,\beta = M_2. \tag{13.7}$$

In diesen Gleichungen kann man zunächst unbedenklich die Glieder $A\,\omega^E \cos\varphi$ und $B\,\omega^E \cos\varphi$ vernachlässigen, da sie um viele Größenordnungen kleiner als H sind. Weiterhin kann man die für hinreichend großen Drall geltenden Näherungen verwenden, nach denen Nutations- und Präzessionsbewegungen getrennt berechnet werden können. Zur Berechnung der hier vor allem interessierenden Präzessionen können die Beschleunigungsglieder $A\,\ddot\alpha$ und $B\,\ddot\beta$ fortgelassen werden. Schließlich müssen die Momente M_1 und M_2 eingesetzt werden. Man kann dafür meist

$$M_1 = -f\beta; \quad M_2 = -c\beta \tag{13.8}$$

ansetzen. Der Anteil M_2 kommt durch die Schwerpunkttieferlage des Gehäuses zustande, während M_1 in der angegebenen Form als korrigierendes Dämpfungsmoment verwendet wird. Es läßt sich in sehr verschiedenartiger Weise praktisch verwirklichen. Mit den Abkürzungen

$$\frac{f}{H} = \delta; \quad \frac{c}{H} = \omega^c \tag{13.9}$$

kann man unter den angegebenen Voraussetzungen für (13.7) schreiben:

$$\omega^E \cos\varphi\,\alpha + \beta + \delta\beta = 0,$$
$$-\dot\alpha + (\omega^c + \omega^E \cos\varphi)\beta = \omega^E \sin\varphi. \tag{13.10}$$

Die Lösung dieses Systems von Differentialgleichungen ergibt Schwingungen um die Gleichgewichtslage

$$\alpha_0 = -\frac{\delta \tan\varphi}{\omega^c + \omega^E \cos\varphi}; \quad \beta_0 = \frac{\omega^E \sin\varphi}{\omega^c + \omega^E \cos\varphi}. \tag{13.11}$$

Als charakteristische Gleichung von (13.10) folgt

$$\lambda^2 + \lambda\,\delta + \omega^E \cos\varphi(\omega^c + \omega^E \cos\varphi) = 0$$

mit der Lösung

$$\lambda = -\frac{\delta}{2} \pm i \sqrt{\omega^E \cos\varphi \,(\omega^E \cos\varphi + \omega^c) - \frac{\delta^2}{4}} = -\frac{\delta}{2} \pm i\,\omega^K. \qquad (13.12)$$

Für das Verhältnis der i. allg. komplexen Amplituden α^A und β^A der Schwingungen um die beiden Rahmenachsen erhält man aus (13.10/1)

$$[\alpha^A \,\omega^E \cos\varphi + \beta^A (\lambda + \delta)] \, e^{\lambda t} = 0,$$

$$\frac{\beta^A}{\alpha^A} = -\frac{\omega^E \cos\varphi}{\dfrac{\delta}{2} \pm i\,\omega^K}. \qquad (13.13)$$

Zur Deutung der Ergebnisse betrachten wir zunächst den Fall fehlender Dämpfung ($\delta = 0$) und beachten, daß für praktisch ausgeführte Geräte stets $c/H = \omega^c \gg \omega^E$ gilt. Damit erhält man die Näherungen:

$$\alpha_0 = 0; \quad \beta_0 \approx \frac{\omega^E}{\omega^c} \sin\varphi,$$

$$\omega^K \approx \sqrt{\omega^c\,\omega^E \cos\varphi}\,; \quad T_K = \frac{2\pi}{\omega^K} \approx \frac{2\pi}{\sqrt{\omega^c\,\omega^E \cos\varphi}}, \qquad (13.14)$$

$$\frac{\beta^A}{\alpha^A} \approx i\,\sqrt{\frac{H\,\omega^E \cos\varphi}{\omega^c}}\,.$$

Das sind ungedämpfte Schwingungen mit der Schwingungszeit T_K um eine in der β-Richtung verschobene Gleichgewichtslage. Da das Verhältnis β^A/α^A imaginär ist, erfolgen die Schwingungen um beide Rahmenachsen mit 90° Phasenverschiebung. In der α,β-Ebene aufgetragen ergeben sich als Bildkurven der Schwingungen langgestreckte Ellipsen. In Abb. 13.6 sind diese Ellipsen für ein praktisch ausgeführtes Gerät

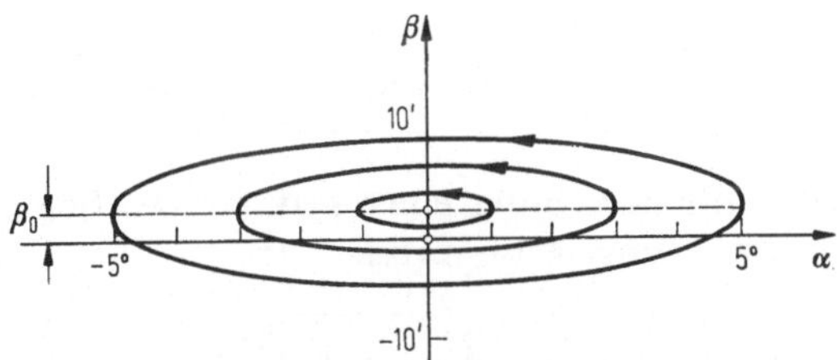

Abb. 13.6 Schwingungsellipsen für einen ungedämpften Kreiselkompaß.

gezeichnet, wobei der Maßstab in β-Richtung um den Faktor 10 vergrößert wurde. Der Kreisel schwingt zwar um die durch $\alpha = 0$ gegebene Nordrichtung, die Rotorachse zeigt jedoch dabei eine gewisse *Elevation* um den Wert β_0: Auf der nördlichen Erdhalbkugel ($\sin\varphi > 0$) hebt sich das nach Norden zeigende Ende der Rotorachse etwas über die Horizontale.

Bei Vorhandensein von Dämpfung ($\delta \neq 0$) werden die Einschwingkurven zu flachen Spiralen (Abb. 13.7), die in den Punkt α_0, β_0 einlaufen. Die hier angenommene Art der Dämpfung bedingt also einen i. allg. geringen Fehler in der Bestimmung der Nordrichtung, der aus (13.11) berechnet werden kann.

Die Schwingungszeit T_K nach (13.14) mit $\omega^c = c/H$ unterscheidet sich von dem Wert (13.6) für den Deklinationskreisel vor allem durch den verschiedenartigen Einfluß des Dralls H. Zum besseren Verständnis dieses Unterschiedes sei hier noch eine Näherungsbetrachtung angestellt, die den Grenzübergang $c \to \infty$ zum Deklinationskreisel erlaubt.

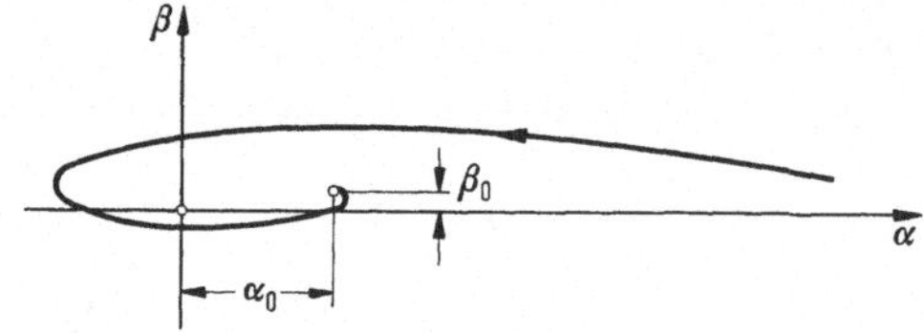

Abb. 13.7 Schwingungskurve für einen gedämpften Kreiselkompaß.

Wenn die Fesselung des Innenrahmens an das Lot stark ist (großes c) und zugleich der Drall hinreichend groß ist, dann kann man die Bewegungsgleichung (13.7/2) unter Berücksichtigung von (13.8) für die Präzessionsbewegungen auf

$$-H\,\dot\alpha \approx -c\,\beta$$

reduzieren. Eliminiert man damit den Winkel β aus (13.7/1), dann folgt mit (13.8):

$$\left(A + \frac{H^2}{c}\right)\ddot\alpha + \frac{f\,H}{c}\,\dot\alpha + H\,\omega^E \cos\varphi\,\alpha = 0. \qquad (13.15)$$

Das ist die Differentialgleichung einer gedämpften Schwingung, deren Schwingungszeit näherungsweise durch

$$T \approx 2\pi \sqrt{\frac{A + \dfrac{H^2}{c}}{H\,\omega^E \cos\varphi}} \qquad (13.16)$$

gegeben ist. Daraus folgt für $c \to \infty$ der Wert (13.6). Dagegen wird bei nachgiebigem Innenrahmen der Ausdruck T_K von (13.14) erhalten, da wegen des vorausgesetzten großen Dralls dann $H^2/c \gg A$ angenommen werden kann. Man hat den Ausdruck H^2/c auch als das effektive Trägheitsmoment des Kreiselkompasses bezeichnet.

13.3 Der Kreiselkompaß auf bewegtem Träger

Ein auf bewegtem Träger verwendeter Kreiselkompaß zeigt i. allg. die Nordrichtung nicht richtig an. Von den prinzipbedingten Anzeigefehlern sollen hier der *Fahrtfehler*, der *Beschleunigungsfehler* sowie der *Schlingerfehler* behandelt werden. Um das grundsätzliche Verhalten zu zeigen, genügt es, den ungedämpften Kompaß zu untersuchen. Ausführlichere Berechnungen für verschiedene Konstruktionen sind in zahlreichen Veröffentlichungen zu finden, z. B. in den Büchern von BULGAKOV [2] und MOURRE [86].

13.3.1 Der Fahrtfehler. Wegen der Erddrehung besitzen die Punkte der Erdoberfläche eine Geschwindigkeit vom Betrag

$$v_i^E = (0,\, \omega^E R \cos\varphi,\, 0), \qquad (13.17)$$

die nach Osten gerichtet ist. Diese Geschwindigkeit kann mit der Eigengeschwindigkeit v_i^T eines Trägers (Schiffes) vektoriell zur Gesamtgeschwindigkeit v_i zusammengesetzt werden (Abb. 13.8). Die Geschwindigkeit v_i kann man sich durch eine Drehung der Erdkugel um eine Achse erzeugt denken, die gegenüber der Süd-Nord-Richtung um den Winkel $-\psi^F$ verdreht ist. Da für eine Bewegung auf einer Kugel

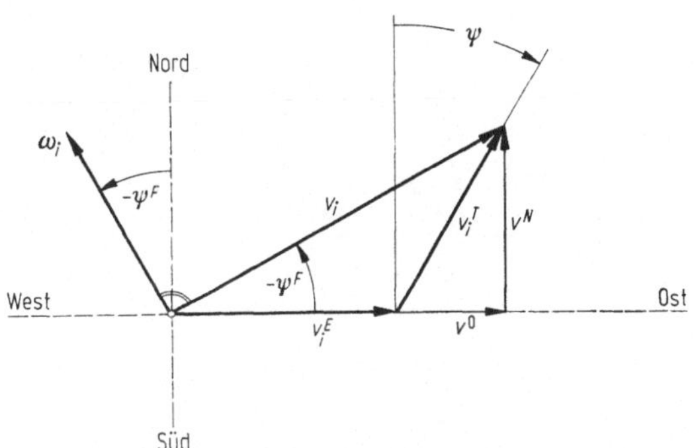

Abb. 13.8 Zur Berechnung des Fahrtfehlers.

mit konstantem Radius R der Vektor ω_i stets rechtwinklig zu v_i steht, kann der Ablagewinkel aus

$$\tan\psi^F = -\frac{v^N}{v^O + v^E} = -\frac{v^T \cos\psi}{v^T \sin\psi + \omega^E R \cos\varphi} \qquad (13.18)$$

berechnet werden, wobei

$$v^N = v^T \cos\psi \quad \text{die Nordgeschwindigkeit und}$$

$$v^O = v^T \sin\psi \quad \text{die Ostgeschwindigkeit}$$

der Eigenbewegung des Trägers ist. Da der Kreiselkompaß nicht unterscheiden kann, ob eine Ortsveränderung auf der Erdoberfläche durch die Erddrehung oder durch Eigenbewegung hervorgerufen wurde, sucht er sich in die Richtung des Vektors ω_i der resultierenden Winkelgeschwindigkeit einzustellen. Die Kompaßanzeige ist daher mit einem Fehler ψ^F nach (13.18) behaftet, der als Fahrtfehler bezeichnet wird. Der Fahrtfehler verschwindet bei Bewegungen in Ost-West-Richtung ($\psi = \pm\pi/2$). Da er in eindeutiger Weise von der Trägergeschwindigkeit v^T, dem Kurs ψ und der geografischen Breite φ abhängt, kann der Fehler berechnet und kompensiert werden. Diese Kompensation geschieht bei einigen Kompaßkonstruktionen automatisch.

Da die Geschwindigkeit $\omega^E R \triangleq 1660$ km/h bei Schiffen groß gegenüber den möglichen Trägergeschwindigkeiten v^T ist, bleibt der Fahrtfehler in den üblichen geografischen Breiten i. allg. unter 5°. In Polnähe kann er stark anwachsen. Für Flugzeuge nimmt der Fahrtfehler jedoch so große Werte an, daß sich der Kreiselkompaß hier nicht durchsetzen konnte.

13.3.2 Der Beschleunigungsfehler. Um den Einfluß der Beschleunigungen des Trägers zu erkennen, soll eine Näherungsbetrachtung angestellt werden, der die vereinfachten Bewegungsgleichungen im mit-

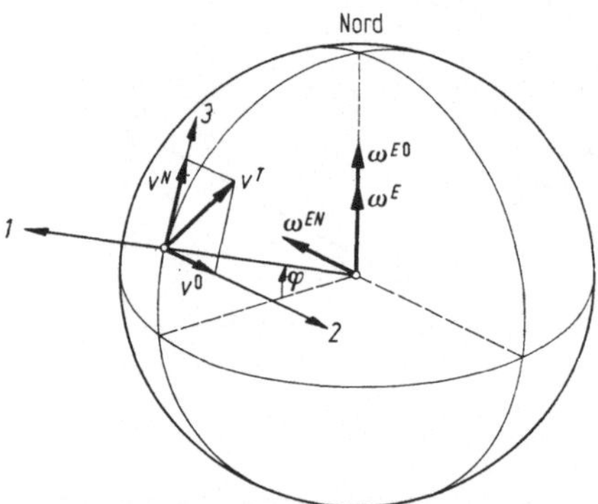

Abb. 13.9 Zusammenhang zwischen den Geschwindigkeitskomponenten v^O und v^N und den Zusatzdrehungen ω^{EO} und ω^{EN}.

bewegten 1, 2, 3-Bezugssystem (Vertikale, Ost, Nord) zugrunde gelegt werden (Abb. 13.9). Denkt man sich die Geschwindigkeitskomponenten v^O und v^N durch zusätzliche Drehgeschwindigkeiten

$$\omega^{EO} = \frac{v^O}{R\cos\varphi} = \frac{v^T\sin\psi}{R\cos\varphi}\,,$$

$$\omega^{EN} = \frac{v^N}{R} = \frac{v^T\cos\psi}{R} = \dot\varphi$$

$$(13.19)$$

der Erde entstanden, dann dreht das Bezugssystem mit

$$\Omega_i = \begin{bmatrix} \Omega_1 \\ \Omega_2 \\ \Omega_3 \end{bmatrix} = \begin{bmatrix} (\omega^E + \omega^{EO})\sin\varphi \\ -\omega^{EN} \\ (\omega^E + \omega^{EO})\cos\varphi \end{bmatrix}. \tag{13.20}$$

Bei Vernachlässigung von Nutationsschwingungen kann für den Drall

$$H_i = (H\beta, -H\alpha, H)$$

angesetzt werden. Damit erhält man die Näherungsgleichungen

$$H\dot\beta + H\Omega_3\alpha + H\Omega_2 = M_1,$$
$$-H\dot\alpha + H\Omega_3\beta - H\Omega_1 = M_2. \tag{13.21}$$

Infolge der Schwerpunkttieferlage s gilt für

$$M_2 = -Gs\beta - \frac{G}{g}sb^N = -c\left(\beta + \frac{b^N}{g}\right),$$

wobei $c = Gs$ der Fesselungsbeiwert und b^N die Nordkomponente der Trägerbeschleunigung ist. Bei ungedämpftem Kompaß ist $M_1 = 0$, sofern kleine Winkelauslenkungen vorausgesetzt werden. Damit kann (13.21) unter Berücksichtigung von (13.9) in die Form

$$\dot\beta + \Omega_3\alpha = -\Omega_2,$$
$$-\dot\alpha + (\omega^c + \Omega_3)\beta = \Omega_1 - \frac{\omega^c b^N}{g} \tag{13.22}$$

gebracht werden. Aus der ersten dieser Gleichungen läßt sich für $\dot\beta = 0$ sofort wieder der Fahrtfehler (13.18)

$$\alpha_0 = -\frac{\Omega_2}{\Omega_3} = \frac{v^T\cos\psi}{R\,\omega^E\cos\varphi + v^T\sin\psi} = -\tan\psi^F \approx -\psi^F$$

ausrechnen, der früher auf kinematischem Wege ausgerechnet wurde. Außer der Auslenkung α_0 gibt es bei unbeschleunigter Bewegung ($b^N = 0$) einen Elevationswinkel

$$\beta_0 = \frac{\Omega_1}{\omega^c + \Omega_3}. \tag{13.23}$$

Wenn wir uns weiterhin auf den für Schiffe sicher gültigen Fall beschränken, daß $v^T \ll R\,\omega^E$ angenommen werden kann, dann ist

$$\beta_0 \approx \frac{\omega^E\sin\varphi}{\omega^c + \omega^E\cos\varphi}$$

unabhängig von Kurs und Geschwindigkeit des Trägers. Diese Tatsache gibt die Möglichkeit, eine Näherungslösung der Bewegungsgleichungen (13.22) zu finden. Mit $\beta = \beta_0$, $\dot\beta = 0$ wird (13.22) gelöst, wenn

$$\alpha = -\frac{\Omega_2}{\Omega_3} \approx \frac{v^T\cos\psi}{R\,\omega^E\cos\varphi} = \frac{v^N}{R\,\omega^E\cos\varphi} \tag{13.24}$$

und zugleich

$$\dot{\alpha} = \frac{\omega^c \, b^N}{g} \tag{13.25}$$

gilt. Nun findet man durch Differentiation von (13.24) unter den hier getroffenen Voraussetzungen und bei Berücksichtigung der Tatsache, daß sich die geografische Breite so langsam ändert, daß φ als konstant angenommen werden kann:

$$\dot{\alpha} = \frac{\dot{v}^T \cos\psi - v^T \dot{\psi} \sin\psi}{R \, \omega^E \cos\varphi} \approx \frac{b^N}{R \, \omega^E \cos\varphi}\,.$$

Diese Ableitung genügt der Gl. (13.22/2), wenn — wie man durch Vergleich mit (13.25) feststellt —

$$\frac{\omega^c}{g} = \frac{1}{R \, \omega^E \cos\varphi} \tag{13.26}$$

gilt. Das aber läßt sich durch geeignete Wahl der Gerätekonstante $\omega^c = c/H = G\,s/H$ erreichen. Die Abstimmung nach (13.26) bedeutet, daß die Schwingungszeit T_K (13.14) des Kompasses auf den Wert

$$T_K = \frac{2\pi}{\sqrt{\omega^c \, \omega^E \cos\varphi}} = 2\pi \sqrt{\frac{R}{g}} = 84{,}4 \text{ Minuten} \tag{13.27}$$

gebracht wird. Bei einem auf 84,4 Minuten Eigenschwingungszeit abgestimmten Kreiselkompaß bewirkt eine eventuell auftretende Beschleunigung des Trägers eine solche Änderung der Anzeige, daß sich der Kompaß stets in eine um den momentanen Wert des Fahrtfehlers von der Nordrichtung abweichende Richtung einstellt. Diese Einstellung erfolgt schwingungsfrei, so daß kein Beschleunigungsfehler auftritt. Man kann dies auch aus den Gln. (13.22) erkennen. Differenziert man nämlich (13.22/1) nach t, so folgt im Rahmen der hier vorausgesetzten Annahmen:

$$\ddot{\beta} + \omega^E \cos\varphi \cdot \dot{\alpha} = \frac{b^N}{R}\,.$$

Damit kann $\dot{\alpha}$ aus (13.22/2) eliminiert werden, so daß man erhält:

$$\ddot{\beta} + \omega^E \cos\varphi\,(\omega^c + \omega^E \cos\varphi)\,\beta$$

$$= b^N \left(\frac{1}{R} - \frac{1}{g}\,\omega^c \, \omega^E \cos\varphi \right) + (\omega^E)^2 \sin\varphi \cos\varphi\,. \tag{13.28}$$

Mit der Abstimmung nach (13.26) fällt dabei der Faktor für das Störglied b^N heraus, so daß die Trägerbeschleunigungen keinen Einfluß auf die β-Bewegung haben. Da bei einem Einschwingvorgang α- und β-Bewegung stets gekoppelt sind, gibt es auch kein Einschwingen in α. Der Kompaß stellt sich vielmehr schwingungsfrei in die neue Gleichgewichtslage ein.

Das Auffinden der Abstimmbedingung (13.26) bzw. (13.27) durch SCHULER bedeutete einen großen Fortschritt für die praktische Verwirklichung von Schiffskreiselkompassen. Man darf jedoch nicht vergessen, daß beim Ableiten der Abstimmbedingung zahlreiche Vereinfachungen angenommen wurden. Die hier durchgeführten Betrachtungen gelten für

kleine Winkel α und β,

Abwesenheit von Nutationen,

großen Drall H,

ungedämpften Kompaß,

nicht zu große Trägergeschwindigkeiten $v^T \ll R\,\omega^E$,

kugelförmige Erde,

Lotfesselung durch Schwerpunkttieferlage des Kreiselsystems,

Vernachlässigung des Schweregradienten,

Vernachlässigung der Pendelungen des Kreiselgehäuses um eine Achse parallel zur Rotorachse.

Durch genauere Theorien hat man den Einfluß dieser Vernachlässigungen untersucht und damit die Grenzen der Anwendbarkeit einer Abstimmung nach SCHULER bestimmt (siehe z. B. BLJUMIN und ČIČINADZE [87]). Auf den Einfluß der letztgenannten Vereinfachung, der sich als recht bedeutsam erwies, soll im folgenden Abschnitt noch hingewiesen werden.

13.3.3 Der Schlingerfehler. Bei Versuchen mit Kreiselkompassen wurden mehrfach erhebliche Fehler festgestellt, als deren Ursache die durch Schlingerbewegungen angeregten Pendelschwingungen des Rotorgehäuses um eine zur Rotorachse parallele Achse nachgewiesen werden konnten. Es handelt sich hierbei um einen Gleichrichtereffekt, wie er ähnlich bereits im Abschn. 11.4 behandelt wurde (SCHULER [88]).

Es sei angenommen, daß ein Schiff eine periodische Rollbewegung mit der Rollamplitude Φ und der Schlingerfrequenz ω_s ausführt:

$$\varphi^s = \Phi \sin\omega_s t. \qquad (13\ 29)$$

Wenn der Kompaß K um die Strecke h über der kinematischen Rollachse M liegt (Abb. 13.10), dann erfährt der Kompaß eine im wesentlichen horizontal gerichtete Beschleunigung vom Betrag

$$b = h\,\ddot\varphi^s = -h\,\Phi\,\omega_s^2 \sin\omega_s t = b_0 \sin\omega_s t. \qquad (13.30)$$

Die Beschleunigung liegt quer zur Schiffslängsachse (Abb. 13.11), ihre Vertikalkomponente b_1 kann gegenüber der Schwerebeschleunigung g vernachlässigt werden. Die Schlingerbeschleunigung regt das als Pendel ausgebildete Kreiselsystem (Rotor + Schwimmer nach Abb. 13.4) zu Zwangsschwingungen an, bei denen der Schwimmer um eine zur Rotorachse $3'$ parallele Achse durch den Schwerpunkt pendelt. Wenn Θ_s das Trägheitsmoment für diese Achse ist und wenn die Pendelungen durch den als klein angenommenen Winkel γ beschrieben werden, dann gilt dafür die Bewegungsgleichung

$$\Theta_s \ddot{\gamma} + G s \gamma = \frac{G}{g} s b \cos(\alpha + \psi). \tag{13.31}$$

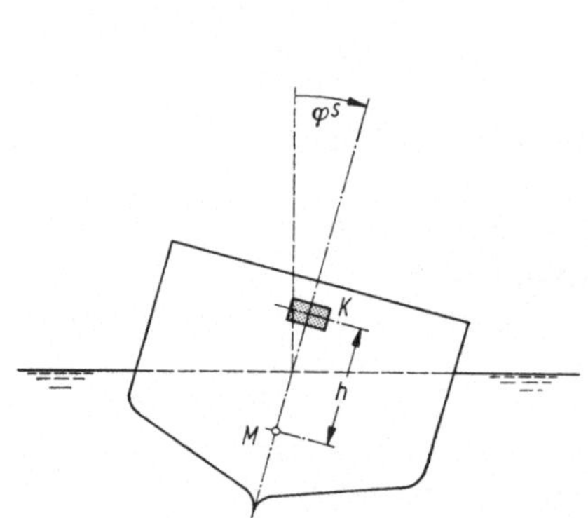

Abb. 13.10 Lage des Kreiselkompasses K bei schlingerndem Schiff.

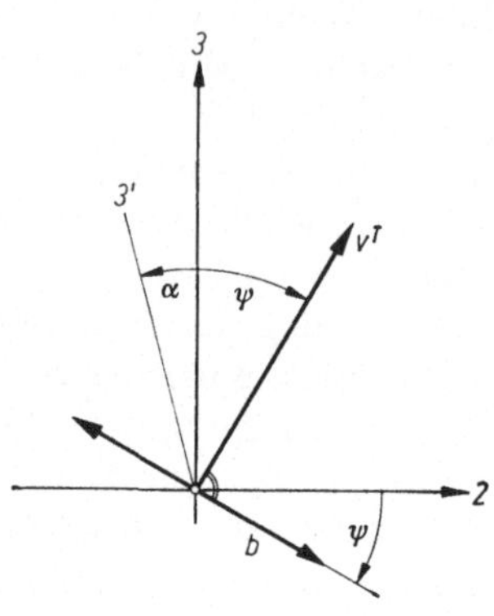

Abb. 13.11 Durch Schlingerbewegungen hervorgerufene Beschleunigung b.

Mit der Eigenfrequenz

$$\omega_\gamma = \frac{G s}{\Theta_s} \tag{13.32}$$

sowie mit (13.30) geht (13.31) über in

$$\ddot{\gamma} + \omega_\gamma^2 \gamma = \frac{b_0}{g} \omega_\gamma^2 \cos(\alpha + \psi) \sin\omega_s t. \tag{13.33}$$

Diese Gleichung hat die partikuläre Lösung

$$\gamma = \frac{b_0 \omega_\gamma^2 \cos(\alpha + \psi)}{g(\omega_\gamma^2 - \omega_s^2)} \sin\omega_s t, \tag{13.34}$$

die die stationären, erzwungenen Schwingungen des Kompaßsystems darstellt. Bei diesen Schwingungen bewegt sich der Schwerpunkt S des Kreiselsystems um die Strecke $s\gamma$ aus der Vertikalen heraus (Abb. 13.12). Dadurch entsteht ein Moment um die 1-Achse von der Größe

$$M_1 = -\frac{G}{g} b s \gamma \sin(\alpha + \psi), \tag{13.35}$$

das in der ersten der Kompaßgleichungen [z. B. (13.7)] berücksichtigt werden muß. Durch Einsetzen von (13.30) und (13.34) geht (13.35) über in:

$$M_1 = -\frac{G s b_0^2 \omega_\gamma^2 \sin 2(\alpha + \psi)}{2 g^2 (\omega_\gamma^2 - \omega_s^2)} \sin^2\omega_s t. \tag{13.36}$$

Das Moment hebt sich über eine Schlingerperiode genommen nicht heraus. Vielmehr besitzt es einen Mittelwert

$$\overline{M_1} = M_{10} = - \frac{G\,s\,b_0^2\,\omega_\gamma^2 \sin 2(\alpha + \psi)}{4g^2(\omega_\gamma^2 - \omega_s^2)}\,.$$ (13.37)

Dieses einseitig wirkende mittlere Moment muß mit dem Richtmoment $H\,\omega^E \cos\varphi\,\alpha$ des Kompasses nach (13.7) ins Gleichgewicht gebracht

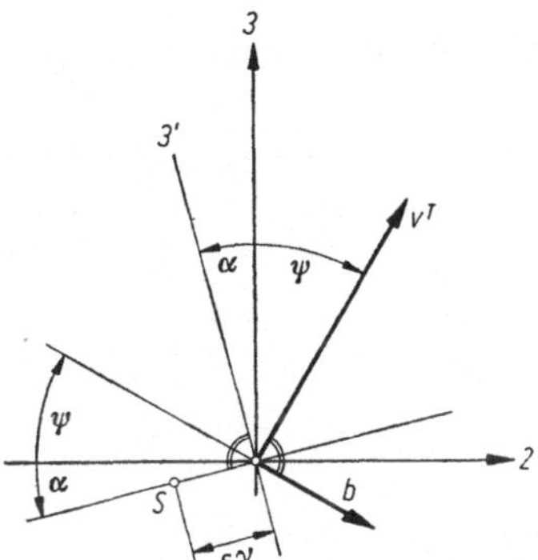

Abb. 13.12 Zur Berechnung des bei Schlingerbewegungen auf den Kompaß wirkenden Momentes.

werden, um die mittlere Abwanderung des Kompasses zu erhalten. Aus

$$H\,\omega^E \cos\varphi\,\alpha = - \frac{G\,s\,b_0^2\,\omega_s^2}{4g^2(\omega_\gamma^2 - \omega_s^2)} (\sin 2\alpha \cos 2\psi + \cos 2\alpha \sin 2\psi)$$

erhält man mit $\sin 2\alpha \approx 2\alpha$ und $\cos 2\alpha \approx 1$ den *Schlingerfehler*

$$\alpha^s = - \frac{G\,s\,b_0^2\,\omega_\gamma^2 \sin 2\psi}{4g^2\,H\,\omega^E \cos\varphi\,(\omega_\gamma^2 - \omega_s^2) + 2G\,s\,b_0^2\,\omega_\gamma^2 \cos 2\psi}\,.$$ (13.38)

Im allgemeinen ist $\omega_\gamma \ll \omega_s$; da außerdem das Richtmoment des Kompasses erheblich größer als das Störmoment sein muß, wenn der Fehler klein bleiben soll, kann man als Näherungswert

$$\alpha^s \approx - \frac{G\,s\,b_0^2 \sin 2\psi}{4g^2\,H\,\omega^E \cos\varphi}$$ (13.39)

erhalten. Der Schlingerfehler verschwindet auf den Hauptkursen $\psi = \pm n\,\pi/2$ und nimmt für die Interkardinalkurse $\psi = \pi/4,\ 3\pi/4,\ \ldots$ Maximalwerte an. Als Gleichrichtereffekt wächst der Fehler mit dem Quadrat der Schlingerbeschleunigung.

Das hier erhaltene Ergebnis gilt für reine Rollbewegungen des Schiffes. Man kann zeigen (HEINRICH [89]), daß bei dem häufig auftretenden konischen Schlingern eines Schiffes (Überlagerung von Roll- und Gierschwingungen) ein vom Kurswinkel ψ unabhängiger Anteil des Schlingerfehlers vorhanden ist.

Der Schlingerfehler kann verringert und praktisch beseitigt werden durch eine drastische Vergrößerung der Pendelzeit des Kreiselgehäuses. Dadurch wird ω_γ verkleinert. In der Praxis geschieht dies durch Einbau eines weiteren Kreisels. Auf diese Weise ist man zu den sehr erfolgreichen Zwei- und Drei-Kreisel-Kompassen gekommen. Eine besondere Variante des Zwei-Kreisel-Kompasses ist der sog. Raumkompaß, der nicht nur die Nordrichtung, sondern zugleich auch die Vertikale anzeigt.

13.4 Der Raumkompaß

In eine Schwimmerkugel mit den gehäusefesten Achsen $1, 2, 3$ (Abb. 13.13) seien zwei Rotoren so eingebaut, daß sie sich nicht nur

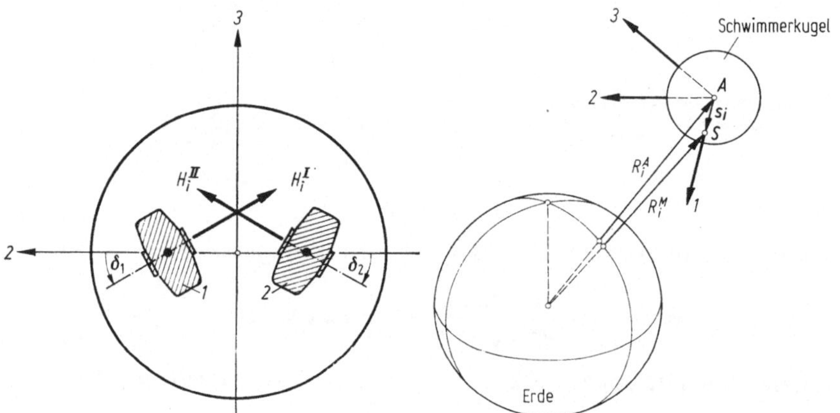

Abb. 13.13 Schema des Raumkompasses.   Abb. 13.14 Zur Berechnung des Raumkompasses bei Bewegungen längs der Erdoberfläche.

um ihre Symmetrieachsen drehen, sondern auch um die parallel zur 1-Achse liegenden Achsen der Rotorgehäuse schwenken können. Diese Schwenkbewegung wird durch einen geeigneten Hebelmechanismus so eingerichtet, daß die Drallvektoren H_i^{I} und H_i^{II} beider Kreisel stets um die gleichen Winkel $\delta_1 = \delta_2$ gedreht werden. Außerdem sind die Rotorkappen durch Federn elastisch an die durch $\delta = 0$ gekennzeichnete Lage gefesselt. Die Schwimmerkugel besitze eine Schwerpunkttieferlage vom Betrage s in der 1-Richtung, so daß das aus Kugel und Rotoren gebildete System ein Schwerependel bildet. Wenn die Einsvektoren in Richtung der Achsen $1, 2, 3$ mit a_{1i}, a_{2i}, a_{3i} bezeichnet werden, dann gilt (Abb. 13.14)

$$s_i = s\, a_{1i}. \tag{13.40}$$

Bei der folgenden Theorie des Raumkompasses soll — nach dem Vorbild von BAUERSFELD [90] — gezeigt werden, daß auch eine rein vektorielle Berechnung bis zu konkreten Endergebnissen durchgeführt werden kann. Anstelle der sonst üblichen Lagewinkel soll dabei mit entsprechenden Einsvektoren gearbeitet werden, deren Richtungen und Richtungsänderungen aus den zur Verfügung stehenden kinetischen und kinematischen Gleichungen berechnet werden.

Der Auftriebspunkt A der Schwimmerkugel möge in beliebiger Weise auf der als kugelförmig angenommenen Erde bewegt werden. Sein Ort sei durch den vom Erdmittelpunkt ausgehenden Vektor R_i^A gekennzeichnet. Die Lage des Massenmittelpunktes M der Kugel sei durch den Vektor R_i^M beschrieben, so daß

$$R_i^M = R_i^A + s\, a_{1\,i} \tag{13.41}$$

angesetzt werden kann. Als Ausgangsgleichungen werden jetzt der Impulssatz sowie dreimal der Drallsatz verwendet. Wenn m die Gesamtmasse der Kompaßkugel ist, so lautet der *Impulssatz*:

$$m\,\ddot{R}_i^M = F_i^A + F_i^G. \tag{13.42}$$

Dabei ist

$$F_i^G = -\,m\,g\,\frac{R_i^M}{R^M} \tag{13.43}$$

die Gewichtskraft und F_i^A die unbekannte Auftriebskraft. Sie stellt sich am Kompaß durch den Tragmechanismus (z. B. Auftrieb mit elektrisch-magnetischer Kompensation) automatisch so ein, daß der Auftriebspunkt A den vorgeschriebenen Weg auf der Erdoberfläche durchläuft.

Für die Drallvektoren H_i^I und H_i^{II} wird mit dem konstanten Drallbetrag H und den Einsvektoren e_i^I und e_i^{II} angesetzt:

$$H_i^I = H\,e_i^I; \quad H_i^{II} = H\,e_i^{II}. \tag{13.44}$$

Bei großem Drall der Rotoren, der hier vorausgesetzt werden soll, haben die Einsvektoren die Richtung der Rotorsymmetrieachsen. Bei Vernachlässigung der Drallanteile des Gehäuses und eventuell vorhandener Dämpfungsmomente kann nun der *Drallsatz* für die ganze Kugel bezüglich des Massenmittelpunktes M wie folgt geschrieben werden:

$$H(\dot{e}_i^I + \dot{e}_i^{II}) = M_i^M = -s\,\varepsilon_{ijk}\,a_{1j}\,F_k^A. \tag{13.45}$$

Weiterhin wird der Drallsatz für jeden der Rotoren bezüglich der auf den Rotorgehäuseachsen liegenden Teil-Massenmittelpunkte angeschrieben. Als äußere Momente werden dabei eingesetzt: die in die Richtung der Rotorgehäuseachsen, also in die 1-Richtung fallenden Koppelmomente M^K, durch die $\delta_1 = \delta_2$ erzwungen wird; die ebenfalls in die 1-Richtung fallenden Federungsmomente M^F sowie die Lagermomente, deren Vektoren $M_i^{L\,I}$ und $M_i^{L\,II}$ bei Reibungsfreiheit der Kappenlagerung stets senkrecht zu den Achsen stehen, so daß

$$M_1^{L\,I} = M_1^{L\,II} = 0 \tag{13.46}$$

gilt. Damit folgt aus dem Drallsatz

$$H\,\dot{e}_i^{\mathrm{I}} = a_{1\,i}(M^K + M^F) + M_i^{L\,\mathrm{I}},$$
$$H\,\dot{e}_i^{\mathrm{II}} = a_{1\,i}(M^K - M^F) + M_i^{L\,\mathrm{II}}.$$

$$(13.47)$$

Ziel der weiteren Rechnung ist es, Aussagen über die Richtungen der Einsvektoren $a_{1\,i}$, $a_{2\,i}$, $a_{3\,i}$ zu erhalten, wobei über $R_i^M(t)$, d. h. über die Bewegung des Kompasses längs der Erdoberfläche keinerlei Einschränkung getroffen werden soll. Die Berechnung kann wie folgt durchgeführt werden:

Elimination von F_i^A aus (13.42) und (13.45) unter Berücksichtigung von (13.43) gibt:

$$H(\dot{e}_i^{\mathrm{I}} + \dot{e}_i^{\mathrm{II}}) = -m\,s\,\varepsilon_{ijk}\,a_{1j}\left(\ddot{R}_k^M + g\,\frac{R_k^M}{R^M}\right).$$

$$(13.48)$$

Durch Addition bzw. Subtraktion der Gln. (13.47) folgt:

$$H(\dot{e}_i^{\mathrm{I}} + \dot{e}_i^{\mathrm{II}}) = a_{1\,i}\,2\,M^K + M_i^{L\,\mathrm{I}} + M_i^{L\,\mathrm{II}},$$
$$H(\dot{e}_i^{\mathrm{I}} - \dot{e}_i^{\mathrm{II}}) = a_{1\,i}\,2\,M^F + M_i^{L\,\mathrm{I}} - M_i^{L\,\mathrm{II}}.$$

$$(13.49)$$

Wegen der Kopplung der beiden Rotorgehäuse gelten die kinematischen Gleichungen

$$e_i^{\mathrm{I}} + e_i^{\mathrm{II}} = a_{3\,i}\,2\sin\delta,$$
$$e_i^{\mathrm{I}} - e_i^{\mathrm{II}} = -a_{2\,i}\,2\cos\delta.$$

$$(13.50)$$

Eingesetzt in (13.49) folgt:

$$H(\dot{e}_i^{\mathrm{I}} + \dot{e}_i^{\mathrm{II}}) = 2H(\dot{a}_{3\,i}\sin\delta + a_{3\,i}\,\dot{\delta}\cos\delta)$$
$$= a_{1\,i}\,2\,M^K + M_i^{L\,\mathrm{I}} + M_i^{L\,\mathrm{II}},$$
$$H(\dot{e}_i^{\mathrm{I}} - \dot{e}_i^{\mathrm{II}}) = 2H(-\dot{a}_{2\,i}\cos\delta + a_{2\,i}\,\dot{\delta}\sin\delta)$$
$$= a_{1\,i}\,2\,M^F + M_i^{L\,\mathrm{I}} - M_i^{L\,\mathrm{II}}.$$

$$(13.51)$$

Nach skalarer Multiplikation mit $a_{1\,i}$ folgt wegen (13.46) aus (13.51/1)

$$0 = 2H\sin\delta\,\dot{a}_{3\,i}\,a_{1\,i} = 2\,M^K$$

und daraus wegen $\sin\delta \neq 0$

$$M^K = 0 \quad \text{und} \quad \dot{a}_{3\,i}\,a_{1\,i} = 0.$$

$$(13.52)$$

Weiter folgt aus (13.51/2):

$$-2H\cos\delta\,\dot{a}_{2\,i}\,a_{1\,i} = 2\,M^F.$$

$$(13.53)$$

Da aus $a_{1\,i}\,a_{2\,i} = 0$ durch Differentiation $\dot{a}_{1\,i}\,a_{2\,i} + a_{1\,i}\,\dot{a}_{2\,i} = 0$ folgt, kann (13.53) umgeformt werden:

$$\dot{a}_{2\,i}\,a_{1\,i} = -\frac{M^F}{H\cos\delta} = -\dot{a}_{1\,i}\,a_{2\,i}.$$

Hieraus erhält man durch Überschieben mit a_{2i}:

$$\dot{a}_{1i} = a_{2i} \frac{M^F}{H \cos\delta}. \tag{13.54}$$

Diese Beziehung wird verwendet, um aus (13.48) die Summe $\dot{e}_i^{\mathrm{I}} + \dot{e}_i^{\mathrm{II}}$ zu eliminieren, um so zu einer Gleichung für a_{1i} zu kommen. Hierzu wird (13.54) vektoriell mit a_{1i} multipliziert:

$$\varepsilon_{ijk}\, a_{1j}\, \dot{a}_{1k} = \varepsilon_{ijk}\, a_{1j}\, a_{2k} \frac{M^F}{H \cos\delta}.$$

Wegen $\varepsilon_{ijk}\, a_{1j}\, a_{2k} = a_{3i}$ und mit (13.50) folgt daraus

$$e_i^{\mathrm{I}} + e_i^{\mathrm{II}} = \frac{H \sin 2\delta}{M^F}\, \varepsilon_{ijk}\, a_{1j}\, \dot{a}_{1k}. \tag{13.55}$$

Für das weitere soll nun mit einer beliebigen Fesselkonstanten f

$$M^F = f \sin 2\delta \tag{13.56}$$

gefordert werden. Innerhalb nicht zu großer Bereiche für δ läßt sich diese Forderung gerätetechnisch z. B. durch Federn nach Abb. 13.15 verwirklichen.

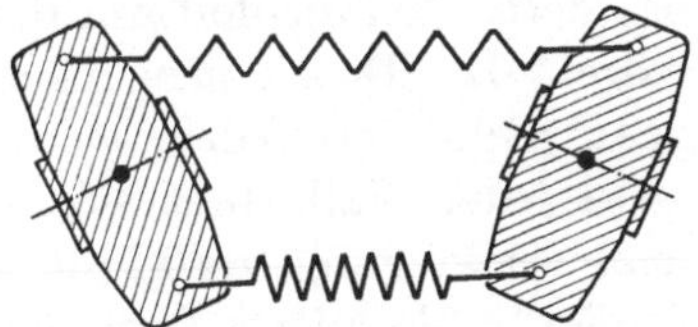

Abb. 13.15 Schema einer Fesselung der Kreisel bezüglich der Achsen der Rotorgehäuse.

Die gesuchte Differentialgleichung für a_{1i} erhält man nun durch Einsetzen von (13.55) in (13.48) unter Berücksichtigung von (13.56):

$$\varepsilon_{ijk}\, a_{1j} \left[\frac{H}{f}\, \ddot{a}_{1k} + m\, s \left(\ddot{R}_k^M + g \frac{R_k^M}{R^M} \right) \right] = 0. \tag{13.57}$$

Für diese Gleichung läßt sich eine partikuläre Lösung mit dem Ansatz

$$\frac{R_k^M}{R^M} = -a_{1k}, \quad R^M = \text{const} \tag{13.58}$$

finden. Er besagt, daß die gehäusefeste 1-Achse stets in die Vertikalrichtung fällt. Einsetzen von (13.58) in (13.57) ergibt:

$$\varepsilon_{ijk}\, a_{1j} \left[\ddot{a}_{1k} \left(\frac{H}{f} - m\, s\, R^M \right) - m\, s\, g\, a_{1k} \right] = 0$$

oder wegen $\varepsilon_{ijk}\, a_{1j}\, a_{1k} = 0$

$$\varepsilon_{ijk}\, a_{1j} \left[\ddot{a}_{1k} \left(\frac{H}{f} - m\, s\, R^M \right) \right] = 0. \tag{13.59}$$

27 Magnus, Kreisel

Das ist bei beliebigen Beschleunigungen $\ddot{R}_k^M = -R^M\,\ddot{a}_{1k}$ stets erfüllt, wenn

$$H = f\,m\,s\,R^M \tag{13.60}$$

gewählt wird. Bei Abstimmung nach (13.60) bleibt somit die gehäusefeste 1-Achse bei beliebigen Bewegungen des Kompasses auf der Erdoberfläche stets vertikal. Die Ausrichtung der anderen Achsen wird aus (13.54) erhalten. Betrachtet man zunächst den Fall eines ortsfesten Kompasses, dann liegt die Änderung $\dot{a}_{1i}$ eines vertikalen Vektors gegenüber einem Inertialsystem stets in Ostrichtung. Folglich zeigt a_{2i} wegen (13.54) nach Osten und somit a_{3i} nach Norden. Der ortsfeste Raumkompaß ist also ein erdorientiertes Gerät, dessen Bezugsachsen fehlerfrei zum Erdmittelpunkt, nach Osten und nach Norden zeigen. Wenn der Kompaß bewegt wird, dann ändert sich lediglich die Ausrichtung der horizontalen Achsen a_{2i} und a_{3i}. Sie zeigen eine um den Fahrtfehler gegenüber Ost bzw. Nord verdrehte Richtung an. Man erkennt das sofort aus (13.54), wenn man bedenkt, daß jede Bewegung auf der Erdoberfläche auch durch eine zusätzliche Drehung der Erde ersetzt werden kann. Die Änderung $\dot{a}_{1i}$ richtet sich dann nach der resultierenden Drehung, deren Vektorpfeil um den Fahrtfehler gegenüber der Erdachse verdreht ist. Dieser prinzipgebundene Fehler kann auch beim Raumkompaß nicht vermieden, wohl aber berechnet und kompensiert werden. Auf jeden Fall stellt sich der nach (13.60) abgestimmte Raumkompaß schwingungsfrei in die jeweilige durch Vertikale und Fahrtfehler eindeutig definierte Lage ein. Um die Bedeutung der Abstimmbedingung (13.60) zu erkennen, soll eine kleine Störung d_i von der idealen Anzeige nach (13.58) angenommen werden:

$$\frac{R_i^M}{R^M} = -a_{1i} + d_i. \tag{13.61}$$

Einsetzen in (13.57) gibt wegen $\varepsilon_{ijk}\,a_{1j}\,a_{1k} = 0$ sowie mit (13.60)

$$\varepsilon_{ijk}\,a_{1j}[R^M\,\ddot{d}_k + g\,d_k] = 0. \tag{13.62}$$

Das ist sicher erfüllt, wenn der Klammerausdruck verschwindet. Daraus folgt eine vektorielle Schwingungsgleichung, die für jede Komponente die Schwingungszeit

$$T = 2\pi\,\sqrt{\frac{R^M}{g}} = 84{,}4 \text{ Minuten}, \tag{13.63}$$

also die Schuler-Periode ergibt.

Man kann übrigens — ähnlich wie bei der Theorie im Abschn. 12.3.3 — zeigen, daß der Gradient der Schwerkraft unter der Voraussetzung schneller Kreisel vernachlässigt werden kann. Zu beachten ist jedoch, daß die erstrebte Sonderlösung (13.58) nur bei Vorhandensein der Anfangsbedingungen

$$R^M \, a_{1k}(0) = -R_k^M(0); \quad R^M \, \dot{a}_{1k}(0) = -\dot{R}_k^M(0) \qquad (13.64)$$

verwirklicht werden kann. Daher muß vor allem beim Anlaufen der Rotoren sorgfältig darauf geachtet werden, daß keine Eigenschwingungen des Systems angestoßen werden. Der Einfluß von Störungen auf den Raumkompaß ist von zahlreichen Autoren, z. B. von BAUERSFELD [90], ISCHLINSKIJ [91], ROITENBERG [11] und CHRISTOPH [92] untersucht worden.

27*

14. Stabilisierungs- und Stellkreisel

Zur Stabilisierung von Drehbewegungen, zur Dämpfung von Schwingungen sowie zum Ausüben von Stellmomenten in Lageregelungen können Kreisel verwendet werden. Je nach ihrer Wirkungsweise gibt es unmittelbar wirkende Stabilisierungskreisel, bei denen die Kreiselmomente direkt zum Ausgleich von Störmomenten verwendet werden, und mittelbar über Stützmotore wirkende Kreiselstabilisatoren. Bei den Stellkreiseln schließlich wirken Stellmotore auf eine Achse des z. B. kardanisch gelagerten Kreisels, so daß um eine dazu senkrechte Achse geeignete Kreiselmomente auftreten, die als Stellmomente einer Regelung verwendet werden können. Im regelungstechnischen Sinne sind die Stellkreisel demnach als Stellglieder aufzufassen. Einige Beispiele von Stabilisierungskreiseln sollen im folgenden behandelt werden.

14.1 Direkt wirkende Kreiselstabilisatoren

Als Musterbeispiel einer mißglückten Konstruktion von Stabilisierungskreiseln sei der von HOWELL angegebene *Unterwassertorpedo* erwähnt. Bei diesem Gerät ist ein großer Schwungkreisel so in den Torpedokörper eingebaut, daß die Rotorachse in die Richtung der Querachse fällt (Abb. 14.1). Die Achse ist starr gelagert, so daß der Rotor relativ zum Torpedogehäuse nur einen Freiheitsgrad besitzt. Die Schwungenergie des Kreisels wird zugleich noch dazu verwendet, die Antriebsschrauben am Heck in Gang zu halten. Bei Drehungen des Torpedos um Längs- oder Hochachse (Rollen bzw. Gieren) werden sehr beachtliche Kreiselmomente geweckt, die zur Stabilisierung der Torpedolage und damit des Laufes beitragen sollen. Eine genauere Theorie (s. GRAMMEL [3]) zeigt jedoch, daß der starr eingebaute Kreisel einen instabilen Torpedo nicht zu stabilisieren vermag; wohl aber kann eine bereits vorhandene hydrodynamische Eigenstabilität des Torpedos durch die Kreiselwirkung verbessert werden. Als besonderer Nachteil der Konstruktion muß betrachtet werden, daß über die Kreiselmomente eine starke Kopplung zwischen Gier- und Rollbewegungen entsteht, so daß jede Rollbewegung auch zu Kursabweichungen führt.

Als Beispiel einer erfolgreichen Stabilisierung durch Kreisel sei die in verschiedenen Varianten erprobte *Einschienenbahn* untersucht. In

Abb. 14.2 ist eine der möglichen Ausführungsformen skizziert. Der Kreiselrotor R ist in einem Gehäuse G (Rahmen) gelagert, das selbst um eine quer zur Fahrtrichtung und in der Normalstellung horizontale Achse 2 gegenüber dem Wagen W schwenken kann. In der Mittellage steht die Rotorachse vertikal, und zwar so, daß der gemeinsame Schwerpunkt von Rotor und Gehäuse über der 2-Achse liegt. Die Schwenkbewegung kann durch einen Dämpfer D sowie einen Schwenkmotor M beeinflußt werden.

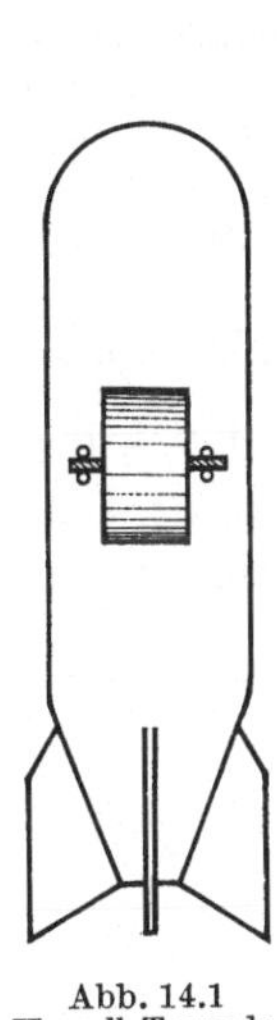

Abb. 14.1
Howell-Torpedo
im Grundriß.

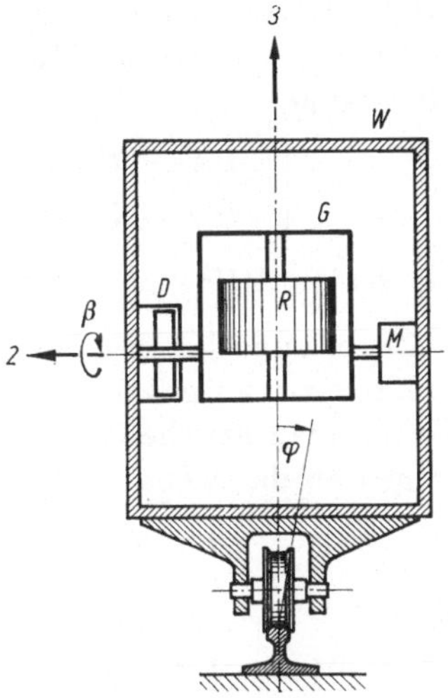

Abb. 14.2 Einschienenbahn mit Stabilisierungskreisel.

Wenn die Schrägneigung des Wagens, d. h. die Abweichung seiner Hochachse von der Vertikalen mit φ und der Schwenkwinkel des Kreiselgehäuses mit β bezeichnet werden, dann können die für kleine Winkel linearisierten Bewegungsgleichungen des Systems wie folgt geschrieben werden:

$$A\,\ddot{\varphi} + H\,\dot{\beta} = M_1,$$
$$B\,\ddot{\beta} - H\,\dot{\varphi} = M_2. \tag{14.1}$$

Darin sind A das Trägheitsmoment des Wagens bezüglich der zur Längsachse parallelen Achse an der Schienenoberfläche und B das Trägheitsmoment des Gehäuses mit Rotor bezüglich der 2-Achse. Als Momente sollen hier berücksichtigt werden: um die 1-Achse das Schweremoment des statisch instabilen Wagens $M_1^S = c\,\varphi$; um die Schwenkachse (2-Achse) das Schweremoment des ebenfalls statisch instabilen Gehäuses (mit Rotor) $M_2^S = q\,\beta$, ferner das Dämpfungsmoment $M_2^D = -d\,\dot{\beta}$ und das Moment des Schwenkmotors, das normalerweise in Abhängigkeit vom

Winkel φ gesteuert wird. Es soll hier linear in der Form $M^M = k\,\varphi$ angesetzt werden. Damit geht (14.1) über in:

$$A\,\ddot\varphi - c\,\varphi + H\,\beta = 0,$$
$$B\,\ddot\beta + d\,\dot\beta - q\,\beta - H\,\dot\varphi - k\,\varphi = 0. \tag{14.2}$$

Die Lösungen dieses Systems von linearen Differentialgleichungen mit konstanten Koeffizienten können in bekannter Weise berechnet werden. Hier interessiert vor allem die Frage, unter welchen Bedingungen stabile Bewegungen zu erwarten sind. Das läßt sich aus den Vorzeichen sowohl der Koeffizienten als auch der Hurwitz-Determinanten der charakteristischen Gleichung

$$\begin{vmatrix} A\,\lambda^2 - c & H\lambda \\ -H\,\lambda - k & B\,\lambda^2 + d\,\lambda - q \end{vmatrix} = 0,$$

$$\lambda^4\,A\,B + \lambda^3\,A\,d + \lambda^2(H^2 - q\,A - c\,B) + \lambda(k\,H - c\,d) + c\,q = 0 \tag{14.3}$$

ermitteln. Es sei zunächst der Sonderfall $d = 0$ und $k = 0$ (Dämpfung und Schwenkmotor ausgeschaltet) betrachtet. Hierfür reduziert sich (14.3) auf eine quadratische Gleichung für λ^2, die nur dann rein imaginäre Lösungen ergibt, wenn

1) $H^2 - q\,A - c\,B > 0,$

2) $c\,q > 0,$ (14.4)

3) $(H^2 - q\,A - c\,B)^2 - 4\,A\,B\,c\,q > 0$

gilt. Die Ungleichung (14.4/3) ist bei Erfüllung von (14.4/2) schärfer als (14.4/1); sie kann für hinreichend großen Drall stets befriedigt werden. Aus (14.4/2) ist zu erkennen, daß — unabhängig von der Größe des Dralls — stabile Bewegungen nur bei statisch instabilem Kreisel ($q > 0$) möglich sind. Das System entspricht dann einem aufrechten Lagrange-Kreisel (Abschn. 3.3.2). Das erhaltene Ergebnis stimmt mit dem Satz 8 von Abschn. 5.2.2 überein, nach dem nur eine gerade Zahl von instabilen Freiheitsgraden zu stabilen Bewegungen führen kann. Jede Dämpfung freilich macht diese Stabilität zunichte, wie der Satz 11 in 5.2.2 besagt. Das ist aus (14.3) sofort erkennbar, da für $d > 0$ und $k = 0$ der Faktor von λ negativ wird. Demnach muß $k > 0$ gelten, wenn die Einschienenbahn stabil sein soll. Im allgemeinen Fall (d. h. d und k nicht gleich Null) kommen zu den Bedingungen (14.4/1) und (14.4/2) noch die folgenden:

4) $k\,H - c\,d > 0,$

5) $D^{\mathrm{II}} = A\,d(H^2 - q\,A - c\,B) - A\,B(k\,H - c\,d) > 0,$ (14.5)

6) $D^{\mathrm{III}} = (k\,H - c\,d)\,D^{\mathrm{II}} - A^2\,d^2\,c\,q > 0.$

Da bei $c\,q > 0$ und $D^{\mathrm{III}} > 0$ stets auch $D^{\mathrm{II}} > 0$ sein muß, braucht man die Bedingungen 5 nicht weiter zu berücksichtigen. Aus (14.5) kann entnommen werden, daß das Produkt $k\,H$ zwar eine bestimmte Mindestgröße haben muß, daß es jedoch nicht zu groß werden darf, wenn die Hurwitz-Determinante D^{III} positiv bleiben soll. Auch eine zu starke Dämpfung kann schädlich sein; andererseits führt $d = 0$ unweigerlich zur Instabilität, da dann der Faktor von λ^3 in (14.3) verschwindet. Für konkrete Systeme müssen die zulässigen Werte der Parameter aus einer Diskussion aller Stabilitätsbedingungen ermittelt werden.

Auch andere Steuerfunktionen für den Schwenkmotor sind verwendet worden (GRAMMEL [3]). Der Einfluß der meist vorhandenen Nichtlinearität der Motorkennlinie wurde in [93] untersucht.

Schwierigkeiten können sich bei der Kurvenfahrt der Einschienenbahn ergeben. Das läßt sich aus den Differentialgleichungen für ein mitdrehendes Bezugssystem ablesen. Mit

$$\Omega_i = (0, 0, \Omega_3)$$

als dem Vektor der Winkelgeschwindigkeit des Bezugssystems erhält man [s. die Ableitung des Systems (10.22)] anstelle von (14.2) die Gleichungen

$$\begin{aligned}
A\,\ddot{\varphi} + H\,\beta + (H\Omega_3 - c)\,\varphi &= 0, \\
B\,\ddot{\beta} + d\,\dot{\beta} + (H\Omega_3 - q)\,\beta - H\,\dot{\varphi} - k\,\varphi &= 0.
\end{aligned} \qquad (14.6)$$

Sie unterscheiden sich von (14.2) nur dadurch, daß anstelle von c jetzt $c - H\Omega_3$ und von q jetzt $q - H\Omega_3$ eingesetzt werden muß. Die Stabilitätsbedingungen dürfen freilich nur auf den Fall konstanter Werte Ω_3 angewendet werden. Immerhin läßt sich auch daraus bereits erkennen, daß die Stabilität der Einschienenbahn in der Kurve gefährdet ist. So erhält man jetzt als notwendige Bedingung anstelle von (14.4/2)

$$(c - H\Omega_3)\,(q - H\Omega_3) > 0.$$

Das ist sicher *nicht* erfüllt, wenn

$$c > H\Omega_3 > q \qquad (14.7)$$

gilt. Dieses Ergebnis läßt sich physikalisch leicht erklären. Bei Kurvendrehungen im Sinne der Rotordrehung ($\Omega_3 > 0$) ergeben die Kreiselmomente eine Fesselung der Rotorachse an die Vertikale. Diese Fesselung baut die statisch instabilen Fesselungen von Wagen und Kreiselgehäuse ab; bei Erfüllen von (14.7) liegt dann eine gemischte Fesselung vor.

Die störenden Kurvenfahrteffekte lassen sich durch Verwendung zweier gegenläufiger und in geeigneter Weise miteinander gekoppelter Kreisel vermeiden (GRAMMEL [3]).

14.2 Kreiseldämpfer

War es die Aufgabe des Kreisels bei der Einschienenbahn, das statisch instabile System zu stabilisieren, so hat der völlig analog aufgebaute *Schiffskreisel* bei Schiffen die Aufgabe, Rollschwingungen eines Schiffes, die durch Seegang hervorgerufen werden, zu dämpfen. Den prinzipiellen Aufbau des Schiffskreisels zeigt Abb. 14.3. Der wesentliche Unterschied gegenüber dem Schema der Einschienenbahn (Abb. 14.2) ist darin zu sehen, daß das Kreiselgehäuse G mit dem Rotor R jetzt statisch stabil gelagert ist, so daß der Schwerpunkt unter der querschiffs gelagerten Rahmenachse 2 liegt. Das ist notwendig, damit das System auch dynamisch stabil bleibt; anderenfalls wäre wegen der

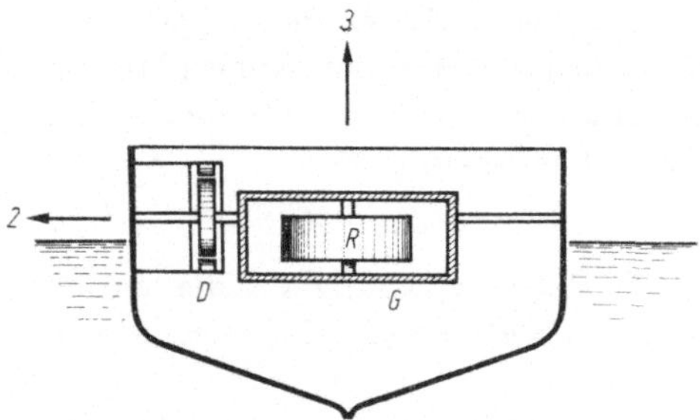

Abb. 14.3 Schiffskreisel zur Dämpfung der Schlingerbewegungen.

positiven Metazenterhöhe des Schiffes eine gemischte Fesselung vorhanden.

Die für kleine Rollwinkel φ und Rahmenwinkel β vereinfachten Bewegungsgleichungen des Schiffes mit Kreisel können analog zu (14.2) in der Form

$$A\,\ddot{\varphi} + d_1\dot{\varphi} + c\,\varphi + H\,\beta = E(t),$$
$$B\,\ddot{\beta} + d_2\dot{\beta} + q\,\beta - H\,\dot{\varphi} = 0$$

$$(14.8)$$

geschrieben werden. Dabei sind wegen der statischen Stabilität die Vorzeichen von c und q verändert; außerdem sind eine Rolldämpfung (d_1) sowie die Erregung $E(t)$ durch Seegang berücksichtigt worden. Auf einen Momentengeber auf der Rahmenachse ist hier verzichtet worden ($k = 0$), obwohl er bei praktisch ausgeführten Geräten meist vorhanden ist. Man kann ihn zur aktiven Beeinflussung der Schlingerbewegungen oder auch bei Kurvenfahrten einsetzen.

Aufgabe des Konstrukteurs ist es, die Gerätegrößen q (Rahmenfesselung) und d_2 (Rahmendämpfung) so zu wählen, daß eine optimale Dämpfungswirkung erreicht wird. Das Trägheitsmoment B von Gehäuse und Rotor sowie der Betrag H des Dralls ergeben sich meist schon aus der Forderung, daß eine möglichst gute Wirkung mit geringem Aufwand an Gewicht angestrebt wird. Die Grundgedanken einer Abstimmung des Kreiselsystems sollen hier nach dem Vorbild von HAHNKAMM [94] angegeben werden. Dabei werden die Bewegungsgleichungen (14.8) mit einer harmonischen Erregerfunktion

$$E(t) = E_0 \cos \omega\, t \qquad (14.9)$$

zugrunde gelegt. Mit einem ebenfalls harmonischen Ansatz

$$\varphi = \varphi_A \cos(\omega\, t - \psi); \qquad \beta = \beta_A \cos(\omega\, t - \chi) \qquad (14.10)$$

findet man in bekannter Weise für die Amplitudenfaktoren der erzwungenen Schwingungen die Werte

$$\varphi_A^2 = \frac{1}{N}\, E_0^2 [(q - B\,\omega^2)^2 + d_2^2\,\omega^2],$$

$$\beta_A^2 = \frac{1}{N}\, E_0^2\, H^2\, \omega^2 \qquad (14.11)$$

mit dem Nenner

$$N = [(c - A\,\omega^2)\,(q - B\,\omega^2) - \omega^2(H^2 + d_1\,d_2)]^2 +$$
$$+ \omega^2[d_1(q - B\,\omega^2) + d_2(c - A\,\omega^2)]^2.$$

Aus der Resonanzfunktion $\varphi_A(\omega)$ läßt sich die Dämpfungswirkung des Kreisels erkennen. Die wesentlichen Eigenschaften von $\varphi_A(\omega)$ werden deutlich, wenn man den Rollwiderstand des Schiffes vernachlässigt ($d_1 = 0$) und dann die Dämpfung des Rahmens d_2 variiert. Im Grenzfall des ungedämpften Rahmens folgt dann mit

$$d_2 = 0: \quad \varphi_A^2 = \frac{E_0^2(q - B\,\omega^2)^2}{[(c - A\,\omega^2)\,(q - B\,\omega^2) - H^2\,\omega^2]^2}. \qquad (14.12)$$

Die Funktion $\varphi_A(\omega)$ ist in Abb. 14.4 aufgetragen worden. Sie besitzt zwei Unendlichkeitsstellen bei den Frequenzen

$$\left.\begin{array}{c}\omega^N \\ \omega^P\end{array}\right\} = \sqrt{\frac{H^2 + c\,B + q\,A}{2\,A\,B}\left[1 \pm \sqrt{1 - \frac{4\,c\,q\,A\,B}{(H^2 + c\,B + q\,A)^2}}\,\right]}, \qquad (14.13)$$

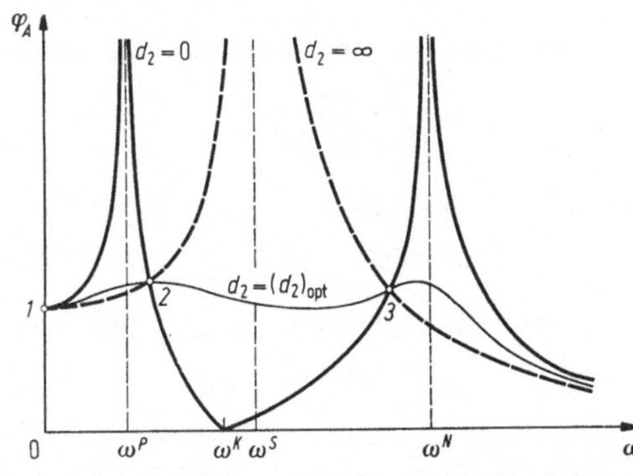

Abb. 14.4 Resonanzkurven für die Schlingeramplituden des Schiffes bei verschiedener Dämpfung.

die man auch als Nutations- und Präzessionsfrequenzen bezeichnen kann. Sie sind wegen $(c\,B + q\,A)^2 > 4c\,q\,A\,B$ stets reell. Bemerkenswert ist die Nullstelle von $\varphi_A(\omega)$ bei

$$\omega^K = \sqrt{\frac{q}{B}}\,. \tag{14.14}$$

Sie entspricht der Eigenfrequenz der Pendelschwingung des Kreisels um die Rahmenachse bei nichtlaufendem Rotor. Bei annähernd konstanter Erregerfrequenz ω könnte man durch Ausnützen der Nullstelle eine gute Tilgerwirkung erreichen. Wenn auch bei Seegang nie mit konstantem ω gerechnet werden kann, so hat die spezielle Abstimmung nach (14.14) doch praktische Bedeutung für analog arbeitende Kreiseldämpfer von Torsionsschwingungen. Davon soll später noch berichtet werden.

Im anderen Grenzfall eines blockierten Kreiselrahmens hat man einfach die Resonanzfunktion für die Rollschwingungen des Schiffes. Man erhält mit

$$d_2 \to \infty: \quad \varphi_A^2 = \left[\frac{E_0}{(c - A\,\omega^2)}\right]^2. \tag{14.15}$$

Die hierzu gehörende Kurve ist in Abb. 14.4 gestrichelt eingetragen worden. Ihre Unendlichkeitsstelle liegt bei der Rolleigenfrequenz des Schiffes

$$\omega^s = \sqrt{\frac{c}{A}}\,. \tag{14.16}$$

Nun sind zwar die beiden Grenzfälle verschwindender bzw. unendlich starker Rahmendämpfung d_2 für die Praxis uninteressant, jedoch lassen sich schon aus den dazu gehörigen Resonanzkurven wichtige Erkenntnisse ablesen. Es zeigt sich nämlich, daß die Schnittpunkte *1, 2, 3* dieser Kurven unabhängig von der Größe d_2 sind, so daß alle für andere Werte von d_2 geltenden Resonanzkurven ebenfalls durch diese Punkte hindurchlaufen. Tatsächlich kommt man mit der Forderung

$$\frac{d(\varphi_A^2)}{d(d_2^2)} = 0 \tag{14.17}$$

aus (14.11) mit $d_1 = 0$ zu der Bedingung:

$$H^2\,\omega^4[H^2\,\omega^2 - 2(c - A\,\omega^2)(q - B\,\omega^2)] = 0$$

mit den 3 Lösungen für die Abszissen der *Fixpunkte*:

$$\omega_{\mathrm{I}}^2 = 0,$$

$$\left.\begin{array}{r}\omega_{\mathrm{II}}^2 \\ \omega_{\mathrm{III}}^2\end{array}\right\} = \frac{H^2 + 2c\,B + 2q\,A}{4A\,B}\left[1 \mp \sqrt{1 - \frac{16c\,q\,A\,B}{(H^2 + 2c\,B + 2q\,A)^2}}\right]. \tag{14.18}$$

Es ist demnach nicht möglich, die Resonanzkurven $\varphi_A(\omega)$ des Schiffes unter die Fixpunkte *1, 2, 3* in Abb. 14.4 herunterzudrücken. Ein Optimum liegt dann vor, wenn eines der Maxima von $\varphi_A(\omega)$ gerade in den höchstgelegenen Fixpunkt fällt. Eine derartige Kurve ist in Abb. 14.4 dünn eingetragen worden. Den zugehörigen Wert von d_2 erhält man durch Einsetzen von ω_{II} (oder ω_{III}) in die aus

$$\frac{d(\varphi_A^2)}{d\omega^2} = 0$$

folgende Forderung für ein Extremum. Das ergibt eine quadratische Gleichung für d_2^2, aus deren Lösung $(d_2)_{opt}$ bestimmt werden kann. Natürlich muß man sich noch vergewissern, daß das zweite Maximum der φ_A-Kurve nicht höher als das erste ist.

Aus dem Verlauf der Kurven von Abb. 14.4 erkennt man, daß die Ordinate des Fixpunktes *2* um so kleiner ist, je kleiner die Werte für ω^P und ω^K sind. Beide könnten durch Anwendung eines astatisch gelagerten Rahmens ($q = 0$) sogar zu Null gemacht werden. Dann würden die Fixpunkte *1* und *2* zusammenfallen, so daß nur noch Fixpunkt *3* zu beachten wäre. Dessen Ordinate ist um so kleiner, je größer ω^N, d. h. je größer der Drall H ist. Berechnungen, die für konkrete Projekte durchgeführt wurden, zeigen, daß es möglich ist, die Schlingeramplituden eines Schiffes etwa auf $^1/_{30}$ ihres Wertes ohne Schlingerkreisel zu verringern, wenn das Gewicht der gesamten Kreiselanlage einschließlich des Antriebsaggregates etwa 1% des Schiffgewichtes ausmacht. Einige konstruktive Einzelheiten ausgeführter Anlagen wurden von RICHARDSON [10] beschrieben.

Daß sich Schlingerkreiselanlagen auf Schiffen nicht durchsetzen konnten, liegt vor allem an konstruktiven Schwierigkeiten bei der Kraftübertragung zwischen Kreisel und Schiffskörper sowie am Verhalten des Kreisels in Kurvenfahrten. Bei Kurvendrehungen im Gegensinne der Rotordrehung können nämlich die entstehenden Kreiselmomente die statische Stabilität des Rahmensystems aufheben und destabilisierend wirken, wie dies ähnlich schon bei der Einschienenbahn besprochen wurde. Durch Anbringen eines Schwenkmotors auf der Rahmenachse sowie durch geeignete Steuerung der von ihm ausgeübten Momente könnte man diese Schwierigkeiten umgehen. Man kann den Schwenkmotor auch dazu verwenden, die Schlingerkreiselanlage zu aktivieren und gewollte Momente auf das Schiff auszuüben. Dadurch ließen sich z. B. im Eis eingefrorene Schiffe befreien oder Rollageregelungen durchführen. Der Kreisel arbeitet dabei bereits als Stellkreisel (Abschn. 14.4) und sollte dann nicht mehr zu den Dämpfungskreiseln gezählt werden.

Es sei noch erwähnt, daß sich auch neuere Schlingerdämpfungsanlagen des Kreisels bedienen. Er ist jedoch dabei nur noch Meßgerät für die Rollgeschwindigkeit oder die Rollbeschleunigung (s. Abschn. 15). Das auf Grund der Meßwerte gebildete Regelsignal wird an geeignete Stellglieder weitergeleitet. Als solche werden meist verstellbare Stabilisierungsflossen verwendet, die infolge ihrer Anstellung in der Strömung hydrodynamische Rollmomente ausüben.

Ein *Kreiseldämpfer* zur Dämpfung von Torsionsschwingungen, der völlig analog zum Schiffskreisel konzipiert ist, wurde von ARNOLD und MAUNDER [1] beschrieben (Abb. 14.5). Das Gerät wurde erfolgreich zur

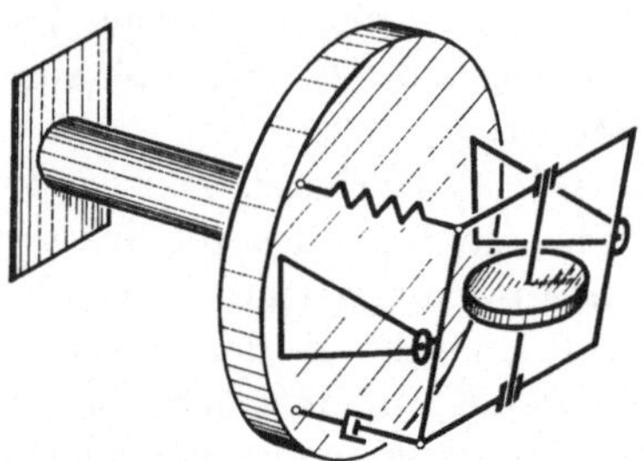

Abb. 14.5 Kreiseldämpfer nach ARNOLD-
MAUNDER.

Dämpfung der selbsterregten Schwingungen des Armes einer Hobelmaschine eingesetzt. Dadurch konnte die Entstehung von Rattermarken am Werkstück weitgehend vermieden werden. Zum Unterschied von der Anordnung beim Schiffskreisel geschieht die Fesselung des Kreiselrahmens bei diesem Dämpfer durch Federn. Auf diese Weise konnte der Anwendungsbereich erweitert und die Abstimmung des Gerätes erleichtert werden.

14.3 Kraftgestützte Stabilisatoren

Wenn Störmomente, die auf ein kreiselstabilisiertes oder kreiselgedämpftes System einwirken, durch Kreiselmomente kompensiert werden sollen, dann muß der Kreisel mit einer bestimmten Winkelgeschwindigkeit um die senkrecht zu Stör- und Rotorachse stehende Achse präzedieren. Bei einseitig wirkenden Störmomenten führt das zu Auswanderungen des Kreisels und damit auch zum Verlassen des normalen Arbeitsbereiches. Um das zu vermeiden, werden Stützmotore eingesetzt, die dafür sorgen, daß der Kreisel seine normale Arbeitsstellung im Mittel beibehält. Damit werden letztlich die Störmomente durch den Stützmotor aufgenommen. Im folgenden sollen einige Arten von kraftgestützten Kreiselstabilisatoren besprochen und bezüglich ihrer Eigenschaften untersucht werden.

14.3.1 Der zweiachsige Ein-Kreisel-Stabilisator. In Abb. 14.6 ist ein kardanisch gelagerter Kreisel gezeichnet, dessen Rotorgehäuse um beide Rahmenachsen drehen kann. Diese Drehungen werden gemessen und über Verstärker den Stützmotoren so zugeführt, daß entstandene Drehungen wieder rückgängig gemacht werden. Wirkt beispielsweise ein Störmoment M_1^S um die 1-Achse, dann entsteht eine Präzession um die 2-Achse; der Winkel β steuert dann ein Korrekturmoment M_1^K,

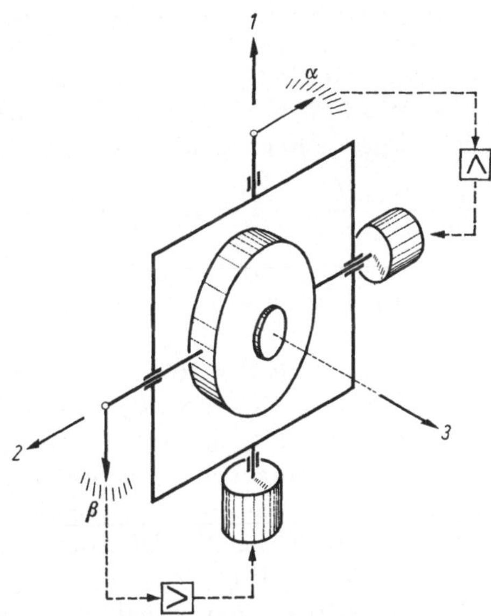

Abb. 14.6 Zweiachsiger Ein-Kreisel-Stabilisator.

daß das Störmoment kompensiert und eine weitere Auswanderung des Kreisels verhindert.

Wenn die Korrekturmomente proportional zu den Winkeln sind, dann kann man mit den Verstärkungsfaktoren k_1 und k_2 bei ideal arbeitenden Stützkreisen ansetzen:

$$M_1^K = -k_1\,\beta; \qquad M_2^K = k_2\,\alpha. \tag{14.19}$$

Bei Berücksichtigung von geschwindigkeitsproportionalen Dämpfungsmomenten um beide Achsen kann man die für kleine Auslenkungen geltenden Bewegungsgleichungen des Stabilisators wie folgt schreiben:

$$\begin{aligned} A\,\ddot{\alpha} + H\,\dot{\beta} &= M_1^S - d_1\,\dot{\alpha} - k_1\,\beta, \\ B\,\ddot{\beta} - H\,\dot{\alpha} &= M_2^S - d_2\,\dot{\beta} + k_2\,\alpha. \end{aligned} \tag{14.20}$$

Je nach der Art der Störfunktionen $M_1^S(t)$ und $M_2^S(t)$ erhält man verschiedene Lösungen der Bewegungsgleichungen, die sich mit Hilfe von

Computern ausrechnen lassen. Einen gewissen Überblick erhält man jedoch bereits durch Betrachten des Verhaltens bei konstanten Störmomenten sowie durch Untersuchen der Eigenstabilität des Stabilisators. Das soll hier behandelt werden.

Mit $M_1^S = M_{10}^S$ und $M_2^S = M_{20}^S$ hat (14.20) die stationäre Lösung:

$$\alpha = \alpha_0 = -\frac{M_{20}^S}{k_2}; \qquad \beta = \beta_0 = \frac{M_{10}^S}{k_1}. \tag{14.21}$$

Man kann die Auswanderungswinkel durch entsprechend große Werte der Verstärkungsfaktoren k_1 und k_2 klein halten. Wie sich später zeigen wird, sind hier jedoch aus Stabilitätsgründen Grenzen gesetzt. Der Vorteil der Stützkreise ist leicht einzusehen, wenn man die stationäre Lösung von (14.20) bei ausgeschalteter Stützung ($k_1 = k_2 = 0$)

$$\dot\alpha = \dot\alpha_0 = \frac{M_{10}^S\,d_2 - M_{20}^S\,H}{H^2 + d_1\,d_2}; \qquad \beta = \beta_0 = \frac{M_{20}^S\,d_1 + M_{10}^S\,H}{H^2 + d_1\,d_2} \tag{14.22}$$

mit (14.21) vergleicht. Der ungestützte Kreisel reagiert auf Störmomente mit Auswanderungs*geschwindigkeiten*, der gestützte dagegen mit Auswanderungs*winkeln*.

Man bezeichnet das Verhältnis des Störmomentes zu dem dadurch hervorgerufenen Ablagewinkel auch als *Steifigkeit* des Stabilisators. Im vorliegenden Fall (14.21) sind die Steifigkeiten mit den Verstärkungsfaktoren identisch. Bei nichtideal arbeitenden Stützkreisen können die Steifigkeiten kompliziertere Funktionen sein, deren frequenzabhängiges Übertragungsverhalten berücksichtigt werden muß.

Das Stabilitätsverhalten des Stabilisators kann aus (14.20) mit $M_1^S = M_2^S = 0$ ermittelt werden. Man erhält für die verbleibenden Differentialgleichungen die charakteristische Gleichung:

$$\lambda^4 A B + \lambda^3(A\,d_2 + B\,d_1) + \lambda^2(H^2 + d_1\,d_2) + \lambda H(k_1 + k_2) + k_1\,k_2 = 0. \tag{14.23}$$

Daraus kann zunächst entnommen werden, daß ein ungedämpfter Stabilisator ($d_1 = d_2 = 0$) instabil ist, da dann der Koeffizient des Gliedes mit λ^3 verschwindet, ohne daß gleichzeitig der Faktor von λ verschwindet. Diese Tatsache ist bemerkenswert, da sie bei Näherungsberechnungen mit den vereinfachten Gleichungen der Präzessionstheorie nicht festgestellt werden kann. Tatsächlich werden bei Vernachlässigung der Trägheitsglieder und mit $d_1 = d_2 = 0$ bzw. $d_1\,d_2 \ll H^2$ aus der verbleibenden quadratischen Gleichung die beiden Wurzeln

$$\lambda_1 = -\frac{k_1}{H}; \qquad \lambda_2 = -\frac{k_2}{H} \tag{14.24}$$

erhalten. Sie täuschen ein asymptotisch stabiles Verhalten vor, während in Wirklichkeit die vernachlässigte Nutationsschwingung instabil ist.

Diese selbsterregten Schwingungen von Kreiselstabilisatoren lassen sich tatsächlich in der Praxis oft beobachten.

Daß die Verstärkungsfaktoren nicht beliebig groß gewählt werden dürfen, erkennt man aus den weiteren Stabilitätsbedingungen, die besagen, daß die Hurwitz-Determinanten D^{II} und D^{III} positiv sein müssen:

$$D^{II} = (H^2 + d_1\, d_2)\, (A\, d_2 + B\, d_1) - A\, B\, H\, (k_1 + k_2) > 0,$$
$$D^{III} = H\, (k_1 + k_2)\, D^{II} - (A\, d_2 + B\, d_1)^2\, k_1\, k_2 > 0. \tag{14.25}$$

Selbstverständlich kann man das Stabilitätsverhalten des Kreiselstabilisators durch Einführen von stabilisierenden Netzwerken im Stützkreis verbessern. Das soll jedoch hier nicht besprochen werden, da es in den Bereich der Regelungstheorie gehört.

14.3.2 Der Einfluß der Gegenspannung im Stützmotor. Bisher wurde angenommen, daß die korrigierenden Stützmomente nach (14.19) nur von den Winkeln abhängen. Diese Annahme ist bei direkt wirkenden Momentenerzeugern mit guter Näherung erfüllt. Wenn jedoch ein elektrischer Motor über ein Getriebe auf die Rahmenachsen einwirkt, dann muß i. allg. die Gegenspannung berücksichtigt werden. Sie wirkt dämpfend und kann deshalb bei geeigneter Dimensionierung spezielle Dämpfungseinrichtungen am Kreisel ersetzen.

Wenn das träge Anlaufen des Motorstromes vernachlässigt wird, dann kann mit der Motorspannung u und einem Proportionalitätsfaktor s für das Stützmoment um die 1-Achse

$$M_1^K = s\, u \tag{14.26}$$

angesetzt werden. Für die Spannung selbst soll in linearer Näherung

$$u = -r\, \beta - d\, \dot\alpha \tag{14.27}$$

geschrieben werden. Darin ist d der Faktor für die Gegenspannung, in dem zugleich auch das Übersetzungsverhältnis $\varkappa$ des Getriebes enthalten ist. Das Produkt $r\, s$ entspricht dem früher verwendeten Verstärkungsfaktor k_1. Wenn jetzt $A = A^K + \varkappa^2\, J$ das aus dem Trägheitsmoment A^K des Kardankreisels und dem Anteil $\varkappa^2\, J$ des Getriebes zusammengesetzte Gesamtträgheitsmoment ist, können die Bewegungsgleichungen für einen einachsigen Stabilisator mit nur einem Stützmotor sowie bei verschwindenden Stör- und Dämpfungsmomenten in der Form

$$A\, \ddot\alpha + H\, \beta - s\, u = 0,$$
$$B\, \ddot\beta - H\, \dot\alpha \qquad = 0, \tag{14.28}$$
$$u + r\, \beta + d\, \dot\alpha = 0$$

geschrieben werden. Die zugehörige charakteristische Gleichung ist

$$\lambda[\lambda^3 A\, B + \lambda^2 B\, d\, s + \lambda H^2 + H\, r\, s] = 0. \tag{14.29}$$

Die Wurzel $\lambda_1 = 0$ bringt die Indifferenz des Systems bezüglich des Winkels α zum Ausdruck. Die restlichen Wurzeln haben negative Realteile, wenn

$$D^{\mathrm{II}} = H\,B\,s\,(H\,d - A\,r) > 0 \tag{14.30}$$

gilt. Dadurch wird bei gegebener Größe von d die zulässige Verstärkung r (bzw. $r\,s$) begrenzt. Bei verschwindendem d schwingt der Stabilisator ständig.

14.3.3 Der Einfluß der Nachgiebigkeit der Konstruktion. Bei ausgeführten Stabilisatoren der hier beschriebenen Art (siehe z. B. Abb. 14.6) kann das Trägheitsmoment A große Werte annehmen, da der Außenrahmen meist als gerätetragende Plattform ausgebildet ist und außerdem der Anteil $\varkappa^2 J$ des Getriebes berücksichtigt werden muß. Das hat zur Folge, daß beim Beschleunigen große Momente notwendig sind, die zu einer gewissen Verformung der Bauteile (Wellen, Lager, Gehäuse, Rahmen) führen. Der Auslenkungswinkel α der Rotorachse ist dann von dem Winkel φ der Plattform, d. h. des Außenrahmens, verschieden. Wenn die Verformungen elastisch sind, dann kann das zwischen Kreisel und Außenrahmen wirkende Moment in der Form $\pm c(\varphi - \alpha)$ mit dem Fesselungsbeiwert c geschrieben werden. Trennt man nun $A = A^K + A^P$ in die Trägheitsmomente A^K für den Kreisel und A^P für die Plattform auf, dann lassen sich die für kleine Winkel geltenden Bewegungsgleichungen des einachsigen ungestörten Kreiselstabilisators in der Form

$$\begin{aligned}
A^K \ddot{\alpha} + H\,\beta &= +c(\varphi - \alpha), \\
B\,\ddot{\beta} \; - H\,\dot{\alpha} &= 0, \\
A^P \ddot{\varphi} &= M_1^K + c(\alpha - \varphi)
\end{aligned} \tag{14.31}$$

schreiben. Im Grenzfall $c \to \infty$ folgen daraus nach Addition der ersten und dritten dieser Gleichungen wegen $\varphi \to \alpha$ wieder die früheren Bewegungsgleichungen.

Novoshilov [95] hat nun gezeigt, daß man das System (14.31) bei hinreichend großem c durch ein erheblich vereinfachtes Gleichungssystem ersetzen kann. Bei großem c kann in (14.31/1) das Trägheitsglied vernachlässigt werden, so daß

$$H\,\beta \approx c(\varphi - \alpha) \tag{14.32}$$

gilt. Andererseits folgt aus (14.31/2) bei entsprechenden Anfangsbedingungen

$$B\,\beta = H\,\alpha .$$

Eingesetzt in (14.32) erhält man eine Beziehung zwischen α und φ

$$\alpha = \varphi\,\frac{c\,B}{c\,B + H^2}, \tag{14.33}$$

aus der

$$c\,(\varphi - \alpha) = c^*\,\varphi \qquad (14.34)$$

mit der neuen Fesselungskonstanten

$$c^* = \frac{c\,H^2}{c\,B + H^2} \qquad (14.35)$$

abgeleitet werden kann. Damit aber läßt sich das System (14.31) näherungsweise durch die beiden Gleichungen

$$\begin{aligned}
H\,\beta \;\; - c^*\,\varphi &= 0, \\
A^P\,\ddot{\varphi} + c^*\,\varphi &= M_1^K
\end{aligned} \qquad (14.36)$$

ersetzen. Aus der zweiten dieser Gleichungen kann als Eigenfrequenz für die Plattform

$$\omega^P = \sqrt{\frac{c^*}{A^P}} = \sqrt{\frac{c\,H^2}{A^P(c\,B + H^2)}} \qquad (14.37)$$

abgelesen werden.

Als Beispiel für die Anwendung der Näherungsgleichungen (14.36) sei die Stabilität des einachsigen Stabilisators mit dem Korrekturmoment (14.26) und der Korrekturfunktion (14.27), jedoch mit $\dot{\varphi}$ anstelle von $\dot{\alpha}$ betrachtet. Das System der Bewegungsgleichungen lautet dann:

$$\begin{aligned}
H\,\beta - c^*\,\varphi &= 0, \\
A^P\,\ddot{\varphi} + c^*\,\varphi - s\,u &= 0, \\
u + r\,\beta + d\,\dot{\varphi} &= 0.
\end{aligned} \qquad (14.38)$$

Die charakteristische Gleichung ist vom 3. Grade

$$\lambda^3\,H\,A^P + \lambda^2\,H\,d\,s + \lambda\,H\,c^* + r\,s\,c^* = 0. \qquad (14.39)$$

Die zugehörige Stabilitätsbedingung

$$D^{\mathrm{II}} = H\,s\,c^*(H\,d - A^P\,r) > 0 \qquad (14.40)$$

führt zu einer entsprechenden Forderung wie die für den starren Stabilisator gefundene Bedingung (14.30). Berücksichtigt man, daß im Grenzfall $c \to \infty$ aus (14.35) $c^* \to H^2/B$ folgt, dann gehen die entsprechenden charakteristischen Gln. (14.29) und (14.39) vollends ineinander über. Bei der Näherungsbetrachtung entfällt also lediglich die meist nicht interessierende Nullwurzel.

14.3.4 Zwei-Kreisel-Stabilisatoren.

14.3.4 Zwei-Kreisel-Stabilisatoren. Neben den Kreiselstabilisatoren mit einem Rotor gibt es viele Typen von Zwei- und Mehr-Kreisel-Stabilisatoren. Nur zwei Beispiele sollen hier beschrieben, aber nicht berechnet werden.

Als *Trägheitsrahmen* wird ein Zwei-Kreisel-Stabilisator bezeichnet, dessen Schema Abb. 14.7 zeigt. Geräte dieser Art können z. B. zum Stabilisieren von Plattformen auf schwankendem Schiff verwendet werden. Die beiden gleichartigen Kreisel sind hier in einem gemeinsamen Außenrahmen so eingebaut, daß die inneren Rahmenachsen parallel zueinander sind. Durch einen Hebelmechanismus (oder durch Zahnräder) sind die Rotorgehäuse so miteinander verbunden, daß sie sich nur gegensinnig mit $\beta^{\mathrm{I}} = -\beta^{\mathrm{II}}$ bewegen können. Die Rotoren haben entgegengesetzten Drehsinn, so daß in der Normalstellung der Gesamtdrall $H_i = H_i^{\mathrm{I}} + H_i^{\mathrm{II}} = 0$ ist.

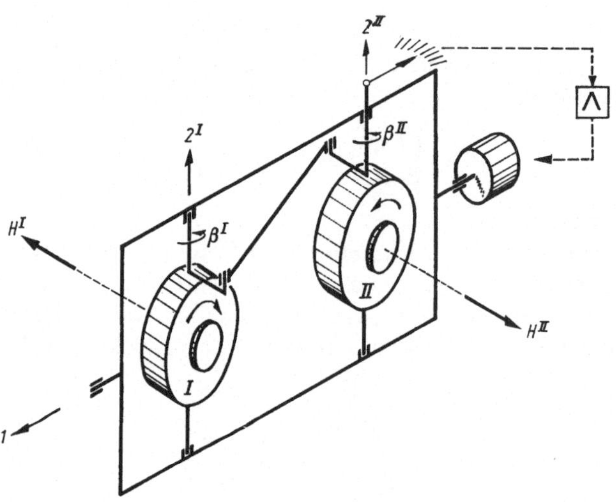

Abb. 14.7 Trägheitsrahmen.

Wenn ein Störmoment M_1^S auf den Außenrahmen wirkt, dann präzedieren beide Kreisel um die 2-Achse und lösen damit die Korrekturmomente M_1^K des Stützmotors aus. Wie bei einem Ein-Kreisel-Stabilisator wird damit das Störmoment durch das Stützmoment aufgefangen. Der Vorteil der Verwendung von zwei gegenläufigen Kreiseln ist darin zu sehen, daß sich der Trägheitsrahmen auf bewegtem Träger günstiger als der Stabilisator mit nur einem Rotor verhält. Dreht das Bezugssystem z. B. um die 2-Achse, dann folgt der Rahmen dieser Drehung, ohne daß eine Auswanderung in der 1-Achse auftritt. Die Momente $H\beta$ beider Kreisel haben nämlich entgegengesetzte Richtung und heben sich gegenseitig auf; lediglich der Außenrahmen wird dadurch auf Torsion beansprucht. Bei Drehungen des Bezugssystems um die 3-Achse können bei ausgelenkten Kreiseln ebenfalls Kreiselmomente entstehen, durch die der gleichsinnig drehende Kreisel zur 3-Achse hin, der gegensinnig drehende aber von der 3-Achse fortgezogen werden. Auch diese Momente können sich nicht auswirken, da sie sich über die zwangsläufige Führung aufheben; sie müssen vom Außenrahmen oder vom Gestänge für die β-Bewegung aufgenommen werden.

Ein zweiachsiger Zwei-Kreisel-Stabilisator ist in Abb. 14.8 skizziert. Er besitzt zwei gemeinsame Rahmen, auf deren Achsen Stützmotoren einwirken, die ihre Signale von den Verdrehungswinkeln beider Kreisel um die Rotorgehäuseachsen erhalten. Versuche mit Geräten nach Abb. 14.8 zeigten, daß diese Stabilisatoren zu Schwingungen neigen, so daß besondere Maßnahmen zum Dämpfen des Systems notwendig sind. Tatsächlich konnte ISCHLINSKIJ [96] durch eine Analyse des Bewegungs-

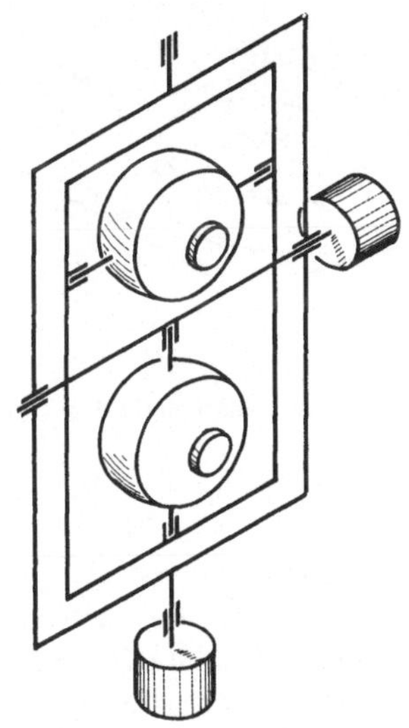

Abb. 14.8 Zweiachsiger Zwei-Kreisel-Stabilisator.

verhaltens nachweisen, daß der Zwei-Kreisel-Stabilisator nach Abb. 14.8 bei gegenläufigen Rotoren stets eine geringere Stabilität besitzt als ein entsprechender Ein-Kreisel-Stabilisator nach Abb. 14.6 bei sonst gleichen Gerätedaten.

14.4 Stellkreisel

Aufgabe eines Stellkreisels ist es, auf das Objekt, in das er eingebaut ist, Momente gewünschter Größe und Richtung auszuüben. Diese Momente werden z. B. bei Raumfahrzeugen zur *Lageregelung* verwendet. Der Stellkreisel bildet in diesem Fall ein Glied im Lageregelkreis; zu einer Analyse müssen die Gleichungen aller Regelkreisglieder herangezogen werden. Da hierbei je nach Regelstrecke, Regelgesetz und den möglichen Störfunktionen sehr viele Varianten möglich sind, sollen hier nur einige allgemeine Bemerkungen gemacht werden, die sich vor allem auf die Wirkungsweise des Stellkreisels selbst beziehen.

Als einfaches Beispiel sei hier zunächst ein Kreiselantrieb erwähnt, der z. B. zum Antrieb von Glocken verwendet werden kann. Mit Hilfe von Kreiselkräften werden dabei periodische Momente erzeugt, mit denen Drehschwingungen in Gang gebracht und unterhalten werden. Den prinzipiellen Aufbau dieses Stellkreisels zeigt Abb. 14.9. Der Krei-

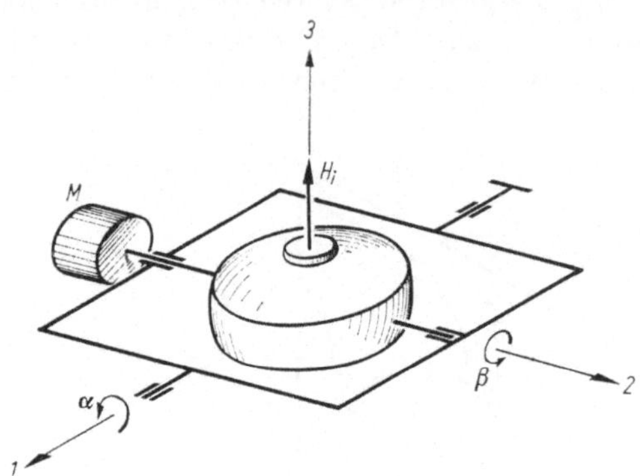

Abb. 14.9 Kreiselantrieb für Schwinger.

sel ist kardanisch so gelagert, daß er um die 2-Achse voll durchdrehen kann. Diese Drehung wird durch einen Motor M erzwungen. Die Änderungen der Richtung des Drallvektors H_i führen dann zu Kreiselreaktionsmomenten um die 1-Achse, deren Größe aus den Bewegungsgleichungen errechnet werden kann. Bei Linearisierung der Gleichungen bezüglich der Winkelgeschwindigkeiten $\dot{\alpha}$ und $\dot{\beta}$, nicht aber bezüglich des Winkels β, erhält man [siehe z. B. die frühere Gl. (4.63)]

$$A\,\ddot{\alpha} + H\cos\beta\,\dot{\beta} = M_1,$$
$$B\,\ddot{\beta} - H\cos\beta\,\dot{\alpha} = M_2. \tag{14.41}$$

Wenn die Zwangsdrehung des Kreisels hier vereinfachend als konstant angenommen wird ($\dot{\beta} = \Omega$), dann erhält man das Kreiselreaktionsmoment

$$M_1^{KR} = -H\,\Omega\cos\Omega\,t \tag{14.42}$$

als Nutzmoment für den Antrieb eines an die 1-Achse gekoppelten schwingungsfähigen Systems. Der scheinbare Umweg, den Antrieb über den Kreisel und nicht durch den Motor direkt vorzunehmen, hat zwei Vorteile: erstens wird die Bewegung des Motors in einer Drehrichtung unmittelbar, d. h. ohne Gestänge oder Getriebe, in ein periodisch wirkendes Moment umgewandelt; zweitens aber ergibt sich ein Verstärkungseffekt. Der Motor hat nämlich nur ein erheblich geringeres Moment aufzubringen, als es sich nach (14.42) maximal um die 1-Achse ergibt. Wenn im stationären Fall $\alpha = \alpha_A \cos(\Omega t - \varphi)$ angenommen wird, dann muß der Motor außer den auch sonst vorhandenen Widerstandsmomenten zusätzlich das Kreiselmoment

$$M_2^K = -H \cos\beta \,\dot\alpha = H \,\Omega\, \alpha_A \sin(\Omega t - \varphi)\cos\Omega t \qquad (14.43)$$

überwinden. Seine Größe hängt vom Maximalwert α_A der α-Schwingung ab. Als Verstärkungsfaktor kann man das Verhältnis der Maximalwerte der Momente

$$\frac{(M_1^{KR})_{\mathrm{max}}}{(M_2^K)_{\mathrm{max}}} = \frac{1}{\alpha_A} \qquad (14.44)$$

bezeichnen, wobei α_A im Bogenmaß einzusetzen ist. Wenn z.B. $\alpha_A = 5{,}7°$ beträgt, erhält man eine zehnfache Momentenverstärkung. Man kann diese Gesetzmäßigkeit als eine Art *Hebelgesetz für Momente* bezeichnen.

Bei Antrieb eines Schwingers im Resonanzbereich wird man keine starre, sondern eine geeignet dimensionierte elastische Ankopplung des Schwingers an die 1-Achse vorsehen. Dann wird der Rahmen des Stellkreisels im eingeschwungenen Zustand nur geringe α-Drehungen ausführen, während die Amplituden des Schwingers selbst wegen der Resonanzüberhöhung erheblich größer sein können.

Gegenüber dem nur einachsig verstellbaren Stellkreisel nach Abb. 14.9 ist der Kreisel nach Abb. 14.10 dreiachsig verstellbar. Mit diesem Gerät

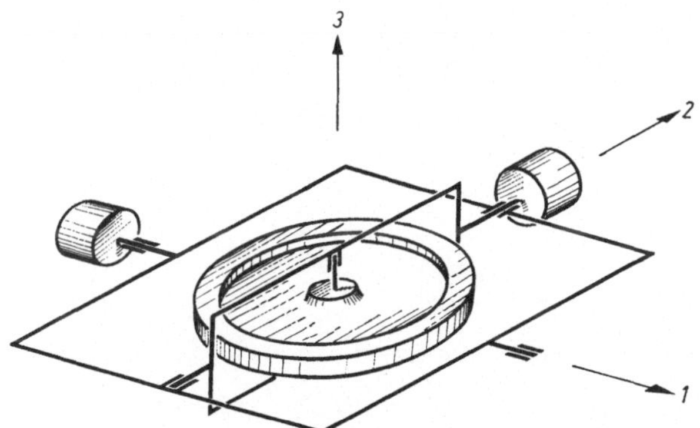

Abb. 14.10 Dreiachsiger Stellkreisel.

kann man Momente um alle drei Rahmenachsen ausüben, deren Größe bei festgehaltenem Träger (Raumfahrzeug) und bei kleinen Abweichungen von der normalen Arbeitsstellung durch

$$M_1 = -H\,\beta; \qquad M_2 = H\,\dot\alpha; \qquad M_3 = -C^R\,\ddot\gamma \qquad (14.45)$$

gegeben sind. Nur die Stellmomente M_1 und M_2 können als Kreiselmomente bezeichnet werden, während bei M_3 lediglich die Trägheitswirkung des beschleunigten oder verzögerten Rotors ausgenutzt wird. Beide Arten von Momentenerzeugern werden in der Raumfahrt angewendet, meist jedoch nicht in ein und demselben Gerät. Die *Schwungräder* oder *Schwungkugeln* arbeiten mit Trägheitswirkung, wobei eventuelle Präzessionsmomente meist als unerwünschte Nebenerscheinungen auftreten. Bei den eigentlichen Stellkreiseln, auch *Drallsteller* genannt (englisch: *control moment gyro*), wird die Veränderung der Drallachsenrichtung zur Momentenerzeugung verwendet. Die Rotorbeschleunigung spielt dabei keine Rolle, da der Betrag des Dralls konstant bleibt.

Obwohl man mit *einem* Stellkreisel Momente um zwei Achsen ausüben kann, verwendet man für die Regelung von Raumfahrzeugen meist für jede Achse einen besonderen Stellkreisel, weil so die unerwünschten Kopplungserscheinungen besser beherrscht werden können. Bei der Analyse der Bewegungen von Raumfahrzeugen mit Lageregelung durch Stellkreisel hat man es mit Gleichungssystemen zu tun, wie sie ähnlich bereits bei der Untersuchung der Gyrostaten (Abschn. 4.1) aufgetreten sind. Je nach Art der Stellkreiselkonfigurationen und des Regelkonzepts sind hier viele Fälle möglich, die in einem umfangreichen Spezialschrifttum beschrieben und berechnet worden sind (siehe z. B. SCHINDELIN [97], CANNON [98], ROBERSON [99] oder LETOVA [100]).

15. Wendekreisel

Wendekreisel sind die wohl am häufigsten gebrauchten und i. allg. auch die zuverlässigsten Kreiselgeräte. Sie dienen vor allem zur Messung von Winkelgeschwindigkeiten und werden deshalb manchmal auch als *ω-Meßkreisel* bezeichnet. Das Meßprinzip kann als eine Umkehrung der Präzessionsbewegung eines Kreisels verstanden und gedeutet werden: Während bei der Präzession ein Moment zu einer Winkelgeschwindigkeit, eben der Präzessionsbewegung, führt, ergibt beim Wendekreisel eine erzwungene Drehbewegung des Kreisels ein Moment. Dieses Moment kann in geeigneter Weise kompensiert und gemessen werden; der Meßwert ist ein Maß für die Geschwindigkeit der aufgezwungenen Drehung.

Zu einer qualitativen Erklärung des Wendekreiselverhaltens kann man auch den Foucaultschen Satz vom gleichsinnigen Parallelismus der Drehachsen heranziehen. Wird einem schnellaufenden Kreisel eine Drehung aufgezwungen, dann hat er die Tendenz, seine Drallachse — die praktisch mit der Rotorachse zusammenfällt — gleichsinnig drehend in die Achse der erzwungenen Drehung einzustellen.

15.1 Allgemeiner Aufbau und Bewegungsgleichungen

Zur Berechnung des Wendekreisels soll hier ein so allgemeines Modell zugrunde gelegt werden, daß aus diesem dann durch Spezialisierung die wichtigsten Typen von Wendekreiseln erhalten werden können. Es sei ein kardanisch gelagerter Kreisel nach Abb. 15.1 gegeben, bei dem die Drehbewegungen sowohl um die äußere Rahmenachse (1-Achse) als auch um die innere Rahmenachse (2-Achse) durch eine elastische Fesselung an die Normallage und durch eine als geschwindigkeitsproportional angenommene Dämpfung beeinflußt werden. Unter den Voraussetzungen, daß

1. der Rotor symmetrisch ist,
2. die Hauptachsen von Rotor und Rahmen in der Normalstellung $\alpha = \beta = 0$ mit den Achsrichtungen zusammenfallen (d. h., es sind keine dynamischen Unwuchten vorhanden),
3. die Schwerpunkte auf den Achsen liegen (d. h., es sollen auch keine statischen Unwuchten vorhanden sein),

4. nur kleine Abweichungen aus der Normallage $\alpha = \beta = 0$ betrachtet werden (d. h., $\alpha, \beta \ll 1$),

5. der Kreiseldrall H konstant ist,

6. die Drehgeschwindigkeit des $1, 2, 3$-Bezugssystems klein gegenüber der Rotordrehung ($\Omega \ll \omega$) ist,

können die Bewegungsgleichungen (10.22) übernommen und im vorliegenden Fall wie folgt geschrieben werden:

$$
\begin{aligned}
A\,\ddot{\alpha} + H\,\dot{\beta} + d_1\,\dot{\alpha} + (c_1 + H\,\Omega_3)\,\alpha &= -A\,\dot{\Omega}_1 - H\,\Omega_2, \\
B\,\ddot{\beta} - H\,\dot{\alpha} + d_2\,\dot{\beta} + (c_2 + H\,\Omega_3)\,\beta &= -B\,\dot{\Omega}_2 + H\,\Omega_1.
\end{aligned}
\tag{15.1}
$$

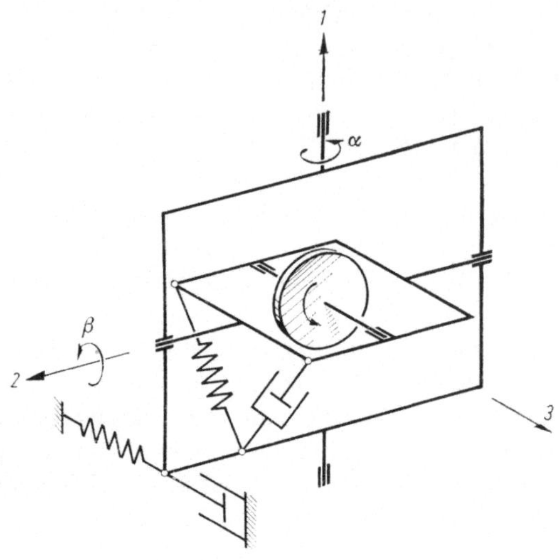

Abb. 15.1 Zweiachsig gefesselter und gedämpfter Kardankreisel als Modell eines Wendekreisels.

Dabei sind die Koordinaten $\Omega_1, \Omega_2, \Omega_3$ der Trägerdrehgeschwindigkeit als gegebene Funktionen der Zeit aufzufassen, so daß das Gleichungssystem (15.1) im allgemeinen Fall inhomogen ist und zeitveränderliche Koeffizienten besitzt. Spezielle Lösungen lassen sich natürlich stets zahlenmäßig ausrechnen, es ist jedoch schwierig, allgemeine Eigenschaften aus (15.1) zu erkennen. Deshalb werden die Gleichungen im folgenden auf die technisch interessanten Sonderfälle von Wendekreiseln zugeschnitten, deren Lösungen aufgestellt und gedeutet. Man erhält:

a) den Proportionalwendekreisel (P-Wendekreisel) mit $c_1 \to \infty$;

b) den integrierenden Wendekreisel (I-Wendekreisel) mit $c_1 \to \infty$, $c_2 = 0$ und d_2 groß;

c) den doppelt integrierenden Wendekreisel (I^2-Wendekreisel) mit $c_1 \to \infty$, $c_2 = 0$, $d_2 = 0$;

d) den differenzierenden Wendekreisel (D-Wendekreisel) mit großem c_1;

e) den *Fesselkreisel* (*strap-down-gyro*) mit $c_1 \to \infty$ und $c_2 \to \infty$.

15.2 Der Proportionalwendekreisel (P-Wendekreisel)

Im Grenzfall starrer Fesselung um die 1-Achse wird $c_1 \to \infty$ und
$\alpha = 0$. Dann bleibt von dem System (15.1) nur die zweite Gleichung
mit $H\,\dot{\alpha} = 0$ übrig. Wenn zunächst ein unbewegtes Bezugssystem
$\Omega_i = 0$ angenommen wird, dann reduziert sich die Bewegungsgleichung
auf

$$B\,\ddot{\beta} + d_2\,\dot{\beta} + c_2\,\beta = 0. \tag{15.2}$$

Daraus kann entnommen werden, daß die Eigenschwingungen $\beta(t)$ des
Innenrahmens vom Drall H unabhängig sind. Das darf jedoch nur als
Näherung betrachtet werden, da bereits geringfügige Verformungen
erheblichen Einfluß haben können. Aus den Untersuchungen von
Abschn. 9.2.2 folgt, daß die Eigenschwingungen des Wendekreisels bei
nachgiebigen Bauelementen dadurch gefunden werden können, daß
anstelle von $B = A^R + A^J + A^A$ der Ausdruck $B + H^2/c_1$ eingesetzt
wird [s. Gl. (9.21)]. Trotz der Größe von c_1 kann das Zusatzglied wegen
des Faktors H^2 einen nicht vernachlässigbaren Einfluß haben. Immerhin liegen die Eigenfrequenzen der praktisch ausgeführten Wendekreisel mit etwa 10 bis 60 Hertz so hoch und sind so gedämpft, daß man
in den meisten Fällen den Einschwingvorgang vernachlässigen, also
quasistatisch rechnen kann. Die so abzuleitenden Ergebnisse gelten dann
unter der zusätzlichen Voraussetzung, daß die normalerweise vorhandenen Frequenzen der Trägerdrehgeschwindigkeiten Ω eine erheblich
kleinere Grundfrequenz haben als die Eigenfrequenz des Wendekreisels.
Das ist bei den üblichen Drehgeschwindigkeiten der Träger (Flugzeuge,
Raumfahrzeuge) stets der Fall. Allerdings kann diese Voraussetzung
bei Vorhandensein von Vibrationen nicht erfüllt sein. Hierüber wird im
Abschn. 15.5 noch zu sprechen sein.

Bei quasistatischer Rechnung findet man nun aus (15.1/2) mit
$H\,\dot{\alpha} = 0$ für die Anzeige des P-Wendekreisels den Wert

$$\beta \approx \frac{H\,\Omega_1 - B\,\dot{\Omega}_2}{c_2 + H\,\Omega_3}. \tag{15.3}$$

Dieses Ergebnis sagt aus, daß alle drei Komponenten der Träger-
drehung Ω_i in β eingehen. Eine Betrachtung der Größenordnung der
einzelnen Glieder zeigt jedoch, daß vielfach $B\dot{\Omega}_2 \ll H\Omega_1$ und $H\Omega_3 \ll c_2$
angenommen werden kann. Dann bleibt als Näherung

$$\beta \approx \frac{H}{c_2}\,\Omega_1. \tag{15.4}$$

Diese Beziehung bedeutet, daß Kreiselmoment und Fesselmoment im Gleichgewicht sind. Der Winkel β wird als *Ausgangswert* des Wendekreisels und die innere Rahmenachse als *Ausgangsachse* bezeichnet. Die gestellfeste 1-Richtung heißt *Eingangsachse* oder *Meßachse*; Ω_1 ist der *Eingangswert*. In der Nullstellung des Innenrahmens stehen Eingangsachse, Ausgangsachse und Rotorachse jeweils rechtwinklig zueinander.

Als Ergebnis der hier angestellten Überlegungen kann festgehalten werden, daß der Ausgangswinkel β des P-Wendekreisels unter den genannten Voraussetzungen dem Eingangswert Ω_1 proportional ist. Die Empfindlichkeit des Gerätes wird durch den Faktor H/c_2 bestimmt. Durch großen Drall H und nicht zu starke Fesselung des Innenrahmens (kleines c_2) kann die Empfindlichkeit groß gemacht werden. Grenzen ergeben sich durch die gerätetechnischen Unvollkommenheiten, wie z. B. die Festreibung in der Rahmenlagerung. Immerhin ist es gelungen, so empfindliche P-Wendekreisel zu bauen, daß die Drehgeschwindigkeit der Erde damit nachgewiesen werden kann.

P-Wendekreisel werden in Flugzeugen meist zur Messung von Kurvendrehgeschwindigkeiten verwendet. Auf zwei Besonderheiten, die dabei auftreten, soll hier noch hingewiesen werden: die Abhängigkeit des Ausgangswertes β erstens von der im Kurvenflug stets vorhandenen Schräglage (Rollwinkel φ) des Flugzeuges sowie zweitens vom Drehsinn des Rotors. P-Wendekreisel werden meist so eingebaut, daß die Meßachse in die Hochachse und die Ausgangsachse in die Längsachse des Flugzeuges fallen. Dann entsprechen die $1, 2, 3$-Achsen des Kreisels

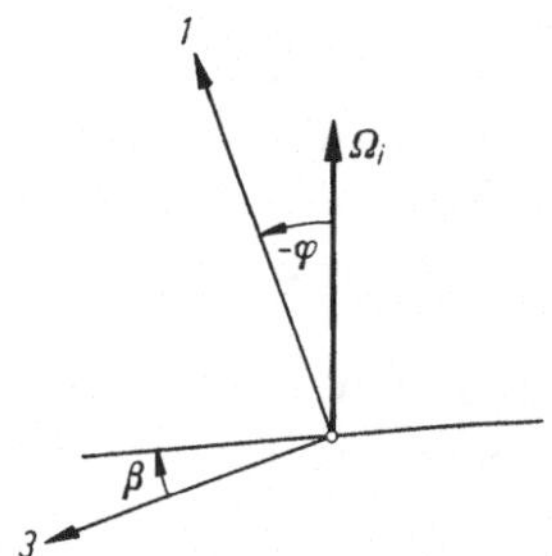

Abb. 15.2 Zur Berechnung des Wendekreiselverhaltens im Kurvenflug.

nach Abb. 15.1 den Achsen $3^F, 1^F, 2^F$ des Flugzeuges nach Abb. 9.1. Wenn das Flugzeug eine horizontale Linkskurve fliegt, dann ist der Vektor Ω_i vertikal nach oben gerichtet (Abb. 15.2). Wegen der Kurvenneigung φ des Flugzeuges erhält man für die Koordinaten von Ω_i im gestellfesten, also auch flugzeugfesten $1, 2, 3$-Bezugssystem

$$\Omega_i = (\Omega \cos\varphi, \, 0, \, \Omega \sin\varphi). \tag{15.5}$$

Als quasistatische Anzeige des Wendekreisels folgt somit nach (15.3)

$$\beta \approx \frac{H\,\Omega\,\cos\varphi}{c_2 + H\,\Omega\,\sin\varphi} \approx \frac{H\,\cos\varphi}{c_2}\,\Omega. \tag{15.6}$$

Die Anzeige hängt also von der Schräglage des Flugzeuges ab, und zwar so, daß der Proportionalitätsfaktor zwischen β und Ω wegen $\cos\varphi \leqq 1$ in jedem Falle verkleinert wird. Tatsächlich hängt aber diese Verkleinerung nicht allein von φ, sondern auch vom Drehsinn des Kreisels ab. Man erkennt dies aus der Tatsache, daß das Kreiselmoment

$$M_i^K = -\varepsilon_{ijk}\,\Omega_j\,H_k \tag{15.7}$$

den Betrag

$$M^K = M_2^K = H\,\Omega\,\sin\left(\frac{\pi}{2} - \varphi - \beta\right) = H\,\Omega\,\cos(\varphi + \beta) \tag{15.8}$$

besitzt. Nun haben die Winkel β und φ bei einem Kreisel mit Drallvektor nach rechts — in Flugrichtung gesehen — stets dasselbe Vorzeichen; zeigt der Vektor H_i nach links, dann sind die Vorzeichen verschieden, so wie dies z. B. in Abb. 15.2 skizziert ist. Im letztgenannten Falle ist es möglich, durch eine Abstimmung $\beta = -\varphi$ den Faktor $\cos(\beta + \varphi)$ zu Eins zu machen. Die Forderung nach Momentengleichgewicht zwischen Kreisel- und Fesselmoment führt dann gerade wieder auf (15.4).

Mit der Abstimmung $\beta = -\varphi$ ist zugleich auch die Möglichkeit gegeben, den Wendekreisel als Horizont (*Steuerzeiger*) zu verwenden. Wie aus Abb. 15.2 zu ersehen ist, bleibt dann tatsächlich die Rotorachse stets horizontal. Für eine scheinlotrichtig geflogene Kurve und $\varphi \ll 1$ läßt sich leicht ausrechnen, welche Bedingungen in diesem Fall erfüllt sein müssen. Mit der Flugzeuggeschwindigkeit v gilt bei scheinlotrichtigem Flug

$$\tan\varphi \approx \varphi = -\frac{v\,\Omega}{g}. \tag{15.9}$$

Andererseits gilt für den Wendekreiselausschlag die Beziehung (15.4). Die Forderung $\beta = -\varphi$ führt damit zu

$$H = \frac{c_2}{g}\,v. \tag{15.10}$$

Demnach müßte der Drall — und damit die Drehgeschwindigkeit des Rotors — proportional zur Fluggeschwindigkeit gewählt werden. Bei einem ausgeführten Gerät dieser Art wurde dies einfach dadurch erreicht, daß der Kreisel pneumatisch durch eine im Fahrtwind liegende Venturi-Düse angetrieben wurde. Da der Bereich der zulässigen Fluggeschwindigkeiten i. allg. eng begrenzt ist, ist eine derartige Näherung durchaus brauchbar.

Man kann die φ-Abhängigkeit der Ausgangsgröße eines Wendekreisels beseitigen, wenn man das Gerät mit in Flugrichtung liegender Drallachse einbaut. Dann hat man jedoch bei Auftreten von Nickwinkeln oder von Rollbeschleunigungen mit Anzeigefehlern zu rechnen.

15.3 Integrierende und differenzierende Wendekreisel

Die Ausgangswerte eines P-Wendekreisels lassen sich natürlich durch Anschalten eines Rechenwerkes mechanisch oder elektrisch integrieren und differenzieren. Man kann aber auch den Aufbau des Gerätes so gestalten, daß als neue Ausgangswerte unmittelbar die integrierten oder differenzierten Werte der früheren Ausgangswerte erscheinen. Eine integrierende Wirkung erhält man, wenn in (15.1) wie beim P-Wendekreisel $c_1 \to \infty$, also $\alpha \equiv 0$ und zusätzlich $c_2 = 0$ gewählt wird. Außerdem muß man dafür sorgen, daß der Dämpfungsbeiwert d_2 hinreichend groß ist. Dann lautet die Bewegungsgleichung

$$B \ddot{\beta} + d_2 \dot{\beta} + H \Omega_3 \beta = H \Omega_1 - B \dot{\Omega}_2. \tag{15.11}$$

Daraus erhält man bei stationärer Drehung des Bezugssystems ($\dot{\Omega}_i = 0$) als Gleichgewichtswert der Anzeige

$$\beta \approx \frac{\Omega_1}{\Omega_3}.$$

Dieser Wert kann i. allg. nicht als klein angesehen werden, wie dies für β vorausgesetzt war. Das Ergebnis besagt jedoch nichts anderes, als daß sich die Rotorachse im Gleichgewichtsfall wegen des Fehlens der β-Fesselung gleichsinnig parallel zu der in die 1, 3-Ebene fallenden Komponente von Ω_i einstellt.

Bei dem hier betrachteten *I-Wendekreisel* interessiert jedoch nicht der Gleichgewichtswert, sondern der Einschwingvorgang. Dafür folgt im quasistationären Fall (d. h. $B\dot{\Omega}_2 \ll H\Omega_1$) aus (15.11) die Gleichung

$$B \ddot{\beta} + d_2 \dot{\beta} \approx H \Omega_1 \tag{15.12}$$

mit der Lösung

$$\beta = \frac{H}{d_2} \Omega_1 - \left(\frac{H \Omega_1}{d_2} - \beta_0 \right) e^{-t/T_z}. \tag{15.13}$$

Dabei ist

$$T_z = \frac{B}{d_2} \tag{15.14}$$

eine Zeitkonstante, die das Abklingen des zweiten Terms von (15.13) ausdrückt. Wählt man d_2 entsprechend groß, dann wird T_z so klein, daß man in guter Näherung

$$\beta \approx \frac{H}{d_2} \Omega_1 \tag{15.15}$$

oder

$$\beta = \beta_0 + \frac{H}{d_2} \int \Omega_1 \, dt \tag{15.16}$$

schreiben kann. Die Beziehung (15.15) sagt aus, daß Kreiselmoment und Dämpfungsmoment im Gleichgewicht sind. Der Ausgangswert β nach (15.16) ist für $\beta_0 = 0$ dem Integral des Eingangswertes Ω_1 proportional. Für das zuvor schon behandelte Beispiel eines horizontalen Kurvenfluges mit $\Omega_1 = \Omega \cos\varphi$ und $\int \Omega \, dt = -(\psi - \psi_0)$ erhält man jetzt:

$$\beta = \beta_0 + \frac{H \cos\varphi}{d_2} (\psi_0 - \psi). \tag{15.17}$$

Mit $\beta_0 = \psi_0 = 0$ sind demnach Azimutwinkel ψ und Ausgangswinkel β zueinander proportional. Der für $\varphi \ll 1$ vorhandene Proportionalitätsfaktor H/d_2 wird als *Verstärkungsfaktor* bezeichnet. Man hat bei ausgeführten Geräten Verstärkungen bis zum etwa Hundertfachen erreichen können. Damit wird der I-Wendekreisel zu einem sehr empfindlichen Winkelmeßgerät. Die Schwierigkeiten der Abstimmung bestehen vor allem darin, daß mit kleiner werdender β-Dämpfung d_2 zwar die Verstärkung, zugleich aber auch die Zeitkonstante T_z nach (15.14) vergrößert wird.

Man muß also einen Kompromiß zwischen großer Verstärkung und einer durch den Einschwingvorgang möglichst unverzerrten Messung suchen. Selbstverständlich muß zur Bestimmung optimaler Parameter eine genauere Fehleranalyse herangezogen werden, die jedoch hier nicht behandelt werden soll. Es sei nur noch erwähnt, daß bei gebräuchlichen Ausführungsformen des I-Wendekreisels der Rotor in einem geschlossenen, zylindrischen Gehäuse eingeschlossen ist. Dieses Gehäuse schwimmt in einer Tragflüssigkeit, deren Viskosität zusammen mit der Spaltbreite zwischen Schwimmer und Gehäuse die Dämpfungsgröße d_2 bestimmt.

Mit $d_2 = 0$, also ohne jede β-Dämpfung, kann man den Wendekreisel zu einem doppelt-integrierenden Gerät (*I^2-Wendekreisel*) machen. in der Gl. (15.11) ist dann im wesentlichen Momentengleichgewicht zwischen dem Beschleunigungsmoment $B\ddot{\beta}$ und dem Kreiselmoment $H\Omega_1$ vorhanden, so daß näherungsweise

$$\ddot{\beta} \approx \frac{H}{B} \Omega_1 \tag{15.18}$$

gilt. Integriert ergibt dies

$$\beta \approx \beta_0 + \dot{\beta}_0 \, t + \frac{H}{B} \iint \Omega_1(t) \, dt^2. \tag{15.19}$$

Demnach ist der Ausgangswert β bei $\beta_0 = \dot{\beta}_0 = 0$ dem doppelten Integral des Eingangswertes Ω_1 proportional. Geräte dieser Art werden vor allem als empfindliche Nullinstrumente verwendet. Bei der technischen Verwirklichung wird meist ein Rotor in einem hermetisch abgeschlossenen Gehäuse verwendet, das durch ein reibungsarmes Gaslager getragen wird.

Wendekreisel mit differenzierender Wirkung (*D-Wendekreisel*) kann man erhalten, wenn dem Kreisel eine gewisse Freiheit der Drehung in α-Richtung gegeben wird. Dann hat man zwar ein System mit drei Freiheitsgraden nach Abb. 15.1 bzw. Gl. (15.1), aber die α-Fesselung (Beiwert c_1) soll groß sein. Im Grenzfall könnte man sich sogar eine weglose Kraftmessung denken. Die Auslenkung des Außenrahmens, d. h. der Winkel α, ist dann von der Ableitung $\dot{\Omega}_1$ der Eingangsgröße des Wendekreisels abhängig. Man erkennt das an der aus (15.4) folgenden Tatsache, daß einer Änderung von Ω_1 eine Änderung von β entspricht. Eine Winkelgeschwindigkeit β ergibt aber ein um die 1-Achse wirkendes Kreiselmoment von der Größe $H\beta$, das nur durch ein Fesselmoment $c_1\alpha$ des Außenrahmens kompensiert werden kann. Der Verdrehungswinkel α des Außenrahmens ist demnach zu β und damit auch zu $\dot{\Omega}_1$ proportional.

Genauer läßt sich das Verhalten des D-Wendekreisels aus den Gln. (15.1) ableiten. Dabei soll angenommen werden, daß nach (15.4) $\beta \approx (H/c_2)\,\Omega_1$ gilt. Wenn man nun auch für die α-Bewegung den Einschwingungsvorgang vernachlässigt, dann folgt aus (15.1/1)

$$c_1\,\alpha \approx -A\,\dot{\Omega}_1 - H(\Omega_2 + \beta). \tag{15.20}$$

Wegen (15.4) kann β eliminiert werden, so daß

$$\alpha \approx -\frac{1}{c_1}\left(A + \frac{H^2}{c_2}\right)\dot{\Omega}_1 - H\,\Omega_2 \tag{15.21}$$

gilt. Da normalerweise $A \ll H^2/c_2$ ist, kann der Ausdruck weiter vereinfacht werden:

$$\alpha \approx -\frac{H^2}{c_1\,c_2}\,\dot{\Omega}_1 - H\,\Omega_2. \tag{15.22}$$

Befindet sich der Wendekreisel auf einem horizontierten Träger, dann bleibt wegen $\Omega_2 = 0$ nur noch das Glied mit $\dot{\Omega}_1$ übrig. Dann hat man ein Gerät mit den beiden Ausgangsgrößen

$$\alpha \approx -\frac{H^2}{c_1\,c_2}\,\dot{\Omega}_1; \quad \beta \approx \frac{H}{c_2}\,\Omega_1. \tag{15.23}$$

Man kann den Abgriff des D-Wendekreisels auch so gestalten, daß nur eine Ausgangsgröße vorkommt, die dann als Linearkombination der beiden Ausgangswerte (15.23) erscheint. Bei einem ausgeführten Gerät dieser Art wurde das einfach dadurch erreicht, daß die Verdrehung des Innenrahmens nicht relativ zum Außenrahmen, sondern als Zeigerausschlag relativ zum Gerätegestell abgegriffen wurde (Abb. 15.3). Man erhält dann als Abgriffsgröße δ mit den rein geometrisch zu bestimmenden Konstanten k_1 und k_2

$$\delta_{PD} = k_1\,\beta + k_2\,\alpha \approx \frac{k_1\,H}{c_2}\,\Omega_1 - \frac{k_2\,H^2}{c_1\,c_2}\,\dot{\Omega}_1. \qquad (15.24)$$

Ein derartiger Kreisel wird als Mischwendekreisel oder *Mischkreisel* bezeichnet, weil die Ausgangsgröße eine Mischung von Funktionen der Eingangsgröße ist. Gl. (15.24) kennzeichnet einen *PD-Wendekreisel*.

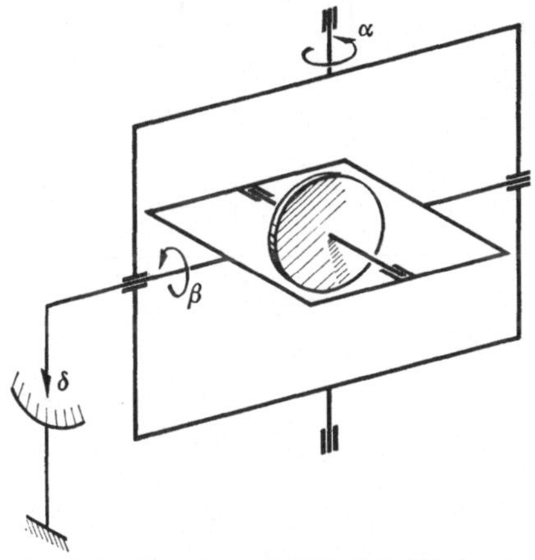

Abb. 15.3 Mischkreisel mit einem von Drehgeschwindigkeit und Drehbeschleunigung abhängigen Abgriff (PD-Wendekreisel).

Für eine Verwendung als Meßglieder in einer Dämpfungsregelung haben sich PI- und PID-Wendekreisel besonders bewährt (siehe z. B. [101]). Sie ersparen in vielen Fällen ein spezielles Mischglied im Regler, da die Mischung bereits im Meßgerät vorgenommen wird. Als Signalgleichung hat man für einen *PI-Wendekreisel*

$$\delta_{PI} = k_1\,\Omega_1 + k_2 \int \Omega_1\,dt, \qquad (15.25)$$

für einen *PID-Wendekreisel*

$$\delta_{PID} = k_1\,\Omega_1 + k_2 \int \Omega_1\,dt + k_3\,\dot{\Omega}_1. \qquad (15.26)$$

15.4 Ein Wendekreisel mit unsymmetrischem Rotor (U-Wendekreisel)

Ein seinem Funktionsprinzip nach sehr interessanter Wendekreisel soll hier noch erwähnt werden. Er arbeitet mit einem unsymmetrischen Rotor, so daß die Hauptträgheitsmomente A^R, B^R, C^R voneinander verschieden sind. Der sonstige Aufbau des Kreisels unterscheidet sich nicht von dem eines normalen P-Wendekreisels ohne Außenrahmen (Abb. 15.4).

Um die Wirkungsweise des Gerätes zu verstehen, soll hier vereinfachend angenommen werden, daß der Rahmen festgehalten wird, d. h., daß $\beta = 0$ gilt. Es interessiert nun das Moment M_2, das bei Drehungen $\Omega_i = (\Omega, 0, 0)$ des Bezugssystems mit konstantem Ω entsteht. Wenn die Rotorachse Hauptachse ist, dann gilt in *rotorfesten* Koordinaten

$$\omega_i = \begin{bmatrix} \Omega \cos\gamma \\ -\Omega \sin\gamma \\ \dot{\gamma} \end{bmatrix}; \quad H_i = \begin{bmatrix} A^R \Omega \cos\gamma \\ -B^R \Omega \sin\gamma \\ C^R \dot{\gamma} \end{bmatrix}. \tag{15.27}$$

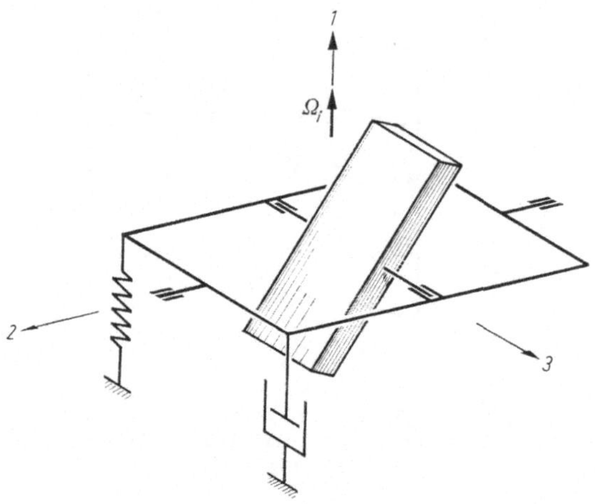

Abb. 15.4 Schema eines Wendekreisels mit unsymmetrischem Rotor.

Damit erhält man aus den Eulerschen Kreiselgleichungen das Reaktionsmoment [s. Gl. (3.3)]

$$-M_i^K = \frac{d'H_i}{dt} + \varepsilon_{ijk}\omega_j H_k = \begin{bmatrix} (B^R - A^R - C^R)\,\Omega\,\dot{\gamma}\,\sin\gamma \\ (A^R - B^R - C^R)\,\Omega\,\dot{\gamma}\,\cos\gamma \\ C^R \ddot{\gamma} + (A^R - B^R)\,\Omega^2\sin\gamma\cos\gamma \end{bmatrix}. \tag{15.28}$$

Für das Moment in der 2-Richtung hat man:

$$M_2 = M_1^K \sin\gamma + M_2^K \cos\gamma.$$

Mit (15.28) folgt daraus:

$$M_2 = H\Omega\left(1 - \frac{A^R - B^R}{C^R}\cos 2\gamma\right). \tag{15.29}$$

Das auch beim P-Wendekreisel mit symmetrischem Rotor vorhandene Moment $H\Omega$ ist hier von einem periodischen Anteil mit der doppelten Frequenz der Rotordrehung überlagert. Der Quotient $(A^R - B^R)/C^R$

ist ein Maß für die Schwankungsamplitude. Theoretisch kann dieser Quotient Werte zwischen -1 und $+1$ annehmen; die praktisch realisierbaren Werte liegen jedoch zwischen etwa $\pm 0{,}3$.

Man kann nun den Ausgang des Wendekreisels so ausbilden, daß man entweder in klassischer Weise den Mittelwert $H\Omega$ des Momentes (15.29) oder aber die Schwankungsamplitude $H\Omega(A^R - B^R)/C^R$ mißt. Der Mittelwert ist zwar stets größer als die Schwankungsamplitude, jedoch läßt sich die letztere leichter von Störungen befreien, wenn man die hier allein interessierende doppelte Frequenz des Rotorumlaufes herausfiltert. Das kann z. B. auch rein mechanisch dadurch geschehen, daß man die Eigenfrequenz des Rahmens auf diese Frequenz abstimmt oder besser noch, indem man einen auf eben diese Eigenfrequenz abgestimmten Zusatzschwinger ankoppelt.

Bei einer genaueren Fehlertheorie des U-Wendekreisels, die von SORG [102] durchgeführt wurde, sind als Störeinflüsse Verformungen des Rotors, Kugellagereffekte, Drehzahlschwankungen, Verstimmungen und Reibungserscheinungen untersucht worden. Durch Versuche konnte die Brauchbarkeit des Meßprinzips zwar nachgewiesen werden, jedoch hat sich der U-Wendekreisel wegen seines komplizierten Aufbaues und der etwas diffizilen Abstimmung bisher nicht durchzusetzen vermocht.

15.5 Der Einfluß von Vibrationen auf das Verhalten eines Wendekreisels

Zwei Arten von Schwingungseffekten, die auch bei Wendekreiseln auftreten können, wurden bereits im Abschn. 11.4 besprochen: die Auswirkung der Rahmenträgheit und der Einfluß der elastischen Nachgiebigkeit der Konstruktionselemente. Fehlweisungen eines Wendekreisels sind möglich, wenn der Rahmen (oder das Rotorgehäuse) nicht dynamisch gewuchtet ist, wenn also die Rahmenachse nicht Hauptträgheitsachse ist. Erzwungene Drehschwingungen des Gestells führen dann zu Drehschwingungen des Rahmens, deren Mittellage nicht mit der Ruhelage zusammenfallen muß. Es kann vielmehr eine Gleichrichtung stattfinden, die sich letztlich als Fehlanzeige bemerkbar macht. Die elastische Nachgiebigkeit der Bauteile wirkt sich vor allem aus, wenn das Gerätegestell translatorisch schwingt. Auch hierbei können Gleichrichtereffekte auftreten, wenn Erschütterungsrichtung und Verschiebungsrichtung nicht übereinstimmen.

Ein für Wendekreisel und allgemein für alle Drehgeschwindigkeitsmeßgeräte typischer Effekt soll hier noch erklärt werden. Es handelt sich um einen ausschließlich kinematisch bedingten Anzeigefehler, den man als *Taumelfehler* (*coning error*) bezeichnet hat. Er läßt sich nach einem von GOODMAN und ROBINSON [103] angegebenen kinematischen Satz berechnen.

Es seien nach Abb. 15.5 ein raumfestes $1, 2, 3$-Bezugssystem und ein bewegtes $1', 2', 3'$-System mit dem gemeinsamen Ursprungspunkt O betrachtet. Das $1', 2', 3'$-System befinde sich zur Zeit $t = 0$ in der gezeichneten Lage. Die $3'$-Achse soll nun für $t > 0$ so bewegt werden, daß ihr Durchstoßpunkt durch die um O gelegte Einheitskugel in der Zeit T eine geschlossene Kurve K durchläuft, die eine Fläche A einschließt. Nach einmaligem Umfahren der Kurve K nimmt die $3'$-Achse wieder die Anfangsrichtung ein; die $1'$- und $2'$-Achsen haben jedoch

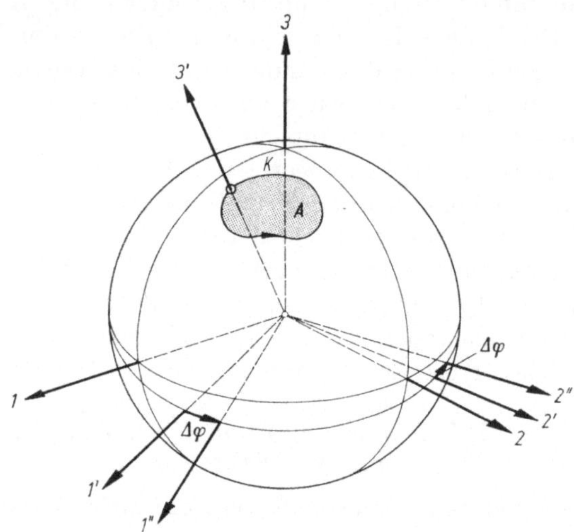

Abb. 15.5 Zur Berechnung des Taumelfehlers (coning error); Drehung eines $1',2',3'$-Systems bei Führung der $3'$-Achse längs einer geschlossenen Kurve K.

neue Richtungen, die mit $1''$ und $2''$ bezeichnet wurden. Gefragt wird nach dem Winkel $\Delta\varphi$ zwischen der $1'$- und der $1''$-Achse bzw. zwischen der $2'$- und der $2''$-Achse.

Zur Lösung dieser kinematischen Aufgabe verwenden wir die Euler-Winkel ψ, ϑ, φ nach Abb. 1.23. Durch die Bewegung der $3'$-Achse sind $\psi(t)$ und $\vartheta(t)$ vorgegebene Funktionen der Zeit mit $\psi(T) = \psi(0)$ und $\vartheta(T) = \vartheta(0)$. Gesucht wird $\Delta\varphi = \varphi(T) - \varphi(0)$, das aus der kinematischen Beziehung (1.49/3)

$$\omega_3' = \dot\varphi + \dot\psi\cos\vartheta \tag{15.30}$$

berechnet werden kann. In (15.30) ist ω_3' die Winkelgeschwindigkeit, die ein im bewegten System befindliches ω-Meßgerät mit der $3'$-Achse als Meßachse registriert. Durch Integration folgt

$$\int\limits_0^T \omega_3'\, dt = \int d\varphi + \int \cos\vartheta\, d\psi = \Delta\varphi + \int\limits_0^{2\pi} \cos\vartheta\, d\psi. \tag{15.31}$$

Durch Einführen der Fläche A soll dies umgeformt werden. Man erkennt aus Abb. 15.6 die Beziehung

$$dA = d\psi \int\limits_0^\vartheta \sin\vartheta \, d\vartheta = (1 - \cos\vartheta) \, d\psi,$$

also

$$A = \int\limits_0^{2\pi} (1 - \cos\vartheta) \, d\psi = \Delta\psi - \int\limits_0^{2\pi} \cos\vartheta \, d\psi. \qquad (15.32)$$

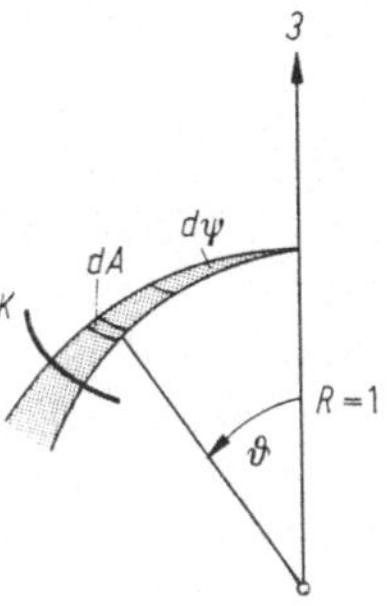

Abb. 15.6 Zur Berechnung der von der Kurve K eingeschlossenen Fläche A.

Darin ist entweder $\Delta\psi = \Delta\psi(2\pi) - \Delta\psi(0) = 0$, wenn die Kurve K den Pol der Einheitskugel (Durchstoßpunkt der 3-Achse) nicht umschließt, oder es gilt

$$\Delta\psi = \pm 2n\,\pi, \qquad (15.33)$$

wenn die 3'-Achse die 3-Achse n-mal im positiven (negativen) Sinn umfährt. Setzt man nun (15.32) mit (15.33) in (15.31) ein, dann folgt

$$\Delta\varphi = \int\limits_0^T \omega_3' \, dt + A \mp 2n\,\pi. \qquad (15.34)$$

Diese kinematische Beziehung soll auf zwei Beispiele angewandt werden.

Zunächst betrachten wir eine horizontierte Plattform, die durch einen Wendekreisel (oder irgendein anderes ω-Meßgerät) so gesteuert wird, daß stets $\omega_3' \equiv 0$ ist. Dann dreht sich die Plattform relativ zur Erde um die Vertikale. Ist die Plattform ortsfest auf der Erde, dann ist der Winkel, um den sie sich im Laufe eines Tages (genauer: Sterntages) um die Vertikale dreht, durch

$$\Delta\varphi = A - 2\pi$$

gegeben. Da A die Fläche des Kugelabschnittes ist, die zu $\vartheta = \vartheta_0$ gehört, ergibt sich

$$\Delta\varphi = 2\pi(1 - \cos\vartheta_0) - 2\pi = -2\pi \cos\vartheta_0. \qquad (15.35)$$

29*

Das ergibt am Pol ($\vartheta_0 = 0$) den Wert $\Delta \varphi = -2\pi$; am Äquator ($\vartheta_0 = \pi/2$) $\Delta \varphi = 0$ und für $\vartheta_0 = 60°$ (geografische Breite von $30°$) den Wert $\Delta \varphi = -\pi = -180°$.

Als zweites Beispiel sei ein P-Wendekreisel mit den Achsbezeichnungen von Abb. 15.1 betrachtet. Das Gestell des Gerätes möge einer Zwangsschwingung unterworfen sein, deren Drehgeschwindigkeitsvektor Ω_i in der 1, 3-Ebene liegen soll (Abb. 15.7). Mit der Winkelgeschwindigkeitsamplitude Ω_{i0} und der Frequenz ν soll gelten:

$$\Omega_i = \Omega_{i0} \cos \nu t = (\Omega_{10} \cos \nu t, 0, \Omega_{30} \cos \nu t). \qquad (15.36)$$

Die Eigenbewegung des Rahmens, also die Funktion $\beta(t)$, muß nun mit Hilfe der Gl. (15.1/2) berechnet werden. Die Lösung dieser inhomogenen, linearen Differentialgleichung mit periodischen Koeffizienten kann recht schwierig sein. Um das Prinzip der Fehlanzeige des Wendekreisels zu erklären, soll hier jedoch vereinfachend angenommen werden, daß $\beta(t)$ so berechnet werden kann, wie dies in (15.4) für einen ungestörten, idealen P-Wendekreisel angegeben wurde. Dann ist

$$\beta(t) \approx \frac{H}{c_2} \Omega_{10} \cos \nu t. \qquad (15.37)$$

Um diesen Winkel β schwingt auch die effektive Meßachse des Wendekreisels, die rechtwinklig zu Rotor- und Rahmenachse steht. Da jedoch das Gerätegestell auch um die 3-Achse schwingt, beschreibt die effektive

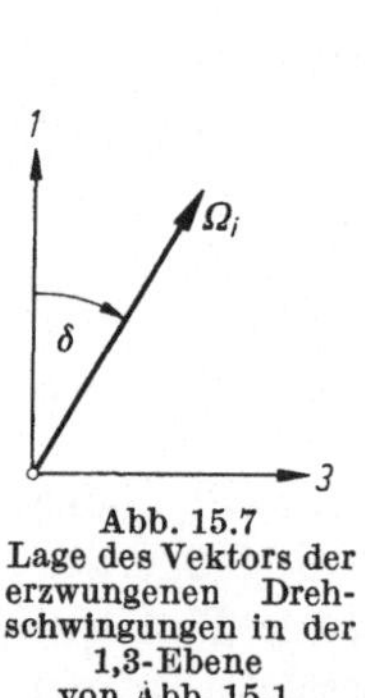

Abb. 15.7
Lage des Vektors der erzwungenen Drehschwingungen in der 1,3-Ebene von Abb. 15.1.

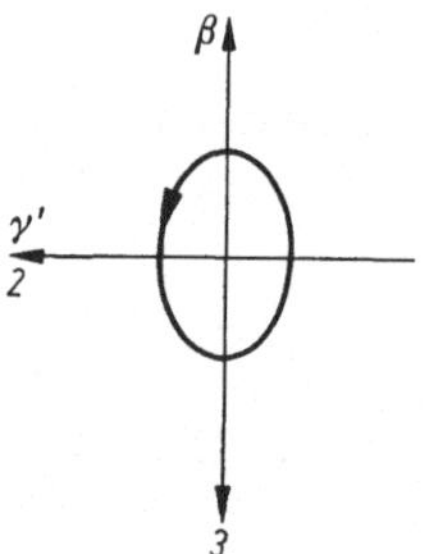

Abb. 15.8
Bahn eines Punktes der effektiven Meßachse bei Schwingungen des Gestells nach (15.36).

Meßachse eine solche Bewegung im Raum, daß ein Punkt dieser Achse eine ellipsenähnliche Kurve (Abb. 15.8) beschreibt. Der Winkel γ' der Gestelldrehung um die 3-Achse ist dabei (für $\gamma' \ll 1$)

$$\gamma' = \int_0^T \Omega_3 \, dt = \frac{\Omega_{30}}{\nu} \sin \nu t. \qquad (15.38)$$

Um die Fehlanzeige des Wendekreisels zu finden, wird nun die Formel (15.34) angewendet. Es wird eine Vollschwingung betrachtet, die in der Zeit $T = 2\pi/\nu$ erfolgt. Da das Gestell nach einer Schwingung wieder die frühere Lage einnimmt, ist jetzt $\Delta\varphi = 0$. Außerdem ist $n = 0$, da bei den gewählten Winkeln (γ' entspricht ψ, β entspricht $90 - \vartheta$) nur ein Umfahren der 3-Achse zu $n \neq 0$ führen würde. Also gilt im vorliegenden Fall

$$\int_0^T \omega_3' \, dt = -A\,.$$

Die von der effektiven Meßachse umfahrene Fläche A ergibt sich mit (15.37) und (15.38) zu

$$A = \int_0^T \beta \, d\gamma' = \int_0^T \beta \, \Omega_3 \, dt = \frac{H\,\Omega_{10}\,\Omega_{30}}{c_2} \int_0^T \cos^2\nu\, t \, dt = \frac{\pi\,H\,\Omega_{10}\,\Omega_{30}}{\nu\,c_2}\,.$$

Die über eine Gestellschwingung gemittelte und vom Wendekreisel angezeigte Drehgeschwindigkeit ist nun

$$\overline{\omega_3'} = -\frac{A}{T} = -\frac{H\,\Omega_{10}\,\Omega_{30}}{2\,c_2}\,. \tag{15.39}$$

Nimmt man an, daß der Vektor Ω_i mit der 1-Achse den Winkel δ (Abb. 15.7) einschließt, dann ist

$$\Omega_{10} = \Omega_0 \cos\delta; \qquad \Omega_{30} = \Omega_0 \sin\delta,$$

so daß (15.39) auch in der Form

$$\overline{\omega_3'} = -\frac{H\,\Omega_0^2 \sin 2\delta}{4\,c_2} \tag{15.40}$$

geschrieben werden kann. Häufig interessiert die Abhängigkeit von der Winkelamplitude Φ der Gestellschwingung. Dann kann man mit $\Omega_0 = \Phi\,\nu$ umformen in

$$\overline{\omega_3'} = -\frac{H\,\Phi^2\,\nu^2 \sin 2\delta}{4\,c_2}\,. \tag{15.41}$$

Da das Gerätegestell nur schwingt, aber im Mittel nicht um die Meßachse dreht, müssen die Größen nach (15.39), (15.40) oder (15.41) als Anzeige*fehler* (Taumelfehler, coning error) bezeichnet werden.

Genauere Untersuchungen über die hier betrachteten Anzeigefehler wurden von mehreren Autoren, insbesondere von SCHWEITZER [104], durchgeführt. Dabei zeigte es sich, daß die Größe der Fehlanzeige in recht komplizierter Weise von Erschütterungsrichtung, Erschütterungsstärke und von den Parametern des Wendekreisels abhängt. Liegt die Richtung des Erregervektors Ω_i parallel zur Rahmenachse, dann tritt kein Fehler auf. Andererseits werden die Fehler besonders groß, wenn Ω_i in die 1, 3-Ebene fällt. Wenn die Erschütterungsfrequenz in der Nähe der Eigenfrequenz des Wendekreisels liegt, dann können Resonanzerscheinungen zu sehr großen Fehlern führen.

Die Anzeigefehler hängen auch vom Typ des Wendekreisels ab. So würde z. B. ein idealer I-Wendekreisel bei einer Gestellschwingung nach (15.36) keinen Fehler besitzen, weil seine Anzeige wegen (15.16) durch

$$\beta \approx \frac{H\,\Omega_{10}}{d_2\,\nu}\sin\nu\,t \tag{15.42}$$

gegeben ist. Zusammen mit (15.38) erhält man dann eine Bewegung der effektiven Meßachse längs einer Geraden nach Abb. 15.9 anstelle

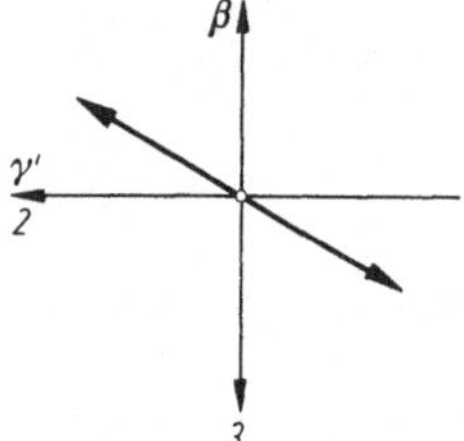

Abb. 15.9 Bahn eines Punktes der effektiven Meßachse eines I-Wendekreisels bei Drehschwingungen des Gestells nach (15.36).

der Bewegung nach Abb. 15.8 bei dem idealen P-Wendekreisel. Wegen $A = 0$ hat der I-Wendekreisel dann auch keinen Anzeigefehler. Wenn jedoch die Gestellschwingungen um 1- und 3-Achsen phasenverschoben sind, wenn also anstelle der reinen Drehschwingungen Taumelbewegungen auftreten, dann gibt es auch beim I-Wendekreisel Anzeigefehler.

Da die Bewegungsgleichungen (15.1) bei Vorhandensein von Gestellschwingungen periodische Koeffizienten besitzen, können parametererregte Schwingungen auftreten, die sich der Anzeige überlagern. Die Stabilität der Gleichgewichtslagen muß daher gesondert untersucht werden. Tatsächlich konnte SCHWEITZER [104] nachweisen, daß die Anzeige des Wendekreisels unter bestimmten Bedingungen instabil werden kann.

16. Trägheitsplattformen

Trägheitsplattformen sind kreiselstabilisierte Plattformen, die in der Technik der Trägheitsnavigation verwendet werden. Ihr prinzipieller Aufbau sowie die wichtigsten Eigenschaften dieser Geräte sollen hier besprochen werden, ohne auf die konstruktiven Varianten und die recht schwierigen technologischen Fragen der Realisierung genauer einzugehen. Auch bezüglich der Fehlertheorie muß auf das umfangreiche Spezialschrifttum verwiesen werden (z. B. DRAPER-WRIGLEY-HOVORKA [105], FERNANDEZ-MACOMBER [78] oder BROXMEYER [106]).

Zur Terminologie soll hier noch auf folgendes hingewiesen werden: Unter einer *Plattform im allgemeinsten Sinn* versteht man oft das gesamte Gerät, also einen Lagemeßgeber, der die Orientierung eines mit dem äußeren Gestell verbundenen Koordinatensystems gegenüber einem Bezugssystem festzustellen gestattet. *Im engeren Sinne* — und so soll der Ausdruck hier i. allg. gebraucht werden — versteht man unter der Plattform dasjenige Bauelement des Lagemeßgebers, das als gerätetechnische Verkörperung des Bezugssystems aufgefaßt werden kann. Für dieses Bauelement mit den auf ihm angebrachten Kreiselgeräten wird manchmal der Ausdruck *Kern der Plattform* verwendet.

16.1 Die Grundgedanken der Trägheitsnavigation

Als Trägheitsnavigation bezeichnet man eine Methode der Ortsbestimmung, die sich des Trägheitsgesetzes bedient. Da hierbei keinerlei Informationen von außen, z. B. durch optische Beobachtung oder durch Funk, benötigt werden, handelt es sich um ein völlig autonomes Verfahren. Gemessen und verarbeitet werden die im bewegten Fahrzeug (Träger) meßbaren Beschleunigungen. Durch Integration der Meßwerte werden die Geschwindigkeiten, durch nochmalige Integration die zurückgelegten Wegstrecken erhalten. So einfach dieser Gedanke ist, so schwierig ist es jedoch, auf dieser Grundlage ein für die Praxis brauchbares Gerät zu schaffen. Der Hauptgrund hierfür ist in der Erkenntnis zu sehen, daß es prinzipiell unmöglich ist, zwischen Schwerebeschleunigungen und Trägerbeschleunigungen zu unterscheiden. Wenn die Beschleunigungsmesser nur die Trägerbeschleunigungen messen sollen, dann müssen die Anteile der Schwerebeschleunigung entweder rechnerisch oder gerätetechnisch erfaßt und kompensiert werden. Bei Bewegungen des Trägers auf der Erdoberfläche kann das so geschehen, daß die Meßachsen genau horizontal ausgerichtet werden. Wegen Erddrehung und Trägerbewegung muß dann die Plattform, auf der die Beschleunigungsmesser montiert sind, so nachgedreht werden, daß sie horizontal bleibt. Geschieht das nicht, dann müssen die mitgemessenen Anteile der Schwerebeschleunigung bei der Weiterverarbeitung der Meßdaten rechnerisch eliminiert werden. Je nach dem Arbeitsprinzip, für das man sich entscheidet, sind verschiedene Typen von Trägheitsplattformen möglich und auch verwirklicht worden:

1. Bei den *geometrischen Systemen* wird die Plattform so stabilisiert, daß ihre Absolutdrehungen gleich Null sind. Dann bleibt die Orientierung der Plattform in einem Inertialsystem unverändert. Bei speziellen Systemen dieser Art wird ein Rahmen um die im Inertialsystem konstante Richtung der Erdachse mit Hilfe eines Zeitschaltmotors genau mit der Erddrehgeschwindigkeit ω^E gedreht, so daß der Rahmen stets parallel zu einer Meridianebene bleibt.

2. Bei den *analytischen Systemen* werden Kreisel und Beschleunigungsmesser fest im Träger montiert. Die Drehgeschwindigkeiten des Trägers werden durch die Kreisel, die Translationsbeschleunigungen durch die Beschleunigungsmesser erfaßt. Ein Rechner kann daraus die Trägerbewegung und damit auch den jeweiligen Ort des Trägers relativ zur Erde (oder relativ zu anderen Himmelskörpern) bestimmen.

3. Zwischen den beiden unter 1 und 2 genannten Systemen gibt es eine Anzahl von Übergangsformen, die man als *halbanalytische Systeme* bezeichnet hat. Dabei wird die Plattform mit den Beschleunigungsmessern horizontal geführt, z. T. sogar so, daß die Plattform nach dem erdgebundenen Koordinatensystem Nord-West-Zenit ausgerichtet wird. Bei anderen Plattformen dieser Art wird die Drehung um die Vertikalrichtung zu Null gemacht.

Bei allen drei Systemen sind Rechner notwendig, um die Ortskoordinaten des bewegten Trägers auszurechnen. Aber der Rechenaufwand ist sehr unterschiedlich; er ist besonders hoch bei den analytischen Systemen. Man kann sagen, daß hierbei ein Teil der konstruktiv-mechanischen Schwierigkeiten auf Kosten eines aufwendigeren Rechenprogramms umgangen wird. Jedoch werden dabei auch an die Genauigkeit der Beschleunigungsmesser und der Kreisel ganz besonders hohe Anforderungen gestellt.

Je nach Aufbau und Funktion sind die Plattformen in zwei, drei oder auch vier Rahmen (mit drei, vier oder fünf Achsen) gelagert, damit eine volle Drehfreiheit vorhanden ist. An sich reichen hierzu zwei Rahmen oder drei Achsen aus. Die zusätzlichen Rahmen haben entweder den Zweck, den Zustand der Rahmensperre zu vermeiden, oder aber es soll eine zwangsläufige Führung eines Rahmens, z. B. wie unter 1 erwähnt, erreicht werden. Bei der Anordnung der Rahmen wird außerdem angestrebt, die zu messenden Winkelwerte mit möglichst geringen kinematischen Kardanfehlern zu messen. Bei einem Flugzeug kann man z. B. die genormten Lagewinkel (s. [107]) Gierwinkel, Nickwinkel und Rollwinkel fehlerfrei messen, wenn die Reihenfolge der Rahmen von der Plattform aus gezählt wie folgt gewählt wird: Gierrahmen, Nickrahmen, Rollrahmen. Jedoch können auch andere Gesichtspunkte von Bedeutung sein. So kann die Art der voraussichtlichen Trägerbewegungen zur Folge haben, daß bestimmte Rahmenanordnungen günstiger sind. Infolge der Rahmenbewegungen werden ja Reaktionsmomente auf die Plattform übertragen, die zu Fehlern führen können. Man wählt dann diejenige Anordnung, bei der diese Fehler möglichst klein bleiben.

Die Genauigkeit der Meßgeräte, also Beschleunigungsmesser und Kreisel, ist für die Funktion einer Trägheitsplattform von entscheidender Bedeutung. Ein konstanter Fehler in der Beschleunigungsmessung würde wegen der zweimaligen Integration zu einem quadratisch mit der Zeit anwachsenden Fehler in der Ortsbestimmung führen. Man kann sich leicht überlegen, daß dadurch jede über längere Zeiten, d. h. mehrere Stunden andauernde Trägheitsnavigation mit tragbarer Genauigkeit illusorisch würde. Tatsächlich ist es jedoch möglich, durch geeignete Abstimmung der Plattformen das Anwachsen der Fehler in Grenzen zu halten. Davon wird im Abschn. 16.4 zu berichten sein.

Bei den Kreiseln der Plattform muß darauf geachtet werden, daß bei Wendekreiseln die Nullpunktsfehler der Drehgeschwindigkeitsmessung, bei Lagekreiseln die Driftgeschwindigkeiten klein bleiben. Da die Plattform durch die Kreisel geführt wird, übertragen sich die Kreiselfehler unmittelbar auf die Plattform. Tatsächlich ist die Verringerung der unerwünschten, aber nicht völlig vermeidbaren Drift von Kreiseln und Plattformen eines der Hauptprobleme bei der Realisierung praktisch verwendbarer Trägheitsnavigationsgeräte.

16.2 Einachsige Plattformen

Als Meßfühler von Plattformen kann man entweder Lagekreisel oder Wendekreisel verwenden. Bei einer dreiachsig stabilisierten Plattform benötigt man mindestens zwei Lagekreisel oder mindestens drei Wendekreisel. Selbstverständlich können auch Kombinationen von beiden verwendet werden. Welche der möglichen Anordnungen den Vorzug verdient, läßt sich allgemein kaum entscheiden, weil die Anforderungen auch von dem vorgesehenen Aufgabenbereich einer Plattform abhängen. Verständlicherweise hängt die Leistungsfähigkeit einer Plattform in hohem Grade von dem technologischen Aufwand und damit vom Preis ab. Einige systembedingte Unterschiede im Verhalten der beiden Haupttypen von Plattformen, die sich bereits am einfachen Modell einer nur in einer Achse stabilisierten Plattform erklären lassen, sollen im folgenden untersucht werden.

16.2.1 Die einachsige Plattform mit I-Wendekreisel. Den prinzipiellen Aufbau zeigt Abb. 16.1. Auf der um die 1-Achse drehbar gelagerten Plattform P ist ein Wendekreisel so montiert, daß seine Eingangsachse in die 1-Richtung fällt. Das Gesamtsystem ist gleichartig

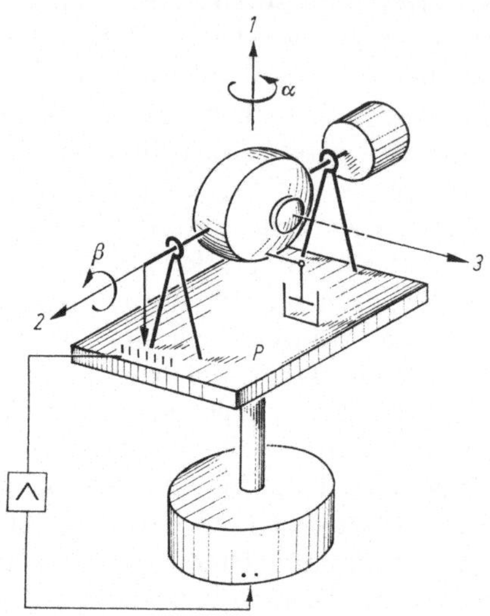

Abb. 16.1 Einachsig stabilisierte Plattform mit Wendekreisel.

aufgebaut wie der bereits im Abschn. 14.3.1 betrachtete Ein-Kreisel-Stabilisator. Es ist lediglich der frühere Außenrahmen durch die Plattform P ersetzt worden; außerdem hat der Stützmotor auf der 2-Achse eine andere Funktion. Nimmt man an, daß Störmomente nur auf die Plattform, nicht aber auf den Kreisel wirken ($M_2^S = 0$), dann erhält man analog zu (14.20) die folgenden Bewegungsgleichungen für die Plattform nach Abb. 16.1:

$$A\,\ddot{\alpha} + H\,\dot{\beta} = M_1^S + M_1^K = M_1^S - k\,\beta,$$
$$B\,\ddot{\beta} - H\,\dot{\alpha} + d\,\dot{\beta} = M_2^K. \tag{16.1}$$

Für das Kontrollmoment M_1^K ist dabei ein ideal arbeitender Regler mit dem Verstärkungsfaktor k angenommen worden, so daß $M_1^K = -k\,\beta$ gilt. Bei einer genaueren Analyse muß dieses System noch durch die Reglergleichung ergänzt werden, die die Trägheit des Stützkreises ausdrückt. Darauf soll jedoch hier verzichtet werden.

Das statische Verhalten des Systems bei konstanten Werten von M_1^S und M_2^K kann aus den Gleichgewichtswerten

$$\beta_0 = \frac{M_{10}^S}{k}; \quad \dot{\alpha}_0 = -\frac{M_{20}^K}{H} \tag{16.2}$$

ersehen werden: Störmomente um die 1-Achse führen zu einer β-Auslenkung; Momente um die 2-Achse ergeben eine Auswanderungsgeschwindigkeit $\dot{\alpha}$ um die 1-Achse. Tatsächlich wird das Kontrollmoment M_2^K dazu verwendet, gewollte Richtungsänderungen $\Delta\alpha$ durchzuführen.

Für das dynamische Verhalten erhält man im Prinzip dieselben Ergebnisse, wie sie bereits in Abschn. 14.3.1 für Kreiselstabilisatoren abgeleitet wurden. Aus der für $M_1^S = M_2^K = 0$ geltenden charakteristischen Gleichung von (16.1)

$$\lambda(A B \lambda^3 + A d \lambda^2 + H^2 \lambda + H k) = 0 \tag{16.3}$$

folgt als einzige Stabilitätsbedingung

$$A H(H d - B k) > 0, \tag{16.4}$$

die der früheren Bedingung (14.25/1) entspricht. Man erkennt daraus, daß die Größe des Verstärkungsfaktors k vor allem durch die Größe von Drall und Dämpfung begrenzt wird:

$$k < \frac{H d}{B}. \tag{16.5}$$

Bei den Dämpfungswerten d, die üblicherweise bei integrierenden Wendekreiseln vorhanden sind, ist die Einschränkung (16.5) für k nicht sehr einschneidend. Allerdings werden spezielle stabilisierende Maßnahmen im Stützkreis notwendig, wenn mit besonders großen Verstärkungen gearbeitet werden soll oder wenn d sehr klein ist, wie dies bei doppelt integrierenden Wendekreiseln der Fall ist.

16.2.2 Die einachsige Plattform mit Lagekreisel. Das Schema des Gerätes zeigt Abb. 16.2. Die äußere Rahmenachse des Lagekreisels fällt in die 1-Richtung. Wenn der Kreiselrahmen um diese Achse um einen Winkel α gegenüber einem Inertialsystem dreht und die Plattform um die gleiche Achse einen Drehwinkel δ (ebenfalls gegenüber dem Inertialsystem) hat, dann wird am Abgriff des Kreisels der Differenzwinkel $\delta - \alpha$ gemessen. Dieser Wert wird über einen Verstärker auf den Momentenerzeuger für die 1-Achse der Plattform gegeben, so daß ein Moment $M_1^{KP} = -k(\delta - \alpha)$ auf die Plattform ausgeübt wird. Wenn mit Θ das Trägheitsmoment der Plattform, mit d_1 der Dämpfungsbeiwert der Relativbewegung von Außenrahmen und Plattform und mit d_2 der Dämpfungsbeiwert für die Bewegung um die innere Rahmenachse bezeichnet werden, dann lassen sich die Bewegungsgleichungen in der Form schreiben:

$$\Theta\,\ddot{\delta} - d_1(\dot{\delta} - \dot{\alpha}) = M_1^{SP} + M_1^{KP} = M_1^{SP} - k(\delta - \alpha),$$
$$A\,\ddot{\alpha} + H\,\beta + d_1(\dot{\alpha} - \dot{\delta}) = 0, \qquad\qquad (16.6)$$
$$B\,\ddot{\beta} - H\,\dot{\alpha} + d_2\beta = M_2^K.$$

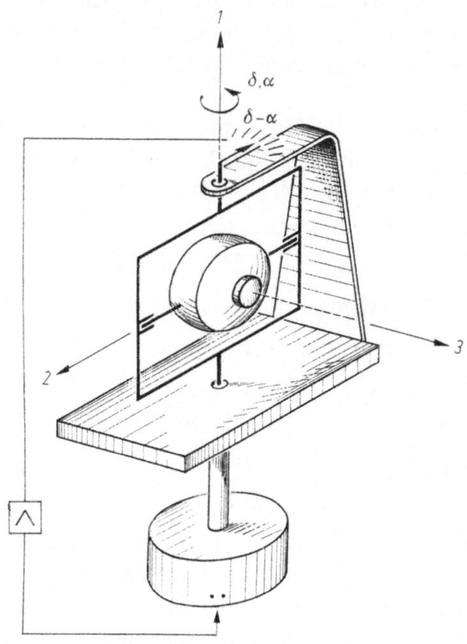

Abb. 16.2 Einachsig stabilisierte Plattform mit Lagekreisel.

Das statische Verhalten für den Fall konstanter Momente M_1^{SP} und M_2^K ist wieder aus den Gleichgewichtswerten

$$(\delta - \alpha)_0 = \frac{M_1^{SP}}{k}\,; \quad \dot{\alpha}_0 = -\frac{M_2^K}{H}\,; \quad \beta_0 = 0 \qquad (16.7)$$

zu erkennen. Zum Unterschied von (16.2) führt jetzt ein Störmoment M_1^{SP} zu einer Differenz $(\delta - \alpha)_0$ zwischen Plattform und Außenrahmen. Das Moment M_2^K ergibt — wie zuvor — eine Abwanderungsgeschwindigkeit $\dot{\alpha}_0$ des Kreisels. Die Plattform folgt dem Kreisel mit der Winkelverzögerung $(\delta - \alpha)_0$.

Das Stabilitätsverhalten kann aus der charakteristischen Gleichung des Systems (16.6) entnommen werden. Man erhält:

$$\begin{vmatrix} \Theta\,\lambda^2 + d_1\lambda + k & -d_1\lambda - k & 0 \\ -d_1\lambda & A\,\lambda^2 + d_1\lambda & H\,\lambda \\ 0 & -H\,\lambda & B\,\lambda^2 + d_2\lambda \end{vmatrix} = 0,$$

oder

$$\lambda^2\{\lambda^4 A B \Theta + \lambda^3 (A B d_1 + \Theta A d_2 + \Theta B d_1) +$$
$$+ \lambda^2 (A B k + \Theta d_1 d_2 + A d_1 d_2 + H^2 \Theta) + \lambda (A d_2 k + H^2 d_1) + H^2 k\} = 0.$$

$$(16.8)$$

Daraus ist zu erkennen, daß ein ungedämpftes System mit $d_1 = d_2 = 0$ bestenfalls auf dem Rande des Stabilitätsgebietes liegen kann, weil dann die Faktoren von λ und λ^3 verschwinden. Zur Verbesserung des Stabilitätsverhaltens muß deshalb eine gewisse Dämpfung eingeführt werden. Sie wird in der Praxis meist dadurch erreicht, daß das Rotorgehäuse in einem Ölbad geeigneter Viskosität schwimmend gelagert wird.

Außerdem interessiert vor allem der Einfluß des Verstärkungsfaktors k. Er läßt sich aus den weiteren Stabilitätsbedingungen für (16.8) bestimmen und sogar allgemein qualitativ entnehmen. Nach den Stabilitätsbedingungen müssen die Hurwitz-Determinanten

$$D^{\mathrm{II}} = (A B d_1 + \Theta A d_2 + \Theta B d_1)(A B k + \Theta d_1 d_2 + A d_1 d_2 + H^2 \Theta) -$$
$$- A B \Theta (A d_2 k + H^2 d_1), \qquad\qquad (16.9)$$
$$D^{\mathrm{III}} = (A d_2 k + H^2 d_1) D^{\mathrm{II}} - (A B d_1 + \Theta A d_2 + \Theta B d_1)^2 H^2 k$$

positiv sein. Wieder ist bei $k > 0$ die Bedingung $D^{\mathrm{II}} > 0$ sicher erfüllt, sofern $D^{\mathrm{III}} > 0$ gilt, so daß (16.9/2) die schärfere von beiden Bedingungen ist. In D^{II} wird das mit negativem Zeichen versehene Glied mit dem Faktor k durch ein genau entsprechendes mit positivem Vorzeichen aufgehoben. Daher wird D^{II} in jedem Falle mit wachsendem k größer. Im Ausdruck für D^{III} besitzt das positive erste Glied Anteile mit dem Faktor k^2, während das negative nur mit k selbst multipliziert ist. Daraus läßt sich schließen, daß bei dem hier betrachteten Modell im Falle $k \to \infty$ in jedem Falle Stabilität vorhanden ist, daß also eine obere Schranke für den Verstärkungsfaktor nicht existiert. Freilich muß man durch geeignete Abstimmung der anderen Geräteparameter dafür sorgen, daß die Stabilität nicht für bestimmte Zwischenwerte von k verlorengeht. Wie HÜBNER [108] gezeigt hat, können tatsächlich instabile Zwischenbereiche auftreten, die sich nur durch geeignet ausgewählte Regelgesetze für das Kontrollmoment M_1^{KP} beseitigen lassen. Im Grenzfall sehr großen Dralls sind jedoch keine Schwierigkeiten zu erwarten. Mit $H \to \infty$ reduziert sich nämlich (16.8) auf

$$\lambda^2\{\lambda^2 \Theta + \lambda d_1 + k\} = 0. \qquad\qquad (16.10)$$

Die Wurzeln dieser Gleichung haben — abgesehen von der Doppelnullwurzel — für alle Werte von k negative Realteile. Der in geschweiften Klammern stehende Ausdruck deutet an, daß sich die Plattform wie ein an den feststehenden Kreisel gefesselter und gedämpfter Schwinger verhält.

16.3 Dreiachsige Plattformen

Bei den dreiachsig stabilisierten Plattformen, die in der Praxis der Trägheitsnavigation ausschließlich verwendet werden, kommen zu den bereits an einachsigen Plattformen auftretenden Effekten vor allem noch Koppelerscheinungen zwischen den Bewegungen um die drei Achsen hinzu. Die Stabilisierungskreise beeinflussen sich gegenseitig so, daß Störungen in einer Achse meist auch auf die anderen Achsen übertragen werden. Das soll im folgenden an zwei Beispielen erläutert werden.

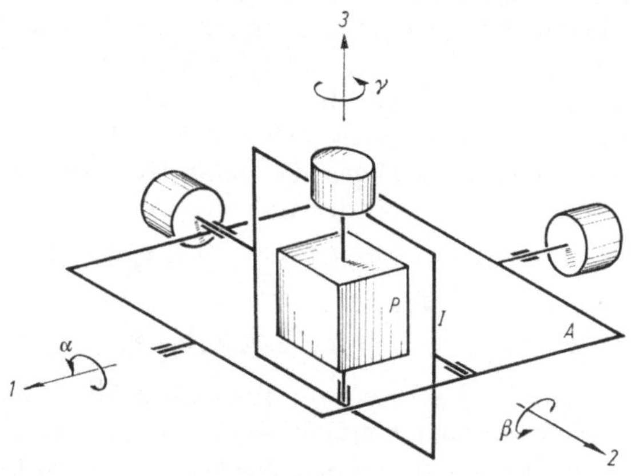

Abb. 16.3 Dreiachsig gelagerte Plattform.

Es sei angenommen, daß die Plattform P etwa nach Abb. 16.3 vollkardanisch gelagert ist. Hierzu sind mindestens zwei Rahmen, der Innenrahmen I und der Außenrahmen A, notwendig. Auf jeder der drei Achsen ist ein Momentengeber angebracht, so daß korrigierende Momente M^K um alle drei Achsen ausgeübt werden können. Je nach dem Typ der in Abb. 16.3 nur als Kasten skizzierten Plattform kann das Verhalten des Systems verschieden sein.

16.3.1 Die Plattform mit drei I-Wendekreiseln. Zum Feststellen der Drehungen der Plattform um die drei Raumachsen können drei Wendekreisel verwendet werden, deren Meßachsen die Richtungen der Raumachsen haben. Der Kern des Gerätes, die Plattform mit den Kreiseln, kann dann beispielsweise so aufgebaut sein, wie dies in Abb. 16.4 gezeigt ist. Die Meßachsen des X-Kreisels (Y-, Z-Kreisels) fallen in die Richtungen der 1-Achse (2-, 3-Achsen). Es sei angenommen, daß die verschiedenen Achsen des Systems in der Normalstellung des Gerätes zu den orthogonalen 1, 2, 3-Achsen parallel sind. Sie sollen dann zugleich Hauptträgheitsachsen der einzelnen Teilmassen sein. Reibungen

werden vernachlässigt; die gesamte Struktur des Systems sei starr.
Wenn man sich dann noch auf die Betrachtung kleiner Winkelauslenkungen aus der Normallage beschränkt, dann lassen sich die Bewegungsgleichungen der linearen Näherung in bekannter Weise gewinnen. Dabei
werden die folgenden Bezeichnungen verwendet:

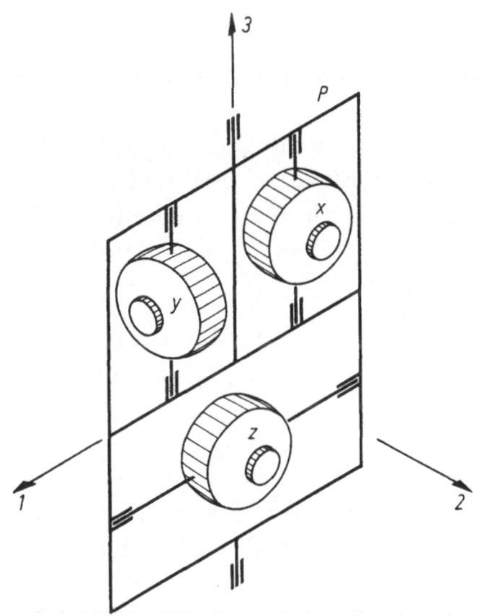

Abb. 16.4 Kern einer Plattform mit drei Wendekreiseln.

a) Trägheitsmomente

	Außen-rahmen	Innen-rahmen	Platt-form	X-Kreisel	Y-Kreisel	Z-Kreisel
Um die 1-Achse	A^A	A^J	A^P	—	—	B
Um die 2-Achse	B^A	B^J	B^P	—	—	—
Um die 3-Achse	C^A	C^J	C^P	B	B	—

Die Größen A^P, B^P und C^P sollen zugleich die nicht gesondert aufgeführten Anteile der Kreisel enthalten. Alle drei Kreisel sollen gleichartig aufgebaut sein, so daß $B^X = B^Y = B^Z = B$ gesetzt wurde. Zur
Abkürzung werden noch die Summenträgheitsmomente des Rahmensystems $A^R = A^A + A^J + A^P$ und $B^R = B^J + B^P$ eingeführt.

b) *Absolutdrehwinkel*

	Plattform	X-Kreisel	Y-Kreisel	Z-Kreisel
Um die 1-Achse	α	α	—	$\alpha + \beta^Z$
Um die 2-Achse	β	—	β	—
Um die 3-Achse	γ	$\gamma + \beta^X$	$\gamma + \beta^Y$	γ

Die Abgriffwinkel der Kreisel gegenüber der Plattform sind also $\beta^X, \beta^Y, \beta^Z$.

Nimmt man nun weiter an, daß $H^X = H^Y = H^Z = H$ gilt und daß die Kreisel so umlaufen, daß ihre Drallvektoren in die positiven Achsrichtungen zeigen, dann erhält man mit den als gleich angenommenen Dämpfungsbeiwerten $d^X = d^Y = d^Z = d$ als Bewegungsgleichungen für die Kreisel:

$$X: \quad B(\ddot{\beta}^X + \ddot{\gamma}) + H\,\dot{\alpha} + d\dot{\beta}^X = 0,$$
$$Y: \quad B(\ddot{\beta}^Y + \ddot{\gamma}) - H\,\dot{\beta} + d\dot{\beta}^Y = 0, \qquad (16.11)$$
$$Z: \quad B(\ddot{\beta}^Z + \ddot{\alpha}) - H\,\dot{\gamma} + d\dot{\beta}^Z = 0.$$

Die bei praktisch ausgeführten Geräten stets vorhandenen Momentengeber auf den Abgriffachsen der Kreisel sind dabei unberücksichtigt geblieben. Eine Fesselung ist nicht vorhanden, da I-Wendekreisel angenommen wurden.

Das System (16.11) muß durch die Bewegungsgleichungen für Plattform und Rahmen ergänzt werden. Man erhält mit den Kontrollmomenten M^K und den Störmomenten M^S sowie unter der Annahme einer reibungsfreien Rahmenlagerung:

$$A^R\,\ddot{\alpha} - H(\dot{\beta}^X + \dot{\gamma}) - d\dot{\beta}^Z = M_1^K + M_1^S,$$
$$B^R\,\ddot{\beta} + H(\dot{\beta}^Y + \dot{\gamma}) = M_2^K + M_2^S, \qquad (16.12)$$
$$C^P\,\ddot{\gamma} + H(\dot{\beta}^Z + \dot{\alpha}) - d(\dot{\beta}^X + \dot{\beta}^Y) = M_3^K + M_3^S.$$

Die Kontrollmomente hängen nun von den Abgriffwerten der entsprechenden Kreisel ab. Nimmt man vereinfachend eine proportionale Stützung mit einem für alle drei Stützkreise gleichen Verstärkungsfaktor k an, dann ist

$$M_1^K = k\,\beta^X; \quad M_2^K = -k\,\beta^Y; \quad M_3^K = -k\,\beta^Z. \qquad (16.13)$$

Die Vorzeichen sind so gewählt, daß eine vorhandene Abweichung wieder rückgängig gemacht wird. Nach Einsetzen von (16.13) in (16.12) hat man zusammen mit (16.11) insgesamt sechs Differentialgleichungen, aus denen die Zustandsgrößen $\beta^X, \beta^Y, \beta^Z, \alpha, \beta, \gamma$ als Funktionen der Zeit bestimmt werden können. Die Gleichungen können nur simultan gelöst werden, da sie miteinander sowohl über den Drall H als auch über Dämpfung und Stützung verkoppelt sind. Das Koppelschema hat die Form:

		β^X	β^Y	β^Z	α	β	γ
	1	●	—	—	●	—	●
(16.11)	2	—	●	—	—	●	●
	3	—	—	●	●	—	●
	4	●	—	●	●	—	●
(16.12)	5	—	●	—	—	●	●
	6	●	●	●	●	—	●

Durch andere Anordnungen der Kreisel in der Plattform kann man zwar andere Koppelpläne erhalten, aber die Kopplung selbst bleibt in jedem Falle bestehen. Sie ist physikalisch bedingt durch die Kreiselkräfte sowie durch Dämpfung und Stützung.

Die verbleibenden Gleichungen bilden ein System von neunter Ordnung, da die Winkel α, β, γ nur als erste und zweite Ableitung, nicht aber selbst vorkommen. Zur Lösung bringt man das System vorteilhafterweise in Matrizenform

$$M\,\ddot{x} + D\,\dot{x} + F\,x = s \qquad (16.14)$$

mit einem Zustandsvektor x, den Matrizen M, D, F und dem Störvektor s, die aus (16.11) und (16.12) mit (16.13) entnommen werden können.

Da allgemeine Eigenschaften des Gerätes aus dem System der Bewegungsgleichungen nicht abgelesen werden können, sollen hier noch Betrachtungen zum Sonderfall konstanter Störmomente M^S angestellt sowie Näherungen zum Zeitverhalten untersucht werden.

Bei *konstanten Störmomenten* M^S verschwinden im Gleichgewichtsfall, d. h. für den eingeschwungenen Zustand, die rechten Seiten von (16.12). Unter Berücksichtigung von (16.13) erhält man dann die Abgriffswerte

$$\beta_0^X = -\frac{M_{10}^S}{k}; \qquad \beta_0^Y = \frac{M_{20}^S}{k}; \qquad \beta_0^Z = \frac{M_{30}^S}{k}. \qquad (16.15)$$

Aus (16.11) folgen damit die stationären Werte $\dot{\alpha}_0 = \dot{\beta}_0 = \dot{\gamma}_0 = 0$; die Plattform wandert also nach Erreichen des stationären Gleichgewichtes nicht aus, weil die Störmomente durch die Momentengeber (Stützmotore) aufgefangen und kompensiert werden. Man muß jedoch damit rechnen, daß die Plattform eine gewisse Verdrehung erfährt. Nimmt man nämlich an, daß das System so justiert wurde, daß bei ruhender ungestörter Plattform $\alpha = \beta = \gamma = \beta^X = \beta^Y = \beta^Z = 0$ gilt, dann hat man wegen (15.15) oder (16.11) als allgemeine, für quasistationäre Bewegungen geltende Beziehung zwischen Kreisel- und Plattformwinkeln

$$\beta^X = -\frac{H}{d}\,\alpha; \quad \beta^Y = \frac{H}{d}\,\beta; \quad \beta^Z = \frac{H}{d}\,\gamma. \tag{16.16}$$

Somit ergibt sich mit (16.15) für die Plattform eine durch die Störmomente bedingte Ablage von

$$\beta_0 = \frac{d}{k\,H}\,M_{10}^S; \quad \beta_0 = \frac{d}{k\,H}\,M_{20}^S; \quad \gamma_0 = \frac{d}{k\,H}\,M_{30}^S. \tag{16.17}$$

Diese Werte sind i. allg. sehr klein, da das Produkt $K = k\,H/d$ bei ausgeführten Geräten große Werte annimmt. Allein schon der Verstärkungsfaktor H/d des I-Wendekreisels liegt normalerweise zwischen etwa 20 und 80.

Das *Zeitverhalten* der Plattform kann durch Diskussion der Wurzeln einer charakteristischen Gleichung 9. Grades (oder durch Untersuchen von entsprechend komplizierten Übertragungsfunktionen) bestimmt werden. Das ist jedoch nur für konkrete, numerisch gegebene Fälle sinnvoll. Hier soll statt dessen eine *Näherungsbetrachtung* angestellt werden, bei der die Gleichungen dadurch vereinfacht werden, daß der Einschwingvorgang des Wendekreisels vernachlässigt wird. Dann können die Ausdrücke (16.16) für die Wendekreisel als quasistationäre Werte in (16.12) eingesetzt werden. Damit wird das Gesamtsystem auf drei Gleichungen für die Plattformwinkel α, β, γ reduziert:

$$A^R\,\ddot{\alpha} + \frac{H^2}{d}\,\dot{\alpha} + \frac{k\,H}{d}\,\alpha - 2H\dot{\gamma} = M_1^S,$$

$$B^R\,\ddot{\beta} + \frac{H^2}{d}\,\dot{\beta} + \frac{k\,H}{d}\,\beta + H\dot{\gamma} = M_2^S, \tag{16.18}$$

$$C^P\,\ddot{\gamma} + \frac{H^2}{d}\,\dot{\gamma} + \frac{k\,H}{d}\,\gamma + 2H\dot{\alpha} - H\beta = M_3^S.$$

Dieses vereinfachte System von sechster Ordnung läßt zwar ebenso wie das vollständige Ausgangssystem neunter Ordnung noch keine allgemeinen Aussagen zu. Man kann jedoch Abschätzungen erhalten, wenn man bedenkt, daß der Kreiselverstärkungsfaktor H/d groß ist. Wenn alle Drehgeschwindigkeiten $\dot{\alpha}, \beta, \dot{\gamma}$ von gleicher Größenordnung sind, dann gilt *im Mittel*

$$\frac{H}{d}\,\dot{\alpha} \gg \dot{\gamma}; \quad \frac{H}{d}\,\beta \gg \dot{\gamma}; \quad \frac{H}{d}\,\dot{\gamma} \gg \dot{\alpha}; \quad \frac{H}{d}\,\dot{\gamma} \ll \beta.$$

Läßt man die kleinen Glieder in (16.18) fort, dann werden die Gleichungen entkoppelt. Es bleiben drei Schwingungsgleichungen, durch die die Plattformbewegungen um die drei Achsen beschrieben werden. Die

Eigenbewegungen sind i. allg. stark gedämpft oder sogar aperiodisch, so daß Instabilität nicht zu befürchten ist. Dieses Ergebnis kann jedoch nur dann als brauchbar angesehen werden, wenn die vorkommenden Eigenfrequenzen hinreichend klein gegenüber den vernachlässigten Eigenfrequenzen der Wendekreisel sind. Gerade diese Bedingung ist aber keineswegs immer erfüllt. Tatsächlich stellt man häufig fest, daß Plattformen des hier behandelten Typs zu Zitterschwingungen neigen und daß deshalb der Verstärkungsfaktor k der Stützkreise nicht beliebig groß gemacht werden darf. Für zahlenmäßig gegebene Fälle läßt sich die Grenze für k ohne Schwierigkeiten aus den nicht vereinfachten Bewegungsgleichungen ermitteln. Der für die einachsige Plattform ausgerechnete Grenzwert (16.5) kann dabei als eine Art Richtwert dienen.

16.3.2 Die Plattform mit zwei Lagekreiseln. Ähnlich wie im Abschn. 16.3.1 verläuft die Berechnung für den Fall, daß als Winkelmeßgeber der Plattform Lagekreisel verwendet werden. In Abb. 16.5

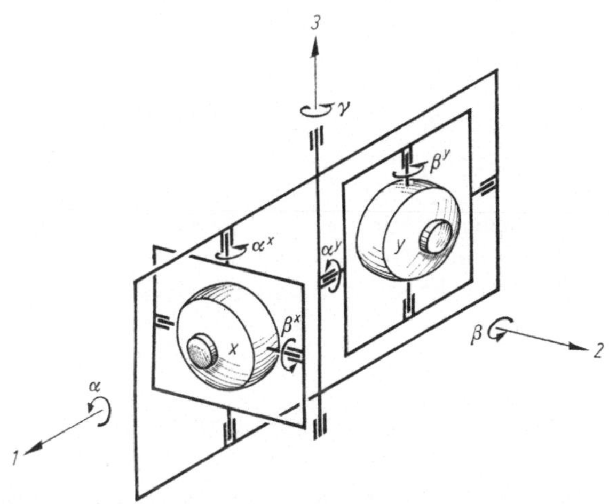

Abb. 16.5 Kern einer Plattform mit zwei Lagekreiseln.

ist der Kern des Gerätes für diesen Fall skizziert. Auch hier gibt es viele verschiedene Anordnungen, die sich jedoch in ihren prinzipiellen Eigenschaften nicht unterscheiden.

Als X-Kreisel (Y-Kreisel) ist jetzt der Kreisel bezeichnet worden, dessen Rotorachse zur 1-Achse (2-Achse) parallel ist. Er kann Drehungen der Plattform um die 2- und die 3-Achse (um 1- und 3-Achse) messen. Wenn die Relativwinkel der Kreisel gegenüber der Plattform mit α^X bzw. α^Y (um die äußere Rahmenachse) und β^X bzw. β^Y (um die innere

30*

Rahmenachse) bezeichnet werden, dann erhält man die folgenden Bewegungsgleichungen für die Kreisel:

$$X:\quad A(\ddot{\alpha}^X + \ddot{\gamma}) - H(\dot{\beta}^X + \dot{\beta}) + d\dot{\alpha}^X = 0,$$
$$B(\ddot{\beta}^X + \ddot{\beta}) + H(\dot{\alpha}^X + \dot{\gamma}) + d\dot{\beta}^X = 0,$$
$$Y:\quad A(\ddot{\alpha}^Y + \ddot{\alpha}) - H(\dot{\beta}^Y + \dot{\gamma}) + d\dot{\alpha}^Y = 0,$$
$$B(\ddot{\beta}^Y + \ddot{\gamma}) + H(\dot{\alpha}^Y + \dot{\alpha}) + d\dot{\beta}^Y = 0. \tag{16.19}$$

Darin ist A das Summenträgheitsmoment von Außenrahmen, Innenrahmen und Rotor für einen Lagekreisel um die äußere Rahmenachse, B das Summenträgheitsmoment von Innenrahmen und Rotor um die innere Rahmenachse. Beide Lagekreisel sind als gleich angenommen worden, wobei auch die Dämpfungsbeiwerte d für beide Achsen gleich groß sein sollen.

Als Plattformgleichungen erhält man mit den Bezeichnungen von Abschn. 16.3.1:

$$A^R \ddot{\alpha} - d\dot{\alpha}^Y = M_1^K + M_1^S,$$
$$B^R \ddot{\beta} - d\dot{\beta}^X = M_2^K + M_2^S, \tag{16.20}$$
$$C^P \ddot{\gamma} - d(\dot{\alpha}^X + \dot{\beta}^Y) = M_3^K + M_3^S.$$

Wiederum soll angenommen werden, daß die Kontrollmomente M^K proportional zu den entsprechenden Abgriffwerten der Kreisel sein sollen. Eine Plattformverdrehung γ um die 3-Achse wird doppelt gemessen, da je eine Meßachse jedes Kreisels in diese Richtung fällt. Das Kontrollmoment M_3^K wird deshalb dem Mittel beider Meßwerte gleichgesetzt, da es sinnvoll ist, die vorhandene Redundanz auszunutzen:

$$M_1^K = k\,\alpha^Y;\quad M_2^K = k\,\beta^X;\quad M_3^K = \frac{k}{2}(\alpha^X + \beta^Y). \tag{16.21}$$

Nach Einsetzen dieser Beziehungen in (16.20) stehen nun zur Berechnung des Systems insgesamt sieben Gleichungen zur Verfügung. Auch sie können wegen der wechselseitigen Kopplung nur simultan gelöst werden. Das Kopplungsschema hat dabei die folgende Form:

		α^X	β^X	α^Y	β^Y	α	β	γ
(16.19)	1	●	●	—	—	—	●	●
	2	●	●	—	—	—	●	●
	3	—	—	●	●	●	—	●
	4	—	—	●	●	●	—	●
(16.20)	5	—	—	●	—	●	—	—
	6	—	●	—	—	—	●	—
	7	●	—	—	●	—	—	●

Eine Entkopplung ist auch in diesem Fall nicht durch andere Anordnung der Kreisel in der Plattform möglich. Zum Unterschied von der zuvor betrachteten Plattform mit drei I-Wendekreiseln erscheinen jedoch jetzt die Kreiselmomente nicht in den Plattformgleichungen, so daß die Kopplung zwischen Kreisel- und Plattformbewegungen nur durch Dämpfung und Stützung zustande kommt.

Das System der Bewegungsgleichungen ist im vorliegenden Fall von elfter Ordnung, also um zwei höher als im zuvor untersuchten Fall. Zur numerischen Behandlung bringt man es zweckmäßigerweise in die Matrizenform (16.14), wobei die Größen M, D, F und s leicht aus (16.19) und (16.20) mit (16.21) entnommen werden können. Wir wollen uns hier wiederum mit der Untersuchung eines stationären Sonderfalles und mit *Näherungsbetrachtungen zum Zeitverhalten* begnügen.

Im Fall *konstanter Störmomente* M^S heben sich die auf den rechten Seiten von (16.20) stehenden Momente gegenseitig auf. Daraus folgen für die Anzeigewerte nach Abklingen eventuell auftretender Einschwingvorgänge die Beziehungen:

$$\alpha_0^Y = -\frac{1}{k}\,M_{10}^S;\quad \beta_0^X = -\frac{1}{k}\,M_{20}^S;\quad \alpha_0^X + \beta_0^Y = -\frac{2}{k}\,M_{30}^S. \tag{16.22}$$

Die Abweichungen der Plattform können daraus wie folgt abgeschätzt werden: Im quasi-stationären Fall bleiben von (16.19) nur die Glieder mit den ersten Ableitungen übrig. Als Auflösung des verbleibenden linearen Gleichungssystems erhält man

$$\dot{\alpha}^X = \frac{H\,d\beta - H^2\dot{\gamma}}{H^2 + d^2};\quad \beta^X = -\frac{H\,d\dot{\gamma} + H^2\beta}{H^2 + d^2},$$

$$\dot{\alpha}^Y = \frac{H\,d\dot{\gamma} - H^2\dot{\alpha}}{H^2 + d^2};\quad \beta^Y = -\frac{H\,d\dot{\alpha} + H^2\dot{\gamma}}{H^2 + d^2}. \tag{16.23}$$

Berücksichtigt man, daß fast stets $d^2 \ll H^2$ ist, dann kann aus (16.23) durch Integration bei Vorliegen entsprechender Anfangsbedingungen

$$\alpha^X \approx -\gamma + \frac{d}{H}\beta;\quad \beta^X \approx -\beta - \frac{d}{H}\gamma,$$

$$\alpha^Y \approx -\alpha + \frac{d}{H}\gamma;\quad \beta^Y \approx -\gamma - \frac{d}{H}\alpha \tag{16.24}$$

erhalten werden. Die Abgriffwerte der Kreisel entsprechen also nicht den gewünschten Verdrehungswinkeln der Plattform, vielmehr enthalten sie noch einen Anteil von einem der anderen Plattformwinkel. Da d/H i. allg. klein ist, ist der Fehler meist unbedeutend. Setzt man nun (16.24) in (16.22) ein, dann folgt ein System linearer Gleichungen für α, β, γ, dessen Lösung bei Vernachlässigung der quadratisch kleinen Glieder mit $(d/H)^2$ durch

$$\alpha_0 \approx \frac{1}{k} \left[M_{10}^S + \frac{d}{H} M_{30}^S \right],$$

$$\beta_0 \approx \frac{1}{k} \left[M_{20}^S - \frac{d}{H} M_{30}^S \right], \qquad (16.25)$$

$$\gamma_0 \approx \frac{1}{k} \left[M_{30}^S + \frac{d}{2H} (M_{20}^S - M_{10}^S) \right]$$

gegeben ist. Wegen der vorhandenen Dämpfung können demnach Störmomente um eine Achse auch zu Ablagen in den anderen Achsen führen. Das ist ein Unterschied gegenüber dem früheren Ergebnis (16.17) für die Plattform mit drei I-Wendekreiseln. Diese Kreuzkopplung bleibt jedoch meist gering.

Um das *Zeitverhalten* der Plattform abzuschätzen, verwenden wir für die beiden Lagekreisel die technischen Näherungsgleichungen, vernachlässigen also die Beschleunigungsanteile in (16.19). Durch Einsetzen der dann geltenden Näherungen (16.24) in die Plattformgleichungen (16.20) kommt man zu dem vereinfachten System:

$$A^R \ddot{\alpha} + d\dot{\alpha} + k\alpha - \frac{d^2}{H}\dot{\gamma} - \frac{kd}{H}\gamma = 0,$$

$$B^R \ddot{\beta} + d\dot{\beta} + k\beta + \frac{d^2}{H}\dot{\gamma} + \frac{kd}{H}\gamma = 0, \qquad (16.26)$$

$$C^P \ddot{\gamma} + 2d\dot{\gamma} + k\gamma + \frac{d^2}{H}(\dot{\alpha} - \dot{\beta}) + \frac{kd}{H}(\alpha - \beta) = 0.$$

Man erkennt daraus, daß das System im Grenzfall $d/H \to 0$ völlig entkoppelt wird. Die verbleibenden drei Gleichungen beschreiben die Schwingungen des Rahmensystems um die dann unbewegt bleibenden Kreisel. Die Frequenzen dieser Schwingungen liegen bei ausgeführten Geräten etwa zwischen 5 und 20 Hz. Da die Nutationsfrequenzen der Lagekreisel etwa 100 Hz betragen, kann die obige Näherung als praktisch brauchbar angesehen werden. Es ist deshalb anzunehmen, daß der Verstärkungsfaktor k noch vergrößert werden kann, ohne daß die Plattform zu schwingen anfängt. Durch zahlenmäßiges Ausrechnen der exakten Bewegungsgleichungen konnte diese Aussage für einen konkreten Fall bestätigt werden. Man kann deshalb behaupten, daß die an einachsigen Modellen gewonnenen Erkenntnisse bezüglich des Zeitverhaltens im wesentlichen auch für dreiachsige Plattformen gültig bleiben.

16.4 Die Abstimmung von Plattformen

Bei der Untersuchung des Lotkreisels im Abschn. 12.3 bestand eines der wichtigsten Ergebnisse in der Erkenntnis, daß es möglich ist, sowohl ein Schwerependel als auch ein Kreiselpendel durch geschickte Wahl der Geräteparameter so abzustimmen, daß die auftretenden Fehler möglichst klein werden. Das gilt nun auch für die in der Technik der Trägheitsnavigation verwendeten Plattformen. Am Beispiel der horizontierten Plattformen, die bei der Navigation auf der Erdoberfläche meist verwendet werden, sollen diese Zusammenhänge untersucht werden.

16.4.1 Die Abstimmung eines künstlichen Pendels.

Ein Schwerependel ist ein schwingungsfähiges Gebilde, dessen Eigenschaften durch das Zusammenwirken von Trägheits- und Rückführkräften erklärt werden können. Trägheits- und Rückführeigenschaften können aber auch in zusammengesetzten Systemen künstlich realisiert werden, wie dies in der Skizze von Abb. 16.6 als Beispiel gezeigt ist. Bei diesem synthetischen Pendel ist P eine im Massenmittelpunkt um eine feste, horizontale 1-Achse frei drehbar gelagerte Plattform. Auf ihr ist ein Beschleunigungsmesser B montiert, der bei Abweichungen der Platt-

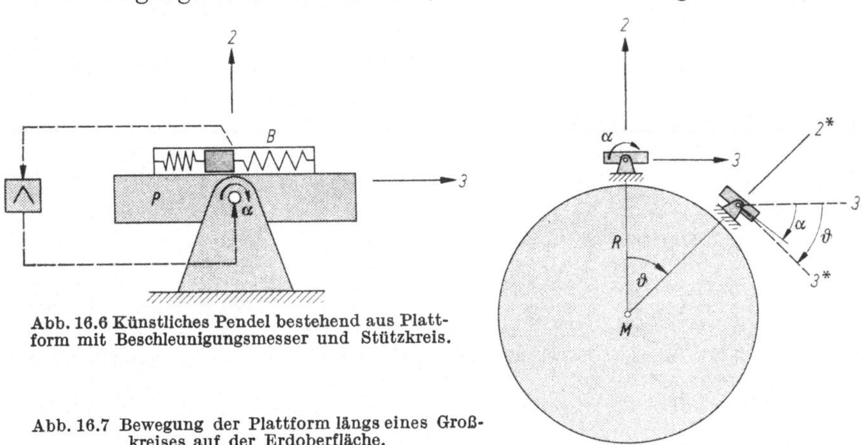

Abb. 16.6 Künstliches Pendel bestehend aus Plattform mit Beschleunigungsmesser und Stützkreis.

Abb. 16.7 Bewegung der Plattform längs eines Großkreises auf der Erdoberfläche.

form aus der Horizontalen ein Meßsignal über einen Verstärker an einen auf die Drehachse wirkenden Momentenerzeuger (Stellmotor) leitet. Das Vorzeichen wird so gewählt, daß der Stellmotor die vorhandene Neigung der Plattform verringert.

Wir wollen sogleich das Verhalten des synthetischen Pendels bei einer Führung seines Gestells längs eines Großkreises auf der Erdoberfläche untersuchen (Abb. 16.7). Mit ϑ soll der vom Erdmittelpunkt M aus gemessene Winkel bezeichnet werden, den der Fahrstrahl von M

zum Träger des Pendels durchläuft. Wenn α der Absolutwinkel der Plattformdrehung ist und $\dot{v} = R\,\ddot{\vartheta}$ die Beschleunigung des Trägers bei seiner Bewegung, dann wird für $(\alpha - \vartheta) \ll 1$ von dem Beschleunigungsmesser ein Meßwert

$$b^M = \dot{v} - g\,(\alpha - \vartheta) \tag{16.27}$$

registriert. Bei Annahme einer proportionalen Stützung der Plattform durch den Stellmotor kann für das Kontrollmoment

$$M_1^K = k\,b^M = k\,[\dot{v} - g\,(\alpha - \vartheta)] \tag{16.28}$$

gesetzt werden. Als Bewegungsgleichung für das Pendel wird

$$A\,\ddot{\alpha} = M_1^K + M_1^G \tag{16.29}$$

angesetzt. Darin ist M_1^G das Moment des Schweregradienten, das auch dann vorhanden ist, wenn die 1-Achse durch den Massenmittelpunkt geht. Nach (8.8) erhält man im vorliegenden Fall wiederum für $(\alpha - \vartheta) \ll 1$:

$$M_1^G = 3\,\frac{g}{R}\,(B - C)\,(\alpha - \vartheta). \tag{16.30}$$

Mit Einsetzen von (16.28) und (16.30) geht (16.29) über in

$$A\,\ddot{\alpha} + \left[k\,g - \frac{3g}{R}\,(B - C)\right](\alpha - \vartheta) = k\,\dot{v}. \tag{16.31}$$

Mit der *Abstimmbedingung*

$$k = \frac{A}{R} \tag{16.32}$$

kann (16.31) wegen $\dot{v} = R\,\ddot{\vartheta}$ in die Form

$$A\,(\ddot{\alpha} - \ddot{\vartheta}) + \left[\frac{g\,A}{R} - \frac{3g}{R}\,(B - C)\right](\alpha - \vartheta) = 0 \tag{16.33}$$

gebracht werden. Diese Bewegungsgleichung besitzt die partikuläre Lösung

$$\alpha = \vartheta, \tag{16.34}$$

die besagt, daß die Plattform P des Pendels bei beliebigen Bewegungen des Trägers längs eines Großkreises stets horizontal bleibt. Mit (16.32) ist demnach die Bedingung für eine völlig beschleunigungsunabhängige Abstimmung des Pendels gefunden. Wenn die Anfangsbedingungen nicht zu der speziellen Lösung (16.34) passen oder wenn Störungen auftreten, dann schwingt — wie man aus (16.33) erkennt — das Pendel ungedämpft mit einer Schwingungszeit

$$T = 2\pi\,\sqrt{\frac{R}{g}}\,\sqrt{\frac{A}{A - 3\,(B - C)}}. \tag{16.35}$$

Dieses Ergebnis entspricht vollständig dem für das einfache symmetrische Schwerependel in Abschn. 12.3.3 erhaltenen Wert (12.60). Zu beachten ist, daß auch bei dem hier untersuchten synthetischen Pendel das vom Schweregradienten herrührende Moment nicht vernachlässigt werden darf. Nur bei einem bezüglich der 1-Achse symmetrischem Trägheitsellipsoid des Systems, d. h. bei $B = C$, wird die bekannte Schuler-Periode $T = 2\pi\sqrt{R/g} = 84$ Minuten erhalten. Je nach den Verhältnissen der Trägheitsmomente können die wirklichen Schwingungszeiten für das System von Abb. 16.6 zwischen 42,2 Minuten und ∞ liegen.

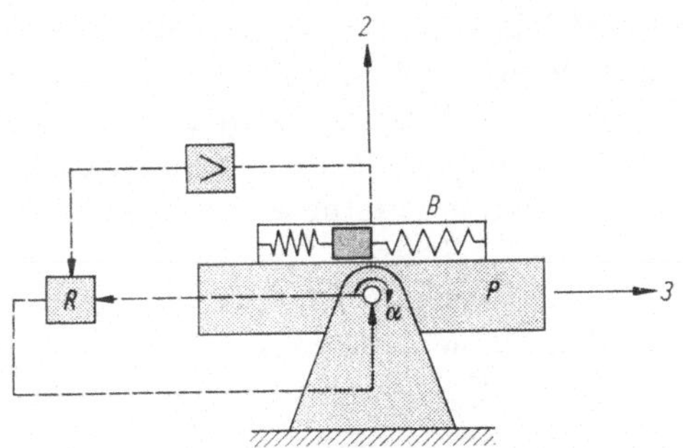

Abb. 16.8 Horizontierte Plattform mit Folgeregelkreis.

16.4.2 Die horizontierte Plattform mit Nachführung über einen Servokreis. Das einfache System nach Abb. 16.6 ist für technische Anwendungen schlecht geeignet. Man ergänzt es durch Einführen eines Folgeregelkreises (Abb. 16.8), der dafür sorgt, daß die Plattformdrehgeschwindigkeit nach dem Gesetz

$$\dot\alpha = \dot\alpha_{\text{soll}} = \frac{1}{R}\int b^M\,dt \tag{16.36}$$

eingehalten wird. Bei einem ideal arbeitenden Regler ergibt sich dann mit (16.27) als Bewegungsgleichung des Systems

$$A\,\ddot\alpha = M_1^K = A\,\ddot\alpha_{\text{Soll}} = \frac{A}{R}\,b^M = \frac{A}{R}\,[\dot v - g\,(\alpha - \vartheta)],$$

oder mit $\dot v = R\,\dot\vartheta$

$$(\ddot\alpha - \ddot\vartheta) + \frac{g}{R}\,(\alpha - \vartheta) = 0. \tag{16.37}$$

Auch diese Gleichung besitzt die erwünschte partikuläre Lösung $\alpha = \vartheta$. Das Regelgesetz (16.36) bewirkt jetzt, daß das System stets eine Schwingungszeit von

$$T = 2\pi\sqrt{\frac{R}{g}} = 84{,}4\text{ Minuten} \tag{16.38}$$

besitzt. Die Schwingungen treten auf, wenn fehlerhafte Anfangsbedingungen vorliegen. Zum Unterschied von dem zuvor behandelten Pendel
wird jetzt also für den abgestimmten Kreis genau die Schuler-Periode
erhalten. Das hier gar nicht auftretende Moment des Schweregradienten
wird als ein Störmoment durch das Moment des Folgeregelkreises vollkommen kompensiert, da hier ein ideal arbeitender Regler vorausgesetzt
wurde. Schwierigkeiten, die sich bei der praktischen Realisierung bezüglich der Lagerung der Plattform stets ergeben, lassen sich deshalb bei
einem System nach Abb. 16.8 leichter überwinden als bei dem Pendelsystem nach Abb. 16.6.

Das Regelgesetz (16.36) besagt, daß die Drehgeschwindigkeit $\dot{\alpha}$ der
Plattform gerade der Drehgeschwindigkeit $\dot{\vartheta}$ des Fahrstrahls vom Erdmittelpunkt M zum Ort des Trägers angepaßt wird. Die 2-Achse fällt
dann stets mit der Richtung des örtlichen Lotes zusammen, vorausgesetzt, daß keine fehlerhaften Anfangsbedingungen vorhanden waren.

Der Servokreis zur Nachführung (Abb. 16.8) kann so realisiert werden, wie es in Abb. 16.9 skizziert ist. Die gewünschte Führungsdrehung $\dot{\alpha}_{\text{Soll}}$ wird über den Momentenerzeuger auf der Abgriffachse eines

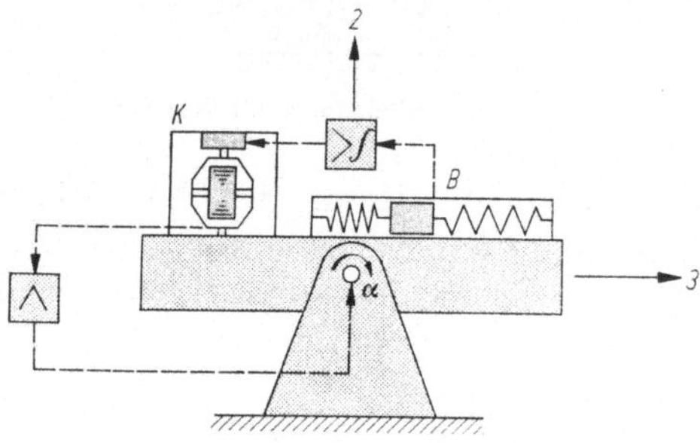

Abb. 16.9 Horizontierte Plattform und Folgeregelkreis mit Beschleunigungsmesser und Wendekreisel.

Wendekreisels erzeugt, der als empfindlicher Meßgeber für die Drehgeschwindigkeit der Plattform dient. Über Verstärker und Stellmotor
wird durch den Folgekreis dafür gesorgt, daß der Abgriff des Wendekreisels im Mittel stets in der Nullstellung bleibt.

Das auf die Rahmenachse übertragene Korrekturmoment M_2^K wird
dem Integral des Abgriffwertes b^M vom Beschleunigungsmesser proportional gemacht, so daß

$$M_2^K = k_2 \int b^M \, dt = -\frac{H}{R} \int b^M \, dt \tag{16.39}$$

ist. Dann nämlich wird im stationären Fall gerade die Forderung (16.36)
erfüllt.

Bei realen Systemen ergeben sich Abweichungen von (16.36). Sie
können aus einer Betrachtung der Bewegungsgleichungen abgeschätzt

werden. Anstelle der einfachen Bewegungsgleichung (16.37) muß jetzt das Momentengleichgewicht sowohl um die 1-Achse als auch um die Rahmenachse des Kreisels von Abb. 16.9 beachtet werden. Man erhält:

$$A\,\ddot{\alpha} + H\,\beta = M_1^K + M_1^S = -k_1\,\beta,$$

$$B^K\,\ddot{\beta} - H\,\dot{\alpha} + d\beta + c\,\beta = M_2^K = -\frac{H}{R}\int b^M\,dt.$$

$$(16.40)$$

Wegen (16.27) kann dies umgeformt werden in:

$$A\,\ddot{\alpha} + H\,\beta + k_1\,\beta = M_1^S,$$

$$B^K\,\ddot{\beta} + d\beta + c\,\beta - H\int\left[(\ddot{\alpha} - \vartheta) + \frac{g}{R}(\alpha - \vartheta)\right]dt = 0.$$

$$(16.41)$$

Bei vorgegebener Bewegung des Trägers auf der Erdoberfläche ist $\vartheta = \vartheta(t)$ eine bekannte Erregerfunktion. Somit lassen sich aus (16.41) die erzwungenen Bewegungen des Systems, vor allem der Verlauf von $\alpha(t)$ berechnen. Man erkennt aus (16.41/2), daß der Einschwingvorgang des Wendekreisels die bei Schuler-Abstimmung sonst mögliche ideale Lösung $\alpha - \vartheta = 0$ stört. Aber auch der Folgeregelkreis (16.41/1) kann Störungen bewirken. Man erkennt das mögliche Zeitverhalten des Systems durch Untersuchen der Übertragungsfunktion von (16.41) oder durch Diskussion der Wurzeln der charakteristischen Gleichung, die aus (16.41) folgt:

$$\lambda^5 A\,B^K + \lambda^4 A\,d + \lambda^3(H^2 + A\,c) + \lambda^2 k_1\,H + \lambda\,\frac{H^2 g}{R} + \frac{H\,g\,k_1}{R} = 0.$$

$$(16.42)$$

Nun ist es sicher zulässig, $H^2 \gg A\,c$ anzunehmen. Vernachlässigt man weiterhin noch den Einschwingvorgang des Kreisels, was auf ein Fortfallen der Glieder mit den beiden höchsten Potenzen von λ hinausläuft, dann kann (16.42) durch

$$H\left(\lambda^2 + \frac{g}{R}\right)(\lambda\,H + k_1) \approx 0 \qquad (16.43)$$

angenähert werden. Diese Gleichung hat die Wurzeln:

$$\lambda_{1,2} = \pm\,i\,\sqrt{\frac{g}{R}}; \qquad \lambda_3 = -\frac{k_1}{H}. \qquad (16.44)$$

Dieses Ergebnis zeigt, daß die 84-Minuten-Schwingung der Plattform noch durch den aperiodischen Einstellvorgang des Folgekreises überlagert wird. Hinzu kommt schließlich noch das hier vernachlässigte Einschwingverhalten des Wendekreisels.

16.4.3 Der Wegfehler bei abgestimmten Plattformen. Um die Vorteile der Abstimmung einer Plattform auf die Schuler-Periode von

84 Minuten zu erkennen, soll hier der einfache Fall einer *ortsfesten* Plattform betrachtet werden, die eine anfängliche Schräglage $\alpha = \alpha_0$ besitzen möge. Das ist in Abb. 16.10 oben angedeutet; aus den darunter
skizzierten Kurven ist der zeitliche Verlauf der Größen

$$b^M; \quad v^M = \int b^M\, dt; \quad s^M = \int v^M\, dt \tag{16.45}$$

für diesen Fall zu ersehen. Man kann v^M als den aus dem fehlerbehafte-
ten Meßwert b^M erhaltenen *Geschwindigkeitsfehler* und s^M als den *Weg-*

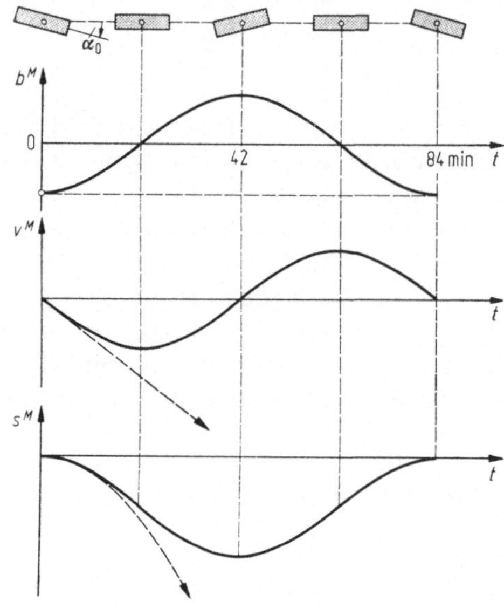

Abb. 16.10 Fehler in der Beschleunigungs-, der Geschwindigkeits- und der Wegmessung nach einem
anfänglichen Horizontierungsfehler α_0 der Plattform. Die gestrichelten Kurven gelten für eine Plattform ohne Lotvergleich.

fehler bezeichnen. Wegen $\alpha = \alpha_0$ täuscht der Beschleunigungsmesser
nach (16.27) anfangs eine negative Beschleunigung vor. Durch Integration entstehen daraus nichtverschwindende Werte für v^M und s^M, also
fehlerhafte Anzeigen, da die Plattform in Wirklichkeit ja ortsfest ist.
Nun vollführt die Plattform — wie zuvor gezeigt wurde — eine Schwingung mit der Schuler-Frequenz $\omega^S = \sqrt{g/R}$:

$$\alpha = \alpha_0 \cos\omega^S t. \tag{16.46}$$

Das Zustandekommen dieser Schwingung läßt sich auch unmittelbar
anschaulich aus dem Verlauf der Kurven von Abb. 16.10 verstehen,
wenn man beachtet, daß die Plattform mit der Winkelgeschwindigkeit
v^M/R nachgedreht wird und dadurch wiederum der Meßwert b^M be-

einflußt wird. Aus (16.46) ergibt sich durch Integration mit den Anfangswerten $v^M(0) = 0$, $s^M(0) = 0$:

$$b^M = -g\,\alpha = -g\,\alpha_0\cos\omega^S t,$$

$$v^M = -\frac{g\,\alpha_0}{\omega^S}\sin\omega^S t = -\alpha_0\sqrt{g\,R}\sin\omega^S t, \tag{16.47}$$

$$s^M = -\frac{g\,\alpha_0}{(\omega^S)^2}(1 - \cos\omega^S t) = -R\,\alpha_0(1 - \cos\omega^S t).$$

Diese Funktionen sind in Abb. 16.10 aufgetragen worden. Während Geschwindigkeit und Beschleunigung periodisch mit Größtwerten von $\alpha_0\sqrt{g\,R}$ bzw. $\alpha_0\,g$ um die Mittelwerte Null schwanken, wechselt s^M periodisch zwischen Null und dem Größtwert $2R\,\alpha_0$.

In Abb. 16.10 sind gestrichelt noch diejenigen Funktionen eingetragen, die für eine Plattform erhalten werden, bei der zum Nachführen nur das erste Glied von (16.27) $b^M = \dot{v}$, nicht aber das den Lotvergleich charakterisierende Glied $g(\alpha - \vartheta)$ verwendet wird. Mit $b^M = b_0^M$ entsprechend dem früheren Anfangsfehler $b_0^M = -g\,\alpha_0$ erhält man dann

$$b^M = b_0^M = \text{const},$$
$$v^M = b_0^M\,t, \tag{16.48}$$
$$s^M = \tfrac{1}{2}b_0^M\,t^2.$$

Der Geschwindigkeitsfehler wächst hier linear, der Wegfehler quadratisch mit der Zeit. Die Fehler nach (16.48) sind in jedem Falle größer als die nach (16.47). Nimmt man als Zahlenbeispiel $\alpha_0 = 0{,}01°$ an, so erhält man mit (16.48) nach einer Stunde einen Wegfehler von 11,3 km, während der nach (16.47) überhaupt mögliche maximale Fehler nur 2,2 km beträgt. Nach zwei Stunden wäre der Fehler nach (16.48) bereits auf 45,2 km angewachsen.

Das betrachtete Beispiel bezog sich auf einen anfänglichen Fehler $b_0^M = -g\,\alpha_0$ des Beschleunigungsmessers, der z. B. aus einer anfänglichen Schräglage der Plattform (Fehlausrichtung) entsteht. In der Praxis kommen aber auch Fehler durch Drift des Wendekreisels vor, die sich letztlich über den Folgekreis in einer Drift $\dot{\alpha}_0$ der Plattform äußern. Wegen der Schwingungsfähigkeit bewegt sich dann eine auf die Schuler-Frequenz ω^S abgestimmte Plattform nach

$$\alpha = \frac{\dot{\alpha}_0}{\omega^S}\sin\omega^S t. \tag{16.49}$$

Damit folgt für eine ortsfeste Plattform mit $v^M(0) = s^M(0) = 0$:

$$b^M = -g\,\alpha = -\dot{\alpha}_0\sqrt{g\,R}\sin\omega^S t,$$
$$v^M = -\dot{\alpha}_0\,R(1 - \cos\omega^S t), \tag{16.50}$$
$$s^M = -\dot{\alpha}_0\,R\left(t - \sqrt{\frac{R}{g}}\sin\omega^S t\right).$$

In diesem Falle wächst der mittlere Wegfehler linear mit der Zeit an. Darüber lagert sich eine 84-Minuten-Schwingung. Dieses Ergebnis zeigt wiederum, daß die Drift der Kreisel möglichst klein gehalten werden muß. Man kann sich leicht überlegen, daß der Wegfehler einer nicht abgestimmten Plattform im vorliegenden Falle sogar mit der 3. Potenz der Zeit anwachsen würde.

16.4.4 Das Blockschaltbild einer erdorientiert nachgeführten Plattform. Es sei eine Plattform betrachtet, die so nachgeführt wird, daß ihre Bezugsachsen stets erdorientiert nach Ost, Nord und Zenit ausgerichtet sind. Die Funktionsweise, aber auch der Aufwand an Rechenoperationen, die notwendig sind, um eine solche Plattform für Navigationszwecke zu verwenden, können aus einem Blockschaltbild ersehen werden, wie es Abb. 16.11 in vereinfachter Form zeigt.

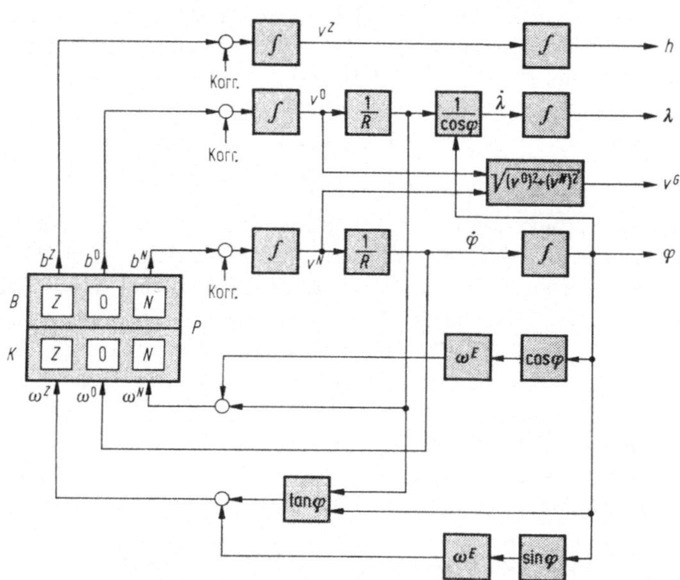

Abb. 16.11 Vereinfachtes Blockschaltbild für eine erdorientierte Trägheitsnavigationsanlage.

Die Plattform P trägt drei Kreisel K und drei Beschleunigungsmesser B. Ausgangswerte der Plattform sind die Meßwerte b^Z, b^O, b^N, aus denen jedoch noch nicht unmittelbar die Geschwindigkeiten errechnet werden können. Die Meßwerte enthalten nämlich noch Anteile, die von Coriolis- und Zentrifugalbeschleunigungen herrühren. Diese und bei Navigation in großen Höhen auch die Änderungen des Wertes der Erdbeschleunigung g müssen durch Korrekturen berücksichtigt werden. Nach einmaliger Integration werden danach die Geschwindigkeiten

v^Z, v^O, v^N erhalten. Aus ihnen kann die Über-Grund-Geschwindigkeit v^G berechnet und angezeigt werden. Durch nochmalige Integration wird aus v^Z die Höhe h erhalten; da der h-Wert meist mit zeitlich stark anwachsenden Fehlern behaftet ist, wird er i. allg. nur für kurzzeitige Missionen verwendet. Multipliziert man v^N mit $1/R$, dann wird unmittelbar die Änderungsgeschwindigkeit $\dot{\varphi}$ der geografischen Breite erhalten. Die entsprechende Änderung $\dot{\lambda}$ der geografischen Länge λ wird wegen der Meridiankonvergenz erst nach Multiplikation mit $1/\cos\varphi$ erhalten. Nach Integration folgen aus $\dot{\varphi}$ und $\dot{\lambda}$ die Anzeigewerte φ und λ.

Um die Plattform stets in der gewünschten erdorientierten Lage zu halten, müssen die Bezugsachsen mit den folgenden Nachdrehgeschwindigkeiten verdreht werden:

$$\omega^O = -\frac{v^N}{R},$$

$$\omega^N = \frac{v^O}{R} + \omega^E \cos\varphi, \qquad (16.51)$$

$$\omega^Z = \frac{v^O}{R}\tan\varphi + \omega^E \sin\varphi.$$

Diese Größen können in der aus dem Blockschaltbild ersichtlichen Weise aufgebaut und als Eingangsgrößen der Plattform bzw. als Führungsgrößen für die Kreisel verwendet werden.

Selbstverständlich müssen auch die jeweiligen Anfangswerte h_0, v_0^G, λ_0 und φ_0 eingegeben werden, damit als Ausgangswerte des Trägheitsnavigationssystems die für jeden Zeitpunkt gültigen Werte für Höhe h, Grundgeschwindigkeit v^G, Länge λ und Breite φ erhalten werden. Für Anwendungen im Flugzeug kann man meist ein vereinfachtes System wählen, bei dem die Höhenangabe entfällt. Damit können ein Beschleunigungsmesser sowie einige Rechenoperationen eingespart werden. In der Raumfahrt wird jedoch auch die Höhenkoordinate des Trägheitssystems benötigt, da man sie nicht mehr auf barometrischem Wege bestimmen kann.

16.5 Die Ausrichtung einer Plattform

Die erdorientierten Plattformen müssen vor Inbetriebnahme so ausgerichtet werden, daß die Plattformachsen mit den Achsen des gewählten Bezugssystems möglichst genau zusammenfallen. Bei einem Ost-Nord-Zenit-Bezugssystem bedeutet das, daß die Plattformhochachse nach dem örtlichen Lot und die anderen beiden Plattformachsen in der Horizontebene nach Ost bzw. Nord ausgerichtet werden.

Die Selbstausrichtung geschieht wie folgt: erstens wird die Plattform dadurch horizontiert, daß die Ausgänge der Ost- bzw. Nordbeschleunigungsmesser auf die Eingänge der Nord- bzw. Ostkreisel gegeben werden. Dadurch wird erreicht, daß die Plattform über die an die Kreiselausgänge geschalteten Folgekreise solange um die horizontalen Achsen gedreht wird, bis die Ausgangswerte der Beschleunigungsmesser zu Null werden. Zweitens wird die Plattform nach Norden ausgerichtet. Dazu wird — wie bei einem Kreiselkompaß — die Erddrehung verwendet. Nach Abb. 16.12 fallen die Komponenten $\omega^E \cos\varphi$ bzw.

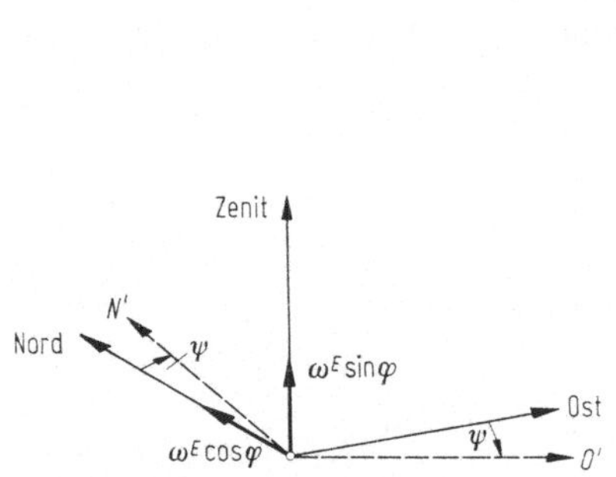

Abb. 16.12 Zur Berechnung der Selbstausrichtung einer Trägheitsplattform.

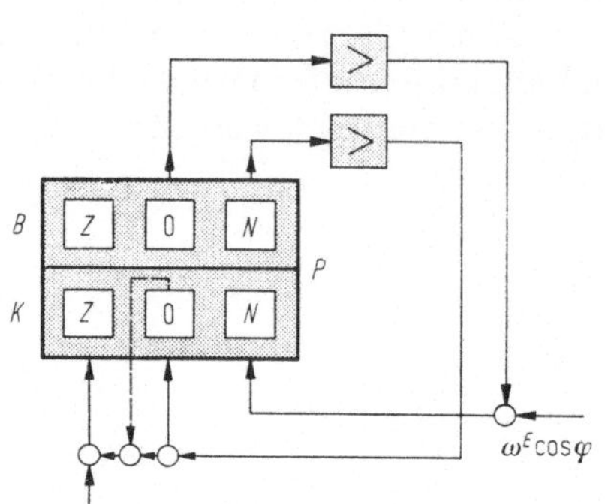

Abb. 16.13 Vereinfachtes Schaltbild für Horizontierung und Nordausrichtung einer Trägheitsplattform.

$\omega^E \sin\varphi$ in die Nord- bzw. die Zenitrichtung. Bei einer Abweichung der Plattformachsen O' und N' von Ost- und Nordrichtung um den Kurswinkel ψ fällt die Komponente

$$\omega^{O'} = -\omega^E \cos\varphi \sin\psi \qquad (16.52)$$

in die O'-Richtung, also in die Meßachse des O-Kreisels. Das Verschwinden dieser Drehgeschwindigkeitskomponente bei $\psi = 0$ zeigt die richtige Plattformausrichtung an.

Zur Ausrichtung gibt man den Ausgang des Ostkreisels auf den Eingang des Zenitkreisels. Dann wird die Plattform solange um die Hochachse gedreht, bis der Ausgangswert des Ostkreisels verschwindet. Die Meßachse dieses Kreisels zeigt dann genau nach Osten.

Bei der praktischen Realisierung dieses Prinzips muß beachtet werden, daß sich Horizontierung und Azimutausrichtung gegenseitig beeinflussen und daß die Erddrehung bei der Horizontierung als Störgröße berücksichtigt werden muß. Man verwendet meist eine *Kompaßschaltung* (*gyro-compassing*) der Plattform, wie sie in vereinfachter Form in Abb. 16.13 skizziert ist. Die Horizontierung der Plattform um die Nordachse, durch die die Ostachse in die Horizontale eingestellt wird, ist unabhängig von den beiden anderen Ausrichtkreisen. Dabei wird der Ausgang des O-Beschleunigungsmessers über einen geeigneten Verstärker auf den Eingang des N-Kreisels geschaltet. Die Komponente $\omega^E \cos\varphi$ der Erddrehung, die im eingeschwungenen Zustand vom N-Kreisel mitgemessen wird, muß bei dem Horizontierungsprozeß kompensiert werden.

Komplizierter ist das Ausrichten der Nordachse in die Horizontebene sowie in die Nordrichtung, also die Azimutausrichtung. Hier wird der Ausgang des N-Beschleunigungsmessers über einen Verstärker zunächst zur Horizontierung auf den Eingang des O-Kreisels gegeben. Die damit über Kreiselausgang und Folgekreis eingeleitete Drehung der Plattform um die Ostachse überdeckt nun i. allg. die stets sehr kleine Drehgeschwindigkeitskomponente (16.52), die zur Azimutausrichtung benötigt wird. Man könnte daher erst nach erfolgter Horizontierung mit der Azimutausrichtung beginnen. Diese Schwierigkeiten lassen sich z. T. dadurch umgehen, daß der Ausgangswert des N-Beschleunigungsmessers gleichzeitig auch auf den Eingang des Z-Kreisels gegeben wird. Dabei muß allerdings wieder der Anteil $\omega^E \sin\varphi$ der Erddrehung als Störgröße berücksichtigt werden. Die in Abb. 16.13 gestrichelt gezeichnete Signalverbindung vom Ausgang des O-Kreisels zum Eingang des Z-Kreisels kann dann sogar entfallen. Bezüglich der Einzelheiten und der Berechnung des Regelverhaltens sei auf die bereits zitierte Fachliteratur zur Trägheitsnavigation sowie auf Untersuchungen von CANNON [109] und MÜLLER [110] verwiesen.

In Abb. 16.13 sind die Folgekreise, die die Plattform den Ausgangswerten der Kreisel nachführen, nicht eingezeichnet. Da diese Regelkreise sehr kleine Zeitkonstanten im Vergleich zu den erreichbaren Ausrichtzeiten besitzen, kann bei einer Untersuchung angenommen werden, daß die Plattform den Kreiselausgangswerten ohne Zeitverzögerung folgt. Auch die beiden Horizontierkreise arbeiten sehr viel schneller als der Azimutausrichtungskreis; dennoch darf hier die Kopplung nicht vernachlässigt werden.

Auf drei Arten von Schwierigkeiten bei der beschriebenen Ausrichtung soll noch hingewiesen werden:
1. Einfluß der Kreiseldrift,
2. Anfälligkeit gegenüber Drehbewegungen des Trägers,
3. Abhängigkeit von der geografischen Breite φ.

Eine nie völlig vermeidbare Drift der Kreisel führt zu Fehlern sowohl bei der Horizontierung als auch bei der Azimuteinstellung. Um diese Fehler klein zu halten, hat man Verfahren ausgearbeitet, die Kreiseldrift durch spezielle Messungen während des Ausrichtvorganges zu bestimmen und sie dann als Störgröße zu berücksichtigen. Dadurch wird freilich die Ausrichtzeit erheblich vergrößert.

Die betragsmäßig sehr kleine Komponente (16.52) kann nur dann einigermaßen zuverlässig gemessen werden, wenn das Gestell der Plattform, also der Träger, in Ruhe ist. Jede Bewegung des Trägers, wie sie z. B. bei Flugzeugen vor dem Start durch Böen entsteht, beeinträchtigt die Ausrichtgenauigkeit. In diesem Fall kann der Fehler nur durch entsprechende Verlängerung der Ausrichtzeit verringert werden. Man muß bei Flugzeugen am Boden mit Einstellzeiten von etwa 12 Minuten rechnen, wenn das Einstellen völlig autonom geschieht. Bei Schiffen ist die Einstellzeit noch größer; auf offener See muß man die Eigenschwingungszeit des Azimutkreises sogar auf die Schuler-Periode von 84 Minuten abstimmen. Die Einstellung selbst erfordert etwa 3 Stunden. Schließlich muß bei Ausrichtung auf bewegtem Träger noch der Anteil der Eigengeschwindigkeit z. B. nach (16.51) berücksichtigt werden. Hierzu müssen hinreichend genaue Informationen über Kurs und Geschwindigkeit vorliegen.

Ferner muß noch darauf hingewiesen werden, daß der Ausdruck (16.52) in Polnähe so klein wird, daß die Azimutausrichtung nicht mehr mit der meist wünschenswerten Genauigkeit durchgeführt werden kann. Diese Eigenschaft teilt die selbstausrichtende Plattform mit den in Kap. 13 besprochenen Kreiselkompassen; auch diese verlieren an den Polen die Fähigkeit zur Selbsteinstellung in die Nordrichtung.

Literaturverzeichnis

Allgemeine Werke

1. ARNOLD, R. N., u. L. MAUNDER: Gyrodynamics, New York/London: Academic Press 1961.
2. BULGAKOV, B. V.: Applied Theory of Gyroscopes (Transl. from Russian), Jerusalem 1960.
3. GRAMMEL, R.: Der Kreisel, seine Theorie und seine Anwendungen, 2 Bde., Berlin/Göttingen/Heidelberg: Springer 1950.
4. GRAY, A.: A Treatise on Gyrostatics and Rotational Motion, Theory and Applications, New York: Dover Publ. 1959.
5. ISCHLINSKIJ, A. JU.: Die Mechanik von Kreiselsystemen (Russisch), Moskau: Akademie-Verlag 1963.
6. KLEIN, F., u. A. SOMMERFELD: Über die Theorie des Kreisels, 4 Bde., Leipzig: Teubner 1910—1922.
7. LEIMANIS, E.: The General Problem of the Motion of Coupled Rigid Bodies about a Fixed Point, Berlin/Heidelberg/New York: Springer 1965.
8. MERKIN, D. R.: Kreiselsysteme (Russisch), Moskau: Staatsverlag f. techn.-theoret. Literatur 1956.
9. PERRY, J.: Spinning Tops and Gyroscopic Motion, New York: Dover Publ. 1957.
10. RICHARDSON, K. I. T.: The Gyroscope Applied, London/New York: Hutchinsons Publ. 1955.
11. ROITENBERG, J. N.: Kreisel (Russisch), Moskau: Nauka-Verlag 1966.
12. SAIDOV, P. I.: Theorie der Kreisel (Russisch), Moskau: Schul-Verlag 1965.
13. SAVET, P. H.: Gyroscopes, Theory and Design, New York: McGraw-Hill 1961.
14. SCHULER, M.: Kreisellehre, in Müller-Pouillets Lehrbuch der Physik, 11. Aufl., Bd. 1, I, Braunschweig: Vieweg 1929.
15. Kreiselprobleme, Herausgeber H. ZIEGLER, Berlin/Göttingen/Heidelberg: Springer 1963.

Speziellere Werke und Veröffentlichungen

16. DUSCHEK, A., u. A. HOCHRAINER: Tensorrechnung in analytischer Darstellung, 3 Bde., Wien: Springer 1960.
17. GOLDSTEIN, H.: Klassische Mechanik, Kap. 4—5, Frankfurt: Akad. Verlagsgesellschaft 1963.
18. TRUESDELL, C.: Z. Angew. Math. Mech. 44 (1964) S. 149.
19. GEBELEIN, H.: Ann. Phys. 12 (1932) S. 889—926.
20. RUMJANZEV, V. V.: Prikl. Mat. Mech. 18 (1954) S. 457—458.
21. STAUDE, O.: Crelles J. Reine u. Angew. Math. 113 (1894) S. 318.
22. RUMJANZEV, V. V.: Doklady Akad. Nauk 116 (1957) S. 185—188.
23. GULJAEV, M. P.: Doklady Akad. Nauk KSSR 1 (1958) S. 202—208.

24. GRAMMEL, R.: Ing. Arch. 22 (1954) S. 73—97.
25. BÖDEWADT, U. T.: Math. Z. 55 (1952) S. 310—320.
26. GRAMMEL, R.: Ing. Arch. 29 (1960) S. 153—159.
27. WEIDENHAMMER, F.: Z. Angew. Math. Mech. 38 (1958) S. 480—483.
28. WIEBELITZ, R.: Z. Angew. Math. Phys. 6 (1955) S. 362—377.
29. LEIPHOLZ, H.: Ing. Arch. 32 (1963) S. 255—296.
30. KEIS, I.: Isvestija Akad. Nauk Estonskoi SSR 14 (1965) S. 555—558.
31. MAGNUS, K.: Acta Mechanica 2 (1966) S. 130—143.
32. CHETAYEV, N. G.: The Stability of Motion (Transl. from Russian), Oxford/
    London: Pergamon 1961.
33. MAGNUS, K.: Z. Angew. Math. Mech. 35 (1955) S. 23—34.
34. THOMSON, W., u. P. G. TAIT: Treatise on Natural Philosophy, Vol. I, Cam-
    bridge: University Press 1897.
35. ZIEGLER, H.: Z. Angew. Math. Phys. 4 (1953) S. 89—121.
36. BOLTZMANN, L.: Über die Form der Lagrangeschen Gleichungen für nicht-
    holonome generalisierte Koordinaten. Sitzungsberichte der Akademie Wien
    1902.
37. TELLEGEN, B. D. H.: Phillips Research Reports 3 (1948) S. 81—101.
38. FORBAT, N.: Analytische Mechanik der Schwingungen, Berlin 1966.
39. METELIZYN, I. I.: Doklady Akad. Nauk SSSR 86 (1952) S. 31—34.
40. GANTMACHER, F. R.: The Theory of Matrices, Vol. I (Transl. from Russian),
    Chelsea 1959.
41. ZAJAC, E. E.: J. Aeronaut. Sci. 11 (1964) S. 46—49.
42. MAGNUS, K.: Z. Angew. Math. Mech. 22 (1942) S. 336—356.
43. LURJE, A. I.: Arbeiten des Leningrader Polytechnischen Institutes 210 (1960)
    S. 7—22.
44. ROBERSON, R. E., u. J. WITTENBURG: Proc. of the 3rd IFAC-Congress, London
    1966.
45. WITTENBURG, J.: Ing. Arch. 37 (1968) S. 221—242.
46. ROBERSON, R. E., u. P. W. LIKINS: Ing. Arch. 37 (1969) S. 388—392.
47. SCHIEHLEN, W.: Z. Angew. Math. Mech. 46 (1966) S. T 132—133.
48. PAVLOV, V. A.: Kreiselgeräte in der Luftfahrt (Russisch), Moskau 1954.
49. JUKOVSKI, N. E.: Gesammelte Werke, Bd. 2, Moskau 1948.
50. RUMJANZEV, V. V.: Isvestija Akad. Nauk SSSR, Mechanika, 1963, S. 119—140.
51. STEWARTSON, K.: J. Fluid Mech. 5 (1959) S. 577—592.
52. CARRIER, G. F., u. J. W. MILES: J. Appl. Mech. 1960, S. 237—240.
53. AMINOV, M. S.: Arbeiten des Kasaner Luftfahrt-Institutes, Nr. 48, 1959.
54. KUTTERER, R. E.: Ballistik, 3. Aufl., Braunschweig 1959.
55. POPOFF, K.: Die Hauptprobleme der äußeren Ballistik, Leipzig 1954.
56. HESS, F.: Scientific American 1968, S. 124—136.
57. HERGLOTZ, G.: Vorlesung über Analytische Mechanik, Göttingen 1941.
58. BELETZKIJ, V. V.: Prikl. Mat. Mech. 21 (1957) S. 749—758.
59. POZHARITSKIJ, G. K.: Prikl. Mat. Mech. 23 (1959) S. 792—793.
60. SCHULER, M.: Phys. Z. 24 (1923) S. 344—350.
61. HOFER, E.: Ing. Arch. 34 (1965) S. 264—274.
62. MAGNUS, K.: Ing. Arch. 34 (1965) S. 129—138.
63. ZLATOUSTOV, V. A., D. E. OKHOTSIMSKY, V. A. SARYCHEV, u. A. P. TOR-
    ZHEVSKY: Proc. of the 11th Int. Congress of Applied Mechanics, Munich 1964,
    Berlin/Heidelberg/New York: Springer 1966, S. 436—439.
64. SCHIEHLEN, W.: Dissertation, Universität Stuttgart 1966.
65. HIERHOLZER, W.: Astr. Nachr. 6395/96, 267 (1938) S. 176—203.
66. MAGNUS, K.: Z. Angew. Math. Mech. 20 (1940) S. 165—174.

67. BIEZENO, C. B., u. R. GRAMMEL: Technische Dynamik, Bd. II, Kap. X, 2. Aufl., Berlin/Göttingen/Heidelberg: Springer 1953.

68. TONDL, A.: Some Problems of Rotor Dynamics, Prag 1965.

69. CRANDALL, S. H., u. P. J. BROSENS: J. Appl. Mech. 1961, S. 567—570.

70. OPPELT, W.: Kleines Handbuch technischer Regelvorgänge, Weinheim 1964.

71. BUTENIN, N. V.: Priborostroenije 3 (1960) S. 34—43.

72. GRAMMEL, R., u. H. ZIEGLER: Ing. Arch. 24 (1956) S. 351—372.

73. BUTENIN, N. V., u. J. H. LUNZ: Priborostroenije 5 (1963) S. 75—83.

74. METELIZYN, I. I.: Isvestija Akad. Nauk SSSR, OTN, 1959, S. 3—9.

75. MAGNUS, K.: Advances in Aeronautical Sciences, Vol. I, Oxford/London: Pergamon Press 1959, S. 507—523.

76. KLIMOV, D. M.: Isvestija Akad. Nauk SSSR, Mechanika, 1963, S. 11—16.

77. SCHMID, W.: Z. Angew. Math. Mech. 51 (1971) S. T 125.

78. FERNANDEZ, M., u. G. R. MACOMBER: Inertial Guidance Engineering, Englewood-Cliffs, N.Y.: Prentice-Hall Inc. 1962.

79. SEEBACH, K.: Jahrb. 1943 der deutschen Luftfahrtforschung, III A 012, S. 1—15.

80. MARRE, E.: VDI-Z. 93 (1951) S. 836—842.

81. SCHMID, W.: Ing. Arch. 35 (1966) S. 230—237.

82. PRICE, H. L.: Aircraft Engineering 20 (1948) S. 11—17 u. 38—45.

83. FISCHEL, E.: Luftfahrttechnik-Raumfahrttechnik 10 (1964) S. 101—106.

84. MAGNUS, K.: Luftfahrtforschung 19 (1942) S. 23—43.

85. SCHULER, M.: VDI-Z. 104 (1962) S. 469—476 u. 593—599.

86. MOURRE, L.: Du Compas Gyroscopique, Paris 1953.

87. BLJUMIN, G. D., u. M. V. ČIČINADZE: Isvestija Akad. Nauk SSSR 1964, S. 71—78.

88. SCHULER, M.: Z. Angew. Math. Mech. 2 (1922) S. 233—250.

89. HEINRICH, G.: Oesterr. Ing. Arch. 4 (1950) S. 215—221.

90. BAUERSFELD, W.: Ing. Arch. 27 (1960) S. 365—371.

91. ISCHLINSKIJ, A. JU.: Prikl. Mat. Mech. 20 (1956) S. 487—499.

92. CHRISTOPH, P.: Ing. Arch. 26 (1958) S. 233—241.

93. MAGNUS, K.: VDI-Forschungsheft 451, Kap. 3.3, Düsseldorf 1955.

94. HAHNKAMM, E.: Ing. Arch. 5 (1934) S. 169—178.

95. NOVOSHILOV, I. W.: Doklady Akad. Nauk, OTN, 1962, Nr. 4, S. 112—114.

96. ISCHLINSKIJ, A. JU.: Doklady Akad. Nauk 163 (1965) S. 1334—1337.

97. SCHINDELIN, J. W.: Ing. Arch. 39 (1970) S. 37—52.

98. CANNON, R. H.: Joint Automatic Control Conference, Boulder 1961, Paper No. 61-JAC-8.

99. ROBERSON, R. E.: Colloque International, Paris 1968, S. 319—348.

100. LETOVA, T. A.: Prikl. Mat. Mech. 6 (1965) S. 1116—1121.

101. Der PID-Kreisel und seine Anwendung in Flugreglern, Bericht der Firma Bodenseewerk Perkin-Elmer & Co, 1962.

102. SORG, H.: Der Wendekreisel mit unsymmetrischem Läufer, Dissertation, TH Stuttgart 1965.

103. GOODMAN, L. E., u. A. R. ROBINSON: J. Appl. Mech. 25 (1958) S. 210—213.

104. SCHWEITZER, G.: DVLR-Forschungsbericht Nr. 67—30, Oberpfaffenhofen, April 1967, S. 121.

105. DRAPER, C. S., W. WRIGLEY, u. J. HOVORKA: Inertial Guidance, Oxford/London: Pergamon Press 1960.

106. BROXMEYER, CH.: Inertial Navigation Systems, New York: McGraw-Hill 1964.

107. Normblatt LN 9300: Bezeichnungen in der Flugmechanik, Köln: Beuth-Vertrieb, Nov. 1959.

108. Hübner, W.: Das Zeitverhalten von einachsigen Kreiselplattformen, Dissertation, TH München 1970.
109. Cannon, R. H.: J. Aerospace Sci. 1961, S. 885—895.
110. Müller, P.: Schnelligkeitsoptimales Ausrichten von Trägheitsplattformen, Dissertation, TH München 1970.

Namen- und Sachverzeichnis